한반도의 나비

Butterflies of
the Korean Peninsula

<Nature & Ecology> Academic Series 1

Butterflies of the Korean Peninsula

by
Mun-Ki Paek and Yoo-Hang Shin

printed in <Nature & Ecology>, Seoul

This book should be cited as following example:

Paek, M.K., Shin, Y.H. 2010. **Butterflies of the Korean Peninsula.** *in* Cho, Y.K.(eds): <Nature & Ecology> Academic Series 1, Nature & Ecology, pp.430

ISBN: 978-89-962995-1-6   96490

Authors

Mun-Ki Paek

Chief of Institute of Korean Peninsula Insects Conservation, Principal Researcher of Institute of Nature & Eco Co., Ltd

43-1 Yeokgok 2-dong, Wonmi-gu, Bucheon, Gyeonggi-do, Republic of Korea, Business Incubating Center 105, Catholic University of Korea.

books: <Pyralid Moths of Korea (Lepidoptera: Pyraloidea)>(2008, co-authorship), <Checklist of Korean Insects>(2010, co authorship) etc.

pmpaek@hanmail.net

Yoo-Hang Shin

Professor emeritus of Kyung Hee University

249-3 Sinbok-3ri, Okcheon-myeon, Yangpyeong-gun, Gyeonggi-do, Korea.

books: <Coloured Butterflies of Korea>(1989) etc.

mrchung09@hanmail.net

<Nature & Ecology> Academic Series 1

한반도의 나비
Butterflies of the Korean Peninsula

백문기·신유항

Mun-Ki Paek and Yoo-Hang Shin

자연과생태
Nature & Ecology
Jun, 2010

3

한반도의 나비
Butterflies of the Korean Peninsula

==

초판 1 쇄 | 2010 년 6 월 15 일
2 쇄 | 2011 년 10 월 10 일

저자 | 백문기·신유항
발행인·편집인 | 조영권
디자인 | 한기석
발행처 | 자연과생태
주소_서울 마포구 구수동 68-8 진영빌딩 2 층
전화_(02)701-7345-6 팩스_(02)701-7347
홈페이지_www.econature.co.kr
등록_제 313-2007-217 호

ⓒ 백문기·신유항·〈자연과생태〉 2010

ISBN: 978-89-962995-1-6   96490

백문기
한반도곤충보전연구소 소장, (주)자연생태연구소 책임연구원 | 경기도 부천시 원미구 역곡 2 동 산 43-1 카톨릭대학교 창업보육
센터 105 호 | 저서: 〈한국산명나방상과도해도감〉(2008, 공저), 〈한국곤충총목록〉(2010, 공저) 등 | pmpaek@hanmail.net

신유항
경희대 명예교수 | 경기도 양평군 옥천면 신복 3 리 249-3 | 저서: 〈원색한국곤충도감 I. 나비편〉(1989) 등
mrchung09@hanmail.net

머리말(Preface)

인류보다 훨씬 오래전에 지구에 나타난 나비는 사람들의 관심과 상관없이 지구 생태계의 주요 구성원이었으며 앞으로도 그럴 것이다. 또한 생태계를 구성하는 많은 생물들과 서로 의존하면서 함께 살 수 있는 미래를 만드는 것은 인류의 생존전략에 있어 매우 큰 지향점이다.

기후변화와 야생동·식물의 멸종·감소 방지 등 생물다양성보호에 관련한 정책은 우리나라뿐 아니라 세계 각국이 중요 정책으로 추진하고 있다. 지구환경변화와 생물다양성의 급속한 감소추세 등 지구 생태계 현안에 대처하기 위해 지구온난화 문제를 논의한 선진국정상회담(프랑스 파리 서미트 환경선언, 1989), 리우선언(ESSD 실현)과 Agenda 21(실천방안)의 유엔환경개발회의(브라질 리우, 1992), 온실가스 감축 의무화를 논의한 쿄토의정서(일본, 1998), 국가지속가능발전전략 수립을 권고한 지속가능발전세계정상회의(남아공 요하네스버그, 2002), 그리고 온실가스 감축을 위한 제 15차 기후변화협약당사국총회(덴마크 코펜하겐, 2009) 등 많은 국제적인 논의와 연구가 이루어지고 있는 것에서도 알 수 있다.

나비는 오래전부터 인류와 친근했던 까닭에 전문연구자들뿐만 아니라 민간연구자 및 일반인들을 통해서도 어느 정도 객관적인 정보를 얻을 수 있다. 또한 종 다양성이 매우 높고, 생태적 특성이 다양한 장점이 있어 생물자원 확보 측면뿐만 아니라 기후변화 같은 범세계적인 연구에 유용한 곤충으로 주목받고 있다.

생태계의 질서를 이해하고 예측하는 데 있어 분류학의 역할이 매우 큰 것은 주지의 사실이다. 또한 분류학에 있어서 학명적용은 그 시대를 반영하는 역사적 산물이며, 그를 통해 관련 정보들이 취합·활용되어 왔고, 연구가 거듭되며 생태계 질서에 가깝도록 과명, 속명 등 분류체계가 지속적으로 변해 왔다.

나비의 학명적용에 있어서도 현재 국외의 관련 학자들이 보편적으로 선택·사용하는 학명을 국내종에 적절히 적용하는 것이 우리나라 자연생태계의 질서를 이해하는 밑바탕이 되며, 특히 국외의 유용한 정보를 취합·활용하는 데 있어 매우 필요한 일이다.

그런 필요성에 의해 그간 나비 연구자들이 어려운 여건 속에서 이루어 놓은 많은 연구 결과를 종합하고 세계적 추세에 맞게 학명을 적용해 보려는 의도에서 이 연구를 시작했다. 저자들은 한반도 나비의 국외 정보를 취합할 때, 우리나라에 분포하고 생태정보가 뚜렷한데도 주요 문헌이나 세계적으로 신뢰성이 높은 여러 데이터베이스에서 제시한 분포범위에 한반도가 누락되어 있으며, 지역 특이성이 높아 생물지리학적 연구에 중요한 역할을 하는 한반도산 나비 애벌레의 먹이 정보가 인용되지 않고 있는 점에 아쉬움이 많았다. 이는 국내 자료를 국외에서도 쉽게 인용할 수 있도록 하는 노력이 부족했기 때문이다. 또한 1939년 석주명의 <A Synonymic list of Butterflies of Korea> 연구 이후 한반도 나비에 대한 분류학적 정리 작업이 종합적으로 이루어지지 않아 국외의 관련 정보를 수용하는 데 어려운 점이 많았다.

1940년 이전의 기록들에 대해서는 원문 대조 작업을 완벽히 하지 못했고, 그 근거 표본들도 거의 대조하지 못했지만, 문헌을 중심으로 시대별 분류학적 연구 흐름, 한반도 나비의 최초 기록, 먹이 이용 등 다양한 정보들을 일목요연하게 정리하는 데 많은 시간을 할애했다. 또한 최근 국·내외 연구동향과 문헌을 참조해 한반도에 기록된 나비의 현황을 파악하는 데 주력했다.

저자들은 문헌과 관련 데이터베이스를 통해, 한반도 나비에 대해 가장 적합한 학명을 정리하고자 노력했으나, 여전히 불확실한 종들이 다수 있다. 이는 한반도 나비의 분류학적 연구에 있어 앞으로도 많은 일이 남아 있음을 뜻한다. 이 연구의 특성상 분류학적으로 유용한 자료를 중심으로 취합·정리한 측면이 많아 분포 및 생태에 관련한 정보 중 인용하지 않은 것이 다수 있으며, 저자들이 한반도 나비 전 종의 표본을 확보하지 못한 이유로 인해 해당 종 사진을 함께 제공하지 못한 아쉬움도 있다. 또한, 불확실한 종에 대해서 모식종과의 외부생식기 특징 등 다양한 분류학적 형질들을 비교 검토하지 못한 것도 아쉽다. 차후 많은 나비 연구자들과 함께 수행하길 바라는 <한반도 나비 대도감> 작업 시 보완·추가되길 기대한다. 이 연구에서 원론적 수준에 그쳤던 한반도 나비의 기원, 종 다양성 변화 추이와 한반도 기후 변화, 지역적 특색이 높은 먹이 이용 성향 등도 다른 연구에서 자세히 이뤄지길 바란다.

한반도 기록 나비에 대한 정보가 적어, 현재의 상태를 판단하기에 부족할 수 있으나, 많은 연구자들의 의미 있는 연구결과를 정리하는 것은 다음 세대를 위한 책무라 생각했다. 이 정리를 통해 한반도에서 살고 있는, 또 살 수 있는 나비에 대해 우리가 앞으로 해야 할 일을 생각하는 계기가 되길 바란다. 끝으로 본문에 인용한 많은 나비 연구자들의 결과와 이 책을 내기까지 여러 도움을 준 월간 <자연과생태> 조영권 편집장에게 깊이 감사한다.

끝으로 본 2쇄에서 일부 오탈자를 수정했으며, 남방노랑나비, 극남부전나비, 뿔나비의 학명은 최근 연구결과를 반영해 수정했다.

백문기·신유항

차례(Contents)

12

16

개요(Summary)

나비는 생김새가 아름다워 많은 사람들이 관심 갖는 곤충이다. 최근 전통적인 분류학적 연구방법과 더불어 분자수준의 계통분류학적 연구(Wahlberg *et al.* 2006; etc.)가 이루어질뿐만 아니라 생물 다양성 보전 및 기후변화 탐지·예측 등 지구 생태계 보전 및 관리에 관련한 많은 연구가 이루어지고 있다(Abbas *et al.* 2002; etc.).

나비는 전세계에 17,950 종(Global Butterfly Names Project, 2006)-20,000 종(North American Butterfly Association, 2009)이 알려져 있는 종 다양성이 높은 분류군으로서 오래전부터 많은 연구가 활발히 이루어져 왔다. 그로 인해 종 또는 그룹의 분류학적 위치가 지속적으로 변해 왔으며 현재에도 분류학적 이견으로 인해 학자 그룹마다 동일종에 대해 학명 및 분류학적 위치를 다르게 취급하는 경우를 자주 볼 수 있다. 그래도 일반적으로 나비는 나비목(Lepidoptera) 48 개 상과(Superfamily) 중에서 Hedyloidea(자나방사촌상과), Hesperioidea(팔랑나비상과) Papilionoidea(호랑나비상과), 이렇게 3 개 상과에 속하는 곤충을 포함한다. 'Tree of life web Project (2009)'에서 적용한 나비의 분류학적 체계는 다음과 같다.

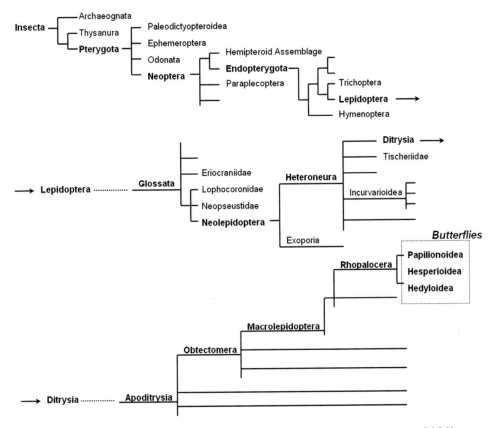

Fig. 1. Systematic position of butterflies (Tree of life web Project, 2009).

이와 같은 분류학적 체계를 통해 나비의 특징을 살펴보면, 나비는 날개가 있는 유시아강 (Pterygota) 중 날개가 접히고(Neoptera), 한살이 동안 완전변태(Endopterygota)를 하는 곤충강 (Insecta)의 한 분류군으로 강모(setae)들이 납작하게 변형된 비늘가루(Scale)가 날개 및 몸의 대부분을 덮고 있는 것이 특징이다. 비늘가루는 근연 분류군인 날도래목(Trichoptera)과 구분 짓는 중요한 특징이 된다. 또한 나비목(Lepidoptera) 중 주둥이가 코일 모양으로 말렸으며(Glossata: 긴주둥이아목(국명 신칭)), 앞·뒷날개의 시맥이 서로 다른(Heteroneura: 이맥하목) 종류라 할 수 있다.

현재 유효한 분류계급은 아니지만, 나비는 교미구(ostium bursae)와 산란관(ovipositor) 2 개의 생식구가 뚜렷하게 있는 이문아목(Ditrysia) 중 큰 나방 종류와 나비를 포함하는 Apoditrysia, 그리고 Apoditrysia 중 Macrolepidoptera 의 단계통군 나방을 포함한 Obtectomera 에 속한다. 통속적으로 Hedyloidea, Hesperioidea(팔랑나비상과), Papilionoidea(호랑나비상과)를 나비(Rhopalocera)라 부르기도 했다.

현재 나비라 부르는 자나방사촌상과(국명 신칭), 팔랑나비상과, 호랑나비상과의 유효한 분류계급은 다음과 같다.

      Kingdom Animalia (동물계)
      Phylum Arthropoda (절지동물문)
      Class Insecta (곤충강)
      Subclass Pterygota (유시아강)
      Infraclass Neoptera (신시하강)
      Superorder Endopterygota (내시상목)
      Order Lepidoptera (나비목)
      Suborder Glossata (긴주둥이아목)
      Infraorder Heteroneura (이맥하목)
      Superfamily Hedyloidea (자나방사촌상과)
      Superfamily Hesperioidea (팔랑나비상과)
      Superfamily Papilionoidea (호랑나비상과)

나비에 포함되는 3개 상과 중에 Hedyloidea는 나방과 닮은 나비로 미국, 멕시코, 브라질, 페루 등에 분포하는 그룹이며, 한반도에는 분포하지 않는다. 이전에 자나방과의 한 족(tribe)으로 취급되었지만, Scoble (1986), Wellerand & Pashley (1995) 등의 분류학적 연구에 의해 호랑나비상과와 팔랑나비상과의 자매군(sister group)으로 취급되고 있다. 한반도에 분포하는 나비는 분류계급 상 팔랑나비상과와 호랑나비상과에 속한다.

이 연구에서는 이러한 분류체계를 바탕으로 한반도 나비의 분류학적 위치와 이에 적합한 종명을 정리하기 위해 Korshunov & Gorbunov (1995), Varis (1995), Karsholt, & Razowski (1996), Williams (1998), Bauer & Frankenbach (1998), Weiss (1999), Winhard (2000), Kudrna (2002),

Opler & Warren (2002, 2003), Lees *et al.*, (2003), Tuzov (2003), Lamas (2004), Opler *et al.*, (2006), Bisby *et al.*, (2007), Mazzei *et al.*, (2009) 등의 연구 결과를 검토했으며, Wahlberg *et al.*, (2000, 2005, 2008), Penz & Peggie (2003), Braby *et al.*, (2006, Warren *et al.*, (2008) 등의 분자 수준의 계통분류학적 연구결과를 참조했다. 학자 간에 이견이 있을 경우, 나비 관련 주요 데이터베 이스인 All (in this database) Lepidoptera list (Scientific names): by Savela, 2008, Tree of Life web project: by Warren *et al.*, 2008, Nymphalidae Systematics Group, 2009: by Wahlberg *et al.*, 2009, LepIndex: The Global Lepidoptera Names Index: by Beccaloni *et al.*, 2009 등을 함께 비 교했다. 또한 한반도와 접한 지역의 나비를 비교 검토하기 위해 Chou Io (Ed.) (1994), Korshunov & Gorbunov (1995), Murzin *et al.*, (1997), Tuzov *et al.*, (1997, 2000), Gorbunov (2001), Huang (2002, 2003), Gorbunov & Kosterin (2003), Tuzov (2003), Tshikolovets *et al.*, (2009)의 연구 결과를 살폈으며, 남부 지역의 미접 등을 검토하기 위해 D'Abrera (1977, 1980, 1986), Dunn & Dunn (1991), Heppner & Inoue (1992), Corbet & Pendlebury (1992) 등을 참조했다.

이를 바탕으로 한반도의 나비를 2 상과(Superfamily) 5 과(Family) 23 아과(Subfamily) 124 속 (Genus) 280 종(Species)으로 정리했다([Appendix 2]). 이 중 산수풀떠들썩팔랑나비, 황모시나비, 풀흰나비, 줄흰나비, 백두산부전나비, 쇳빛부전나비, 높은산지옥나비, 백두산표범나비, 홍점알락나비, 작은은점선표범나비, 긴은점표범나비, 중국황세줄나비 12 종은 학자 간 종명적용 또는 아종을 독립 된 종으로 취급하는 것에 따른 이견이 있어 앞으로 종명적용에 대한 재검토가 필요하다. 그리고 종 명 미확정 종인 산꼬마까마귀부전나비(*Fixsenia* sp.)와 연구자간 이견이 많은 황은점표범나비, 한라 은점표범나비는 정리를 보류했다.

그간 한반도 분포종의 아종이었던 것이 최근 독립된 종으로 취급되거나 국외 분포가 한반도와 인 접한 것으로 알려진 *Spialia sertorius* (Hoffmannsegg, 1804), *Erynnis tages* (Linnaeus, 1758), *Parnassius glacialis* Butler, 1866, *Leptidea sinapis* (Linnaeus, 1758), *Aldania ilos* Fruhstorfer, 1909, *Clossiana iphigenia* (Graeser, 1888) 6 종은 한반도 분포 가능성이 있으며, 국외 연구자들에 의해 한반도에 분포하는 것으로 기록된 *Japonica onoi* Murayama, 1953, *Celastrina phellodendroni* Omelko, 1987, *Plebejus pseudoaegon* (Butler, [1882]), *Atara betuloides* (Blanchard, 1871), *Mellicta athalia* (Rottemburg, 1775) 5 종은 앞으로 관련 조사·연구가 필요하다.

또한 정리된 280 종 중 흰줄점팔랑나비, 무늬박이제비나비, 멤논제비나비, 검은테노랑나비, 연노랑흰나비, 뾰죽부전나비, 남색물결부전나비, 한라푸른부전나비, 남방푸른부전나비, 소철꼬리부전나비, 남방남색꼬리부전나비, 대만왕나비, 별선두리왕나비, 끝검은왕나비, 먹나비, 큰먹나비, 남색남방공작나비, 남방공작나비, 남방오색나비, 암붉은오색나비, 돌담무늬나비, 중국은줄표범나비 22 종 (7.9%)은 미접(迷蝶, Immigrant butterflies)으로 취급하고 있으며(Table 1), 이 중 무늬박이제비나비, 먹나비, 소철꼬리부전나비, 남색물결부전나비, 끝검은왕나비는 한반도 정착 가능성이 다른 미접들에 비해 높아 앞으로 기후 변화 탐지에 유용한 종으로 생각한다.

Table 1. Immigrant butterflies found in the Korean Peninsula

Years	No. of species	Newly recorded species (year)
1880s	1	*Papilio helenus* (무늬박이제비나비)(1883)
1890s	2	*Arhopala bazalus* (남방남색꼬리부전나비)(1894), *Melanitis leda* (먹나비)(1894)
1910s	1	*Curetis acuta* (뾰죽부전나비)(1919)
1930s	1	*Hypolimnas misippus* (암붉은오색나비)(1937)
1940s	1	*Junonia almana* (남방공작나비)(1947)
1950s	2	*Junonia orithya* (남색남방공작나비)(1959), *Udara albocaerulea* (남방푸른부전나비)(1959)
1960s	1	*Hypolimnas bolina* (남방오색나비)(1969)
1980s	2	*Danaus genutia* (별선두리왕나비)(1982), *Danaus chrysippus* (끝검은왕나비)(1982)
1990s	4	*Catopsilia pomona* (연노랑흰나비)(1992), *Childrena childreni* (중국은줄표범나비)(1992), *Melanitis phedima* (큰먹나비)(1996), *Udara dilectus* (한라푸른부전나비)(1996)
2000s	7	*Eurema brigitta* (검은테노랑나비)(2002), *Parantica melaneus* (대만왕나비)(2002), *Cyrestis thyodamas* (돌담무늬나비)(2002), *Papilio memnon* (멤논제비나비)(2006), *Chilades pandava* (소철꼬리부전나비)(2006), *Pelopidas sinensis* (흰줄점팔랑나비)(2007), *Jamides bochus* (남색물결부전나비)(2007)
Total	22	

종의 모식산지(模式産地, type locality)는 생물주권을 주장할 수 있는 근거가 되므로 생물자원 확보 측면에서 매우 중요하다. 이번에 정리한 280 종의 모식산지를 살펴보면, 우리나라(Korea)가 모식산지로 기록된 종은 큰홍띠점박이푸른부전나비, 북방점박이푸른부전나비, 금강산녹색부전나비, 우리녹색부전나비, 민꼬리까마귀부전나비, 북방까마귀부전나비, 참까마귀부전나비, 대왕나비 8 종이며 (Table 2), 국가별로는 러시아가 한반도에 분포(미접 포함)하는 나비 중 92 종의 모식산지이었고, 유럽 65 종, 중국 48 종, 일본 35 종, 인도 14 종 등으로 나타났다(Table 3).

Table 2. Endemic butterflies found in the Korean Peninsula

Scientific name	Authors (year): type locality
1. *Sinia divina* (큰홍띠점박이푸른부전나비)	Fixsen (1887): Bukjeom (GW, S.Korea)
2. *Maculinea kurentzovi* (북방점박이푸른부전나비)	Sibatani, Saigusa et Hirowatari (1994): Handaeri (HN, N.Korea)
3. *Favonius ultramarinus* (금강산녹색부전나비)	Fixsen (1887): Bukjeom (GW, S.Korea)
4. *Favonius koreanus* (우리녹색부전나비)	Kim (2006): Gyebangsan (Mt.) (GW, S.Korea)
5. *Satyrium herzi* (민꼬리까마귀부전나비)	Fixsen (1887): Bukjeom (GW, S.Korea)
6. *Satyrium latior* (북방까마귀부전나비)	Fixsen (1887): Bukjeom GW, S.Korea)
7. *Satyrium eximia* (참까마귀부전나비)	Fixsen (1887): Bukjeom (GW, S.Korea)
8. *Sephisa princeps* (대왕나비)	Fixsen (1887): Bukjeom (GW, S.Korea)

Table 3. Number of butterflies of the Korean Peninsula by type locality

Nation	No. of Species	Butterflies spp.
Russia	92	*Bibasis aquilina* (독수리팔랑나비) etc.
Europe	65	*Spialia orbifer* (함경흰점팔랑나비) etc.
China	48	*Bibasis striata* (큰수리팔랑나비) etc.
Japan	35	*Daimio tethys* (왕자팔랑나비) etc.
India	14	*Choaspes benjaminii* (푸른큰수리팔랑나비) etc.
Korea	8	*Sinia divina* (큰홍띠점박이푸른부전나비) etc.
Indonesia	5	*Papilio memnon* (멤논제비나비) etc.
Kazakhstan	3	*Limenitis sydyi* (굵은줄나비), *Limenitis helmanni* (제일줄나비), *Ahlbergia frivaldszkyi* (북방쇳빛부전나비)
Nepal	2	*Udara dilectus* (한라푸른부전나비), *Childrena childreni* (중국은줄표범나비)
Kyrgyzstan	1	*Erebia radians* (민무늬지옥나비)
Africa	1	*Eurema brigitta* (검은테노랑나비)
Algeria	1	*Lampides boeticus* (물결부전나비)
Australia	1	*Catopsilia pomona* (연노랑흰나비)
Canada	1	*Erebia rossii* (관모산지옥나비)
Mongolia	1	*Oeneis mongolica* (참산뱀눈나비)
Sri Lanka	1	*Jamides bochus* (남색물결부전나비)
Taiwan	1	*Ypthima multistriata* (물결나비)
Total	280	

모식산지만으로 한반도 나비의 지사학적 기원을 판단할 수 없지만, 한반도의 나비는 구북구 (Palearctic region)에 모식산지가 있는 종이 대부분이며, 동양열대구(Oriental region), 오세아니아

구(Australian region)에 모식산지가 있는 일부 종(미접들이 대부분 포함)으로 구성된다고 할 수 있다. 이 정리에는 석주명의 <A Synonymic list of Butterflies of Korea>와 이승모(1982)의 <한국접지>를 주요 기준서로 활용했으며, 각 종별 모식산지의 구체적인 정보는 본문과 같고, 과거 일본식 지명에 대한 현재 지명은 [Appendix 1]과 같다.

한반도 나비의 최초 기록 중 울릉범부전나비처럼 근연종과 혼용해 기록해 온 경우와 산푸른부전나비처럼 아종으로 취급하다가 독립종으로 취급한 경우 등은 문헌상으로만 한반도 최초 기록을 판단하기 어려운 면도 있어 차후 일부 종의 한반도 최초 기록은 변동 가능성이 있다. 이 연구에서 정리한 한반도 최초 기록들을 연대별로 살펴보면, 1880년대에 이미 가장 많은 종인 122종이 기록되었고, 일제시대에 2차적으로 많은 종이 기록되었으며, 1950년대부터 현재까지 60년 동안 미접을 중심으로 29종만이 새롭게 추가되었다(Table 4).

Table 4. Historical records of butterflies found in the Korean Peninsula

Years (No.of species)	Year (No.of species)	Specialists	Newly recorded species
1880s (122)	1882 (16)	Butler	*Thymelicus sylvatica* (수풀꼬마팔랑나비), *Ochlodes venata* (수풀떠들썩팔랑나비), *Leptidea amurensis* (기생나비), *Pieris dulcinea* (줄흰나비), *Niphanda fusca* (담흑부전나비), *Plebejus argus* (산꼬마부전나비), *Rapala caerulea* (범부전나비), *Kirinia epimenides* (알락그늘나비), *Lopinga deidamia* (뱀눈그늘나비), *Aphantopus hyperantus* (가락지나비), *Melanargia halimede* (흰뱀눈나비), *Minois dryas* (굴뚝나비), *Clossiana perryi* (작은은점선표범나비), *Brenthis daphne* (큰표범나비), *Argynnis nerippe* (왕은점표범나비), *Argyronome laodice* (흰줄표범나비)
	1883 (14)	Butler	*Lobocla bifasciata* (왕팔랑나비), *Papilio machaon* (산호랑나비), *Papilio xuthus* (호랑나비), *Papilio helenus* (무늬박이제비나비), *Papilio bianor* (제비나비), *Eurema hecabe* (남방노랑나비), *Eurema mandarina* (극남노랑나비), *Pieris rapae* (배추흰나비), *Pseudozizeeria maha* (남방부전나비), *Cupido argiades* (암먹부전나비), *Lycaena phlaeas* (작은주홍부전나비), *Vanessa cardui* (작은멋쟁이나비), *Hestina assimilis* (홍점알락나비), *Argynnis vorax* (긴은점표범나비)

Table 4. continue

1880s (122)	1887 (73)	Fixsen	*Erynnis montanus* (멧팔랑나비), *Pyrgus maculatus* (흰점팔랑나비), *Daimio tethys* (왕자팔랑나비), *Heteropterus morpheus* (돈무늬팔랑나비), *Leptalina unicolor* (은줄팔랑나비), *Hesperia florinda* (꽃팔랑나비), *Ochlodes subhyalina* (유리창떠들썩팔랑나비), *Potanthus flava* (황알락팔랑나비), *Aeromachus inachus* (파리팔랑나비), *Parnassius stubbendorfii* (모시나비), *Sericinus montela* (꼬리명주나비), *Papilio maackii* (산제비나비), *Atrophaneura alcinous* (사향제비나비), *Leptidea morsei* (북방기생나비), *Gonepteryx maxima* (멧노랑나비), *Gonepteryx mahaguru* (각시멧노랑나비), *Colias erate* (노랑나비), *Pieris melete* (큰줄흰나비), *Pieris canidia* (대만흰나비), *Pontia edusa* (풀흰나비), *Tongeia fischeri* (먹부전나비), *Celastrina argiolus* (푸른부전나비), *Scolitantides orion* (작은홍띠점박이푸른부전나비), *Sinia divina* (큰홍띠점박이푸른부전나비), *Maculinea teleius* (고운점박이푸른부전나비), *Plebejus subsolanus* (산부전나비), *Lycaena dispar* (큰주홍부전나비), *Coreana raphaelis* (붉은띠귤빛부전나비), *Favonius orientalis* (큰녹색부전나비,) *Favonius ultramarinus* (금강산녹색부전나비), *Favonius saphirinus* (은날개녹색부전나비), *Satyrium herzi* (민꼬리까마귀부전나비), *Satyrium pruni* (벚나무까마귀부전나비),*Satyrium latior* (북방까마귀부전나비), *Satyrium eximia* (참까마귀부전나비), *Satyrium prunoides* (꼬마까마귀부전나비), *Lethe marginalis* (먹그늘나비붙이), *Ninguta schrenckii* (왕그늘나비), *Lopinga achine* (눈많은그늘나비), *Mycalesis francisca* (부처사촌나비), *Melanargia epimede* (조흰뱀눈나비), *Oeneis mongolica* (참산뱀눈나비), *Ypthima baldus* (애물결나비), *Ypthima multistriata* (물결나비), *Vanessa indica* (큰멋쟁이나비), *Nymphalis xanthomelas* (들신선나비), *Nymphalis canace* (청띠신선나비), *Polygonia c-aureum* (네발나비), *Polygonia c-album* (산네발나비), *Euphydryas sibirica* (금빛어리표범나비), *Mellicta ambigua* (여름어리표범나비), *Mellicta britomartis* (봄어리표범나비), *Melitaea protomedia* (담색어리표범나비), *Melitaea scotosia* (암어리표범나비), *Apatura ilia* (오색나비), *Apatura metis* (황오색나비), *Mimathyma schrenckii* (은판나비), *Mimathyma nycteis* (밤오색나비), *Sephisa princeps* (대왕나비), *Clossiana angarensis* (백두산표범나비), *Clossiana oscarus* (큰은점선표범나비), *Argynnis anadyomene* (구름표범나비), *Argynnis niobe* (은점표범나비,) *Damora sagana* (암검은표범나비), *Speyeria aglaja* (풀표범나비), *Limenitis sydyi* (굵은줄나비), *Limenitis amphyssa* (참줄나비사촌), *Limenitis helmanni* (제일줄나비), *Neptis sappho* (애기세줄나비), *Neptis philyroides* (참세줄나비), *Neptis rivularis* (두줄나비), *Neptis pryeri* (별박이세줄나비), *Neptis alwina* (왕세줄나비)
1880s (122)	1887 (19)	Leech	*Ochlodes sylvanus* (산수풀떠들썩팔랑나비), *Ochlodes ochracea* (검은테떠들썩팔랑나비), *Parnara guttatus* (줄점팔랑나비), *Pelopidas jansonis* (산줄점팔랑나비), *Polytremis pellucida* (직작줄점팔랑나비), *Neozephyrus japonicus* (작은녹색부전나비), *Arhopala japonica* (남방남색부전나비), *Satyrium w-album* (까마귀부전나비), *Ahlbergia frivaldszkyi* (북방쇳빛부전나비), *Lethe diana* (먹그늘나비), *Coenonympha hero* (도시처녀나비), *Coenonympha oedippus* (봄처녀나비), *Araschnia levana* (북방거꾸로여덟팔나비), *Araschnia burejana* (거꾸로여덟팔나비), *Nymphalis io* (공작나비), *Sasakia charonda* (왕오색나비), *Brenthis ino* (작은표범나비), *Argynnis paphia* (은줄표범나비), *Limenitis camilla* (줄나비)
1890s (7)	1893(1)	Elwes & Edwards	*Ypthima motschulskyi* (석물결나비)
	1894(4)	Leech	*Thymelicus leonina* (줄꼬마팔랑나비), *Arhopala bazalus* (남방남색꼬리부전나비), *Melanitis leda* (먹나비), *Kirinia epaminondas* (황알락그늘나비)
	1895(1)	Rühl & Heyen	*Chrysozephyrus brillantinus* (북방녹색부전나비)
	1895(1)	Heyne	*Limenitis doerriesi* (제이줄나비)

25

Table 4. continue

1900s (14)	1901(3)	Staudinger & Rebel	*Coenonympha amaryllis* (시골처녀나비), *Apatura iris* (번개오색나비), *Aldania thisbe* (황세줄나비)
	1905(3)	Matsumura	*Graphium sarpedon* (청띠제비나비), *Papilio protenor* (남방제비나비), *Antigius attilia* (물빛긴꼬리부전나비)
	1906(4)	Ichikawa	*Pelopidas mathias* (제주꼬마팔랑나비), *Parantica sita* (왕나비), *Argyreus hyperbius* (암끝검은표범나비), *Argyronome ruslana* (큰흰줄표범나비)
	1907(1)	Takano	*Chrysozephyrus smaragdinus* (암붉은점녹색부전나비)
	1907(1)	Matsumura	*Hestina japonica* (흑백알락나비)
	1909(2)	Seitz	*Ahlbergia ferrea* (쇳빛부전나비), *Mycalesis gotama* (부처나비)
1910s (29)	1917(1)	Aoyama	*Parnassius nomion* (왕붉은점모시나비)
	1917(1)	Nire	*Anthocharis scolymus* (갈구리나비)
	1918(1)	Nire	*Melitaea didymoides* (산어리표범나비)
	1919(11)	Doi	*Choaspes benjaminii* (푸른큰수리팔랑나비), *Carterocephalus dieckmanni* (참알락팔랑나비), *Curetis acuta* (뾰죽부전나비), *Maculinea arionides* (큰점박이푸른부전나비), *Shirozua jonasi* (민무늬귤빛부전나비), *Erebia ligea* (높은산지옥나비), *Erebia neriene* (산지옥나비), *Dichorragia nesimachus* (먹그림나비), *Clossiana thore* (산꼬마표범나비), *Childrena zenobia* (산은줄표범나비), *Limenitis populi* (왕줄나비)
	1919(4)	Matsumura	*Bibasis aquilina* (독수리팔랑나비), *Luehdorfia puziloi* (애호랑나비), *Libythea lepita* (뿔나비), *Nymphalis antiopa* (신선나비)
	1919(11)	Nire	*Parnassius bremeri* (붉은점모시나비), *Colias heos* (연주노랑나비), *Aporia crataegi* (상제나비), *Aporia hippia* (눈나비), *Cupido minimus* (꼬마부전나비), *Glaucopsyche lycormas* (귀신부전나비), *Maculinea cyanecula* (중점박이푸른부전나비), *Polyommatus tsvetaevi* (사랑부전나비), *Thecla betulae* (암고운부전나비), *Nymphalis urticae* (쐐기풀나비), *Limenitis moltrechti* (참줄나비)
1920s (35)	1923(15)	Okamoto	*Bibasis striata* (큰수리팔랑나비), *Muschampia gigas* (왕흰점팔랑나비), *Pyrgus malvae* (꼬마흰점팔랑나비), *Pyrgus speyeri* (북방흰점팔랑나비), *Carterocephalus palaemon* (북방알락팔랑나비), *Carterocephalus silvicola* (수풀알락팔랑나비), *Papilio macilentus* (긴꼬리제비나비), *Lampides boeticus* (물결부전나비), *Artopoetes pryeri* (선녀부전나비), *Japonica saepestriata* (시가도귤빛부전나비), *Japonica lutea* (귤빛부전나비), *Erebia wanga* (외눈이지옥사촌나비), *Melitaea diamina* (은점어리표범나비), *Limenitis homeyeri* (제삼줄나비), *Aldania raddei* (어리세줄나비)
	1924(1)	Okamoto	*Nymphalis l-album* (갈구리신선나비)
	1925(5)	Mori	*Colias palaeno* (높은산노랑나비), *Polyommatus amandus* (함경부전나비), *Erebia cyclopius* (외눈이지옥나비), *Erebia edda* (분홍지옥나비), *Oeneis urda* (함경산뱀눈나비)
	1926(5)	Okamoto	*Satarupa nymphalis* (대왕팔랑나비), *Ussuriana michaelis* (금강산귤빛부전나비), *Araragi enthea* (긴꼬리부전나비), *Neptis philyra* (세줄나비), *Aldania themis* (산황세줄나비)
	1927(5)	Matsumura	*Aricia artaxerxes* (백두산부전나비), *Albulina optilete* (높은산부전나비), *Celastrina sugitanii* (산푸른부전나비), *Clossiana selenis* (꼬마표범나비), *Seokia pratti* (홍줄나비)
	1927(2)	Mori	*Polyommatus icarus* (연푸른부전나비), *Oeneis jutta* (높은산뱀눈나비)
	1929(1)	Cho	*Taraka hamada* (바둑돌부전나비)
	1929(1)	Matuda	*Cigaritis takanonis* (쌍꼬리부전나비)

Table 4. continue

1930s (41)	1930(2)	Sugitani	*Lycaena virgaureae* (검은테주홍부전나비), *Lycaena hippothoe* (암먹주홍부전나비)
	1930(1)	Matuda	*Favonius cognatus* (넓은띠녹색부전나비)
	1930(1)	Kishida & Nakamura	*Triphysa albovenosa* (줄그늘나비)
	1931(1)	Doi & Cho	*Thecla betulina* (개마암고운부전나비)
	1931(2)	Doi	*Antigius butleri* (담색긴꼬리부전나비), *Chitoria ulupi* (수노랑나비)
	1931(2)	Sugitani	*Clossiana euphrosyne* (은점선표범나비), *Euphydryas ichnea* (함경어리표범나비)
	1932(3)	Sugitani	*Spialia orbifer* (함경흰점팔랑나비), *Polyommatus semiargus* (후치령부전나비), *Neptis speyeri* (높은산세줄나비)
	1932(2)	Nakayama	*Favonius taxila* (산녹색부전나비), *Melitaea arcesia* (북방어리표범나비)
	1932(1)	Doi	*Erynnis popoviana* (꼬마멧팔랑나비)
	1933(3)	Doi	*Pyrgus alveus* (혜산진흰점팔랑나비), *Aricia eumedon* (대덕산부전나비), *Hipparchia autonoe* (산굴뚝나비)
	1933(1)	Sugitani	*Aricia chinensis* (중국부전나비)
	1934(5)	Seok	*Zizina emelina* (극남부전나비), *Celastrina filipjevi* (주을푸른부전나비), *Dilipa fenestra* (유리창나비), *Clossiana titania* (높은산표범나비), *Neptis andetria* (개마별박이세줄나비)
	1934(1)	Esaki	*Wagimo signata* (참나무부전나비)
	1934(1)	Doi & Cho	*Erebia rossii* (관모산지옥나비)
	1934(1)	Cho	*Oeneis magna* (큰산뱀눈나비)
	1935(1)	Doi	*Parnassius eversmanni* (황모시나비)
	1935(1)	Goltz	*Erebia radians* (민무늬지옥나비)
	1935(1)	Mori & Cho	*Erebia theano* (차일봉지옥나비)
	1935(1)	Nomura	*Aldania deliquata* (중국황세줄나비)
	1936(1)	Doi	*Carterocephalus argyrostigma* (은점박이알락팔랑나비)
	1936(2)	Sugitani	*Thymelicus lineola* (두만강꼬마팔랑나비), *Celastrina oreas* (회령푸른부전나비)
	1936(3)	Seok	*Isoteinon lamprospilus* (지리산팔랑나비), *Protantigius superans* (깊은산부전나비), *Mellicta plotina* (경원어리표범나비)
	1937(1)	Doi	*Lycaena helle* (남주홍부전나비)
	1937(1)	Seok	*Hypolimnas misippus* (암붉은오색나비)
	1937(1)	Sugitani	*Clossiana selene* (산은점선표범나비)
	1938(1)	Sugitani	*Erebia embla* (노랑지옥나비)
1940s (3)	1941(1)	Seok	*Erebia kozhantshikovi* (재순이지옥나비)
	1947(2)	Seok	*Maculinea alcon* (잔점박이푸른부전나비), *Junonia almana* (남방공작나비)
1950s (2)	1951(1)	Esaki & Shirozu	*Rapala arata* (울릉범부전나비)
	1959(1)	Weon	*Junonia orithya* (남색남방공작나비)
1960s (3)	1963(1)	Murayama	*Favonius yuasai* (검정녹색부전나비)
	1969(2)	Pak	*Udara albocaerulea* (남방푸른부전나비), *Hypolimnas bolina* (남방오색나비)
1970s (2)	1971(1)	Lee	*Plebejus argyrognomon* (부전나비)
	1973(1)	Lee	*Polytremis zina* (산팔랑나비)

Table 4. continue

1980s (6)	1982(3)	Lee	*Pontia chloridice* (북방풀흰나비), *Danaus genutia* (별선두리왕나비), *Danaus chrysippus* (끝검은왕나비)
	1985(1)	Wakabayashi & Fukuda	*Favonius korshunovi* (깊은산녹색부전나비)
	1987(2)	Im	*Colias tyche* (북방노랑나비), *Coenonympha glycerion* (북방처녀나비)
1990s (7)	1992(1)	Yoon & Kim	*Catopsilia pomona* (연노랑흰나비)
	1992(1)	Park	*Childrena childreni* (중국은줄표범나비)
	1993(1)	Kim & Kim	*Thermozephyrus ataxus* (남방녹색부전나비)
	1994(1)	Sibatani, Saigusa et Hirowatari	*Maculinea kurentzovi* (북방점박이푸른부전나비)
	1995(1)	Korshunov & Gorbunov	*Melitaea sutschana* (짙은산어리표범나비)
	1996(1)	Park	*Udara dilectus* (한라푸른부전나비)
	1996(1)	Oh	*Melanitis phedima* (큰먹나비)
2000s (9)	2002(1)	Ju	*Eurema brigitta* (검은테노랑나비)
	2002(2)	Joo & Kim	*Parantica melaneus* (대만왕나비), *Cyrestis thyodamas* (돌담무늬나비)
	2005(1)	Lee	*Colias fieldii* (새연주노랑나비)
	2006(1)	Park	*Papilio memnon* (멤논제비나비)
	2006(1)	Joo	*Chilades pandava* (소철꼬리부전나비)
	2006(1)	Kim	*Favonius koreanus* (우리녹색부전나비)
	2007(1)	Ju	*Pelopidas sinensis* (흰줄점팔랑나비)
	2007(1)	Kim	*Jamides bochus* (남색물결부전나비)
Total			280

1950 년 이전까지는 조복성과 석주명의 한국 연구자도 있었지만, 주로 Butler, Leech, Fixsen 등 서양인과 Doi 같은 일본인에 의해 한반도 토착종에 대한 초기록이 이루어져 왔다. 그 후 조복성 같은 국내 연구자들에 의해 주로 미접들이 추가되었으며, 김성수(2006)에 의해 '우리녹색부전나비'가 신종 으로 발표되기도 했다. 그리고 한반도 나비에 대한 초기록을 발표한 연구자는 51 명이다. 이를 국적별 로 살펴보면, 한국(남·북한)인 16 명, 일본인 22 명, 러시아인 2 명, 그리고 서양인 11 명이다.

한반도 나비의 분포학적 특징은 국내 자연생태계의 이해뿐만 아니라 극동 아시아의 생태적 특성 규명에도 의미가 있어 지속적인 연구가 필요하다. 향후 한반도에 추가 가능 나비 종들을 크게 살펴 보면, 1) 중국, 러시아의 접경지역 출현종, 2) 동양구계 나비 등의 미접, 3) 새로운 분류학적 연구로 인해 아종으로 취급된 것 중 독립된 종 등으로 한반도 나비의 종 다양성 평가 및 보전에 있어 이에 대한 지속적인 관심을 두어야 할 것이다.

나비 어른벌레의 주둥이(proboscis)는 꿀, 수액, 과즙, 동물배설물 등 액상체를 흡입할 수 있도록 용수철처럼 말 수 있는 긴 대롱 모양이다. 그리고 애벌레는 주로 경화된 턱으로 다양한 식물체를 먹으며, 일부 종은 개미, 진딧물과 공생하기도 한다. 특히, 나비 애벌레의 먹이 이용 특성은 그 지역의 자연환경과 매우 밀접해, 지구생태계의 상태와 변화를 전체적으로 파악하는 데 중요한 정보를 제공한다. 따라서 한반도 나비 단 한 종의 먹이 이용 특성이라도 범세계적으로는 매우 중요한 정보가 될 수 있으므로 한반도 나비의 먹이 이용 특성에 관련한 지속적인 연구가 필요하다.

한반도 나비 애벌레의 먹이식물에 대한 연구는 Doi(1919, 1932, 1934), Nakayama(1934), Takashi(1941), Kuto(1968), 신유항(1972, 1974, 1974a, 1975, 1979), 신유항과 홍재웅(1973), 최요한과 남상호(1976), 이승모와 Takakura(1981), 윤인호(1981, 1987), 손정달(1984, 1990, 1995, 1999, 2006, 2008), 김성수(1986), 윤인호(1987), 윤인호와 김성수(1986, 1989), 손정달과 김성수(1990, 1993), 김성수와 손정달(1992), 손정달 등(1992, 1995), 김소직(1993), 손정달과 박경태(1993, 1994, 2001), 윤인호와 주흥재(1993), 정헌천과 최수철(1996), 손상규(1999, 2000, 2000a, 2007), 조준달(2001), 홍상기(2003), 주흥재(2006), 주흥재 등(2008), 오해룡(2008), 김성수 등(2008) 등에 의해 이루어졌으며, 대부분 한국나비학회(The Lepidoptera's Society of Korea)의 연구자들에 의해 수행되어왔다. 그리고 먹이가 기록된 도감으로는 주동률과 임홍안(1987, 북한), 신유항(1989), 박규택과 김성수(1997), 주흥재 등(1997), 주흥재와 김성수(2002), 김용식(2002), 백유현 등(2007) 등이 있으며, 개미와 사회적 기생관계를 정리한 장용준(2006, 2007, 2007a), 바둑돌부전나비 애벌레의 진딧물 포식성을 확인한 신유항과 김성수(1988), 정헌천 등(1995)의 의미 있는 연구가 있다. 또한 민무늬귤빛부전나비 애벌레가 식수의 어린잎뿐만 아니라 진딧물을 포식하는 반육식성이라는 기록 또는 소개가 있다(주동률과 임홍안, 1987; 김용식, 2002).

그간 문헌상에 나타난 나비 애벌레의 먹이식물을 살펴 볼 때, 사육을 통해 생활사를 밝힌 논문들에서는 먹이식물이 뚜렷하나, 도감을 포함한 일부 자료에서는 직접 관찰하거나 사육해 확인한 것인지 불분명한 종이 상당수 있다. 국외 자료를 그대로 인용한 것으로 판단되는 고제호(1969) 등의 먹이식물 목록은 이번 먹이 정리에서 제외했으나, 현재 미접으로 취급되는 종과 북한 분포종에 대한 남한 연구자의 먹이식물 기록에 대해서는 문헌을 이용한 것인지 사육해 확인한 것인지 확인하기 어려운 종이 많다. 따라서 본문의 먹이식물은 국내의 최초 기록만 표기했으며, 국내에서 먹이식물의 기록이 없거나 적은 것은 국외 먹이식물 자료를 함께 표기했다. 또한 이 연구에서 누락된 여러 의미 있는 기록이 있을 것으로 생각하며, 나비 연구자들의 미발표된 기록도 많을 것이므로 차후 한반도 나비의 먹이 이용 습성을 정리하는 노력이 필요하다.

한편, 1992년 유엔환경개발회의에서 '환경적으로 건전하고 지속가능한 발전(ESSD)'이 채택된 이후 1996년 제2차 유엔인간정주회의 'Habitat Agenda (1996)'에서 삶의 질과 환경의 조화를 추구하는 '지속가능한 정주지 개발' 개념이 대두되었으며, 최근 도시 개발 시 생태주거, 친환경 주거단지 건설 측면에서 핵심 생물서식공간 확보 및 유지가 중요 사안으로 취급되고 있다. 국내에서도 1980년대부터 대규모 신도시 및 공원 조성, 수변정비 등에 수반된 다양한 생물서식지가 조성되고 있으며, 나비는 생물복원의 주요 목표 그룹으로 활용되고 있다. 물론 나비 복원 및 서식지 조성에 있어 단순한 먹이식물 식재보다는 1) 대상지의 지형경관 같은 기반 환경을 파악하고, 2) 주변 나비상을 자세히 살피며, 3) 확인된 나비의 발생 시기, 먹이원, 이동 등의 생태적 특성을 확인한 후, 4) 자연 이입이 가능한 목표 종 및 인위적인 도입이 필요한 목표 종을 설정하고, 5) 그에 알맞은 먹이원 및 환경을 조성하고, 6) 사후 모니터링을 실시해 평가·보완하는 종합적인 방안과 연계해 식재 계획이 이루어져야 한다. 그러나 한반도 나비의 먹이 이용 특성에 대해 현황을 종합적으로 파악할 수 있는 자료가 매우 적어 관련 업계에서 나비 복원 및 서식지 조성에 있어 적절한 계획을 수립할 수 없었던 것도 사실이며, 이 때문에 효율적이지 못했던 점도 많았다.

나비가 방화곤충(訪花昆蟲, flower visiting insect)으로 생태계 순환에 중요할 뿐만 아니라 대중의 기호성이 높은 곤충이어서 대규모 조경 계획 시 주요 생물복원의 목표 그룹이 되는 것을 감안할 때, 나비의 먹이 이용 특성은 학술적인 가치뿐만 아니라 생물복원 및 조경 등의 산업계에도 유용하게 활용될 것으로 기대한다. 저자들이 식물 전공자가 아니므로 자세한 적용은 조경 및 식물 관련 전문가에 의해 수행되길 바라며, 다만 외래식물보다는 아래의 자생식물을 활용하는 것이 바람직하다.

현재 활용되는 자료만을 종합해 한반도 나비의 먹이 이용 특성을 살펴보면 다음과 같다. 280종 중 국내에서 애벌레의 먹이원이 알려진 종은 소철꼬리부전나비를 포함한 220종(78.6%)이며, 먹이원이 알려져 있지 않은 종은 왕흰점팔랑나비를 포함한 60종(21.4%)이다(Table 5). 먹이 이용에 대한 기록을 확인할 수 없었던 종 대부분은 미접으로 취급되는 종 또는 북한의 북부 접경지역에서 기록된 종이다. 이들 종에 대한 국외의 먹이식물은 본문을 참조하기 바란다.

Table 5. Butterflies of the Korean Peninsula with unknown food sources

Type	No.of species	Butterflies spp.
Common species	3	*Ochlodes subhyalina* (유리창떠들썩팔랑나비), *Polytremis pellucida* (직작줄점팔랑나비), *Erebia cyclopius* (외눈이지옥나비)
S. Korea	3	*Ochlodes sylvanus* (산수풀떠들썩팔랑나비), *Rapala arata* (울릉범부전나비), *Neptis andetria* (개마별박이세줄나비)
N. Korea	40	*Muschampia gigas* (왕흰점팔랑나비), *Spialia orbifer* (함경흰점팔랑나비), *Erynnis popoviana* (꼬마멧팔랑나비), *Pyrgus alveus* (혜산진흰점팔랑나비), *Pyrgus speyeri* (북방흰점팔랑나비), *Carterocephalus argyrostigma* (은점박이알락팔랑나비), *Thymelicus lineola* (두만강꼬마팔랑나비), *Colias tyche* (북방노랑나비), *Colias fieldii* (새연주노랑나비), *Pontia chloridice* (북방풀흰나비), *Cupido minimus* (꼬마부전나비), *Aricia artaxerxes* (백두산부전나비), *Celastrina filipjevi* (주을푸른부전나비), *Polyommatus tsvetaevi* (사랑부전나비), *Polyommatus amandus* (함경부전나비), *Polyommatus icarus* (연푸른부전나비), *Polyommatus semiargus* (후치령부전나비), *Lycaena helle* (남주홍부전나비), *Lycaena virgaureae* (검은테주홍부전나비), *Lycaena hippothoe* (암먹주홍부전나비), *Coenonympha glycerion* (북방처녀나비), *Triphysa albovenosa* (줄그늘나비), *Erebia rossii* (관모산지옥나비), *Erebia embla* (노랑지옥나비), *Erebia edda* (분홍지옥나비), *Erebia radians* (민무늬지옥나비), *Erebia theano* (차일봉지옥나비), *Erebia kozhantshikovi* (재순이지옥나비), *Oeneis jutta* (높은산뱀눈나비), *Oeneis magna* (큰산뱀눈나비), *Euphydryas ichnea* (함경어리표범나비), *Mellicta plotina* (경원어리표범나비), *Melitaea didymoides* (산어리표범나비), *Melitaea sutschana* (짙은산어리표범나비), *Melitaea arcesia* (북방어리표범나비), *Clossiana selene* (산은점선표범나비), *Clossiana selenis* (꼬마표범나비), *Clossiana angarensis* (백두산표범나비), *Clossiana titania* (높은산표범나비)
Immigrant species	14	*Pelopidas sinensis* (흰줄점팔랑나비), *Papilio memnon* (멤논제비나비), *Eurema brigitta* (검은테노랑나비), *Catopsilia pomona* (연노랑흰나비), *Curetis acuta* (뾰죽부전나비), *Udara dilectus* (한라푸른부전나비), *Arhopala bazalus* (남방남색꼬리부전나비), *Parantica melaneus* (대만왕나비), *Danaus genutia* (별선두리왕나비), *Danaus chrysippus* (끝검은왕나비), *Melanitis phedima* (큰먹나비), *Junonia almana* (남방공작나비), *Cyrestis thyodamas* (돌담무늬나비), *Childrena childreni* (중국은줄표범나비)
Total		60

애벌레 먹이원이 알려진 한반도산 나비 중 식물만을 먹는 나비 213종과 반육식성이지만 식물을 먹는 민무늬굴빛부전나비 1종을 포함해 214종이 식물을 먹는 것으로 정리되었으며, 이 중 남방부전나비, 암먹부전나비, 푸른부전나비, 회령푸른부전나비, 작은홍띠점박이푸른부전나비, 큰점박이푸른부전나비, 고운점박이푸른부전나비, 부전나비, 붉은띠굴빛부전나비, 금강산굴빛부전나비, 범부전나비, 벚나무까마귀부전나비 12종은 식물을 먹으면서 개미와 사회적 기생을 하는 종이다. 그리고 순육식성은 진딧물을 포식하는 바둑돌부전나비 1종, 식물과 진딧물을 함께 먹는 반육식성은 민무늬굴빛부전나비 1종, 개미와 사회적 기생을 하면서 진딧물을 포식하는 반육식성은 담흑부전나비 1

종이다. 즉 순육식성 나비는 1 종, 반육식성 나비는 2 종이다. 반면, 산푸른부전나비, 중점박이푸른부전나비, 잔점박이푸른부전나비, 쌍꼬리부전나비 4 종은 식물을 먹지 않고, 개미류와 사회적 기생을 하는 종으로 정리되었다(Table 6).

Table 6. Food sources of butterflies of the Korean Peninsula

	Type of food source	No.of species	Butterflies spp.
Phytophagous (213 spp.)	Only Phytophagous	201	*T. leonine* (줄꼬마팔랑나비) etc.
	Host plants + Ant social parasitism	12	*P. maha* (남방부전나비)
Carnivorous (3 spp.)	Only Carnivorous	1	*T. hamada* (바둑돌부전나비)
	Omnivorous : Host plants + Aphids	1	*S. jonasi* (민무늬귤빛부전나비)
	Omnivorous : Aphids + Ant social parasitism	1	*N. fusca* (담흑부전나비) etc.
Myrmecophile		4	*C. sugitanii* (산푸른부전나비) etc.
Unknown		60	*M. gigas* (왕흰점팔랑나비) etc.
Total		280	

식식성 나비의 먹이식물 특이성을 살펴보면, 팔랑나비과는 총 37 종 중 16 종이 벼과 식물에 기주 특이성이 가장 높게 나타났으며, 줄꼬마팔랑나비는 침엽수인 주목과 식물(비자나무)을 다른 식물과 함께 이용하는 것으로 밝혀졌다. 호랑나비과는 총 16 종 중 7 종이 운향과 식물을 이용하고 있어 운향과 식물 기주 특이성이 가장 높게 나타났으며, 제비나비는 침엽수인 소나무과 식물(분비나무)을 다른 식물과 함께 이용하고 있다. 흰나비과는 총 22 종 중 6 종이 십자화과 및 콩과 식물을 각각 이용하고 있어 십자화과 및 콩과 식물 기주 특이성이 가장 높게 나타났다. 부전나비과는 총 79 종 중 20 종이 참나무과 식물을 이용하고 있어 참나무과 식물 기주 특이성이 가장 높게 나타났으며, 그 외 14 종이 장미과 식물을, 11 종이 콩과 식물을 이용하고 있다. 그리고 소철꼬리부전나비는 침엽수인 나자식물강의 소철과 식물(소철)을 이용하고 있다. 네발나비과는 총 126 종 중 느릅나무과 및 제비꽃과 식물을 각각 15 종이 이용하고 있어 느릅나무과 및 제비꽃과 식물을 가장 선호하는 것으로 나타났으며, 그 외 쐐기풀 및 인동과 식물을 각각 7 종, 버드나무과 및 장미과 식물을 각각 6 종이 이용하고 있다. 그리고 홍줄나비는 침엽수인 소나무과 식물(잣나무)을 이용하고 있다(Table 7).

Table 7. Characteristic food sources by the butterfly family of the Korean Peninsula

Family of the butterflies	No. of Species	Family of host plants (No. of the butterflies)		
HESPERIIDAE 팔랑나비과	37	Gymnospermae 나자식물강	Taxaceae (주목과)(1)	
		Angiospermae 피자식물강	Monocotyledoneae 단자엽식물아강	Gramineae (벼과)(16), Cyperaceae (사초과)(4), Dioscoreaceae (마과)(1)
			Dicotyledoneae 쌍자엽식물아강	Rosaceae (장미과)(2), Fagaceae (참나무과)(1), Leguminoceac (콩과)(1), Rutaceae (운향과)(1), Sabiaceae (나도밤나무과)(1), Caprifoliaceae (인동과)(1), Araliaceae (두릅나무과)(1), Plantaginaceae (질경이과)(1)
PAPILIONIDAE 호랑나비과	16	Gymnospermae 나자식물강	Pinaceae (소나무과)(1)	
		Angiospermae 피자식물강	Dicotyledoneae 쌍자엽식물아강	Rutaceae (운향과)(7), Rubiaceae (꼭두선이과)(1) Aristolochiaceae (쥐방울덩굴과)(3), Tiliaceae (피나무과)(3), Lauraceae (현호색과)(2), Crassulaceae (돌나물과)(2), Verbenaceae (마편초과)(2), Menispermaceae (방기과)(1), Lauraceae (녹나무과)(1), Leguminoceae (콩과)(1), Umbelliferae (산형과)(1), Cornaceae (층층나무과)(1), Asclepiadaceae (박주가리과)(1), Acanthaceae (쥐꼬리망초과)(1),
PIERIDAE 흰나비과	22	Angiospermae 피자식물강	Dicotyledoneae 쌍자엽식물아강	Cruciferae (십자화과)(6), Ericaceae (진달래과)(1) Leguminoceae (콩과)(6), Rhamnaceae (갈매나무과)(2), Juglandaceae (가래나무과)(1), Rosaceae (장미과)(2),
LYCAENIDAE 부전나비과	79	Gymnospermae 나자식물강	Cycadaceae (소철과)(1)	
		Angiospermae 피자식물강	Dicotyledoneae 쌍자엽식물아강	Fagaceae (참나무과)(20), Rosaceae (장미과)(14), Leguminoceae (콩과)(11), Labiatae (꿀풀과)(1), Oxalidaceae (괭이밥과)(1), Caprifoliaceae (인동과)(2), Cornaceae (층층나무과)(1), Oleaceae (물푸레나무과)(3), Rhamnaceae (갈매나무과)(3), Ericaceae (진달래과)(3), Salicaceae (버드나무과)(2), Juglandaceae (가래나무과)(2), Polygonaceae (마디풀과)(2), Crassulaceae (돌나물과)(2), Butulaceae (자작나무과)(1), Compositae (국화과)(1) Ulmaceae (느릅나무과)(1), Urticaceae (쐐기풀과)(1), Portulacaceae (쇠비름과)(1), Saxifragaceae (범의귀과)(1), Staphyleaceae (고추나무과)(1), Symplocaceae (노린재나무과)(1), Plantaginaceae (질경이과)(1),
NYMPHALIDAE 네발나비과	126	Gymnospermae 나자식물강	Pinaceae(소나무과)(1)	
		Angiospermae 피자식물강	Monocotyledoneae 단자엽식물아강	Gramineae (벼과)(25), Cyperaceae (사초과)(14), Liliaceae (백합과)(1)

Table 7. continue

NYMPHALIDAE 네발나비과	126	Angiospermae 피자식물강	Dicotyledoneae 쌍자엽식물아강	Ulmaceae (느릅나무과)(15), Violaceae (제비꽃과)(15), Urticaceae (쐐기풀과)(7), Caprifoliaceae (인동과)(7), Salicaceae(버드나무과)(6), Rosaceae (장미과)(6), Butulaceae (자작나무과)(4), Fagaceae (참나무과)(4), Compositae (국화과)(4), Cannabinaceae (삼과)(2), Leguminoceae (콩과)(2), Verbenaceae (마편초과)(2), Aristolochiaceae (쥐방울덩굴과)(1), Portulacaceae (쇠비름과)(1), Ranunculaceae (미나리아재비과)(1), Aceraceae (단풍나무과)(1), Sabiaceae (나도밤나무과)(1), Rhamnaceae (갈매나무과)(1), Vitaceae (포도과)(1), Sterculiaceae (벽오동과)(1), Umbelliferae (산형과)(1), Asclepiadaceae (박주가리과)(1), Convolvulaceae (메꽃과)(1), Scrophulariaceae (현삼과)(1), Acanthaceae (쥐꼬리망초과)(1), Plantaginaceae (질경이과)(1), Valerianaceae (마타리과)(1), Dipsacaceae (산토끼꽃과)(1)
Total	280			

식식성 나비 애벌레의 식물별 이용 특성을 살펴보면 다음과 같다. 한반도 나비 애벌레는 총 349 종(피자식물강 345 종, 나자식물강 4 종)의 식물을 먹이로 이용하고 있다. 침엽수인 나자식물강에서는 소철과 1 종, 주목과 1 종, 소나무과 2 종, 총 4 종의 침엽수를 팔랑나비과, 호랑나비과, 부전나비과, 네발나비과의 각각 1 종이 이용하는 것으로 확인되었다. 피자식물강 중 단자엽식물아강에서는 총 68 종의 식물을 46 종(팔랑나비과 18 종, 네발나비과 28 종)의 나비가 이용하고 있으며, 이 중 벼과 식물을 41 종의 나비가 이용하며, 단자엽식물 중에서는 벼과 식물에 적응성이 높은 것으로 나타났고, 18 종의 나비가 사초과 식물을 이용하고 있다. 쌍자엽식물아강에서는 총 277 종의 식물을 171 종(팔랑나비과 10 종, 호랑나비과 15 종, 흰나비과 17 종, 부전나비과 57 종, 네발나비과 72 종)의 나비가 이용하고 있으며, 이 중 참나무과를 25 종의 나비가 이용해 쌍자엽식물 중에서는 참나무과 식물 선호도가 가장 높으며, 그 외 장미과 식물을 24 종, 콩과 식물을 21 종, 느릅나무과 식물을 16 종, 제비꽃과 식물을 15 종, 인동과 식물을 10 종의 나비가 이용해 비교적 많은 나비가 선호하는 것으로 나타났다(Table 8).

Table 8. Characteristic food-plant sources of butterflies of the Korean Peninsula

Taxon of Plants	No. of Plants	Butterflies spp.					
		Total	HESPERIIDAE 팔랑나비과	PAPILIONIDAE 호랑나비과	PIERIDAE 흰나비과	LYCAENIDAE 부전나비과	NYMPHALIDAE 네발나비과
Gymnospermae (나자식물강)	4	4	1	1		1	1
Cycadaceae (소철과)	1	1				1	
Taxaceae (주목과)	1	1	1				
Pinaceae (소나무과)	2	2		1			1
Angiospermae (피자식물강)	345	212	26	15	17	58	96
Monocotyledoneae (단자엽식물아강)	68	46	18				28
Gramineae (벼과)	45	41	16				25
Cyperaceae (사초과)	16	18	4				14
Liliaceae (백합과)	3	1					1
Dioscoreaceae (마과)	4	1	1				
Dicotyledoneae (쌍자엽식물아강)	277	171	10	15	17	57	72
Salicaceae (버드나무과)	10	8				2	6
Juglandaceae (가래나무과)	4	3			1	2	
Butulaceae (자작나무과)	8	6			1	1	4
Fagaceae (참나무과)	11	25	1			20	4
Ulmaceae (느릅나무과)	5	16				1	15
Cannabinaceae (삼과)	3	2					2
Urticaceae (쐐기풀과)	8	8				1	7
Aristolochiaceae (쥐방울덩굴과)	4	4		3			1
Polygonaceae (마디풀과)	5	2				2	
Portulacaceae (쇠비름과)	2	2				1	1

Table 8. continue

Ranunculaceae (미나리아재비과)	1	1				1
Menispermaceae (방기과)	1	1		1		
Lauraceae (녹나무과)	2	1		1		
Lauraceae (현호색과)	5	2		2		
Cruciferae (십자화과)	28	6			6	
Crassulaceae (돌나물과)	7	4		2		2
Saxifragaceae (범의귀과)	1	1				1
Rosaceae (장미과)	33	24	2		2	14	6
Leguminoceae (콩과)	46[1]	21	1	1	6	11	2
Oxalidaceae (괭이밥과)	3	1				1
Rutaceae (운향과)	10	8	1	7		
Staphyleaceae (고추나무과)	1	1				1
Aceraceae (단풍나무과)	2	1					1
Sabiaceae (나도밤나무과)	2	2	1				1
Rhamnaceae (갈매나무과)	3	6			2	3	1
Vitaceae (포도과)	1	1					1
Tiliaceae (피나무과)	1	3		3		
Sterculiaceae (벽오동과)	1	1					1
Violaceae (제비꽃과)	4[2]	15					15
Araliaceae (두릅나무과)	1	1	1			
Umbelliferae (산형과)	13	2		1			1
Cornaceae (층층나무과)	2	2		1		1

Table 8. continue

Ericaceae (진달래과)	4	4			1	3	
Symplocaceae (노린재나무과)	1	1				1	
Oleaceae (물푸레나무과)	8[3]	3				3	
Asclepiadaceae (박주가리과)	4	2		1			1
Convolvulaceae (메꽃과)	2	1					1
Verbenaceae (마편초과)	2	4		2			2
Labiatae (꿀풀과)	1	1				1	
Scrophulariaceae (현삼과)	1	1					1
Acanthaceae (쥐꼬리망초과)	2	2		1			1
Plantaginaceae (질경이과)	1	3	1			1	1
Rubiaceae (꼭두선이과)	1	1		1			
Caprifoliaceae (인동과)	9	10	1			2	7
Valerianaceae (마타리과)	2	1					1
Dipsacaceae (산토끼꽃과)	1	1					1
Compositae (국화과)	10	5				1	4

[1] 돌말구레풀(North Korea Name), 가는말구래풀(North Korea Name), 관모우메자운(North Korea Name) 포함
[2] *Viola* spp. (제비꽃류) 포함
[3] 산회나무(North Korea Name)

식물 종별로 살펴보면, 24 종의 나비가 먹이식물로 이용하는 벼과의 참억새가 가장 많은 나비가 먹이식물로 이용하는 식물로 확인되었으며, 참나무과의 떡갈나무 및 졸참나무가 각각 15 종, 참나무과의 갈참나무가 13 종, 제비꽃과의 제비꽃류가 12 종, 벼과의 기름새 및 큰기름새가 각각 11 종, 벼과의 강아지풀, 참나무과의 상수리나무, 느릅나무과의 느릅나무가 각각 10 종, 벼과의 바랭이, 참나무과의 물참나무, 신갈나무가 각각 9 종, 벼과의 벼 및 주름조개풀, 느릅나무과의 팽나무가 각각 8 종, 벼과의 띠가 7 종, 벼과의 새포아풀, 참나무과의 굴참나무, 느릅나무과의 풍게나무, 장미과의 벗나무 및 조팝나무, 콩과의 칡 및 아까시나무, 운향과의 머귀나무, 산초나무, 탱자나무, 황벽나무,

인동과의 인동덩굴 및 올괴불나무가 각각 6 종의 나비가 먹이식물로 이용하는 것으로 확인되었다 (Table 9). 그 외의 식물은 1-5 종의 나비가 먹이식물로 이용하는 것으로 확인되었다. 먹이식물로 이용되는 식물종별 나비 종은 [Appendix 3]과 같다.

Table 9. Major food sources of butterflies of the Korean Peninsula

Host Plants	Butterflies spp.	
	No. of Species	Major group
M. sinensis var. *inensis* (참억새(벼과))	24	Hesperiinae spp., Satyrinae spp.
Quercus dentata (떡갈나무(참나무과))	15	Hesperiinae spp., Theclinae spp., Limenitidinae spp.
Quercus serrata (졸참나무(참나무과))		
Quercus aliena (갈참나무(참나무과))	13	Theclinae spp.
Viola spp. (제비꽃류(제비꽃과))	12	Nymphalinae spp.
Spodiopogon cotulifer (기름새(벼과))	11	Hesperiinae spp., Satyrinae spp.
Spodiopogon sibiricus (큰기름새(벼과))		
Setaria viridis (강아지풀(벼과))	10	Hesperiinae spp., Satyrinae spp.
Quercus acutissima (상수리나무(참나무과))		Theclinae spp., Limenitidinae spp.
U. davidiana var. *japonica* (느릅나무(느릅나무과))		Theclinae spp., Nymphalinae spp.
Digitaria ciliaris (바랭이(벼과))	9	Hesperiinae spp., Satyrinae spp.
Q. mongolica var. *crispula* (물참나무(참나무과))		Theclinae spp.
Quercus mongolica (신갈나무(참나무과))		Hesperiinae spp., Theclinae spp., Limenitidinae spp.
O. sativa var. *sativa* (벼(벼과))	8	Hesperiinae spp., Satyrinae spp.
O. undulatifolius var. *undulatifolius* (주름조개풀(벼과))		Hesperiinae spp., Satyrinae spp.
Celtis sinensis (팽나무(느릅나무과))		Nymphalinae spp.
I. cylindrica var. *koenigii* (띠(벼과))	7	Hesperiinae spp., Satyrinae spp.

Table 9. continue

Poa annua (새포아풀(벼과))	6	Hesperiinae spp., Satyrinae spp.
Quercus variabilis (굴참나무(참나무과))		Theclinae spp.
Celtis jessoensis (풍게나무(느릅나무과))		Nymphalinae spp.
Prunus serrulata var. *spontanea* (벗나무(장미과))		Pierinae spp., Theclinae spp.
S, prunifolia for. *simpliciflora* (조팝나무(장미과))		Theclinae spp., Limenitidinae spp.
Pueraria lobata (칡(콩과))		Hesperiinae spp., Theclinae spp., Limenitidinae spp.
Robinia pseudoacacia (아까시나무(콩과))	6	Hesperiinae spp., Coliadinae spp., Polyommatine spp. Limenitidinae spp.
Zanthoxylum ailanthoides (머귀나무(운향과))		Papilioninae spp.
Zanthoxylum schinifolium (산초나무(운향과))		Hesperiinae spp., Papilioninae spp.
Poncirus trifoliata (탱자나무(운향과))		Papilioninae spp.
Phellodendron amurense (황벽나무(운향과))		Hesperiinae spp., Papilioninae spp.
Lonicera japonica (인동덩굴(인동과))		Hesperiinae spp., Nymphalinae spp., Limenitidinae spp.
Lonicera praeflorens (올괴불나무(인동과))		Limenitidinae spp.

개미류와 사회적 기생(social parasitism)하는 나비는 다음과 같이 17종이며, 개미 21종과 관계 있는 것으로 정리되었다. 개미 종별로 살펴보면, 일본풀개미가 벗나무까마귀부전나비 등 9종의 나비와 사회적 기생관계에 있으며, 주름개미와 일본왕개미가 각각 7종, 곰개미가 5종, 스미스개미, 마쓰무라밑들이개미 및 누운털개미가 각각 4종의 나비와 사회적 기생관계에 있고, 그 외는 1-3종의 나비와 사회적 기생관계에 있는 것으로 파악되었다(Table 10). 차후 이처럼 식물을 먹이원으로 이용하지 않는 나비 유충의 생태적 특성은 우리나라의 지역적 특성이 높은 연구 자료이므로 관련 연구자들의 지속적인 연구가 진행되길 희망한다.

Table 10. Ants in social parasitism with butterflies in the Korean Peninsula

Ants spp.	Butterflies spp.
Paratrechina flavipes (스미스개미)	*P. maha* (남방부전나비), *C. argiades* (암먹부전나비), *C. argiolus* (푸른부전나비), *P. argyrognomon* (부전나비)
Pheidole fervida (극동혹개미)	*P. maha* (남방부전나비)
Pristomyrmex pungens (그물등개미)	*P. maha* (남방부전나비)
Myrmica ruginodis (빗개미)	*M. arionides* (큰점박이푸른부전나비), *M. alcon* (잔점박이푸른부전나비), *M. teleius* (고운점박이푸른부전나비)
M. kotokui (코토쿠뿔개미)	*M. teleius* (고운점박이푸른부전나비)
M. silvestrii (주름뿔개미)	*M. teleius* (고운점박이푸른부전나비)
M. sulcinodis (어리뿔개미)	*M. alcon* (잔점박이푸른부전나비)
M. scabrinodis (나도빗개미)	*M. cyanecula* (중점박이푸른부전나비), *M. alcon* (잔점박이푸른부전나비), *M. teleius* (고운점박이푸른부전나비)
Tetramorium tsushimae (주름개미)	*P. maha* (남방부전나비), *C. argiades* (암먹부전나비), *C. argiolus* (푸른부전나비), *C. oreas* (회령푸른부전나비), *S. orion* (작은홍띠점박이푸른부전나비), *P. argyrognomon* (부전나비), *R. caerulea* (범부전나비)
Camponotus japonicas (일본왕개미)	*N. fusca* (담흑부전나비), *P. maha* (남방부전나비), *C. argiades* (암먹부전나비), *C. argiolus* (푸른부전나비), *C. sugitanii* (산푸른부전나비), *P. argyrognomon* (부전나비), *R. caerulea* (범부전나비)
Formica japonica (곰개미)	*P. maha* (남방부전나비), *C. argiades* (암먹부전나비), *C. argiolus* (푸른부전나비), *P. argyrognomon* (부전나비), *R. caerulea* (범부전나비)
F. hayashi (하야시털개미)	*P. maha* (남방부전나비), *R. caerulea* (범부전나비)
F. yessensis (불개미)	*C. argiolus* (푸른부전나비), *R.caerulea* (범부전나비)
F. fusca (혹불개미)	*C. argiolus* (푸른부전나비), *P. argyrognomon* (부전나비)
F. truncorum (트렁크불개미)	*C. argiolus* (푸른부전나비), *R. caerulea* (범부전나비)
Lasius alienus (누운털개미)	*C. sugitanii* (산푸른부전나비), *S. orion* (작은홍띠점박이푸른부전나비), *P. argyrognomon* (부전나비), *R. caerulea* (범부전나비)
L. niger (고동털개미)	*C. argiolus* (푸른부전나비), *P. argyrognomon* (부전나비)
L. japonicas (일본풀개미)	*P. maha* (남방부전나비), *C. argiades* (암먹부전나비), *C. argiolus* (푸른부전나비), *C. sugitanii* (산푸른부전나비), *S. pruni* (벚나무까마귀부전나비), *P. argyrognomon* (부전나비), *C. raphaelis* (붉은띠귤빛부전나비), *U. michaelis* (금강산귤빛부전나비), *R. caerulea* (범부전나비)
L. fuliginosus (풀개미)	*C. argiolus* (푸른부전나비)
Crematogaster matsumurai (마쓰무라밑들이개미)	*C. argiades* (암먹부전나비), *C. argiolus* (푸른부전나비), *R. caerulea* (범부전나비), *C. takanonis* (쌍꼬리부전나비)
C. teranishii (테라니시털개미)	*C. argiolus* (푸른부전나비), *R. caerulea* (범부전나비)
Ants spp.: 21 species	Butterflies spp.: 17 species

일러두기(Explanatory notes)

■ 학명적용은 Wahlberg *et al.*, (2008) 등의 관련 문헌 및 도서들과 관련 주요 데이터베이스를 비교 검토해 가장 보편적이고 적절하다고 판단되는 분류 체계 및 종명을 선택해 한반도 나비류의 분류 체계 및 종 목록을 작성했다. 이 연구에서 참조한 주요 데이터베이스는 다음과 같다.

-Lepidoptera and some life forms http://www.funet.fi/pub/sci/bio/life/intro.html
-The Global Lepidoptera Name Index
 http://www.nhm.ac.uk/jdsml/research-curation/research/projects/lepindex/index.dsml
-Tree of life web Project http://tolweb.org/tree/
-Catalogue of Life, ITIS http://www.catalogueoflife.org/search.php
-GBIF http://data.gbif.org/welcome.htm

■ 먹이식물의 학명 및 국명은 국립수목원의 '국가식물표준목록'의 정명을 기준으로 했고, 북한명으로 기록되어 불분명한 일부 식물종은 북한명 그대로 사용했다. 그리고 먹이식물의 분류체계는 이창복(1989)의 '대한식물도감'을 따랐다.

-국가표준식물목록(Korean Plant Names Index) http://www.nature.go.kr/kpni/

■ 과거 문헌에서 인용하게 된 일본식 지명은 NGA GEOnet Names Server (GNS)의 기준명(BGN Standard)을 사용했으며, GNS 에 누락된 일본식 지명은 저자들의 개인자료와 이승모(1973a) 등의 자료를 참조했다.

-GEOnet Names Server (GNS) http://earth-info.nga.mil/gns/html/index.html

■ 한글의 영문지명 표기는 2000 년 7 월에 문화관광부에서 고시한 '한국로마자표기법'을 따랐다. 본문에 전환된 일본식 지명은 <부록 표 1>과 같다. 본문에 사용한 도(道, Province) 등 약자는 다음과 같다.

HB: Hamgyeong-bukdo (함경북도)	HN: Hamgyeong-namdo (함경남도)
YG: Yanggang-do (양강도)	JG: Jagang-do (자강도)
PB: Pyeongan-bukdo (평안북도)	PN: Pyeongan-namdo (평안남도)
HNs: Hwanghae-namdo (황해남도)	HBs: Hwanghae-bukdo (황해북도)
GW: Gangweon-do (강원도)	GG: Gyeonggi-do (경기도)
CB: Chungcheong-bukdo (충청북도)	CN: Chungcheong-namdo (충청남도)
GB: Gyeongsang-bukdo (경상북도)	GN: Gyeongsang-namdo (경상남도)
JB: Jeonra-bukdo (전라북도)	JN: Jeonra-namdo (전라남도)
JJ: Jeju-do (제주도)	S.Korea: South Korea (남한)
N.Korea: North Korea (북한)	TL: type locality (모식산지)
TS: type species (모식종)	missp.: misspelling (철자를 틀리게 씀)

Order **LEPIDOPTER** 나비목

Superfamily **HESPERIOIDEA** Wallengren, 1861 팔랑나비상과

Family **HESPERIIDAE** Latreille, 1809 팔랑나비과

Hesperiidae Latreille, 1809; *Genera Crustaceorum et Insectorum secundum ordinem naturalem in familias disposita, iconibus exemplisque plurimis explicata,* 4: 187, 207. Type-genus: *Hesperia* Fabricius, 1793.

전 세계에 적어도 3,600 종 이상이 알려져 있는 큰 분류군이다(Korshunov & Gorbunov, 1995). 팔랑나비는 대부분 소형이거나 보통 크기다. 일반적으로 큰 복안이 있으며, 더듬이는 짧고, 끝이 뭉툭한 갈고리 모양이다. 몸은 뚱뚱하고 짧으며, 날개도 작아 빠르게 움직인다. 일반적으로 팔랑나비과를 Coeliadinae, Euschemoninae, Eudaminae, Pyrginae, Heteropterinae, Trapezitinae, Hesperiinae 의 7 아과로 구분한다(Tree of Life web project: by Warren et al., 2008). 한반도에는 4 아과 37 종이 알려져 있다. 북한 과명은 '희롱나비과'다.

Subfamily **COELIADINAE** Evans, 1897 수리팔랑나비아과

전 세계에 7 속 150 종 이상, 한반도에는 *Bibasis, Choaspes* 의 2 속 3 종이 알려져 있다. 큰 팔랑나비로, 아랫입술수염 두 번째 마디부터 위로 향하고, 세 번째 마디는 인편(Scale, 鱗片)으로 덮여있지 않다. 대부분 상록수림 내에서 서식한다. 애벌레는 무늬가 뚜렷하며 잎을 철하고 그 속에서 번데기가 된다.

Genus *Bibasis* Moore, [1881]

Bibasis Moore, [1881]; *Lepid. Ceylon,* 1(4): 160. TS: *Goniloba sena* Moore.

= *Ismene* Swainson, [1820]; *Zool. Illustr.,* (1)1: pl. 16 (preocc. Ismene Savigny, 1816). TS: *Ismene oedipodea* Swainson.

= *Burara* Swinhoe, 1893; *Trans. ent. Soc. Lond.,* 1893: 329. TS: *Ismene vasutana* Moore.

전 세계에 22 종 이상이 알려져 있으며 대부분 아시아에 분포한다. 한반도에는 독수리팔랑나비와 큰수리팔랑나비 2종이 알려져 있다.

1. *Bibasis aquilina* (Speyer, 1879) 독수리팔랑나비

Ismene aquilina Speyer, 1879; *Stett. ent. Ztg.,* 40: 346. TL: Vladivostok and Askold Island, Ussuri Bay (Russia).

Ismene acquilina : Matsumura, 1919: 32; Mori & Cho, 1938: 90 (Loc. Korea).

Burara aquilina : Esaki, 1939: 217 (Loc. Korea); Seok, 1939: 323; Seok, 1947: 9.

Bibasis aquilina : Kim & Mi, 1956: 392, 403; Cho, 1959: 78; Kim, 1960: 267; Ko, 1969: 188; Lee, 1973: 1; Lewis, 1974; Kim, 1976: 6; Lee, 1982: 93; Im (N.Korea), 1987: 43; Ju & Im (N.Korea), 1987: 209; Shin, 1989: 211; Shin, 1990: 163; Kim & Hong, 1991: 399; ESK & KSAE, 1994: 382; Chou Io (Ed.), 1994: 693; Tuzov *et al.*, 1997; Joo *et al.*, 1997: 341; Park & Kim, 1997: 324; Kim, 2002: 240; Lee, 2005a: 23.

Distribution. Korea, South Primorye, Japan, NE.China.

First reported from Korean peninsula. Matsumura, 1919; *Thous. Ins. Jap.,* 3: 32 (Loc. Korea).

North Korean name. 독수리희롱나비(임홍안, 1987; 주동률과 임홍안, 1987: 209).

Host plant. Korea: 두릅나무과(음나무)(손정달, 1984). Russia: 두릅나무과(음나무(*Kalopanax septemlobus*)(Tuzov *et al.*, 1997).

Remarks. 아종으로는 *B. a. chrysaeglia* (Butler, [1882]) (Loc. Japan), *B. a. siola* Evans (Loc. China)의 2종이 알려져 있다(Chou Io (Ed.), 1994: 693). 한반도에는 중 북부의 산림지역에 국지적으로 분포하며, 남한 지역에서는 강원도 북부에서 볼 수 있다. 연 1회 발생하며, 6월 하순부터 8월에 걸쳐 높은 산지에서 볼 수 있다. 강원도 일부 지역에서는 한 여름 화장실 주변에서 많은 개체가 관찰되기도 한다. 애벌레로 월동한다(주동률과 임홍안, 1987). 날개는 갈색이며, 앞날개 아랫면에는 황색 점이 있어 근연종인 큰수리팔랑나비와 구별된다. 현재의 국명은 석주명(1947: 9)에 의한 것이다.

2. *Bibasis striata* (Hewitson, [1867]) 큰수리팔랑나비

Ismene striata Hewitson, [1867]; *Ill. exot. Butt.,* 4(61): [102], pl. 54, figs. 6-7. TL: China.

Ismene septentrionis : Okamoto, 1923: 70; Seok, 1939: 336; Seok, 1947: 10; Cho & Kim, 1956:

63; Kim & Mi, 1956: 403; Cho, 1959: 82; Kim, 1960: 280; Kim, 1976: 8.

Ismene septentrionalis : Kishida & Nakayama, 1936: 19 (Loc. Korea).

Bibasis septentrionalis : Lewis, 1974, pl. 207, fig. 17; Shin, 1975a: 43.

Bibasis striata : Lee, 1982: 93; Joo (Ed.), 1986: 18; Im (N.Korea), 1987: 43; Ju & Im (N.Korea), 1987: 209; Shin, 1989: 211; Shin, 1990: 162; Kim & Hong, 1991: 399; ESK & KSAE, 1994: 382; Chou Io (Ed.), 1994: 693; Joo *et al.*, 1997: 340; Park & Kim, 1997: 323; Kim, 2002: 241; Lee, 2005a: 23; Inayoshi, 2007.

Distribution. Korea, W.China, Vietnam.

First reported from Korean peninsula. Okamoto, 1923; *Cat. Spec. Exh. Chos.,* p. 70 (Loc. Korea).

North Korean name. 수리희롱나비(임홍안, 1987; 주동률과 임홍안, 1987: 209).

Host plant. Korea: 두릅나무과(음나무)(김용식, 2002).

Remarks. 한반도에는 중부 일대에 국지적으로 분포한다. 확인된 서식지 및 개체수가 매우 적어 멸종 위험이 높은 종이다. 연 1회 발생하며, 6월 중순부터 7월 중순에 걸쳐 나타난다(주동률과 임홍안, 1987). 현재의 국명은 석주명(1947: 10)에 의한 것이다.

Genus *Choaspes* Moore, [1881]

Choaspes Moore, [1881]; *Lepid. Ceylon,* 1(4): 158. TS: *Hesperia benjaminii* Guérin-Méneville.

전 세계에 8 종이 알려져 있으며, 대부분 아시아 남부에 분포한다. 한반도에는 푸른큰수리팔랑나비 1 종이 알려져 있다.

3. *Choaspes benjaminii* (Guérin-Méneville, 1843) 푸른큰수리팔랑나비

Hesperia benjaminii Guérin-Méneville, 1843; in Delessert, *Souvenirs Voy. Inde,* 2(2): 79, pl. 22, fig. 2. TL: Nilgiris (S.India).

Rhopalocampta benjamini japonica : Doi, 1919; 127; Okamoto, 1924: 93 (Loc. Jejudo (Is.)); Seok, 1939: 353; Seok, 1947: 10; Cho & Kim, 1956: 65; Seok, 1972 (Rev. Ed.): 221.

Choaspes benjamini japonica : Kim & Mi, 1956: 393, 403; Cho, 1959: 79; Kim, 1960: 278; Cho, 1963: 191; Cho *et al.*, 1968: 255; Hyun & Woo, 1970: 78; Shin & Koo, 1974: 134; Kim, 1976: 7.

Choaspes benjaminii japonica : Ko, 1969: 188; Joo *et al.*, 1997: 412; Joo & Kim, 2002: 138; Kim, 2002: 242.

Choaspes benjaminii : Lewis, 1974; Lee, 1982: 93; Im (N.Korea), 1987: 43; Ju & Im (N.Korea), 1987: 211; Shin, 1989: 211; Kim & Hong, 1991: 400; Heppner & Inoue, 1992: 130; ESK & KSAE, 1994: 383; Paek, 1994: 59; Chou Io (Ed.), 1994: 698; Paek, 1996: 10; Joo *et al.*, 1997: 342; Park & Kim, 1997: 325; Lee, 2005a: 23.

Distribution. S.Korea, Japan, Taiwan, India-Assam, N.Burma.

First reported from Korean peninsula. Doi, 1919; *Tyōsen Ihō*, 58: 127 (Loc. Gangneung (GW, Korea)).

North Korean name. 푸른희롱나비(임홍안, 1987; 주동률과 임홍안, 1987: 211).

Host plants. Korea: 나도밤나무과(나도밤나무)(손정달, 1984); 나도밤나무과(합다리나무)(주흥재 등, 1997).

Remarks. 아종으로는 *C. b. japonica* (Murray, 1875) (Loc. Korea, Japan)와 *C. b. formosana* (Fruhstorfer, 1911) (Loc. Taiwan), 그리고 *C. b. flavens* Eliot, 1992 (Loc. Malaysia)의 3종이 알려져 있다. 한반도에서는 남부지방의 활엽수림에 서식하며, 여름에 경기도 도서지방에서 관찰되기도 한다(백문기, 1994, 1996; 백문기 등, 2000). 연 2회 발생하며, 봄형은 5월부터 6월, 여름형은 7월부터 8월에 걸쳐 나타난다. 애벌레로 월동한다. 경기도 도서지역에서는 남부에서 일시적으로 이동해 온 우산접이나, 앞으로 이 지역에 정착할 가능성이 있어 기후변화 탐지 또는 감시 측면에서 주목할 만한 종이다. 현재의 국명은 석주명(1947: 10)에 의한 것이다.

Subfamily **PYRGINAE** Burmeister, 1878 흰점팔랑나비아과

전 세계에 170 속 1,550 종 이상이 알려져 있는 큰 아과로, 한반도에는 *Lobocla*를 비롯해 7 속 11 종이 알려져 있다. 대부분 열대지역에 분포하나, 유라시아에도 많은 종이 분포한다. 대부분은 날개를 편 채로 땅에 앉으며, 때때로 날개의 반만 펼치고 앉을 때도 있다. 다양한 종류의 꽃에서 흡밀하며, 수컷 대부분은 축축한 땅에서 흡수한다. 어른벌레는 대부분 잎 아래에서 쉬며, 애벌레는 먹이식물의 잎을 말거나 철하는 습성이 있다.

Tribe **Celaenorrhini** Swinhoe, 1912

Genus *Lobocla* Moore, 1884

Lobocla Moore, 1884; *J. asiat. Soc. Bengal, Pt II,* 53(1): 51. TS: *Plesioneura liliana* Atkinson.

전 세계에 7 종 내외가 알려져 있는 작은 속으로서, 아시아 지역에만 분포한다. 한반도에는 왕팔랑
나비 1 종이 알려져 있다.

4. *Lobocla bifasciata* (Bremer et Grey, 1853) 왕팔랑나비

Eudamus bifasciatus Bremer et Grey, 1853; in Motschulsky, *Etud. Ent.,* 1: 60. TL: Beijing
  (China).

Plesioneura bifasciata : Butler, 1883: 114.

Eudamus bifasciatus : Fixsen, 1887: 314 (Loc. Korea).

Achalarus bifasciatus : Leech, 1894: 560 (Loc. Korea).

Lobocla bifasciatusa : Kim, 1960: 272.

Lobocla bifasciatus : Nire, 1919: 375 (Loc. Cheongjin etc.); Seok, 1939: 338; Seok, 1947: 10;
  Cho & Kim, 1956: 63; Kim & Mi, 1956: 403; Cho, 1959: 83; Kim, 1959a: 95; Cho, 1963: 191;
  Cho *et al.,* 1968: 255; Seok, 1972 (Rev. Ed.): 220.

Lobocla bifasciata f. *nigra* : Doi, 1934: 138 (Loc. Soyosan (Mt.)).

Lobocla bifasciata : Mabille, 1909: 332 (Loc. Korea); Okamoto, 1924: 92 (Loc. Jejudo (Is.));
  Seok, 1936: 58 (Loc. Jirisan (Mt.)); Lee, 1973: 2; Shin & Koo, 1974: 134; Lewis, 1974; Shin,
  1975a: 43; Kim, 1976: 9; Lee, 1982: 94; Joo (Ed.), 1986: 18; Im (N.Korea), 1987: 43; Ju & Im
  (N.Korea), 1987: 212; Shin, 1989: 212; Kim & Hong, 1991: 400; Heppner & Inoue, 1992: 130;
  ESK & KSAE, 1994: 383; Chou Io (Ed.), 1994: 701; Tuzov *et al.,* 1997; Joo *et al.,* 1997: 343;
  Park & Kim, 1997: 327; Huang, 2003; Kim, 2002: 245; Lee, 2005a: 23.

Distribution. Korea, Ussuri region, Indochina-China, Taiwan.

First reported from Korean peninsula. Butler, 1883; *Ann Mag. Nat. Hist., ser.* 5(11): 114 (Loc.
  Incheon (S.Korea)).

North Korean name. 큰검은희롱나비(임홍안, 1987; 주동률과 임홍안, 1987: 212).

Host plants. Korea: 콩과(풀싸리)(손정달과 박경태, 1993); 콩과(칡)(손정달과 박경태, 1994); 콩과
  (아까시나무)(주흥재 등, 1997).

Remarks. 아종으로는 *L. b. disparalis* Murayama, 1995 (Loc. Dali, Yunnan (China))가 알려져 있다 (Huang, 2003). 한반도 전역에 분포하는 종으로 개체수는 많다. 연 1회 발생하며, 5월 하순부터 7월에 걸쳐 나타난다. Okamoto (1923), Nakayama (1932), 석주명(1939: 340), 현재선과 우건석 (1969: 179)(= 검정팔랑나비) 등에 의해 한반도에 분포하는 종으로 기록된 *Notocrypta curvifascia* (C. et R. Felder, 1862)는 현재 일본 규슈지방이 북방분포 한계지역으로 알려져 있으므로 왕팔랑나비(*L. bifasciata*)의 오기록으로 판단되나, 스리랑카, 남인도, 네팔, 태국, 베트남, 라오스, 타이완, 중국, 일본 등에 넓게 분포하는 종이므로 앞으로 남부 도서지방에 미접으로 출현할 가능성이 있다. 현재의 국명은 석주명(1947: 10)에 의한 것이다.

Tribe **Pyrgini** Burmeister, 1878

Genus Muschampia Tutt, [1906]

Muschampia Tutt, [1906]; *Nat. Hist. Brit. Butts,* 1: 218. TS: *Papilio proto* Esper.

= *Syrichtus* Boisduval, [1834]; *Icon. hist. Lépid. Europe,* 1(23-24): 230. TS: *Papilio proto* Esper.

전 세계에 적어도 19종이 알려져 있으며, 유라시아에 분포한다. 한반도에는 왕흰점팔랑나비 1종이 알려져 있다.

5. *Muschampia gigas* (Bremer, 1864) 왕흰점팔랑나비

Hesperia gigas Bremer, 1864; *Mém. Acad. Sci. St. Pétersb,* 8(1): 96, pl. 8, fig. 3. TL: Bai Possiet and port Bruce, Ussuri (Russia).

Hesperia gigas : Okamoto, 1923: 70; Cho, 1934: 75 (Loc. Gwanmosan (Mt.)); Mori & Cho, 1938: 88-89 (Loc. Korea).

Hesperia gigas minor : Seok, 1934: 279 (Loc. Baekdusan (Mt.) region).

Pyrgus gigas minor : Kim, 1976: 2.

Syrichtus gigas : Korshunov *et al.,* 1995.

Syrichtus gigas minor : Seok, 1939: 355; Seok, 1947: 10; Cho & Kim, 1956: 66; Kim & Mi, 1956: 404; Cho, 1959: 87; Kim, 1960: 260.

Syrichtus tessellum : Lee, 1982: 97; Im (N.Korea), 1987: 43; Ju & Im (N.Korea), 1987: 219; Shin, 1989: 254; Kim & Hong, 1991: 400; ESK & KSAE, 1994: 383.

Syrichtus tessellum gigas : Chou Io (Ed.), 1994: 715; Joo *et al.*, 1997: 412; Kim, 2002: 297.

Muschampia gigas : Lewis, 1974; Tuzov *et al.*, 1997; Lee, 2005a: 23.

Distribution. N.Korea, E.China-Amur region.

First reported from Korean peninsula. Okamoto, 1923; *Cat. Spec. Exh. Chos.*, p. 70 (Loc. Korea).

North Korean name. 큰흰점희롱나비(임홍안, 1987; 주동률과 임홍안, 1987: 219).

Host plant. Unknown.

Remarks. 이승모(1982)는 본종을 *S. tessellum* (= *Muschampia tessellum*)으로 기록했으며, 한반도 산 아종은 *S. tessellum gigas*로 적용했는데, 이 아종은 *Muschampia gigas* (Bremer, 1864)의 동물이명(synonym)이다. *M. tessellum* (Hübner, [1800-1803])은 현재 S.Balkans, Asia Minor, S.Russia, Iran, Kazakhstan-Mongolia-Yakutia 등지에 분포하고 있는 종으로 북한과 인접한 아무르지방, 우수리지방 등에는 분포하지 않는 종이다. 한반도에는 북부 산지 중심으로 국지적 분포하며, 개체수는 아주 적다. 연 1회 발생하며, 7월 중순부터 8월 중순에 걸쳐 나타난다(주동률과 임홍안, 1987). 현재의 국명은 석주명(1947: 10)에 의한 것이다.

Genus ***Spialia*** Swinhoe, [1912]

Spialia Swinhoe, [1912]; in Moore, *Lepidoptera Indica,* 10(113): 99. TS: *Hesperia galba* Fabricius.

전 세계에 적어도 30종이 알려져 있으며, 유라시아와 아프리카에 분포한다. 한반도에는 함경흰점팔랑나비 1종이 알려져 있다.

6. *Spialia orbifer* (Hübner, 1823) 함경흰점팔랑나비

Papilio orbifer Hübner, 1823; *Samml. eur. Schmett.,* 1: pl. 161, figs. 803-806. TL: Hungary.

Hesperia orbifer : Sugitani, 1932: 26-27.

Syrichtus orbifer murasaki : Sugitani, 1936: 155 (Loc. Hoereong (HB, N.Korea), Musanryeong); Seok, 1939: 360; Seok, 1947: 10; Kim & Mi, 1956: 404; Cho, 1959: 88; Kim, 1960: 260.

Pyrgus orbifer murasaki : Kim, 1976: 2.

Spialia sertorius : Lee, 1982: 97; Im (N.Korea), 1987: 43; Ju & Im (N.Korea), 1987: 219; Shin,

1989: 254; Kim & Hong, 1991: 400; ESK & KSAE, 1994: 383.

Spialia sertorius lugens : Joo *et al.*, 1997: 412; Kim, 2002: 297.

Spialia sertorius murasaki : Im, 1996: 29 (Loc. N.Korea).

Spialia orbifer : Karsholt & Razowski, 1996: 201; Tuzov *et al.*, 1997: 116; Kudrna, 2002; Lee, 2005a: 23; Mazzei *et al.*, 2009.

Distribution. N.Korea, Temperate Asia, SE.Europe.

First reported from Korean peninsula. Sugitani, 1932; *Zeph.*, 4: 26-27, pl. 4, figs. 7-8 (Loc. Musanryeong (N.Korea)).

North Korean name. 흰점희롱나비(임홍안, 1987; 주동률과 임홍안, 1987: 219; 임홍안, 1996).

Host plants. Korea: Unknown. Russia: 장미과(*Rubus idaeus, Sanguisorba officinalis, S. minor, Potentilla gelida*)(Tuzov *et al.*, 1997).

Remarks. 아종으로는 *S. o. pseudolugens* P. Gorbunov, 1995 (Loc. Altai and S.Urals) 등 4아종이 알려져 있다(Savela, 2008 (: All (in this database) Lepidoptera list (Scientific names)). 한반도에는 중부 이북지역의 산지 중심으로 국지적 분포하고, 연 1회 발생하며, 6월 중순부터 8월 상순에 걸쳐 나타난다(주동률과 임홍안, 1987). 근연종인 *Spialia sertorius* (Hoffmannsegg, 1804)는 N.Africa, S.Europe, W.Asia, Chitral, Altai, Tibet, Amur region 등지에 분포하는 종으로 한반도 북부지방에 출현할 가능성이 있는 종이므로 차후 조사가 필요하다. 현재의 국명은 석주명(1947: 10)에 의한 것이다.

Genus *Erynnis* Schrank, 1801

Erynnis Schrank, 1801; *Fauna Boica,* 2(1): 152, 157. TS: *Papilio tages* Linnaeus.

= *Thanaos* Boisduval, [1834]; *Icon. hist. Lépid. Europe,* 1(23-24): 240. TS: *Papilio tages* Linnaeus.

전 세계에 적어도 24 종이 알려져 있으며, 대부분 유라시아와 아메리카에 분포한다. 한반도에는 멧팔랑나비와 꼬마멧팔랑나비 2 종이 알려져 있다.

7. *Erynnis montanus* (Bremer, 1861) 멧팔랑나비

Pyrgus montanus Bremer, 1861; *Mélanges biol. Acad. St. Pétersbg.*, 3: 556. TL: Bureinsky Mts., Amur region (Russia).

Nisoniades montanus : Fixsen, 1887: 314.

Thanaos montanus : Leech, 1894: 580 (Loc. Korea); Matsumura, 1907: 134-135 (Loc. Korea); Okamoto, 1924: 93 (Loc. Jejudo (Is.)); Seok & Nishimoto, 1935: 98 (Loc. Najin); Esaki, 1939: 218 (Loc. Korea).

Thanaos leechi : Mori, 1929: 25 (Loc. Geumgangsan (Mt.)).

Frynnis mantanus (missp.) : Cho & Kim, 1956: 61.

Erynnis mantanus (missp.) : Cho *et al.*, 1968: 255.

Erynnis montanus : Seok, 1939: 330; Seok, 1947: 9; Kim & Mi, 1956: 403; Cho, 1959: 80; Kim, 1960: 272; Cho, 1963: 191; Ko, 1969: 188; Lee, 1971: 2; Lee, 1973: 2; Lewis, 1974; Shin, 1975a: 43; Kim, 1976: 3; Lee, 1982: 95; Joo (Ed.), 1986: 18; Im (N.Korea), 1987: 43; Ju & Im (N.Korea), 1987: 214; Shin, 1989: 213; Kim & Hong, 1991: 400; Heppner & Inoue, 1992: 130; Im & Hwang (N.Korea), 1993: 57 (Loc. Baekdusan (Mt.)); ESK & KSAE, 1994: 383; Chou Io (Ed.), 1994: 705; Joo *et al.*, 1997: 348; Park & Kim, 1997: 333; Kim, 2002: 246; Lee, 2005a: 23.

Distribution. Korea, S.China-Amur region, Japan, Taiwan.

First reported from Korean peninsula. Fixsen, 1887; in Romanoff, *Mém. Lépid.*, 3: 314 (Loc. Korea).

North Korean name. 멧희롱나비(임홍안, 1987; 주동률과 임홍안, 1987: 214).

Host plants. Korea: 참나무과(떡갈나무)(신유항, 1989); 참나무과(졸참나무)(주동률과 임홍안, 1987); 참나무과(신갈나무)(백유현 등, 2007).

Remarks. 아종으로는 *E. m. montanus* (Bremer) (Loc. China), *E. m. nigrescens* (Leech) (Loc. China), *E. m. monta* Evans (Loc. China)의 3 아종이 알려져 있다(Chou Io (Ed.), 1994: 705). 한반도에는 전국적으로 분포하며, 이른 봄 산길에서 가장 빨리 볼 수 있는 나비 중 하나다. 연 1회 발생하며, 중·남부지방에서는 3월 하순부터에서 5월에 걸쳐 나타나고, 고산 지역에서는 6월 초까지 관찰되기도 한다. 북부지방에서는 4월 하순부터에서 6월 초에 걸쳐 나타난다. 종령 애벌레로 월동한다(주동률과 임홍안, 1987). 현재의 국명은 김헌규와 미승우(1956: 403)에 의한 것이다. 국명이명으로는 석주명(1947: 9)의 '메팔랑나비', 조복성 등(1963: 191; 1968: 255)의 '묏팔랑나비'와 조복성과 김창환(1956: 61), 이영준(2005: 23)의 '두메팔랑나비'가 있다.

8. *Erynnis popoviana* Nordmann, 1851 꼬마멧팔랑나비

Erynnis popoviana Nordmann, 1851; *Bull. Soc. imp. Nat. Moscou,* 24(4): 443. TL: Kyakhta, Transbaikal (Russia).

Thanaos teges popovianus : Doi, 1932: 32; Mori, Doi, & Cho, 1934: 54 (Loc. N.Korea); Seok, 1947: 9.

Erynnis tages : Lewis, 1974; Lee, 1982: 96; Im (N.Korea), 1987: 43; Ju & Im (N.Korea), 1987: 215; Kim & Hong, 1991: 400; ESK & KSAE, 1994: 383; Chou Io (Ed.), 1994; Karsholt & Razowski, 1996: 201; Tuzov *et al.,* 1997.

Erynnis tages popoviana : Seok, 1939: 331; Kim & Mi, 1956: 403; Cho, 1959: 81; Kim, 1960: 260; Kim, 1976: 3; Chou Io (Ed.), 1994: 705; Joo *et al.,* 1997: 412; Kim, 2002: 297.

Erynnis popoviana : Tuzov *et al.,* 1997: 107; Lee, 2005a: 23.

Distribution. N.Korea, Ussuri region, China, Mongolia, Europe.

First reported from Korean peninsula. Doi, 1932; *Jour. Chos. Nat. Hist.,* 13: 32 (Loc. Hamgyeongdo (N.Korea)).

North Korean name. 작은멧희롱나비(임홍안, 1987; 주동률과 임홍안, 1987: 215).

Host plant. Unknown.

Remarks. 한반도 북부 고산지대에 국지적으로 분포하고, 연 1회 발생하며, 5월 하순부터 7월 중순에 걸쳐 나타난다(주동률과 임홍안, 1987). 근연종인 *Erynnis tages* (Linnaeus, 1758)는 C.Europe, S.Europe, Russia, Siberia, C.Asia, China, Amur 등지에 광역 분포하는 종으로 한반도 북부지방에 출현할 가능성이 있으므로 차후 조사가 필요하다. 현재의 국명은 김헌규와 미승우(1956: 403)에 의한 것이다. 국명이명으로는 석주명(1947: 9)의 '꼬마메팔랑나비'가 있다.

Genus *Pyrgus* Hübner, [1819]

Pyrgus Hübner, [1819]; *Verz. bek. Schmett.,* (7): 109. TS: *Papilio alveolus* Linnaeus.
= *Scelotrix* Rambur, 1858; *Cat. syst. Lépid. Andalousie,* (1): 63. TS: *Papilio carthami* Hübner.

전 세계에 적어도 48종이 알려져 있는 속으로서, 아프리카 중남부를 제외한 지역에 광역 분포한다. 한반도에는 흰점팔랑나비 등 4종이 알려져 있다.

9. *Pyrgus maculatus* (Bremer et Grey, 1853) 흰점팔랑나비

Syrichthus maculatus Bremer et Grey, 1853; in Motschulsky, *Etud. Ent.,* 1: 61. TL: Beijing (China).

Syrichthus maculatus : Fixsen, 1887: 314; Seok, 1939: 356; Seok, 1947: 10; Cho, 1959: 87; Kim, 1960: 272.

Syrichtus maculatus (missp.) : Cho & Kim, 1956: 67; Cho, 1963: 192; Cho *et al.*, 1968: 255; Hyun & Woo, 1969: 181.

Hesperia maculata : Matsumura, 1919: 32 (Loc. Korea); Maruda, 1929: 80 (Loc. Geongseong (Seungam-nodongjagu, HB, N.Korea)); Seok, 1933: 71 (Loc. Gyeseong); Esaki, 1939: 217 (Loc. Korea).

Hesperia maculata zona : Staudinger & Rebel, 1901: 98 (Loc. Korea).

Hesperia zona : Nire, 1919: 375 (Loc. Suweon, Seokwangsa (Temp.) (GW, N.Korea)); Seok, 1937: 43 (Loc. Wando (Is.) (JN, Korea)).

Hesperia maculatus : Uchida, 1932: 1011 (Loc. Korea).

Pyrgys maculata : Lewis, 1974.

Pyrgus maculatus maculatus : Joo & Kim, 2002: 140.

Pyrgus maculatus : Ko, 1969: 190; Lee, 1971: 2; Lee, 1973: 2; Shin, 1975a: 43; Kim, 1976: 1; Lee, 1982: 97; Joo (Ed.), 1986: 18; Im (N.Korea), 1987: 43; Ju & Im (N.Korea), 1987: 217; Shin, 1989: 214; Kim & Hong, 1991: 400; ESK & KSAE, 1994: 383; Chou Io (Ed.), 1994: 716; Tuzov *et al.*, 1997; Joo *et al.*, 1997: 352; Park & Kim, 1997: 337; Kim, 2002: 248; Lee, 2005a: 23.

Distribution. Korea, S.Siberia (Altai-Ussuri), Japan.

First reported from Korean peninsula. Fixsen, 1887; in Romanoff, *Mém. Lépid.,* 3: 314 (Loc. Korea).

North Korean name. 알락희롱나비(임홍안, 1987; 주동률과 임홍안, 1987: 217).

Host plants. Korea: 장미과(양지꽃, 세잎양지꽃)(주동률과 임홍안, 1987); 장미과(딱지꽃)(주흥재와 김성수, 2002).

Remarks. 아종으로는 *P. m. bocki* (Oberthür)와 *P. m. thibetanus* (Oberthür) (Loc. W.China)의 2아종이 알려져 있다(Chou Io (Ed.), 1994). 한반도에는 저산지대와 초지대를 중심으로 광역 분포하나, 울릉도에서는 관찰기록이 없으며, 개체수는 적다. 연 2회 발생하며, 봄형은 4월부터 5월, 여름형은 7월 중순부터 8월에 걸쳐 나타난다. 번데기로 월동한다(주동률과 임홍안, 1987). 뒷날개 아랫

면의 흰색 띠는 연속되고 뚜렷하므로 유사종인 꼬마흰점팔랑나비와 구별된다. 현재의 국명은 석주명(1947: 10)에 의한 것이다.

10. *Pyrgus malvae* (Linnaeus, 1758) 꼬마흰점팔랑나비

Papilio malvae Linnaeus, 1758; *Syst. Nat.* (Edn 10), 1: 485. TL: Ålandinseln (Finland).

Hesperia malvae : Okamoto, 1923: 70; Seok, 1934: 772-773 (Loc. Pyeongyang, Gyeseong); Mori & Cho, 1938: 89-90 (Loc. Korea).

Syrichtus malvae (missp.) : Seok, 1939: 359; Seok, 1947: 10; Cho & Kim, 1956: 67; Kim & Mi, 1956: 404; Cho, 1959: 87; Kim, 1960: 267.

Pyrgus malvae coreanus : Joo *et al.*, 1997: 412; Kim, 2002: 247.

Pyrgus malvae : Shin, 1975a: 43; Kim, 1976: 2; Lewis, 1974; Lee, 1982: 96; Joo (Ed.), 1986: 18; Im (N.Korea), 1987: 43; Ju & Im (N.Korea), 1987: 216; Shin, 1989: 213; Ju (N.Korea), 1989: 45 (Loc. Baekdusan (Mt.)); Kim & Hong, 1991: 400; ESK & KSAE, 1994: 383; Chou Io (Ed.), 1994: 716; Karsholt & Razowski, 1996: 202; Joo *et al.*, 1997: 350; Park & Kim, 1997: 335; Tuzov *et al.*, 1997; Lee, 2005a: 23; Mazzei *et al.*, 2009.

Distribution. Korea, Amur region, Japan, Asia Minor, Mongolia, Europe.

First reported from Korean peninsula. Okamoto, 1923; *Cat. Spec. Exh. Chos.,* p. 70 (Loc. Korea).

North Korean name. 꼬마알락희롱나비(임홍안, 1987; 주동률과 임홍안, 1987: 216).

Host plants. Korea: 장미과(물싸리)(손정달, 1984). Europe (Finland): 장미과(Rosaceae spp.)(Seppänen, 1970).

Remarks. 아종으로는 *Pyrgus malvae kauffmanni* Alberti, 1955 (Loc. Ussuri)와 *Pyrgus malvae malvae* (Linnaeus)가 알려져 있다. 한반도에는 남부지방을 제외하고는 국지적으로 분포하나, 울릉도에서는 관찰기록이 없으며, 개체수는 적다. 남한지역에서는 저산지내와 초지대를 중심으로 4월부터 5월까지 연 1회 발생한다. 북한지역에서는 연 2회 발생하며, 제1화는 5월 상순부터 6월 하순, 제2화는 7월 상순부터 8월 하순에 걸쳐 나타난다(주동률과 임홍안, 1987). 현재의 국명은 석주명(1947: 10)에 의한 것이다.

11. *Pyrgus alveus* (Hübner, 1802) 혜산진흰점팔랑나비

Papilio alveus Hübner, 1802; *Samml. eur. Schmett.,* 1: 70, pl. 92, figs. 461-463. TL: S.Germany.

Hesperia alveus : Doi, 1933: 86; Mori & Cho, 1938: 89 (Loc. Korea).

Hesperia hesanzina : Seok, 1934; 279 (Loc. Hesanjin (N.Korea)).

Syrichtus alveus : Seok, 1939: 355; Seok, 1947: 10; Cho & Kim, 1956: 66; Kim & Mi, 1956: 404; Cho, 1959: 86; Kim, 1960: 260; Seok, 1972 (Rev. Ed.): 222.

Pyrgus alveus hesanzina : Im, 1996: 29 (Loc. N.Korea).

Pyrgus alveus : Lewis, 1974; Lee, 1982: 96; Im (N.Korea), 1987: 43; Ju & Im (N.Korea), 1987: 217; Shin, 1989: 254; Ju (N.Korea), 1989: 46 (Loc. Baekdusan (Mt.)); Kim & Hong, 1991: 400; ESK & KSAE, 1994: 383; Chou Io (Ed.), 1994: 716; Karsholt & Razowski, 1996: 202; Tuzov *et al.*, 1997; Lee, 2005a:23.

Distribution. N.Korea, Siberia, Altai, Europe, N.Africa.

First reported from Korean peninsula. Doi, 1933; *Jour. Chos. Nat. Hist.*, 15: 86 (Loc. Musanryeong (N.Korea)).

North Korean name. 흰점알락희롱나비(임홍안, 1987, 1996; 주동률과 임홍안, 1987: 217).

Host plants. Korea: Unknown. Europe (Sweden): *Agrimonia* spp. (장미과 짚신나물류), *Potentilla* spp. (장미과 양지꽃류), *Polygala* spp. (원지과 애기풀류)(Seppänen, 1970).

Remarks. 아종으로는 *P. a. schansiensis* Reverdin, 1915 (Loc. NE.China, S.Amur region, Ussuri) 등의 10아종이 알려져 있다(Chou Io (Ed.), 1994; Tennent, 1996). 한반도에는 북부 고산지 중심으로 국지적으로 분포하고, 연 1회 발생하며, 6월 중순부터 7월 중순에 걸쳐 나타난다(주동률과 임홍안, 1987). 석주명(1947: 10), 조복성(1959: 86), 김창환(1976)과 이영준(2005)은 본 종을 '혜산진흰점팔랑나비'이라 했고, *speyeri*를 '북방흰점팔랑나비'로 취급했다. 국명 적용은 이에 따랐다. 현재의 국명은 석주명(1947: 10)에 의한 것이다.

12. *Pyrgus speyeri* (Staudinger, 1887) 북방흰점팔랑나비

Scelothrix speyeri Staudinger, 1887; in Romanoff, *Mém. Lépid.,* 3: 153, pl. 8, figs. 5a–b. TL: S.Amur region and Ussuri (Russia).

Hesperia speyeri : Okamoto, 1923: 70; Seok, 1934: 279 (Loc. Baekdusan (Mt.) region); Mori & Cho, 1938: 88 (Loc. Korea).

Syrichtus speyeri : Seok, 1939: 360; Seok, 1947: 10; Kim & Mi, 1956: 404; Cho, 1959: 88; Kim, 1960: 260.

Pyrgus alveus speyeri : Chou Io (Ed.), 1994: 716; Joo *et al.*, 1997: 412; Kim, 2002: 297.

Pyrgus speyeri : Lewis, 1974: pl. 11, fig. 29 (text); Im (N.Korea), 1987: 43; Ju & Im (N.Korea), 1987: 219; Ju (N.Korea), 1989: 46 (Loc. Baekdusan (Mt.)); Tuzov *et al.*, 1997: 123; Lee, 2005a: 23.

Distribution. N.Korea, Amur and Ussuri region, Sayan, Transbaikal.

First reported from Korean peninsula. Okamoto, 1923; *Cat. Spec. Exh. Chos.*, p. 70 (Loc. Korea).

North Korean name. 북방알락희롱나비(임홍안, 1987; 주동률과 임홍안, 1987: 219).

Host plant. Unknown.

Remarks. 주흥재 등(1997)의 *P. alveus speyeri* Staudinger, 1887은 *P. speyeri* (Staudinger, 1887)의 동물이명(synonym)이다. 한반도에는 중부 이북의 산지 중심으로 국지적으로 분포하고, 연 1회 발생하며, 7월 중순부터 8월 중순에 걸쳐 나타난다(주동률과 임홍안, 1987). 현재의 국명은 조복성(1959: 88)에 의한 것이다. 국명이명으로는 석주명(1947: 10), 김헌규와 미승우(1956: 404), 김헌규(1960: 260)의 '북선흰점팔랑나비'가 있다.

Tribe **Tagiadini** Mabille, 1878

Genus *Satarupa* Moore, [1866]

Satarupa Moore, [1866]; *Proc. zool. Soc. Lond.,* 1865(3): 780. TS: *Satarupa gopala* Moore.

전 세계에 약 7 종이 알려져 있는 작은 속으로, 아시아에 분포한다. 한반도에는 대왕팔랑나비 1 종이 알려져 있다.

13. *Satarupa nymphalis* (Speyer, 1879) 대왕팔랑나비

Tagiades nymphalis Speyer, 1879; *Stett. Ent., Ztg.,* 40: 348. TL: Vladivostok, S.Ussuri (Russia).

Satarupa sugitanii : Okamoto, 1926; Seok, 1939: 354; Seok, 1947: 10; Cho & Kim, 1956: 66; Kim & Mi, 1956: 404; Cho, 1959: 86; Kim, 1960: 266; Lee, 1971: 2; Lee, 1973: 2; Kim, 1976: 10.

Satarupa gopala sugitanii : Gaede, 1932: 307 (Loc. Korea).

Satarupa nymphalis sugitanii : Uchida, 1932: 1008 (Loc. Korea); Shin, 1975a: 41, 43; Im, 1996: 28 (Loc. N.Korea).

Satarupa nymphalis : Matsumura, 1927; Lewis, 1974; Lee, 1982: 94; Joo (Ed.), 1986: 18; Im
(N.Korea), 1987: 43; Ju & Im (N.Korea), 1987: 212; Shin, 1989: 212; Kim & Hong, 1991: 400;
Park *et al.*, 1993: 206; ESK & KSAE, 1994: 383; Chou Io (Ed.), 1994: 712; Tuzov *et al.*, 1997;
Joo *et al.*, 1997: 344; Park & Kim, 1997: 329; Kim, 2002: 243; Lee, 2005a: 23.

Distribution. Korea, S.China-Ussuri.

First reported from Korean peninsula. Okamoto, 1926; *Zool. Mag.*, 38: 179-180 (Loc.
Geumgangsan (Mt.) (N.Korea)).

North Korean name. 금강희롱나비(임홍안, 1987; 주동률과 임홍안, 1987: 212; 임홍안, 1996).

Host plants. Korea: 운향과(황벽나무)(손정달과 박경태, 1994); 운향과(산초나무)(백유현 등, 2007).

Remarks. 아종으로는 *S. nymphalis khamensis* Alphéraky, 1897 (Loc. China) 등이 알려져 있다
(Chou Io (Ed.), 1994: 716). 이승모(1982)는 한반도산 *nymphalis*는 Matsumura (1927)에 의해
최초로 기록되었다고 했지만 석주명(1939)에 의해 정리된 Okamoto (1926)의 기록이 한반도 최초
의 기록이다. 한반도의 팔랑나비 중에서 가장 큰 종으로 한반도에는 대부분 35° 이북지역에 국지
적으로 분포한다. 한반도 중부지방에서는 경기도와 강원도 접경지역에서 관찰되기도 하나, 강원도
태백산지가 주 산지다. 남부지방에서는 지리산 일대(한신계곡, 뱀사골)에 채집기록(박중석 등,
1993: 206)이 있다. 연 1회 발생하고, 저산지대보다 고산지대 중심으로 6월부터 8월에 걸쳐 나타
나며, 개체수는 감소하는 추세에 있다. 현재의 국명은 석주명(1947: 10)에 의한 것이다.

Genus ***Daimio*** Murray, 1875

Daimio Murray, 1875; *Ent. mon. Mag.*, 11(6/7): 171. TS: *Pyrgus tethys* Ménétriès.

본 속에는 전 세계에 왕자팔랑나비의 1종만이 알려져 있다.

14. *Daimio tethys* (Ménétriès, 1857) 왕자팔랑나비

Pyrgus tethys Ménétriès, 1857; *Cat. lep. Pétersbg.*, 2: 85, 126, pl. 10, fig. 8. TL: Itsu Peninsula,
Honshu (Japan).

Daimio sinica saishuana : Matsumura, 1927: 162 (Loc. Korea).

Daimio sinica moorei : Seok, 1939: 327.

Satarupa tethys : Nire, 1919: 375 (Loc. Korea); Nakayama, 1932: 382 (Loc. Korea).

Satarupa tethys saishuana : Matsumura, 1929: 34 (Loc. Korea).

Daimio tethys saishuana : Mori, Doi, & Cho, 1934: 54–55 (Loc. Jejudo (Is.)).

Daimio tethys tethys : Mori, Doi, & Cho, 1934: 54 (Loc. Korea).

Daimio tethys daiseni : Umeno, 1937: 29 (Loc. Korea).

Daimio tethys moorei : Nomura, 1938: 64 (Loc. Jejudo (Is.)); Joo & Kim, 2002: 139.

Daimio tethys felderi : Cho, 1959: 80; Cho, 1963: 191; Cho *et al.*, 1968: 255; Kim, 1976: 5(= 제 주왕자팔랑나비).

Daimio tethys : Fixsen, 1887: 314; Matsumura, 1927: 162 (Loc. Korea); Nomura, 1938: 64 (Loc. Wando (Is.)); Seok, 1939: 328; Seok, 1947: 9; Cho & Kim, 1956: 61; Kim & Mi, 1956: 403; Cho, 1959: 80; Kim, 1960: 272; Cho, 1963: 191; Cho *et al.*, 1968: 255; Ko, 1969: 188; Hyun & Woo, 1969: 178; Lee, 1971: 2; Lee, 1973: 2; Shin & Koo, 1974: 134; Lewis, 1974; Shin, 1975a: 43; Kim, 1976: 4; Shin, 1979: 136; Lee, 1982: 95; Joo (Ed.), 1986: 18; Im (N.Korea), 1987: 43; Ju & Im (N.Korea), 1987: 213; Shin, 1989: 212; Kim & Hong, 1991: 400; Heppner & Inoue, 1992: 130; ESK & KSAE, 1994: 383; Chou Io (Ed.), 1994: 710; Tuzov *et al.*, 1997; Joo *et al.*, 1997: 346; Park & Kim, 1997: 331; Kim, 2002: 244; Lee, 2005a: 23.

Distribution. Korea, Amur region, S.Ussuri region, E.Siberia, Japan, Taiwan.

First reported from Korean peninsula. Fixsen, 1887; in Romanoff, *Mém. Lépid.,* 3: 314 (Loc. Korea).

North Korean name. 꼬마금강희롱나비(임홍안, 1987; 주동률과 임홍안, 1987: 213).

Host plants. Korea: 마과(마, 참마)(손정달, 1984; 주동률과 임홍안, 1987); 마과(단풍마)(손정달과 박경태, 1993); 마과(부채마)(주흥재와 김성수, 2002).

Remarks. 아종으로는 *D. t. moori* (Mabille, 1876) (Loc. Korea, China) 등의 4아종이 알려져 있다 (Chou Io (Ed.), 1994: 710; Huang, 2003). 한반도 전역에 분포하는 종으로 개체수는 많다. 연 2회 발생하며, 제1화는 5월부터 6월, 제2화는 8월부터 9월에 걸쳐 나타난다. 종령 애벌레로 월동한다. 김헌규와 미승우(1956: 403), 조복성(1959: 80; 1963: 191; 1968: 255), 김창환(1976: 5) 등의 *Daimio tethys felderi* Butler는 아종으로 재검토할 필요가 있다. 현재의 국명은 석주명(1947: 9)에 의한 것이다.

Subfamily **HETEROPTERINAE** Aurivillius, 1925 돈무늬팔랑나비아과

전 세계에 13속 이상이 알려져 있으며, 한반도에는 *Carterocephalus* 등 3속 6종이 알려져 있다. 본 아과에 속하는 종들은 크기가 작고, 몸에 비해 상대적으로 날개가 작다. 날개는 주황색 또는 흑갈색을 띠며, 암컷과 수컷의 날개 무늬는 유사하다. 애벌레 대부분은 벼과 식물을 먹으며, 먹이식물의 줄기 안에서 생활한다.

Genus *Carterocephalus* Lederer, 1852

Carterocephalus Lederer, 1852; *Verh. zool.-bot. Ver. Wien,* 2: 26. TS: *Papilio paniscus* Fabricius.
= *Pamphilida* Lindsey, 1925; *Ann. ent. Soc. Amer.,* 18: 95. TS: *Papilio palaemon* Pallas.

전 세계에 적어도 15종이 알려져 있으며, 대부분 유라시아와 북미에 분포한다. 한반도에는 북방알락팔랑나비 등 4종이 알려져 있다.

15. *Carterocephalus palaemon* (Pallas, 1771) 북방알락팔랑나비

Papilio palaemon Pallas, 1771; *Reise Russ. Reichs,* 1: 471. TL: Volga region (Russia).

Pamphila abax : Okamoto, 1923: 70.

Pamphila palaemon : Mori, Doi, & Cho, 1934: 58 (Loc. N.C.Korea); Mori & Cho, 1938: 91 (Loc. Korea).

Pamphila palaemon murasei : Sugitani, 1932: 27-28 (Loc. Daedeoksan (Mt.) (N.Korea)).

Carterocephalus palaemon albigutatus : Joo *et al.,* 1997: 412; Kim, 2002: 297.

Carterocephalus palaemon : Seok, 1939: 325; Seok, 1947: 9; Kim & Mi, 1956: 403; Cho, 1959: 79; Kim, 1960: 259; Lee, 1971: 3; Lee, 1973: 2; Seok, 1972 (Rev. Ed.): 218; Lewis, 1974; Lee, 1982: 98; Im (N.Korea), 1987: 43; Ju & Im (N.Korea), 1987: 221; Hodges *et al.,* 1983; Shin, 1989: 214; Ju (N.Korea), 1989: 46 (Loc. Baekdusan (Mt.)); Kim & Hong, 1991: 401; Park *et al.,* 1993: 205; ESK & KSAE, 1994: 383; Chou Io (Ed.), 1994: 724; Karsholt & Razowski, 1996: 202; Tuzov *et al.,* 1997; Pyle, 2002; Lee, 2005a: 23.

Distribution. Korea, Japan, Temperate Asia, Europe.

First reported from Korean peninsula. Okamoto, 1923; *Cat. Spec. Exh. Chos.*, p. 70 (Loc. Charyeong (N.Korea)).

North Korean name. 북방노랑점희롱나비(임홍안, 1987; 주동률과 임홍안, 1987: 221).

Host plants. Korea: 벼과(산새풀)(주동률과 임홍안, 1987). Russia: 벼과(*Bromus* spp. *Cynosurus cristatus, Brachypodium* spp. *Calamagrostis* spp.)(Tuzov *et al.*, 1997); North America: 벼과 (*Calamagrostis purpurascens*)(Pyle, 1981).

Remarks. 아종으로는 *C. p. albiguttata* Christoph, 1893 (Loc. Ural-Siberia-Far East) 등의 6아종 이 알려져 있다(Hodges & Ronald (ed.), 1983; Chou Io (Ed.), 1994; Pyle, 2002). 한반도에는 중 북부 고산지 중심으로 국지적으로 분포하며, 남한지역에서는 설악산, 오대산, 태백산 일대에서만 기록이 있는 희소종이다(한국인시류동호인회편, 1989). 그리고 남부지방에서는 지리산 일대(한신계 곡)에서 채집기록(박중석 등, 1993: 205)이 있다. 연 1회 발생하며, 6월 하순부터 8월에 걸쳐 나타 난다(주동률과 임홍안, 1987). 현재의 국명은 석주명(1947: 9)에 의한 것이다.

16. *Carterocephalus silvicola* (Meigen, 1829) 수풀알락팔랑나비

Hesperia silvicola Meigen, 1829; *Syst. Beschr. eur. Schmett.*, 2(2): 65, pl. 55, figs. 7A-C. TL: Braunschweig (Germany).

Pamphila silvius : Okamoto, 1923: 70.

Pamphila silvius isshikii : Sugitani, 1932: 28 (Loc. Daedeoksan (Mt.) (N.Korea)); Mori & Cho, 1938: 92 (Loc. Korea).

Pamphila silvius silvius : Doi, 1937: 65 (Loc. Yeolgyeolsu (HB, N.Korea), Namseolyeong (YG, N.Korea)).

Carterocephalus silvius : Seok, 1939: 326; Seok, 1947: 9.

Carterocephalus silvinus : Cho & Kim, 1956: 61.

Carterocephalus silvicolus : Lewis, 1974.

Carterocephalus silvicola : Kim & Mi, 1956: 392, 403; Cho, 1959: 79; Kim, 1960: 259; Lee, 1971: 2; Lee, 1973: 2; Kim, 1976: 13; Lee, 1982: 99; Joo (Ed.), 1986: 18; Im (N.Korea), 1987: 43; Ju & Im (N.Korea), 1987: 222; Shin, 1989: 215; Ju (N.Korea), 1989: 46 (Loc. Baekdusan (Mt.)); Kim & Hong, 1991: 401; ESK & KSAE, 1994: 383; Chou Io (Ed.), 1994: 724; Karsholt & Razowski, 1996: 202; Tuzov *et al.*, 1997; Joo *et al.*, 1997: 355; Park & Kim, 1997: 341; Kim, 2002: 256; Lee, 2005a: 23; Mazzei *et al.*, 2009.

Distribution. Korea, Kamschatka, Siberia, Amur region, Japan, Europe.

First reported from Korean peninsula. Okamoto, 1923; *Cat. Spec. Exh. Chos.,* p. 70 (Loc. Korea).

North Korean name. 수풀알락점희롱나비(임홍안, 1987; 주동률과 임홍안, 1987: 222).

Host plants. Korea: 벼과(큰조아재비)(주동률과 임홍안, 1987); 벼과(기름새)(손정달 등, 1992); 벼과 (큰기름새)(김용식, 2002).

Remarks. 한반도에는 지리산 이북지역에 국지적으로 분포하며, 해안지역에서는 관찰되지 않는다. 연 1회 발생하며, 5월부터 7월에 걸쳐 나타난다. 애벌레로 월동한다(주동률과 임홍안, 1987). 대부분 산지의 초지대 또는 산길 주변의 개화식물에서 관찰되며, 개체수는 적지 않다. 현재의 국명은 석주 명(1947: 9)에 의한 것이다.

17. *Carterocephalus argyrostigma* Eversmann, 1851 은점박이알락팔랑나비

Carterocephalus argyrostigma Eversmann, 1851; *Bull. Soc. imp. Nat. Moscou,* 24(2): 624. TL: Irkutsk, Kyakhta, Transbaikal (Russia).

Pamphila argyrostigma : Doi, 1936: 180–183: Doi, 1938: 89 (Loc. Gaemagoweon (N.Korea)).

Carterocephalus argyrostigma : Seok, 1947: 9; Kim & Mi, 1956: 403; Cho, 1959: 78; Kim, 1960: 259; Seok, 1972 (Rev. Ed.): 218; Lewis, 1974; Lee, 1982: 99; Im (N.Korea), 1987: 43; Ju & Im (N.Korea), 1987: 224; Shin, 1989: 254; Kim & Hong, 1991: 401; ESK & KSAE, 1994: 382; Tuzov *et al.,* 1997; Joo *et al.,* 1997: 412; Kim, 2002: 298; Lee, 2005a: 23.

Distribution. N.Korea, S.Siberia, Mongolia.

First reported from Korean peninsula. Doi, 1936; *Zeph.,* 6: 180–183 (Loc. Gilju (HB, N.Korea)).

North Korean name. 은알락점희롱나비(임홍안, 1987; 주동률과 임홍안, 1987: 224).

Host plant. Unknown.

Remarks. 한반도에는 관모봉 일대 등 동북부 고산지역에 분포하며, 개체수는 적다. 연 1회 발생하며, 5월 하순부터 6월 중순에 걸쳐 나타난다(주동률과 임홍안, 1987). 현재의 국명은 석주명(1947: 9) 에 의한 것이다.

18. *Carterocephalus dieckmanni* Graeser, 1888 참알락팔랑나비

Carterocephalus dieckmanni Graeser, 1888; *Berl. Ent. Ztg.,* 32: 102. TL: Vladivostok, Ussuri region (Russia).

Isoteinon sp. : Doi, 1919: 127.

Isoteinon lamprospilus : Okamoto, 1923: 70 (Loc. Korea); Seok, 1939: 336.

Pamphila dieckmanni : Okamoto, 1923: 70 (Loc. Korea); Sugitani, 1936: 158 (Loc. Baekbong (GW, N.Korea)).

Carterocephalus dieckmanni : Seok, 1939: 324; Seok, 1947: 9; Cho & Kim, 1956: 60; Kim & Mi, 1956: 403; Cho, 1959: 78; Kim, 1960: 268; Lee, 1971: 3; Lee, 1973: 2; Lewis, 1974; Kim, 1976: 14; Lee, 1982: 99; Joo (Ed.), 1986: 18; Im (N.Korea), 1987: 43; Ju & Im (N.Korea), 1987: 224; Shin, 1989: 215; Kim & Hong, 1991: 401; Im & Hwang (N.Korea), 1993: 57 (Loc. Baekdusan (Mt.)); ESK & KSAE, 1994: 383; Chou Io (Ed.), 1994: 724; Tuzov *et al.*, 1997; Joo *et al.*, 1997: 356; Park & Kim, 1997: 343; Kim, 2002: 255; Lee, 2005a: 23.

Distribution. Korea, Amur region, Ussuri-N.Burma, NE.China-S.China.

First reported from Korean peninsula. Doi, 1919; *Tyōsen Ihō*, 58: 127 (Loc. Seoul (S.Korea)).

North Korean name. 알락점희롱나비(임홍안, 1987; 주동률과 임홍안, 1987: 224).

Host plant. Korea: 벼과(기름새)(주흥재 등, 1997).

Remarks. 아종으로는 *C. d. gemmatus* Leech, 1891(Loc. China) 등의 3종이 알려져 있다(Chou Io (Ed.), 1994: 724). 한반도에는 지리산 이북 지역에 국지적으로 분포하며, 개체수는 적다. 연 1회 발생하며, 5월부터 7월에 산지의 초지대 또는 산길 주변의 개화식물에서 볼 수 있다. 현재의 국명은 김헌규와 미승우(1956: 403)에 의한 것이다. 국명이명으로는 석주명(1947: 9)의 '조선알락팔랑나비'가 있다.

Genus *Heteropterus* Duméril, 1806

Heteropterus Duméril, 1806; *Zoologie analytique*: 271. TS: *Papilio aracinthus* Fabricius.

전 세계에 1속 1종이 알려져 있으며, 유라시아에 분포한다. 한반도에는 돈무늬팔랑나비 1종이 알려져 있다.

19. *Heteropterus morpheus* (Pallas, 1771) 돈무늬팔랑나비

Papilio morpheus Pallas, 1771; *Reise Russ. Reichs*, 1: 471. TL: Samara, Volga region (Russia).

Cyclopides morpheus : Fixsen, 1887: 319; Rühl, 1895: 627 (Loc. Korea).

Heteropterus morpheus coreana : Matsumura, 1927: 159 (Loc. Baekdusan (Mt.)); Matuda, 1930: 41 (Loc. Korea).

Heteropterus morpheus : Leech, 1887: 430 (Loc. Weonsan); Mori, 1927: 23 (Loc. Baekdusan (Mt.)); Seok, 1936: 58 (Loc. Jirisan (Mt.)); Seok, 1939: 334; Seok, 1947: 10; Cho & Kim, 1956: 62; Kim & Mi, 1956: 403; Cho, 1959: 82; Kim, 1960: 272; Hyun & Woo, 1969: 178; Lee, 1971: 2; Lee, 1973: 2; Shin & Koo, 1974: 134; Lewis, 1974; Shin, 1975a: 43; Kim, 1976: 11; Shin, 1979: 136; Lee, 1982: 100; Joo (Ed.), 1986: 19; Im (N.Korea), 1987: 43; Ju & Im (N.Korea), 1987: 225; Shin, 1989: 215; Ju (N.Korea), 1989: 46 (Loc. Baekdusan (Mt.)); Kim & Hong, 1991: 401; ESK & KSAE, 1994: 383; Chou Io (Ed.), 1994: 725; Karsholt & Razowski, 1996: 202; Joo *et al.*, 1997: 357; Park & Kim, 1997: 345; Paek *et al.*, 2000: 6; Kim, 2002: 258; Lee, 2005a: 23; Mazzei *et al.*, 2009.

Distribution. Korea, Amur region, C.Asia, S.Europe, C.Europe.

First reported from Korean peninsula. Fixsen, 1887; in Romanoff, *Mém. Lépid.,* 3: 319 (Loc. Korea).

North Korean name. 노랑별희롱나비(임홍안, 1987; 주동률과 임홍안, 1987: 225).

Host plants. Korea: 벼과(기름새)(손정달 등, 1992); 벼과(큰기름새)(김용식, 2002).

Remarks. 한반도 전역에 분포하는 종이나, 최근 개체수가 감소하고 있는 종이다. 중·남부지방에서는 연 2회 발생하며, 제1화는 5월부터 6월, 제2화는 7월부터 8월까지 대부분 산지의 초지대에서 볼 수 있다. 북부지방에서는 연 1회 발생하며, 6월 하순부터 8월 중순에 걸쳐 나타난다(주동률과 임홍안, 1987). 뒷날개 아랫면에는 원형 무늬가 10여개 발달해있어 근연종과 구별된다. 현재의 국명은 석주명(1947: 10)에 의한 것이다.

Genus *Leptalina* Mabille, 1904

Leptalina Mabille, 1904; in Wytsman, *Gen. Ins.,* 17(B): 92, 110. TS: *Steropes unicolor* Bremer et Grey.

전 세계에 1속 1종이 알려져 있으며, 중국 동부, 아무르, 한국, 일본의 극동아시아에 분포한다. 한반도에는 은줄팔랑나비 1종이 알려져 있다.

20. *Leptalina unicolor* (Bremer et Grey, 1853) 은줄팔랑나비

Steropes unicolor Bremer et Grey, 1853; in Motschulsky, *Etud. Ent.,* 1: 61. TL: Beijing (China).

Cyclopides ornatus : Fixsen, 1887: 319.

Cyclopides unicolor : Rühl, 1895: 629 (Loc. Korea).

Cyclopides unicolor ornatus : Rühl, 1895: 629 (Loc. Korea).

Heteropterus unicolor : Leech, 1894: 584 (Loc. Korea).

Heteropterus unicolor ornatus : Leech, 1894: 584 (Loc. Korea).

Leptalina unicolor : Doi, 1919: 127 (Loc. Pyeongyang); Maruda, 1929: 128 (Loc. Geongseong (N.Korea)); Seok, 1939: 336; Seok, 1947: 10; Cho & Kim, 1956: 63; Kim & Mi, 1956: 403; Cho, 1959: 83; Kim, 1960: 280; Ko, 1969: 189; Seok, 1972 (Rev. Ed.): 219; Lewis, 1974; Shin, 1975a: 43; Kim, 1976: 12; Lee, 1982: 98; Joo (Ed.), 1986: 18; Im (N.Korea), 1987: 43; Ju & Im (N.Korea), 1987: 220; Shin, 1989: 214; Kim & Hong, 1991: 401; Park & Han, 1992: 132; Park *et al.,* 1993: 206; Im & Hwang (N.Korea), 1993: 57 (Loc. Baekdusan (Mt.)); ESK & KSAE, 1994: 383; Chou Io (Ed.), 1994: 725; Tuzov *et al.,* 1997; Joo *et al.,* 1997: 354; Park & Kim, 1997: 339; Kim, 2002: 249; Lee, 2005a: 23.

Distribution. Korea, Amur region, Japan, E.China.

First reported from Korean peninsula. Fixsen, 1887; in Romanoff, *Mém. Lépid.,* 3: 319 (Loc. Korea).

North Korean name. 은줄희롱나비(임홍안, 1987; 주동률과 임홍안, 1987: 220).

Host plants. Korea: 벼과(참억새, 기름새, 큰기름새, 띠, 강아지풀)(손정달, 1984).

Remarks. 한반도에는 국지적으로 분포하며, 최근 확인된 산지와 개체수가 매우 적어 남한 내에서는 멸종 위험이 높은 종이다. 연 2회 발생하며, 제1화는 5월 상순, 제2화는 7월 중순 이후에 산지의 초지대에서 볼 수 있다. 애벌레로 월동한다(주동률과 임홍안, 1987). 현재의 국명은 석주명(1947: 10)에 의한 것이다. 국명이명으로는 조복성(1959: 83), 김헌규와 미승우(1956: 403), 김헌규(1960: 281), 고제호(1969: 189), 김창환(1976)의 '은점팔랑나비'가 있다.

Subfamily HESPERIINAE Latreille, 1809 팔랑나비아과

전 세계에 311 속 2,000 종 이상이 알려져 있는 큰 아과로, 한반도에는 *Thymelicus* 등 9 속 17 종이 알려져 있다. 일반적으로 휴식을 할 때 앞날개와 뒷날개를 다른 각도로 펼친다. 날개는 대부분 오렌지색, 황갈색을 띤다. 애벌레의 먹이식물은 벼과 또는 사초과 식물이다.

Tribe **Thymelini** Hübner, [1819]

Genus *Thymelicus* Hübner, [1819]

Thymelicus Hübner, [1819]; *Verz. bek. Schmett.*, (8): 113. TS: *Papilio acteon* Rottenburg.

=*Adopoea* Billberg, 1820; *Enum. Ins. Mus. Billb.*: 81. TS: *Papilio linea* Denis & Schiffermüller.

전 세계에 적어도 11 종이 알려져 있으며, 대부분 유라시아, 북아프리카, 북미에 분포한다. 한반도에는 두만강꼬마팔랑나비 등 3 종이 알려져 있다.

21. *Thymelicus lineola* (Ochsenheimer, 1808) 두만강꼬마팔랑나비

Papilio lineola Ochsenheimer, 1808; *Schmett. Europa*, 1(2): 230. TL: Germany.

Adopaea lineola : Sugitani, 1936: 157-158; Seok, 1936: 275 (Loc. Hoereong (HB, N.Korea) etc.); Seok, 1939: 320; Seok, 1947: 9.

Thymelicus lineola : Kim & Mi, 1956: 394, 404; Cho, 1959: 89; Kim, 1960: 260; Lewis, 1974; Kim, 1976: 16; Lee, 1982: 101; Hodges *et al.*, 1983; Im (N.Korea), 1987: 44; Ju & Im (N.Korea), 1987: 228; Shin, 1989: 255; Kim & Hong, 1991: 401; Im & Hwang (N.Korea), 1993: 57 (Loc. Baekdusan (Mt.)); ESK & KSAE, 1994: 383; Karsholt & Razowski, 1996: 202; Tuzov *et al.*, 1997; Joo *et al.*, 1997: 413; Pyle, 2002; Kim, 2002: 298; Lee, 2005a: 23.

Distribution. N.Korea, Amur region, C.Asia, N.Africa, Europe, North America.

First reported from Korean peninsula. Sugitani, 1936; *Zeph.*, 6: 157-158 (Loc. Hoereong (HB, N.Korea)).

North Korean name. 두만강검은줄희롱나비(임홍안, 1987; 주동률과 임홍안, 1987: 228).

Host plants. Korea: Unknown. Europe: 벼과(*Elytrigia repens, Calamagrostis epigejos, Deschampsia caespitosa*)(Seppänen,1970). Russia: 벼과(*Arrhenatherum elatus, Agropyron repens, Phleum pratense, Dactylis* spp.)(Tuzov *et al.*, 1997).

Remarks. 아종으로는 *T. l. semicolon* Staudinger, 1892와 *T. l. kushana* Wyatt, 1961의 2종이 알려

져 있다(Tennent, 1996). 한반도에는 북부 산지에 국지적으로 분포하고, 연 1회 발생하며, 6월 중순에 나타난다(주동률과 임홍안, 1987). 현재의 국명은 석주명(1947: 9)에 의한 것이다. 국명이명으로는 이승모(1982: 101)의 '두만강팔랑나비'가 있다.

22. *Thymelicus leonina* (Butler, 1878) 줄꼬마팔랑나비

Pamphila leonina Butler, 1878; *Cist. Ent.,* 2(19): 286. TL: Japan.

Adopaea leonina : Leech, 1894: 592-593; Okamoto, 1923: 70 (Loc. Korea); Umeno, 1937: 30 (Loc. Korea); Seok, 1939: 319; Seok, 1947: 9.

Thymelicus leoninus : Kim & Mi, 1956: 393, 404; Cho, 1959: 89; Kim, 1960: 267; Ko, 1969: 191; Lee, 1971: 3; Lee, 1973: 2; Shin, 1975a: 43; Lee, 1982: 102; Joo (Ed.), 1986: 19; Im (N.Korea), 1987: 44; Ju & Im (N.Korea), 1987: 229; Shin, 1989: 217; Kim & Hong, 1991: 401; Im & Hwang (N.Korea), 1993: 57 (Loc. Baekdusan (Mt.)); ESK & KSAE, 1994: 383; Chou Io (Ed.), 1994: 735; Joo *et al.*, 1997: 360; Park & Kim, 1997: 351; Kim, 2002: 250; Lee, 2005a: 23.

Thymelicus leonina : Lewis, 1974; Tuzov *et al.*, 1997.

Distribution. Korea, Amur and Ussuri region, S.China, Japan.

First reported from Korean peninsula. Leech, 1894; *Butt. from China* etc., pp. 592-593, pl. 40, fig. 1. (Loc. Weonsan (N.Korea)).

North Korean name. 검은줄희롱나비(임홍안, 1987; 주동률과 임홍안, 1987: 229).

Host plants. Korea: 벼과(개밀, 갈풀), 주목과(비자나무), 사초과(방동사니)(손정달, 1984); 벼과(꼬리새), 인동과(인동덩굴)(주동률과 임홍안, 1987); 벼과(기름새, 큰기름새)(김용식, 2002).

Remarks. 아종으로는 *T. l. hamadakohi* Fujioka, 1993 (Loc. Japan) 등이 알려져 있다. 한반도에는 지리산 이북지역에 국지적으로 분포하며, 개체수는 많다. 연 1회 발생하며, 6월 하순부터 8월에 걸쳐 나타난다. 애벌레로 월동한다(주동률과 임홍안, 1987). 활발하고 민첩하게 날아다니며, 숲 가장자리의 개화식물에서 쉽게 관찰할 수 있다. 수컷의 경우 검정색 선의 성표가 날개 중앙에서 후연쪽으로 발달해있어 근연종인 수풀꼬마팔랑나비의 수컷과 구별된다. 암컷의 경우는 앞날개 윗면의 외연의 테 무늬가 일정한 폭으로 발달해있고, 주황색의 바탕색과의 경계가 분명하므로 수풀꼬마팔랑나비의 암컷과 구별된다. 현재의 국명은 석주명(1947: 9)에 의한 것이다.

23. *Thymelicus sylvatica* (Bremer, 1861) 수풀꼬마팔랑나비

Pamphila sylvatica Bremer, 1861; *Bull. Acad. Imp. Sci. St. Pétersbg.,* 3: 474. TL: Ussuri (Russia).

Pamphila sylvatica : Butler, 1882: 20.

Hesperia sylvatica : Leech, 1887: 429 (Loc. Weonsan).

Adopaea sylvatica : Leech, 1894: 591 (Loc. Weonsan); Nire, 1920: 54 (Loc. Korea); Mori, Doi, & Cho, 1934: 59 (Loc. Korea); Seok, 1939: 320; Seok, 1947: 9; Cho & Kim, 1956: 60; Hyun & Woo, 1969: 178.

Adopaea leonina : Mori, 1925: 59 (Loc. Pabalri (N.Korea)).

Thymelicus sylvaticus : Fixsen, 1887: 315 (Loc. Korea); Lee, 1971: 3; Lee, 1973: 2; Shin & Koo, 1974: 135; Kim, 1976: 16; Lee, 1982: 101; Joo (Ed.), 1986: 19; Im (N.Korea), 1987: 44; Ju & Im (N.Korea), 1987: 228; Shin, 1989: 216; Kim & Hong, 1991: 401; ESK & KSAE, 1994: 383; Chou Io (Ed.), 1994: 735; Joo *et al.*, 1997: 362; Park & Kim, 1997: 353; Kim, 2002: 251; Lee, 2005a: 23.

Thymelicus sylvatica : Kim & Mi, 1956: 394, 404; Cho, 1959: 89; Kim, 1960: 267; Lewis, 1974; Shin, 1975a: 43; Shin, 1979: 136; Tuzov *et al.*, 1997.

Distribution. Korea, Amur and Ussuri region, Japan, SW.China.

First reported from Korean peninsula. Butler, 1882; *Ann Mag. Nat. Hist., ser.* 5(9): 20 (Loc. N.E.Korea).

North Korean name. 수풀검은줄희롱나비(임홍안, 1987; 주동률과 임홍안, 1987: 228).

Host plants. Korea: 벼과(갈풀, 꼬리새, 숲개밀)(손정달, 1984); 벼과(기름새)(손정달 등, 1992); 벼과(큰기름새)(김용식, 2002).

Remarks. 아종으로는 *T. s. occidentalis* (Leech, 1894) (Loc. China) 등의 4종이 알려져 있다(Chou Io (Ed.), 1994: 735). 한반도 전역에 분포하는 종으로 개체수는 많으나 제주도에서는 관찰되지 않는다. 연 1회 발생하며, 6월 하순부터 8월에 걸쳐 나타난다. 애벌레로 월동한다(주동률과 임홍안, 1987). 활발하고 민첩하게 날아다니며, 숲 가장자리의 개화식물에서 쉽게 볼 수 있다. 현재의 국명은 석주명(1947: 9)에 의한 것이다.

Tribe **Hesperiini** Latreille, 1809

Genus *Hesperia* Fabricius, 1793

Hesperia Fabricius, 1793; *Ent. Syst.,* 3(1): 258. TS: *Papilio comma* Linnaeus.

= *Pamphila* Fabricius, 1807; *Magazin f. Insektenk.* (Illiger) 6: 287. TS: *Papilio comma* Linaneus.

전 세계에 적어도 24 종이 알려져 있으며, 대부분 유라시아, 북미에 광역 분포한다. 한반도에는 꽃팔랑나비 1 종이 알려져 있다.

24. *Hesperia florinda* (Butler, 1878) 꽃팔랑나비

Pamphila comma florinda Butler, 1878; *Cistula Entomologica,* 1: 205. TL: Japan.

Augiades comma florinda : Matsumura, 1905: 22 (Loc. Korea).

Pamphila comma : Rühl, 1895: 646-647 (Loc. Korea).

Erynnis comma : Nakayama, 1932: 383 (Loc. Korea).

Hesperia comma : Fixsen, 1887: 316; Seok, 1939: 332; Seok, 1947: 9; Cho & Kim, 1956: 62; Kim & Mi, 1956: 403; Cho, 1959: 81; Kim, 1960: 260; Lee, 1982: 102; Joo (Ed.), 1986: 19; Im (N.Korea), 1987: 44; Ju & Im (N.Korea), 1987: 216; Shin, 1989: 218; Kim & Hong, 1991: 401; ESK & KSAE, 1994: 383; Chou Io (Ed.), 1994: 732.

Hesperia comma florinda : Chou Io (Ed.), 1994: 732.

Hesperia comma repugnans : Joo & Kim, 2002: 141; Kim, 2002: 253.

Erynnis florinda : Nire, 1920: 54 (Loc. Korea); Seok, 1937: 211 (Loc. Korea); Nomura, 1938: 64 (Loc. Jejudo (Is.)).

Hesperia florinda : Seok, 1947: 10; Cho & Kim, 1956: 62; Kim & Mi, 1956: 403; Cho, 1959: 81; Kim, 1960: 267; Cho *et al.*, 1968: 255; Lee, 1971: 3; Lee, 1973: 2; Kim, 1976: 20; Ju & Im (N.Korea), 1987: 231; Kim & Hong, 1991: 401; Shin, 1996a: 51; Tuzov *et al.*, 1997; Joo *et al.*, 1997: 363; Park & Kim, 1997: 355; Lee, 2005a: 23.

Distribution. Korea, Amur and Ussuri region, Japan, China.

First reported from Korean peninsula. Fixsen, 1887; in Romanoff, *Mém. Lépid.,* 3: 316 (Loc. Korea).

North Korean name. 은점꽃희롱나비(임홍안, 1987; 주동률과 임홍안, 1987: 216); 붉은꽃희롱나비 (주동률과 임홍안, 1987: 231).

Host plant. Korea: 사초과(그늘사초)(손정달, 1984).

Remarks. 아종으로는 *H. f. rozhkovi* Kurentzov, 1970의 1종이 알려져 있으며, *H. c. repugnans*는 *H. florinda*의 동물이명(synonym)으로서 종명적용은 Tuzov *et al.* (1997)에 따랐다. *Hesperia* *comma* (Linnaeus, 1758)는 현재 유라시아, 북아프리카 및 북미 등지에 광역 분포하는 종으로 알려져 있다(Savela, 2008 (ditto)). 한반도에는 국지적으로 분포하는 종으로 제주도에서도 관찰되며, 개체수는 적다. 연 1회 발생하며, 7월부터 8월에 걸쳐 나타난다. 수컷은 중실 부근의 검은색 성표 중앙이 은백색을 띠어 유사종인 수풀떠들썩팔랑나비와 구별된다. 현재의 국명은 석주명(1947: 10)에 의한 것이다. 국명이명으로는 석주명(1947: 9), 김헌규와 미승우(1956: 403), 조복성(1959: 81), 김헌규(1960: 260)의 '은점박이꽃팔랑나비' 그리고 조복성과 김창환(1956: 2)의 '은점백이꽃팔랑나비'가 있다.

Genus *Ochlodes* Scudder, 1872

Ochlodes Scudder, 1872; *4th Ann. Rep. Peabody Acad. Sci.* (1871): 78. TS: *Hesperia nemorum* Boisduval.

전 세계에 적어도 21 종이 알려져 있으며, 대부분 유라시아, 북미에 광역 분포한다. 한반도에는 산수풀떠들썩팔랑나비 등 4 종이 알려져 있다.

25. *Ochlodes sylvanus* (Esper, 1777) 산수풀떠들썩팔랑나비

Papilio sylvanus Esper, 1777; *Die Schmett. Th. I, Bd.,* 1(6): pl. 36, fig. 1(f), [1779] 1(9): 343. TL: Germany.

Papilio melicerta : Bergsträsser, 1780.

Hesperia sylvanus : Leech, 1887: 429.

Augiades sylvanus : Leech, 1894: 601 (Loc. Korea); Umeno, 1937: 30 (Loc. Korea).

Augiades sylvanus vanata : Staudinger & Rebel, 1901: 93 (Loc. Korea).

Augiades sylvanus amurensis : Mabille, 1909: 347 (Loc. Korea).

Augiades sylvanus herculea : Nire, 1919: 376 (Loc. Sampo).

Augiades sylvanus selas : Okamoto, 1923: 70 (Loc. Korea).

Augiades sylvanus chosensis : Matsumura, 1929: 156 (Loc. Korea).

Ochlodes alexandra : Hemming, 1934.

Ochlodes esperiverity : Hemming, 1934.

Ochlodes faunus : Korshunov & Gorbunov, 1995: 38; Lee, 2005a: 23.

Ochlodes sylvanus : Seok, 1939: 344; Seok, 1947: 10; Cho & Kim, 1956: 64; Seok, 1972 (Rev. Ed.): 221; Tuzov *et al.*, 1997: 130; Kudrna, 2002; Mazzei *et al.*, 2009.

Distribution. Korea, Kuriles Isls, Central Asia to Siberia, Asia Minor to Syria and Iran, Mongolia.

First reported from Korean peninsula. Leech, 1887; *Proc. zool. Soc. Lond.,* p. 429 (Loc. Busan (S.Korea) & Weonsan (N.Korea)).

North Korean name. 북한에서는 기록이 없다.

Host plants. Korea: Unknown. Finland (Europe): 벼과(*Phalaris arundinacea, Alopecurus pratensis, Calamagrostis purpurea, Deschampsia flexuosa, Phragmites communis, Roegneria canina*)(Seppänen, 1970).

Remarks. 아종으로는 *O. s. esperi* Verity, 1934 (Loc. W.Siberia, C.Siberia) 등 5아종이 알려져 있다. 본 종의 학명적용은 Kudrna (2002), Tuzov *et al.* (1997), 그리고 Mazzei *et al.* (2009)에 따랐으나, Korshunov & Gorbunov (1995) 등은 *Ochlodes faunus* (Turati, 1905)를 독립된 종으로 취급하고 있어 한반도산 산수풀떠들썩팔랑나비의 학명적용에 대해 재검토가 필요하다. 현재 동아시아에만 국지적으로 분포하는 종인 *O. venata* (Bremer et Grey, 1853)를 *O. faunus*와 혼용해 사용하고 있으며, Savela (2008) (ditto), Global Butterfly Information System (ditto) 등의 주요 데이터베이스에서는 *O. faunus*를 *O. sylvanus*의 동물이명(synonym) 취급하고 있다. 이영준(2005: 28)은 Korshunov and Gorbunov (1995)와 Tuzov *et al.* (2000)에 따라 *Ochlodes faunus*를 적용했고, 그 분포를 참조해 본 종의 형태와 생태적인 기술 없이 한반도에는 북부 고산지에 분포하는 종으로 한반도산 나비로 편입시켰다. 그러나 한반도산 산수풀떠들썩팔랑나비를 *Ochlodes sylvanus*이라기보다는 藤岡 (1997)에 따라 수풀떠들썩팔랑나비의 한 아종인 *O. v. similis* Leech, 1893으로 취급하자는 견해도 있다(김성수, 2006: 46). 실제로 국내의 1950년대까지 *sylvanus* (Esper, 1777)의 기록들은 수풀떠들썩팔랑나비(= *O. venata*)와 혼용된 것으로 보이나, 그 당시 표본들을 확인할 수 없어 여기에서는 그간 적용된 학명기준으로 정리했다. 석주명(1947)은 본종의 국명을 '수풀떠들썩팔랑나비'으로 적용했다. 현재의 국명은 이영준(2005: 18)에 의한 것이다.

26. *Ochlodes venata* (Bremer et Grey, 1853) 수풀떠들썩팔랑나비

Hesperia venata Bremer et Grey, 1853; *Schmett. N.China*: 11. TL: Beijing (China).

Pamphila venata : Butler, 1882: 20.

Ochlodes venatus : Joo *et al.*, 1997: 364; Park & Kim, 1997: 357; Kim, 2002: 261; Lee, 2005a: 23.

Ochlodes venatus venatus : Joo & Kim, 2002: 142.

Ochlodes venatus similis : Kim, 2006.

Ochlodes venata herculea : Ko, 1969: 189.

Ochlodes venata : Kim & Mi, 1956: 393, 403; Cho, 1959: 84; Kim, 1960: 272; Cho, 1963: 192; Cho *et al.*, 1968: 255; Lee, 1971: 3; Kim, 1976: 18; Lee, 1982: 103; Joo (Ed.), 1986: 19; Im (N.Korea), 1987: 44; Ju & Im (N.Korea), 1987: 232; Shin, 1989: 218; Ju (N.Korea), 1989: 46 (Loc. Baekdusan (Mt.)); Kim & Hong, 1991: 401; Im & Hwang (N.Korea), 1993: 57 (Loc. Baekdusan (Mt.)); ESK & KSAE, 1994: 383; Chou Io (Ed.), 1994: 732; Karsholt & Razowski, 1996: 202; Tuzov *et al.*, 1997.

Distribution. Korea, Amur-SE.China, Japan, Europe.

First reported from Korean peninsula. Butler, 1882; *Ann Mag. Nat. Hist., ser.* 5(9): 20 (Loc. N.E.Korea).

North Korean name. 수풀노랑희롱나비(임홍안, 1987; 주동률과 임홍안, 1987: 232).

Host plants. Korea: 벼과(참억새), 사초과(새방울사초, 그늘사초)(손정달, 1984); 벼과(기름새)(주동률과 임홍안, 1987); 벼과(왕바랭이)(손정달과 박경태, 1993).

Remarks. 아종으로는 *O. v. similis* Leech 등 4아종이 알려져 있다. 한반도에는 서해안과 경상남도 해안지역 외에 광역 분포 종으로 개체수는 보통이다. 연 1회 발생하며, 6월부터 8월에 걸쳐 나타난다. 애벌레로 월동한다(주동률과 임홍안, 1987). 숲 가장자리와 초지대의 개화식물에서 볼 수 있다. 현재의 국명은 석주명(1947: 10= *O. sylvanus*)에 의한 것이다.

27. *Ochlodes ochracea* (Bremer, 1861) 검은테떠들썩팔랑나비

Pamphila ochracea Bremer, 1861; *Bull. Acad. Imp. Sci. St. Pétersbg.,* 3: 473. TL: Ussuri-Mündung (Russia).

Pamphila ochracea : Rühl, 1895: 642 (Loc. Korea); Matsumura, 1907: 130 (Loc. Korea).

Hesperia ochracea : Leech, 1887: 430.

Augiades ochracea : Leech, 1894: 605 (Loc. Weonsan).

Ochlodes ochraceus : Lee, 2005a: 23.

Ochlodes ochracea rikuchina : Mabille, 1909: 348 (Loc. Korea); Doi, 1931: 46 (Loc. Soyosan (Mt.)); Seok, 1936: 58 (Loc. Jirisan (Mt.)); Seok, 1939: 340; Seok, 1947: 10; Kim & Mi, 1956: 403; Cho, 1959: 84; Kim, 1960: 267; Cho, 1963: 191; Cho *et al.*, 1968: 255; Ko, 1969: 189.

Ochlodes ochracea ochracea : Joo & Kim, 2002: 144.

Ochlodes ochracea : Lee, 1971: 3; Lee, 1973: 2; Shin, 1975a: 42, 43; Kim, 1976: 17; Lee, 1982: 104; Joo (Ed.), 1986: 19; Im (N.Korea), 1987: 44; Ju & Im (N.Korea), 1987: 233; Shin, 1989: 219; Kim & Hong, 1991: 402; Im & Hwang (N.Korea), 1993: 57 (Loc. Baekdusan (Mt.)); ESK & KSAE, 1994: 383; Chou Io (Ed.), 1994: 733; Tuzov *et al.*, 1997; Joo *et al.*, 1997: 368; Park & Kim, 1997: 361; Kim, 2002: 260.

Distribution. Korea, Amur region, Japan, SE.China.

First reported from Korean peninsula. Leech, 1887; *Proc. zool. Soc. Lond.,* p. 430 (Loc. Weonsan (N.Korea)).

North Korean name. 검은테노랑희롱나비(임홍안, 1987; 주동률과 임홍안, 1987: 233).

Host plants. Korea: 벼과(주름조개풀), 콩과(벌노랑이)(손정달, 1984); 사초과(사초과 식물)(주동률과 임홍안, 1987); 벼과(큰기름새)(손정달 등, 1992); 벼과(참억새)(김용식, 2002).

Remarks. 한반도에는 서해안과 동해안 지역 외에 광역 분포하는 종으로 산지에 따라 차이는 있지만 개체수는 보통이다. 연 1-2회 발생하며, 5월부터 9월에 걸쳐 나타난다. 애벌레로 월동한다(주동률과 임홍안, 1987). 숲 가장자리와 초지대 개화식물에서 볼 수 있다. 현재의 국명은 석주명(1947: 10)에 의한 것이다.

28. *Ochlodes subhyalina* (Bremer et Grey, 1853) 유리창떠들썩팔랑나비

Hesperia subhyalina Bremer et Grey, 1853; *Schmett. N.China*: 10. TL: Beijing (China).

Hesperia subhyalina : Fixsen, 1887: 316-318.

Augiades subhyalina : Leech, 1894: 602 (Loc. Korea); Maruda, 1929: 80 (Loc. Geongseong (N.Korea)); Nomura, 1938: 64 (Loc. Jejudo (Is.)).

Pamphila subhyalina : Rühl, 1895: 645 (Loc. Korea).

Ochlodes subphyalina (missp.) : Hyun & Woo, 1969: 179.

Ochlodes subhyalinus : Kim, 2002: 262.

Ochlodes subhyalina : Seok, 1939: 342; Seok, 1947: 10; Kim, 1956: 339; Cho & Kim, 1956: 64; Kim & Mi, 1956: 403; Cho, 1959: 84; Kim, 1959a: 95; Kim, 1960: 272; Cho, 1963: 192; Cho *et al.*, 1968: 255; Lee, 1971: 3; Seok, 1972 (Rev. Ed.): 220; Lee, 1973: 2; Shin & Koo, 1974: 134; Lewis, 1974; Shin, 1975a: 43; Kim, 1976: 19; Lee, 1982: 103; Joo (Ed.), 1986: 19; Im (N.Korea), 1987: 44; Ju & Im (N.Korea), 1987: 234; Shin, 1989: 218; Kim & Hong, 1991: 401;

ESK & KSAE, 1994: 383; Chou Io (Ed.), 1994: 733; Tuzov *et al.*, 1997; Joo *et al.*, 1997: 366; Park & Kim, 1997: 359; Park & Kim, 1997: 359; Lee, 2005a: 23.

Distribution. Korea, Japan, Mongolia, E.India-N.Burma.

First reported from Korean peninsula. Fixsen, 1887; in Romanoff, *Mém. Lépid.,* 3: 316-318 (Loc. Korea).

North Korean name. 유리창노랑희롱나비(임홍안, 1987; 주동률과 임홍안, 1987: 234).

Host plant. Unknown.

Remarks. 아종으로는 *O. s. subhyalina* (Loc. Korea, N.China, Japan, S.China, Sichuan, N.Burma) 등의 4아종이 알려져 있다(Chou Io (Ed.), 1994: 733; Huang, 2001). 한반도 전역에 분포하는 종으로 개체수는 여름에 많다. 연 1회 발생하며, 5월 하순부터 8월에 걸쳐 나타난다. 수컷은 앞날개 중실 밑에 검은색 선상 성표가 있다. 현재의 국명은 석주명(1947: 10)에 의한 것이다.

Tribe **Taractrocerini** Voss, 1952

Genus *Potanthus* Scudder, 1872

Potanthus Scudder, 1872; *4th Ann. Rep. Peabody Acad. Sci.* (1871): 75. TS: *Hesperia omaha* Edwards.

= *Padraona* Moore, [1881]; *Lepid. Ceylon,* 1(4): 170. TS: *Pamphila maesa* Moore.

전 세계에 적어도 37 종이 알려져 있으며, 대부분 아시아에 광역 분포한다. 한반도에는 황알락팔랑나비 1 종이 알려져 있다.

29. *Potanthus flava* (Murray, 1875) 황알락팔랑나비

Pamphila flava Murray, 1875; *Ent. mon. Mag.,* 12(1): 4. TL: China.

Hesperia dara flava : Fixsen, 1887: 318.

Hesperia flava : Leech, 1887: 430 (Loc. Busan).

Padraona dara : Leech, 1894: 596-598 (Loc. Korea); Seok, 1939: 346; Seok, 1947: 10; Cho & Kim, 1956: 64.

Padraona flava : Nire, 1919: 376 (Loc. Korea).

Padraona dara flava : Matsumura, 1927: 162 (Loc. Korea).

Pamphila dara : Rühl, 1895: 642 (Loc. Korea).

Pamphila flava : Rühl, 1895: 642 (Loc. Korea).

Potanthus confucius : Kim & Mi, 1956: 393, 403; Cho, 1959: 86; Kim, 1960: 272; Cho *et al.*, 1968: 378; Hyun & Woo, 1970: 78; Shin, 1975a: 43.

Potanthus flavum : Ko, 1969: 190; Lee, 1971: 3; Lee, 1973: 2; Shin & Koo, 1974: 135; Kim, 1976: 15; Shin, 1989: 219; ESK & KSAE, 1994: 383.

Potanthus flavus : Kim & Hong, 1991: 402; Chou Io (Ed.), 1994: 741; Joo *et al.*, 1997: 369; Park & Kim, 1997: 363; Kim, 2002: 254; Huang, 2003; Lee, 2005a: 24.

Potanthus flavus flavus : Joo & Kim, 2002: 145.

Potanthus flava : Lewis, 1974; Lee, 1982: 104; Joo (Ed.), 1986: 19; Im (N.Korea), 1987: 44; Ju & Im (N.Korea), 1987: 235; Ju (N.Korea), 1989: 46 (Loc. Baekdusan (Mt.)); Tuzov *et al.*, 1997.

Distribution. Korea, Amur region-Japan, China, Thailand, Philippines.

First reported from Korean peninsula. Fixsen, 1887; in Romanoff, *Mém. Lépid.,* 3: 318 pl. 4, fig. 6 (Loc. Korea).

North Korean name. 노랑알락희롱나비(임홍안, 1987; 주동률과 임홍안, 1987: 235).

Host plants. Korea: 벼과(강아지풀, 참억새, 주름조개풀, 띠, 바랭이, 나도바랭이새)(손정달, 1984); 벼과(돌피, 참바랭이)(주동률과 임홍안, 1987); 벼과(기름새, 큰기름새)(김용식, 2002).

Remarks. 아종으로는 *P. f. alcon* (Evans, 1932) (Loc. Burma)의 1아종이 알려져 있다(Corbet & Pendlebury, 1992). 한반도 전역에 분포하는 종이나 울릉도에서는 관찰 기록이 없다. 연 1회 발생하며, 6월부터 8월에 걸쳐 나타난다. 애벌레로 월동한다(주동률과 임홍안, 1987). 숲 가장자리나 초지대에서 활발하고 민첩하게 날아다닌다. 현재의 국명은 석주명(1947: 10)에 의한 것이다.

Tribe **Baorini** Doherty, 1866

Genus *Parnara* Moore, 1881

Parnara Moore, 1881; *Lepid. Ceylon,* 1(4): 166. TS: *Eudamus guttatus Bremer et Grey.*

전 세계에 적어도 12 종이 알려져 있으며, 대부분 아시아와 아프리카에 분포한다. 한반도에는 줄점팔랑나비 1 종이 알려져 있다.

30. *Parnara guttatus* (Bremer et Grey, 1853) 줄점팔랑나비

Eudamus guttatus Bremer et Grey, 1853; *Schmett. N.China*: 10. TL: Beijing (China).

Pamphila guttata : Leech, 1887: 429.

Parnara guttata guttata : Joo & Kim, 2002: 147.

Parnara guttata : Leech, 1894: 609 (Loc. Korea); Matsumura, 1919: 33 (Loc. Korea); Okamoto, 1924: 95 (Jejudo (Is.)); Seok, 1939: 348; Seok, 1947: 10; Cho & Kim, 1956: 65; Kim & Mi, 1956: 403; Cho, 1959: 85; Kim, 1960: 280; Cho, 1963: 192; Cho *et al.*, 1968: 255; Ko, 1969: 189; Lee, 1973: 2; Kim, 1976: 24; Lee, 1982: 104; Joo (Ed.), 1986: 19; Im (N.Korea), 1987: 44; Ju & Im (N.Korea), 1987: 236; Shin, 1989: 219; Kim & Hong, 1991: 402; Heppner & Inoue, 1992: 131; Im & Hwang (N.Korea), 1993: 57 (Loc. Baekdusan (Mt.)); ESK & KSAE, 1994: 383; Chou Io (Ed.), 1994: 727; Joo *et al.*, 1997: 374; Park & Kim, 1997: 369; Kim, 2002: 266; Lee, 2005a: 24.

Parnara guttatus : Nire, 1920: 54 (Loc. Korea); Cho, 1965: 178; Cho *et al.*, 1968: 378; Lewis, 1974; Shin, 1975a: 44; Tuzov *et al.*, 1997.

Distribution. Korea, Amur region-Japan, China, Taiwan, Philippines.

First reported from Korean peninsula. Leech, 1887; *Proc. zool. Soc. Lond.,* p. 429 (Loc. Weonsan (N.Korea)).

North Korean name. 한줄꽃희롱나비(임홍안, 1987; 주동률과 임홍안, 1987; 236).

Host plants. Korea: 벼과(해장죽, 피, 갈풀, 강아지풀, 왕바랭이, 바랭이, 참억새, 띠, 새포아풀)(손정달, 1984);벼과(벼, 보리, 돌피)(주동률과 임홍안, 1987).

Remarks. 아종으로는 *P. g. mangala* (Moore, [1865]) (Loc. N.India) 등의 3아종이 알려져 있다 (Chou Io (Ed.), 1994: 727). 한반도 전역에 분포하는 종으로 개체수는 많으나 북동부 고산지대에서는 기록이 없다. 연 2-3회 발생하고, 5월 하순부터 11월에 걸쳐 나타나며, 특히 가을에 개화식물에서 많은 개체를 볼 수 있다. 애벌레로 월동한다(주동률과 임홍안, 1987). 현재의 국명은 석주명(1947: 10)에 의한 것이다. 국명이명으로는 이영준(2005: 24)의 '벼줄점팔랑나비'가 있다.

Genus *Pelopidas* Walker, 1870

Pelopidas Walker, 1870; *Entomologist,* 5(4): 56. TS: *Pelopidas midea* Walker.

전 세계에 적어도 10 종이 알려져 있으며, 대부분 아시아, 오세아니아와 아프리카에 분포한다. 한반도에는 제주꼬마팔랑나비 등 3 종이 알려져 있다.

31. *Pelopidas mathias* (Fabricius, 1798) 제주꼬마팔랑나비

Hesperia mathias Fabricius, 1798; *Ent. Syst.* (Suppl.): 433, no. 289-90. TL: Tranquebar
  (S.India).

Parnara mathias : Ichikawa, 1906: 186; Matsumura, 1927: 162 (Loc. Korea); Seok, 1937: 172
  (Loc. Jejudo (Is.)); Seok, 1939: 351; Seok, 1947: 10.

Pelopidas mathias oberthueri : Joo *et al.*, 1997: 413; Joo & Kim, 2002: 146; Kim, 2002: 264.

Pelopidas matias (missp.) : Cho, 1963: 192; Cho *et al.*, 1968: 255.

Pelopidas mathias : Kim & Mi, 1956: 393, 403; Cho, 1959: 85; Kim, 1960: 276; Ko, 1969: 190;
  Lee, 1971: 3; Lee, 1973: 2; Lewis, 1974; Lee, 1982: 105; Im (N.Korea), 1987: 44; Ju & Im
  (N.Korea), 1987: 238; Shin, 1989: 220; Kim & Hong, 1991: 402; Heppner & Inoue, 1992: 132;
  ESK & KSAE, 1994: 383; Chou Io (Ed.), 1994: 729; Larsen, 1996; Joo *et al.*, 1997: 371; Park
  & Kim, 1997: 366; Lee, 2005a: 24.

Distribution. Korea, Japan, China, Taiwan, Burma, India, Arabia, Tropical Africa.

First reported from Korean peninsula. Ichikawa, 1906; *Hakubutu no Tomo*, 6(33): 186 (Loc.
  Jejudo (Is.) (S.Korea)).

North Korean name. 제주꽃희롱나비(임홍안, 1987; 주동률과 임홍안, 1987: 238).

Host plants. Korea: 벼과(벼, 참억새, 그령, 잔디)(손정달, 1984); 벼과(띠, 바랭이, 강아지풀, 왕바랭
  이, 사탕수수), 질경이과(질경이)(주동률과 임홍안, 1987).

Remarks. 아종으로는 *P. m. oberthueri* Evans (Loc. China)와 *P. m. mathias*의 2아종이 알려져 있
  다(Corbet & Pendlebury, 1992; Chou Io (Ed.), 1994). 한반도에는 남부지방에 국지적으로 분포하
  는 종으로 제주도와 남해안 일대가 주 서식지이다. 연 2회 발생하며, 5월부터 10월에 걸쳐 나타난
  다. 가을에 개체수가 많은 편이다. 현재의 국명은 조복성(1959: 85)에 의한 것이다. 국명이명으로
  는 석주명(1947: 10), 김헌규와 미승우(1956: 393), 김헌규(1960: 276)의 '제주도꼬마팔랑나비'가
  있다.

32. *Pelopidas jansonis* (Butler, 1878) 산줄점팔랑나비

Pamphila jansonis Butler, 1878; *Cist. Entom.*, 2: 284. TL: Honshu (Japan).

Pamphila jansonis : Leech, 1887: 429.

Parnara jansonis : Leech, 1894: 612 (Loc. Weonsan); Yokoyama, 1927: 648 (Loc. Korea); Seok, 1939: 350; Seok, 1947: 10.

Pelopidas jansoni (missp.) : Hyun & Woo, 1970: 78; Kim, 1976: 23.

Pelopidas jansonis : Kim, 1956: 339; Cho & Kim, 1956: 65; Kim & Mi, 1956: 393, 403; Cho, 1959: 85; Kim, 1959a: 95; Kim, 1960: 280; Ko, 1969: 189; Lee, 1973: 2; Shin & Koo, 1974: 134; Lewis, 1974; Shin, 1975a: 42, 44; Lee, 1982: 105; Joo (Ed.), 1986: 20; Im (N.Korea), 1987: 44; Ju & Im (N.Korea), 1987: 239; Shin, 1989: 220; Kim & Hong, 1991: 402; Im & Hwang (N.Korea), 1993: 57 (Loc. Baekdusan (Mt.)); ESK & KSAE, 1994: 383; Chou Io (Ed.), 1994: 729; Joo *et al.*, 1997: 372; Park & Kim, 1997: 367; Kim, 2002: 265; Lee, 2005a: 24.

Distribution. Korea, E.Siberia, Japan, China.

First reported from Korean peninsula. Leech, 1887; *Proc. zool. Soc. Lond.,* p. 429 (Loc. Weonsan (N.Korea)).

North Korean name. 멧꽃희롱나비(임홍안, 1987; 주동률과 임홍안, 1987: 239).

Host plants. Korea: 벼과(참억새)(손정달, 1984); 벼과(기름새)(주동률과 임홍안, 1987); 벼과(억새)(박규택과 김성수, 1997).

Remarks. 한반도에는 북동부 고산지대를 제외하고는 전역에 분포하는 보통 종이다. 연 2회 발생하며, 제1화는 4월부터 5월, 제2화는 7-8월에 발생해 가을까지 볼 수 있다. 번데기로 월동한다(주동률과 임홍안, 1987). 대부분 낮은 산지 내 초지대에서 보인다. 현재의 국명은 석주명(1947: 10)에 의한 것이다.

33. *Pelopidas sinensis* (Mabille, 1877) 흰줄점팔랑나비

Gegenes sinensis Mabille, 1877; *Bull. Soc. Zool. de France*, 11(2): 232. TL: Shanghai (W.China).

Baoris sinensis : Wynter-Blyth, 1957: 485.

Pelopidas sinensis : Lewis, 1974: pl. 188, fig. 12; Heppner & Inoue, 1992: 132; Chou Io (Ed.), 1994: 728; Ju, 2007: 45-46.

Distribution. S.Korea, Taiwan, Palnis, Nilgiris, Coorg, N.Kanara, Kangra-Assam, S.Shan States,

Bengal.

First reported from Korean peninsula. Ju, 2007; *J. Lepid. Soc. Korea,* 17: 45-46 (Loc. Mt. Hwayasan (GG, C.Korea)).

North Korean name. 북한에서는 기록이 없다.

Host plant. Unknown.

Remarks. 국외에서 알려진 주요 분포지는 인도와 중국 서남부 일대다. 일본에서도 기록이 있으나 분포에 대한 재검토가 필요한 종으로 알려져 있다. 경기도 화야산에서 2007년 5월 중순 주재성(2007: 45-46)에 의해 채집되어 처음 기록된 종으로, 발표 당시 본 종에 대해 미접일 가능성과 국내 정착 가능성을 동시에 제시했다. 현재의 국명은 주재성(2007: 45-46)에 의한 것이다.

Genus *Polytremis* Mabille, 1904

Polytremis Mabille, 1904; in Wytsman, *Gen. Ins.,* 17(B-D): 136. TS: *Gegenes contigua* Mabille.

전 세계에 적어도 19종이 알려져 있으며, 아시아에 분포한다. 한반도에는 직작줄점팔랑나비 1종이 알려져 있다.

34. *Polytremis pellucida* (Murray, 1875) 직작줄점팔랑나비

Pamphila pellucida Murray, 1875; *Ent. mon. Mag.,* 11(6/7): 172. TL: China.

Pamphila pellucida : Leech, 1887: 429.

Parnara pellucida : Leech, 1894: 611-612 (Loc. Weonsan); Okamoto, 1923: 71 (Loc. Korea); Esaki, 1939: 216 (Loc. Korea); Seok, 1939: 351; Seok, 1947: 10.

Polytremis pellucida : Kim & Mi, 1956: 393, 403; Cho, 1959: 85; Kim, 1960: 267; Ko, 1969: 190; Hyun & Woo, 1969: 179; Lee, 1971: 3; Kim & Hong, 1991: 402; Chou Io (Ed.), 1994: 730; Tuzov *et al.*, 1997; Kim, 2006: 47.

Distribution. N.Korea, Amur and Ussuri region, Sakhalin, Japan, China.

First reported from Korean peninsula. Leech, 1887; *Proc. zool. Soc. Lond.,* p. 429 (Loc. Weonsan (N.Korea)).

Host plant. Korea: Unknown. Russia: 벼과(*Phragmites spp.*)(Tuzov *et al.*, 1997).

Remarks. 아종으로는 *P. p. inexpecta* Tsukiyama, Chiba & Fujioka, 1997 등의 4아종이 알려져 있다(Chou Io (Ed.), 1994; 730; Huang, 2003). 임홍안(1987, 1996), 주동률과 임홍안(1987), 임홍안과 황성린(1993) 등의 북한 지역의 나비 목록에는 본 종을 *P. zina*로 취급하고 있어 본 종과 혼용하고 있는 것으로 보이며, Chou Io (Ed.)(1994: 730)에서는 *P. zina*의 분포가 '朝鮮'으로 명시되어 있다. 현재 알려진 본 종의 주요 분포지가 북한지역과 인접한 우수리, 아무르, 사할린과 남한과 가까운 일본으로 한반도 동북부 지방의 현지조사가 필요하다. 한국인시류동호인회(1986: 20)와 박중석 등(1993: 206)은 산팔랑나비(= *P. pellucida*)에 대해 '직각줄점팔랑나비'를 동일종으로 취급한바 있다. 종명적용은 조복성(1959: 85) 등에 따랐다. 국명은 조복성(1959: 85) 이후 '직각줄점팔랑나비' 또는 '직각팔랑나비'로 사용되어 왔으나, 석주명(1947: 10)은 '지그재그줄점팔랑나비'의 줄임말로 '직작줄점팔랑나비'로 신칭한바 있다. 현재의 국명은 석주명(1947: 10)에 의한 것이다.

35. *Polytremis zina* (Evans, 1932) 산팔랑나비

Baoris zina Evans, 1932; *Indian Butterflies,* (Edn 2): 415. TL: Omeishan (SW.China).

Polytremis pellucida : Lee, 1982: 106; Joo (Ed.), 1986: 20; ESK & KSAE, 1994: 383; Joo *et al.*, 1997: 370; Park & Kim, 1997: 365; Kim, 2002: 267.

Polytremis zina zinoides : Shin & Koo, 1974: 135; Shin, 1975a: 42, 44; Shin & Park, 1980: 132; Shin, 1982: 117.

Polytremis zina : Lee, 1973: 3; Kim, 1976: 22; Im (N.Korea), 1987: 44; Ju & Im (N.Korea), 1987: 240; Chou Io (Ed.), 1994; 731; Tuzov *et al.*, 1997; Fujioka *et al.*, 1997; Huang, 2002; Lee, 2005a: 24; Kim, 2006: 47.

Distribution. Korea. S.China-E.China-Ussuri.

First reported from Korean peninsula. Lee, 1973; *Cheong-Ho-Rim Entomol., Lab. note* 4: 3 (Loc. Seolaksan (Mt.) (S.Korea)).

North Korean name. 큰한줄꽃희롱나비(임홍안, 1987; 주동률과 임홍안, 1987: 240).

Host plants. Korea: 벼과(해장죽, 벼, 참억새), 콩과(벌노랑이)(손정달, 1984); 벼과(강아지풀, 돌피)(주동률과 임홍안, 1987.)

Remarks. 아종으로는 *P. z. zina* (Evans)와 *P. z. taiwana* Murayama, 1981의 2종이 알려져 있다 (Chou Io (Ed.), 1994; 731). 종명적용은 이승모(1973: 3) 등에 따랐다. 한반도에는 제주도를 제외한 지역에 광역 분포하는 종으로 개체수는 적다. 연 1-2회 발생하며, 6월부터 8월에 걸쳐 나타나며, 대부분 산지 능선 또는 정상 주변에서 볼 수 있다. 애벌레로 월동한다(주동률과 임홍안, 1987).

신유항과 박규택(1980: 132), 신유항(1982: 117)은 *P. zina*의 국명으로 '직작줄점팔랑나비'를 사용한바 있다. 현재의 국명은 이승모(1973: 3)에 의한 것이다.

Tribe: Uncertain placement

Genus *Isoteinon* C. Felder et R. Felder, 1862

Isoteinon C. Felder et R. Felder, 1862; *Wien. Ent. Monats.,* 6: 30. TS: *Isoteinon lamprospilus* C. Felder et R. Felder.

전 세계에 1 종만이 알려져 있으며, 아시아 중남부에 분포한다. 한반도에는 지리산팔랑나비 1 종이 알려져 있다.

36. *Isoteinon lamprospilus* C. Felder et R. Felder, 1862 지리산팔랑나비

Isoteinon lamprospilus C. Felder et R. Felder, 1862; *Wien. ent. Monats.,* 6: 30. TL: Zhejiang (China).

Isoteinon lamprospilus : Seok, 1936a: 58; Seok, 1947: 10; Kim & Mi, 1956: 403; Cho, 1959: 82; Kim, 1960: 280; Ko, 1969: 188; Seok, 1972 (Rev. Ed.): 219; Lee, 1973: 2; Shin & Koo, 1974: 134; Lewis, 1974; Kim, 1976: 21; Lee, 1982: 101; Joo (Ed.), 1986: 19; Im (N.Korea), 1987: 44; Ju & Im (N.Korea), 1987: 226; Shin, 1989: 216; Kim & Hong, 1991: 401; Heppner & Inoue, 1992: 131; ESK & KSAE, 1994: 383; Chou Io (Ed.), 1994: 736; Joo *et al.*, 1997: 359; Park & Kim, 1997: 349; Kim, 2002: 259; Lee, 2005a: 24.

Distribution. Korea, China, Japan, Taiwan.

First reported from Korean peninsula. Seok, 1936a; *Bot. Zool. Tokyo,* 4(12): 58 (Loc. Jirisan (Mt.) (S.Korea)).

North Korean name. 가는날개희롱나비(임홍안, 1987; 주동률과 임홍안, 1987: 226).

Host plants. Korea: 벼과(참억새, 큰기름새)(주동률과 임홍안, 1987).

Remarks. 아종으로는 *I. lamprospilus lamprospilus* C. et R. Felder와 *I. l. formosanus* Fruhstorfer, 1910의 2아종이 알려져 있다(Chou Io (Ed.), 1994: 736). 한반도에는 중·남부지방에 국지적으로 분포하는 종으로 개체수는 적으며, 제주도, 울릉도 등 도서지역에서는 관찰기록이 없다. 연 1회 발

생하며, 7월부터 8월까지 산지의 초지대에서 볼 수 있다. 애벌레로 월동한다(주동률과 임홍안, 1987). 현재의 국명은 이승모(1973: 2)에 의한 것이다. 국명이명으로는 석주명(1947: 10), 김헌규 와 미승우(1956: 403), 조복성(1959: 82), 김헌규(1960: 282)의 '지이산팔랑나비'가 있다.

Tribe **Aeromachini** Tutt, 1906

Genus ***Aeromachus*** de Nicéville, 1890

Aeromachus de Nicéville, 1890; *J. Bombay nat. Hist. Soc.,* 5(3): 214. TS: *Thanaos stigmata* Moore.

전 세계에 적어도 19 종이 알려져 있으며, 아시아에 분포한다. 한반도에는 파리팔랑나비 1 종이 알 려져 있다.

37. *Aeromachus inachus* (Ménétriès, 1859) 파리팔랑나비

Pyrgus inachus Ménétriès, 1859; *Bull. phys.-mat. Acad. Sci. St. Pétersb.,* 16: 217. TL: S.Amur region, near delta of Songari River (Russia).

Syrichthus inachus : Fixsen, 1887: 314.

Aeromachus inachus : Leech, 1894: 619-620 (Loc. Korea); Okamoto, 1926: 180 (Loc. Geumgangsan (Mt.)); Haku, 1936: 117 (Loc. Daegu); Seok, 1939: 322; Seok, 1947: Cho & Kim, 1956: 60; 9; Kim & Mi, 1956: 403; Cho, 1959: 77; Kim, 1960: 272; Ko, 1969: 187; Lee, 1971: 4; Lee, 1973: 2; Lee, 1973: 2; Lewis, 1974; Shin, 1975a: 42, 43; Kim, 1976: 25; Lee, 1982: 100; Joo (Ed.), 1986: 19; Im (N.Korea), 1987: 43; Ju & Im (N.Korea), 1987: 225; Shin, 1989: 216; Kim & Hong, 1991: 401; Heppner & Inoue, 1992: 131; Im & Hwang (N.Korea), 1993: 57 (Loc. Baekdusan (Mt.)); ESK & KSAE, 1994: 382; Chou Io (Ed.), 1994: 720; Tuzov *et al.,* 1997; Joo *et al.,* 1997: 358; Park & Kim, 1997: 347; Paek *et al.,* 2000: 6; Kim, 2002: 257; Lee, 2005a: 24.

Distribution. Korea, Ussuri region, E.Siberia, Amur region-Taiwan, Japan.

First reported from Korean peninsula. Fixsen, 1887; in Romanoff, *Mém. Lépid.,* 3: 314 (Loc. Korea).

North Korean name. 별희롱나비(임홍안, 1987; 주동률과 임홍안, 1987: 225).

Host plants. Korea: 벼과(큰기름새)(주동률과 임홍안, 1987); 벼과(기름새)(김용식, 2002).

Remarks. 아종으로는 *A. i. formosanus* Matsumura, 1931 (Loc, China) 등이 알려져 있다(Chou Io (Ed.), 1994). 한반도 전역에 분포하는 종이나 제주도와 울릉도에서는 관찰기록이 없다. 연 2회 발생하며, 제1화는 5월부터 6월, 제2화는 8월부터 9월에 걸쳐 나타난다. 3령 애벌레로 월동한다(주동률과 임홍안, 1987). 산지의 초지대에서 오후 늦게 활발하고 민첩하게 날아다닌다. 현재의 국명은 이승모(1973: 2)에 의한 것이다. 국명이명으로는 석주명(1947: 9), 조복성과 김창환(1956: 60), 김헌규와 미승우(1956: 403), 조복성(1959: 78), 김헌규(1960: 272)의 '글라이더-팔랑나비', 이승모(1971: 4)와 신유항(1975a: 42, 43)의 '그라이다-팔랑나비' 그리고 신유항(1983: 100)의 '글라이다팔랑나비'가 있다.

Superfamily PAPILIONOIDEA 호랑나비상과 Latreille, 1802
Family PAPILIONIDAE Latreille, 1809 호랑나비과

Papilionidae Latreille, 1809; *Familles naturelles des genres,* 3: 387. Type-genus: *Papilio* Linnaeus, 1758.

전 세계에 광역 분포하나 대부분 열대지방에 많으며, 적어도 600 종 이상이 알려져 있고, 극동 아시아 일대에는 20 여 종이 알려져 있다(Korshunov & Gorbunov, 1995). 대부분 대형으로 날개 색이 화려하고 띠가 발달했으며, 모시나비 외에는 뒷날개에 꼬리모양돌기가 잘 발달해있다. 일부 종의 애벌레에는 머리와 앞가슴 사이에 취각(osmeterium)이 발달해있다. 일반적으로 호랑나비과를 Baroniinae, Parnassiinae, Zerynthiinae, Papilioninae 4 아과로 구분한다(Tree of Life web project; The Global Lepidoptera Names Index; All (in this database) Lepidoptera list; Index to Organism Names (by Zoological Record); etc.). 한반도에는 3 아과 16 종이 알려져 있다. 북한 과명은 '범나비과'다.

Subfamily PARNASSIINAE Duponchel, [1835] 모시나비아과

전 세계에 적어도 5 속 이상이 알려져 있으며, 지역적 특이성이 높은 종들이 많다. 한반도에는 *Parnassius* 의 1 속 4 종이 알려져 있다. 모시나비는 호랑나비과 종류들 중 중간 크기이며, 날개가 반투명하고 외연이 둥그렇다. 암컷은 일반적으로 수컷보다 날개의 바탕색이 어둡고, 교미 후에는 복부 끝 부분에 수태낭(sphragis)이 생긴다. 애벌레는 대체로 어두운 바탕에 밝은 점 또는 줄무늬가 있으며, 돌나물과나 현호색과의 식물을 먹는다.

Tribe Parnassini Duponchel, [1835]
Genus *Parnassius* Latreille, 1804

Parnassius Latreille, 1804; *Nouv. Dict. Hist. nat.,* 24(6): 185, 199. TS: *Papilio apollo* Linnaeus.

전 세계에 적어도 53 종 이상이 알려져 있으며, 유라시아 및 북미에 분포한다. 한반도에는 모시나비 등 4 종이 알려져 있다. Leech (1887: 406)가 한반도에 분포한다고 기록한 *Parnassius glacialis*

Butler, 1866 은 모시나비(*Parnassius stubbendorfii* Ménétriès, 1849)와 별개의 종으로 취급했으며, 현재 Chou Io (Ed.) (1994: 199)와 Savela (2008) (ditto)는 분포지를 Korea 로 기록하고 있으므로 한반도에 *P. glacialis* 와 *P. stubbendorfii* 의 두 종이 분포하는지, 아닌지에 대한 분류학적인 재검토 가 필요하다.

38. *Parnassius stubbendorfii* Ménétriès, 1849 모시나비

Parnassius stubbendorfii Ménétriès, 1849; *Mém. Acad. Imp. Sci. St. Pétersb.*, 6(4): 273, pl. 6, fig. 2. TL: Erma River, Irkutsk region, E. Sayan Mts. (Russia).

Parnassius citrinarius : Leech, 1894: 506 (Loc. Korea); Mori & Cho, 1938: 8 (Loc. Korea).

Parnassius koreana : Doi, 1919: 116 (Loc. Pyeongyang).

Parnassius mnemosyne coreana : Watari, 1934: 65-67 (Loc. Jeongbangsan (Mt.)).

Parnassius mnemosyne stubbendorfi : Doi, 1937: 62 (Loc. Deokjeokdo (Is.)).

Parnassius stubbendorfi : Fixsen, 1887: 263; Matsumura, 1907: 64 (Loc. Korea); Seok, 1933: 64 (Loc. Gyeseong); Doi, 1938: 88 (Loc. Gaemagoweon (N.Korea)); Seok, 1939: 308; Tuzov *et al.*, 1997.

Parnassius stubbendorfii glacialis : Heyen, 1895: 707 (Loc. Korea).

Parnassius stubbendorfii koreana : Verity, 1907: 23. (Loc. S.W.Korea); Doi, 1937: 62 (Loc. Deokjeokdo (Is.)); Im, 1996: 27 (Loc. N.Korea).

Parnassius stubbendorfii citrinarius : Staudinger & Rebel, 1901: 9 (Loc. Korea).

Parnassius stubbendorfii usuzumi : Uchida, 1938: 6 (Loc. Korea).

Parnassius stubbendorfii arakawai : Bang-Haas, 1938: 19 (Loc. Gujang (PB, N.Korea)).

Parnassius stubbendorfii kashini : Bang-Haas, 1938: 19 (Loc. Oegongdo (Is.) (JN, S.Korea)).

Parnassius stubbendorfii : Seok, 1947: 9; Cho & Kim, 1956: 6; Kim & Mi, 1956: 402; Cho, 1959: 7; Kim, 1960: 269; Lee, 1971: 4; Seok, 1972 (Rev. Ed.): 217, 254; Lee, 1973: 3; Shin & Koo, 1974: 129; Shin, 1975a: 44; Kim, 1976: 27; Lee, 1982: 2; Joo (Ed.), 1986: 2; Im (N.Korea), 1987: 38; Ju & Im (N.Korea), 1987: 7; Shin, 1989: 140; Ju (N.Korea), 1989: 44 (Loc. Baekdusan (Mt.)); Kim & Hong, 1991: 379; ESK & KSAE, 1994: 384; Chou Io (Ed.), 1994: 198; Joo *et al.*, 1997: 20; Park & Kim, 1997: 11; Kim, 2002: 21; Lee, 2005a: 24.

Distribution. Korea, Kurile Islands, S.Siberia-Sakhalin, Japan, Mongolia-N.China-Amur region, Altai-C.Siberia.

First reported from Korean peninsula. Fixsen, 1887; in Romanoff, *Mém. Lépid.,* 3: 263 (Loc. Korea).

North Korean name. 모시범나비(임홍안, 1987; 주동률과 임홍안, 1987: 7; 임홍안, 1996).

Host plants. Korea: 현호색과(왜현호색, 산괴불주머니, 현호색)(손정달, 1984); 현호색과(들현호색)(주흥재 등, 1997).

Remarks. 아종으로는 모식산지가 한국(Korea)인 *P. s. koreana* Verity, 1907 (TL: S.W.Korea; Loc. Korea, S.Ussuri region) 등의 8아종이 알려져 있다(Savela, 2008 (ditto)). 한반도 전역에 분포하는 종으로 개체수는 많은 편이나, 최근 도시 주변에서는 개체수가 급감하고 있다. 제주도와 울릉도에서의 관찰기록은 없다. 연 1회 봄에 발생한다. 한반도 중·남부 지방에서는 대부분 5월에 관찰되며, 함경도 등 북부 지방의 높은 산지에서는 6월 중순부터 7월 상순에 걸쳐 나타난다(주동률과 임홍안, 1987: 7). 산지 내 초지대나 숲 가장자리에서 무리지어 천천히 날아다닌다. 알로 월동한다. 현재의 국명은 석주명(1947: 9)에 의한 것이다.

39. *Parnassius bremeri* Bremer, 1864 붉은점모시나비

Parnassius bremeri Bremer, 1864; *Mem. Acad. Imp. Sci. St. Pétersbg.,* 8(1): 6, pl. 1, figs. 3, 4. TL: Delta of Oldoi River, Amur region (Russia).

Parnassius conjuncta : Motono, 1936: 279 (Loc. Handaeri (HN, N.Korea)).

Parnassius bremeri bremeri : Nire, 1920: 46 (Loc. Korea).

Parnassius bremeri conjuncta : Okamoto, 1923: 62 (Loc. Korea).

Parnassius bremeri hakutozana : Matsumura, 1927: 159 (Loc. Baekdusan (Mt.)).

Parnassius bremeri hakutosana : Kishida & Nakayama, 1936: 152 (Loc. Korea).

Parnassius bremeri inornata : Matsumura, 1931: 466 (Loc. Korea).

Parnassius bremeri graeseri : Nakayama, 1932: 373 (Loc. Kora).

Parnassius bremeri : Nire, 1919: 239-240; Seok, 1939: 302; Seok, 1947: 9; Cho & Kim, 1956: 5; Kim & Mi, 1956: 402; Cho, 1959: 6; Kim, 1960: 273; Shin & Hong, 1973: 23; Shin, 1974: 42; Shin, 1975a: 42, 44; Kim, 1976: 26; Lee, 1982: 2; Joo (Ed.), 1986: 2; Im (N.Korea), 1987: 38; Ju & Im (N.Korea), 1987: 8; Shin, 1989: 140; Ju (N.Korea), 1989: 44 (Loc. Baekdusan (Mt.)); Kim & Hong, 1991: 379; ESK & KSAE, 1994: 384; Chou Io (Ed.), 1994: 193; Tuzov *et al.*, 1997; Joo *et al.*, 1997: 22; Park & Kim, 1997: 13; Kim, 2002: 22; Lee, 2005a: 24.

Distribution. Korea, Lake Baikal-Ussuri, NE.China.

First reported from Korean peninsula. Nire, 1919; *Zool. Mag.,* 31: 239-240, pl. 3, fig. 5 (Loc. Gujang (N.Korea)).

North Korean name. 붉은점모시범나비(임홍안, 1987; 주동률과 임홍안, 1987: 8).

Host plants. Korea: 돌나물과(기린초)(신유항과 홍재웅, 1973).

Remarks. 아종으로는 *P. b. conjunctus* Staudinger, 1901 (Loc. Ussuri) 등의 5아종이 알려져 있다 (Savela, 2008 (ditto)). 한반도에는 국지적으로 분포하며, 남한지역에서는 멸종위기야생동물 II급으로 지정되어 법적 보호를 받고 있다. 한반도 중·남부 지방에서는 대부분 5월에 관찰되며, 북한의 북부 높은 산지에서는 6월 하순부터 7월 하순에 걸쳐 나타난다(주동률과 임홍안, 1987: 8). 산지 내 초지나 숲 가장자리에서 무리지어 천천히 날아다닌다. 1령 애벌레로 알 속에서 월동한다. 현재 의 국명은 석주명(1947: 9)에 의한 것이다.

40. *Parnassius nomion* Fischer de Waldheim, 1823 왕붉은점모시나비

Parnassius nomion Fischer de Waldheim, 1823; *Entomographia Imp. ross.,* 2: 242. TL: Dauria region (Russia).

Parnassius smintheus : Aoyama, 1917: 461.

Parnassius nomion venusi : Nire, 1919: 237 (Loc. Hoereong (HB, N.Korea), Musanryeong); Uchida, 1932: 851 (Loc. Korea).

Parnassius nomion virgo : Nire, 1919: 239 (Loc. Korea); Mori, 1925: 57 (Loc. Huchiryeong (HN, N.Korea)).

Parnassius nomion chosensis : Matsumura, 1927:159 (Loc. Baekdusan (Mt.)); Kishida & Nakayama, 1936: 153 (Loc. Korea).

Parnassius nomion nongsadona : Seok, 1934: 655 (Loc. Nongsadong (N.Korea)).

Parnassius nomion ranrimi : Mori, Doi, & Cho, 1934: 35 (Loc. W.Korea).

Parnassius nomion nomion : Mori, 1931: 101 (Loc. Nongsadong (N.Korea)).

Parnassius nomion mandschuriae : Mori & Cho, 1931: 102 (Loc. Yeongweon); Joo *et al.*, 1997: 402; Kim, 2002: 290.

Parnassius nomion : Seok, 1934: 368 (Loc. Baekdusan (Mt.) region); Seok, 1939: 306; Seok, 1947: 9; Cho & Kim, 1956: 6; Kim & Mi, 1956: 402; Cho, 1959: 7; Kim, 1960: 259; Kim, 1976: 28; Lee, 1982: 3; Im (N.Korea), 1987: 38; Shin, 1989: 241; Ju (N.Korea), 1989: 44 (Loc. Baekdusan (Mt.)); Kim & Hong, 1991: 380; ESK & KSAE, 1994: 384; Chou Io (Ed.), 1994: 196; Tuzov *et al.*, 1997; Lee, 2005a: 24.

Distribution. N.Korea, S.Siberia-Ussuri, Amur region, China, Mongolia. Altai, Urals.

First reported from Korean peninsula. Aoyama, 1917; *Ins. World,* 21: 461-463 (Loc. N.Korea).

North Korean name. 큰붉은점모시범나비(임홍안, 1987; 주동률과 임홍안, 1987: 9).

Host plants. Korea: 돌나물과(기린초)(주동률과 임홍안, 1987). Russia: 돌나물과(*Sedum* spp., *Orostachys* spp.)(Tuzov *et al.*, 1997).

Remarks. 아종으로는 *P. n. mandschuriae* Oberthür, 1891 (Loc. Ussuri) 등 14아종이 알려져 있다 (Savela, 2008 (ditto)). 한반도에는 동북부지방의 높은 산지에 국지적으로 분포하고, 연 1회 발생 하며, 낭림산맥과 백두산 일대에서는 7월 하순부터 8월 중순에 걸쳐 나타난다. 백두산 일대에서는 1,300-1,400m의 초지대에서 천천히 날아다닌다(주동률과 임홍안, 1987: 9). 현재의 국명은 석주 명(1947: 9)에 의한 것이다.

41. *Parnassius eversmanni* Ménétriès, 1849 황모시나비

Parnassius eversmanni Ménétriès, 1849; In Siemaschko, *Russian Fauna,* (17): pl. 4, fig. 5. TL: Kansk (Krasnoyarsk Krai, Russia).

Parnassius felderi : Korshunov & Gorbunov, 1995; Tuzov *et al.*, 1997; Weiss, 1999; Lee, 2005a: 24.

Parnassius thor : Edwards, 1881: 2-4.

Parnassius eversmanni eversmanni : Kishida & Nakayama, 1936: 153 (Loc. Korea).

Parnassius eversmanni maui : Doi & Sasa, 1936: 1-2 (Loc. Yuinryeong (HN, N.Korea)).

Parnassius eversmanni sasai : Doi, 1935: 17-19; Sugitani, 1938: 14; Seok, 1939: 305; Seok, 1947: 9; Kim & Mi, 1956: 402; Im, 1996: 27 (Loc. N.Korea); Joo *et al.*, 1997: 402; Kim, 2002: 290.

Parnassius eversmanni felderi : Chou Io (Ed.), 1994: 200.

Parnassius eversmanni : Arakawa, 1936: 47-48 (Loc. Yuinryeong (HN, N.Korea)); Cho & Kim, 1956: 5; Cho, 1959: 7; Kim, 1960: 259; Lee, 1982: 3; Hodges & Ronald (ed.), 1983; Im (N.Korea), 1987: 38; Ju & Im (N.Korea), 1987: 9; Shin, 1989: 241; Ju (N.Korea), 1989: 44 (Loc. Baekdusan (Mt.)); Kim & Hong, 1991: 380; ESK & KSAE, 1994: 384; Chou Io (Ed.), 1994: 200; Tuzov *et al.*, 1997; Opler & Warren, 2003; Haeuser *et al.*, 2006.

Distribution. N.Korea, Alaska, S.Siberia, NE.Yakutia, Chukot, Japan.

First reported from Korean peninsula. Doi, 1935; *Zeph.,* 6: 17-19 (Loc. Yuinryeong (HN,

N.Korea)).

North Korean name. 노랑모시범나비(임홍안, 1987; 주동률과 임홍안, 1987: 9; 임홍안, 1996).

Host plants. Korea: 현호색과(금낭화)(주동률과 임홍안, 1987). Russia: 현호색과(*Corydalis gigantea*)(Tuzov *et al.*, 1997).

Remarks. 아종으로는 *P. e. eversmanni* Ménétriès, [1850] (Loc. S.Siberia) 등의 6아종이 알려져 있다(Savela, 2008 (ditto)). 한반도산 황모시나비의 종명적용은 *P. felderi*를 *P. eversmanni*의 동물이명(synonym)으로 취급하는 Haeuser *et al.* (2006) 등에 따랐으나, Korshunov & Gorbunov (1995), Tuzov *et al.* (1997), Weiss (1999) 등은 *Parnassius felderi* Bremer, 1861을 독립종으로 취급하고 있어, 본 종의 종명적용은 차후 재검토가 필요하다. 한반도에는 동북부지방의 고원 초지대에 국지적으로 분포하고, 연 1회 발생하며, 6월 중순부터 8월에 걸쳐 나타난다. 알에서 어른벌레가 될 때 까지 2년이 걸리는데, 첫 번째 겨울은 알로 지내고 이듬해 늦여름에 번데기가 되어 그대로 월동한다. 그리고 3년째 초여름에 우화한다. 고산 지대의 초지대에서 천천히 날아다닌다(주동률과 임홍안, 1987: 10). 현재의 국명은 석주명(1947: 9)에 의한 것이다.

Subfamily ZERYNTHIINAE Grote, 1899

전 세계에 6 속이 알려져 있는 작은 아과로서 유라시아에 분포하며, 적어도 15 종이 알려져 있다 (Korshunov & Gorbunov, 1995). 한반도에는 *Sericinus, Luehdorfia*의 2 속 2 종이 알려져 있다. 일반적으로 황색 바탕의 날개에 검정색 또는 붉은색의 복잡한 무늬가 발달해 있다. 애벌레는 쥐방울덩굴과 식물을 먹으며, 번데기로 월동한다.

Tribe **Zerynthini** Grote, 1899

Genus *Sericinus* Westwood, 1851

Sericinus Westwood, 1851; *Trans. ent. Soc. Lond.*, (2)1: 173. TS: *Papilio telamon* Donovan.

전 세계에 1 종만이 알려져 있으며, 동아시아에 분포한다. 한반도에는 꼬리명주나비 1 종이 알려져 있다.

42. *Sericinus montela* Gray, 1852 꼬리명주나비

Sericinus montela Gray, 1852; *Proc. Zool. Soc. Lond.*: 71. TL: Sanghai (China).

Sericinus telamon : Leech, 1887: 406 (Loc. Weonsan); Kim, 1956: 339; Cho & Kim, 1956: 7; Kim & Mi, 1956: 402; Cho, 1959: 8; Kim, 1959a: 95; Kim, 1960: 272; Seok, 1972 (Rev. Ed.): 257; Lee, 1973: 3; Shin, 1974: 319; Shin, 1975a: 44; Shin, 1979: 136; Joo (Ed.), 1986: 2.

Sericinus telamon greyi : Fixsen, 1887: 260 (Loc. Korea).

Sericinus telamon koreana : Fixsen, 1887: 257 (Loc. Korea); Matsumura, 1931: 467 (Loc. Korea).

Sericinus telamon fixseni : Leech, 1894: 487 (Loc. Korea); Matsumura, 1919: 4 (Loc. Korea).

Sericinus telamon amurensis : Rühl, 1895: 86 (Loc. Korea).

Sericinus telamon telamachus : Staudinger & Rebel, 1901: 3 (Loc. Korea).

Sericinus telamon montela : Nire, 1920: 45 (Loc. Korea); Seok, 1938: 281 (Loc. N.Korea).

Sericinus telamon coreana : Matsumura, 1927: 160 (Loc. Korea).

Sericinus telamon telamon : Maruda, 1929: 125 (Loc. Geongseong (N.Korea)); Seok, 1939: 313.

Sericinus telamon songdoi : Seok, 1934: 660 (Loc. Gyeseong).

Sericinus telamon erineri : Bryk, 1934: 98 (Loc. N.Korea).

Sericinus montela koreanus : Fixsen, 1887: 257-260; Im, 1996: 27 (Loc. N.Korea); Joo *et al.*, 1997: 402; Kim, 2002: 24.

Sericinus montelus : Chou Io (Ed.), 1994: 184.

Sericinus montela : Kim, 1976: 39; Lee, 1982: 1; Im (N.Korea), 1987: 38; Ju & Im (N.Korea), 1987: 7; Shin, 1989: 139; Kim & Hong, 1991: 379; Im & Hwang (N.Korea), 1993: 56 (Loc. Baekdusan (Mt.)); ESK & KSAE, 1994: 384; Tuzov *et al.*, 1997; Joo *et al.*, 1997: 24; Park & Kim, 1997: 15; Lee, 2005a: 24.

Distribution. Korea, Amur and Ussuri region, Japan.

First reported from Korean peninsula. Fixsen, 1887; in Romanoff, *Mém. Lépid.*, 3: 257-260 (Loc. Korea).

North Korean name. 꼬리범나비(임홍안, 1987; 주동률과 임홍안, 1987: 7; 임홍안, 1996).

Host plants. Korea: 쥐방울덩굴과(쥐방울덩굴)(Doi, 1932); 쥐꼬리망초과(방울꽃), 꼭두선이과(백운풀(쌍낚시돌풀))(주동률과 임홍안, 1987).

Remarks. 아종으로는 모식산지가 한국(Korea)인 *S. m. koreanus* (TL: Korea; Loc. Korea)와 *S. m. telamon* Donovan, 1798, *S. m. montela* Gray, 1852 (Loc. S.Ussuri) *S. m. amurensis*

(Staudinger, 1892) (Loc. Amur region) 등이 알려져 있다(Fixsen, 1887; Chou Io (Ed.), 1994: 184). 한반도 전역에 분포하는 종이나, 제주도와 울릉도에서의 관찰기록은 없다. 연 2-3회 발생하며, 제1화는 4월부터 5월, 제2화는 6월부터 9월에 걸쳐 숲 가장자리나 초지대에서 천천히 날아다닌다. 번데기로 월동한다. 경기도 도서지역에서는 대량 발생하기도 한다. 일본에는 분포하지 않았으나 인위적 도입으로 인해 현재 관찰된다. 현재의 국명은 석주명(1947: 9)에 의한 것이다.

Genus *Luehdorfia* Crüger, 1878

Lühdorfia Crüger, 1878; *Verh. Ver. naturw. Unterhalt. Hamburg,* 3: 128. TS: *Luehdorfia eximia* Crüger.

전 세계에 5종이 알려져 있으며, 대부분 동아시아에 분포한다. 한반도에는 애호랑나비 1종이 알려져 있다.

43. *Luehdorfia puziloi* (Erschoff, 1872) 애호랑나비

Thais puziloi Erschoff, 1872; *Horae Soc. Entomol. Ross.,* 8(4): 315. TL: Ussuri region (Russia).

Luehdorfia puziloi inexpecta : Doi, 1919: 116 (Loc. Seoul, Pyeongyang); Matsumura, 1931: 447 (Loc. Korea).

Luehdorfia puziloi coreana : Matsumura, 1927: 159 (Loc. Daegu (GN, S.Korea), Hesanjin (N.Korea)); Doi, 1938: 88 (Loc. Gaemagoweon (N.Korea)); Seok, 1939: 283; Seok, 1947: 8; Cho & Kim, 1956: 2; Kim & Mi, 1956: 402; Cho, 1959: 3; Kim, 1960: 273; Shin, 1974a; 25; Shin, 1975a: 44; Im, 1996: 27 (Loc. N.Korea); Joo *et al.*, 1997: 402; Kim, 2002: 20.

Luehdorfia puziloi : Matsumura, 1919: 491-492; Esaki, 1939: 239 (Loc. Korea); Lee, 1971: 4; Lee, 1973: 3; Kim, 1976: 29; Lee, 1982: 1; Joo (Ed.), 1986: 2; Im (N.Korea), 1987: 38; Ju & Im (N.Korea), 1987: 6; Shin, 1989: 139; Kim & Hong, 1991: 379; ESK & KSAE, 1994: 383; Chou Io (Ed.), 1994: 188; Tuzov *et al.*, 1997; Joo *et al.*, 1997: 18; Park & Kim, 1997: 9; Lee, 2005a: 24.

Distribution. Korea, Manchurian Plain, Ussuri region, Japan.

First reported from Korean peninsula. Matsumura, 1919; *Thous. Ins. Jap.,* 3: 491-492 (Loc.

Korea).

North Korean name. 애기범나비(주동률과 임홍안, 1987: 6; 임홍안, 1996).

Host plants. Korea: 쥐방울덩굴과(족도리풀)(Doi, 1932); 쥐방울덩굴과(개족도리풀)(Shinkawa, 1985).

Remarks. 아종으로는 모식산지가 한국(Korea)인 *L. p. coreana* Matsumura, 1919 (TL: Hyeokseonggun (HNs, N.Korea); Loc. Korea)와 *L. p. puziloi* Erschoff, 1872 (Loc. Ussuri), *L. p. lingjangensis* Lee, *L. p. inexpecta* Sheljuzhko, 1913 (Loc. Japan) 등이 알려져 있다(Matsumura, 1919; Chou Io (Ed.), 1994). 한반도에는 광역 분포하는 종이나, 제주도와 울릉도에서는 관찰기록이 없다. 연 1회 발생하며, 번데기로 월동한다. 초봄부터 5월 중순에 걸쳐 산지 중심으로 관찰되며, 지리산 등 높은 산지에서는 5월말까지 볼 수 있다. 현재의 국명은 이승모(1971: 4)에 의한 것이다. 국명이명으로는 석주명(1947: 8)과 조복성(1959: 3) 등의 '이른봄애호랑나비', 조복성과 김창환 (1956: 2)의 '이른봄범나비', 김헌규와 미승우(1956: 402), 김헌규(1960: 273)의 '이른봄애호랑이' 등이 있다.

Subfamily **PAPILIONINAE** Latreille, 1802 호랑나비아과

전 세계에 적어도 17 속 560 종 이상이 알려져 있는 큰 아과다(Korshunov & Gorbunov, 1995; etc.). 유라시아와 아프리카에 종 다양성이 높으며, 한반도에는 *Graphium, Papilio, Atrophaneura* 의 3 속 10 종이 알려져 있다. 본 아과에 속하는 종들은 수컷 복부의 제 8 절 배판에 덮개판자루 (peduncus)가 있고, 뒷날개 아랫면의 제 2 주맥에 털 모양의 인편이 있다. Canals (2003)는 본 아과 를 Tribe Leptocircini, Tribe Papilionini, Tribe Troidini 의 3 족으로 구분했다.

Tribe **Leptocircini** Kirby, 1896

Genus *Graphium* Scopoli, 1777

Graphium Scopoli, 1777; *Introd. Hist. nat.*: 433. TS: *Papilio sarpedon* Linnaeus.

전 세계에 적어도 102 종 이상이 알려져 있으며, 대부분 아시아, 오세아니아, 아프리카에 분포한다. 한반도에는 청띠제비나비 1 종이 알려져 있다. 석주명(1947: 8), 김헌규와 미승우(1956: 402), 조복성(1959: 4, pl. 4, fig. 1), 김정환·홍세선(1991: 381)이 '한국산 나비 목록'에 포함했던 측범나비 (*Graphium eurous* (Leech, [1893]))는 그 분포가 China, Kashmir-Sikkim, Assam 으로 알려져 있어 한반도에 분포하기 어려울 것으로 판단된다.

44. *Graphium sarpedon* (Linnaeus, 1758) 청띠제비나비

Papilio sarpedon Linnaeus, 1758; *Syst. Nat.* (Edn 10), 1: 461. TL: Guangdong (China).

Graphium sarpedon nipponies : Nire, 1920: 45 (Loc. Korea).

Graphium sarpedon nipponus : Okamoto, 1923: 62 (Loc. Korea); Nakayama, 1932: 373 (Loc. Korea); Joo *et al.*, 1997: 403; Kim, 2002: 39.

Graphium sarpedon nipponum : Joo & Kim, 2002: 74.

Graphium sarpedon sarpedonides : Umeno, 1937: 6 (Loc. Korea).

Graphium saperdon (missp.) : Cho, 2001: 1.

Graphium sarpedon : Matsumura, 1905: 3; Yokoyama, 1927: 580 (Loc. Korea); Seok, 1939: 282; Seok, 1947: 8; Cho & Kim, 1956: 2; Kim & Mi, 1956: 402; Cho, 1959: 2; Kim, 1960: 276; Cho, 1963: 192; Cho, 1965: 179; Cho *et al.*, 1968: 255, 378; Ko, 1969: 208; Shin & Noh, 1970: 35; Seok, 1972 (Rev. Ed.): 204; Kim, 1976: 30; D'Abrera, 1986; Lee, 1982: 4; Im (N.Korea), 1987: 38; Ju & Im (N.Korea), 1987: 12; Shin, 1989: 141; Kim & Hong, 1991: 380; Heppner & Inoue, 1992: 133; ESK & KSAE, 1994: 383; Chou Io (Ed.), 1994: 163; Joo *et al.*, 1997: 40; Park & Kim, 1997: 33; Lee, 2005a: 24.

Distribution. S.Korea, China, Taiwan, S.India, Kashmir-Assam, Burma, Australia.

First reported from Korean peninsula. Matsumura, 1905; *Cat. Ins. Jap.,* 1: 3 (Loc. Korea).

North Korean name. 파란줄범나비(임홍안, 1987; 주동률과 임홍안, 1987).

Host plants. Korea: 녹나무과(후박나무), 층층나무과(식나무)(손정달, 1984); 녹나무과(녹나무)(주흥재 등, 1997).

Remarks. 아종으로는 *G. s. nipponum* (Fruhstorfer, 1903) (Loc. Japan) 등의 17아종이 알려져 있다 (D'Abrera, 1977, 1986; Lee, 1982; Chou Io (Ed.), 1994). 한반도에는 남부 연안지역 및 도서지역과 울릉도에 분포하고 있으나, 중부지방인 경기도 도서(울도)에서도 관찰기록이 있다(백문기와 김종열, 1996: 47). 연 2-3회 발생하며, 봄형은 5월, 여름형은 7-8월에 걸쳐 나타난다. 후박나무 등의 꽃에서 쉽게 볼 수 있다. 앞으로 한반도 중부지역으로 분포 범위가 넓어질 가능성이 있어 기후 변화 탐지 또는 감시 측면에서 주목할 만한 종이다. 현재의 국명은 석주명(1947: 8)에 의한 것이다.

Tribe **Papilionini** Latreille, [1802]

본 족에 속한 종들 중 긴꼬리제비나비 등 몇 종은 *Menelaides* Hubüner, 1819, 제비나비 등 몇 종은 *Achillides* Hubüner, 1819 에 속한 종들로 취급되기도 하나(Okada, 2009: 34-41), 본 종들의 분류체계는 Global Butterfly Information System (Catalogue of Life: 2009 Annual Checklist)에 따랐다.

Genus *Papilio* Linnaeus, 1758

Papilio Linnaeus, 1758; *Syst. Nat.* (Edn 10), 1: 458. TS: *Papilio machaon* Linnaeus.

전 세계에 적어도 210 종 이상이 알려져 있으며, 광역 분포한다. 한반도에는 산호랑나비 등 8 종이 알려져 있다.

45. *Papilio machaon* Linnaeus, 1758 산호랑나비

Papilio machaon Linnaeus, 1758; *Syst. Nat.* (Edn 10), 1: 462. TL: Sweden.

Papilio hippocrates C. et R. Felder, 1864; *Verh. zool.-bot. Ges. Wien,* 14(3): 314. TL: Japan.

Papilio hippocrates : Butler, 1883: 113.

Papilio machaon hippocrates : Heyen, 1895: 694-695 (Loc. Korea); Nire, 1916: 51 (Loc. Korea); Nomura, 1938: 22 (Loc. Damuldo (Is.) (JN. S.Korea); Joo *et al.,* 1997: 403; Joo & Kim, 2002: 64; Kim, 2002: 28.

Papilio machaon hippocratides : Matsumura, 1929: 1 (Loc. Korea).

Papilio machaon : Fixsen, 1887: 255 (Loc. Korea); Mori & Cho, 1938: 6 (Loc. Korea); Seok, 1939: 294; Seok, 1947: 9; Kim, 1956: 339; Cho & Kim, 1956: 4; Kim & Mi, 1956: 402; Cho, 1959: 5; Kim, 1959a: 95; Kim, 1960: 272; Cho, 1963: 192; Cho *et al.,* 1968: 255, 378; Ko, 1969: 209; Hyun & Woo, 1969: 179; Lee, 1971: 4; Lee, 1973: 3; Lewis, 1974; Shin, 1975a: 44; Kim, 1976: 32; Shin, 1979: 136; D'Abrera, 1986; Lee, 1982: 5; Joo (Ed.), 1986: 2; Scott, 1986; Im (N.Korea), 1987: 38; Ju & Im (N.Korea), 1987: 13; Shin, 1989: 141; Ju (N.Korea), 1989: 44 (Loc. Baekdusan (Mt.)); Kim & Hong, 1991: 380; Heppner & Inoue, 1992: 133; ESK & KSAE, 1994: 383; Chou Io (Ed.), 1994: 159; Karsholt & Razowski, 1996: 203; Tuzov *et al.,* 1997; Joo *et al.,* 1997: 28; Park & Kim, 1997: 19; Lee, 2005a: 24; Opler, 2005: Wahlberg, 2009.

Distribution. Korea, Temperate Asia, Taiwan, Europe, N.Africa.

First reported from Korean peninsula. Butler, 1883; *Ann Mag. Nat. Hist., ser.* 5(11): 113 (Loc. W.Korea).

North Korean name. 노랑범나비(임홍안, 1987; 주동률과 임홍안, 1987).

Host plants. Korea: 운향과(백선)(Doi, 1932); 산형과(갯기름나물)(신유항, 1979); 산형과(당근, 인삼, 파드득나물, 왜천궁, 사상자, 털기름나물)(손정달, 1984); 산형과(미나리, 방풍, 회양)(주동률과 임홍안, 1987); 산형과(참당귀)(손정달과 박경태, 1993); 운향과(탱자나무, 유자나무)(김소직, 1993); 산형과(기름나물)(주흥재와 김성수, 2002); 산형과(벌사상자)(주흥재 등, 1997).

Remarks. 아종으로는 *P. m. hippocrates* C. et R. Felder, 1864 (Loc. Japan), *P. m. ussuriensis* Sheljuzhko, 1910 (Loc. S.Amur region, N/C.Ussuri), *P. m. orientis* Verity, 1911 (Loc. Altai, N.Amur region) 등 38아종이 알려져 있다(Savela, 2008 (ditto)). 한반도 전역에 분포하는 종으로 개체수는 많다. 연 2-3회 발생하며, 봄형은 4월부터 6월, 여름형은 7월부터 10월에 걸쳐 나타난다. 봄에는 저지대보다 산 능선에서 쉽게 볼 수 있다. 현재의 국명은 석주명(1947: 9)에 의한 것이다.

46. *Papilio xuthus* Linnaeus, 1767 호랑나비

Papilio xuthus Linnaeus, 1767; *Syst. Nat.* (Edn 12), 1(2): 751. TL: Guangzhou (China).

Papilio xuthulus : Butler, 1883: 113; Mori & Cho, 1938: 5-6 (Loc. Korea).

Papilio xuthus xuthulus : Leech, 1894: 514-516 (Loc. Korea); Nire, 1920: 45 (Loc. Korea); Umeno, 1937: 3 (Loc. Korea).

Papilio xuthus xuthus : Okamoto, 1923: 61 (Loc. Korea).

Papilio xuthus hondoensis : Esaki, 1939: 242 (Loc. Korea).

Papilio xuthus : Butler, 1885: 113 (Loc. Incheon); Seok, 1937: 141 (Loc. Gyeseong etc.); Seok, 1947: 9; Kim, 1956: 339; Cho & Kim, 1956: 5; Kim & Mi, 1956: 402; Cho, 1959: 6; Kim, 1959a: 95; Kim, 1960: 272; Cho, 1963: 193; Cho, 1965: 179; Cho *et al.*, 1968: 256, 378; Ko, 1969: 210; Hyun & Woo, 1969: 179; Lee, 1971: 4; Lee, 1973: 3; Shin & Koo, 1974: 129; Shin, 1975a: 44; Kim, 1976: 33; Shin & Choo, 1978: 90; D'Abrera, 1986; Lee, 1982: 5; Joo (Ed.), 1986: 2; Scott, 1986; Im (N.Korea), 1987: 38; Ju & Im (N.Korea), 1987: 16; Shin, 1989: 142; Ju (N.Korea), 1989: 44 (Loc. Baekdusan (Mt.)); Kim & Hong, 1991: 380; Heppner & Inoue, 1992: 133; ESK & KSAE, 1994: 384; Chou Io (Ed.), 1994: 157; Joo *et al.*, 1997: 30; Joo & Kim, 2002: 65; Park & Kim, 1997: 21; Kim, 2002: 27; Lee, 2005a: 24.

Distribution. Korea, E.China-Taiwan, Ussuri region, Amur region, Japan.

First reported from Korean peninsula. Butler, 1883; *Ann Mag. Nat. Hist., ser.* 5(11): 113 (Loc. Incheon, S.E.coast of Korea).

North Korean name. 범나비(임홍안, 1987; 주동률과 임홍안, 1987).

Host plants. Korea: 운향과(황벽나무, 백선)(Doi, 1919); 운향과(산초나무)(Doi, 1932); 운향과(탱자나무)(Kuto, 1968); 운향과(귤, 유자나무)(손정달, 1984); 운향과(머귀나무, 초피나무)(주동률과 임홍안, 1987); 운향과(백선)(신유항, 1989); 운향과(왕초피나무)(주흥재와 김성수, 2002).

Remarks. 아종으로는 *P. x. xuthus* (Loc. Yunnan (China)) 등의 4아종이 알려져 있다(Savela, 2008 (ditto)). 한반도 전역에 분포하는 종으로 개체수는 많다. 연 2-3회 발생하며, 제1화는 3월 하순부터 5월, 제2화는 6월부터 7월, 제3화는 8월부터 10월에 걸쳐 나타난다. 중실 기부에서 끝까지 황백색 줄무늬가 뚜렷해 근연종인 산호랑나비와 구별된다. 현재의 국명은 석주명(1947: 9)에 의한 것이다. 국명이명으로는 조복성과 김창환(1956: 5)의 '범나비'가 있다.

47. *Papilio macilentus* Janson, 1877 긴꼬리제비나비

Papilio macilentus Janson, 1877; *Hist. Ent.,* 2(16): 158. pl. 5, fig. 1. TL: Oyama (Japan).

Papilio macilentus macilentus : Seok, 1934: 650 (Loc. Gyeseong); Seok, 1938: 125 (Loc. Gyeseong); Joo & Kim, 2002: 67.

Papilio (*Sainia*) *macilentus* : Lee, 1973: 3; Kim, 1976: 35.

Papilio macilentus : Okamoto, 1923: 62; Seok, 1938: 116 (Loc. Naejangsan (Mt.)); Seok, 1947: 9; Kim, 1956: 339; Cho & Kim, 1956: 4; Kim & Mi, 1956: 402; Cho, 1959: 6; Kim, 1959a: 95; Kim, 1960: 280; Cho, 1963: 193; Cho *et al.*, 1968: 255; Ko, 1969: 210; Hyun & Woo, 1969: 179; Lee, 1971: 4; Shin & Koo, 1974: 129; Shin, 1975a: 44; Lee, 1982: 6; Joo (Ed.), 1986: 3; Im (N.Korea), 1987: 38; Ju & Im (N.Korea), 1987: 20; Shin, 1989: 143; Kim & Hong, 1991: 380; ESK & KSAE, 1994: 383; Chou Io (Ed.), 1994: 134; Joo *et al.*, 1997: 32; Park & Kim, 1997: 23; Kim, 2002: 29; Lee, 2005a: 24.

Distribution. Korea, E.China, E.Siberia, Japan.

First reported from Korean peninsula. Okamoto, 1923; *Cat. Spec. Exh. Chos.,* p. 62 (Loc. Korea).

North Korean name. 긴꼬리범나비(임홍안, 1987; 주동률과 임홍안, 1987: 20).

Host plants. Korea: 운향과(산초나무, 상산, 탱자나무), 피나무과(구주피나무)(손정달, 1984); 운향과(초피나무)(김성수, 1984); 운향과(머귀나무), 마편초과(누리장나무)(주동률과 임홍안, 1987).

Remarks. 한반도에는 북부 산간지역을 제외하고 전역에 분포한다. 연 2회 발생하며, 봄형은 4월 하순부터 6월, 여름형은 7월부터 8월에 걸쳐 나타난다. 번데기로 월동한다. 수컷은 뒷날개 전연부에 황백색의 긴 반달무늬가 있어 암컷과 구별된다. 현재의 국명은 석주명(1947: 9)에 의한 것이다.

48. *Papilio helenus* Linnaeus, 1758 무늬박이제비나비

Papilio helenus Linnaeus, 1758; *Syst. Nat.* (Edn 10), 1: 459. TL: Guangzhou (China).

Papilio nicconicolens : Butler, 1883: 114.

Papilio helenus nicconicolens : Seok, 1939: 289; Seok, 1947: 8; Cho & Kim, 1956: 3; Kim & Mi, 1956: 402; Cho, 1959: 5; Kim, 1960: 276; Cho, 1963: 192; Cho *et al.*, 1968: 255; Ko, 1969: 209; Joo *et al.*, 1997: 403; Joo & Kim, 2002: 150; Kim, 2002: 270.

Papilio helenus : Wynter-Blyth, 1957; D'Abrera, 1986; Lee, 1982: 5; Im (N.Korea), 1987: 38; Ju & Im (N.Korea), 1987: 18; Kim & Hong, 1991: 380; Heppner & Inoue, 1992: 134; ESK & KSAE, 1994: 383; Chou Io (Ed.), 1994: 138; Joo *et al.*, 1997: 414; Park & Kim, 1997: Joo, 2000: 11; 27; Lee, 2005a: 24.

Distribution. S.Korea (Immigrant species), Japan, W.China, Taiwan, W.Ghats, Nilgiris, Palnis, Shevaroys, Coorg, Bangalore, Mussoorie-Assam, Burma.

First reported from Korean peninsula. Butler, 1883; *Ann Mag. Nat. Hist., ser.* 5(11): 114 (Loc. S.E.Korea).

North Korean name. 노랑무늬범나비(임홍안, 1987; 주동률과 임홍안, 1987: 18).

Host plants. Korea: 운향과(황벽나무, 머귀나무, 귤, 유자나무), 피나무과(구주피나무)(손정달, 1984); 운향과(산초나무)(주동률과 임홍안, 1987). Asia (China, Malay Peninsula *et al.*): 운향과 (*Zanthoxylum* spp., *Citrus* spp., *Toddalia* spp.)(Corbet & Pendlebury, 1992; Chou Io (Ed.), 1994; Page & Treadaway, 2003).

Remarks. 아종으로는 *P. h. hystaspes* C. et R. Felder, 1862 (Loc. Philippines) 등 13 아종이 알려져 있다(D'Abrera, 1977; Chou Io (Ed.), 1994). 제주도 및 남해안 지방에서 5월부터 9월까지 볼 수 있다. 한반도에는 미접으로 취급되나, 최근 거문도, 오동도 등 남해안지역을 중심으로 관찰되는 지역이 증가하고 있으며, 지역에 따라 많은 개체가 관찰되고 있다. 현재 정착 가능성을 배제할 수 없으며, 기후변화 탐지 또는 감시 측면에서 주목할 만한 종이다. Chou Io (Ed.) (1994: 138)는 朝鮮 南部에 분포하는 것으로 기록하고 있다. 현재의 국명은 석주명(1947: 8)에 의한 것이다. 국명이명 으로는 조복성과 김창환(1956: 3)의 '무늬백이제비나비'가 있다.

49. *Papilio memnon* Linnaeus, 1758 멤논제비나비

Papilio memnon Linnaeus, 1758; *Syst. Nat.* (Edn 10), 1: 460. TL: Java (Indonesia).

Papilio memnon heronus : Park, 2006: 43.

Papilio memnon : Wynter-Blyth, 1957; Lewis, 1974; D'Abrera, 1986; Lee, 1982; Heppner & Inoue, 1992: 134; Chou Io (Ed.), 1994: 124; Park, 2006: 43.

Distribution. S.Korea (Immigrant species), China, Taiwan, Sikkim-Assam, Burma, Japan.

First reported from Korean peninsula. Park, 2006; *J. Lepid. Soc. Korea,* 16: 43 (Loc. Wando (Is.) (S.Korea)).

Host plants. Korea: Unknown. China: 운향과(*Citrus* spp., *Fortunella japonica*)(Chou Io (Ed.), 1994).

Remarks. 아종으로는 *P. m. agenor* Linnaeus, 1768 (Loc. Sikkim-Assam-Burma-Peninsular Malaya, S.Yunnan (China)) 등의 12아종이 알려져 있다(D'Abrera, 1986; Chou Io (Ed.), 1994). 한반도에는 미접으로 2004년 전라남도 완도에서 박동하(2006: 43)에 의해 채집되어 처음 기록된 종이다. 현재의 국명은 박동하(2006: 43)에 의한 것이다.

50. *Papilio protenor* Cramer, [1775] 남방제비나비

Papilio protenor Cramer, [1775]; *Uitl. Kapellen,* 1(1-7): 77, pl. 49, figs. A, B. TL: China.

Papilio demetrius : Matsumura, 1905: 1; Seok, 1937: 168-169 (Loc. Jejudo (Is.)); Seok, 1947: 8; Cho & Kim, 1956: 3; Kim & Mi, 1956: 402; Cho, 1959: 4; Kim, 1960: 278; Cho, 1963: 192.

Papilio demetrius demetrius : Mori & Cho, 1938: 8 (Loc. Korea); Esaki, 1939: 241 (Loc. Korea).

Papilio demetins (missp.) : Cho *et al.*, 1968: 255.

Papilio amaurus : Seok, 1937: 187 (Loc. Haenambando (JN, S.Korea)).

Papilio amaura : Seok, 1939: 284; Seok, 1947: 8; Cho & Kim, 1956: 2; Kim & Mi, 1956: 402; Cho, 1959: 3; Kim, 1960: 276.

Papilio protenor amaura : Seok, 1933: 73 (Loc. Namcheon (HNs, N.Korea)).

Papilio (*Sainia*) *protenor demetrius* : Kim, 1976: 36.

Papilio protenor demetrius : Nire, 1920: 45 (Loc. Korea); Ko, 1969: 210; Joo *et al.*, 1997: 403; Joo & Kim, 2002: 68; Kim, 2002: 30.

Papilio protenor demetries : Shin, 1975a: 44.

Papilio protenor : Wynter-Blyth, 1957; D'Abrera, 1986; Lee, 1982: 6; Im (N.Korea), 1987: 38;

Ju & Im (N.Korea), 1987: 15; Shin, 1989: 143; Kim & Hong, 1991: 380; Heppner & Inoue, 1992: 133; ESK & KSAE, 1994: 383; Chou Io (Ed.), 1994: 126; Joo *et al.*, 1997: 34; Park & Kim, 1997: 25; Lee, 2005a: 24.

Distribution. S.Korea, NW.India, Kashmir-Sikkim, Assam, Burma, China, Taiwan, Japan.

First reported from Korean peninsula. Matsumura, 1905; *Cat. Ins. Jap.,* 1: 1 (Loc. Korea).

North Korean name. 먹범나비(임홍안, 1987; 주동률과 임홍안, 1987).

Host plants. Korea: 운향과(탱자나무)(Kuto, 1968); 운향과(유자나무, 귤, 머귀나무, 상산), 피나무과 (구주피나무)(손정달, 1984); 운향과(산초나무), 마편초과(누리장나무)(주동률과 임홍안, 1987); 운향과(초피나무)(손정달과 박경태, 1993); 운향과(황벽나무)(주흥재 등, 1997).

Remarks. 아종으로는 *P. p. demetrius* Stoll, [1782] (Loc. Japan), *P. p. liukiudensis* Fruhstorfer, [1899], *P. p. euprotenor* Fruhstorfer, 1908 (Loc. N.India, Assam, Burma-S.China), *P. p. amaura* Jordan (Loc. Taiwan) 4아종이 알려져 있다. 한반도에는 제주도, 남부 해안가 지역과 서해 안 연안 지역에서 관찰되며, 간혹 남부 및 중부 내륙 지역에서도 이동해온 개체가 관찰된다. 연 2-3회 발생하며, 봄형은 4월부터 6월, 여름형은 7월부터 9월에 걸쳐 나타난다. 긴꼬리제비나비와 유 사하나 뒷날개의 폭이 넓고, 꼬리모양돌기가 짧아 구별된다. 현재의 국명은 석주명(1947: 8)에 의 한 것이다. 국명이명으로는 조복성과 김창환(1956: 2), 김헌규와 미승우(1956: 402)의 '민남방제비 나비'가 있다.

51. *Papilio bianor* Cramer, 1777 제비나비

Papilio bianor Cramer, 1777; *Pap. Exot,* 2: 10. TL: Guangzhou (China).

Papilio dehaanii : Butler, 1883: 113.

Papilio bianor mojalis : Doi, 1919: 75 (Loc. Seoul).

Papilio bianor bianor : Nire, 1920: 45 (Loc. Korea); Nomura, 198: 54-55 (Loc. Wando (Is.)).

Papilio bianor dehaanii : Okamoto, 1923: 62 (Loc. Korea); Mori & Cho, 1938: 6-7 (Loc. Korea); Shin & Noh, 1970: 36; Joo *et al.*, 1997: 403.

Papilio bianor japonica : Umeno, 1937: 5-6 (Loc. Korea).

Papilio bianor koreanus : Kotzsch, 1931; Esaki, 1939: 240 (Loc. Korea); Joo & Kim, 2002: 70; Kim, 2002: 32.

Papilio (Achillides) bianor : Lee, 1971: 4; Lee, 1973: 3; Kim, 1976: 37.

Papilio ullungensis : Kim & Park, 1991: 360, pl. 1, figs. 3-4, 8-10.

Papilio bianor : Leech, 1887: 404; Seok, 1939: 285; Seok, 1947: 8; Cho & Kim, 1956: 3; Kim & Mi, 1956: 402; Cho, 1959: 4; Kim, 1960: 272; Cho, 1963: 192; Cho, 1965: 179; Cho *et al.*, 1968: 255, 378; Ko, 1969: 208; Seok, 1972 (Rev. Ed.): 205, 250; Shin & Koo, 1974: 129; Shin, 1975a: 44; Shin & Choo, 1978: 90; D'Abrera, 1986; Lee, 1982: 7; Joo (Ed.), 1986: 3; Im (N.Korea), 1987: 38; Ju & Im (N.Korea), 1987: 21; Shin, 1989: 144; Kim & Hong, 1991: 380; ESK & KSAE, 1994: 383; Chou Io (Ed.), 1994: 147; Tuzov *et al.*, 1997; Joo *et al.*, 1997: 36; Park & Kim, 1997: 29; Lee, 2005a: 24.

Distribution. Korea, Sakhalin, Japan, SE.China.

First reported from Korean peninsula. Butler, 1883; *Ann Mag. Nat. Hist., ser.* 5(11): 113 (Loc. Incheon (S.Korea)).

North Korean name. 검은범나비(임홍안, 1987; 주동률과 임홍안, 1987: 21).

Host plants. Korea: 운향과(황벽나무)(Kuto, 1968); 운향과(상산, 머귀나무, 산초나무, 탱자나무, 유자나무)(손정달, 1984); 운향과(초피나무), 소나무과(분비나무)(주동률과 임홍안, 1987); 운향과(왕초피나무)(주흥재와 김성수, 2002).

Remarks. 아종으로는 *P. b. koreanus* (TL: Cheongjin (Korea); Loc. Korea, Japan) 등의 14 아종이 알려져 있다(Kotzsch, 1931; Bauer & Frankenbach, 1998 등). 한반도 전역에 분포하는 종으로 개체수는 많다. 연 2-3회 발생하며 봄형은 4월부터 6월까지, 여름형은 7월부터 9월에 걸쳐 나타난다. 번데기로 월동한다. 현재의 국명은 석주명(1947: 8)에 의한 것이다.

52. *Papilio maackii* Ménétriès, 1859 산제비나비

Papilio maackii Ménétriès, 1859; *Bull. Acad. Pétr.*, 17: 212. TL: Khingan Mts., in the Amur region to Khangar (Russia).

Papilio (Achillides) maacki : Lee, 1971: 4; Lee, 1973: 3; Kim, 1976: 38.

Papilio maackii raddei : Fixsen, 1887: 254-255.

Papilio maackii maackii : Fixsen, 1887: 254 (Loc. Korea); Seok & Takacuka, 1932: 311 (Loc. Gujang (N.Korea)); Cho, 1934: 70 (Loc. Gwanmosan (Mt.)); Nagaoka, 198: 23 (Loc. Myohyangsan (Mt.)); Joo & Kim, 2002: 72.

Papilio maackii satakei : Umeno, 1937: 5 (Loc. Korea).

Papilio maackii tutanus : Matsumura, 1931: 457-458 (Loc. Korea).

Papilio maacki : Chou Io (Ed.), 1994: 154.

Papilio macki (missp.) : Hyun & Woo, 1969: 179.

Papilio nariensis : Kim & Park, 1991: 363, pl. 2, figs. 1-2, 5-7.

Papilio maackii : Seok, 1939: 290; Seok, 1947: 8; Cho & Kim, 1956: 4; Kim & Mi, 1956: 402;
Cho, 1959: 5; Kim, 1960: 272; Cho, 1963: 192; Cho, 1965: 179; Cho *et al.*, 1968: 255, 378;
Ko, 1969: 209; Seok, 1972 (Rev. Ed.): 207; Shin, 1975a: 44; Shin, 1979: 136; Lee, 1982: 7;
Joo (Ed.), 1986: 3; Im (N.Korea), 1987: 38; Ju & Im (N.Korea), 1987: 22; Shin, 1989: 144; Ju
(N.Korea), 1989: 44 (Loc. Baekdusan (Mt.)); Kim & Hong, 1991: 381; ESK & KSAE, 1994:
383; Tuzov *et al.*, 1997; Joo *et al.*, 1997: 38; Park & Kim, 1997: 31; Kim, 2002: 35; Lee,
2005a: 24.

Distribution. Korea, E.China, Amur and Ussuri region, Japan.

First reported from Korean peninsula. Fixsen, 1887; in Romanoff, *Mém. Lépid.,* 3: 254-255 (Loc.
Korea).

North Korean name. 산검은범나비(임홍안, 1987; 주동률과 임홍안, 1987: 22).

Host plants. Korea: 운향과(황벽나무, 머귀나무)(손정달, 1984); 운향과(탱자나무, 초피나무)(주동률
과 임홍안, 1987).

Remarks. 아종으로는 *P. m. maackii* (Loc. Korea, Japan) 등의 3아종이 알려져 있다(Bauer &
Frankenbach, 1998; etc.). 한반도 전역에 분포하는 종으로 산지 중심으로 관찰되며, 개체수는 많
다. 연 2회 발생하며 봄형은 4월부터 6월까지, 여름형은 7월부터 9월에 걸쳐 나타난다. 번데기로
월동한다. 현재의 국명은 석주명(1947: 8)에 의한 것이다.

Tribe **Troidini** Talbot, 1939

Genus *Atrophaneura* Reakirt, 1864

Atrophaneura Reakirt, 1864; *Proc. ent. Soc. Philad.,* 3: 446-447. TS: *Atrophaneura
erythrosoma* Reakirt.

= *Polydorus* Swainson, [1833]; *Zool. Illustr.,* (2) 3(22): pl. 101 (preocc. *Polydorus* Blainville,
1826). TS: *Papilio polydorus* Linnaeus.

= *Byasa* Moore, 1882; *Proc. zool. Soc. Lond.,* 1882: 258. TS: *Papilio philoxenus* Gray.

전 세계에 적어도 45 종 이상이 알려져 있으며, 아시아와 오세아니아에 분포한다. 한반도에는 사향

제비나비 1 종이 알려져 있다. 본 속은 *Parides* Hübner, 1819 의 동종이명(synonym)으로 취급되기도 하나(The Global Lepidoptera Names Index: by Giusti, 2003) 여기에서는 All (in this database) Lepidoptera list (Scientific names): by Tuzov *et al.*, 1997 등에 따랐다.

53. *Atrophaneura alcinous* (Klug, 1836) 사향제비나비

Papilio alcinous Klug, 1836; *Neue Schmett. Ins.-Samml. K. Zool. Mus. Berlin*: 1, no. 1, pl. 1. TL: Hokkaido (Japan).

Papilio alcinous : Fixsen, 1887: 253; Mori, Doi, & Cho, 1938: 7 (Loc. Korea).

Papilio alcinous alcinous : Maruda, 1929: 125 (Loc. Geongseong (N.Korea)).

Papilio alcinous veris : Umeno, 1937: 2 (Loc. Korea).

Menelaides alcinous : Kim & Mi, 1956: 392, 402; Cho, 1959: 3; Kim, 1960: 280; Kim & Hong, 1991: 380.

Polydorus alcinous : Esaki, 1939: 243 (Loc. Korea); Seok, 1939: 311; Seok, 1947: 9; Cho & Kim, 1956: 6.

Byasa alcinous : Ko, 1969: 208; Lee, 1971: 4; Lee, 1973: 3; Shin, 1975a: 44; Kim, 1976: 31; Heppner & Inoue, 1992: 132; Chou Io (Ed.), 1994: 105.

Atrophaneura alcinous : Fixsen, 1887; D'Abrera, 1986; Lee, 1982: 4; Joo (Ed.), 1986: 2; Im (N.Korea), 1987: 38; Ju & Im (N.Korea), 1987: 11; Shin, 1989: 140; ESK & KSAE, 1994: 383; Tuzov *et al.*, 1997; Joo *et al.*, 1997: 26; Park & Kim, 1997: 17; Kim, 2002: 25; Lee, 2005a: 24.

Distribution. Korea, Japan, W.China, Taiwan.

First reported from Korean peninsula. Fixsen, 1887; in Romanoff, *Mém. Lépid.,* 3: 253 (Loc. Korea).

North Korean name. 사향범나비(임홍안, 1987; 주동률과 임홍안, 1987).

Host plants. Korea: 쥐방울덩굴과(쥐방울덩굴)(손정달, 1984); 박주가리과(박주가리), 방기과(댕댕이덩굴)(주동률과 임홍안, 1987); 쥐방울덩굴과(등칡)(한국인시류동호인회편, 1986).

Remarks. 아종으로는 *A. a. confusus* (Rothschild, 1895) (Loc. S.Ussuri) 등의 6아종이 알려져 있다 (Chou Io (Ed.), 1994; etc.). 한반도 전역에 분포하는 종이나, 제주도에서는 관찰기록이 없다. 연 2회 발생하며 봄형은 5월부터 6월까지, 여름형은 7월부터 9월에 걸쳐 나타난다. 번데기로 월동한다. 긴꼬리제비나비와 유사하나 가슴과 배의 측면에 붉은 털이 나 있어 구별된다. 현재의 국명은 석주명(1947: 9)에 의한 것이다.

Family **PIERIDAE** Duponchel, 1832 흰나비과

Pieridae Duponchel, 1832; *In Godart's Histoire naturelle de Lépidoptères de France* supple, I: 38. Type-genus: *Pieris* Latreille, 1804.

전 세계에 적어도 76 속 1,200 종 이상 알려져 있으며, 대부분 아프리카와 아시아에 분포한다. 소형이거나 중형이며, 대부분 종들은 흰색 또는 황색 바탕에 검은색 또는 녹색 무늬가 있다. 알은 장타원형으로 0.7-1.5 mm 다. 애벌레는 녹색을 띠고, 종종 가로 줄무늬가 있으며, 십자화과와 콩과 식물을 먹어 농업 해충으로 취급되는 종이 많다. 일반적으로 흰나비과를 Pseudopontiinae, Dismorphiinae, Coliadinae, Pierinae 의 4 아과로 구분한다(Tree of Life web project: by Lamas, 2004; Braby *et. al.*, 2006; etc.). 한반도에는 3 아과 22 종이 알려져 있다. 북한 과명은 '흰나비과' 다.

Subfamily **DISMORPHIINAE** Schatz, 1887 기생나비아과

전 세계에 7 속 100 여 종이 알려져 있으며, 한반도에는 *Leptidea* 속의 2 종이 알려져 있다. 기생나비아과에 속하는 종들은 대부분 소형이며, 대부분 신열대구(Neotropical region)에 많이 분포한다. 콩과 식물이 먹이식물이다.

Genus *Leptidea* Billberg, 1820

Leptidea Billberg, 1820; *Enum. Ins. Mus. Billb.*: 76. TS: *Papilio sinapis* Linnaeus.

전 세계에 7 종이 알려져 있으며, 유라시아에 분포한다. 한반도에는 북방기생나비와 기생나비 2 종이 알려져 있다. 석주명(1939), 조복성(1959), 김헌규(1960) 등이 한반도 분포종으로 기록한 *Leptidea sinapis* (Linnaeus, 1758)는 현재 유라시아 중북부 지역에 광역 분포하는 독립종으로, 한반도 북부지방의 분포 가능성이 있으므로 차후 이에 대한 재검토가 필요하다.

54. *Leptidea morsei* Fenton, 1881 북방기생나비

Leptidea morsei Fenton, 1881; *Proc. zool. Soc. Lond.,* 4: 855. TL: Yesso (Hokkaido, Japan).

Leptidea sinapis : Fixsen, 1887: 265-266; Matsumura, 1907: 69; Seok & Nishimoto, 1935: 90; Seok, 1939: 264; Seok, 1947: 8; Kim & Mi, 1956: 401; Cho, 1959: 13; Kim, 1960: 265.

Leptidea sinapis morsei : Okamoto, 1926: 175.

Leptidea morsei morseides : Joo *et al.,* 1997: 403; Kim, 2002: 43.

Leptidea morsei : Lee, 1971: 5; Lee, 1973: 4; Shin, 1975a: 42, 44; Kim, 1976: 45; Lee, 1982: 8; Joo (Ed.), 1986: 3; Im (N.Korea), 1987: 38; Shin, 1989: 145; Ju & Im (N.Korea), 1987: 24; Ju (N.Korea), 1989: 44 (Loc. Baekdusan (Mt.)); Kim & Hong, 1991: 381; ESK & KSAE, 1994: 384; Chou Io (Ed.), 1994: 266; Karsholt & Razowski, 1996: 204; Tuzov *et al.,* 1997; Joo *et al.,* 1997: 49; Park & Kim, 1997: 37; Lee, 2005a: 24.

Distribution. Korea, Japan, C.Europe-Siberia-Ussuri, N.China.

First reported from Korean peninsula. Fixsen, 1887; in Romanoff, *Mém. Lépid.,* 3: 265-266 (Loc. Korea).

North Korean name. 북방애기흰나비(임홍안, 1987; 주동률과 임홍안, 1987: 24).

Host plants. Korea: 콩과(콩과 spp.)(손정달, 1984); 콩과(등갈퀴나물)(주동률과 임홍안); 콩과(갈퀴나물)(김용식, 2002).

Remarks. 아종으로는 *L. m. major* Grund, 1905와 *L. m. morseides* Verity, 1911의 2아종이 알려져 있다(Savela, 2008 (ditto)). 한반도에는 중 북부지방에 분포하는 종으로 남한에서는 국지적으로 분포하며, 개체수는 적은 편이다. 연 2회 발생하며, 봄형은 4월 하순부터 6월, 여름형은 7월부터 8월에 걸쳐 나타난다. 숲 가장자리나 산지 내 양자바른 초지대에서 볼 수 있다. 번데기로 월동한다. 기생나비와 유사하나 날개모양이 둥글고, 봄형은 뒷날개 아랫면에 2줄의 뚜렷한 검은색 무늬가 있어 구별된다. 현재의 국명은 석주명(1947: 8)에 의한 것이다.

55. *Leptidea amurensis* Ménétriès, 1859 기생나비

Leptidea amurensis Ménétriès, 1859; *Bull. phys.-math. Acad. Sci. St. Pétersb.,* 17: 213. TL: Amur region (Russia).

Leptidea sinapis amurensis : Fixsen, 1887: 266 (Loc. Korea).

Leptidea amurensis vernalis : Nire, 1916: 66 (Loc. Korea).

Leptidea amurensis amurensis : Doi, 1919: 117 (Loc. Baekdusan (Mt.) etc.); Nagaija, 1938: 23

(Loc. Myohyangsan (Mt.)).

Leptidea amurensis vibilia : Okamoto, 1923: 62 (Loc. Korea).

Leptidia amurensis (missp.) : Cho, 1963: 193.

Leptidea amurensis : Butler, 1882: 19; Mori, 1927: 21; Esaki, 1939: 238 (Loc. Korea); Seok, 1939: 262; Seok, 1947: 8; Cho & Kim, 1956: 10; Kim & Mi, 1956: 401; Cho, 1959: 12; Kim, 1960: 272; Cho *et al.*, 1968: 256; Lee, 1971: 5; Lee, 1973: 4; Shin, 1975a: 44; Kim, 1976: 46; Lee, 1982: 8; Joo (Ed.), 1986: 3; Im (N.Korea), 1987: 38; Ju & Im (N.Korea), 1987: 25; Shin, 1989: 145; Ju (N.Korea), 1989: 44 (Loc. Baekdusan (Mt.)); Kim & Hong, 1991: 381; ESK & KSAE, 1994: 384; Chou Io (Ed.), 1994; 266; Tuzov *et al.*, 1997; Joo *et al.*, 1997: 48; Park & Kim, 1997: 35; Kim, 2002: 42; Lee, 2005a: 24.

Distribution. Korea, Siberia, Japan, China.

First reported from Korean peninsula. Butler, 1882; *Ann Mag. Nat. Hist., ser.* 5(9): 19 (Loc. N.E.Korea).

North Korean name. 애기흰나비(임홍안, 1987; 주동률과 임홍안, 1987: 25).

Host plants. Korea: 콩과(등갈퀴나물)(김용식, 2002); 콩과(얼치기완두, 벌노랑이, 살갈퀴)(손정달, 1984); 콩과(갈퀴나물, 연리초)(주동률과 임홍안, 1987).

Remarks. 아종으로는 *L. a. emisinapis* Verity, 1911 (Loc. Altai, Sayan, Transbaikal) 등의 3아종이 알려져 있다(Savela, 2008 (ditto)). 한반도 전역에 분포하는 종이나, 개체수가 급격히 줄고 있다. 연 2회 발생하며, 봄형은 4월부터 5월, 여름형은 6월부터 7월에 걸쳐 나타난다. 번데기로 월동한다. 현재의 국명은 석주명(1947: 8)에 의한 것이다.

Subfamily **COLIADINAE** Swainson, 1820 노랑나비아과

전 세계에 15속 300종 이상 알려져 있으며, 한반도에는 *Eurema* 등 4속 11종이 알려져 있다. 노랑나비아과에 속하는 종들은 날개 바탕색이 황색 계열이며, 대부분 종들이 암수의 무늬 및 색에 차이가 있다. 대부분 애벌레는 채소류의 해충으로 취급되며, 애벌레 또는 번데기로 월동한다.

Tribe **Euremini** Swainson, 1821

Genus *Eurema* Hübner, 1819

Eurema Hübner, 1819; *Verz. bek. Schmett.,* (6): 96. TS: *Papilio delia* Cramer.

= *Terias* Swainson, [1821]; *Zool. Illustr.,* (1)1: pl. 22. TS: *Papilio hecabe* Linnaeus.

전 세계에 적어도 69 종 이상이 알려져 있으며 광역 분포한다. 한반도에는 검은테노랑나비, 남방노랑나비, 극남노랑나비 3 종이 알려져 있다.

56. *Eurema brigitta* (Stoll, [1780]) 검은테노랑나비

Papilio brigitta Stoll, [1780]; in Cramer, *Uitl. Kapellen,* 4(26b-28): 82, pl. 331, figs. B, C. TL: Guinea (W.Africa).

Terias libythea : Wynter-Blyth, 1957: 450.

Eurema libythea : Lewis, 1974: pl. 160, fig. 15.

Eurema (*Eurema*) *brigitta* : Williams, 2008.

Eurema brigitta formosana : Ju, 2002: 13.

Eurema brigitta : D'Abrera, 1986; Heppner & Inoue, 1992: 136; Chou Io (Ed.), 1994: 226; Lee, 2005a: 24.

Distribution. S.Korea (Immigrant species), S.Asia, Australia, Tropical Africa.

First reported from Korean peninsula. Ju, 2002; *Lucanus,* 3: 13 (Loc. Jindo (Is.), S.Korea).

North Korean name. 북한에서는 기록이 없다.

Host plants. Korea: Unknown. Southern Africa: 물레나물과(*Hypericum aethiopicum*), 실거리나무과(*Cassia mimosoides*)(Dickson (Ed.), 1978). Australia: 실거리나무과(*Cassia mimosoides*)(Dunn, 1991).

Remarks. 아종으로는 *E. b. formosana* Matsumura, 1919 (Loc. Taiwan) 등의 15아종이 알려져 있다(D'Abrera, 1977, 1980, 1986; Corbet & Pendlebury, 1992; Chou Io (Ed.), 1994; Lees *et al.,* 2003; Williams, 2008; Heiner, 2009). 일본에서도 기록이 있으나 미접으로 취급된다. 본 종은 전남 진도의 첨찰산에서 2002년 8월 초에 주재성(2002: 13)에 의해 채집되어 처음 기록된 종으로, 발표 시 미접일 가능성과 국내 토착 가능성을 동시에 제시했다. 앞날개 외연부의 검은 무늬가 후연각까지 발달해있고, 뒷날개 외연의 검은 무늬가 훨씬 더 넓어 유사한 형태인 극남노랑나비 여름형과 구별된다. 현재의 국명은 주재성(2002: 13)에 의한 것이다.

57. *Eurema mandarina* (de l'Orza, 1869) 남방노랑나비

Terias mandarina de l'Orza, 1869; *Lep. Jap.*: 18. TL: Japan.

Terias mariesii : Butler, 1883: 112.

Terias hecabe : Leech, 1894: 428 (Loc. Korea); Esaki, 1939 (Loc. Korea); Seok, 1947: 8; Cho & Kim, 1956: 12.

Eurema hecabe hecabe : Nakayama, 1932: 375 (Loc. Korea); Joo & Kim, 2002: 76.

Eurema hecabe : Nire, 1917: 9 (Loc. Korea); Seok, 1939: 278; Kim & Mi, 1956: 392, 401; Cho, 1959: 11; Kim, 1960: 278; Cho, 1963: 193; Cho, 1965: 179; Cho *et al.*, 1968: 256, 378; Ko, 1969: 207; Hyun & Woo, 1969: 180; Shin & Koo, 1974: 129; Lewis, 1974; Kim, 1976: 51; D'Abrera, 1986; Lee, 1982: 10; Joo (Ed.), 1986: 3; Im (N.Korea), 1987: 39; Ju & Im (N.Korea), 1987: 31; Shin, 1989: 146; Kim & Hong, 1991: 381; Heppner & Inoue, 1992: 136; ESK & KSAE, 1994: 384; Chou Io (Ed.), 1994: 225; Joo *et al.*, 1997: 50; Park & Kim, 1997: 39; Kim, 2002: 44; Lee, 2005a: 24.

Terias hecabe mandarina : Matsumura, 1929: 8 (Loc. Korea).

Eurema hecabe mandarina : Nire, 1917: 8 (Loc. Korea); Kishida & Nakayama, 1936: 166 (Loc. Korea); Winhard, 2000: 13, pl. 17, f. 3.

Eurema mandarina : Kato, 2006: 7.

Distribution. S.Korea, Taiwan, Australia, Africa.

First reported from Korean peninsula. Butler, 1883; *Ann Mag. Nat. Hist., ser.* 5(11): 112 (Loc. S.E.Korea).

North Korean name. 애기노랑나비(임홍안, 1987; 주동률과 임홍안, 1987: 31).

Host plants. Korea: 콩과(비수리, 싸리, 좀싸리, 아까시나무)(손정달, 1984); 콩과(결명자, 자귀나무, 실거리나무)(주동률과 임홍안, 1987); 콩과(괭이싸리)(손정달과 박경태, 1993); 콩과(차풀, 참싸리)(주흥재와 김성수, 2002).

Remarks. Kato (2006: 7)의 분포 범위에 따라 한반도산 남방노랑나비의 학명을 *Eurema mandarina*로 적용했다. 한반도에는 전라도, 경상도, 제주도 등 남부지방에 분포하며, 개체수는 많다. 늦여름이나 가을에는 경기도 도서지방 및 내륙과 강원도 동해안지역에서도 관찰되나, 이들 지역에서는 월동개체가 아직 확인되지 않아 우산접 또는 미접으로 취급된다. 현재의 국명은 석주명(1947: 8)에 의한 것이다. 국명이명으로는 조복성(1963: 193)의 '남노란나비'가 있다.

58. *Eurema laeta* (Boisduval, 1836) 극남노랑나비

Terias laeta Boisduval, 1836; *Hist. nat. Ins., Spec. gén. Lépid.*, 1: 674. TL: Bengal (India).

Terias subfervens : Butler, 1883: 278.

Terias laeta : Esaki, 1939: 236 (Loc. Korea); Seok, 1947: 8; Cho & Kim, 1956: 12.

Terias laeta subfervens : Leech, 1894: 426–427 (Loc. Geogedo (Is.) (S.Korea)).

Terias laeta betheseba : Leech, 1894: 426 (Loc. Korea).

Eurema laeta subfervens : Nire, 1917: 9 (Loc. Korea); Matsumura, 1929: 8 (Loc. Korea); Im, 1996: 28 (Loc. N.Korea).

Eurema laeta betheseba : Doi, 1919: 118 (Loc. Daegu); Umeno, 1937: 8–9 (Loc. Korea); Joo *et al.*, 1997: 403; Joo & Kim, 2002: 77; Kim, 2002: 45.

Eurema laeta bethesba (missp.) : Shin & Koo, 1974: 129.

Eurema laeta laeta : Nire, 1920: 47 (Loc. Korea).

Eurema laeta : Okamoto, 1923: 63 (Loc. Korea); Umeno, 1937: 8–9 (Loc. Korea); Kim & Mi, 1956: 392, 401; Cho, 1959: 11; Kim, 1960: 278; Cho, 1963: 193; Cho *et al.*, 1968: 256; Ko, 1969: 207; Hyun & Woo, 1969: 180; Lewis, 1974; Kim, 1976: 52; D'Abrera, 1986; Lee, 1982: 11; Joo (Ed.), 1986: 4; Im (N.Korea), 1987: 39; Ju & Im (N.Korea), 1987: 29; Shin, 1989: 147; Kim & Hong, 1991: 382; Heppner & Inoue, 1992: 136; ESK & KSAE, 1994: 384; Chou Io (Ed.), 1994: 225; Joo *et al.*, 1997: 52; Park & Kim, 1997: 41; Lee, 2005a: 24.

Distribution. S.Korea, Japan, Taiwan, Burma, Australia, India.

First reported from Korean peninsula. Butler, 1883; *Ann Mag. Nat. Hist., ser.* 5(11): 278 (Loc. Geogedo (Is.) (S.Korea)).

North Korean name. 남방애기노랑나비(임홍안, 1987; 주동률과 임홍안, 1987: 29; 임홍안, 1996).

Host plants. Korea: 콩과(차풀)(손정달, 1984); 콩과(비수리)(주흥재와 김성수, 2002); 콩과(자귀나무)(김용식, 2002).

Remarks. 아종으로는 *E. l. betheseba* (Janson, 1878) (Loc. Japan) 등의 11아종이 알려져 있다 (D'Abrera, 1977, 1986; Chou Io (Ed.), 1994; Heiner, 2009). 한반도에는 전라도, 경상도, 제주도 등 남부지방에 분포하며, 개체수는 남방노랑나비보다는 적다. 가을에는 충청남도, 경기도 도서 및 내륙과 강원도 동해안지역(동해시 등)에서도 관찰되나, 이들 지역에서는 월동개체가 아직 확인되지 않아 우산접이나 미접으로 취급된다. 앞으로 이 지역에 정착할 가능성이 있어 기후변화 탐지 또는 감시 측면에서 주목할 만한 종이다. 연 3-4회 발생하며, 어른벌레로 월동한다. 여름형은 5월부터 9월, 가을형은 10월부터 11월에 나타나며, 계절변이가 심하다. 여름형 앞날개 외연의 검은색 무늬

가 아래로 차츰 좁아지고, 가을형은 앞날개끝이 뽀족해 근연종인 남방노랑나비와 구별된다. 현재의 국명은 석주명(1947: 8)에 의한 것이다.

Tribe **Callidryini** Kirby, 1896

Genus *Gonepteryx* Leach, 1815

Gonepteryx Leach, 1815; in Brewster, *Edinburgh Ency.,* 9(1): 127. TS: *Papilio rhamni* Linnaeus.

= *Rhodocera* Boisduval & Leconte, [1830]; *Hist. Lép. Am. Sept.,* (7/8): 70. TS: *Papilio rhamni* Linnaeus.

전 세계에 적어도 10 종 이상이 알려져 있으며, 대부분 유라시아에 분포한다. 한반도에는 멧노랑나비와 각시멧노랑나비 2 종이 알려져 있다.

59. *Gonepteryx maxima* Butler, 1885 멧노랑나비

Gonepteryx maxima Butler, 1885; *Ann. Mag. nat. Hist.,* (5)15: 407. TL: Japan.

Rhodocera rhamni : Leech, 1887: 408 (Loc. Weonsan (N.Korea)).

Rhodocera rhamni nepalensis : Fixsen, 1887: 267.

Gonepteryx rhamni : Matsumura, 1905: 5 (Loc. Korea); Yokoyama, 1927: 586 (Loc. Korea); Lee, 1971: 5; Lee, 1973: 4; Kim, 1976: 50; Lee, 1982: 12; Joo (Ed.), 1986: 4; Im (N.Korea), 1987: 39; Ju & Im (N.Korea), 1987: 35; Shin, 1989: 148; Kim & Hong, 1991: 382; ESK & KSAE, 1994: 384; Chou Io (Ed.), 1994: 229; Joo *et al.,* 1997: 54; Park & Kim, 1997: 43.

Gonepteryx rhamni amurensis : Doi, 1919: 118 (Loc. Seoul etc.); Seok, 1939: 260; Seok, 1947: 8; Cho & Kim, 1956: 10; Kim & Mi, 1956: 401; Cho, 1959: 12; Kim, 1960: 265; Cho, 1963: 193; Cho *et al.,* 1968: 256; Ko, 1969: 208; Shin & Koo, 1974: 129; Shin, 1975a: 44; Kim, 2002: 46.

Gonepteryx rhamni amintha : Leech, 1894: 440 (Loc. Korea).

Gonepteryx rhamni maxima : Uchida, 1932: 865 (Loc. Korea); Kishida & Nakayama, 1936: 171 (Loc. Korea).

Gonepteryx maxima : Tuzov *et al.,* 1997; Lee, 2005a: 24; Kim, 2006: 45.

Distribution. Korea, Amur and Ussuri region, NE.China, Japan.

First reported from Korean peninsula. Fixsen, 1887; in Romanoff, *Mém. Lépid.,* 3: 267 (Loc. Bukjeom (GW, N.Korea)).

North Korean name. 갈구리노랑나비(임홍안, 1987; 주동률과 임홍안, 1987: 35).

Host plants. Korea: 갈매나무과(참갈매나무)(손정달, 1984); 갈매나무과(갈매나무)(주동률과 임홍안, 1987).

Remarks. 아종으로는 *G. m. amurensis* Graeser, 1888 (Loc. Korea, Amur and Ussuri region)과 *G. m. maxima* Butler, 1885 (Loc. Japan)가 알려져 있다(Tuzov *et al.,* 1997; Heiner, 2009). *G. rhamni maxima*는 *G. maxima*의 동물이명(synonym)이다. 한반도산 멧노랑나비의 학명은 Korshunov & Gorbunov (1995)와 Tuzov *et al.* (1997)에 따랐으며, 기존에 멧노랑나비의 학명으로 적용해왔던 *Gonepteryx rhamni* (Linnaeus, 1758)는 현재 북아프리카, 러시아, 중앙아시아, 시리아, 시베리아 등지에 분포하는 것으로 알려져 있다(Savela, 2008 (ditto)). 한반도에는 제주도와 해안가를 제외한 지역에서 산지 중심으로 광역 분포하는 종이나 개체수는 적다. 연 1회 발생하며, 어른벌레로 월동한다. 앞날개 외연부의 검은색 점이 선명하고 뒷날개 중앙부의 붉은색 점이 크며, 뒷날개 아랫면의 제7맥이 뚜렷하고 날개질이 두꺼워 유사종인 각시멧노랑나비와 구별된다. 수컷은 앞날개 윗면이 전체적으로 황색을 띠며, 암컷은 엷은 연두색을 띤다. 현재의 국명은 석주명(1947: 8)에 의한 것이다. 국명이명으로는 이승모(1971: 5)의 '멋노랑나비'가 있다.

60. *Gonepteryx mahaguru* Gistel, 1857 각시멧노랑나비

Gonepteryx mahaguru Gistel, 1857; *Achthundert und zwanzig. Unbeschreiben Insekten*: 93. TL: N.W.Himalaya.

Rhodocera aspasia : Fixsen, 1887: 267.

Gonepteryx aspasia : Leech, 1894: 444 (Loc. Korea); Lee, 1973: 4; Shin & Koo, 1974: 129; Shin, 1975a: 44; Kim, 1976: 49; Lee, 1982: 12; Im (N.Korea), 1987: 39; Ju & Im (N.Korea), 1987: 36; Shin, 1989: 148; Kim & Hong, 1991: 382; ESK & KSAE, 1994: 384; Joo *et al.,* 1997: 56; Park & Kim, 1997: 45; Tuzov *et al.,* 1997; Kim, 2002: 46; Lee, 2005a: 24.

Geonepteryx aspasia (missp.) : Joo (Ed.), 1986: 4.

Gonepteryx aspasia aspasia : Nire, 1920: 47 (Loc. Korea); Seok, 1936: 62 (Loc. Geumgangsan (Mt.)).

Gonepteryx aspasia acuminata : Matsumura, 1919: 507 (Loc. Korea).

Gonepteryx aspasia pultaina : Mori & Cho, 1938: 19-20 (Loc. Korea).

Gonepteryx mahaguru nipponica : Esaki, 1939: 237 (Loc. Korea).

Gonepteryx mahaguru aspasia : Seok, 1939: 257; Seok, 1947: 8; Cho & Kim, 1956: 10; Kim &
Mi, 1956: 401; Cho, 1959: 12; Kim, 1960: 272; Ko, 1969: 207; Hyun & Woo, 1969: 180; Seok,
1972 (Rev. Ed.): 249; Shin, 1972: 27.

Gonepteryx mahaguru : Lee, 1971: 5; Smart, 1975; D'Abrera, 1986; Chou Io (Ed.), 1994: 227.

Distribution. Korea, Japan, E.China, Kashmir-Kumaon.

First reported from Korean peninsula. Fixsen, 1887; in Romanoff, *Mém. Lépid.,* 3: 267 (Loc.
Korea).

North Korean name. 봄갈구리노랑나비(임홍안, 1987; 주동률과 임홍안, 1987: 36).

Host plants. Korea: 갈매나무과(갈매나무)(신유항, 1972); 갈매나무과(참갈매나무)(손정달, 1984); 갈
매나무과(털갈매나무)(주흥재 등, 1997).

Remarks. 아종으로는 *G. m. aspasia* (Ménétriès, 1859) (Loc. Amur and Ussuri region) 등의 4아종
이 알려져 있다(Smart, 1975; D'Abrera, 1986; Lee, 1982; Chou Io (Ed.), 1994; Tuzov *et al.,*
1997). 그 동안 한반도산 각시멧노랑나비의 학명으로 적용되어 왔던 *G. aspasia*는 *G. mahaguru*의
아종인 *G. m. aspasia*으로 취급된다(Chou Io (Ed.), 1994). 한반도에는 제주도 및 남부 해안가 일
부를 제외한 지역에서 산지 중심으로 전역에 분포하는 보통 종이다. 연 1회 발생하고 어른벌레로
월동한다. 수컷은 앞날개 윗면 기부에서 외연까지 황색을 띠며, 암컷은 전체적으로 엷은 연두색을
띤다. 현재의 국명은 이승모(1973: 4)에 의한 것이다. 국명이명으로는 석주명(1947: 8), 김헌규와
미승우(1956: 401), 조복성(1959: 12), 신유항과 구태회(1974: 129), 신유항(1975a: 44) 등의 '각
씨멧노랑나비' 그리고 이승모(1971: 5)의 '각시멧노랑나비'가 있다.

Tribe **Coliadini** Swainson, 1827

Genus *Catopsilia* Hübner, 1823

Catopsilia Hübner, 1823; *Verz. bek. Schmett.,* (7): 98. TS: *Papilio crocale* Cramer.

전 세계에 적어도 6 종 이상이 알려져 있으며, 대부분 아프리카, 남아시아, 오세아니아에 분포한다.

한반도에는 연노랑흰나비 1 종이 알려져 있다.

61. *Catopsilia pomona* (Fabricius, 1775) 연노랑흰나비

Papilio pomona Fabricius, 1775; *Syst. Ent.*: 479, no. 158. TL: New Holland (Australia).

Catopsilia pomona : Wynter−Blyth, 1957; Lewis, 1974; Smart, 1975; D'Abrera, 1986; Heppner
   & Inoue, 1992: 135; Corbet *et al.*, 1992; Yoon & Kim, 1992: 34; Chou Io (Ed.), 1994: 214;
   Ackery *et al.*, 1995; Joo *et al.*, 1997: 404, 416; Park & Kim, 1997: 371; Joo & Kim, 2002: 150;
   Kim, 2002: 270; Lee, 2005a: 24.

Distribution. S.Korea (Immigrant species), Japan, Taiwan, Burma, Malaya, New Guinea, Australia,
   India.

First reported from Korean peninsula. Yoon & Kim, 1992; *J. Lepid. Soc. Korea*, 5: 34 (Loc.
   Geojedo (Is.) (S.Korea)).

North Korean name. 북한에서는 기록이 없다.

Host plant. Korea: Unknown. Australia: Caesalpiniaceae(실거리나무과)(*Cassia* spp.) (Dunn, 1991).

Remarks. *C. p. phlegea* (Wallace, 1867) (Loc. Timor) 등의 4아종이 알려져 있다(Heiner, 2009).
   한반도에는 미접으로 1991년 8월 백정길에 의해 거제도에서 채집된 것을 윤인호와 김성수(1992:
   34)가 처음 기록한 종이다. 현재의 국명은 윤인호와 김성수(1992: 34)에 의한 것이다.

Genus *Colias* Fabricius, 1807

Colias Fabricius, 1807; *Magazin f. Insektenk.* (Illiger) 6: 284. TS: *Papilio hyale* Linnaeus.

전 세계에 적어도 83 종 이상이 알려져 있으며, 광역 분포한다. 한반도에는 노랑나비 등 5 종이 알
려져 있다.

62. *Colias erate* (Esper, 1805) 노랑나비

Papilio erate Esper, 1805; *Die Schmett. Th I, Suppl. Th.*, 2(11): 13, pl. 119, fig. 3. TL: Sarepta
   (S.Russia).

Colias hyale : Leech, 1887: 408 (Loc. Korea); Seok, 1939: 252; Seok, 1947: 8; Kim, 1956: 340; Cho & Kim, 1956: 8; Kim & Mi, 1956: 401; Cho, 1959: 10; Kim, 1959a: 96; Kim, 1960: 272; Cho, 1963: 193; Cho, 1965: 179; Cho *et al.*, 1968: 256, 378; Hyun & Woo, 1970: 78; Seok, 1972 (Rev. Ed.): 240.

Colias hyale polyographus : Fixsen, 1887: 266.

Colias hyale poliographus : Nire, 1917: 1 (Loc. Korea); Esaki, 1939: 237 (Loc. Korea).

Colias hyale elwesii : Kishida & Nakayama, 1936: 161 (Loc. Korea).

Colias hyale subaurata : Kishida & Nakayama, 1936: 161 (Loc. Korea).

Colias poliographus : Doi, 1931: 43 (Loc. Soyosan (Mt.)); Morida, 1937: 193 (Loc. Gunsan); Lee, 2005a: 24.

Colias erate poliographus : Shin, 1975a: 44; Park, 1992: 41; Joo *et al.*, 1997: 403; Winhard, 2000; Huang, 2001; Joo & Kim, 2002: 78; Kim, 2002: 49.

Colias erate : Lee, 1971: 5; Lee, 1973: 4; Lewis, 1974; Kim, 1976: 53; Smart, 1975; Lee, 1982: 9; Joo (Ed.), 1986: 3; Im (N.Korea), 1987: 38; Ju & Im (N.Korea), 1987: 26; Shin, 1989: 146; Ju (N.Korea), 1989: 44 (Loc. Baekdusan (Mt.)); Kim & Hong, 1991: 381; Heppner & Inoue, 1992: 135; ESK & KSAE, 1994: 384; Chou Io (Ed.), 1994: 218; Karsholt & Razowski, 1996: 205; Tuzov *et al.*, 1997; Joo *et al.*, 1997: 58; Park & Kim, 1997: 47; Williams, 2008; Grieshuber, & Lamas, 2007: 145.

Distribution. Korea, Primor Territory, Japan, China, Taiwan, Eastern Europe-india, Himalaya.

First reported from Korean peninsula. Fixsen, 1887; in Romanoff, *Mém. Lépid.,* 3: 266 (Loc. Korea).

North Korean name. 노랑나비(임홍안, 1987; 주동률과 임홍안, 1987: 26).

Host plants. Korea: 콩과(들완두)(Doi, 1932); 콩과(개자리, 자운영, 아까시나무, 붉은토끼풀)(손정달, 1984); 콩과(콩, 새콩, 토끼풀)(주동률과 임홍안, 1987); 콩과(돌콩, 고삼)(주흥재 등, 1997); 콩과(도둑놈의지팡이, 비수리)(박규택과 김성수, 1997).

Remarks. 아종으로는 *C. e. sinensis* Verity, 1911 (Loc. N.Korea, Mandschuria)등의 13아종 이상이 알려져 있다(D'Abrera, 1980; Chou Io (Ed.), 1994; Tuzov *et al.*, 1997; Grieshuber, & Lamas, 2007; Williams, 2008). Tuzov *et al.* (2000)은 *poliographus*를 독립된 종으로 취급하고 있으나, 한반도의 노랑나비 학명적용은 *poliographus*를 *Colias erate*의 한 아종으로 취급하는 Winhard (2000)과 Huang (2001)에 따랐다. 한반도 전역에 분포하는 종으로 개체수는 많다. 연 3-4회 발생하며, 3월부터 11월에 걸쳐 나타난다. 암컷의 날개 바탕색은 유백색이나, 수컷의 경우 황색과 유백

색의 두 가지 형이 있다. 경기도서의 경우 황적색을 띠는 개체가 종종 볼 수 있다. 현재의 국명은 석주명(1947: 8)에 의한 것이다.

63. *Colias tyche* (Böber, 1812) 북방노랑나비

Papilio tyche Böber, 1812; *Mém. Soc. Imp. Nat. Moscou,* 3: 21, pl. 3, figs. 3-6. TL: Transbaicalien (Baikal land) (Russia).

Colias melinos Eversmann, 1847; *Bull. Soc. imp. Nat. Moscou,* 20: 72, pl. 3, figs. 3-6.

Colias melinos : Im (N.Korea), 1987: 38; Shin, 1989: 242; Kim & Hong, 1991: 381; ESK & KSAE, 1994: 384; Joo *et al.*, 1997: 403; Kim, 2002: 291.

Colias tyche : Korshunov & Gorbunov, 1995; Tuzov *et al.*, 1997; Lee, 2005a: 24; Grieshuber, & Lamas, 2007: 163; Mazzei *et al.*, 2009.

Distribution. N.Korea, The polar regions of Eurasia and Alaska, Taiwan.

First reported from Korean peninsula. Im, 1987; *Biology*, p. 38. (Loc. Yeonsagun (HB, N.Korea)).

North Korean name. 북방노랑나비(임홍안, 1987; 주동률과 임홍안, 1987).

Host plants. Korea: Unknown. Russia: 콩과(*Astragalus alpinus*, *Oxytropis* spp., *Caragana* spp)(Tuzov *et al.*, 1997).

Remarks. 아종으로는 *C. t. tyche* (Loc. N.Siberia, SE.Siberia, Altai, Sayan, Yakutia, Transbaikal, Baikal, Amur region, Mongolia) 등의 6아종이 알려져 있다(Grieshuber, & Lamas, 2007; Heiner, 2009). 북방노랑나비의 이전 종명으로 사용된 *melinos*는 *tyche*의 동물이명(synonym)이다. 한반도에는 동북부 고산지역에 국지적으로 분포하는 종으로 개체수는 적다. 5월 하순부터 8월에 걸쳐 나타난다(Korshunov & Gorbunov, 1995). 현재의 국명은 임홍안(1987: 38)에 의한 것이다.

64. *Colias palaeno* (Linnaeus, 1761) 높은산노랑나비

Papilio palaeno Linnaeus, 1761; *Fauna Suecica* (Edn 2): 272. TL: Uppsala (Sweden).

Colias marcopolo nicolopolo : Seok, 1939: 254; Seok, 1947: 8.

Colias palaeno orientalis : Mori, 1925: 57; Mori & Cho, 1938: 17 (Loc. Korea); Joo *et al.*, 1997: 403; Kim, 2002: 291.

Colias palaeno coreacola : Matsumura, 1931: 473 (Loc. Korea); Im, 1996: 29 (Loc. N.Korea).

Colias palaeno poktussani : Bang-Haas, 1934: 183 (Loc. Baekdusan (Mt.)).

Colias palaeno : Seok, 1939: 255; Cho & Kim, 1956: 9; Kim & Mi, 1956: 401; Cho, 1959: 10; Kim, 1960: 262; Seok, 1972 (Rev. Ed.): 249; Lewis, 1974; Smart, 1975; Kim, 1976: 55; Lee, 1982: 9; Hodges & Ronald, 1983; Im (N.Korea), 1987: 39; Ju & Im (N.Korea), 1987: 28; Shin, 1989: 242; Ju (N.Korea), 1989: 44 (Loc. Baekdusan (Mt.)); Kim & Hong, 1991: 381; ESK & KSAE, 1994: 384; Chou Io (Ed.), 1994: 219; Karsholt & Razowski, 1996: 205; Tuzov *et al.*, 1997; Lee, 2005a: 24; Grieshuber, & Lamas, 2007: 156.

Distribution. N.Korea, E.Russia, E.China, Japan, E.Europe.

First reported from Korean peninsula. Mori, 1925; *Jour. Chos. Nat. Hist.*, 3: 57 (Loc. Pabalri (N.Korea), Daedeoksan (Mt.) (N.Korea)).

North Korean name. 높은산노랑나비(임홍안, 1987; 주동률과 임홍안, 1987: 28; 임홍안, 1996).

Host plants. Korea: 진달래과(들쭉나무)(주동률과 임홍안, 1987). China: 진달래과(*Vaccinium uliginosum*)(Chou Io (Ed.), 1994).

Remarks. 아종으로는 모식산지가 한국(Korea)인 *C. p. poktusani* Bang-Haas, 1934 (TL: Baekdusan (Mt.) (N.Korea); Loc. N.Korea) 등의 9아종이 알려져 있다(Chou Io (Ed.), 1994; Grieshuber, & Lamas, 2007; Heiner, 2009). Esaki (1929)에 의해 한반도 분포종으로 기록된 *C. p. sugitani*는 *C. p. aias*의 동물이명(synonym)이다. 그리고 석주명(1947: 8), 조복성과 김창환 (1956: 8), 김헌규와 미승우(1956: 401), 조복성(1959: 10, pl. 11, fig. 8), 김헌규(1960: 259)가 기록한 *Colias marcopolo* Grum-Grshimailo, 1888(= *Colias marcopolo nicolopolo* (백두산노랑나 비))은 현재 아프가니스탄, 타지키스탄 일대의 고산지에만 분포하는 종으로 알려져 있어 (Grieshuber, & Lamas, 2007; Heiner, 2009) 한반도에 분포하기 어렵다. 한반도에는 동북부 고산 지역에 국지적으로 분포한다. 연 1회 발생하며, 7월부터 8월 중순에 걸쳐 나타난다. 3령 애벌레로 월동한다(주동률과 임홍안, 1987: 29). 현재의 국명은 석주명(1947: 8)에 의한 것이다.

65. *Colias heos* (Herbst, 1792) 연주노랑나비

Papilio heos Herbst, 1792; in Jablonsky, *Natursyst. Ins., Schmett.*, 5: 213, pl. 114, figs. 5-6. TL: Siberia (Chita region, Borschtschowotschny Khrebet, Nertschinsk, Russia).

Colias aurora : Nire, 1919: 271; Seok, 1939: 251; Seok, 1947: 7; Cho & Kim, 1956: 8; Kim & Mi, 1956: 401; Cho, 1959: 9; Kim, 1960: 259; Seok, 1972 (Rev. Ed.): 249; Kim & Hong, 1991: 381.

Colias aurora rhododactyla : Sugitani, 1934: 58 (Loc. Hoereong (HB, N.Korea), Musanryeong).

Colias aurora chloë: Uchida, 1932: 869 (Loc. Hoereong (HB, N.Korea), Baekdusan (Mt.)).

Colias aurora benimonki : Kishida & Nakayama, 1936: 161 (Loc. N.E.Korea); Im, 1996: 27 (Loc. N.Korea).

Colias hyale aurora : Matsumura, 1927: 160 (Loc. Korea).

Colias heos : Lee, 1982: 10; Im (N.Korea), 1987: 39; Ju & Im (N.Korea), 1987: 29; Shin, 1989: 242; Ju (N.Korea), 1989: 44 (Loc. Baekdusan (Mt.)); ESK & KSAE, 1994: 384; Chou Io (Ed.), 1994: 220; Tuzov *et al.*, 1997; Joo *et al.*, 1997: 403; Kim, 2002: 50; Lee, 2005a: 24; Grieshuber & Lamas, 2007: 149.

Distribution. Korea, Altai–S.Siberia, Mongolia–Ussuri, SE.China.

First reported from Korean peninsula. Nire, 1919; *Zool. Mag.,* 31: 271, pl. 3, fig. 6-7 (Loc. Hoereong (HB, N.Korea), Musanryeong (N.Korea)).

North Korean name. 연주노랑나비(임홍안, 1987; 주동률과 임홍안, 1987: 29); 얼주노랑나비(임홍안, 1996).

Host plants. Korea: 콩과(돌말구레풀, 가는말구래풀, 관모우메자운(북한명)(주동률과 임홍안, 1987). Russia: 콩과(*Vicia* spp., *Astragalus* spp., *Trifolium lucanicum*)(Tuzov *et al.*, 1997).

Remarks. 아종으로는 *C. h. heos* (Herbst, 1792)(Loc. S.E.Sibira) 등의 4아종이 알려져 있다 (Grieshuber, & Lamas, 2007; Heiner, 2009). 석주명(1947: 8), 조복성과 김창환(1956: 9), 김헌규와 미승우(1956: 401), 조복성(1959: 11, pl. 12, figs. 3-4), 김헌규(1960: 267)의 *Colias viluiensis* Ménétriès, 1859(작은연주노랑나비)가 있으나, 현재 이 종의 분포지역은 SE. Siberia를 중심으로 한 Transbaikal- Chukot Peninsula로 알려져 있으므로(Tuzov *et al.*, 1997) 한반도에 분포할 가능성은 낮다. 한반도에는 동북부 고산지역의 건초지대에 국지적으로 분포하는 종으로 개체수는 아주 적다. 연 1회 발생하며, 6월부터 7월에 걸쳐 나타난다(주동률과 임홍안, 1987: 29). 현재의 국명은 석주명(1947: 7)에 의한 것이다.

66. *Colias fieldii* Ménétriès, 1855 새연주노랑나비

Colias fieldii Ménétriès, 1855; *Cat. lep. Pétersbg.,* 2: 79, pl. 1, fig. 5. TL: China.

Colias heos (misapplied): Kim, 2002: 50.

Colias fieldi : Smart, 1975; Feltwell, 1993: 87; D'Abrera, 1986; 182; Huang, 2001.

Colias fieldii : Chou Io (Ed.), 1994: 219; Tuzov *et al.*, 1997: 176; Abbas *et al.*, 2002: 7; Lee, 2005a: 19, 24; Grieshuber & Lamas, 2007: 147.

Distribution. Korea, Ussuri region, S.Iran-India-S.China.

First reported from Korean peninsula. Lee, 2005; *Lucanus,* 5: 19 (Loc. Korea).

North Korean name. Unknown.

Host plant. Korea: Unknown. China: 콩과(Fabaceae spp.)(Feltwell, 1993).

Remarks. 아종으로는 *C. f. fieldii* (Loc. Yunnan), *C. f. chinensis* Verity, 1909 (Loc. S.Ussuri)가 알려져 있다(Chou Io (Ed.), 1994; Grieshuber, & Lamas, 2007). 김용식(2002)이 강원도 해산령 표본에 대해 '*Colias heos* (Herbst, 1792) 연주노랑나비'로 기록한바 있으나 이영준(2005)이 본 종으로 수정했다. 현재의 국명은 이영준(2005: 19)에 의한 것이다. 그러나 본 종에 대한 분류학적 기재 없이 기록되었고 근연종이 다수 있음을 고려할 때, 분류학적 재검토가 필요할 것으로 보인다. 근래에 함평과 고창 일대에서 채집되었던 개체들은 외견상 본 종과 동일한 특징이 있으므로 동일 종으로 판단된다. 앞으로 한반도의 분포 및 생태적 특성에 대해 지속적인 관심이 필요하다.

Subfamily **PIERINAE** Duponchel, 1835 (배추)흰나비아과

전 세계에 57 속 360 종 이상 알려져 있으며, 한반도에는 *Aporia* 등 4 속 9 종이 알려져 있다. 종 대부분은 날개가 흰색 바탕에 검은색 무늬가 있으며, 같은 종이라도 암컷과 수컷의 날개 바탕색이 다른 경우가 종종 있다. 대부분 애벌레는 채소류의 농림해충으로 취급되며, 번데기로 월동한다.

Tribe **Pierini** Swainson, 1820

Genus *Aporia* Hübner, 1820

Aporia Hübner, 1820; *Verz. bek. Schmett.,* (6): 90. TS: *Papilio crataegi* Linnaeus.

전 세계에 적어도 30 종 이상이 알려져 있으며, 유라시아와 북아프리카에 분포한다. 한반도에는 상제나비와 눈나비 2 종이 알려져 있다.

67. *Aporia crataegi* (Linnaeus, 1758) 상제나비

Papilio crataegi Linnaeus, 1758; *Syst. Nat.* (Edn 10), 1: 476. TL: Sweden.

Aporia crataegi crataegi : Nire, 1920: 46 (Loc. Korea); Doi, 1938: 88 (Loc. Gaemagoweon (N.Korea)).

Aporia crataegi adherbal : Okamoto, 1923: 62 (Loc. Korea); Nakayama, 1932: 374 (Loc. Korea); Joo *et al.*, 1997: 404; Kim, 2002: 51.

Aporia crataegi alepica : Seok, 1934: 268 (Loc. Baekdusan (Mt.) region).

Aporia crataegi : Nire, 1919: 269; Seok, 1939: 248; Seok, 1947: 7; Cho & Kim, 1956: 7; Kim & Mi, 1956: 401; Cho, 1959: 9; Kim, 1960: 273; Ko, 1969: 206; Lewis, 1974; Smart, 1975; Lee, 1982: 12; Joo (Ed.), 1986: 5; Im (N.Korea), 1987: 39; Ju & Im (N.Korea), 1987: 34; Shin, 1989: 147; Ju (N.Korea), 1989: 44 (Loc. Baekdusan (Mt.)); Shin, 1990: 145; Kim & Hong, 1991: 382; ESK & KSAE, 1994: 384; Chou Io (Ed.), 1994: 246; Karsholt & Razowski, 1996: 204; Tuzov *et al.*, 1997; Joo *et al.*, 1997: 62; Park & Kim, 1997: 51; Lee, 2005a: 24.

Distribution. Korea, Japan, Temperate Asia, Europe, N.Africa.

First reported from Korean peninsula. Nire, 1919; *Zool. Mag.,* 31: 269 (Loc. Hoereong (HB, N.Korea), Musanryeong (N.Korea), Seongjin, (Gimchaek-si, HB, N.Korea)).

North Korean name. 산흰나비(임홍안, 1987; 주동률과 임홍안, 1987: 34).

Host plants. Korea: 장미과(마가목, 해당화, 벚나무), 가래나무과(호두나무), 자작나무과(자작나무)(주동률과 임홍안, 1987); 장미과(살구나무, 개살구나무)(김성수, 1987); 장미과(털야광나무)(주흥재 등, 1997).

Remarks. 아종으로는 *A. c. adherbal* Fruhstorfer, 1910 (Loc. Kuriles), *A. c. banghaasi* Bryk, 1921 (Loc. Amur and Ussuri region), *A. c. meinhardi* Krulikowsky, 1909 (Loc. Siberia, Altai, Sayan, Transbaikal, Far East, Kamchatka) 등 12아종이 알려져 있다(Tennent, 1996; Tuzov *et al.*, 1997). 한반도에는 중북부 지역에 국지적으로 분포한다. 남한지역에서는 경기도 명지산의 채집기록(한국인시류동호인회편(오성환), 1986: 5)이 있으나, 현재 강원도의 극히 제한된 지역에서만 드물게 관찰되는 종이며, 멸종위기야생동물 II급으로 지정되어 법적 보호를 받고 있다. 우리나라가 남방분포 한계지역이다. 연 1회 발생하며, 강원도의 남한지역에서는 5월 중순부터 6월 상순에 걸쳐 나타나고, 북한지역에서는 6월 중순부터 8월 상순에 걸쳐 나타나며, 3령 애벌레로 월동한다(주동률과 임홍안, 1987). 현재의 국명은 석주명(1947: 8)에 의한 것이다.

68. *Aporia hippia* (Bremer, 1861) 눈나비

Papilio hippia Bremer, 1861; *Bull. Acad. Imp. Sci. St. Pétersbg.,* 3: 464. TL: Priamurye: the basins of Zeya, Bureya, and Ussuri Rivers (Russia).

Aporia hippia takamukuana : Matsumura, 1929: 152 (Loc. Geongseong (N.Korea)); Im, 1996: 28 (Loc. N.Korea).

Aporia hippia koreana : Matsumura, 1929: 5 (Loc. Korea).

Aporia hippia japonica : Uchida, 1932: 856 (Loc. Korea).

Aporia hippia hippia : Nakayama, 1932: 378 (Loc. S.HN (N.Korea)); Doi, 1938: 89 (Loc. Gaemagoweon (N.Korea)).

Aporia hippia : Nire, 1919: 269-270; Seok, 1939: 249; Seok, 1947: 7; Cho & Kim, 1956: 7; Kim & Mi, 1956: 401; Cho, 1959: 9; Kim, 1960: 262; Ko, 1969: 206; Seok, 1972 (Rev. Ed.): 249; Lewis, 1974; Smart, 1975; Lee, 1982: 11; Im (N.Korea), 1987: 39; Ju & Im (N.Korea), 1987: 32; Shin, 1989: 242; Ju (N.Korea), 1989: 44 (Loc. Baekdusan (Mt.)); Kim & Hong, 1991: 382; ESK & KSAE, 1994: 384; Chou Io (Ed.), 1994: 246; Tuzov *et al.*, 1997; Joo *et al.*, 1997: 404; Kim, 2002: 291; Lee, 2005a: 24.

Distribution. N.Korea, Amur and Ussuri region, Japan.

First reported from Korean peninsula. Nire, 1919; *Zool. Mag.*, 31: 269-270 (Loc. Geongseong (N.Korea), Cheongjin, Seongjin (Gimchaek-si, HB, N.Korea)).

North Korean name. 높은산흰나비(임홍안, 1987; 주동률과 임홍안, 1987: 32; 임홍안, 1996).

Host plants. Korea: 장미과(배나무, 사과나무, 벚나무)(주동률과 임홍안, 1987). Russia: 매자나무과 (*Berberis* spp.)(Tuzov *et al.*, 1997). China: 매자나무과(*Berberis amurensis*, *B. thunbergi*)(Chou Io (Ed.), 1994).

Remarks. 아종으로는 *A. h. occidentalis* O. Bang-Haas, 1927 (Loc. Transbaikal) 등의 5아종이 알려져 있다(Chou Io (Ed.), 1994; Winhard, 2000). 한반도에는 동북부의 1,000m 이상 고산지에 국지적으로 분포한다. 연 1회 발생하며, 6월 하순부터 8월 상순에 걸쳐 나타난다. 애벌레로 월동하며, 수컷은 습지에서 무리지어 물을 마시는 습성이 있다(주동률과 임홍안, 1987). 현재의 국명은 석주명(1947: 7)에 의한 것이다. 국명이명으로는 조복성과 김창환(1956: 7)의 '눈먼나비'가 있다.

Genus *Pieris* Schrank, 1801

Pieris Schrank, 1801; *Fauna Boica*, 2(1): 152, 164. TS: *Papilio brassicae* Linnaeus.

= *Ganoris* Dalman, 1816; *K. svenska VetenskAkad. Handl., Stockholm*, 1816(1): 61. TS: *Papilio brassicae* Linnaeus.

= *Artogeia* Verity, 1947; *Le Farfalle diurn. d'Italia,* 3: 192, 193. TS: *Papilio napi* Linnaeus.

전 세계에 적어도 34 종 이상이 알려져 있으며, 대부분 유라시아와 북미에 분포한다. 한반도에는 줄흰나비 등 4 종이 알려져 있다.

69. *Pieris dulcinea* Butler, 1882 줄흰나비

Ganois dulcinea Butler, 1882; *Ann. Mag. nat. Hist.,* (5)9: 18. TL: Posiette Bay, Ussuri (Russia), or N.Korea.

Ganois dulcinea : Butler, 1882: 18–19.

Artogeia napi : Lee, 1982: 13; Joo (Ed.), 1986: 4; Im (N.Korea), 1987: 39; Ju & Im (N.Korea), 1987: 39; Ju (N.Korea), 1989: 44 (Loc. Baekdusan (Mt.)); Kim & Hong, 1991: 382; ESK & KSAE, 1994: 384.

Artogeia napi dulcinea : Im, 1996: 29 (Loc. N.Korea).

Pieris (*Artogeia*) *napi* : Shin, 1989: 149.

Pieris napi : Seok, 1939: 268; Seok, 1947: 8; Cho & Kim, 1956: 11; Kim & Mi, 1956: 401; Cho, 1959: 13; Kim, 1960: 272; Cho, 1963: 193; Cho, 1965: 180; Cho *et al.*, 1968: 256; Lee, 1971: 5; Lee, 1973: 3; Kim, 1976: 43; Chou Io (Ed.), 1994: 258; Joo *et al.*, 1997: 70; Park & Kim, 1997: 59; Kim, 2006: 47.

Pieris napi aglaope : Doi, 1919: 118 (Loc. Seoul)

Pieris napi nesis : Okamoto, 1923: 63 (Loc. Korea).

Pieris napi dulcinea : Joo *et al.*, 1997: 404; Kim, 2002: 55.

Pieris napi hanlaensis : Joo & Kim, 2002: 82.

Pieris dulcinea : Korshunov & Gorbunov, 1995; Tuzov *et al.*, 1997: 166; Lee, 2005a: 24.

Distribution. Korea, NE.China, Amur and Ussuri region, Far East Asia.

First reported from Korean peninsula. Butler, 1882; *Ann Mag. Nat. Hist., ser.* 5(9): 18–19 (Loc. N.E.Korea).

North Korean name. 줄흰나비(임홍안, 1987; 주동률과 임홍안, 1987: 39; 임홍안, 1996).

Host plants. Korea: 십자화과(털장대, 미나리냉이)(손정달, 1984); 십자화과(갯장대, 바위장대, 황새냉이, 무, 배추, 순무, 고추냉이)(주동률과 임홍안, 1987); 십자화과(꽃황새냉이)(손정달 등, 1992);

십자화과(나도냉이)(주홍재와 김성수, 2002).

Remarks. 아종으로는 *P. d. dulcinea* (Butler, 1882) (Loc. Amur and Ussuri region, Far East) 등의 3아종이 알려져 있다(Winhard, 2000; etc.). 한반도산 줄흰나비의 종명적용은 Korshunov & Gorbunov (1995), Tuzov *et al.* (1997) 등에 따랐으며, 일본에서도 본 종의 종명에 대해 *dulcinea* 를 적용하고 있다. 기존에 줄흰나비의 종명으로 쓰인 *napi* (Linnaeus, 1758)는 현재 북아프리카, 유럽, 아메리카, 중앙·북부아시아에 분포하는 종으로 알려져 있다(Savela, 2008 (ditto)). 그러나 Gorbunov (2001) 등은 *Pieris dulcinea*를 *Pieris napi*의 한 아종으로 취급하고 있기도 하다. 또한 Korshunov & Gorbunov (1995)는 *dulcinea*의 모식산지를 북한(N.Korea)으로 정리한바 있다. 한 반도의 중남부 지역에서는 경기도 동북부산지, 강원도 산지, 지리산, 제주도의 고산지 중심으로 국 지적으로 분포하며, 북부 지역에서는 산지를 중심으로 광역 분포한다. 연 2-3회 발생하며, 봄형은 4월부터 5월, 여름형은 6월부터 9월에 걸쳐 나타나며, 개체수는 많다. 번데기로 월동한다. 현재의 국명은 석주명(1947: 8= *Pieris napi*)에 의한 것이다.

70. *Pieris melete* Ménétriès, 1857 큰줄흰나비

Pieris melete Ménétriès, 1857; *Cat. lep. Pétersbg.,* 2: 113, pl. 10, figs. 1-2. TL: Japan.

Artogeia melete : D'Abrera, 1986; Lee, 1982: 13; Joo (Ed.), 1986: 4; Im (N.Korea), 1987: 39; Ju & Im (N.Korea), 1987: 40; Ju (N.Korea), 1989: 44 (Loc. Baekdusan (Mt.)); Kim & Hong, 1991: 382; ESK & KSAE, 1994: 384.

Pieris (*Artogeia*) *melete* : Shin, 1989: 149.

Pieris melete melete : Leech, 1894: 454 (Loc. Korea); Nakayama, 1934; Joo & Kim, 2002: 81.

Pieris melete aglaope : Yokoyama, 1927: 585 (Loc. Korea).

Pieris melte (missp.) : Shin, 1979: 137.

Pieris melete : Fixsen, 1887: 264; Mori & Cho, 1938: 14 (Loc. Korea); Hyun & Woo, 1969: 180(= 줄흰나비); Lee, 1971: 5; Lee, 1973: 3; Shin & Koo, 1974: 130; Shin, 1975a: 44; Smart, 1975; Kim, 1976: 42; Chou Io (Ed.), 1994; 259; Joo *et al.*, 1997: 68; Park & Kim, 1997: 57; Winhard, 2000; Kim, 2002: 54; Lee, 2005a: 24.

Distribution. Korea, Manchurian Plain, Amur and Ussuri region, Japan, China, N.India.

First reported from Korean peninsula. Fixsen, 1887; in Romanoff, *Mém. Lépid.,* 3: 264 (Loc. Korea).

North Korean name. 큰줄흰나비(임홍안, 1987; 주동률과 임홍안, 1987: 40).

Host plants. Korea: 십자화과(무)(Nakayama, 1934); 십자화과(갯장대, 개갓냉이, 황새냉이, 배추)(손정달, 1984); 십자화과(유채, 고추냉이)(주동률과 임홍안, 1987); 십자화과(미나리냉이)(김성수, 1988); 십자화과(속속이풀)(손정달과 박경태, 1993); 십자화과(냉이, 갓)(김소직, 1993); 십자화과(양배추)(주흥재와 김성수, 2002).

Remarks. 아종으로는 *P. m. orientis* Oberthür, 1880 (Loc. Korea (Northern region, Central region))이 알려져 있다(Savela (2008) (ditto)). 한반도 전역에 분포하는 종으로 낮은 산지성 흰나비의 우점종이다. 연 2-3회 발생하며, 봄형은 4월부터 5월, 여름형은 6월부터 10월에 걸쳐 나타나며, 지역에 따라 무늬 변이가 심하다. 번데기로 월동한다. 앞날개 아랫면의 중실내에 검은 색 비늘이 발달하고 있어 유사종인 줄흰나비와 구별된다. 현재의 국명은 이승모(1971: 5)에 의한 것이다.

71. *Pieris canidia* (Linnaeus, 1768) 대만흰나비

Papilio canidia Linnaeus, 1768; in Sparrman, *Amoenit. acad.,* 7: 504. TL: Guangdong (S.China).

Pieris canidia : Seok, 1939: 266.

Artogeia canidia : Joo (Ed.), 1986: 4; Im (N.Korea), 1987: 39; Ju & Im (N.Korea), 1987: 42; Kim & Hong, 1991: 382; ESK & KSAE, 1994: 384.

Pieris canidia canidia : Verity, 1905: 161 (Loc. Korea); Nire, 1920: 46 (Loc. Korea); Seok, 1938: 27 (Loc. Ulleungdo (Is.)).

Pieris canidia aestiva : Bang-Hass, 1926: 8 (Loc. Korea).

Pieris canidia sordida : Matuda, 1930: 36 (Loc. Korea).

Pieris canidia kaolicola : Joo *et al.*, 1997: 404; Kim, 2002: 53.

Pieris (*Artogeia*) *canidia* : Shin, 1989: 151.

Pieris canidia : Fixsen, 1887: 265; Okamoto, 1923: 63 (Loc. Korea); Nakayama, 1932: 374 (Loc. Korea); Seok, 1939: 46 (Loc. Gaemagoweon (N.Korea)); Seok, 1947: 8; Cho & Kim, 1956: 11; Kim & Mi, 1956: 401; Cho, 1959: 13; Kim, 1960: 272; Cho, 1965: 180; Lee, 1971: 5; Seok, 1972 (Rev. Ed.): 204; Lee, 1973: 3; Shin & Koo, 1974: 129; Lewis, 1974; Shin, 1975a: 42, 44; Kim, 1976: 44; Lee, 1982: 14; Heppner & Inoue, 1992: 134; Chou Io (Ed.), 1994: 258; Tuzov *et al.*, 1997; Joo *et al.*, 1997: 66; Park & Kim, 1997: 55; Lee, 2005a: 24.

Distribution. Korea, Japan, W.China, Taiwan, N.W.India, Himalayas, Assam (hills), Burma, Nilgiris, Palnis, Travancore (hills), Cochin, Tibet.

First reported from Korean peninsula. Fixsen, 1887; in Romanoff, *Mém. Lépid.,* 3: 265 (Loc.

Korea).

North Korean name. 작은흰나비(임홍안, 1987; 주동률과 임홍안, 1987: 42).

Host plants. Korea: 십자화과(미나리냉이)(손정달, 1984); 십자화과(무)(한국인시류동호인회편, 1986); 십자화과(냉이)(주동률과 임홍안, 1987); 십자화과(나도냉이)(주흥재 등, 1997).

Remarks. 아종으로는 *P. c. kaolicola* Bryk, 1946 (Loc. Korea) 등의 8아종이 알려져 있다(D'Abrera, 1986; Corbet & Pendlebury, 1992; Chou Io (Ed.), 1994). 한반도 전역에 분포하는 종이나, 제주도에서는 관찰기록이 없다. 연 3-4회 발생하며, 봄형은 4월, 여름형은 5월말에서 10월에 걸쳐 나타난다. 번데기로 월동한다. 뒷날개 외연 시맥 끝부분의 검은색 점이 발달해 있어 유사종인 배추흰나비와 구별된다. 현재의 국명은 석주명(1947: 8)에 의한 것이다.

72. *Pieris rapae* (Linnaeus, 1758) 배추흰나비

Papilio rapae Linnaeus, 1758; *Syst. Nat.* (Edn 10), 1: 468. TL: Sweden.

Canonis crucivora : Butler, 1883: 112.

Artogeia rapae : Joo (Ed.), 1986: 4; Im (N.Korea), 1987: 39; Ju & Im (N.Korea), 1987: 43; Ju (N.Korea), 1989: 44 (Loc. Baekdusan (Mt.)); Kim & Hong, 1991: 382; ESK & KSAE, 1994: 384.

Pieris (*Artogeia*) *rapae* : Shin, 1989: 152.

Pieris rapae orientalis : Fixsen, 1887: 262-264 (Loc. Korea); Joo *et al.*, 1997: 404.

Pieris rapae rapae : Leech, 1894: 457 (Loc. Korea).

Pieris rapae crucivora : Nire, 1916: 62 (Loc. Korea); Doi, 1919: 117 (Loc. Weolmido etc.); Cho, 1934: 70 (Loc. Gwanmosan (Mt.)); Kishida & Nakayama, 1936: 178 (Loc. Korea); Shin & Noh, 1970: 36; Shin & Koo, 1974: 130; Shin, 1975a: 44; Shin & Choo, 1978: 86, 87, 89, 90, 91; Joo & Kim, 2002: 80; Kim, 2002: 52.

Pieris rapae metra : Doi, 1919: 117 (Loc. Seoul (S.Korea), Pyeongyang (N.Korea)).

Pieris rapae : Leech, 1887: 407 (Loc. Korea); Nakayama, 1934; Seok, 1939: 273; Seok, 1947: 8; Kim, 1956: 340; Cho & Kim, 1956: 11; Kim & Mi, 1956: 401; Cho, 1959: 13; Kim, 1959a: 96; Kim, 1960: 272; Cho, 1963: 193; Cho, 1965: 180; Cho *et al.*, 1968: 256, 378; Hyun & Woo, 1969: 180; Lee, 1971: 5; Seok, 1972 (Rev. Ed.): 250; Lee, 1973: 3; Lewis, 1974; Smart, 1975; Kim, 1976: 40; Lee, 1982: 14; Heppner & Inoue, 1992: 134; Chou Io (Ed.), 1994: 257; Karsholt & Razowski, 1996: 204; Tuzov *et al.*, 1997; Joo *et al.*, 1997: 64; Park & Kim, 1997: 53; Pyle, 2002; Lee, 2005a: 24.

Distribution. Korea, Palearctic, Taiwan, Australia.

First reported from Korean peninsula. Butler, 1883; *Ann Mag. Nat. Hist., ser.* 5(11): 112 (Loc. Incheon (S.Korea)).

North Korean name. 흰나비(임홍안, 1987; 주동률과 임홍안, 1987: 43).

Host plants. Korea: 십자화과(무)(Nakayama, 1934); 십자화과(묏장대, 갓, 배추)(손정달, 1984); 십자화과(바위장대, 순무, 장대나물, 다닥냉이, 겨자, 고추냉이)(주동률과 임홍안, 1987); 십자화과(양배추)(신유항, 1989); 십자화과(콩다닥냉이)(손정달 등, 1995); 십자화과(냉이, 말냉이)(주흥재와 김성수, 2002); 십자화과(유채)(백유현 등, 2007).

Remarks. 아종으로는 *P. r. crucivora* (Loc. Amur and Ussuri region, Sakhalin, Japan) 등의 9아종이 알려져 있으며, *Pieris rapae orientalis*는 *P. r. crucivora*의 동물이명(synonym)이다(Chou Io (Ed.), 1994; Lamas, 2004). 한반도에는 광역 분포하며, 흰나비의 우점종이다. 때로는 대량 발생해 채소류를 가해하므로 해충으로 취급된다. 연 4-5회 발생하며, 봄형은 4월부터 5월, 여름형은 6월부터 11월에 걸쳐 나타난다. 번데기로 월동한다(한국인시류동호인회편, 1986). 현재의 국명은 석주명(1947: 8)에 의한 것이다.

Genus *Pontia* Fabricius, 1807

Pontia Fabricius, 1807; *Magazin f. Insektenk.* (Illiger) 6: 283. TS: *Papilio daplidice* Linnaeus.

= *Synchloe* Hübner, 1818; *Samml. exot. Schmett.,* 1: 26 (1823-1824). TS: *Papilio callidice* Hübner.

= *Leucochloë* Röber, [1907]; in Seitz, *Gross-schmett. Erde,* 1: 49. TS: *Papilio daplidice* Linnaeus.

전 세계에 적어도 11 종 이상이 알려져 있으며, 유라시아와 아메리카, 아프리카에 광역 분포한다. 한반도에는 풀흰나비와 북방풀흰나비 2 종이 알려져 있다.

73. *Pontia edusa* (Fabricius, 1777) 풀흰나비

Papilio edusa Fabricius, 1777; *Genera Insectorum.*: 255. TL: Chilonii (Kiel) (N.Germany).

Pieris daplidice : Fixsen, 1887: 265.

Pieris daplidice bellidice : Doi, 1919: 118 (Loc. Pyeongyang).

Pieris edusa : Kudrna, 2002.

Synchloë daplidice : Leech, 1894: 458 (Loc. Weonsan).

Leucochloë daplidice : Nire, 1917: 5 (Loc. Korea); Hori & Tamanuki, 1937: 121-122 (Loc. Korea).

Pontia daplidice : Cho, 1934: 70 (Loc. Gwanmosan (Mt.)); Seok, 1939: 276; Seok, 1947: 8; Cho & Kim, 1956: 12; Kim & Mi, 1956: 402; Cho, 1959: 14; Kim, 1960: 269; Seok, 1972 (Rev. Ed.): 240; Lee, 1973: 3; Lewis, 1974; Shin, 1975a: 44; Smart, 1975; Kim, 1976: 48; Lee, 1982: 15; Joo (Ed.), 1986: 4; Im (N.Korea), 1987: 39; Ju & Im (N.Korea), 1987: 44; Shin, 1989: 152; Ju (N.Korea), 1989: 44 (Loc. Baekdusan (Mt.)); Kim & Hong, 1991: 383; Yoon & Joo, 1993: 17; ESK & KSAE, 1994: 384; Paek *et al.*, 1994: 55; Chou Io (Ed.), 1994: 260; Tennent, 1996; Tuzov *et al.*, 1997; Lee, 1982; Joo *et al.*, 1997: 71; Park & Kim, 1997: 61; Kim, 2006.

Pontia daplidice daplidice : Nire, 1920: 47 (Loc. Korea); Doi, 1932: 49 (Loc. Korea).

Pontia daplidice bellidice : Okamoto, 1923: 63 (Loc. Korea).

Pontia daplidice orientalis : Joo *et al.*, 1997: 404; Kim, 2002: 58.

Pontia edusa : Korshunov & Gorbunov, 1995: 59; Tuzov *et al.*, 1997: 162; Lee, 2005a: 24.

Distribution. Korea, Temperate Siberia, Temperate Europe.

First reported from Korean peninsula. Fixsen, 1887; in Romanoff, *Mém. Lépid.*, 3: 265 (Loc. Korea).

North Korean name. 알락흰나비(임홍안, 1987; 주동률과 임홍안, 1987: 44).

Host plants. Korea: 십자화과(가는장대)(Doi, 1932); 십자화과(배추, 무)(손정달, 1984); 십자화과(장대냉이)(신유항, 1989); 십자화과(콩다닥냉이)(윤인호와 주흥재, 1993).

Remarks. 아종으로는 *P. edusa edusa*과 *P. e. davendra* Hemming, 1934의 2아종이 알려져 있다 (Hemming, 1934; Winhard, 2000). 본 종(= *edusa*)은 오래전부터 *daplidice*로 알려져 왔으나 동위효소분석(isozyme analysis)을 통해 서유럽, 북아프리카 등에 분포하는 *daplidice* 그룹에서 독립종으로 밝혀졌으며, 그 후 생식기 구조의 차이에서도 별개의 종으로 구분되었다(Geiger *et al.*, 1988; etc.). 그러나 Gorbunov (2001)은 *P. edusa* (Fabricius, 1777)에 대해 근연종인 *P. daplidice* (Linnaeus, 1758) (Loc. S.Europe, C.Europe, N.Africa, M.Asia, Asia, India, Japan)과 재검토가 필요하다고 했고, 김성수(2006: 47)는 한반도산 풀흰나비의 학명적용에 있어 *P. edusa* 적용하는데 있어 재검토가 필요하다고한바 있다. 한반도산 풀흰나비의 종명적용은 Geiger *et al.*, (1988), Korshunov & Gorbunov (1995), Tuzov *et al.*, (1997) 등에 따랐다. 한반도에는 남해안 지역을 제외한 지역에 국지적으로 분포하는 종으로 대부분 강, 호수변의 초지대와 습지 주변의 초지대에서

관찰되나 개체수는 다른 흰나비에 비해 많지 않다. 연 2회 발생하며, 봄형은 4월부터 5월, 여름형은 8월부터 10월에 걸쳐 나타난다. 번데기로 월동한다(한국인시류동호인회편, 1986). 현재의 국명은 석주명(1947: 8)에 의한 것이다.

74. *Pontia chloridice* (Hübner, 1803-1818) 북방풀흰나비

Papilio chloridice Hübner, 1803-1818; *Samml. eur. Schmett.,* [1]: pl. 141, figs. 712-713. TL: Balkans (Europe).

Pontia chloridice : Lewis, 1974; Smart, 1975; Lee, 1982: 15; Shin, 1989: 243; Kim & Hong, 1991: 383; Chou Io (Ed.), 1994: 260; Karsholt & Razowski, 1996: 205; Tuzov *et al.*, 1997; Joo *et al.*, 1997: 404; Kim, 2002: 291; Lee, 2005a: 24.

Distribution. N.Korea, Mongolia, M.Asia, Iraq, Europe.

First reported from Korean peninsula. Lee, 1982; *Butterflies of Korea*, p. 15, pl. 14, fig. 32. (Loc. Gaemagoweon (N.Korea)).

North Korean name. Unknown.

Host plant. Korea: Unknown. Russia: 십자화과(*Sisymbrium* spp., *Sinapis* spp., *Descurainia* spp.)(Tuzov *et al.*, 1997).

Remarks. 한반도에는 개마고원 등 동북부 산지에 국지적으로 분포하는 종이며, 개체수는 아주 적다. 연 2회 발생하며, 봄형은 5월 중순부터 6월하순, 여름형은 7월부터 9월에 걸쳐 나타난다 (Korshunov & Gorbunov, 1995). 주동률과 임홍안(1987)의 '조선나비원색도감'에서는 취급되지 않았던 종이다. 뒷날개 아랫면의 암황록색무늬가 외연쪽으로 길게 발달해있어 풀흰나비와 구별된다. 현재의 국명은 이승모(1982: 15)에 의한 것이다.

Tribe **Anthocharidini** Scudder, 1889

Genus *Anthocharis* Boisduval, Rambur, Duméril et Graslin, 1833

Anthocharis Boisduval, Rambur, Duméril et Graslin, 1833; *Coll. icon. hist. Chenilles Europ.,* (21): pl. 5, figs. 6-7. TS: *Papilio cardamines* Linnaeus.

= *Midea* Herrich-Schäffer, 1867; *CorrespBl. zool.-min Ver. Regensburg,* 21: 105, 143 (*Midea* Bruzelius, [1855] and *Midea* Walker). TS: *Papilio genutia* Fabricius.

전 세계에 적어도 17 종 이상이 알려져 있으며, 유라시아와 북미에 분포한다. 한반도에는 갈구리나비 1 종이 알려져 있다.

75. *Anthocharis scolymus* Butler, 1866 갈구리나비

Anthocharis scolymus Butler, 1866; *J. Linn. Soc. Lond., Zool.,* 9: 52. TL: Hakodate, Hokkaido (Japan).

Euchlöe scolymus : Nire, 1919: 270; Seok, 1939: 256; Seok, 1947: 8; Cho & Kim, 1956: 9.

Midea scolymus : Matsumura, 1927: 160 (Loc. Korea); Kishida & Nakayama, 1936: 175 (Loc. Korea); Seok, 1938: 26 (Loc. Ulleungdo (Is.)).

Anthocharis scolymus scolymus : Joo & Kim, 2002: 79.

Anthocharis scolymus : Nire, 1917: 339-340; Uchida, 1932: 863 (Loc. Korea); Umeno, 1937: 7; Kim & Mi, 1956: 391, 401; Cho, 1959: 8; Kim, 1960: 278; Cho, 1963: 193; Cho, 1965: 180; Cho *et al.*, 1968: 256; Lee, 1971: 5; Lee, 1973: 3; Shin, 1975a: 44; Kim, 1976: 47; Lee, 1982: 16; Joo (Ed.), 1986: 4; Im (N.Korea), 1987: 39; Ju & Im (N.Korea), 1987: 38; Shin, 1989: 152; Kim & Hong, 1991: 383; Im & Hwang (N.Korea), 1993: 56 (Loc. Baekdusan (Mt.)); ESK & KSAE, 1994: 384; Chou Io (Ed.), 1994: 264; Joo *et al.*, 1997: 60; Park & Kim, 1997: 49; Lee, 2005a: 24.

Distribution. Korea, Ussuri region, Japan, E.China.

First reported from Korean peninsula. Nire, 1917; *Zool. Mag.,* 29: 339-340 (Loc. Korea).

North Korean name. 갈구리흰나비(임홍안, 1987; 주동률과 임홍안, 1987: 38).

Host plants. Korea: 십자화과(털장대, 갓, 황새냉이, 미나리냉이)(손정달, 1984); 십자화과(장대나물)(손정달과 박경태, 1993); 십자화과(는쟁이냉이)(주흥재 등, 1997); 십자화과(냉이)(주흥재와 김성수, 2002); 십자화과(논냉이)(백유현 등, 2007).

Remarks. 아종으로는 *A. s. scolymus* (Loc. Korea, Japan) *A. s. mandschurica* Bollow, 1930 (Loc. Ussuri)이 알려져 있다(Savela, 2008 (ditto)). 한반도 전역에 분포하며 개체수는 많다. 연 1회 발생하며, 4-5월에 걸쳐 나타난다. 앞날개끝이 갈고리모양이며, 수컷에는 주황색 무늬가 발달해 암컷과 구별된다. 번데기로 월동한다(한국인시류동호인회편, 1986). 현재의 국명은 석주명(1947: 8)에 의한 것이다. 국명이명으로는 조복성(1963: 193), 조복성 등(1968: 256)의 '갈고리나비'가 있다.

Family **LYCAENIDAE** Leach, [1815] 부전나비과

Lycaenidae Leach, [1815]; [Article] *Entomology*, 9 (1): 129. Type-genus: *Lycaena* Fabricius, 1807.

전 세계에 광역 분포하며, 적어도 6,000 종 이상이 알려져 있는 큰 분류군이다. 부전나비는 일반적으로 날개 편 길이 30mm 내외의 소형이며, 복안 주변에는 밝은 색의 인편으로 둘러져 있다. 날개색은 매우 다양하나 대부분 금속성을 띤 청람색이나 녹색, 그리고 황색, 갈색 등을 띤다. 대부분의 종들은 암컷과 수컷의 날개 색 및 무늬가 매우 다른 동종이형 현상이 뚜렷하다. 애벌레는 장타원형으로 복면은 편평하고 등쪽으로는 볼록하게 부풀어져 있다. 먹이식물은 콩과, 장미과, 마디풀과, 참나무과 등이며, 일부 종들은 개미류와 공생한다. 일반적으로 부전나비과를 Curetinae, Poritiinae, Miletinae, Aphnaeinae, Polyommatinae, Lycaeninae, Theclinae 의 7 아과로 구분한다(Tree of Life web project: by Wahlberg *et al.*, 2005a). 한반도에는 5 아과 79 종이 알려져 있다. 북한 과명은 '숫돌나비과'다.

Subfamily **CURETINAE** Distant, 1884

전 세계에 *Curetis* 의 1 속이 포함된 작은 아과로서, 대부분 동·남아시아에 분포한다. 한반도에는 *Curetis* 속 1 종이 알려져 있다. 날개 윗면 중앙부에는 주홍색, 파란색 등의 무늬가 발달해있고, 아랫면은 대부분 회갈색을 띤다.

Genus *Curetis* Hübner, 1816

Curetis Hübner, 1816; *Verz. bek. Schmett.,* (7): 102. TS: *Papilio aesopus* Fabricius.

전 세계에 19 종 이상이 알려져 있는 작은 속으로, 대부분 남아시아에 분포한다. 한반도에는 뾰죽부전나비 1 종이 알려져 있다.

76. *Curetis acuta* Moore, 1877 뾰죽부전나비

Curetis acuta Moore, 1877; *Ann. Mag. nat. Hist.*, (4)20: 50. TL: Sanghai (China).

Curetis acuta paracuta : Nire, 1920: 52 (Loc. Korea); Mori, Doi, & Cho, 1934: 44 (Loc. C.Korea); Seok, 1939: 180; Seok, 1947: 6; Cho & Kim, 1956: 46; Kim & Mi, 1956: 399; Cho, 1959: 58; Kim, 1960: 278; Ko, 1969: 202.

Curetis acuta : Doi, 1919: 126; Lewis, 1974: pl. 205, figs. 21, 22; Smart, 1975; Heppner & Inoue, 1992: 136; Chou Io (Ed.), 1994: 616; D'Abrera, 1986, 549; Kim & Hong, 1991: 389.

Distribution. S.Korea (Immigrant species), Japan, China, Taiwan, India.

First reported from Korean peninsula. Doi, 1919; *Tyōsen Ihō*, 58: 126 (Loc. Gwangju (JN, S.Korea)).

Host plants. Korea: Unknown. China: 콩과(*Pueraria thunbergiana*, *Sophora angustifolia*) (Chou Io (Ed.), 1994). Oriental region: 콩과(*Pongamia glabra*)(D'Abrera, 1986).

Remarks. 아종으로는 *C. a. acuta* (Loc. China) 등의 5아종이 알려져 있다(D'Abrera, 1986; Chou Io (Ed.), 1994). 오랫동안 채집기록이 없다가 2006년 박상규 등에 의해 거제도에서 몇 개체 확인된 바 있다. 현재의 국명은 석주명(1947: 5)에 의한 것이다. 국명이명으로는 김정환과 홍세선(1991: 389)의 '뾰족부전나비'가 있다.

Subfamily **MILETINAE** Reuter, 1896 바둑돌부전나비아과

전 세계에 13 속 190 종 이상이 알려져 있으며, 대부분 유라시아와 아프리카에 분포한다. 한반도에는 *Taraka* 의 1 속 1 종이 알려져 있다. 애벌레는 순육식성으로 대나무류에 기생하는 진딧물류를 포식한다. 어른벌레는 느리게 날아다니며, 꽃에 모이지 않는다.

Tribe **Tarakini** Eliot, 1973

Genus *Taraka* Doherty, 1889

Taraka Doherty, 1889; *J. Asiat. Soc. Bengal*, (2)58: 414. TS: *Miletus hamada* Druce.

전 세계에 3종이 알려져 있는 작은 속으로서, 대부분 남아시아에 분포한다. 한반도에는 바둑돌부전나비 1종이 알려져 있다.

77. *Taraka hamada* (Druce, 1875) 바둑돌부전나비

Miletus hamada Druce, 1875; *Cistula ent.,* 1(12): 361. TL: Yokohama (Japan).

Castalius hamada : Seok, 1939: 178; Seok, 1947: 5; Cho & Kim, 1956: 45.

Taraka hamada hamada : Joo & Kim, 2002: 84.

Taraka hamada : Cho, 1929; 8; Seok, 1936: 58 (Loc. Jirisan (Mt.)); Kim & Mi, 1956: 390, 401; Cho, 1959: 74; Kim, 1960: 278; Cho, 1965: 181; Lee, 1971: 7; Lee, 1973: 5; Lewis, 1974; Kim, 1976: 78; D'Abrera, 1986; Lee, 1982: 32; Im (N.Korea), 1987: 40; Ju & Im (N.Korea), 1987: 79; Shin, 1989: 166; Shin, 1990: 150; Kim & Hong, 1991: 386; Heppner & Inoue, 1992: 136; Kim, 1993: 39; ESK & KSAE, 1994: 386; Paek *et al.*, 1994: 56; Chou Io (Ed.), 1994: 615; Cheong *et al.*, 1995: 7; Paek, 1996: 10; Joo *et al.*, 1997: 70; Park & Kim, 1997: 63; Kim, 2002: 62; Lee, 2005a: 24.

Distribution. Korea, Japan, W.China, C.China, Taiwan, Sikkim-Assam, Burma.

First reported from Korean peninsula. Cho, 1929; *Jour. Chos. Nat. Hist.*, 8: 8 (Loc. Ulleungdo (Is.) (S.Korea)).

North Korean name. 바둑무늬숫돌나비(임홍안, 1987; 주동률과 임홍안, 1987: 79).

Food. Korea: 포식성(일본납작진딧물)(신유항, 1989; 정헌천 등, 1995).

Remarks. 아종으로는 *T. h. hamada* Druce (Loc. Korea, Japan) 등의 5아종이 알려져 있다 (D'Abrera, 1986; Corbet & Pendlebury, 1992; Chou Io (Ed.), 1994). 한반도에는 중부 이남지역과 도서지역(울릉도, 대부도 등)에 국지적으로 분포하나, 최근 서울시에서도 국지적으로 관찰된다. 다화성 나비로 연 3-4회 발생하며, 5월부터 10월 중순에 걸쳐 나타나고, 애벌레로 월동한다(김명희, 1993; 정헌천 등, 1995). 국내에서는 신유항과 김성수(1988)에 의해 처음으로 월출산에서 일본납작진딧물을 포식하는 것이 확인되었다. 현재의 국명은 석주명(1947: 5)에 의한 것이다.

Subfamily POLYOMMATINAE Swainson, 1827 부전나비아과

전 세계에 적어도 122 속 이상이 알려져 있는 큰 아과로서, 전 세계에 광역 분포한다. 한반도에는 *Niphanda* 등 18 속 34 종이 알려져 있으나 일부 종은 미접이다. 대부분 부전나비아과 나비는 수컷의 날개 바탕색이 짙은 남색을 띠는 종이 많으며, 날개 아랫면에는 검은 점이 발달해있는 종이 많다.

Tribe **Niphandini** Eliot, 1973

Genus *Niphanda* Moore, 1874

Niphanda Moore, 1874; *Proc. zool. Soc. Lond.,* 1874(4): 572. TS: *Niphanda tessellata* Moore.

전 세계에 5 종이 알려져 있는 작은 속으로, 아시아에 분포한다. 한반도에는 담흑부전나비 1 종이 알려져 있다.

78. *Niphanda fusca* (Bremer et Grey, 1853) 담흑부전나비

Thecla fusca Bremer et Grey, 1853; *Schmett. N. China's*: 9, pl. 2, fig. 5. TL: Beijing (China).

Thecla fusca : Fixsen, 1887: 282 (Loc. Korea).

Satsuma fusca : Staudinger & Rebel, 1901: 69 (Loc. Korea).

Niphanda fusca dispar : Kishida & Nakamura, 1936: 57 (Loc. Korea).

Niphanda fusca fusca : Joo & Kim, 2002: 93.

Niphanda fusca : Butler, 1882: 17; Leech, 1887: 410 (Loc. Korea); Seok, 1939: 203; Seok, 1947: 6; Kim, 1956: 340, 400; Cho & Kim, 1956: 50; Cho, 1959: 67; Kim, 1959a: 96; Kim, 1960: 272; Cho, 1963: 194; Cho *et al.,* 1968: 256; Hyun & Woo, 1969: 180; Lee, 1971: 7; Seok, 1972 (Rev. Ed.): 195; Lee, 1973: 5; Lewis, 1974; Shin, 1975a: 44; Kim, 1976: 79; D'Abrera, 1986; Lee, 1982: 32; Joo (Ed.), 1986: 8; Im (N.Korea), 1987: 40; Shin, 1989: 167; Kim & Hong, 1991: 386; Heppner & Inoue, 1992: 138; ESK & KSAE, 1994: 385; Chou Io (Ed.), 1994: 667; Korshunov & Gorbunov, 1995; Joo *et al.,* 1997: 130; Park & Kim, 1997: 125; Tuzov *et al.,* 2000: 136; Kim, 2002: 104; Lee, 2005a: 25.

Distribution. Korea, Primor Territory, Manchurian Plain, Amur region, Japan, N.China, Taiwan.

First reported from Korean peninsula. Butler, 1882; *Ann Mag. Nat. Hist., ser.* 5(9): 17 (Loc. N.E.Korea).

North Korean name. 검은숫돌나비(임홍안, 1987; 주동률과 임홍안, 1987).

Associated ant. Korea: 일본왕개미(*Camponotus japonicus*)(장용준, 2006: 24; 장용준, 2007a: 32).

Food. Korea: 진딧물류(털관진딧물(*Greenidea nipponica*)로 추정)(장용준, 2006: 25).

Remarks. 아종으로는 *N. f. fusca* (Loc. Amur and Ussuri region, NE.China), *N. f. titurica* (Fruhstorfer, 1922) (Loc. Transbaikal)의 2아종이 알려져 있다(Tuzov *et al.*, 2000). 한반도 전역에 분포하는 종이나 개체수는 줄어들고 있는 추세다. 연 1회 발생하며, 6월 하순부터 7월까지 활엽수림 일대에서 볼 수 있다. 1-2령의 애벌레는 졸참나무와 떡갈나무 잎을 먹고 자라나, 3령 때 일본왕개미에 의해 개미집으로 옮겨져 공생하며(장용준, 2006, 2007), 진딧물류를 포식하는 것으로 알려져 있다(장용준, 2006). 현재의 국명은 석주명(1947: 6)에 의한 것이다. 국명이명으로는 현재선과 우건석(1969: 180), 한국인시류동호인회편(1986: 8)의 '담흙부전나비'가 있다.

Tribe **Polyommatini** Swainson, 1827 부전나비족

Genus *Jamides* Hübner, 1819

Jamides Hübner, 1819; *Verz. bek. Schmett.,* (5): 71. TS: *Papilio bochus* Stoll.

전 세계에 적어도 69종 이상이 알려져 있는 큰 속으로, 대부분 남아시아와 오스트레일리아에 분포한다. 한반도에는 남색물결부전나비 1종이 알려져 있다.

79. *Jamides bochus* (Stoll, 1782) 남색물결부전나비

Papilio bochus Stoll, 1782; in Cramer, *Uitl. Kapellen,* 4(33): 210, pl. 391, figs. C, D. TL: Coromandel coast (Sri Lanka).

Jamides bochus nava Seitz, [1924]; in Seitz, *Gross-schmett. Erde,* 9: 902. TL: S.India

Jamides bochus : Wynter-Blyth, 1957: 292 (key), 293; Lewis, 1974: pl. 177, fig. 35; Smart, 1975; Heppner & Inoue, 1992: 138; Chou Io (Ed.), 1994: 672; Kim, 2007: 39.

Distribution. S.Korea (Immigrant species), India, Burma, Taiwan, Japan.

First reported from Korean peninsula. Kim, 2007; *J. Lepid. Soc. Korea,* 17: 39-40 (Loc. Jejudo (Is.) (S.Korea)).

North Korean name. 북한에서는 기록이 없다.

Host plants. Korea: 콩과(팥)(김용식(김성수), 2007). India: 콩과(*Pongamia glabra, Crotalaria* spp.), 미모사과(*Xylia dolabriformis*)(Wynter-Blyth, 1957). China: 콩과(*Butea spp., B. frondosa, Pueraria lobata, Vigna catjang, Tephrosia candida*).

Remarks. 아종으로는 *J. b. plato* (Fabricius, 1793) (Loc. India-Burma-China) 등의 20아종이 알려져 있다(D'Abrera, 1977, 1986; Corbet & Pendlebury, 1992; Chou Io (Ed.), 1994). 한반도에서는 미접(우산접)으로서 2007년 9월 제주도 애월읍에서 김용식에 의해 채집되어 처음 기록된 종이다. 김용식(2007: 39)에 의하면 오리방풀의 꽃에서 흡밀한다고 한다. 또한 2008년 박상규에 의해 점유활동을 강하게 하며, 매우 민첩한 것으로 관찰된바 있다. 현재의 국명은 김용식(2007: 39)에 의한 것이다.

Genus *Lampides* Hübner, 1819

Lampides Hübner, 1819; *Verz. bek. Schmett.,* (5): 70. TS: *Papilio boeticus* Linnaeus.

= *Cosmolyce* Toxopeus, 1927; *Tijdschr. Ent.,* 70: 268, nota. TS: *Papilio boeticus* Linnaeus.

전 세계에 1 종이 알려져 있는 작은 속으로, 유라시아, 오스트레일리아, 아프리카에 분포한다. 한반도에는 물결부전나비의 1 종이 알려져 있다.

80. *Lampides boeticus* (Linnaeus, 1767) 물결부전나비

Papilio boeticus Linnaeus, 1767; *Syst. Nat.* (Edn 12), 1(2): 789. TL: Barbary coast (Algeria).

Polyommatus yanagawensis Hori, 1923; *Ins. World,* 27: 233. TL: Japan.

Polyommatus boeticus : Okamoto, 1923: 69.

Polyommatus baeticus (missp.) : Umeno, 1937: 25 (Loc. Korea).

Cosmolyce boeticus : Seok, 1939: 178; Seok, 1947: 6.

Lampides boeticus boeticus : Joo & Kim, 2002: 92.

Lampides boeticus : Kim & Mi, 1956: 389, 399; Wynter-Blyth, 1957; Cho, 1959: 61; Kim, 1960: 277; Cho, 1963: 194; Cho *et al.,* 1968: 256, 378; Ko, 1969: 203; Lewis, 1974; Smart, 1975;

Kim, 1976: 80; D'Abrera, 1977; Lee, 1982: 33; Joo (Ed.), 1986: 9; Im (N.Korea), 1987: 40; Ju & Im (N.Korea), 1987: 81; Shin, 1989: 167; Scott & James, 1986; Kim & Hong, 1991: 386; Heppner & Inoue, 1992: 138; ESK & KSAE, 1994: 385; Paek *et al.*, 1994: 56; Chou Io (Ed.), 1994: 673; Korshunov & Gorbunov, 1995; Karsholt & Razowski, 1996: 206; Larsen, 1996; Tennent, 1996; Joo *et al.*, 1997: 416; Park & Kim, 1997: 371; Joo, 2000: 11; Tuzov *et al.*, 2000: 137; Sohn & Park, 2001: 7; Kim, 2002: 105; Lee, 2005a: 25.

Distribution. S.Korea, M.Asia, Asia, Australia, S.Europe, C.Europe, Africa, Hawaii.

First reported from Korean peninsula. Okamoto, 1923; *Cat. Spec. Exh. Chos.,* p. 69 (Loc. Korea).

North Korean name. 물결숫돌나비(임홍안, 1987; 주동률과 임홍안, 1987: 81).

Host plants. Korea: 콩과(제비콩)(손정달, 1984); 콩과(등갈퀴나물, 완두, 칡, 싸리류)(주동률과 임홍안, 1987); 콩과(편두(까치콩·편두콩·제비콩))(손정달과 박경태, 2001).

Remarks. 아종으로는 *L. b. boeticus* 등이 알려져 있다(Savela, 2008 (ditto)). 한반도에는 제주도와 남해안 도서 및 해안지역 일대에 분포하는 종으로, 자생지에서는 개체수가 많다. 다화성으로 7월부터 11월에 걸쳐 나타나며, 가을에는 경기도 도서지역, 서울 등의 중부지방에서도 자주 볼 수 있다. 주흥재 등(1997) 이전에는 미접으로 알려져 있다가 최근에 제주도에서 어른벌레로 월동하는 것이 관찰되어 정착종으로 확인되었다(김용식, 2002: 105). 현재의 국명은 석주명(1947: 6)에 의한 것이다.

Genus *Pseudozizeeria* Beuret, 1955

Pseudozizeeria Beuret, 1955; *Mitt. ent. Ges. Basel.,* 5: 125. TS: *Lycaena maha* Kollar.

전 세계에 1 종이 알려져 있는 작은 속으로, 남아시아에 분포한다. 한반도에는 남방부전나비 1 종이 알려져 있다.

81. *Pseudozizeeria maha* (Kollar, 1848) 남방부전나비

Lycaena maha Kollar, 1848; in Hügel, *Kaschmir und das Reich der Siek,* 4(2): 422. TL: Mussoorie (India).

Lycaena maha : Butler, 1883: 111; Leech, 1887: 415-416 (Loc. Korea).

Lycaena argia : Heyen, 1895: 751 (Loc. Korea).

Zizera maha : Leech, 1894: 325-328 (Loc. Korea); Seok, 1939: 246; Seok, 1947: 7; Kim, 1956: 340; Cho & Kim, 1956: 59; Kim & Mi, 1956: 401; Cho, 1959: 77; Kim, 1959a: 96; Kim, 1960: 278; Cho, 1963: 194; Cho, 1965: 181; Cho *et al.*, 1968: 256, 378; Shin & Noh, 1970: 36; Seok, 1972 (Rev. Ed.): 201, 240, 249; Shin & Choo, 1978: 86, 87, 89, 90.

Zizera maha argia : Matsumura, 1919: 31 (Loc. Korea); Nakayama, 1932: 381 (Loc. Korea); Esaki, 1939: 218 (Loc. Korea).

Zizera maha saishutonis : Matsumura, 1927: 159 (Loc. Jejudo (Is.)); Mori, Doi, & Cho, 1934: 46 (Loc. Ulleungdo (Is.)).

Zizera maha japonica : Seok, 1934: 767 (Loc. S.Korea).

Zizeeria maha : Ko, 1969: 206; Lee, 1973: 5; Heppner & Inoue, 1992: 138.

Zizeeria maha argia : Shin & Koo, 1974: 131.

Zizeerua maha : Kim, 1976: 84.

Pseudozizeeria maha argia : Joo *et al.*, 1997: 406; Joo & Kim, 2002: 94; Kim, 2002: 107.

Pseudozizeeria maha : Lee, 1982: 33; Im (N.Korea), 1987: 40; Ju & Im (N.Korea), 1987: 83; Shin, 1989: 168; Kim & Hong, 1991: 386; ESK & KSAE, 1994: 386; Chou Io (Ed.), 1994: 674; Joo *et al.*, 1997: 132; Park & Kim, 1997: 127; Lee, 2005a: 25.

Distribution. Korea, Japan, China, Taiwan, Burma, Tibet, India, Iran.

First reported from Korean peninsula. Butler, 1883; *Ann Mag. Nat. Hist., ser.* 5(11): 111 (Loc. S.E.Korea).

North Korean name. 남방숫돌나비(임홍안, 1987; 주동률과 임홍안, 1987: 83).

Host plants. Korea: 괭이밥과(괭이밥)(손정달, 1984); 괭이밥과(자주괭이밥)(주동률과 임홍안, 1987); 괭이밥과(선괭이밥)(장용준, 2007).

Associated ants. Korea: 그물등개미(*Pristomyrmex pungens*), 극동혹개미(*Pheidole fervida*), 주름개미(*Tetramorium tsushimae*), 일본왕개미(*Camponotus japonicus*), 곰개미(*Formica japonica*), 하야시털개미(*F. hayashi*), 일본풀개미(*Lasius japonicus*) 스미스개미(*Paratrechina flavipes*)(장용준, 2007: 10).

Remarks. 아종으로는 *P. m. maha* (Loc. Pakistan, India, Nepal, Burma, Thailand, Laos, Vietnam, S.China) 등이 알려져 있다(D'Abrera, 1986; Chou Io (Ed.), 1994; Huang, 2001; Huang, 2003). 한반도에는 중·남부지방에 광역 분포하는 종으로 개체수는 많다. 연 3-4회 발생하며, 4월부터 11월에 걸쳐 나타난다. 도시공원에서도 쉽게 관찰되며, 가을에 개체수가 많다. 애벌레로 월동한다. 현

재의 국명은 석주명(1947: 7)에 의한 것이다.

Genus *Zizina* Chapman, 1910

Zizina Chapman, 1910; *Trans. ent. Soc. Lond.,* 1910: 482. TS: *Polyommatus labradus* Godart.

전 세계에 3 종이 알려져 있는 작은 속으로, 대부분 남아시아, 오스트레일리아, 아프리카에 분포한
다. 한반도에는 극남부전나비 1 종이 알려져 있다.

82. *Zizina emelina* (de l'Orza, 1869) 극남부전나비

Japonia emelina de l'Orza, 1869; *Lep. Jap.:* 21, no. 33. TL: Japan.

Zizera maha japonica : Seok, 1934: 767-768.

Zizina otis alope : Kim & Mi, 1956: 391, 401; Cho, 1959: 77; Kim, 1960: 276.

Zizina otis sylvia : Seok, 1947: 7.

Zizina otis : Lewis, 1974; Smart, 1975; Lee, 1982: 34; Ra *et al.*, 1986: 208; Im (N.Korea), 1987:
    40; Ju & Im (N.Korea), 1987: 84; Shin, 1989: 168; Kim & Hong, 1991: 386; Heppner & Inoue,
    1992: 138; ESK & KSAE, 1994: 386; Chou Io (Ed.), 1994: 674; Joo *et al.*, 1997: 134; Park &
    Kim, 1997: 129; Kim, 2002: 106; Lee, 2005a: 25.

Zizera emelina : Yago *et al.*, 2008: 32.

Distribution. Korea, Japan, Taiwan, Burma, Australia, India.

First reported from Korean peninsula. Seok, 1934; *Bull. Kagoshima* Coll. 25 Anniv., 1: 767-768,
    pl. 10, fig. 199 (Loc. S.Korea).

North Korean name. 큰남방숫돌나비(임홍안, 1987; 주동률과 임홍안, 1987: 84).

Host plants. Korea: 콩과(벌노랑이, 매듭풀)(손정달, 1984); 콩과(비수리, 개자리)(주동률과 임홍안,
    1987); 콩과(토끼풀)(주흥재 등, 1997).

Remarks. Yago *et al.*, (2008: 32)의 연구에 따라 한반도산 극남부전나비의 학명을 *Zizina
emelina* 로 적용했다. 한반도에는 제주도, 남해도서, 동해안의 울진 이남지역, 서해안 충청도지역
등에 국지적으로 분포하는 종으로 개체수는 적다. 연 2-3 회 발생하며, 5 월부터 10 월에 걸쳐 나타

난다 (김용식, 2002: 106). 애벌레로 월동한다. 현재의 국명은 석주명(1947: 7)에 의한 것이다.

Genus *Cupido* Schrank, 1801

Cupido Schrank, 1801; *Fauna Boica,* 2(1): 153, 206. TS: *Papilio minimus* Fuessly.

= *Everes* Hübner, [1819]; *Verz. bek. Schmett.,* (5): 69. TS: *Papilio amyntas* Denis & Schiffermüller.

전 세계에 17 종이 알려져 있는 속으로, 대부분 유라시아, 북미, 오스트레일리아에 분포한다. 한반도 에는 꼬마부전나비와 암먹부전나비 2 종이 알려져 있다.

83. *Cupido minimus* (Fuessly, 1775) 꼬마부전나비

Papilio minimus Fuessly, 1775; *Verz. bekannt. schweiz. Ins.*: 31. TL: Switzerland.

Zizera minimus : Nire, 1919: 372.

Zizera minima : Okamoto, 1923: 69 (Loc. Korea).

Lycaena happensis : Matsumura, 1927: 159 (Loc. Pabalri (N.Korea)); Seok, 1934: 757.

Cupido minima : Tuzov *et al.*, 2000: 139, pl. 62, figs. 48-50.

Cupido minimus magnus : Sugitani, 1938: 15-16 (Loc. Korea); Joo *et al.*, 1997: 406; Kim, 2002: 292.

Cupido minimus happensis : Im, 1996: 28 (Loc. N.Korea).

Cupido minimus : Seok, 1939: 179; Seok, 1947: 6; Cho & Kim, 1956: 45; Kim & Mi, 1956: 399; Cho, 1959: 58; Kim, 1960: 265; Seok, 1972 (Rev. Ed.): 247; Smart, 1975; Lee, 1982: 35; Im (N.Korea), 1987: 40; Ju & Im (N.Korea), 1987: 88; Ju (N.Korea), 1989: 44 (Loc. Baekdusan (Mt.)); Kim & Hong, 1991: 386; ESK & KSAE, 1994: 385; Chou Io (Ed.), 1994: 675; Korshunov & Gorbunov, 1995; Karsholt & Razowski, 1996: 207; Tennent, 1996; Lee, 2005a: 25.

Distribution. N.Korea, Siberia, Amur region, Kamchatka, Asia Minor, Mongolia, Transcaucasia, S.Europe, C.Europe.

First reported from Korean peninsula. Nire, 1919; *Zool. Mag.,* 31: 372, pl. 3, fig. 8 (Loc. Musanryeong (N.Korea)).

North Korean name. 꼬마숫돌나비(임홍안, 1987; 주동률과 임홍안, 1987: 88; 임홍안, 1996).

Host plants. Korea: Unknown. Russia: 콩과(*Melilotus* spp., *Coronilla* spp., *Medicago* spp., *Anthyllis vulneraria, Astragalus glycyphyllos, A. cicer*)(Korshunov & Gorbunov, 1995; Tuzov *et al.*, 2000). Finland: 콩과(*Oxytropis campestris, Astragalus alpinus, Lotus corniculatus, Anthyllis vulneraria*)(Seppänen, 1970).

Remarks. 아종으로는 *C. m. qilianus* Murayama의 1아종이 알려져 있다(Chou Io (Ed.), 1994). 한반도에는 동북부 고산지의 초지대에 국지적으로 분포하는 종으로 개체수는 적다. 주산지는 백두산 고산지 초지대이다. 연 1회 발생하며, 7월 상순부터 8월 상순에 걸쳐 나타난다(주동률과 임홍안, 1987). 러시아 극동 남부지방에서는 연 1-2회 발생하며, 5월부터 9월에 걸쳐 나타난다 (Korshunov & Gorbunov, 1995). 현재의 국명은 석주명(1947: 6)에 의한 것이다.

84. *Cupido argiades* (Pallas, 1771) 암먹부전나비

Papilio argiades Pallas, 1771; *Reise Russ. Reichs,* 1: 472, no. 65. TL: Samara region (Russia).

Everes hollotia : Butler, 1883: 112.

Lycaena argiades : Fixsen, 1887: 283 (Loc. Korea); Leech, 1887: 415 (Loc. Korea).

Everes argiades amurensis : Seitz, 1909: 297 (Loc. Korea); Nakayama, 1932: 385 (Loc. Korea); Seok, 1934; 750.

Everes argiades hellotia : Joo *et al.*, 1997: 406.

Everes argiades argiades : Joo & Kim, 2002: 97; Kim, 2002: 113.

Everes argiades : Leech, 1894: 328-329 (Loc. Korea); Seok, 1939: 181; Seok, 1947: 6; Kim, 1956: 340; Cho & Kim, 1956: 46; Kim & Mi, 1956: 399; Wynter-Blyth, 1957; Cho, 1959: 59; Kim, 1959a: 96; Kim, 1960: 271; Cho, 1963: 194; Cho, 1965: 180; Cho *et al.*, 1968: 256; Lee, 1971: 7; Seok, 1972 (Rev. Ed.): 238, 247; Lee, 1973: 5; Shin & Koo, 1974: 130; Lewis, 1974; Shin, 1975a: 44; Smart, 1975; Kim, 1976: 81; Shin & Choo, 1978: 91; Shin, 1979: 137; Lee, 1982: 34; Joo (Ed.), 1986: 8; Im (N.Korea), 1987: 40; Ju & Im (N.Korea), 1987: 85; Shin, 1989: 168; Kim & Hong, 1991: 386; Heppner & Inoue, 1992: 138; ESK & KSAE, 1994: 385; Chou Io (Ed.), 1994: 675; Korshunov & Gorbunov, 1995; Karsholt & Razowski, 1996: 207; Joo *et al.*, 1997: 136; Park & Kim, 1997: 131; Tuzov *et al.*, 2000: 142; Lee, 2005a: 25.

Cupido argiades : Corbet *et al.*, 1992; Murzin *et al.*, 1997; Kudrna, 2002; Wright & Jong, 2003.

Distribution. Korea, Japan, C.Asia, Taiwan, Europe.

First reported from Korean peninsula. Butler, 1883; *Ann Mag. Nat. Hist., ser.* 5(11): 112 (Loc. S.E.Korea).

North Korean name. 제비숫돌나비(임홍안, 1987; 주동률과 임홍안, 1987: 85).

Host plants. Korea: 콩과(갈퀴나물)(손정달 등, 1992); 콩과(벌노랑이, 완두, 팥)(주동률과 임홍안, 1987); 콩과(광릉갈퀴)(김소직, 1993); 콩과(매듭풀)(주흥재 등, 1997); 콩과(등갈퀴나물)(주흥재와 김성수, 2002); 콩과(자주개자리, 돌콩)(장용준, 2007).

Associated ants. Korea: 마쓰무라밑들이개미(*Crematogaster matsumurai*), 주름개미(*Tetramorium tsushimae*), 일본왕개미(*Camponotus japonicus*), 곰개미(*Formica japonica*), 일본풀개미(*Lasius japonicus*), 스미스개미(*Paratrechina flavipes*)(장용준, 2007: 10).

Remarks. 아종으로는 *C. a. hellotia* (Ménétriès, 1857) (Loc. Korea, NE.China, Japan) 등의 9아종이 알려져 있다(Wynter-Blyth, 1957; Chou Io (Ed.), 1994; Tuzov *et al.*, 2000). 한반도 전역에 분포하는 종으로 개체수는 많다. 연 3-4회 발생하며, 3월 하순부터 10월에 걸쳐 나타난다. 번데기로 월동한다(한국인시류동호인회편, 1986). 숲 가장자리와 농경지 주변, 공원 주변 등의 개화 식물에서 쉽게 볼 수 있다. 현재의 국명은 석주명(1947: 6)에 의한 것이다.

Genus *Tongeia* Tutt, 1906

Tongeia Tutt, 1906; *Nat. Hist. Brit. Butts,* 3: 41, 43. TS: *Lycaena fischeri* Eversmann.

전 세계에 14 종이 알려져 있는 속으로, 유라시아에 분포한다. 한반도에는 먹부전나비 1 종이 알려져 있다.

85. *Tongeia fischeri* (Eversmann, 1843) 먹부전나비

Lycaena fischeri Eversmann, 1843; *Bull. Soc. imp. Nat. Moscou,* 16(3): 537. TL: Spasskoe, Bolshoi Ik river, Orenburg region (Russia).

Lycaena fischeri : Fixsen, 1887: 284-285.

Everes fischeri : Leech, 1894: 330; Seitz, 1909: 298; Seok, 1939: 184; Seok, 1947: 6; Cho & Kim, 1956: 47.

Everes fischeri fischeri : Hori & Tamanuki, 1937: 180-181 (Loc. Korea).

Tongeia fischeri fischeri : Joo & Kim, 2002: 98.

Tongeia fischeri : Kim, 1956: 340; Kim & Mi, 1956: 391, 401; Cho, 1959: 76; Kim, 1959a: 96; Kim, 1960: 272; Cho, 1963: 194; Cho *et al.*, 1968: 256, 378; Lee, 1971: 7; Lee, 1973: 5; Kim, 1976: 83; Shin & Choo, 1978: 90; Shin, 1979: 137; Lee, 1982: 34; Joo (Ed.), 1986: 8; Im (N.Korea), 1987: 40; Ju & Im (N.Korea), 1987: 87; Shin, 1989: 169; Ju (N.Korea), 1989: 44 (Loc. Baekdusan (Mt.)); Kim & Hong, 1991: 386; ESK & KSAE, 1994: 386; Chou Io (Ed.), 1994: 677; Korshunov & Gorbunov, 1995; Karsholt & Razowski, 1996: 207; Joo *et al.*, 1997: 138; Park & Kim, 1997: 133; Tuzov *et al.*, 2000: 143; Kim, 2002: 114; Lee, 2005a: 25.

Distribution. Korea, Siberia, Primorye, Sakhalin, Japan, China, Kazakhstan, Mongolia, S.Ural, SE.Europe.

First reported from Korean peninsula. Fixsen, 1887; in Romanoff, *Mém. Lépid.,* 3: 284-285 (Loc. Seoul (S.Korea)).

North Korean name. 검은제비숫돌나비(임홍안, 1987; 주동률과 임홍안, 1987: 87).

Host plants. Korea: 돌나물과(바위솔), 쇠비름과(채송화)(손정달, 1984); 돌나물과(땅채송화, 꿩의비름)(주동률과 임홍안, 1987); 돌나물과(바위채송화)(주홍재 등, 1997); 돌나물과(둥근바위솔, 돌나물)(박규택과 김성수, 1997); 돌나물과(기린초)(백유현 등, 2007).

Remarks. 아종으로는 *T. f. caudalis* (Bryk, 1946) (Loc. Korea) 등의 3아종이 알려져 있다(Tuzov *et al.*, 2000). 한반도 전역에 분포하는 보통 종이다. 연 3-4회 발생하며, 4월부터 10월에 걸쳐 나타난다. 숲 가장자리와 논 주변, 공원 주변 등의 개화 식물에서 관찰되며, 애벌레로 월동한다. 현재의 국명은 석주명(1947: 6)에 의한 것이다.

Genus *Udara* Toxopeus, 1928

Udara Toxopeus, 1928; *Tijdschr. Ent.,* 71: 181, 219. TS: *Polyommatus dilectus* Moore.

전 세계에 적어도 38 종 이상이 알려져 있는 큰 속으로, 대부분 남아시아에 분포한다. 한반도에는 한라푸른부전나비와 남방푸른부전나비 2 종이 알려져 있다.

86. *Udara dilectus* (Moore, 1879) 한라푸른부전나비

Polyommatus dilectus Moore, 1879; *Proc. zool. Soc. Lond.,* 1879(1): 139. TL: Nepal.

Udara dilecta : Heppner & Inoue, 1992: 139; Chou Io (Ed.), 1994: 680; Park, 1996: 42; Joo *et al.*, 1997: 140; Park & Kim, 1997: 135; Joo & Kim, 2002: 150; Kim, 2002: 111.

Udara dilectus : Corbet *et al.*, 1992; Parsons, 1999; Wright & Jong, 2003; Lee, 2005a: 25.

Distribution. S.Korea (Immigrant species), India-W.China, C.China, Taiwan, Malaya.

First reported from Korean peninsula. Park, 1996; *J. Lepid. Soc. Korea,* 9: 42-43 (Loc. Jejudo (Is.) (S.Korea)).

North Korean name. 북한에서는 기록이 없다.

Host plant. Unknown.

Remarks. 아종으로는 *U. d. dilectus* (Loc. China *et al.*) 등 7아종이 알려져 있다(D'Abrera, 1977; Corbet & Pendlebury, 1992). 한반도에서는 미접(우산접)으로서 1996년 7월 제주도 한라산의 1,700m 이상의 초지에서 박경태(1996: 42)에 의해 채집되어 처음 기록된 종이며, 그 후 채집기록이 없다(김용식, 2002: 111). 현재의 국명은 박경태(1996: 42)에 의한 것이다.

87. *Udara albocaerulea* (Moore, 1879) 남방푸른부전나비

Polyommatus albocaeruleus Moore, 1879; *Proc. zool. Soc. Lond.,* 1879(1): 139. TL: India.

Celastrina albocaerulea sauteri : Pak, 1969: 92-93.

Celastrina albocaerulea : Lee, 1982: 35.

Udara albocaerulea : Im (N.Korea), 1987: 40; Kim & Hong, 1991: 387; Heppner & Inoue, 1992: 139; ESK & KSAE, 1994: 386; Chou Io (Ed.), 1994: 680; Joo *et al.*, 1997: 406, 414; Park & Kim, 1997: 371; Joo & Kim, 2002: 151; Kim, 2002: 111; Lee, 2005a: 25.

Distribution. S.Korea (Immigrant species), Japan, Hong Kong, Taiwan, Burma, Malaya.

First reported from Korean peninsula. Pak, 1969; *Huang-sang* (*Pub. by Dong-Myeong girl's middle· high school*), 12: 92-93 (Loc. Jejudo (Is.) (S.Korea).

North Korean name. 남방물빛숫돌나비(임홍안, 1987; 주동률과 임홍안, 1987).

Host plants. Korea: 인동과(가막살나무, 아왜나무), 노린재나무과(노린재나무)(손정달, 1984).

Remarks. 아종으로는 *U. a. albocaerulea* (Loc. China *et al.*) 등이 알려져 있다(Corbet & Pendlebury, 1992; Chou Io (Ed.), 1994). 한반도에서는 미접으로, 1967년 8월 3일 제주도 한라산

용진각에서 박세욱(1969)에 의해 채집된 수컷 1개체를 통해 처음 기록된 종이며, 그 후 채집기록이 없다(주흥재와 김성수, 2002: 151). 현재의 국명은 박세욱(1969)에 의한 것이다.

Genus *Celastrina* Tutt, 1906

Celastrina Tutt, 1906; *Ent. Rec.,* 18: 131. TS: *Papilio argiolus* Linnaeus.
= *Maslowskia* Kurenzov, 1974. TS: *Celastrina filipjevi* Rile.

전 세계에 적어도 26 종 이상이 알려져 있는 속으로, 대부분 유라시아와 북미에 분포한다. 한반도에는 푸른부전나비 등 4종이 알려져 있다. Tuzov *et al.,* (2000: 144, pl. 63, figs. 37-42)에 의해 한국(Korea) 분포종으로 기록된 *Celastrina phellodendroni* Omelko, 1987 은 그간 국내에서 적용되어온 푸른부전나비(*Celastrina argiolus*)와 비슷한 종으로 한반도 분포에 대한 검토가 필요하다. 그리고 김정환과 홍세선(1991: 387)에 의한 비슬푸른부전나비(*Celastrina huegelii* (Moore, 1882))는 현재 분포지가 히말라야 일대, 스리랑카 등지로 알려져 있어(Savela, 2008 (ditto)) 본 연구에서는 제외했다. 앞으로 이 속에 포함된 한반도 종들에 대한 분류학적 재검토가 필요하다.

88. *Celastrina argiolus* (Linnaeus, 1758) 푸른부전나비

Papilio argiolus Linnaeus, 1758; *Syst. Nat.* (Edn 10), 1: 483. TL: England.

Lycaena argiolus var. *huegeli* : Fixsen, 1887: 285-286.

Lycaena argiolus : Seok, 1947: 6.

Cyaniris argiolus : Leech, 1894: 320 (Loc. Korea).

Cyaniris argiolus ladonides : Nire, 1919: 372 (Loc. Suweon etc.); Cho, 1934: 75 (Loc. Gwanmosan (Mt.)).

Cyaniris argiolus levetti : Doi, 1919: 125 (Loc. Seoul etc.).

Lycaenopsis argiolus : Mori & Cho, 1938: 84 (Loc. Korea); Seok, 1939: 53 (Loc. Gaemagoweon (N.Korea)); Cho & Kim, 1956: 49.

Lycaenopsis argiolus ladonides : Matsumura, 1931: 559 (Loc. Korea); Seok, 1939: 197.

Lycaenopsis argiolus levetti : Matsumura, 1929: 33 (Loc. Korea); Nomura, 1938: 62-63 (Loc. Ulleungdo (Is.)); Seok, 1939: 200.

Celastrina argiolus ladonides : Matsumura, 1927: 162 (Loc. Korea); Cho, 1929: 8 (Loc.

Ulleungdo (Is.)); Shin & Koo, 1974: 130; Shin, 1975a: 44; Shin, 1979: 137; Joo *et al.*, 1997: 406; Joo & Kim, 2002: 99; Kim, 2002: 109.

Celastrina argiola : Chou Io (Ed.), 1994: 680.

Celastrina argiolus : Leech, 1887: 416 (Loc. Korea); Matsumura, 1927: 162 (Loc. Korea); Kim & Mi, 1956: 387, 399; Cho, 1959: 56; Kim, 1960: 271; Cho, 1963: 194; Cho, 1965: 180; Cho *et al.*, 1968: 256, 378; Ko, 1969: 201; Shin & Noh, 1970: 36; Lee, 1971: 7; Lee, 1973: 5; Lewis, 1974; Smart, 1975; Kim, 1976: 85; Lee, 1982: 36; Joo (Ed.), 1986: 8; Im (N.Korea), 1987: 40; Ju & Im (N.Korea), 1987: 89; Shin, 1989: 169; Kim & Hong, 1991: 387; Heppner & Inoue, 1992: 139; ESK & KSAE, 1994: 384; Korshunov & Gorbunov, 1995; Karsholt & Razowski, 1996: 207; Joo *et al.*, 1997: 142; Park & Kim, 1997: 137; Tuzov *et al.*, 2000: 143; Lee, 2005a: 25.

Distribution. Korea, Siberia, Japan, Taiwan, C.Asia, Turkey, Europe, N.Africa.

First reported from Korean peninsula. Fixsen, 1887; in Romanoff, *Mém. Lépid.,* 3: 285-286 (Loc. Korea).

North Korean name. 물빛숫돌나비(임홍안, 1987; 주동률과 임홍안, 1987: 89).

Host plants. Korea: 콩과(싸리)(Doi, 1934); 콩과(고삼, 아까시나무, 칡), 장미과(사과나무, 쉬땅나무), 고추나무과(고추나무)(손정달, 1984); 층층나무과(층층나무)(주동률과 임홍안, 1987); 콩과(좀싸리)(손정달과 박경태, 1993); 콩과(땅비싸리)(손정달과 박경태, 1994); 콩과(도둑놈의지팡이)(박규택과 김성수, 1997); 콩과(족제비싸리)(주흥재와 김성수, 2002).

Associated ants. Korea: 마쓰무라밑들이개미(*Crematogaster matsumurai*), 테라니시털개미(*C. teranishii*), 주름개미(*Tetramorium tsushimae*), 일본왕개미(*Camponotus japonicus*), 곰개미 (*Formica japonica*), 혹불개미(*F. fusca*), 트렁크불개미(*F. truncorum*), 불개미(*F. yessensis*), 고동털개미(*Lasius niger*), 풀개미(*L. fuliginosus*), 일본풀개미(*L. japonicus*), 스미스개미(*Paratrechina flavipes*)(장용준, 2007: 10).

Remarks. 아종으로는 *C. a. ladonides* (d'Orza, 1869) (Loc. Korea, Amur and Ussuri region, Sakhalin, Kuriles, Japan) 등의 10아종이 알려져 있다(Wynter-Blyth, 1957; Chou Io (Ed.), 1994; Korshunov & Gorbunov, 1995; Tennent, John, 1996; Tuzov *et al.*, 2000). 한반도 전역에 분포하는 보통 종으로, 무리지어 흡수하는 모습을 자주 볼 수 있다. 연 수회 발생하며, 3월 하순부터 10월에 걸쳐 나타난다. 번데기로 월동한다. 암먹부전나비와 더불어 가장 흔한 부전나비다. 현재의 국명은 석주명(1947: 6)에 의한 것이다.

89. *Celastrina sugitanii* (Matsumura, 1919) 산푸른부전나비

Lycaena sugitanii Matsumura, 1919; *Zool. Mag. Tokyo,* 31: 173. TL: Honshu (Japan).

Lycaena arionides sugitanii : Matsumura, 1927: 118; Maruda, 1929: 80 (Loc. Seungam-nodongjagu (HB, N.Korea)); Seok, 1933: 69 (Loc. Gyeseong (N.Korea)); Mori & Cho, 1938: 77 (Loc. Korea).

Celastrina sugitanii leei : Im, 1996: 28 (Loc. N.Korea); Joo *et al.*, 1997: 406; Kim, 2002: 108.

Celastrina sugitanii : Im (N.Korea), 1987: 40; Kim & Hong, 1991: 387; Heppner & Inoue, 1992: 139; ESK & KSAE, 1994: 384; Joo *et al.*, 1997: 141; Park & Kim, 1997: 136; Tuzov *et al.*, 2000: 145; Lee, 2005a: 25.

Distribution. Korea, Japan, Taiwan.

First reported from Korean peninsula. Matsumura, 1927; *Ins. Mats.,* 2: 118, pl. 3, fig. 10 (Loc. Geumgangsan (Mt.)).

North Korean name. 작은물빛숫돌나비(임홍안, 1987; 주동률과 임홍안, 1987); 봄물빛숫돌나비(임홍안, 1996).

Host plant. Korea: Unknown. Russia: 칠엽수과(Hippocastanaceae)(*Aesculus turbinata*) (Tuzov *et al.*, 2000).

Associated ants. Korea: 일본왕개미(*Camponotus japonicus*), 누운털개미(*Lasius alienus*), 일본풀개미(*Lasius japonicus*)(장용준, 2007: 11).

Remarks. 아종으로는 *C. s. leei* Eliot & Kawazoé, 1983 (Loc. Korea) 등의 6아종이 알려져 있다 (Korshunov & Gorbunov, 1995; Tuzov *et al.*, 2000). 한반도에는 중·북부지방에 국지적으로 분포하는 종이나, 남부지방에서도 지리산 일대에 관찰기록이 있다. 발생지에서의 개체수는 많은 편이다. 연 1회 발생하며, 4월부터 5월에 걸쳐 나타난다. 푸른부전나비와 유사하나 암컷의 경우 날개 아외연의 검은색 테의 폭이 좁고, 암·수 앞날개 아랫면아외연부의 세 번째 검은색 점이 외연으로 치우쳐져 있어 구별된다. 현재의 국명은 김정환과 홍세선(1991: 387)에 의한 것이다.

90. *Celastrina filipjevi* (Riley, 1934) 주울푸른부전나비

Lycaenopsis filipjevi Riley, 1934; *Entomologist,* 67: 85, pl. 1, figs. 1-6. TL: Ussuri (Russia).

Lycaenopsis levetti : Seok, 1934: 278.

Lycaenopsis admirabilis : Sugitani, 1936: 163-167 (Loc. Jueul (N.Korea), Najin (N.Korea)).

Lycaenopsis argiollus admirabilis : Seok, 1939: 197.

Maslowskia filipjevi : Lee, 2005a: 25.

Celastrina filipjevi admirabilis : Im, 1996: 28 (Loc. N.Korea); Joo *et al.*, 1997: 406; Kim, 2002: 293.

Celastrina filipjevi : Lee, 1982: 36; Im (N.Korea), 1987: 40; Shin, 1989: 245; Kim & Hong, 1991: 387; ESK & KSAE, 1994: 384; Tuzov *et al.*, 2000: 145, pl. 63, figs. 43-45.

Distribution. N.Korea, Ussuri region, NE.China.

First reported from Korean peninsula. Seok, 1934: *Zeph.*, 5: 278 (Loc. Jueul (N.Korea)).

North Korean name. 경성물빛숫돌나비(임홍안, 1987; 주동률과 임홍안, 1987; 임홍안, 1996).

Host plant. Korea: Unknown. Russia: 장미과(*Princepia chinensis*)(Korshunov & Gorbunov, 1995).

Remarks. 아종으로는 *C. f. filipjevi*, *C. f. admirabilis* (Sugitani, 1936)의 2아종이 알려져 있다 (Savela, 2008 (ditto)). 이승모(1982)는 한반도산 주을푸른부전나비는 Sugitani (1936)에 의한 *Lycaenopsis admirabilis*를 최초의 기록이라 정리했으나, 석주명(1939)에 의해 정리된 *Lycaenopsis levetti*가 한반도 최초의 기록(석주명, 1934: 278)으로 보인다. 한반도에는 39° 이북 지역에 국지적으로 분포하는 종으로 개체수는 적다. 연 1회 발생하며, 6월 하순부터 8월에 걸쳐 나타난다(Korshunov & Gorbunov, 1995). 현재의 국명은 이승모(1982: 36)에 의한 것이다.

91. *Celastrina oreas* (Leech, 1893) 회령푸른부전나비

Cyaniris oreas Leech, 1893; *Butts China*: 321, pl. 31. figs. 12, 15. TL: Lucheng, Sichuan (China).

Lycaenopsis mirificus : Sugitani, 1936: 167-169.

Lycaenopsis argiolus mirificus : Seok, 1939: 200.

Maslowskia oreas : Lee, 2005a: 25.

Celastrina oreas mirificus : Im, 1996: 28 (Loc. N.Korea); Joo *et al.*, 1997: 406; Kim, 2002: 110.

Celastrina oreas : Lee, 1982: 36; Im (N.Korea), 1987: 40; Shin, 1989: 245; Kim & Hong, 1991: 387; Heppner & Inoue, 1992: 139; ESK & KSAE, 1994: 384; Chou Io (Ed.), 1994: 681; Joo *et al.*, 1997: 144; Park & Kim, 1997: 139; Tuzov *et al.*, 2000: 145, pl. 63, figs. 46-48.

Distribution. Korea, Ussuri region, China, Taiwan, Nepal, NE.India (Assam), Burma.

First reported from Korean peninsula. Sugitani, 1936; *Zeph.*, 6: 167-169, pl. 9, figs. 11-12 (Loc. Hoereong (HB, N.Korea)).

North Korean name. 회령물빛숫돌나비(임홍안, 1987; 주동률과 임홍안, 1987; 임홍안, 1996).

Host plant. Korea: 장미과(가침박달)(손정달과 박경태, 1994).

Associated ant. Korea: 주름개미(*Tetramorium tsushimae*)(장용준, 2007: 11).

Remarks. 아종으로는 *C. o. mirificus* (Sugitani, 1936) (Loc. Korea, Ussuri region) 등의 10아종이 알려져 있다(Chou Io (Ed.), 1994; Korshunov & Gorbunov, 1995). 한반도에는 함경북도 회령지역, 경상북도와 강원도의 일부 지역에 국지적으로 분포하는 종으로 개체수는 적은 편이다. 연 1회 발생하며, 6월에 관찰된다(김용식, 2002: 110). 현재의 국명은 이승모(1982: 36)에 의한 것이다.

Genus *Scolitantides* Hübner, 1819

Scolitantides Hübner, 1819; *Verz. bek. Schmett.,* (5): 68. TS: *Papilio battus* Denis & Schiffermüller.

전 세계에 1 종이 알려져 있는 작은 속으로, 유라시아에 분포한다. 한반도에는 작은홍띠점박이푸른부전나비 1 종이 알려져 있다.

92. *Scolitantides orion* (Pallas, 1771) 작은홍띠점박이푸른부전나비

Papilio orion Pallas, 1771; *Reise Russ. Reichs,* 1: 471. TL: Krymza river, Syzran Distr., Samara region (Russia).

Lycaena orion : Fixsen, 1887: 285; Mori & Cho, 1938: 79 (Loc. Korea).

Lycaena orion ornata : Doi, 1919: 125 (Loc. Haramsan (Mt.) (HBs, N.Korea), Geomsanryeong); Doi, 1931: 46 (Loc. Soyosan (Mt.)).

Lycaena orion orion : Nire, 1920: 53 (Loc. Korea).

Lycaena orion coreana : Matsumura, 1926: 30 (Loc. Korea); Kishida & Nakamura, 1936: 50 (Loc. Korea).

Lycaena orion dageletensis : Seok, 1938: 28 (Loc. Ulleungdo (Is.)).

Scolitandides orion (missp.) : Lee, 1982: 37; Joo (Ed.), 1986: 8; Shin, 1989: 170; Kim & Hong, 1991: 387; ESK & KSAE, 1994: 386.

Scolitandides orion coreana (missp.) : Joo *et al.*, 1997: 406; Kim, 2002: 115.

Scolitantides orion : Seok, 1939: 219; Seok, 1947: 7; Cho & Kim, 1956: 53; Kim & Mi, 1956: 400; Cho, 1959: 71; Kim, 1960: 267; Cho, 1965: 181; Lee, 1971: 7; Seok, 1972 (Rev. Ed.):

198, 248; Lee, 1973: 5; Lewis, 1974; Shin, 1975: 9; Shin, 1975a: 44; Kim, 1976: 87; Ju & Im (N.Korea), 1987: 91; Chou Io (Ed.), 1994: 685; Korshunov & Gorbunov, 1995; Karsholt & Razowski, 1996: 207; Joo *et al.*, 1997: 146; Park & Kim, 1997: 141; Tuzov *et al.*, 2000: 146; Lee, 2005a: 25.

Distribution. Korea, Europe, C.Asia, S.Siberia, Japan.

First reported from Korean peninsula. Fixsen, 1887; in Romanoff, *Mém. Lépid.,* 3: 285 (Loc. Korea).

North Korean name. 작은붉은띠숫돌나비(주동률과 임홍안, 1987: 91).

Host plants. Korea: 돌나물과(돌나물)(신유항, 1975); 돌나물과(바위솔)(주동률과 임홍안, 1987); 돌나물과(기린초)(주홍재 등, 1997).

Associated ants. Korea: 주름개미(*Tetramorium tsushimae*), 누운털개미(*Lasius alienus*)(장용준, 2007: 11).

Remarks. 아종으로는 *S. o. jezoensis* (Matsumura, 1919) (Loc. Amur and Ussuri region, Sakhalin) 등의 3아종이 알려져 있다(Chou Io (Ed.), 1994; Korshunov & Gorbunov, 1995; Tuzov *et al.*, 2000). *Scolitantides orion coreana*는 *S. o. jezoensis*의 동물이명(synonym)이다. 한반도에는 제주도와 남부 해안 지역을 제외한 지역에 산지 계곡을 중심으로 분포하는 종으로, 개체수는 적다. 연 2회 발생하며, 4월 중순부터 7월에 걸쳐 나타난다. 번데기로 월동한다(신유항, 1975: 9-12). 현재의 국명은 석주명(1947: 7)에 의한 것이다. 국명이명으로는 조복성과 김창환(1956: 53)의 '작은홍띠점백이부전나비'와 이승모(1971: 7; 1973: 5)의 '홍띠점박이부전나비'가 있다.

Genus *Sinia* Forster, 1940

Sinia Forster, 1940; *Mitt. Münch. ent. Ges.,* 30: 875-876. TS: *Glaucopsyche* (*Sinia*) *leechi* Forster.

= *Shijimiaeoides* Beuret, 1958; *Mitt. ent. Ges. Basel.,* 8(6): 100. TS: *Lycaena barine* Leech.

전 세계에 3종이 알려져 있는 작은 속으로, 대부분 동아시아에 분포한다. 한반도에는 큰홍띠점박이푸른부전나비 1종이 알려져 있다.

93. *Sinia divina* (Fixsen, 1887) 큰홍띠점박이푸른부전나비

Lycaena divina Fixsen, 1887; in Romanoff, *Mém. Lépid.*, 3: 281, pl. 13, figs. 5a–b. TL: Bukjeom (GW, N.Korea).

Lycaena divina : Matsumura, 1919: 30 (Loc. Korea); Esaki, 1937: 128–130 (Loc. Korea).

Lycaena barine : Nire, 1919: 372–373 (Loc. Seongjin, (Gimchaek-si, HB, N.Korea), Geongseong (N.Korea)); Umeno, 1937: 27 (Loc. Korea).

Lycaena barine heijonis : Bollow, 1932: 262 (Loc. Pyeongyang).

Lycaena heijonis : Matsumura, 1929: 141 (Loc. Pyeongyang).

Scolitantides divina : Seok, 1939: 217; Seok, 1947: 7; Cho & Kim, 1956: 53; Kim & Mi, 1956: 400; Cho, 1959: 70; Kim, 1960: 265.

Scolitantides divina divina : Hemming, 1931: 577–578 (Loc. Korea).

Glaucopsyche divina : Lee, 1971: 8.

Glaucopsyche (*Shijimiaeoides*) *divina* : Lee, 1973: 5; Kim, 1976: 88.

Shijimiaeoides divina : Lee, 1982: 38; Joo (Ed.), 1986: 8; Im (N.Korea), 1987: 40; Ju & Im (N.Korea), 1987: 92; Shin, 1989: 170; Shin, 1990: 151; Kim & Hong, 1991: 387; ESK & KSAE, 1994: 386; Joo *et al.*, 1997: 406: 148; Tuzov *et al.*, 2000: 157; Kim, 2002: 116; Sohn, 2007: 1.

Shijimiaeoides divina divina : Im, 1996: 28 (Loc. N.Korea).

Shijimiaeoides divinus : Park & Kim, 1997: 143.

Sinia divina : D'Abrera, 1986; Lee, 2005a: 25.

Distribution. Korea, Amur and Ussuri region, Japan.

First reported from Korean peninsula. Fixsen, 1887: 286–288 (TL: Bukjeom (GW, N.Korea)).

North Korean name. 큰붉은띠숫돌나비(임홍안, 1987; 주동률과 임홍안, 1987: 92; 임홍안, 1996).

Host plants. Korea: 콩과(고삼)(손정달, 1984); 콩과(도둑놈의지팡이)(박규택과 김성수, 1997).

Remarks. 모식종(Type species)의 산지가 한국(Korea)인 한국고유생물종이다. *L. heijonis* Mstsumura, 1929는 *S. divina* (Fixsen, 1887)의 동물이명(synonym)이다(Tuzov *et al.*, 2000). 한반도에는 중북부지역에 분포하는 종이나, 남한지역에서는 강원도를 중심으로 일부 지역에서만 국지적으로 관찰된다. 최근에는 드물게 관찰되어 보호가 필요하다. 연 1회 발생하며, 5월 중순부터 6월에 걸쳐 나타난다. 애벌레기간은 짧고, 번데기 기간이 약 10개월로 매우 길며, 번데기로 월동한다(주동률과 임홍안, 1987). 현재의 국명은 석주명(1947: 7)에 의한 것이다. 국명이명으로는 조복성과 김창환(1956: 53)의 '큰홍띠점백이푸른부전나비'와 이승모(1971: 8; 1973: 5)의 '큰홍띠점박이부전나비'가 있다.

Genus *Glaucopsyche* Scudder, 1872

Glaucopsyche Scudder, 1872; *4th Ann. Rep. Peabody Acad. Sci.* 1871: 54. TS: *Polyommatus*
   lygdamus Doubleday.

전 세계에 13 종이 알려져 있으며, 대부분 유라시아와 북미에 분포한다. 한반도에는 귀신부전나비
1 종이 알려져 있다.

94. *Glaucopsyche lycormas* (Butler, 1866) 귀신부전나비

Polyommatus lycormas Butler, 1866; *J. Linn. Soc. Zool.,* 9: 57. TL: N.Japan.

Lycaena lycormas : Nire, 1919: 347; Seok, 1936: 274 (Loc. Korea); Mori & Cho, 1938: 81 (Loc.
   Korea).

Lycaena lycormus : Okamoto, 1923: 69 (Loc. Korea).

Plebejus lycormas scylla : Seok, 1939: 215; Seok, 1947: 6; Cho & Kim, 1956: 52.

Glaucopsyche lycormas scylla : Kim & Mi, 1956: 389, 399; Cho, 1959: 60; Kim, 1960: 258; Joo
   et al., 1997: 406; Kim, 2002: 293.

Glaucopsyche lycormas : Lewis, 1974; Lee, 1982: 37; Im (N.Korea), 1987: 40; Ju & Im
   (N.Korea), 1987: 88; Shin, 1989: 245; Ju (N.Korea), 1989: 44 (Loc. Baekdusan (Mt.)); Kim &
   Hong, 1991: 387; ESK & KSAE, 1994: 385; Korshunov & Gorbunov, 1995; Tuzov *et al.,* 2000:
   151, pl. 65, figs. 7-12; Lee, 2005a: 25.

Distribution. N.Korea, S.Siberia, Sakhalin, Japan, NE.China, Mongolia.

First reported from Korean peninsula. Nire, 1919; *Zool. Mag.,* 31: 347 (Loc. Hoereong (HB,
   N.Korea), Musanryeong (N.Korea)).

North Korean name. 푸른숫돌나비(임홍안, 1987; 주동률과 임홍안, 1987: 88); 밤색숫돌나비(주동률,
   1989).

Host plants. Korea: 콩과(넓은잎갈퀴, 갯완두, 등갈퀴나물)(주동률과 임홍안, 1987).

Remarks. 아종으로는 *G. l. scylla* (Oberthür, 1880) (Loc. Amur and Ussuri region) 등의 4아종이
   알려져 있다(Korshunov & Gorbunov, 1995; Tuzov *et al.,* 2000). 한반도에는 39° 이북지역의 산

지 초지대, 수변 초지대, 숲 가장자리 초지대, 해안가 초지대에 국지적으로 분포하는 종으로 개체 수는 적은 편이다(이승모, 1982). 연 1회 발생하며, 5월 중순부터 8월 중순에 걸쳐 나타난다. 번데기로 월동한다(주동률과 임홍안, 1987). 러시아 남부지방에서는 연 2회 발생하며, 제1화는 5월부터 6월, 제2화는 7월부터 8월에 걸쳐 나타난다(Korshunov & Gorbunov, 1995). 현재의 국명은 석주명(1947: 6)에 의한 것이다.

Genus *Maculinea* van Eecke, 1915

Maculinea van Eecke, 1915; *Zool. Meded. Leiden,* 1: 28. TS: *Papilio alcon* Denis & Schiffermüller.

전 세계에 10종이 알려져 있는 작은 속으로, 유라시아에 분포한다. 한반도에는 중점박이푸른부전나비 등 5종이 알려져 있다. 그 외 *Lycaena arcas* (석주명, 1936: 273), *Plebejus arcas* Rottemburgh (석주명, 1947: 6= 아르카스부전나비; 김헌규와 미승우, 1956: 400, 조복성, 1959: 67= 알카스부전나비)가 기록되어 있으나 *arcas* Rottemburgh (= *Maculinea nausithous* (Bergsträsser, [1779])의 분포지가 대부분 유럽과 서남 시베리아이므로 한반도에 자생하기 어렵다.

95. *Maculinea cyanecula* (Eversmann, 1848) 중점박이푸른부전나비

Lycaena arion var. *cyanecula* Eversmann, 1848; *Bull. Soc. imp. Nat. Moscou,* 21: 207. TL: Kyakhta, Buryatia (Russia).

Lycaena arionides : Nire, 1919: 374; Seok, 1934: 276 (Loc. Baekdusan (Mt.) region).

Lycaena arionides arionides : Nire, 1920: 53 (Loc. Korea).

Lycaena arionides ussuriensis : Sugitani, 1933: 165-167 (Loc. Hoereong (HB, N.Korea)); Seok, 1396: 273 (Loc. N.E.Korea).

Maculinea arion : Seok, 1939: 201; Seok, 1947: 6; Cho & Kim, 1956: 49; Kim & Mi, 1956: 400; Cho, 1959: 64; Kim, 1960: 258; Lee, 1982: 38; Im (N.Korea), 1987: 40; Ju & Im (N.Korea), 1987: 95; Shin, 1989: 246; Ju (N.Korea), 1989: 44 (Loc. Baekdusan (Mt.)); Kim & Hong, 1991: 387; Im & Hwang (N.Korea), 1993: 57 (Loc. Baekdusan (Mt.)); ESK & KSAE, 1994: 385; Chou Io (Ed.), 1994: 683; Kim, 2006: 49.

Maculinea arion ussuriensis : Joo *et al.*, 1997: 406; Kim, 2002: 293.

Maculinea arion cyanecula : Chou Io (Ed.), 1994: 683; Korshunov & Gorbunov, 1995 (note).

Maculinea cyanecula : Tuzov *et al.*, 2000: 155, pl. 66, figs. 1-15; Lee, 2005a: 25.

Distribution. N.Korea, Transbaikal, S.Siberia, Amur and Ussuri region, Alai.

First reported from Korean peninsula. Nire, 1919; *Zool. Mag.,* 31: 374, pl. 4, fig. 13 (Loc. Chengjin, Hoereong (HB, N.Korea)).

North Korean name. 높은산점배기숫돌나비(임홍안, 1987; 주동률과 임홍안, 1987: 95).

Host plants. Korea: Unknown. Russia: 꿀풀과(*Thymus serpyllum*, *T. marschalliana*, *Origanum vulgare*, *Ziziphora clinopodioides*)(Tuzov *et al.*, 2000).

Associated ants. Korea: 나도빗개미(*Myrmica scabrinodis*)(장용준, 2007a: 32).

Remarks. 아종으로는 *M. c. ussuriensis* (Sheljuzhko, 1928) (Loc. Amur and Ussuri region) 등의 4 아종이 알려져 있다(Tuzov *et al.*, 2000). 한반도산 본 종에 대해 근연종인 *Maculinea arion* (Linnaeus, 1758) (Loc. Europe, W.Siberia, Altai, NW.Kazakhstan, Sichuan, Caucasus, Armenia) 과의 분류학적 비교 검토가 필요하다. 숙주개미는 장용준이 본 종에 대한 Fiedler (2006)의 숙주개미 기록과 Choi (1996)의 나도빗개미 분포를 대조해 정리한 것이다. 한반도에는 동북부 산지 초지 대에 국지적으로 분포하는 종으로 개체수는 적다. 강원도 오대산의 기록(김헌규, 1959; 남상호, 1971)이 있으나 재확인이 필요하다. 연 1회 발생하며, 7월 중순부터 8월 상순에 걸쳐 나타난다(주동률과 임홍안, 1987). 현재의 국명은 석주명(1947: 6)에 의한 것이다. 국명이명으로는 조복성과 김창환(1956: 49)의 '중점백이푸른부전나비'가 있다.

96. *Maculinea arionides* (Staudinger, 1887) 큰점박이푸른부전나비

Lycaena arionides Staudinger, 1887; in Romanoff, *Mém. Lépid.,* 3: 141, pl. 7, figs. 1a-c. TL: Vladivostok (Russia).

Lycaena arionides : Doi, 1919: 125; Seok & Takacuka, 1937: 59 (Loc. Gujang (N.Korea)).

Lycaena arionides arionides : Mori, Doi, & Cho, 1934: 51 (Loc. N.Korea).

Glaucopsyche (*Maculinea*) *arionides* : Lee, 1973: 5; Kim, 1976: 89.

Maculinea arionides : Seok, 1939: 201; Seok, 1947: 6; Cho & Kim, 1956: 49; Kim & Mi, 1956: 400; Cho, 1959: 65; Kim, 1960: 267; Lee, 1971: 8; Seok, 1972 (Rev. Ed.): 194; Lewis, 1974; Lee, 1982: 38; Im (N.Korea), 1987: 40; Ju & Im (N.Korea), 1987: 93; Shin, 1989: 170; Kim & Hong, 1991: 387; Park & Han, 1992: 132; Park *et al.*, 1993: 203; ESK & KSAE, 1994: 385; Chou Io (Ed.), 1994: 684; Korshunov & Gorbunov, 1995; Joo *et al.*, 1997: 153; Park & Kim,

1997: 151; Tuzov *et al.*, 2000: 156; Kim, 2002: 123; Lee, 2005a: 25.

Distribution. Korea, Amur region, Ussur, NE.China, Japan.

First reported from Korean peninsula. Doi, 1919; *Tyōsen Ihō*, 58: 125 (Loc. Sanchangryeong (N.Korea)).

North Korean name. 점배기숫돌나비(임홍안, 1987; 주동률과 임홍안, 1987: 93).

Host plants. Korea: 쐐기풀과(거북꼬리)(김용식, 2002); 꿀풀과(오리방풀)(장용준, 2007: 32).

Associated ant. Korea: 빗개미(*Myrmica ruginodis*)(장용준, 2007a: 32).

Remarks. 아종으로는 *M. a. arionides* (Loc. Amur and Ussuri region)의 1아종이 알려져 있다 (Tuzov *et al.*, 2000). 한반도에는 중북부 지역에 분포하는 종으로, 특히 남한지역에서는 강원도 산 지와 지리산에서 국지적으로 관찰되는 종이다. 최근에는 개체수가 줄어들고 있다. 연 1회 발생하며, 7월부터 9월에 걸쳐 나타난다. 4령 이후 빗개미와 공생하는 것으로 알려져 있으며(장용준, 2007), 애벌레로 월동한다(주동률과 임홍안, 1987). 현재의 국명은 석주명(1947: 6)에 의한 것이다. 국명 이명으로는 조복성과 김창환(1956: 49)의 '큰점백이푸른부전나비'가 있다.

97. *Maculinea alcon* (Denis & Schiffermüller, 1776) 잔점박이푸른부전나비

Papilio alcon Denis & Schiffermüller, 1776; *Wien. Verz.*: 182. no. 4. TL: Vienna (Austria).

Maculinea alcon monticola : Seok, 1947: 6; Kim & Mi, 1956: 400; Cho, 1959: 64.

Maculinea alcon arirang : Joo *et al.*, 1997: 407; Kim, 2002: 293.

Maculinea alcon : Lewis, 1974; Smart, 1975; Lee, 1982: 39; Im (N.Korea), 1987: 40; Shin, 1989: 246; Kim & Hong, 1991: 387; ESK & KSAE, 1994: 385; Korshunov & Gorbunov, 1995; Karsholt & Razowski, 1996: 207; Tuzov *et al.*, 2000: 154, pl. 66, figs. 19-24, 34; Lee, 2005a: 25.

Distribution. N.Korea, Eurasia.

First reported from Korean peninsula. Seok, 1947; *Bull. Zool. Soc. National Sci. Museum*, 2(1): 6 (N.Korea).

North Korean name. 북방점배기숫돌나비(임홍안, 1987).

Host plants. Korea: Unknown. Europe: 용담과(*Gentiana pneumonanthe*, (later in ants nests))(Higgins & Riley, 1970). Russia: 용담과(*Gentiana asclepiadea*) (Tuzov *et al.*, 2000).

Associated ants. Korea: 나도빗개미(*Myrmica scabrinodis*), 어리뿔개미(*M. sulcinodis*), 빗개미(*M.*

ruginodis)(장용준, 2007a: 33).

Remarks. 아종으로는 *M. a. jeniseiensis* (Shjeljuzhko, 1928) (Loc. S.Siberia) 등의 4아종이 알려져 있다(Tuzov *et al.*, 2000). 숙주개미는 장용준이 본 종에 대한 Fiedler (2006)의 숙주개미 기록과 한반도 분포를 대조해 정리한 것이다. 한반도에는 북부지방을 중심으로 산지와 강가의 초지대 등에 국지적으로 분포하는 종으로 개체수는 적다. 연 1회 발생하며, 6월 중순부터 7월에 걸쳐 나타난다(Korshunov & Gorbunov, 1995). 현재의 국명은 조복성(1959: 64)에 의한 것이다. 국명이명으로는 석주명(1947: 6), 김헌규와 미승우(1956: 400)의 '작은점박이푸른부전나비'가 있다.

98. *Maculinea teleius* (Bergsträsser, 1779) 고운점박이푸른부전나비

Papilio teleius Bergsträsser, 1779; *Nomen. Ins.*, 2: 71, pl. 43, fig. 4. TL: Hanau-Munzberg (Germany).

Lycaena euphemus : Fixsen, 1887: 288; Rühl, 1895: 306 (Loc. Korea); Okamoto, 1923: 69 (Loc. Korea); Seok & Takacuka, 1937: 59(Loc. Gujang (N.Korea)).

Lycaena euphemia : Rühl, 1895: 306-307 (Loc. Korea).

Lycaena euphemus euphemia : Staudinger & Rebel, 1901: 90 (Loc. Korea); Okamoto, 1926: 38 (Loc. Geumgangsan (Mt.)).

Lycaena euphemus coreana : Matsumura, 1926: 28-29 (Loc. Seokwangsa (Temp.) (GW, N.Korea)); Kishida & Nakamura, 1936: 48 (Loc. Korea).

Lycaena euphemus chosensis : Matsumura, 1927: 161 (Loc. Korea).

Lycaena euphemus kazamoto : Uchida, 1932: 998 (Loc. Korea); Umeno, 1937: 27-28 (Loc. Korea).

Lycaena euphemus euphemus : Doi, 1937: 64 (Loc. Hapsu (YG, N.Korea)).

Plebejus euphemus : Seok, 1939: 212.

Maculinea euphemus : Seok, 1947: 6; Cho & Kim, 1956: 50; Kim & Mi, 1956: 400; Cho, 1959: 65; Kim, 1960: 265.

Glaucopsyche (*Maculinea*) *teleius* : Kim, 1976: 90.

Maculinea teleia : Chou Io (Ed.), 1994: 684.

Maculinea teleia kazamoto : Shin, 1975a: 42, 44.

Maculinea teleius euphemia : Joo *et al.*, 1997: 406; Kim, 2002: 122.

Maculinea teleius : Lewis, 1974; Smart, 1975; Lee, 1982: 39; Shin, 1983: 100; Joo (Ed.), 1986: 8; Im (N.Korea), 1987: 40; Ju & Im (N.Korea), 1987: 95; Shin, 1989: 171; Ju (N.Korea), 1989:

44 (Loc. Baekdusan (Mt.)); Kim & Hong, 1991: 387; ESK & KSAE, 1994: 385; Korshunov & Gorbunov, 1995; Karsholt & Razowski, 1996: 207; Joo *et al.*, 1997: 152; Park & Kim, 1997: 149; Tuzov *et al.*, 2000: 156; Lee, 2005a: 25.

Distribution. Korea, Temperate belt of the Palaearctic region.

First reported from Korean peninsula. Fixsen, 1887; in Romanoff, *Mém. Lépid.*, 3: 288 (Loc. Korea).

North Korean name. 고운점배기숫돌나비(임홍안, 1987; 주동률과 임홍안, 1987: 95).

Host plants. Korea: 장미과(오이풀)(later in ants nests)(손정달, 1984).

Associated ants. Korea: 코토쿠뿔개미(*Myrmica kotokui*), 빗개미(*M. ruginodis*), 주름뿔개미(*M. silvestrii*), 나도빗개미(*M. scabrinodis*)(장용준, 2007a: 33).

Remarks. 아종으로는 모식산지가 한국(Korea)인 *M. t. chosensis* (Matsumura, 1927) (TL: Korea; Loc. Korea, S.Ussuri region) 등의 6아종이 알려져 있다(Korshunov & Gorbunov, 1995; Tuzov *et al.*, 2000). 한반도에는 중북부 지역에 분포하는 종으로, 남한지역에서는 경기도, 강원도와 경상북도의 산지 초지대에서 국지적으로 관찰된다. 북부지방에는 백두산 일대가 주산지다. 특히, 최근에는 개체수가 급격히 줄어들고 있어 보호가 필요하다. 연 1회 발생하며, 7월 하순부터 9월에 걸쳐 나타난다. 오이풀의 꽃망울과 꽃대에 알을 1개씩 낳으며, 애벌레는 꽃술을 먹고 4령 초기까지 지내다가 땅으로 내려와 개미집으로 들어가 개미 알이나 어린 애벌레를 포식하고 겨울을 난 다음, 이듬해 7월 상순에 번데기가 되어 7월 하순 쯤에 우화한다(주동률과 임홍안, 1987). 현재의 국명은 석주명(1947: 6)에 의한 것이다. 국명이명으로는 조복성과 김창환(1956: 50)의 '점백이푸른부전나비'가 있다.

99. *Maculinea kurentzovi* Sibatani, Saigusa et Hirowatari, 1994 북방점박이푸른부전나비

Maculinea kurentzovi Sibatani, Saigusa et Hirowatari, 1994; *Tyôto Ga*, 44(4): 196, figs. 9-10, 18-24, 40. TL: Handaeri (HN, N.Korea).

Lycaena euphemus hozanensis : Mori, Doi & Cho, 1934: 52, pl. 25, figs 9 (♀), 10 (♂) (northern, western and central Korea), nec Matsumura, 1927.

Maculinea teleius hozanensis : Lee, 1993: 23 (E.Manchurian Plain), nec Matsumura, 1927.

Maculinea kurentzovi : Sibatani *et al.*, 1994: 196–202; Kim & Kim, 1994; Korshunov & Gorbunov, 1995; Joo *et al.*, 1997: 154; Park & Kim, 1997: 152; Tuzov *et al.*, 2000: 157, pl. 67, figs. 22–24; Lee, 2005a: 26.

Distribution. Korea, Transbaikalia–Ussuri region, N.E.China.

First reported from Korean peninsula. Sibatani, Saigusa & Hirowatari, 1994: 196 (TL: Handaeri (HN, N.Korea)).

North Korean name. Unknown.

Host plants. Korea: 장미과(오이풀)(김성수와 김용식, 1994).

Remarks. 모식종(Type species)의 산지가 한국(Korea)인 한국고유생물종이다. 아종으로는 *M. k. kurentzovi* (Loc. Amur and Ussuri region)와 *M. k. daurica* Dubatolov, 1999 (Loc. Transbaikal) 의 2아종이 알려져 있다(Tuzov *et al.*, 2000). 한반도에는 함경북도와 강원도의 일부 지역에서만 국지적으로 분포하는 종으로, 강원도에서는 개체수가 아주 적다. 연 1회 발생하며, 7월 하순부터 9월에 걸쳐 나타난다. 현재의 국명은 김성수와 김용식(1994: 1)에 의한 것이다.

Genus *Aricia* Reichenbach, 1817

Aricia Reichenbach, 1817; *Jenaische Allgem. Lit. Ztg, Jena,* 14(1): 280. TS: *Papilio agestis* Denis & Schiffermüller.

= *Eumedonia* Forster, 1938; *Mitt. münch. ent. Ges.,* 28: 113. TS: *Papilio eumedon* Esper.

전 세계에 적어도 32 종 이상이 알려져 있으며, 유라시아와 북아메리카에 분포한다. 한반도에는 백두산부전나비, 중국부전나비, 대덕산부전나비 3 종이 알려져 있다.

100. *Aricia artaxerxes* (Fabricius, 1793) 백두산부전나비

Hesperia artaxerxes Fabricius, 1793; *Ent. Syst.,* 3(1): 297, no. 120. TL: Scotland.

Lycaena hakutozana : Matsumura, 1927: 159.

Lycaena astrarche hakutozana : Bollow, 1932: 271 (Loc. Pabalri (N.Korea)).

Lycaena astrarche allous : Seok, 1934: 276 (Loc. Baekdusan (Mt.) region).

Aricia medon (= *Aricia agestis*): Kim & Mi, 1956: 387, 399; Cho, 1959: 55; Kim, 1960: 258.

Aricia agestis : Lee, 1982: 42; Im (N.Korea), 1987: 40; Ju & Im (N.Korea), 1987: 102; Shin, 1989: 246; Kim & Hong, 1991: 388; ESK & KSAE, 1994: 384.

Aricia agestis allous : Seok, 1939: 176; Seok, 1947: 5; Cho & Kim, 1956: 45; Ju (N.Korea), 1989: 44 (Loc. Baekdusan (Mt.)); Joo *et al.*, 1997: 407; Kim, 2002: 293.

Aricia agestis hakutozana : Im, 1996: 29 (Loc. N.Korea).

Aricia allous : Tuzov *et al.*, 2000: 173, pl. 69, figs. 1-15, pl. 83, figs. 40-42; Lee, 2005a: 26.

Aricia artaxerxes : Smart, 1975; Chou Io (Ed.), 1994: 687; Karsholt & Razowski, 1996: 208; Bálint & Johnson, 1997; Kudrna, 2002.

Distribution. N.Korea, SW.Siberia, Altai-Amur and Ussuri region, Sakhalin, S.Urals, Alps, W.Europe.

First reported from Korean peninsula. Matsumura, 1927; *Ins. Mats.,* 1: 159, 162, 166-167, pl. 5, fig. 11 (Loc. Pabalri (N.Korea)).

North Korean name. 백두산숫돌나비(임홍안, 1987; 주동률과 임홍안, 1987: 102; 임홍안, 1996).

Host plants. Korea: Unknown. Russia: 쥐손이풀과(*Erodium* spp. *Geranium saxatile, Geranium* spp.), Cistaceae (*Helianthemum nummularium*) (Korshunov & Gorbunov, 1995; Tuzov *et al.*, 2000).

Remarks. 아종으로는 *A. a. hakutozana* (Matsumura, 1927) (Loc. N.Korea) 등의 14아종이 알려져 있다(Korshunov & Gorbunov, 1995; Bálint & Johnson, 1997; Bálint, 1999; Tuzov *et al.*, 2000). 이전에 한반도산 백두산부전나비의 종명으로 적용되어 왔던 *agestis*는 유럽 및 중앙아시아에 분포한다. 본 종의 종명은 Savela (2008) (ditto)에 따랐으나, Bridges (1994), Korshunov와 Gorbunov (1995)은 본 종의 아종인 *Aricia artaxerxes allous*를 *Aricia allous* (Hübner, 1819) (TL: France)의 독립된 종으로 취급하고 있으며, 한국(Korea)을 그 분포지 중 하나로 기록하고 있어 한반도산 '백두산부전나비'의 종명적용에 대한 재검토가 필요하다. 한반도에는 동북부 1,000m 이상의 고산지역에 국지적으로 분포하는 종으로 개체수는 적다. 연 1회 발생하며, 7월 중순부터 8월 중순에 걸쳐 나타난다(주동률과 임홍안, 1987). 러시아 극동 남부지방에서는 연 1회 발생하며, 6월부터 7월에 걸쳐 나타난다(Korshunov & Gorbunov, 1995). 현재의 국명은 석주명(1947: 5)에 의한 것이다.

101. *Aricia chinensis* (Murray, 1874) 중국부전나비

Lycaena chinensis Murray, 1874; *Trans. ent. Soc. Lond.,* 22(4): 523. TL: N.Beijing (China).

Lycaena mandschurica Staudinger, 1892; in Romanoff, *Mém. Lépid.,* 6: 160.

Lycaena mandschurica : Shin, 1989: 246; Kim & Hong, 1991: 388; ESK & KSAE, 1994: 385.

Lycaena chinensis : Sugitani, 1933: 15; Mori & Cho, 1938: 77-78 (Loc. Korea); Lee, 1982: 42; Im (N.Korea), 1987: 40; Ju & Im (N.Korea), 1987: 99.

Lycaena chinensis chinensis : Seok, 1934: 276 (Loc. Musan (HB, N.Korea)).

Plebejus chinensis : Seok, 1939: 208; Seok, 1947: 6; Cho & Kim, 1956: 51; Kim & Mi, 1956: 400; Cho, 1959: 68; Kim, 1960: 258.

Polyommatus chinensis : Seok, 1972 (Rev. Ed.): 197.

Umpria chinensis : Tuzov *et al.*, 2000: 171, pl. 69, figs. 33-38.

Aricia mandshurica : Chou Io (Ed.), 1994: 687; Joo *et al.*, 1997: 406; Kim, 2002: 293.

Aricia chinensis : Korshunov & Gorbunov, 1995; Bálint & Johnson, 1997; Lee, 2005a: 26.

Distribution. N.Korea, Turan-Ussuri region, China, C.Asia, Mongolia.

First reported from Korean peninsula. Sugitani, 1933; *Zeph.*, 5: 15 (Loc. Hoereong (HB, N.Korea)).

North Korean name. 붉은띠산숫돌나비(주동률과 임홍안, 1987: 99); 붉은띠류리숫돌나비(임홍안, 1987).

Host plants. Korea: 콩과(개자리)(주동률과 임홍안, 1987). Russia: 쥐손이풀과(*Erodium oxyrhynchum*)(Tuzov *et al.*, 2000).

Remarks. 아종으로는 *A. c. chinensis* (Loc. Transbaikal, Amur and Ussuri region, NE.China) 등의 3아종이 알려져 있다(Chou Io (Ed.), 1994; Bálint & Johnson, 1997; Bálint, 1999; Tuzov *et al.*, 2000). *mandschurica*는 *A. c. chinensis*의 동물이명(synonym)이다(Chou Io (Ed.), 1994; Bálint & Johnson, 1997). 한반도에는 북부지방에 분포하며, 회령과 무산의 기록(이승모, 1982: 42)이 알려져 있다. 연 1회 발생하고, 6월 하순부터 7월 하순에 걸쳐 나타나며, 산지 내 초지대에서 대부분 관찰된다(주동률과 임홍안, 1987). 러시아 극동 남부지방에서는 연 1회 발생하며, 5월 하순부터 6월 하순에 걸쳐 나타난다(Korshunov & Gorbunov, 1995). 현재의 국명은 석주명(1947: 6)에 의한 것이다. 국명이명으로는 조복성과 김창환(1956: 51)의 '홍띠부전나비'가 있다.

102. *Aricia eumedon* (Esper, 1780) 대덕산부전나비

Papilio eumedon Esper, 1780; *Die Schmett. Th. I, Bd.*, 2(1): 16, pl. 52, figs. 2-3. TL: Erlangen (Germany).

Lycaena eumedon antiqua : Doi, 1933: 86; Mori, Doi, & Cho, 1934: 46-47 (Loc. N.Korea).

Plebejus eumedon antiqua : Seok, 1939: 212.

Plebejus eumedon : Seok, 1947: 6; Kim & Mi, 1956: 400; Cho, 1959: 69; Kim, 1960: 259.

Eumedonia eumedon antiqua : Joo *et al.*, 1997: 407; Kim, 2002: 293.

Eumedonia eumedon : Lewis, 1974; Lee, 1982: 44; Im (N.Korea), 1987: 40; Ju & Im (N.Korea),

1987: 97; Shin, 1989: 246; Kim & Hong, 1991: 389; ESK & KSAE, 1994: 385; Varis (Ed), 1995; Tuzov *et al.*, 2000: 171, pl. 70, figs. 1-9.

Aricia eumedon : Seok, 1972 (Rev. Ed.): 189; Korshunov & Gorbunov, 1995; Karsholt & Razowski, 1996: 208; Bálint & Johnson, 1997; Lee, 2005a: 26.

Distribution. N.Korea, Eurasia.

First reported from Korean peninsula. Doi, 1933; *Jour. Chos. Nat. Hist.*, 15: 86 (Loc. Daedeoksan (Mt.) (N.Korea)).

North Korean name. 대덕산숫돌나비(임홍안, 1987; 주동률과 임홍안, 1987: 97).

Host plants. Korea: Unknown. Finland: 쥐손이풀과(*Geranium silvaticum*) (Seppänen, 1970). Russia: 쥐손이풀과(*Geranium* spp., *G. pratense, G. saxatile, G. collinum* (host ants *Myrmica* sp. and *Lasius alienus*)(Korshunov & Gorbunov, 1995; Tuzov *et al.*, 2000).

Remarks. 아종으로는 *A. e. albica* (Dubatolov, 1997) (Loc. Amur and Ussuri region) 등의 12아종이 알려져 있다(Bálint & Johnson, 1997; Bálint, 1999; Tuzov *et al.*, 2000). 한반도에는 개마고원 등 북부 고산지역에 잎갈나무류가 식재된 지역을 중심으로 국지적으로 분포하는 종이다(이승모, 1982: 44; 주동률과 임홍안, 1987: 97). 연 1회 발생하며, 6월 하순부터 8월에 걸쳐 나타난다(주동률과 임홍안, 1987). 러시아 극동 남부지방에서는 연 1회 발생하며, 6월부터 7월에 걸쳐 나타난다(Korshunov & Gorbunov, 1995). 현재의 국명은 석주명(1947: 6)에 의한 것이다.

Genus *Chilades* Moore, 1881

Chilades Moore, 1881; *Lepid. Ceylon,* 1(2): 76. TS: *Papilio laius* Stoll.

전 세계에 적어도 23 종 이상이 알려져 있으며, 남아시아, 남부 유럽, 아프리카에 대부분 분포한다. 한반도에는 소철꼬리부전나비 1 종이 알려져 있다.

103. *Chilades pandava* (Horsfield, 1829) 소철꼬리부전나비

Lycaena pandava Horsfield, 1829; *Descr. Cat. lep. Ins. Mus. East India Coy,* (2): 84, no. 19. TL: Java (Indonesia).

Chilades pandava : D'Abrera, 1986; Heppner & Inoue, 1992: 139; Chou Io (Ed.), 1994: 687;

Bálint & Johnson, 1997; Joo, 2006: 41; Williams, 2008; Joo *et al.*, 2008: 1.

Distribution. S.Korea (Immigrant species), Taiwan, Burma, Java, Sumatra, India.

First reported from Korean peninsula. Joo, 2006; *J. Lepid. Soc. Korea,* 16: 41 (Loc. Jejudo (Is.) (S.Korea)).

North Korean name. 북한에서는 기록이 없다.

Host plant. Korea: 소철과(소철)(주흥재 등, 2008). Madagascar (in Africa): 소철과(*Cycas revoluta* 소철)(Lees *et al.*, 2003).

Remarks. 아종으로는 *C. p. pandava, C. p. vapanda* (Semper, 1899), *C. p. lanka* (Evans, 1925)의 3아종이 알려져 있다(Corbet & Pendlebury, 1992; Bálint, 1999). 한반도에서는 미접(우산접)으로서 2005년 9월 제주도 서귀포시 하예동에서 주흥재(2006: 41)에 의해 채집되어 처음 기록된 종이다. 차후 한반도 남부 해안 지역에 토착할 가능성이 높아 기후변화 탐지 또는 감시 측면에서 주목할 만한 종이다. 박상규의 2008-2009년 관찰 내용에 따르면 다음과 같다. [8월부터 11월까지 서귀포를 시작으로 제주시까지 이동, 그 후 제주도 전역에서 관찰되며, 월동은 못하는 것으로 추정된다.] 현재의 국명은 주흥재(2006: 41)에 의한 것이다.

Genus *Plebejus* Kluk, 1802

Plebejus Kluk, 1802; *Hist. nat. pocz. gospod.,* 4: 89. TS: *Papilio argus* Linnaeus.
  = *Lycaeides* Hübner, [1819]; *Verz. bek. Schmett.,* (5): 69. TS: *Papilio argyrognomon*
Bergsträsser.

전 세계에 적어도 60 종 이상이 알려져 있으며, 대부분 유라시아, 북아메리카, 북아프리카에 분포한다. 한반도에는 산꼬마부전나비, 부전나비, 산부전나비 3 종이 알려져 있다. Tuzov *et al.*, (2000: 164, pl. 72, figs. 46-48)에 의해 북한(N.Korea) 분포종으로 기록된 *Plebejus pseudoaegon* (Butler, [1882])은 부전나비(*P. argyrognomon*)와 유사한 종으로 차후 한반도 분포에 대한 재확인이 필요하다.

104. *Plebejus argus* (Linnaeus, 1758) 산꼬마부전나비

Papilio argus Linnaeus, 1758; *Syst. Nat.* (Edn 10), 1: 483, no. 152. TL: S.Sweden.

Lycaena aegon : Butler, 1882: 17.

Lycaena argus : Fixsen, 1887: 285 (Loc. Korea); Seok, 1933: 69 (Loc. Gyeseong).

Lycaena argus var. *coreana* : Tutt, 1909: 201.

Lycaena argus coreana : Bollow, 1932: 259 (Loc. Korea).

Lycaena argus micrargus : Nakayama, 1932: 381 (Loc. Korea).

Lycaena argus microargus : Mori, Doi, & Cho, 1934: 50 (Loc. W.Korea).

Lycaena argus insularis : Seok, 1934: 276 (Loc. Baekdusan (Mt.) region).

Lycaena argus zezuensis : Seok, 1937: 150-151 (Loc. Jejudo (Is.)).

Lycaena eros : Leech, 1894: 308 (Loc. Jemulpo (Incheon)).

Lycaena coreana : Tutt, 1909: 201 (Loc. Korea).

Lycaena coreana microargus : Nire, 1919: 372 (Loc. Sampo).

Lycaena coreana micrargus : Okamoto, 1926: 179 (Loc. Geumgangsan (Mt.)).

Lycaena coreana insularis : Matuda, 1930: 40 (Loc. Pyeongyang, Jangsusan (Mt.) (Hwanghae, N.Korea)).

Lycaena coreana pseudaegon : Doi, 1919: 125 (Loc. Korea).

Plebejus lebejus argus : Kim & Mi, 1956: 400.

Plebejus argus micargus : Joo *et al.*, 1997: 406.

Plebejus argus seoki : Joo & Kim, 2002: 100; Kim, 2002: 117.

Plebejus argus putealis : Im, 1996: 28 (Loc. N.Korea).

Plebejus argus : Frohwak, 1934: 214 (Loc. Korea); Seok, 1939: 206; Seok, 1947: 6; Cho & Kim, 1956: 51; Cho, 1959: 68; Kim, 1960: 272; Cho, 1963: 194; Cho *et al.*, 1968: 256; Lee, 1971: 8; Seok, 1972 (Rev. Ed.): 196, 248; Lee, 1973: 5; Lewis, 1974; Shin, 1975a: 44; Smart, 1975; Kim, 1976: 91; Shin, 1979: 137; Lee, 1982: 40; Im (N.Korea), 1987: 40; Ju & Im (N.Korea), 1987: 97; Shin, 1989: 171; Ju (N.Korea), 1989: 44 (Loc. Baekdusan (Mt.)); Kim & Hong, 1991: 388; ESK & KSAE, 1994: 385; Chou Io (Ed.), 1994: 689; Korshunov & Gorbunov, 1995; Karsholt & Razowski, 1996: 208; Bálint & Johnson, 1997; Joo *et al.*, 1997: 149; Park & Kim, 1997: 144; Tuzov *et al.*, 2000: 158; Lee, 2005a: 26.

Distribution. Korea, Japan, Temperate Asia, Europe.

First reported from Korean peninsula. Butler, 1882; *Ann Mag. Nat. Hist., ser.* 5(9): 17 (Loc. N.E.Korea).

North Korean name. 숫돌나비(임홍안, 1987; 주동률과 임홍안, 1987: 97; 임홍안, 1996); 신아산숫

돌나비(임홍안과 황성린, 1993).

Host plants. Korea: 국화과(수리취, 쑥), 질경이과(질경이), 버드나무과(버드나무)(주동률과 임홍안, 1987).

Remarks. 아종으로는 모식산지가 한국(Korea)인 *P. a. coreanus* Tutt, 1909 (TL: Weonsan (N.Korea); Loc. Korea, E.Amur and Ussuri region)와 *P. a. seoki* Shirozu & Sibitani, 1943 (TL: Jejudo (Is.) (S.Korea); Loc. Korea) 등의 19아종이 알려져 있다(Korshunov & Gorbunov, 1995; Bálint & Johnson, 1997; Bálint, 1999; Tuzov *et al.*, 2000). 한반도에는 고산지를 중심으로 국지적으로 분포하는 종으로 신유항(1979: 137)에 의해 월악산에서 채집기록이 있으나 현재 남한에서는 제주도 한라산에서만 볼 수 있다. 연 1회 발생하며, 제주도에서는 7월부터 8월에 걸쳐 나타난다. 북한 지역에서는 6월 중순부터 8월 중순에 걸쳐 나타나며, 알로 월동한다(주동률과 임홍안, 1987). 수컷의 날개 윗면은 청람색, 암컷은 암갈색을 띤다. 석주명(1947: 6), 조복성과 김창환(1956: 51), 김헌규와 미승우(1956: 400), 조복성(1959: 68; 1963: 194), 조복성 등 (1968: 256), 이승모(1971; 8; 1973: 5), 신유항(1975a: 44), 김창환(1976) 신유항(1979) 등은 *P. argus*의 국명으로 '부전나비'를 사용한바 있다. 현재의 국명은 신유항(1989: 171, 246)에 의한 것이다.

105. *Plebejus argyrognomon* (Bergsträsser, 1779) 부전나비

Papilio argyrognomon Bergsträsser, 1779; *Nomen. Ins.,* 2: 76, pl. 46, figs. 1-2, pl. 51, figs. 7-8. TL: Hanau-Münzenberg (Germany).

Lycaeides argyronomon (missp.) : Lee, 1982: 41; Joo (Ed.), 1986: 9; Shin, 1989: 172.

Lycaeides argyrognomon : Lee, 1971: 8; Lewis, 1974; Im (N.Korea), 1987: 40; Ju & Im (N.Korea), 1987: 99; Kim & Hong, 1991: 388; Im & Hwang (N.Korea), 1993: 57 (Loc. Baekdusan (Mt.)); ESK & KSAE, 1994: 385; Chou Io (Ed.), 1994: 688; Joo *et al.*, 1997: 150; Park & Kim, 1997: 145.

Lycaeides argyrognomon ussurica : Joo *et al.*, 1997: 406; Kim, 2002: 120.

Lycaeides argyrognomon zczuensis : Joo & Kim, 2002: 158.

Lycaeides argyrognomon coreana : Im, 1996: 29 (Loc. N.Korea).

Plebejus (*Lycaeides*) *argyrognomon* : Lee, 1973: 5; Kim, 1976: 92.

Plebejus argyrognomon : Korshunov & Gorbunov, 1995; Karsholt & Razowski, 1996: 208; Bálint & Johnson, 1997; Tuzov *et al.*, 2000: 164; Lee, 2005a: 26.

Distribution. Korea, S.Siberia, Amur region, Mongolia, Europe.

First reported from Korean peninsula. Lee, 1971; *Cheong-Ho-Rim Entomol., Lab. note* 1: 8 (Loc. Seolaksan (Mt.) (S.Korea)).

North Korean name. 설악산숫돌나비(임홍안, 1987; 주동률과 임홍안, 1987: 99); 물빛점무늬숫돌나비(임홍안, 1996).

Host plants. Korea: 콩과(낭아초, 땅비싸리)(주동률과 임홍안, 1987); 콩과(갈퀴나물)(손정달 등, 1995).

Associated ants. Korea: 주름개미(*Tetramorium tsushimae*), 곰개미(*Formica japonica*), 혹불개미(*F. fusca*), 일본왕개미(*Camponotus japonicus*), 누운털개미(*Lasius alienus*), 일본풀개미(*L. japonicus*), 고동털개미(*L. niger*), 스미스개미(*Paratrechina flavipes*)(장용준, 2007: 12).

Remarks. 아종으로는 *P. a. caerulescens* (Grum-Grshimailo, 1893) (Loc. S.Ural, SW.Siberia, Altai, Prisayanye) 등의 6아종이 알려져 있다(Korshunov & Gorbunov, 1995; Bálint, 1999; Tuzov *et al.*, 2000). *P. a. ussurica*는 *P. pseudaegon* (Butler, [1882])의 아종인 *P. p. ussuricus*의 동물이명(synonym)이다(Tuzov *et al.*, 2000). 한반도 전역에 분포하는 종이나, 제주도에서는 관찰기록이 없다. 연 수회 발생하며, 5월 하순부터 10월까지 양지 바른 논밭, 제방, 하천 수변에서 볼 수 있다. 알로 월동한다. 현재의 국명은 신유항(1989: 244)에 의한 것이다. 국명이명으로는 이승모(1971: 8; 1973: 5)와 김창환(1976) 등의 '설악산부전나비'가 있다.

106. *Plebejus subsolanus* (Eversmann, 1851) 산부전나비

Lycaena subsolanus Eversmann, 1851; *Bull. Soc. imp. Nat. Moscou,* 24(2): 620. TL: Irkut river valley (Russia).

Lycaena cleobis : Fixsen, 1887: 285; Seok & Nishimoto, 1935: 96 (Loc. Najin).

Lycaena cleobis cleobis : Seok, 1939: 209.

Lycaena putealis : Matsumura, 1927: 159 (Loc. Samjiyeon (N.Korea)); Seok, 1937: 170- 171 (Loc. Jejudo (Is.)).

Lycaena cleobis putealis : Seok, 1939: 210.

Lycaeides subsolana : Kim & Mi, 1956: 389, 399; Cho, 1959: 62; Kim, 1960: 267; Cho, 1963: 194; Cho *et al.*, 1968: 256; Lee, 1982: 41; Im (N.Korea), 1987: 40; Ju & Im (N.Korea), 1987: 100; Shin, 1989: 172; Kim & Hong, 1991: 388; ESK & KSAE, 1994: 385.

Lycaeides subsolanus : Joo *et al.*, 1997: 151; Park & Kim, 1997: 147; Joo & Kim, 2002: 158; Kim, 2002: 118.

Plebejus cleobis : Seok, 1939: 53 (Loc. Gaemagoweon (N.Korea)); Seok, 1947: 6; Cho & Kim,

1956: 51.

Plebejus subsolanus : D'Abrera, 1986; Korshunov & Gorbunov, 1995; Bálint & Johnson, 1997; Tuzov *et al.*, 2000: 160; Lee, 2005a: 26.

Distribution. Korea, Amur and Ussuri region, Japan, N.Mongolia.

First reported from Korean peninsula. Fixsen, 1887; in Romanoff, *Mém. Lépid.*, 3: 285 (Loc. Korea).

North Korean name. 산숫돌나비(임홍안, 1987; 주동률과 임홍안, 1987: 100).

Host plants. Korea: 콩과(나비나물, 갈퀴나물)(주동률과 임홍안, 1987).

Remarks. 아종으로는 *P. s. subsolanus* (Loc. Transbaikal, Amur and Ussuri region) 등의 5아종이 알려져 있다(Chou Io (Ed.), 1994; Korshunov & Gorbunov, 1995; Bálint & Johnson, 1997; Bálint, 1999; Tuzov *et al.*, 2000). 한반도에는 국지적으로 분포하는 종으로 남한에서는 강원도 태백 지역과 제주도 한라산에서만 기록이 있으며, 개체수는 아주 적다. 연 1회 발생하며, 6월부터 8월에 걸쳐 나타나고, 알로 월동한다(주동률과 임홍안, 1987). 현재의 국명은 석주명(1947: 6)에 의한 것이다.

Genus *Albulina* Tutt, 1909

Albulina Tutt, 1909; *Nat. Hist. Brit. Butts,* 3(6): 154. TS: *Papilio pheretes* Hübner.

= *Vacciniina* Tutt, 1909; *Nat. Hist. Brit. Butts,* 3(6): 154. TS: *Papilio optilete* Knoch.

= *Vacciniina* Tutt, 1909; *Ent. Rec.,* 21(5): 108. TS: *Papilio optilete* Knoch.

전 세계에 적어도 39 종 이상이 알려져 있으며, 대부분 유라시아와 북아메리카에 분포한다. 한반도에는 높은산부전나비 1 종이 알려져 있다.

107. *Albulina optilete* (Knoch, 1781) 높은산부전나비

Papilio optilete Knoch, 1781; *Beitr. Insektengesch.,* 1: 76, pl. 5, figs. 5-6. TL: Braunschweig (Germany).

Lycaena optilete shonis : Matsumura, 1927: 159; Mori, Doi, & Cho, 1934: 48-49 (Loc. N.Korea).

Lycaena optilete sibirica : Uchida, 1932: 994 (Loc. Korea); Seok, 1934: 277 (Loc. Baekdusan

(Mt.) region).

Plebejus optilete sibirica : Seok, 1939: 54 (Loc. Gaemagoweon (N.Korea)).

Vacciniina optilete sibirica : Seok, 1947: 7; Cho & Kim, 1956: 59.

Vacciniina optilete : Lewis, 1974; Smart, 1975; Lee, 1982: 43; Hodges & Ronald (ed.), 1983; Im (N.Korea), 1987: 40; Ju & Im (N.Korea), 1987: 101; Shin, 1989: 246; Ju (N.Korea), 1989: 44 (Loc. Baekdusan (Mt.)); Kim & Hong, 1991: 388; ESK & KSAE, 1994: 386; Korshunov & Gorbunov, 1995; Karsholt & Razowski, 1996: 208; Tuzov *et al.*, 2000: 180, pl. 68, figs. 42-47.

Vacciniina optilete sibirica : Seok, 1939: 245; Joo *et al.*, 1997: 407; Kim, 2002: 293.

Vacciniina optilete daisetsuzana : Kim & Mi, 1956: 391, 401; Cho, 1959: 76; Kim, 1960: 259.

Albulina optilete : Bálint & Johnson, 1997; Lee, 2005a: 26.

Distribution. Korea, Japan, N.Asia, Europe.

First reported from Korean peninsula. Matsumura, 1927; *Ins. Mats.,* 1: 159, 162, 166 (Loc. Pabalri (N.Korea), Baekdusan (Mt.) (N.Korea)).

North Korean name. 북방숯돌나비(임홍안, 1987; 주동률과 임홍안, 1987: 101).

Host plants. Korea: 진달래과(철쭉)(주동률과 임홍안, 1987). Russia: 시로미과(*Empetrum* spp.)(Korshunov & Gorbunov, 1995). Finland: 진달래과(*Vaccinium* spp., *V. uliginosum*)(Seppänen, 1970). North America: 진달래과(*V. myrtillus*)(Pyle, 1981).

Remarks. 아종으로는 모식산지가 한국(Korea)인 *A. o. shonis* (Matsumura, 1927) (TL: Korea); Loc. Korea, Amur and Ussuri region) 등의 6아종이 알려져 있다(Hodges & Ronald (ed.), 1983; Korshunov & Gorbunov, 1995; Bálint & Johnson, 1997; Tuzov *et al.*, 2000). 한반도에는 동북부 고산지역에 국지적으로 분포하는 종이다(이승모, 1982: 43; 주동률과 임홍안, 1987). 연 1회 발생 하고, 7월 상순부터 8월 하순에 걸쳐 나타나며, 눈잣나무 군락 주변이나 들쭉나무 군락 주변에서 볼 수 있고, 애벌레로 월동한다(주동률과 임홍안, 1987). 러시아 극동지역에서는 연 1회 발생하며, 6월부터 8월에 걸쳐 나타난다(Korshunov & Gorbunov, 1995). 현재의 국명은 신유항(1989: 246) 에 의한 것이다. 국명이명으로는 석주명(1947: 7), 조복성과 김창환(1956: 59), 김헌규와 미승우 (1956: 401), 조복성(1959: 76), 김헌규(1960: 258)의 '시베리아부전나비'와 이승모(1982: 43)의 '서백리아부전나비'가 있다.

Genus *Polyommatus* Latreille, 1804

Polyommatus Latreille, 1804; *Nouv. Dict. Hist. nat.*, 24(6): 185, 200. TS: *Papilio icarus*
Rottemburg.

= *Cyaniris* Dalman, 1816; *K. svenska VetenskAkad. Handl., Stockholm,* 1816(1): 63. TS:
Cyaniris argianus Dahlman.

= *Agrodiaetus* Hübner, 1822; *Syst.-alph. Verz.*: 1-10. TS: *Papilio damon* Denis & Schiffermüller.

전 세계에 적어도 210 종 이상이 알려져 있는 큰 속으로, 대부분 유라시아와 북아프리카에 분포한
다. 한반도에는 사랑부전나비, 함경부전나비, 연푸른부전나비, 후치령부전나비 4 종이 알려져 있다.

108. *Polyommatus tsvetaevi* Kurentzov, 1970 사랑부전나비

Polyommatus tsvetaevi Kurentzov, 1970; *Butterflies of the USSR Far East*: 137. TL: Suputinka
river, Ussuri region (Russia).

Lycaena eros erotides : Nire, 1919: 373-374; Cho, 1934: 75 (Loc. Gwanmosan (Mt.)).

Lycaena eros boisduvalii : Seok, 1934: 277, 281 (Loc. Baekdusan (Mt.) region).

Lycaena eros sutleja : Eok, 1937: 111 (Loc. Korea).

Plebejus eros boisduvalii : Seok, 1939: 134; Seok, 1947: 6; Cho & Kim, 1956: 52; Kim & Mi,
1956: 400.

Polyommatus eros : Lee, 1982: 40; Im (N.Korea), 1987: 40; Ju & Im (N.Korea), 1987: 104; Shin,
1989: 246; Ju (N.Korea), 1989: 44 (Loc. Baekdusan (Mt.)); Kim & Hong, 1991: 388; ESK &
KSAE, 1994: 385; Lee, 2005a: 26.

Polyommatus eros boisduvalii : Kim, 1960: 259; Shin, 1975a: 44; Lee, 1982: 40; Chou Io (Ed.),
1994: 689; Joo *et al.*, 1997: 406; Kim, 2002: 293.

Polyommatus tsvetaevi : Korshunov & Gorbunov, 1995: 401; Tuzov *et al.*, 2000: 192, pl. 79,
figs. 28-30; Kim, 2006: 48.

Distribution. N.Korea, S.Ussuri region, China.

First reported from Korean peninsula. Nire, 1919; *Zool. Mag.*, 31: 373-374, pl. 4, fig. 11-12
(Loc. Seongjin, (Gimchaek-si, HB, N.Korea)).

North Korean name. 참숫돌나비(임홍안, 1987; 주동률과 임홍안, 1987: 104).

Host plant. Unknown.

Remarks. 근연종인 *Polyommatus boisduvalii* (Herrich-Schäffer, [1844])는 독일, 체코, 폴란드, 서유럽, 남서 시베리아, 카자흐스탄에 분포하며, *Polyommatus eros* (Ochsenheimer, 1808)는 프랑스(피레네 산맥), 알프스, 이탈리아 등에 분포한다(Savela, 2008 (ditto)). 한반도에는 동북부 고산지역에 국지적으로 분포하며 개체수는 적다. 연 1회 발생하며, 7월 중순부터 8월 중순에 걸쳐 나타난다. 고산지역의 초지대, 숲 가장자리 등에서 관찰된다(주동률과 임홍안, 1987). 러시아 극동 남부지방에서는 연 2회 발생하며, 제1화는 6월부터 7월 중순, 제2화는 9월 하순에 관찰된다(Korshunov & Gorbunov, 1995). 현재의 국명은 석주명(1947: 6)에 의한 것이다.

109. *Polyommatus amandus* (Schneider, 1792) 함경부전나비

Papilio amandus Schneider, 1792; *Neuest. Mag. Lieb. Ent.* 1(4): 428-429. TL: S.Sweden.

Lycaena amanda amurensis : Mori, 1925: 59; Seok, 1937: 189 (Loc. Yanggu (GW, Korea)).

Agrodietus amandus : Im (N.Korea), 1987: 40; Ju & Im (N.Korea), 1987: 103; Ju (N.Korea), 1989: 44 (Loc. Baekdusan (Mt.)).

Plebejus amandus : Seok, 1939: 205; Seok, 1947: 6; Cho & Kim, 1956: 50; Cho, 1959: 67.

Plebejus lebejus amandus : Kim & Mi, 1956: 400.

Plebicula amanda : Kim, 1960: 261; Higgins & Riley, 1970; Lewis, 1974; Lee, 1982: 43; Kim & Hong, 1991: 388; ESK & KSAE, 1994: 385.

Plebicula amanda amurensis : Joo et al., 1997: 407; Kim, 2002: 293.

Polyommatus amandus amurensis : Seok, 1972 (Rev. Ed.): 197, 239.

Polyommatus amandus : Karsholt & Razowski, 1996: 209; Tuzov *et al.*, 2000: 195, pl. 77, figs. 1-15; Lee, 2005a: 26; Mazzei *et al.*, 2009.

Distribution. N.Korea, Japan, Palearctic region, Europe.

First reported from Korean peninsula. Mori, 1925; *Jour. Chos. Nat. Hist.*, 3: 59 (Loc. Daedeoksan (Mt.) (N.Korea), Pabalri (N.Korea)).

North Korean name. 아무르숫돌나비(임홍안, 1987; 주동률과 임홍안, 1987: 103).

Host plants. Korea: Unknown. Russia: 콩과(*Vicia kokanica, Vikica costata, Medicago romanica*)(Tuzov *et al.*, 2000). Finland: 콩과(*Vicia cracca, Lathyrus pratensis*) (Seppänen, 1970).

Remarks. 유라시아 대륙에 광역 분포하는 종으로, 아종으로는 *P. a. amandus* (Loc. Europe, Caucasus, Transcaucasia, Kopet-Dagh, Siberia, Transbaikal, Far East), *P. a. amurensis*

(Staudinger, 1892) (Loc. Amur and Ussuri region) 등 7아종이 알려져 있다(Korshunov & Gorbunov, 1995; Bálint & Johnson, 1997; Bálint, 1999; Tuzov et al., 2000). 한반도에는 동북부 고산지역에 국지적으로 분포하며, 남한 지역에서는 강원도 양구에서의 기록이 있다(이승모, 1982: 43). 연 1회 발생하고, 6월 하순부터 8월 상순에 걸쳐 나타나며, 고산지역의 습초지대에서 관찰된다(주동률과 임홍안, 1987). 러시아 극동 지역에서는 연 1회 발생하며, 6월부터 8월에 걸쳐 나타난다(Korshunov & Gorbunov, 1995). 현재의 국명은 석주명(1947: 6)에 의한 것이다.

110. *Polyommatus icarus* (Rottemburg, 1775) 연푸른부전나비

Papilio icarus Rottemburg, 1775; *Der Naturforscher,* 6: 21, no. 8. TL: Saxony (Germany).

Lycaena icarus : Mori, 1927: 23; Mori & Cho, 1938: 83 (Loc. Korea).

Plebicula icarus : Lee, 1982: 43; Shin, 1989: 246; Kim & Hong, 1991: 389; ESK & KSAE, 1994: 385.

Plebicula icarus icarus : Kim, 1960: 259.

Plebicula icarus tumangensis : Im, 1988: 49 (Loc. Jagang-do, Ranglim-gun (N.Korea)); Joo et al., 1997: 407; Kim, 2002: 293.

Polyommatus icarus icarus : Seok, 1939: 216; Seok, 1947: 7; Kim & Mi, 1956: 400.

Polyommatus icarus : Cho & Kim, 1956: 52; Cho, 1959: 69; Seok, 1972 (Rev. Ed.): 198; Lewis, 1974; Smart, 1975; Im (N.Korea), 1987: 40; Ju & Im (N.Korea), 1987: 103; Karsholt & Razowski, 1996: 209; Bálint & Johnson, 1997; Tuzov et al., 2000: 194, pl. 77, figs. 19-33; Lee, 2005a: 26.

Distribution. N.Korea, Japan, Temperate Asia, Europe, N.Africa.

First reported from Korean peninsula. Mori, 1927; *Jour. Chos. Nat. Hist.,* 4: 23 (Loc. Baekdusan (Mt.) (N.Korea)).

North Korean name. 연한물빛숫돌나비(임홍안, 1987; 주동률과 임홍안, 1987: 103).

Host plants. Korea: Unknown. Finland: 콩과(*Lathyrus spp., Vicia* spp., *V. cracca, Oxytropis campestris, Lotus corniculatus, Trifolium pratense*) (Seppänen, 1970). Europe: 콩과(*Oxytropis pyrenaica, Astragalus aristatus, A. onobrychis*)(Tennent, 1996). Israel: 콩과(*Astragalus pinetorum*)(Tennent, 1996). NW.Kazakhstan: 콩과(*Medicago romanica, M. falcata, Trifolium repens,* (host ants *Lasius alienus, L. flavus, L. niger, Formica subrufa, Plagiolepis pigmaea, Myrmica sabuleti*))(Tuzov et al., 2000).

Remarks. 아종으로는 *P. i. tumangensis* (Loc. N.Korea) 등의 8아종이 알려져 있다(Tennent, 1996; Bálint, 1999; Korshunov & Gorbunov, 1995; Tuzov *et al.*, 2000). 한반도에는 동북부 고산지역에 국지적으로 분포하는 종으로 개체수는 적다. 연 1회 발생하고, 7월부터 8월 하순에 걸쳐 나타나며, 고산지역의 초지대, 소택지 등에서 관찰된다(주동률과 임홍안, 1987). 러시아 극동지역에서는 연 1-2회 발생하며, 5월부터 10월에 걸쳐 나타난다(Korshunov & Gorbunov, 1995). 현재의 국명은 조복성과 김창환(1956)에 의한 것이다. 국명이명으로는 석주명(1947: 7), 김헌규와 미승우(1956: 400)의 '유-롭푸른부전나비', 조복성(1959: 69)과 김헌규(1960: 258)의 '유롭푸른부전나비', 이승모(1982: 43)의 '구라파푸른부전나비', 김정환과 홍세선(1991)의 '유럽푸른부전나비'가 있다.

111. *Polyommatus semiargus* (Rottemburg, 1775) 후치령부전나비

Papilio semiargus Rottemburg, 1775; *Der Naturforscher,* 6: 20. TL: Saxonia (Germany).

Lycaena semiargus : Sugitani, 1932: 24-26; Seok, 1934; 761 (Loc. Baekdusan (Mt.) region).

Cyaniris semiargus : Seok, 1939: 180; Seok, 1947: 6; Cho & Kim, 1956: 46; Kim & Mi, 1956: 399; Cho, 1959: 58; Kim, 1960: 258; Lee, 1971: 8; Lee, 1973: 5; Seok, 1972 (Rev. Ed.): 191; Lewis, 1974; Smart, 1975; Lee, 1982: 42; Im (N.Korea), 1987: 40; Ju & Im (N.Korea), 1987: 101; Shin, 1989: 246; Ju (N.Korea), 1989: 44 (Loc. Baekdusan (Mt.)); Kim & Hong, 1991: 388; ESK & KSAE, 1994: 385; Korshunov & Gorbunov, 1995; Karsholt & Razowski, 1996: 208; Joo *et al.*, 1997: 407; Tuzov *et al.*, 2000: 175, pl. 70, figs. 20-28; Kim, 2002: 293.

Cyaniris semiargus peikusani : Im, 1996: 29 (Loc. N.Korea).

Polyommatus semiargus : Bálint & Johnson, 1997; Lee, 2005a: 26.

Distribution. N.Korea, Temperate Asia, Mongolia, Morocco, Europe.

First reported from Korean peninsula. Sugitani, 1932; *Zeph.,* 4: 24-26, pl. 4, figs. 6 & 10 (Loc. Musanryeong (N.Korea), Huchiryeong (HN, N.Korea)).

North Korean name. 후치령숫돌나비(임홍안, 1987; 주동률과 임홍안, 1987: 101; 임홍안, 1996).

Host plants. Korea: Unknown. Finland: 콩과(*Vicia cracca, Trifolium medium, T. spadiceum*)(Seppänen, 1970). Russia: 콩과(*Trifolium* spp., *Anthyllis* spp., *Genista* spp., *Melilotus* spp.)(Tuzov *et al.*, 2000).

Remarks. 아종으로는 *P. s. semiargus* (Loc. Europe, Caucasus Major, Siberia, Far East), *P. s. amurensis* (Tutt, 1909) (Loc. Amur and Ussuri region) 등 8아종이 알려져 있다(Korshunov & Gorbunov, 1995; Bálint, 1999; Tuzov *et al.*, 2000). 한반도에는 동북부 고산지역에 국지적으로

분포하는 종으로 남한에서는 설악산에서 기록이 있다(이승모, 1982: 42). 연 1회 발생하고, 6월 하순부터 7월 하순에 걸쳐 나타나며, 백두산에서는 1,900m 일대의 초지대에서 관찰된다(주동률과 임홍안, 1987). 러시아 극동지역에서는 연 1-2회 발생하며, 6월부터 8월에 걸쳐 나타난다(Korshunov & Gorbunov, 1995). 현재의 국명은 조복성(1959: 59)에 의한 것이다. 국명이명으로는 석주명(1947: 6)의 '후치령푸른부전나비'가 있다.

Subfamily **LYCAENINAE** Leech, 1815 주홍부전나비아과

전 세계에 적어도 6 속 이상이 알려져 있는 작은 아과로서, 대부분 유라시아에 분포한다. 한반도에는 *Lycaena*의 1 속 5 종이 알려져 있다. 대부분 주홍색 날개 바탕에 검은색 점이 발달한다.

Genus *Lycaena* Fabricius, 1807

Lycaena Fabricius, 1807; *Magazin f. Insektenk.* (Illiger) 6: 285. TS: *Papilio phlaeas* Linnaeus.

= *Heodes* Dalman, 1816; *K. svenska VetenskAkad. Handl., Stockholm,* 1816(1): 63. TS: *Papilio virgaureae* Linnaeus.

= *Helleia* Verity, 1943; *Le Farfalle diurn. d'Italia,* 2: 20, 48. TS: *Papilio helle* Denis & Schiffermüller.

= *Palaeochrysophanus* Verity, 1943; *Le Farfalle diurn. d'Italia,* 2: 23, 64. TS: *Papilio hippothoe* Linnaeus.

= *Thersamolycaena* Verity, 1957; *Ent. Rec. J. Var.,* 69: 225. TS: *Papilio dispar* Haworth.

전 세계에 69 종 이상이 알려져 있는 큰 속으로, 대부분 유라시아와 북미에 분포한다. 한반도에는 작은주홍부전나비 등 5 종이 알려져 있다.

112. *Lycaena phlaeas* (Linnaeus, 1761) 작은주홍부전나비

Papilio phlaeas Linnaeus, 1761; *Fauna Suecica* (Edn 2): 285. no. 1078. TL: C.Sweden.

Chrysophanus timaeus : Butler, 1883: 112; *Ann Mag. Nat. Hist., ser.* 5(11): 112 (Loc. Incheon

(S.Korea).

Polyommatus phlaeas : Fixsen, 1887: 283 (Loc. Korea).

Chrysophanus phlaeas : Leech, 1894: 399-401 (Loc. Korea); Yokoyama, 1927: 628 (Loc. Korea).

Chrysophanus phlaeas daimio : Nire, 1919: 161 (Loc. Korea); Cho, 1934: 74 (Loc. Gwanmosan (Mt.)).

Chrysophanus phlaeas chinensis : Matsumura, 1919: 27 (Loc. Korea); Seok, 1936: 64 (Loc. Geumgangsan (Mt.)).

Chrysophanus phlaeas phlaeas : Nire, 1920: 53 (Loc. Korea).

Chrysophanus chinensis : Matuda, 1930: 40 (Loc. Geumgangsan (Mt.)).

Lycaena phlaeas chinensis : Seok, 1939: 194; Seok, 1947: 6; Cho & Kim, 1956: 48; Kim & Mi, 1956: 400; Cho, 1959: 63; Kim, 1960: 272; Cho, 1963: 194; Cho *et al.*, 1968: 256; Hyun & Woo, 1969: 180; Seok, 1972 (Rev. Ed.): 194, 239, 248; Shin, 1975a: 44; Joo *et al.*, 1997: 405; Joo & Kim, 2002: 91; Kim, 2002: 102.

Lycaena phalaeas chinensis (missp.) : Shin & Koo, 1974: 130.

Lycaena phlaeas : Esaki, 1939: 222 (Loc. Korea); Lee, 1971: 7; Lee, 1973: 5; Lewis, 1974; Smart, 1975; Kim, 1976: 77; Lee, 1982: 31; Hodges & Ronald (Ed.), 1983; Joo (Ed.), 1986: 8; Im (N.Korea), 1987: 39; Ju & Im (N.Korea), 1987: 76; Shin, 1989: 166; Kim & Hong, 1991: 386; Im & Hwang (N.Korea), 1993: 57 (Loc. Baekdusan (Mt.)); ESK & KSAE, 1994: 385; Chou Io (Ed.), 1994: 663; Korshunov & Gorbunov, 1995; Karsholt & Razowski, 1996: 205; Joo *et al.*, 1997: 128; Park & Kim, 1997: 123; Tuzov *et al.*, 2000: 123; Lee, 2005a: 25.

Distribution. Korea, Japan, Asia, N.Africa, Europe.

First reported from Korean peninsula. Butler, 1883; *Ann Mag. Nat. Hist., ser.* 5(11): 112 (Loc. Incheon (S.Korea)).

North Korean name. 붉은숫돌나비(임홍안, 1987; 주동률과 임홍안, 1987: 76).

Host plants. Korea: 마디풀과(애기수영, 수영, 참소리쟁이)(손정달, 1984); 마디풀과(개대황)(주동률과 임홍안, 1987); 마디풀과(소리쟁이)(주흥재와 김성수, 2002).

Remarks. 아종으로는 *L. p. daimio* (Seitz, [1909]) (Loc. S.Kuriles, Sakhalin) 등의 20아종이 알려져 있다(D'Abrera, 1980; Hodges & Ronald (Ed.), 1983; Korshunov & Gorbunov, 1995; Chou Io (Ed.), 1994; Larsen, 1996; Tuzov *et al.*, 2000; Williams, 2008). 한반도 전역에 분포하는 종으로 개체수는 많다. 연 수회 발생하며, 4-10월에 걸쳐 나타난다. 애벌레로 월동한다. 산지 및 하천 주변의 초지대와 농경지 주변에서 쉽게 볼 수 있다. 현재의 국명은 석주명(1947: 6)에 의한 것이다.

113. *Lycaena helle* (Schiffermüller, 1775) 남주홍부전나비

Papilio helle Schiffermüller, 1775; *Syst. Verz. Schmett. Wien. Geg.*: 181. TL: Vienna (Austria).

Chrysophanus amphidamas : Doi, 1937: 33-34.

Lycaena amphidamas : Seok, 1939: 191; Seok, 1947: 6; Kim & Mi, 1956: 399; Cho, 1959: 62; Kim, 1960: 261.

Helleia helle : Im (N.Korea), 1987: 40; Ju & Im (N.Korea), 1987: 76; Chou Io (Ed.), 1994: 662; Joo *et al.*, 1997: 405; Kim, 2002: 292.

Lycaena helle : Lewis, 1974; Smart, 1975; Lee, 1982: 30; Shin, 1989: 245; Kim & Hong, 1991: 386; ESK & KSAE, 1994: 385; Korshunov & Gorbunov, 1995; Karsholt & Razowski, 1996: 205; Tuzov *et al.*, 2000: 123, pl. 57, figs. 1-6; Lee, 2005a: 25.

Distribution. N.Korea, Siberia, Amur region, Russia, C.Europe.

First reported from Korean peninsula. Doi, 1937; *Zeph.*, 7: 33-34 (Loc. Musangun donae (Islands) (N.Korea)).

North Korean name. 남색붉은숫돌나비(임홍안, 1987; 주동률과 임홍안, 1987: 76).

Host plants. Korea: Unknown. Finland: 마디풀과(*Polygonum viviparum*)(Seppänen, 1970). Russia: 마디풀과(*Rumex aquaticus*, *R. acetosa*, *Polygonum amphibium*, *P. bistorta*)(Korshunov & Gorbunov, 1995).

Remarks. 아종으로는 *L. h. helle* (Loc. C.Europe, NEU, Caucasus Major)과 *L. h. phintonis* (Fruhstorfer, 1910) (Loc. Siberia, Amur region)의 2아종이 알려져 있다(Tuzov *et al.*, 2000). 한 반도에는 동북부 고산지의 초지대에 국지적으로 분포하는 종으로 개체수는 아주 적다. 연 2회 발 생하며, 제1화는 5월 하순부터 6월, 제2화는 7월 상순부터 7월 하순에 걸쳐 나타난다(주동률과 임 홍안, 1987). 러시아 극동 북부지역에서는 연 1회 발생하고, 6월 하순부터 7월 상순에 걸쳐 나타난 다(Korshunov & Gorbunov, 1995). 현재의 국명은 석주명(1947: 6)에 의한 것이다.

114. *Lycaena dispar* (Haworth, 1803) 큰주홍부전나비

Papilio dispar Haworth, 1803; *Prodr. Lep. Brit.*, 1: 40. TL: England.

Polyommatus dispar rutilus : Fixsen, 1887: 283.

Polyommatus auratus : Leech, 1887: 414-415 (Loc. Changdo (South of Weonsan, N.Korea)).

Chrysophanus dispar auratus : Leech, 1894: 398 (Loc. Changdo (South of Weonsan, N.Korea)); Nire, 1919: 9 (Loc. Korea); Seok, 1934: 748-749 (Loc. Pyeonggang (GW, N.Korea); Mori & Cho, 1938: 74-75 (Loc. Korea).

Thersamonolycaena dispar : Tuzov *et al.*, 2000: 125.

Lycaena dispar auratus : Seok, 1939: 191; Seok, 1947: 6; Cho & Kim, 1956: 47; Kim & Mi, 1956: 400; Cho, 1959: 62; Im, 1996: 27 (Loc. N.Korea).

Lycaena dispar aurata : Kim, 1960: 265; Joo *et al.*, 1997: 405; Kim, 2002: 103.

Lycaena dispar : Frohwak, 1934: 260 (Loc. Korea); Lewis, 1974; Smart, 1975; Lee, 1982: 30; Joo (Ed.), 1986: 9; Im (N.Korea), 1987: 39; Shin, 1989: 165; Shin, 1990: 149; Kim & Hong, 1991: 385; Im & Hwang (N.Korea), 1993: 56 (Loc. Baekdusan (Mt.)); ESK & KSAE, 1994: 385; Chou Io (Ed.), 1994: 663; Karsholt & Razowski, 1996: 205; Joo *et al.*, 1997: 126; Park & Kim, 1997: 121; Lee, 2005a: 25.

Distribution. Korea, Siberia, Amur region, Europe.

First reported from Korean peninsula. Fixsen, 1887; in Romanoff, *Mém. Lépid.*, 3: 283 (Loc. Korea).

North Korean name. 큰붉은숫돌나비(임홍안, 1987; 주동률과 임홍안, 1987: 75; 임홍안, 1996).

Host plants. Korea: 마디풀과(소리쟁이)(신유항, 1989); 마디풀과(참소리쟁이)(주흥재 등, 1997).

Remarks. 아종으로는 *L. d. aurata* Leech, 1887 (Loc. C.Siberia, E.Amur and Ussuri region) 등의 5아종이 알려져 있다(Chou Io (Ed.), 1994; Tuzov *et al.*, 2000). 한반도에는 중·북부지방에 분포하는 종으로 남한에서는 경기도와 충청남도 서해안 지역 중심으로 국지적으로 분포한다. 최근 들어서는 한강(한강시민공원, 탄천, 성내천, 양재천 등), 곡교천(충남 아산) 등의 서해안 하천을 따라 내륙쪽으로 새롭게 관찰되는 지역이 증가하는 추세에 있다. 남한지역의 발생지에서는 개체수가 많은 편이나, 북한지역에서는 개체수가 적다(주동률과 임홍안, 1987). 연 3회 발생하며, 5월부터 10월에 걸쳐 나타난다. 애벌레로 월동한다(주흥재 등, 1997). 수컷은 앞·뒷날개 외연을 제외한 전체가 주황색으로 무늬가 없으며, 암컷은 앞날개 윗면에 검은 점이 아외연선상에 줄지어 있다. 현재의 국명은 석주명(1947: 6)에 의한 것이다.

115. *Lycaena virgaureae* (Linnaeus, 1758) 검은테주홍부전나비

Papilio virgaureae Linnaeus, 1758; *Syst. Nat.* (Edn 10), 1: 484. TL: Sweden.

Chrysophanus virgaureae : Sugitani, 1930: 188; Mori & Cho, 1938: 75 (Loc. Korea).

Heodes virgaureae : Lewis, 1974; Lee, 1982: 31; Im (N.Korea), 1987: 40; Ju & Im (N.Korea), 1987: 78; Shin, 1989: 245; Kim & Hong, 1991: 386; ESK & KSAE, 1994: 385; Korshunov & Gorbunov, 1995; Tuzov *et al.*, 2000.

Lycaena virgaureae : Seok, 1939: 196; Seok, 1947: 6; Cho & Kim, 1956: 48; Kim & Mi, 1956: 400; Cho, 1959: 64; Kim, 1960: 258; Chou Io (Ed.), 1994: 664; Karsholt & Razowski, 1996: 205; Joo *et al.*, 1997: 405; Kim, 2002: 292; Lee, 2005a: 25.

Distribution. N.Korea, Siberia, Asia Minor, C.Asia, Mongolia, Europe.

First reported from Korean peninsula. Sugitani, 1930; *Zeph.*, 2: 188 (Loc. Hoereong (HB, N.Korea)).

North Korean name. 검정테붉은숫돌나비(임홍안, 1987; 주동률과 임홍안, 1987: 78).

Host plants. Korea: Unknown. China: 콩과(Fabaceae)(Chou Io (Ed.)). Russia: 마디풀과(*Rumex thyrsifolium, R. acetosa*)(Korshunov & Gorbunov, 1995). Finland: 마디풀과(*Rumex* spp., *R. acetosella*)(Seppänen, 1970).

Remarks. 아종으로는 *L. v. lena* Kurenzov, 1970 (Loc. C.Urals, C.Siberia, Far East) 등의 4아종이 알려져 있다(Korshunov & Gorbunov, 1995; Tuzov *et al.*, 2000). 한반도에는 동북부 고산지역에 국지적으로 분포하는 종으로 개체수는 아주 적다. 연 1회 발생하며, 7월 중순부터 8월 중순에 걸쳐 나타나며(주동률과 임홍안, 1987), 러시아 극동 남부지방에서는 6월 하순부터 8월 중순에 걸쳐 나타난다(Korshunov & Gorbunov, 1995). 현재의 국명은 석주명(1947: 6)에 의한 것이다.

116. *Lycaena hippothoe* (Linnaeus, 1761) 암먹주홍부전나비

Papilio hippothoe Linnaeus, 1761; *Fauna Suecica* (Edn 2): 274, no. 1046. TL: Sweden.

Chrysophanus hippothoe amurensis : Sugitani, 1930: 188; Seok, 1934: 276 (Loc. Baekdusan (Mt.) region); Mori & Cho, 1938: 75 (Loc. Korea).

Palaeochrysophanus hippothoe : Higgins & Riley, 1970; Lewis, 1974; Smart, 1975; Lee, 1982: 31; Im (N.Korea), 1987: 40; Ju & Im (N.Korea), 1987: 78; Shin, 1989: 245; Kim & Hong, 1991: 386; ESK & KSAE, 1994: 385; Chou Io (Ed.), 1994: 664.

Palaeochrysophanus hippothoe amurensis : Joo *et al.*, 1997: 406; Kim, 2002: 292.

Heodes hippothoe : Korshunov & Gorbunov, 1995; Tuzov *et al.*, 2000.

Lycaena hippothoe amurensis : Seok, 1939: 193; Seok, 1947: 6; Cho & Kim, 1956: 48; Kim & Mi, 1956: 400; Cho, 1959: 63; Kim, 1960: 258; Seok, 1972 (Rev. Ed.): 193.

Lycaena hippothoe : Karsholt & Razowski, 1996: 206; Lee, 2005a: 25; Mazzei *et al.*, 2009.

Distribution. N.Korea, Siberia, Amur, Europe.

First reported from Korean peninsula. Sugitani, 1930; *Zeph.,* 2: 188 (Loc. Hoereong (HB, N.Korea)).

North Korean name. 암검정붉은숫돌나비(임홍안, 1987; 주동률과 임홍안, 1987: 78).

Host plants. Korea: Unknown. Russia: 마디풀과(*Polygonum bistorta, Rumex hydrolapathum, R. confertus,*)(Korshunov & Gorbunov, 1995; Tuzov *et al.,* 2000). Finland: 마디풀과(*Rumex* spp., *R. acetosella, R. acetosa*)(Seppänen, 1970).

Remarks. 아종으로는 *L. h. amurensis* (Staudinger, 1892) (Loc. Transbaikal, Amur and Ussuri region) 등의 5아종이 알려져 있다(Higgins & Riley, 1970; Korshunov & Gorbunov, 1995; Chou Io (Ed.), 1994; Tuzov *et al.,* 2000). 한반도에는 동북부 고산지역에 국지적으로 분포하는 종으로 개체수는 아주 적다. 연 1회 발생하며, 7월 중순부터 8월 중순에 걸쳐 나타나며(주동률과 임홍안, 1987), 러시아 극동 남부지방에서는 6월부터 8월에 걸쳐 나타난다(Korshunov & Gorbunov, 1995). 현재의 국명은 석주명(1947: 6)에 의한 것이다.

Subfamily THECLINAE Swainson, 1831 녹색부전나비아과

전 세계에 적어도 237 속 이상이 알려져 있는 큰 아과로서, 열대지방에 많으나 전 세계에 광역 분포한다. 한반도에는 *Artopoetes* 등 19 속 38 종이 알려져 있으며, 일부 종은 미접이다. 대부분 녹색부전나비아과 나비는 뒷날개에 1 쌍의 작고 가는 꼬리모양돌기가 있다. 일반적으로 뒷날개 아랫면 후각에는 눈모양의 무늬가 있다. 녹색부전나비의 수컷은 금속성 광택을 내는 종류가 많으며, 암컷은 흑갈색을 띤다.

Tribe **Theclini** Swainson, 1831 녹색부전나비족

Genus *Artopoetes* Chapman, 1909

Artopoetes Chapman, 1909; *Proc. zool. Soc. Lond.,* 1909: 473. TS: *Lycaena pryeri* Murray.

전 세계에 2 종이 알려져 있는 작은 속으로서, 대부분 동아시아에 분포한다. 한반도에는 선녀부전나비 1 종이 알려져 있다.

117. *Artopoetes pryeri* (Murray, 1873) 선녀부전나비

Lycaena pryeri Murray, 1873; *Ent. mon. Mag.,* 10: 126. TL: Honshu (Japan).

Lycaena pryeri : Okamoto, 1923: 69; Seok, 1936: 58 (Loc. Jirisan (Mt.)).

Plebejus pryeri : Seok, 1939: 54 (Loc. Gaemagoweon (N.Korea)).

Artopoetes pryeri continentalis : Chō, 1984: 17; Im, 1996: 27 (Loc. N.Korea).

Artopoetes pryeri : Seok, 1939: 177; Seok, 1947: 5; Kim & Mi, 1956: 399; Cho, 1959: 56; Kim, 1960: 262; Ko, 1969: 201; Lee, 1971: 6; Lee, 1973: 4; Lewis, 1974; Shin, 1975a: 42, 44; Kim, 1976: 56; Lee, 1982: 16; Joo (Ed.), 1986: 5; Im (N.Korea), 1987: 39; Ju & Im (N.Korea), 1987: 45; Shin, 1989: 153; Kim & Hong, 1991: 383; Im & Hwang (N.Korea), 1993: 56 (Loc. Baekdusan (Mt.)); ESK & KSAE, 1994: 384; Chou Io (Ed.), 1994: 619; Korshunov & Gorbunov, 1995; Joo *et al.,* 1997: 81; Park & Kim, 1997: 65; Tuzov *et al.,* 2000: 85; Kim, 2002: 65; Lee, 2005a: 24.

Distribution. Korea, Amur and Ussuri region, NE.China, Japan.

First reported from Korean peninsula. Okamoto, 1923; *Cat. Spec. Exh. Chos.,* p. 69 (Loc. Korea).

North Korean name. 깊은산숫돌나비(임홍안, 1987; 주동률과 임홍안, 1987: 45; 임홍안, 1996).

Host plants. Korea: 물푸레나무과(정향나무)(손정달, 1984); 물푸레나무과(쥐똥나무, 산회나무)(주동 률과 임홍안, 1987); 물푸레나무과(개회나무)(주흥재 등, 1997).

Remarks. 아종으로는 모식산지가 북한(N.Korea)인 *A. p. continentalis* Shirôzu, 1953 (TL: N.Korea; Loc. Korea, S.Amur and Ussuri region) 등의 6아종이 알려져 있다(Tuzov *et al.,* 2000). 한반도 에는 대부분 중·북부 산지 중심으로 국지적으로 분포하는 종으로 개체수는 보통이다. 남부지방인 지리산에서도 관찰기록이 있다(신유항, 1982: 117). 연 1회 발생하며, 6월부터 8월에 걸쳐 나타나 고, 알로 월동한다(한국인시류동호인회편, 1986). 날개 아랫면 아외연에 검은색 점들이 줄지어져 있어 다른 종과 구별된다. 현재의 국명은 석주명(1947: 5)에 의한 것이다.

Genus *Coreana* Tutt, 1907

Coreana Tutt, 1907; *Nat. Hist. Brit. Butts,* 2: 276. TS: *Thecla raphaelis* Oberthür.

전 세계에 1종만이 알려져 있는 작은 속으로서, 대부분 동아시아에 분포한다. 한반도에는 붉은띠귤 빛부전나비가 알려져 있다.

118. *Coreana raphaelis* (Oberthür, 1881) 붉은띠귤빛부전나비

Thecla raphaelis Oberthür, 1881; *Etudes d'Entomologie,* 5: 20, pl. 5, fig. 1. TL: Askold Island, Ussuri Bay (Russia).

Dipsas flamen Leech, 1887; *Proc. zool. Soc. Lond.* 410, pl. 37, fig. 2. TL: Soyosan (Mt.) (GG, Korea).

Thecla raphaelis : Fixsen, 1887: 278; Seok, 1939: 239; Seok, 1947: 7; Cho & Kim, 1956: 58.

Zephyrus raphaelis : Leech, 1894: 390 (Loc. Korea); Seitz, 1909: 273 (Loc. Korea); Mori & Cho, 1938: 69-70 (Loc. N.C.Korea).

Zephyrus raphaelis flamen : Seitz, 1909: 273 (Loc. Korea); Okamoto, 1923: 68 (Loc. Korea); Esaki, 1934: 82-83 (Loc. Korea).

Coreana raphaelis flamen : Leech, 1887; Im, 1996: 27 (Loc. N.Korea).

Coreana raphaelis : Kim & Mi, 1956: 387, 399; Cho, 1959: 57; Kim, 1960: 267; Ko, 1969: 202; Shin, 1975a: 44; Kim, 1976: 57; Lee, 1982: 17; Joo (Ed.), 1986: 5; Im (N.Korea), 1987: 39; Ju & Im (N.Korea), 1987: 46; Shin, 1989: 153; Kim & Hong, 1991: 383; Im & Hwang (N.Korea), 1993: 56 (Loc. Baekdusan (Mt.)); ESK & KSAE, 1994: 385; Chou Io (Ed.), 1994: 624; Korshunov & Gorbunov, 1995; Chou Io (Ed.), 1994; Joo *et al.*, 1997: 82; Park & Kim, 1997: 67; Tuzov *et al.*, 2000: 87; Kim, 2002: 66; Lee, 2005a: 24.

Distribution. Korea, Ussuri region, NW.China, Japan.

First reported from Korean peninsula. Fixsen, 1887; in Romanoff, *Mém. Lépid.,* 3: 278 (Loc. Korea).

North Korean name. 참귤빛숫돌나비(임홍안, 1987; 주동률과 임홍안, 1987: 46; 임홍안, 1996).

Host plants. Korea: 물푸레나무과(물푸레나무)(한국인시류동호인회편, 1986; 신유항, 1989); 참나무과(졸참나무)(손정달, 1984); 물푸레나무과(쇠물푸레나무, 들메나무)(주동률과 임홍안, 1987).

Associated ants. Korea: *Myrmica* sp., 일본풀개미(*Lasius japonicus*)(장용준, 2007: 8).

Remarks. 아종으로는 모식산지가 한국(Korea)인 *C. r. flamen* (Leech, 1887) (TL: Soyosan (Mt.) (GG, Korea); Loc. Korea)의 1아종이 알려져 있다(Leech, 1887). 한반도에는 지리산(정헌천, 1996: 45)과 중·북부지방에 국지적으로 분포하는 종으로 개체수는 적다. 연 1회 발생하며, 6월 중순부터 7월에 걸쳐 나타나고, 알로 월동한다(한국인시류동호인회편, 1986). 다른 귤빛부전나비와 달리 꼬리모양돌기가 없어 구별된다. 현재의 국명은 김헌규와 미승우(1956: 387)에 의한 것이다. 국명이명으로는 석주명(1947: 7), 조복성과 김창환(1956: 58), 조복성(1959: 57, 144) 그리고 고제호(1969: 202)의 '라파엘귤빛부전나비'가 있다.

Genus *Ussuriana* Tutt, 1907

Ussuriana Tutt, 1907; *Nat. Hist. Brit. Butts,* 2: 276. TS: *Thecla michaelis* Oberthür.

전 세계에 6종이 알려져 있는 작은 속으로서, 대부분 동아시아에 분포한다. 한반도에는 금강산굴빛
부전나비 1종이 알려져 있다.

119. *Ussuriana michaelis* (Oberthür, 1880) 금강산굴빛부전나비

Thecla michaelis Oberthür, 1881; *Etudes d'Entomologie,* 5: 19, pl. 5, fig. 2. TL: Askold Island,
  Ussuri Bay (Russia).

Thecla michaelis : Seok, 1939: 236; Seok, 1947: 7; Cho & Kim, 1956: 57.

Zephyrus michaelis : Okamoto, 1926: 178-179; Mori & Cho, 1938: 72.

Zephyrus micaelis (missp.) : Matuda, 1930: 40 (Loc. Geumgangsan (Mt.)); Seok, 1936: 64.

Coreana michaelis : Kim & Mi, 1956: 387, 399; Cho, 1959: 57; Kim, 1960: 264.

Ussuriana micaelis micaelis (missp.) : Chō, 1984: 15.

Ussuriana michaelis : Shin, 1970: 15; Lee, 1971: 6; Lee, 1973: 4; Shin & Koo, 1974: 131; Lewis,
  1974; Shin, 1975a: 44; Smart, 1975; Kim, 1976: 59; Lee, 1982: 17; Joo (Ed.), 1986: 5; Im
  (N.Korea), 1987: 39; Ju & Im (N.Korea), 1987: 48; Shin, 1989: 154; Kim & Hong, 1991: 383;
  Im & Hwang (N.Korea), 1993: 56 (Loc. Baekdusan (Mt.)); Park *et al.*, 1993: 204; ESK &
  KSAE, 1994: 386; Korshunov & Gorbunov, 1995; Chou Io (Ed.), 1994: 630; Joo *et al.*, 1997:
  83; Park & Kim, 1997: 69; Inayoshi, 1999; Tuzov *et al.*, 2000; Kim, 2002: 67; Lee, 2005a: 24;
  Sohn, 2008: 33.

Distribution. Korea, S.Primorye, E.China, Taiwan.

First reported from Korean peninsula. Okamoto, 1926; *Zool. Mag.,* 38: 178-179 (Loc.
  Geumgangsan (Mt.) (N.Korea)).

North Korean name. 금강산굴빛숫돌나비(임홍안, 1987; 주동률과 임홍안, 1987: 48).

Host plants. Korea: 물푸레나무과(물푸레나무)(신유항, 1970); 참나무과(졸참나무)(손정달, 1984); 물
  푸레나무과(쇠물푸레나무)(김용식, 2002).

Associated ants. Korea: *Myrmica* sp., 일본풀개미(*Lasius japonicus*)(장용준, 2007: 8).

Remarks. 아종으로는 *U. m. michaelis* (Loc. Korea, S.Ussuri region, NE.China) 등 4아종이 알려져
  있다(Tuzov *et al.*, 2000). 한반도에는 도서지방 및 해안지역을 제외한 지리산 이북지역에 국지적

으로 분포하는 종으로 개체수는 적다. 연 1회 발생하며, 6월 중순부터 8월 중순에 걸쳐 나타나고, 알로 월동한다. 현재의 국명은 석주명(1947: 7)에 의한 것이다.

Genus *Shirozua* Sibatani et Ito, 1942

Shirozua Sibatani et Ito, 1942; *Tenthredo, Kyoto,* 3(4): 322. TS: *Thecla jonasi* Janson.

전 세계에 2 종만이 알려져 있는 작은 속으로서, 대부분 동아시아에 분포한다. 한반도에는 민무늬귤빛부전나비 1 종이 알려져 있다.

120. *Shirozua jonasi* (Janson, 1877) 민무늬귤빛부전나비

Thecla jonasi Janson, 1877; *Cistula ent.,* 2: 157. TL: Yokama river, Honshu (Japan).

Thecla jonasi : Seok, 1947: 7; Kim & Mi, 1956: 401; Cho, 1959: 76; Kim, 1960: 265; Seok, 1972 (Rev. Ed.): 200.

Zephyrus jonasi : Doi, 1919: 126; Mori & Cho, 1938: 68.

Shirozua jonasi : Ko, 1969: 205; Lee, 1973: 4; Lee, 1982: 18; Chō, 1984: 15; Joo (Ed.), 1986: 5; Im (N.Korea), 1987: 39; Ju & Im (N.Korea), 1987: 49; Shin, 1989: 154; Kim & Hong, 1991: 383; Im & Hwang (N.Korea), 1993: 56 (Loc. Baekdusan (Mt.)); ESK & KSAE, 1994: 386; Korshunov & Gorbunov, 1995; Chou Io (Ed.), 1994: 628; Joo *et al.*, 1997: 86; Park & Kim, 1997: 73; Tuzov *et al.*, 2000: 87; Kim, 2002: 69; Lee, 2005a: 24.

Distribution. Korea, Amur and Ussuri region, NE.China, Japan.

First reported from Korean peninsula. Doi, 1919; *Tyōsen Ihō,* 58: 126 (Loc. Pyeongyang (N.Korea)).

North Korean name. 민무늬귤빛숫돌나비(임홍안, 1987; 주동률과 임홍안, 1987: 49).

Host plants. Korea: 참나무과(졸참나무, 상수리나무)(손정달, 1984); 참나무과의 어린 잎(주동률과 임홍안, 1987); 참나무과(갈참나무, 신나무)(김용식, 2002).

Food. Korea: 진딧물류(주동률과 임홍안, 1987: 50; 김용식, 2002: 69).

Remarks. 아종으로는 *S. j. sichuanensis* Sugiyama, 2004 (Loc. Sichuan (SE.China))의 1아종이 알려져 있다(Savela, 2008 (ditto)). 한반도에는 도서지방 및 해안지역을 제외한 지리산 이북지역에서

중부지방까지 국지적으로 분포하는 종으로 개체수는 적다. 연 1회 발생하며, 7월 하순부터 9월 상순에 걸쳐 나타난다. 귤빛부전나비와 유사하나 앞 뒷날개 아랫면에 은백색의 선이 없고, 무늬 구성이 다르므로 구별된다. 현재의 국명은 석주명(1947: 7)에 의한 것이다.

Genus *Thecla* Fabricius, 1807

Thecla Fabricius, 1807; *Magazin f. Insektenk.* (Illiger) 6: 286. TS: *Papilio betulae* Linnaeus.

= *Zephyrus* Dalman, 1816; *K. svenska VetenskAkad. Handl., Stockholm,* 1816(1): 62, 63. TS: *Papilio betulae* Linnaeus.

전 세계에 적어도 5종 이상이 알려져 있으며, 대부분 유라시아와 남아메리카에 분포한다. 한반도에는 암고운부전나비와 개암고운부전나비 2종이 알려져 있다.

121. *Thecla betulae* (Linnaeus, 1758) 암고운부전나비

Papilio betulae Linnaeus, 1758; *Syst. Nat.* (Edn 10), 1: 482. TL: Sweden.

Zephyrus betulae crassa : Nire, 1919: 17.

Zephyrus betulae : Ko, 1969: 206.

Thecla betulae coreana : Nire, 1919: 369-70 (Loc. Weonsan); Mori & Cho, 1938: 72-73; Seok, 1939: 231; Shin, 1975a: 44; Chō, 1984: 15; Im, 1996: 28 (Loc. N.Korea); Joo *et al.*, 1997: 404; Kim, 2002: 68.

Thecla betulae : Seok, 1947: 7; Cho & Kim, 1956: 55; Kim & Mi, 1956: 401; Cho, 1959: 75; Kim, 1960: 265; Lewis, 1974; Smart, 1975; Kim, 1976: 58; Choi & Nam, 1976: 63; Lee, 1982: 17; Joo (Ed.), 1986: 5; Im (N.Korea), 1987: 39; Ju & Im (N.Korea), 1987: 48; Shin, 1989: 154; Kim & Hong, 1991: 383; ESK & KSAE, 1994: 386; Chou Io (Ed.), 1994: 629; Korshunov & Gorbunov, 1995; Karsholt & Razowski, 1996: 206; Joo *et al.*, 1997: 84; Park & Kim, 1997: 71; Tuzov *et al.*, 2000: 86; Lee, 2005a: 25.

Distribution. Korea, Europe-Far East (China, Russia).

First reported from Korean peninsula. Nire, 1919; *Zool. Mag.,* 31(370): 17 (Loc. Korea).

North Korean name. 암귤빛꼬리숫돌나비(임홍안, 1987; 주동률과 임홍안, 1987: 48; 임홍안, 1996).

Host plants. Korea: 장미과(옥매, 산옥매, 복사나무, 자두나무, 매실나무)(최요한과 남상호, 1976); 장미과(살구나무, 앵도나무, 벚나무)(손정달, 1984).

Remarks. 아종으로는 모식산지가 한국(Korea) 인 *T. b. coreana* (Nire, 1919) (TL: Korea; Loc. Korea) 등의 6아종이 알려져 있다(Lewis, 1974; Chou Io (Ed.), 1994; Tuzov *et al.*, 2000). 한반도의 남부지역에서는 국지적으로 분포하나 중·북부지방에서는 폭넓게 분포하고, 연 1회 발생하며, 6월 중순부터 10월에 걸쳐 나타난다. 치악산에서는 10월 중순에 능선 부를 중심으로 다수 관찰된 바 있다. 알로 월동한다. 현재의 국명은 석주명(1947: 7)에 의한 것이다.

122. *Thecla betulina* Staudinger, 1887 개마암고운부전나비

Thecla betulina Staudinger, 1887; in Romanoff, *Mém. Lépid.*, 3: 127, pl. 16, fig. 6. TL: S.Primorye, Razdolnaya river (Russia).

Zephyrus betulae gaimana : Doi & Cho, 1931 (TL: Daedeoksan (Mt.) (HN, N.Korea)): 50-51; Mori, Doi, & Cho, 1934: 27 (Loc. N.Korea).

Zephyrus betulae : Doi, 1937: 35-36 (Loc. Daedeoksan (Mt.) (N.Korea), Doan (Hoban-nodongjagu, HN, N.Korea)).

Thecla betulina gaimana : Im, 1996: 27 (Loc. N.Korea).

Thecla betulina : Seok, 1939: 232; Seok, 1947: 7; Cho & Kim, 1956: 56; Kim & Mi, 1956: 401; Cho, 1959: 75; Kim, 1960: 259; Lee, 1982: 18; Chō, 1984: 16; Im (N.Korea), 1987: 39; Ju & Im (N.Korea), 1987: 47; Shin, 1989: 243; Kim & Hong, 1991: 383; Im & Hwang (N.Korea), 1993: 56 (Loc. Baekdusan (Mt.)); ESK & KSAE, 1994: 386; Chou Io (Ed.), 1994: 630; Korshunov & Gorbunov, 1995; Joo *et al.*, 1997: 404; Tuzov *et al.*, 2000: 86, pl. 50, figs. 7-9; Kim, 2002: 291; Lee, 2005a: 25.

Distribution. N.Korea, Ussuri region, Amur region, NE.China.

First reported from Korean peninsula. Doi & Cho, 1931; *Jour. Chos. Nat. Hist.*, 12: 50-51 (Loc. Daedeoksan (Mt.) (N.Korea), Doan (Hoban-nodongjagu, HN, N.Korea)).

North Korean name. 개마꼬리숫돌나비(임홍안, 1987; 주동률과 임홍안, 1987: 47; 임홍안, 1996).

Host plants. Korea: 장미과(털야광나무)(주동률과 임홍안, 1987). Russia: 장미과(*Malus* spp. *Malus mandschurica*)(Korshunov & Gorbunov, 1995; Tuzov *et al.*, 2000).

Remarks. 한반도에서는 북부 고산지역인 개마고원, 백두산 주변지역, 함경산맥 산지에 분포하며, 대부분 숲 속에서 볼 수 있다. 연 1회 발생하며, 7월부터 8월 상순에 걸쳐 나타난다(이승모, 1982:

18; 주동률과 임홍안, 1987). 현재의 국명은 석주명(1947: 7)에 의한 것이다. 국명이명으로는 조복성과 김창환(1956: 56)의 '개마고원부전나비'가 있다.

Genus *Protantigius* Shirôzu et Yamamoto, 1956

Protantigius Shirôzu et Yamamoto, 1956; *Sieboldia*, 1(4): 339, 357. TS: *Drina superans* Oberthür.

전 세계에 1 종만이 알려져 있는 작은 속으로서, 대부분 동아시아에 분포한다. 한반도에는 깊은산부전나비 1 종이 알려져 있다.

123. *Protantigius superans* (Oberthür, 1913) 깊은산부전나비

Drina superans Oberthür, 1913; *Etud. Lépid. Comp.*, 9(2): 54-55, pl. 255, figs. 2155(f), 2156(m). TL: Sichuan, Siaolu (China).

Zephyrus ginzii : Seok, 1936: 60-61.

Drina superaus ginzii : Seok, 1939: 180.

Drina superans ginzii : Seok, 1947: 6; Kim & Mi, 1956: 399; Cho, 1959: 59; Kim, 1960: 261; Chō, 1984: 17.

Protantigius superans ginzii : Korshunov & Gorbunov, 1995; Im, 1996: 28 (Loc. N.Korea); Joo *et al.*, 1997: 404; Kim, 2002: 76.

Protantigius superans : Lee, 1973: 4; Kim, 1976: 94; Lee, 1982: 21; Im (N.Korea), 1987: 39; Ju & Im (N.Korea), 1987: 56; Shin, 1989: 157; Shin, 1990: 145; Kim & Hong, 1991: 384; Im & Hwang (N.Korea), 1993: 56 (Loc. Baekdusan (Mt.)); ESK & KSAE, 1994: 386; Korshunov & Gorbunov, 1995; Joo *et al.*, 1997: 94; Park & Kim, 1997: 85; Sohn, 1999: 1; Tuzov *et al.*, 2000: 88; Lee, 2005a: 25.

Distribution. Korea, Ussuri region, NE.China, C.China.

First reported from Korean peninsula. Seok, 1936; *Zool. Mag.*, 48: 60-61, 64, pl. 2, figs. 3-4 (Loc. Geumgangsan (Mt.) (N.Korea)).

North Korean name. 은빛숫돌나비(임홍안, 1987; 주동률과 임홍안, 1987: 56; 임홍안, 1996).

Host plants. Korea: 가래나무과(호두나무)(손정달, 1984); 가래나무과(가래나무)(김용식과 홍승표,

1990); 버드나무과(사시나무)(손정달, 1999).

Remarks. 아종으로는 *P. s. ginzii* (Seok, 1936) (Loc. Korea, S.Primorye)의 1아종이 알려져 있다 (Korshunov & Gorbunov, 1995). 한반도에서는 강원도 이북지역과 충남, 경상북도의 일부 지역에서 국지적으로 분포하는 종으로, 개체수는 아주 적다. 근래 강원도 일부 지역에서 대규모 서식지가 확인되었으나, 서식지가 파괴되어 가고 있다. 연 1회 발생하며, 6월부터 8월에 걸쳐 나타난다. 현재의 국명은 김헌규와 미승우(1956: 399)에 의한 것이다. 국명이명으로는 석주명(1947: 6)과 조복성(1959: 59, 144)의 '긴지부전나비'가 있다.

Genus *Japonica* Tutt, 1907

Japonica Tutt, 1907; *Nat. Hist. Brit. Butts*, 2: 277. TS: *Dipsas saepestriata* Hewitson.

전 세계에 4종만이 알려져 있는 작은 속으로, 대부분 동아시아에 분포한다. 한반도에는 시가도귤빛부전나비, 귤빛부전나비 2종이 알려져 있다. Tuzov *et al.*, (2000)과 Gorbunov (2001)에 의해 기록된 *Japonica onoi* Murayama, 1953 (TL: Hokkaido (Japan))의 한반도 분포에 대해서는 앞으로 조사가 필요하다. Tuzov *et al.*, (2000)에 의해 *Japonica onoi* Murayama, 1953 으로 취급된 종(pl. 50, figs. 16-18)은 외형적으로는 국내의 귤빛부전나비(*Japonica lutea*)와 매우 비슷하다.

124. *Japonica saepestriata* (Hewitson, 1865) 시가도귤빛부전나비

Dipsas saepestriata Hewitson, 1865; *Illustr. Diurn. Lep., Lycaenidae*, (2): 67, pl. 26, figs. 7-8. TL: Honshu (Japan).

Zephyrus saepestriata : Okamoto, 1923: 68; Seok, 1936: 275 (Loc. Gyeongweon (HB, N.Korea)).

Thecla saepestriata : Esaki, 1939: 220 (Loc. Korea); Seok, 1939: 240; Seok, 1947: 7; Cho & Kim, 1956: 58.

Japonica saepestriata : Kim & Mi, 1956: 389, 399; Cho, 1959: 61; Kim, 1960: 267; Ko, 1969: 203; Lewis, 1974; Shin, 1975a: 44; Smart, 1975; Kim, 1976: 61; Lee, 1982: 19; Chō, 1984: 17; Joo (Ed.), 1986: 5; Im (N.Korea), 1987: 39; Ju & Im (N.Korea), 1987: 51; Shin, 1989: 155; Ju (N.Korea), 1989: 44 (Loc. Baekdusan (Mt.)); Kim & Hong, 1991: 383; ESK & KSAE, 1994: 385; Korshunov & Gorbunov, 1995; Chou Io (Ed.), 1994: 627; Joo *et al.*, 1997: 88; Park & Kim, 1997: 77; Paek *et al.*, 2000: 4; Tuzov *et al.*, 2000: 91; Kim, 2002: 71; Lee, 2005a: 25.

Distribution. Korea, Ussuri region, NE.China, Japan.

First reported from Korean peninsula. Okamoto, 1923; *Cat. Spec. Exh. Chos.,* p. 68 (Loc. Korea).

North Korean name. 물결귤빛숫돌나비(임홍안, 1987; 주동률과 임홍안, 1987: 51).

Host plants. Korea: 참나무과(졸참나무)(손정달, 1984); 참나무과(상수리나무, 물참나무, 떡갈나 무)(주동률과 임홍안, 1987); 참나무과(갈참나무)(주흥재 등, 1997).

Remarks. 아종으로는 *J. s. saepestriata* Hewitson, 1865 (Loc. Ussuri region, Japan) 등의 3아종이 알려져 있다(Tuzov *et al.,* 2000). 한반도에서는 중부 내륙과 섬 지역을 중심으로 국지적으로 분포 하며, 개체수는 적은 편이다. 연 1회 발생하며, 6월부터 7월에 걸쳐 나타난다. 흐린 날 또는 오후 늦게 활발히 활동하며, 알로 월동한다. 현재의 국명은 석주명(1947: 7)에 의한 것이다.

125. *Japonica lutea* (Hewitson, 1865) 귤빛부전나비

Dipsas lutea Hewitson, 1865; *Illustr. Diurn. Lep., Lycaenidae,* (2): 67, pl. 26, figs. 9-10. TL: Honshu (Japan).

Zephyrus lutea : Okamoto, 1923: 68; Seok, 1935: 43.

Thecla lutea : Esaki, 1939: 221 (Loc. Korea); Seok, 1939: 235; Seok, 1947: 7.

Japonica lutea dubatolovi : Joo *et al.,* 1997: 404; Paek *et al.,* 2000: 4; Joo & Kim, 2002: 86; Kim, 2002: 70.

Japonica lutea onoi : Saigusa & Murayama, 1994: 31-41 (in Japan).

Japonica lutea : Kim & Mi, 1956: 389, 399; Cho, 1959: 61; Kim, 1960: 258; Ko, 1969: 203; Lee, 1973: 5; Lewis, 1974; Kim, 1976: 60; Lee, 1982: 19; Chō, 1984: 17; Joo (Ed.), 1986: 5; Im (N.Korea), 1987: 39; Shin, 1989: 155; Kim & Hong, 1991: 383; Heppner & Inoue, 1992: 136; ESK & KSAE, 1994: 385; Chou Io (Ed.), 1994: 626; Joo *et al.,* 1997: 87; Park & Kim, 1997: 75; Tuzov *et al.,* 2000: 92; Lee, 2005a: 25.

Distribution. Korea, Amur and Ussuri region, Japan, N.China, Taiwan.

First reported from Korean peninsula. Okamoto, 1923; *Cat. Spec. Exh. Chos.,* p. 68 (Loc. Korea).

North Korean name. 귤빛숫돌나비(임홍안, 1987; 주동률과 임홍안, 1987: 50).

Host plants. Korea: 참나무과(졸참나무)(손정달, 1984); 참나무과(떡갈나무, 상수리나무, 물참나무, 종가시나무, 붉가시나무)(주동률과 임홍안, 1987); 참나무과(떡갈나무)(손정달 등, 1995; 주흥재 등, 1997; 박규택과 김성수, 1997); 참나무과(졸참나무, 상수리나무)(주흥재와 김성수, 2002); 참나무 과(갈참나무, 떡갈나무)(김용식, 2002); 참나무과(졸참나무, 떡갈나무)(백유현 등, 2007).

Remarks. 아종으로는 *J. l. dubatolovi* Fujioka, 1993 (Loc. Korea, Amur and Ussuri region, NE.China) 등의 6아종이 알려져 있다(D'Abrera, 1986; Chou Io (Ed.), 1994; Tuzov *et al.*, 2000). *Japonica lutea*의 한 아종으로 취급된 *J. l. onoi*에 대해 Tuzov *et al.*, (2000: 92)과 Gorbunov (2001)은 *Japonica onoi* Murayama, 1953을 독립종으로 취급했고, 본 종의 분포지 중 한 지역을 NE.Korea라 표기한바 있다. 일본에서는 홋카이도와 동북지방 북부에 서식하는 종으로 떡갈나무가 먹이식물로 알려져 있고, 귤빛부전나비와는 달리 난괴로 산란하는 것으로 알려져 있어 *J. onoi*의 한반도 분포 여부에 대해 앞으로 조사가 필요하다. 한반도에서의 귤빛부전나비는 전국에 국지적으로 분포하는 종으로, 개체수는 적은 편이다. 남해안 지역에서는 부산에서 기록이 있으며(김동옥, 1995: 25), 서해안지역에서는 덕적도와 강화도의 기록이 있다(백문기 등, 2000: 4). 연 1회 발생하며, 6월부터 8월에 걸쳐 나타난다. 오후 늦게 활발히 활동하며, 알로 월동한다. 현재의 국명은 석주명(1947: 7)에 의한 것이다.

Genus ***Araragi*** Sibatani et Ito, 1942

Araragi Sibatani et Ito, 1942; *Tenthredo, Kyoto,* 3(4): 318. TS: *Thecla enthea* Janson.

전 세계에 3 종만이 알려져 있는 작은 속으로서, 대부분 동아시아에 분포한다. 한반도에는 긴꼬리부전나비 1 종이 알려져 있다.

126. *Araragi enthea* (Janson, 1877) 긴꼬리부전나비

Thecla enthea Janson, 1877; *Cistula ent.,* 2: 157. TL: Yokawa river, Honshu (Japan).

Zephyrus enthea : Okamoto, 1926: 178; Seok, 1936: 64 (Loc. Geumgangsan (Mt.)).

Thecla enthea : Seok, 1939: 234; Seok, 1947: 7; Cho & Kim, 1956: 57.

Araragi enthea enthea : Chō, 1984: 18.

Araragi enthea : Kim & Mi, 1956: 386, 399; Cho, 1959: 54; Kim, 1960: 261; Ko, 1969: 200; Lee, 1973: 4; Lee, 1982: 20; Im (N.Korea), 1987: 39; Ju & Im (N.Korea), 1987: 54; Shin, 1989: 156; Kim & Hong, 1991: 384; Heppner & Inoue, 1992: 136; ESK & KSAE, 1994: 384; Chou Io (Ed.), 1994; 618; Korshunov & Gorbunov, 1995; Joo *et al.*, 1997: 90; Park & Kim, 1997: 80; Tuzov *et al.*, 2000: 90; Kim, 2002: 73; Lee, 2005a: 25.

Distribution. Korea, Amur and Ussuri region, Japan, NE.China, C.China, Taiwan.

First reported from Korean peninsula. Okamoto, 1926; *Zool. Mag.,* 38: 178 (Loc. Geumgangsan (Mt.) (N.Korea)).

North Korean name. 긴꼬리숫돌나비(임홍안, 1987; 주동률과 임홍안, 1987: 54).

Host plants. Korea: 가래나무과(가래나무, 쪽가래나무, 굴피나무)(주동률과 임홍안, 1987).

Remarks. 아종으로는 *A. e. yucara* Murayama, 1953 (Loc. Hokkaido (Japan)) 등의 4아종이 알려져 있다(D'Abrera, 1986; Chou Io (Ed.), 1994; Tuzov *et al.*, 2000). 한반도에는 중 북부 지역의 산지에 국지적으로 분포하는 종으로 개체수는 매우 적으며, 북한산국립공원 우이령 일대에서도 저자들에 의해 근래에 확인된바 있다. 연 1회 발생하며, 6월 하순부터 9월에 걸쳐 나타나고, 알로 월동한다(주동률과 임홍안, 1987; 주흥재 등, 1997). 현재의 국명은 석주명(1947: 7)에 의한 것이다.

Genus *Antigius* Sibatani et Ito, 1942

Antigius Sibatani et Ito, 1942; *Tenthredo, Kyoto,* 3(4): 318. TS: *Thecla attilla* Bremer.

전 세계에 4 종만이 알려져 있는 작은 속으로서, 대부분 동아시아에 분포한다. 한반도에는 물빛긴꼬리부전나비와 담색긴꼬리부전나비 2 종이 알려져 있다.

127. *Antigius attilia* (Bremer, 1861) 물빛긴꼬리부전나비

Thecla attilia Bremer, 1861; *Bull. Acad. Imp. Sci. St. Pétersbg.,* 3: 469. TL: Mountains of Bureya, Amur Oblast (Russia).

Thecla attilia : Seok, 1939: 230; Seok, 1947: 7; Esaki, 1939: 221 (Loc. Korea).

Zephyrus attilia : Matsumura, 1905: 18; Mori & Cho, 1938: 70 (Loc. Korea).

Zephyrus attilia attilia : Esaki, 1934; 208-210 (Loc. Korea).

Antigius attilia attilia : Chō, 1984: 17.

Antigius attilia : Kim & Mi, 1956: 386, 399; Cho, 1959: 53; Kim, 1960: 264; Ko, 1969: 200; Lee, 1973: 4; Lewis, 1974; Shin, 1975a: 42, 44; Kim, 1976: 62; Lee, 1982: 21; Joo (Ed.), 1986: 6; Im (N.Korea), 1987: 39; Ju & Im (N.Korea), 1987: 57; Shin, 1989: 156; Kim & Hong, 1991: 384; Heppner & Inoue, 1992: 136; ESK & KSAE, 1994: 384; Paek *et al.*, 1994: 56; Chou Io (Ed.), 1994: 618; Korshunov & Gorbunov, 1995; Joo *et al.*, 1997: 93; Park & Kim, 1997: 83;

Tuzov *et al.*, 2000: 89; Kim, 2002: 74; Lee, 2005a: 25.

Distribution. Korea, Amur and Ussuri region, Japan, China, Taiwan, Burma.

First reported from Korean peninsula. Matsumura, 1905; *Cat. Ins. Jap.,* 1: 18 (Loc. Korea).

North Korean name. 물빛긴꼬리숫돌나비(임홍안, 1987; 주동률과 임홍안, 1987: 57).

Host plants. Korea: 참나무과(상수리나무)(손정달 등, 1995); 참나무과(졸참나무)(손정달, 1984); 참나무과(굴참나무, 물참나무, 떡갈나무, 갈참나무)(주동률과 임홍안, 1987); 참나무과(신갈나무)(김용식, 2002).

Remarks. 아종으로는 *A. a. yamanakashoji* Fujioka, 1993 (Loc. Japan) 등의 5아종이 알려져 있다 (D'Abrera, 1986; Chou Io (Ed.), 1994; Tuzov *et al.*, 2000). 한반도에는 경상도의 동·남부 지역을 제외하고 낮은 산지를 중심으로 국지적으로 분포하는 종으로 개체수는 적은 편이다. 연 1회 발생하며, 6월부터 8월에 걸쳐 나타나고, 알로 월동한다. 현재의 국명은 석주명(1947: 7)에 의한 것이다.

128. *Antigius butleri* (Fenton, 1881) 담색긴꼬리부전나비

Thecla butleri Fenton, 1881; *Proc. zool. Soc. Lond.,* 1881(4): 853. TL: Hokkaido (Japan).

Thecla butleri : Seok, 1939: 233; Seok, 1947: 7; Cho & Kim, 1956: 56.

Zephyrus butleri souyoensis : Doi, 1931: 48 (TL: Soyosan (Mt.)); Nakayama, 1932: 380 (Loc. Soyosan (Mt.)).

Zephyrus butleri butleri : Doi, 1937: 64-65 (Loc. Soyosan (Mt.)).

Antigius butleri souyoensis : Im, 1996: 27 (Loc. N.Korea).

Antigius butleri : Kim & Mi, 1956: 386, 399; Cho, 1959: 54; Kim, 1960: 267; Ko, 1969: 200; Lee, 1971: 6; Lee, 1973: 4; Lewis, 1974; Shin, 1975a: 42, 44; Kim, 1976: 63; Lee, 1982: 21; Chō, 1984: 17; Joo (Ed.), 1986: 6; Im (N.Korea), 1987: 39; Ju & Im (N.Korea), 1987: 55; Shin, 1989: 156; Kim & Hong, 1991: 384; ESK & KSAE, 1994: 384; Korshunov & Gorbunov, 1995; Joo *et al.*, 1997: 92; Park & Kim, 1997: 81; Tuzov *et al.*, 2000: 90; Kim, 2002: 75; Lee, 2005a: 25.

Distribution. Korea, Amur and Ussuri region, Japan.

First reported from Korean peninsula. Doi, 1931; *Jour. Chos. Nat. Hist.,* 12: 45, 49-49, figs. 1-2 (Loc. Soyosan (Mt.) (S.Korea)).

North Korean name. 연한색긴꼬리숫돌나비(임홍안, 1987; 주동률과 임홍안, 1987: 55; 임홍안,

1996).

Host plants. Korea: 참나무과(졸참나무, 떡갈나무)(손정달, 1984); 참나무과(갈참나무)(손정달 등, 1995).

Remarks. 아종으로는 모식산지가 한국(Korea)인 *A. b. souyoensis* Doi, 1931 (TL: Korea; Loc. Korea) 등의 4아종이 알려져 있다(Korshunov & Gorbunov, 1995; Im, 1996; Tuzov *et al.*, 2000). 한반도에는 해안지역을 제외하고 중 남부지방에 국지적으로 분포하는 종으로 개체수는 적은 편이다. 연 1회 발생하며, 6월부터 8월에 걸쳐 나타나고, 알로 월동한다(한국인시류동호인회편, 1986). 현재의 국명은 석주명(1947: 7)에 의한 것이다.

Genus *Wagimo* Sibatani et Ito, 1942

Wagimo Sibatani et Ito, 1942; *Tenthredo, Kyoto*, 3(4): 319. TS: *Thecla signata* Butler.

전 세계에 6 종만이 알려져 있는 작은 속으로서, 대부분 동아시아에 분포한다. 한반도에는 참나무부전나비 1 종이 알려져 있다.

129. *Wagimo signata* (Butler, 1881) 참나무부전나비

Thecla signata Butler, 1881; *Proc. zool. Soc. Lond.,* 1881(4): 849. TL: Hokkaido (Japan).

Thecla signata : Seok, 1939: 242.

Thecla signata quercivora : Seok, 1947: 7.

Zephyrus signata quercivora : Esaki, 1934: 196; Sugitani, 1938: 237-238 (Loc. Musanryeong).

Wagimo signatus : Park & Kim, 1997: 79; Kim, 2002: 72; Lee, 2005a: 25.

Wagimo signata quercivora : Kim & Mi, 1956: 391, 401; Cho, 1959: 76; Kim, 1960: 259; Ko, 1969: 205; Shin, 1975a: 42, 44.

Wagimo signata : Lee, 1971: 6; Lee, 1973: 5; Lewis, 1974; Lee, 1982: 20; Chō, 1984: 18; Joo (Ed.), 1986: 6; Im (N.Korea), 1987: 39; Ju & Im (N.Korea), 1987: 52; Shin, 1989: 156; Kim & Hong, 1991: 384; ESK & KSAE, 1994: 386; Korshunov & Gorbunov, 1995; Joo *et al.*, 1997: 89; Tuzov *et al.*, 2000: 91.

Distribution. Korea, Ussuri region, China, Japan.

First reported from Korean peninsula. Esaki, 1934; *Zeph.,* 5: 196, pl. 17, fig. 2 (Loc. Musanryeong (HB, N.Korea)).

North Korean name. 참나무꼬리숫돌나비(임홍안, 1987; 주동률과 임홍안, 1987: 52).

Host plants. Korea: 참나무과(졸참나무, 떡갈나무, 갈참나무)(손정달, 1984); 참나무과(상수리나무, 물참나무, 굴참나무)(주동률과 임홍안, 1987); 참나무과(신갈나무)(김용식, 2002).

Remarks. 아종으로는 *W. s. quercivora* (Staudinger, 1887) (Loc. S.Ussuri region)와 *W. s. minamii* (Fujioka, 1994) (Loc. Japan)의 2아종이 알려져 있다(Korshunov & Gorbunov, 1995; Tuzov *et al.*, 2000). 한반도에는 중부 및 북동부 산지에 국지적으로 분포하는 종으로 개체수는 적다. 연 1회 발생하며, 6월 중순부터 7월에 걸쳐 나타나고, 알로 월동한다. 현재의 국명은 석주명(1947: 7)에 의한 것이다.

Genus *Neozephyrus* Sibatani et Ito, 1942

Neozephyrus Sibatani et Ito, 1942; *Tenthredo, Kyoto,* 3(4): 324. TS: *Thecla taxila* Bremer.

전 세계에 7 종만이 알려져 있는 작은 속으로서, 대부분 동아시아에 분포한다. 한반도에는 작은녹색 부전나비 1 종이 알려져 있다.

130. *Neozephyrus japonicus* (Murray, 1875) 작은녹색부전나비

Dipsas japonicus Murray, 1875; *Ent. mon. Mag.,* 11(6/7): 169. TL: Yokohama, Honshu (Japan).

Thecla japonica : Leech, 1887: 412.

Thecla taxila : Seok, 1947: 7.

Neozephyrus taxila : Kim & Mi, 1956: 390, 400; Cho, 1959: 66; Kim, 1960: 265; Cho, 1963: 194; Cho *et al.*, 1968: 256; Ko, 1969: 204; Shin, 1975a: 44; Kim, 1976: 64; Lee, 1982: 23; Joo (Ed.), 1986: 6; Im (N.Korea), 1987: 39; Ju & Im (N.Korea), 1987: 64; Shin, 1989: 158; Kim & Hong, 1991: 384; ESK & KSAE, 1994: 385.

Neozephyrus taxila koreanus : Im, 1996: 27 (Loc. N.Korea).

Neozephyrus japonicus : Heppner & Inoue, 1992: 137; Chou Io (Ed.), 1994: 620; Korshunov & Gorbunov, 1995; Joo *et al.*, 1997: 96; Park & Kim, 1997: 86; Tuzov *et al.*, 2000: 93; Kim, 2002: 78; Lee, 2005a: 25.

Distribution. Korea, Amur and Ussuri region, NE.China, Japan, Taiwan.

First reported from Korean peninsula. Leech, 1887; *Proc. zool. Soc. Lond.,* p. 412 (Loc. Weonsan (N.Korea)).

North Korean name. 작은푸른숫돌나비(임홍안, 1987; 주동률과 임홍안, 1987: 64; 임홍안, 1996).

Host plants. Korea: 자작나무과(오리나무, 물오리나무)(손정달, 1984).

Remarks. 아종으로는 모식산지가 한국(Korea)인 *N. j. koreanus* (Riley, 1939) (TL: Seoul (S.Korea); Loc. Korea) 등의 4아종이 알려져 있다(Korshunov & Gorbunov, 1995; Tuzov *et al.,* 2000). 한반도에는 지리산 이북의 중·북부지방의 산지를 중심으로 국지적으로 분포하는 종으로 개체수는 적은 편이다. 연 1회 발생하며, 6월부터 8월 상순에 걸쳐 나타나고 알로 월동한다(한국인시류동호인회편, 1986). 석주명(1947: 7), 김헌규와 미승우(1956: 390), 김헌규(1960: 265) 등은 *taxila* (Bremer, 1861)(= 산녹색부전나비)를 '작은녹색부전나비'라 취급한바 있다. 현재의 국명은 석주명(1947: 7)에 의한 것이다.

Genus *Favonius* Sibatani et Ito, 1942

Favonius Sibatani et Ito, 1942; *Tenthredo, Kyoto,* 3(4): 327. TS: *Dipsas orientalis* Murray.

전 세계에 14 종이 알려져 있는 작은 속으로서, 대부분 동아시아에 분포한다. 한반도에는 큰녹색부전나비 등 8 종이 알려져 있다.

131. *Favonius orientalis* (Murray, 1875) 큰녹색부전나비

Dipsas orientalis Murray, 1875; *Ent. mon. Mag.,* 11(6/7): 169. TL: Yokohama, Honshu (Japan).

Thecla orientalis : Fixsen, 1887: 278; Rühl & Heyen, 1895: 187 (Loc. Korea); Seok, 1939: 237; Seok, 1947: 7; Cho & Kim, 1956: 58.

Zephyrus orientalis : Leech, 1894: 376 (Loc. Weonsan); Mori & Cho, 1938: 71.

Zephyrus orientalis suffusus : Leech, 1893: 377; Mori, Doi, & Cho, 1934: 40 (Loc. C.Korea); Seok, 1939: 238.

Favonius orientalis orientalis : Joo & Kim, 2002: 88.

Favonius orientalis hecalina : Im, 1996: 28 (Loc. N.Korea).

Favonius orientalis : Kim & Mi, 1956: 387, 399; Cho, 1959: 60; Kim, 1960: 267; Ko, 1969: 202;

Lee, 1971: 6; Lee, 1973: 5; Shin & Koo, 1974: 130; Lewis, 1974; Shin, 1975a: 42, 44; Kim, 1976: 66; Lee, 1982: 24; D'Abrera, 1986; Chō, 1984: 18; Joo (Ed.), 1986: 7; Im (N.Korea), 1987: 39; Ju & Im (N.Korea), 1987: 60; Shin, 1989: 160; Kim & Hong, 1991: 384; ESK & KSAE, 1994: 385; Chou Io (Ed.), 1994: 625; Korshunov & Gorbunov, 1995; Joo *et al.*, 1997: 104; Park & Kim, 1997: 95; Tuzov *et al.*, 2000: 95; Kim, 2002: 82; Lee, 2005a: 25.

Distribution. Korea, Amur and Ussuri region, NE.China, Japan.

First reported from Korean peninsula. Fixsen, 1887; in Romanoff, *Mém. Lépid.*, 3: 278 (Loc. Korea).

North Korean name. 큰푸른숫돌나비(임홍안, 1987; 주동률과 임홍안, 1987; 60; 임홍안, 1996).

Host plants. Korea: 참나무과(떡갈나무, 졸참나무)(손정달, 1984); 참나무과(물참나무)(주동률과 임홍안, 1987); 참나무과(신갈나무, 갈참나무, 상수리나무)(주흥재 등, 1997).

Remarks. 아종으로는 *F. o. schischkini* Kurentzov, 1970 (Loc. Amur and Ussuri region, Kunashir), *F. o. orientalis* (Loc. Honshu (Japan)), *F. o. shirozui* Murayama, 1956 (Loc. Hokkaido (Japan)) 의 3아종이 알려져 있다(Tuzov *et al.*, 2000). 한반도에는 서해안과 동해안 해안지역을 제외한 지역에 산지 중심으로 전역에 분포하는 보통 종이다. 연 1회 발생하며, 6월 중순부터 8월에 걸쳐 나타나고, 알로 월동한다. 현재의 국명은 석주명(1947: 7)에 의한 것이다.

132. *Favonius korshunovi* (Dubatolov et Sergeev, 1982) 깊은산녹색부전나비

Neozephyrus korshunovi Dubatolov & Sergeev, 1982; *Ent. obozr.*, 61(2): 375, figs. 1-2, 5. TL: 85 km SW of Vladivostok, Ussuri region (Russia).

Favonius macrocercus : Wakabayashi & Fukuda, 1985: 34; Shin, 1989: 244; Kim & Hong, 1991: 385; ESK & KSAE, 1994: 385.

Favonius macrocerus (missp.) : Kim & Kim, 1993: 1.

Favonius korshunovi macrocercus : Tuzov *et al.*, 2000.

Favonius korshinovi (missp.) : ESK & KSAE, 1994: 385.

Favonius korshunovi : Dubatolov & Sergeev, 1987; Kim & Kim, 1993: 1; Joo *et al.*, 1997: 106; Park & Kim, 1997: 97; Tuzov *et al.*, 2000: 98; Kim, 2002: 83; Lee, 2005a: 25.

Distribution. Korea, Amur and Ussuri region, China.

First reported from Korean peninsula. Wakabayashi & Fukuda, 1985; *Nature and Life*

(*Kyungpook J. of Biol. Scis.*) 15(2): 33-46 (Loc. Baekdamsa (Temp.), Seoraksan (Mt.), (GW, S.Korea)).

North Korean name. 북한에서는 기록이 없다.

Host plants. Korea: 참나무과(신갈나무, 갈참나무)(주흥재 등, 1997); 참나무과(떡갈나무)(백유현 등, 2007).

Remarks. 아종으로는 모식산지가 한국(Korea)인 *F. k. macrocercus* (Wakabayashi & Fukuda, 1985) (TL: Baekdamsa (Temp.), Seoraksan (Mt.) (GW, S.Korea)); Loc. Korea, W.Ussuri region) 등의 3아종이 알려져 있다(D'Abrera, 1986; Tuzov *et al.*, 2000). Wakabayashi & Fukuda (1985)에 의해 신종 기재된 *F. macrocercus*에 대해 Tuzov *et al.* (2000)은 *Favonius korshunovi* 의 한 아종인 *F. k. macrocercus*으로 취급했다. 한반도산 깊은산녹색부전나비의 학명적용은 Tuzov *et al.* (2000) 등에 따랐다. 한반도에는 산지중심으로 국지적으로 분포하는 종이며, 개체수 는 적다. 연 1회 발생하며, 6월 중순부터 8월에 걸쳐 나타난다. 현재의 국명은 신유항(1989: 244) 에 의한 것이다. 국명이명으로는 김성수와 김용식(1993: 1)과 한국곤충명집(1994: 385)의 '높은산 녹색부전나비'가 있다.

133. *Favonius ultramarinus* (Fixsen, 1887) 금강산녹색부전나비

Thecla taxila var. *ultramarina* Fixsen, 1887; in Romanoff, *Mém. Lépid.*, 3: 278. TL: Bukjeom (GW, N.Korea).

Thecla taxila : Seok, 1939: 243.

Thecla taxila ultramarina : Fixsen, 1887: 278; Heyen, 1895: 738 (Loc. Korea).

Thecla taxila japonica : Leech, 1894: 317 (Loc. Weonsan); Esaki, 1939: 221 (Loc. Korea).

Thecla japonica : Leech, 1887: 412 (Loc. Weonsan).

Thecla diamantina : Seok, 1939: 233; Seok, 1947: 7.

Zephyrus taxila : Staudinger & Rebel, 1901: 71 (Loc. Korea); Seok, 1936: 64 (Loc. Geumgangsan (Mt.)).

Zephyrus taxila ultramarina : Seitz, 1909: 270 (Loc. Korea); Esaki, 1938: 231 (Loc. Korea).

Zephyrus taxila japonica : Nire, 1919: 369 (Loc. Korea); Nomura, 1938: 60 (Loc. Jejudo (Is.)).

Zephyrus scintillans : Mori, 1932: 55 (Loc. Godaesan (Mt.)).

Zephyrus zozana : Nakayama, 1932: 380 (Loc. Korea).

Zephyrus jozanus : Seok, 1934: 278 (Loc. Gwanmosan (Mt.), Eungdeokryeong).

Zephyrus diamantinus : Esaki, 1935: 53-55 (Loc. Korea); Seok, 1936: 58 (Loc. Jirisan (Mt.)).

Ruralis orientalis chosenicola Bryk, 1946; *Ark. Zool.*, 38(A) 3: 51.

Favonius ultramrinus (missp.) : Chō, 1984: 18.

Favonius ultramarinus ultramarinus : Ko, 1969: 203.

Favonius ultramarinus : Kim & Mi, 1956: 388, 399; Cho, 1959: 60; Kim, 1960: 262; Lee, 1973: 5; Kim, 1976: 69; Lee, 1982: 25; Im (N.Korea), 1987: 39; Ju & Im (N.Korea), 1987: 66; Shin, 1989: 160; Kim & Hong, 1991: 385; Im & Hwang (N.Korea), 1993: 56 (Loc. Baekdusan (Mt.)); ESK & KSAE, 1994: 385; Joo *et al.*, 1997: 107; Park & Kim, 1997: 99; Tuzov *et al.*, 2000: 97; Kim, 2002: 85; Lee, 2005a: 25; Matuda, 2009a: 31-35.

Distribution. Korea, S.Ussuri region, Japan.

First reported from Korean peninsula. Fixsen, 1887: 278 (TL: Bukjeom (GW, N.Korea)).

North Korean name. 금강푸른숫돌나비(임홍안, 1987; 주동률과 임홍안, 1987: 66).

Host plants. Korea: 참나무과(떡갈나무)(손정달, 1984); 참나무과(물참나무)(주동률과 임홍안, 1987).

Remarks. 모식종(Type species)의 산지가 한국(Korea)인 한국고유생물종이다. 아종으로는 *F. u. ultramarinus* (Loc. Korea, S.Ussuri region) 등의 5아종이 알려져 있다(Lewis, 1974; D'Abrera, 1986; Tuzov *et al.*, 2000). 한반도의 남부지방에서는 국지적으로 분포하나, 강원도 이북지역에서는 산지 중심으로 광역 분포하는 종이며, 개체수는 적은 편이다. 연 1회 발생하며, 6월 중순부터 8월에 걸쳐 나타나고 알로 월동한다. 현재의 국명은 조복성(1959: 60)에 의한 것이다. 국명이명으로는 석주명(1947: 7), 김헌규와 미승우(1956: 388)의 '금강석녹색부전나비'가 있다.

134. *Favonius saphirinus* (Staudinger, 1887) 은날개녹색부전나비

Thecla saphirina Staudinger, 1887; in Romanoff, *Mém. Lépid.*, 3: 135, pl. 16, figs. 3-5. TL: Askold Island, S.Ussuri region (Russia).

Thecla saphirina : Fixsen, 1887: 281; Seok, 1939: 241; Seok, 1947: 7; Cho & Kim, 1956: 59.

Zephyrus saphirina : Leech, 1894: 378-379 (Loc. Korea); Mori, Doi, & Cho, 1934: 41 (Loc. N.Korea); Kishida & Nakayama, 1936: 74 (Loc. Korea); Mori & Cho, 1938: 71 (Loc. Korea).

Favonius saphirina : Cho, 1959: 60; Ko, 1969: 203; Kim, 1976: 68.

Favonius saphirinus : Kim & Mi, 1956: 388, 399; Kim, 1960: 267; Lewis, 1974; Shin, 1975a: 44; Smart, 1975; Lee, 1982: 23; Chō, 1984: 18; Joo (Ed.), 1986: 6; Im (N.Korea), 1987: 39; Ju & Im (N.Korea), 1987: 58; Shin, 1989: 159; Kim & Hong, 1991: 384; ESK & KSAE, 1994: 385; Joo *et al.*, 1997: 102; Park & Kim, 1997: 92; Tuzov *et al.*, 2000: 99; Kim, 2002: 81; Lee,

2005a: 25.

Distribution. Korea, Amur and Ussuri region, Japan.

First reported from Korean peninsula. Fixsen, 1887; in Romanoff, *Mém. Lépid.,* 3: 281 (Loc. Korea).

North Korean name. 은무늬푸른숫돌나비(임홍안, 1987; 주동률과 임홍안, 1987: 58).

Host plants. Korea: 참나무과(갈참나무, 떡갈나무)(손정달, 1984); 참나무과(물참나무)(주동률과 임홍안, 1987).

Remarks. 아종으로는 *F. s. saphirinus* (Loc. Amur and Ussuri region) 등의 7아종이 알려져 있다 (Tuzov *et al.,* 2000). 한반도에는 중·북부지방의 산지 중심으로 분포하나, 전라남도, 경상남도 창원(장용준, 2007b: 43) 등의 지역에서도 국지적으로 관찰되며, 개체수는 적은 편이다. 연 1회 발생하고, 6월 중순부터 8월에 걸쳐 나타나며, 알로 월동한다. 현재의 국명은 이승모(1982: 23)에 의한 것이다. 국명이명으로는 석주명(1947: 7), 김헌규와 미승우(1956: 388), 조성복(1959; 60) 등의 '사파이어녹색부전나비'와 조복성과 김창환(1956: 59)의 '사파이녹색부전나비'가 있다.

135. *Favonius cognatus* (Staudinger, 1892) 넓은띠녹색부전나비

Thecla orientalis var. *cognata* Staudinger, 1892; in Romanoff, *Mém. Lépid.,* 6: 152. TL: Partizansk, Ussuri region (Russia).

Zephyrus jezoensis : Matuda, 1930: 40; Seok, 1937·: 190 (Loc. Gujang (N.Korea) etc.).

Thecla jezoensis : Seok, 1939: 234; Seok, 1947: 7; Cho & Kim, 1956: 57.

Favonius jezoensis : Kim & Mi, 1956: 387, 399; Cho, 1959: 59; Kim, 1960: 265; Joo (Ed.), 1986: 7; Kim & Hong, 1991: 385.

Favonius latifasciatus : Chō, 1984: 18; Im (N.Korea), 1987: 39; Shin, 1989: 162, 244; Kim & Hong, 1991: 385; Im & Hwang (N.Korea), 1993: 56 (Loc. Baekdusan (Mt.)); ESK & KSAE, 1994: 385.

Favonius cognatus : Ko, 1969: 202; Lee, 1973: 5; Lewis, 1974; Shin & Koo, 1974: 130; Shin, 1975a: 42; Kim, 1976: 67; Chou Io (Ed.), 1994: 626; Joo *et al.,* 1997: 108; Park & Kim, 1997: 101; Tuzov *et al.,* 2000: 96; Kim, 2002: 86; Lee, 2005a: 25.

Distribution. Korea, NE.China, Japan.

First reported from Korean peninsula. Matuda, 1930; *Zeph.,* 2: 40 (Loc. Jangsusan (Mt.)

(Hwanghae, N.Korea)).

North Korean name. 넓은띠푸른숫돌나비(임홍안, 1987; 주동률과 임홍안, 1987).

Host plants. Korea: 참나무과(졸참나무)(손정달, 1984); 참나무과(갈참나무)(신유항, 1989); 참나무과(떡갈나무)(김용식, 2002).

Remarks. 아종으로는 *F. c. cognatus* (Loc. Amur and Ussuri region), *F. c. latifasciatus* (Shirôzu & Hayashi, 1959) (Loc. Honshu (Japan)) 등의 4아종이 알려져 있다(Chou Io (Ed.), 1994; Tuzov *et al.*, 2000). *F. jezoensis* (Matsumura, 1915)는 독립종으로 현재 일본에만 분포하는 종으로 알려져 있다(D'Abrera, 1977; Tuzov *et al.*, 2000; Savela, 2008 (ditto)). 한반도에는 중 북부지방의 산지 중심으로 광역 분포하며, 남부지방에서는 내륙 산지 중심으로 국지적으로 분포한다. 개체수는 적은 편이다. 연 1회 발생하며, 6월 상순부터 7월에 걸쳐 나타난다. 현재의 국명은 신유항(1989: 162)에 의한 것이다. 본 종의 국명에 대해 이승모(1971: 6; 1973: 5), 신유항과 구태회(1974: 130), 신유항(1975a: 42), 김창환(1976)은 '산녹색부전나비' 석주명(1947: 7), 조복성과 김창환(1956: 57), 김헌규와 미승우(1956: 387), 조복성(1959: 59), 이승모(1982: 25)와 한국인시류동호인회편(1986: 7)은 '에조녹색부전나비', 그리고 고제호(1969: 202)는 '녹색부전나비'를 적용한바 있다.

136. *Favonius taxila* (Bremer, 1861) 산녹색부전나비

Thecla taxila Bremer, 1861; *Bull. Acad. Imp. Sci. St. Pétersbg.*, 3: 470. TL: Oberhalbe Ema, S.Primorye (Russia).

Zephyrus jozana : Nakayama, 1932: 380.

Chrysozephyrus aurorinus : Ko, 1969: 201; Lee, 1971: 6; Lee, 1973: 5; Shin, 1975a: 42, 44; Kim, 1976: 65.

Neozephyrus aurorinus : Kim & Mi, 1956: 389, 400; Cho, 1959: 66; Kim, 1960: 261.

Favonius aurorinus : Lee, 1982: 25; Chō, 1984: 18; Joo (Ed.), 1986: 7; Im (N.Korea), 1987: 39; Ju & Im (N.Korea), 1987: 65; Shin, 1989: 160; Ju (N.Korea), 1989: 44 (Loc. Baekdusan (Mt.)); Kim & Hong, 1991: 384; ESK & KSAE, 1994: 385.

Favonius taxilus : Tuzov *et al.*, 2000: 97

Favonius taxila taxila : Joo & Kim, 2002: 89.

Favonius taxila : Joo *et al.*, 1997: 110; Park & Kim, 1997: 103; Kim, 2002: 87; Lee, 2005a: 25; Jang & Lee, 2008: 38.

Distribution. Korea, Amur and Ussuri region, NE.China, Japan.

First reported from Korean peninsula. Nakayama, 1932; *Suigen Kinen Rombun,* p. 380 (Loc. Korea).

North Korean name. 참푸른숫돌나비(임홍안, 1987; 주동률과 임홍안, 1987: 65).

Host plants. Korea: 참나무과(졸참나무, 떡갈나무)(손정달, 1984); 참나무과(물참나무, 굴참나무)(주동률과 임홍안, 1987); 참나무과(신갈나무, 갈참나무)(주흥재 등, 1997).

Remarks. 아종으로는 *F. t. taxila* (Loc. Amur and Ussuri region) 등의 3아종이 알려져 있다(Tuzov *et al.,* 2000). 한반도에는 중·북부지방의 산지 중심으로 광역 분포를 하나, 남부지방에서는 제주도와 지리산 일대, 부산 천마산(장용준, 2007b: 43) 등에 국지적으로 분포한다. 개체수는 적은 편이다. 연 1회 발생하며, 6월 중순부터 8월에 걸쳐 나타나고, 알로 월동한다. 현재의 국명은 이승모(1971: 6= *F. cognatus*)에 의한 것이다. 국명이명으로는 김헌규와 미승우(1956: 389), 조복성(1959: 66), 김헌규(1960: 258), 고제호(1969: 201)의 '아이노녹색부전나비'가 있다. 이승모(1971: 6; 1973: 5)은 *Chrysozephyrus aurorinus*를 '아이노녹색부전나비'로 적용한바 있다.

137. *Favonius yuasai* Shirôzu, 1948 검정녹색부전나비

Favonius yuasai Shirôzu, 1948; *Zephyrus,* 9(1947): 238–244. TL: Japan.

Favonius yuasai coreensis : Murayama, 1963: 42–50; Im, 1996: 28 (Loc. N.Korea); Joo *et al.,* 1997: 405; Paek *et al.,* 2000: 4; Kim, 2002: 84.

Favonius yuasai : Shin, 1975a: 44; D'Abrera, 1986; Lee, 1982: 24; Chō, 1984: 18; Joo (Ed.), 1986: 6; Im (N.Korea), 1987: 39; Shin, 1989: 159; Kim & Hong, 1991: 384; ESK & KSAE, 1994: 385; Joo *et al.,* 1997: 103; Park & Kim, 1997: 93; Sohn, 1999: 1; Lee, 2005a: 25.

Distribution. Korea, Japan.

First reported from Korean peninsula. Murayama, 1963; *Tyo To Ga,* 14(2): 42–50 (Loc. Gwangneung (S.Korea)).

North Korean name. 검은푸른숫돌나비(임홍안, 1987; 주동률과 임홍안, 1987; 임홍안, 1996).

Host plants. Korea: 참나무과(굴참나무)(손정달 등, 1995); 참나무과(상수리나무)(주흥재 등, 1997); 참나무과(갈참나무, 떡갈나무)(백유현 등, 2007).

Remarks. 아종으로는 모식산지가 한국(Korea)인 *F. y. coreensis* Murayama, 1963 (TL: S.Korea; Loc. S.Korea)의 1아종이 알려져 있다(Murayama, 1963). 한반도에는 중부 내륙과 섬 지역(경기도 굴업도 등)을 중심으로 국지적으로 분포하는 종으로 개체수는 적다. 충청남도(진락산)에서도 채집기록이 있다(박상규와 김선봉, 1997; 47). 연 1회 발생하며, 6월 중순부터 8월에 걸쳐 나타난다.

현재의 국명은 신유항(1975a: 44)에 의한 것이다.

138. *Favonius koreanus* Kim, 2006 우리녹색부전나비

Favonius koreanus Kim, 2006; *J. Lepid. Soc. Korea,* 16: 33-35, figs. 1-8. TL: Gyebangsan (Mt.)
  (GW, S.Korea).

Favonius koreanus : Kim, 2006: 33-35, figs. 1-8; Fujioka, 2007: 4-5; Oh, 2008: 62; Kim *et al.*,
  2008: 1-6, figs. 2-7.

Distribution. Korea.

First reported from Korean peninsula. Kim, 2006: 33-35 (TL: Gyebangsan (Mt.) (GW, S.Korea)).

North Korean name. 북한에서는 기록이 없다.

Host plants. Korea: 참나무과(굴참나무)(오해룡, 2008; 김성수 등, 2008).

Remarks. 모식종(Type species)의 산지가 한국(Korea)인 한국고유생물종이다. 모식산지는 강원도
  계방산이며, 부모식산지는 경기도 화야산(Hwayasan (Mt.) (GG. S.Korea)이다(김성수, 2006). 한반
  도에는 중부지방을 중심으로 국지적으로 분포하는 종으로 개체수는 적다. 연 1회 발생하며, 수컷은
  6월 중하순부터 8월까지, 암컷은 10월 상순까지 관찰되며, 숫컷은 매우 강한 점유행동을 한다(김
  성수, 2006; 오해룡, 2008; 김성수 등, 2008). 현재의 국명은 김성수(2006: 33)에 의한 것이다.

Genus ***Chrysozephyrus*** Shirôzu et Yamamoto, 1956

Chrysozephyrus Shirôzu et Yamamoto, 1956; *Sieboldia,* 1(14): 381. TS: *Thecla smaragdina*
Bremer.

전 세계에 적어도 67 종 이상이 알려져 있는 큰 속으로서, 대부분 아시아에 분포한다. 한반도에는
암붉은점녹색부전나비와 북방녹색부전나비 2 종이 알려져 있다.

139. *Chrysozephyrus smaragdinus* (Bremer, 1861) 암붉은점녹색부전나비

Thecla smaragdina Bremer, 1861; *Bull. Acad. Imp. Sci. St. Pétersbg.,* 3: 470. TL: mouth of the
  Ussuri river (Russia).

Thecla smaragdina : Leech, 1887: 411; Seok, 1939: 242; Seok, 1947: 7.

Thecla smaragdinus : Seok, 1939: 54 (Loc. Gaemagoweon (N.Korea)).

Zephyrus brillantina : Takano, 1907: 48; Nakayama, 1932: 380 (Loc. Korea).

Zephyrus smaragdinus : Esaki, 1936; 195-198 (Loc. Korea).

Zephyrus smaragdina : Doi, 1938: 169 (Loc. Baekbong (GW, N.Korea)).

Neozephyrus smaragdinus : Kim & Mi, 1956: 390; Cho, 1959: 66; Kim, 1960: 261.

Chrysozephyrus smaragdina : Smart, 1975.

Chrysozephyrus smaragdinus : Ko, 1969: 201; Lee, 1971: 6; Lee, 1973: 5; Lee, 1973: 5; Shin, 1975a: 42; Lee, 1982: 22; Chō, 1984: 19; Joo (Ed.), 1986: 6; Im (N.Korea), 1987: 39; Ju & Im (N.Korea), 1987: 62; Shin, 1989: 157; Kim & Hong, 1991: 384; Im & Hwang (N.Korea), 1993: 56 (Loc. Baekdusan (Mt.)); ESK & KSAE, 1994: 384; Joo *et al.*, 1997: 97; Park & Kim, 1997: 87; Tuzov *et al.*, 2000: 99; Yoshino, 2001; Kim, 2002: 80; Lee, 2005a: 25.

Distribution. Korea, Ussuri region, Sakhalin, Japan, China.

First reported from Korean peninsula. Takano, 1907; *Tyōrui Mokuroku,* pp. 48-49 (Loc. Korea).

North Korean name. 암붉은점푸른꼬리숫돌나비(임홍안, 1987; 주동률과 임홍안, 1987: 62).

Host plants. Korea: 장미과(벚나무)(손정달, 1984; 손정달 등, 1995); 장미과(귀룽나무)(주동률과 임홍안, 1987).

Remarks. 아종으로는 *C. s. smaragdinus* (Loc. Ussuri region, China (Sichuan)) 등의 6아종이 알려져 있다(Tuzov *et al.*, 2000; Yoshino, 2001). 이승모(1982; 22)는 Leech (1887)의 기록이 한반도 최초의 기록이라 정리했으나, 석주명(1972 (Revised Edition): 7)은 Leech (1887)가 본 종을 한반도에서 채집하지 못했다고 정리한바 있어, Takano (1907)의 기록을 한반도산 최초의 기록으로 적용했다. 한반도에는 해안지역과 도서지역을 제외한 산지 지역을 중심으로 국지적으로 분포하는 종으로 개체수는 적은 편이다. 연 1회 발생하고, 6월 중순부터 8월에 걸쳐 나타나며, 알로 월동한다. 현재의 국명은 이승모(1973: 5)에 의한 것이다. 국명이명으로는 석주명(1947: 7), 김헌규와 미승우(1956: 390), 이승모(1971; 6)의 '붉은점암녹색부전나비', 조복성(1959: 66)과 김헌규(1960: 258)의 '붉은점녹색부전나비'가 있다.

140. *Chrysozephyrus brillantinus* (Staudinger, 1887) 북방녹색부전나비

Thecla brillantina Staudinger, 1887; in Romanoff, *Mém. Lépid.,* 3: 130, pl. 6, figs. 3a-c. TL: Askold Island, Razdol'naya river, S.Ussuri region (Russia).

Thecla brillantina : Rühl & Heyen, 1895: 189; Seok, 1939: 232; Seok, 1947: 7; Cho & Kim, 1956: 56.

Zephyrus aino : Sugitani, 1930: 188 (Loc. Hoereong (HB, N.Korea)); Seok, 1937: 189 (Loc. Geumgangsan (Mt.)).

Chrysozephyrus brillantina : Lee, 1982: 22; Joo (Ed.), 1986: 6; Shin, 1989: 157, 243.

Chrysozephyrus brillantinus : Chō, 1984: 19; Im (N.Korea), 1987: 39; Ju & Im (N.Korea), 1987: 61; Kim & Hong, 1991: 384; ESK & KSAE, 1994: 384; Joo *et al.*, 1997: 405; Park & Kim, 1997: 89; Sohn, 2000a: 6; Tuzov *et al.*, 2000: 100; Kim, 2002: 79; Lee, 2005a: 25.

Distribution. Korea, Ussuri region, Manchurian Plain, Japan.

First reported from Korean peninsula. Rühl & Heyen, 1895; *Palae. Crossschmett.*, p. 189 (Loc. Korea).

North Korean name. 북방푸른꼬리숫돌나비(임홍안, 1987; 주동률과 임홍안, 1987: 61).

Host plants. Korea: 참나무과(물참나무, 졸참나무)(주동률과 임홍안, 1987); 참나무과(굴참나무, 갈참나무)(주흥재 등, 1997); 참나무과(신갈나무)(손상규, 2000a).

Remarks. 아종으로는 모식산지가 한국(Korea)인 *C. b. hecalina* (Bryk, 1946) (Loc. Korea), *C. b. aino* (Matsumura, 1915) (Loc. Japan) 등의 6아종이 알려져 있다(Tuzov *et al.*, 2000). 한반도에는 지리산 이북지역의 내륙 산지 중심으로 국지적으로 분포하며, 개체수는 적다. 연 1회 발생하고, 6월 하순부터 8월에 걸쳐 나타나며, 알로 월동한다. 현재의 국명은 신유항(1989: 157)에 의한 것이다. 국명이명으로는 석주명(1947: 7), 조복성과 김창환(1956: 56)과 한국인시류동호인회편(1986: 6)의 '아이노녹색부전나비'가 있다.

Genus *Thermozephyrus* Inomata et Itagaki, 1986

Thermozephyrus Inomata et Itagaki, 1986; *Atlas of the Japanese Butterflies*: 119. TS: *Dipsas ataxus* Westwood.

전 세계에 1 종만이 알려져 있으며, 아시아 중남부에 분포한다. 한반도에는 남방녹색부전나비 1 종이 알려져 있다.

141. *Thermozephyrus ataxus* (Westwood, [1851]) 남방녹색부전나비

Dipsas ataxus Westwood, [1851]; *Gen. diurn. Lep.,* (2): pl. 74, fig. 7. TL: Sichuan (China).

Thecla ataxus : Wynter-Blyth, 1957.

Chrysozephyrus ataxus : Lewis, 1974.

Thermozephyrus ataxus : Heppner & Inoue, 1992: 137; Kim & Kim, 1993: 1; ESK & KSAE, 1994: 386; Jeong & Choi, 1996: 1; Joo *et al.*, 1997: 100; Park & Kim, 1997: 91; Kim, 2002: 77; Lee, 2005a: 25.

Distribution. S.Korea, Japan, W.Himalayas-China, Taiwan.

First reported from Korean peninsula. Kim & Kim, 1993; *J. Lepid. Soc. Korea,* 6: 1 (Loc. Namhae (S.Korea)).

North Korean name. 북한에서는 기록이 없다.

Host plant. Korea: 참나무과(붉가시나무)(정헌천과 최수철, 1996).

Remarks. 아종으로는 *T. a. kirishimaensis* (Okajima, 1922) (Loc. Japan) 등의 7아종이 알려져 있다 (D'Abrera, 1986; Chou Io (Ed.), 1994). 한반도에는 전라남도의 남해 일대, 두륜산과 대둔산 일대 에만 국지적으로 분포하는 종이다(김성수와 김용식, 1993; 김용식, 2002). 연 1회 발생하며, 7월 중순부터 8월 상순에 걸쳐 나타난다. 현재의 국명은 김성수와 김용식(1993: 1)에 의한 것이다.

Genus *Rapala* Moore, 1881

Rapala Moore, 1881; *Lepid. Ceylon,* 1(3): 105. TS: *Thecla varuna* Horsfield.

= *Hysudra* Moore, 1881; *Proc. zool. Soc. Lond.,* 1881: 250. TS: *Deudorix selira* Moore.

전 세계에 64 종 이상이 알려져 있는 큰 속으로, 대부분 아시아에 분포한다. 한반도에는 울릉범부전 나비와 범부전나비 2종이 알려져 있다. Tuzov *et al.*, (2000: 101, pl. 52, figs. 19-21)에 의해 한국 (Korea) 분포종으로 기록된 *Atara betuloides* (Blanchard, 1871)는 그간 국내에서 적용되어온 범부 전나비(*Rapala caerulea*) 중 앞날개 중앙부에 주황색 무늬가 있는 개체와 매우 비슷하므로 앞으로 분류학적 검토가 필요하다.

142. *Rapala arata* (Bremer, 1861) 울릉범부전나비

Thecla arata Bremer, 1861; *Bull. Acad. Imp. Sci. St. Pétersbg.,* 3: 470. TL: Mts. of Bureya, Ussuri river (Russia).

Thecla ichnographia Butler, 1866; *J. Linn. Soc. Lond., Zool.,* 9: 57.

Thecla tyrianthina Butler, 1881; *Ann. Mag. nat. Hist.,* (5)7(37): 34, pl. 4, fig. 4.

Deudorix luniger Seitz, [1909]; *Gross-Schmett. Erde* 1: 260.

Atara arata : Tuzov *et al.,* 2000: 101, pl. 52, figs. 14-18.

Rapala ogasawarae Matsumura, 1919; *Thous. Ins. Japan. Addit.* 3: 733.

Rapala coreacola Matsumura, 1929; *Insecta Matsumurana* 3(2/3): 97; Tuzov *et al.,* 2000: 101.

Rapala shakojiana Matsumura, 1929; *Insecta Matsumurana* 3(2/3): 97; Tuzov *et al.,* 2000: 101.

Rapala suzukii Matsumura, 1929; *Insecta Matsumurana* 3(2/3): 98.

Rapala arata : Esaki & Shirozu, 1951; Lee & Kwon, 1981: 166; Korshunov & Gorbunov, 1995; Byon *et al.,* 1996: 33; Joo *et al.,* 1997: 405, 414; Park & Kim, 1997: 107; Kim, 2002: 93; Lee, 2005a: 25; Cho, 2008: 58-59.

Distribution. Korea, Amur and Ussuri region, Sakhalin, S.Kuriles, Japan.

First reported from Korean peninsula. Esaki & Shirozu, 1951; *Shinkonchu,* vol. 4, no. 9. (Loc. Ulleungdo (Is.) (GB, S.Korea)).

North Korean name. Unknown.

Host plants. Korea: Unknown. Japan: 콩과(Fabaceae), 범의귀과(Saxifragaceae), 진달래과 (Ericaceae), 갈매나무과(Rhamnaceae), 참나무과(Fagaceae)(Korshunov & Gorbunov, 1995).

Remarks. Tuzov *et al.* (2000) 등은 *Atara* Zhdanko, [1996] 속(Genus)으로 취급하기도 한다. 한반도에는 울릉도와 제주도에만 국지적으로 분포하는 종으로 개체수는 많지 않다. 연 2회 발생하며, 봄형은 5월 중순부터 6월, 여름형은 7월 상순부터 8월에 걸쳐 나타난다(김용식, 2002: 93). 한반도산 범부전나비의 종명은 이승모(1971: 7)에 의해 이전 적용해온 *arata*에서 *caerulea*로 새롭게 적용되어 현재까지 사용하고 있다. 아마도 이러한 이유로 이창언과 권용정(1981: 166)은 '울릉도 및 독도의 곤충상에 관하여'에서 울릉범부전나비(= *R. arata*)를 한국미기록종으로 기록하지 않았던 것 같다. 이 때문에 울릉범부전나비(*R. arata*)의 최초 기록은 불분명한 점이 없지 않으나, 본 종의 분포적 특성과 울릉도의 기록을 고려할 때, 한반도산 울릉범부전나비는 Esaki & Shirozu, 1951의 분포 기록(=鬱陵島)이 최초의 기록으로 보인다. *R. arata*(울릉범부전나비)와 *R. caerulea*(범부전나비)는 독립된 별개의 종이다. 본 종은 뒷날개 후연각 부근에 4개의 점이 뚜렷한 것이 주요 특징이나, 이러한 특징을 가지는 개체가 내륙지역에서 종종 관찰되므로 본 종에 대한 내륙의 분포 및 분류학적 재검토가 필요하다. 이창언과 권용정(1981: 166)의 기록 당시 울릉범부전나비를 '국명 신칭'으로 보고하지 않았으나, 그 외의 이전 기록을 알지 못하므로 현재의 국명은 이창언과 권용정(1981: 166)에 의한 것으로 정리했다.

143. *Rapala caerulea* (Bremer et Grey, [1851]) 범부전나비

Thecla caerulea Bremer et Grey, [1851]; in Motschulsky, *Etud. Ent.,* 1: 60. TL: Beijing environs (N.China).

Setina micans : Butler, 1882: 20.

Thecla arata : Fixsen, 1887: 281-282 (Loc. Korea).

Dendorix arata : Nire, 1920: 51 (Loc. Korea).

Dendorix arata rianthima : Matsumura, 1907: 120 (Loc. Korea); Nire, 1919: 260 (Loc. Korea).

Dendorix arata luniger : Nire, 1919: 12 (Loc. Korea).

Dendorix arata tyrianthina : Okamoto, 1923: 68 (Loc. Korea).

Dendorix shakojiana : Gaede, 1932: 239 (Loc. Korea).

Hysudra selira : Doi, 1919: 126 (Loc. Seoul); Okamoto, 1924: 91 (Loc. Korea).

Hysudra arata : Seok, 1939: 186; Seok, 1947: 6; Cho & Kim, 1956: 47.

Hysudra arata selira : Seok, 1934: 276 (Loc. Baekdusan (Mt.) region).

Rapala micans : Matsumura, 1927: 161 (Loc. Korea).

Rapala micans suzukii : Matsumura, 1929: 25 (Loc. Korea).

Rapala micans betuloides : Doi, 1932: 32 (Loc. Soyosan (Mt.)).

Rapala coreacola : Matsumura, 1929: 97 (Loc. Pyeongyang); Gaede, 1932: 239 (Loc. Korea).

Rapala shakojiana : Matsumura, 1929: 97-98 (Loc. Seokwangsa (Temp.) (GW, N.Korea)).

Rapala arata : Doi, 1919: 126 (Loc. Pyeongyang); Esaki, 1939: 222 (Loc. Korea); Kim & Mi, 1956: 390. 400; Cho, 1959: 70; Kim, 1960: 272; Cho, 1965: 180; Ko, 1969: 204; Hyun & Woo, 1969: 180; Kim & Hong, 1991: 385.

Rapala arata tyrianthina : Leech, 1894: 417 (Loc. Weonsan); Umeno, 1937: 19 (Loc. Korea).

Rapala arata luniger : Doi, 1931: 45 (Loc. Soyosan (Mt.)).

Rapala caerulea arata : Joo & Kim, 2002: 90.

Rapala caerulea : Lee, 1971: 7; Lee, 1973: 4; Shin, 1975a: 44; Kim, 1976: 70; Lee, 1982: 28; Joo (Ed.), 1986: 7; Im (N.Korea), 1987: 39; Ju & Im (N.Korea), 1987: 71; Shin, 1989: 164; Heppner & Inoue, 1992: 137; ESK & KSAE, 1994: 386; Chou Io (Ed.), 1994: 654; Korshunov

& Gorbunov, 1995; Joo *et al.*, 1997: Park & Kim, 1997: 105; 112; Kim, 2002: 92; Huang, 2003; Lee, 2005a: 25; Cho, 2008: 58-59.

Distribution. Korea, NE.China, C.China, Taiwan.

First reported from Korean peninsula. Butler, 1882; *Ann Mag. Nat. Hist., ser.* 5(9): 20 (Loc. N.E.Korea).

North Korean name. 범숫돌나비(임홍안, 1987; 주동률과 임홍안, 1987: 71).

Host plants. Korea: 콩과(칡), 범의귀과(빈도리), 장미과(찔레꽃)(손정달, 1984); 콩과(아까시나무)(한국인시류동호인회편, 1986); 진달래과(철쭉), 참나무과(너도밤나무)(주동률과 임홍안, 1987); 콩과(고삼)(손정달과 박경태, 1994); 갈매나무과(갈매나무)(손정달 등, 1995); 콩과(조록싸리)(주흥재 등, 1997); 콩과(등, 도둑놈의지팡이)(박규택과 김성수, 1997); 콩과(자귀나무)(주흥재와 김성수, 2002).

Associated ants. Korea: 곰개미(*Formica japonica*), 하야시털개미(*F. hayashi*), 트렁크불개미(*F. truncorum*), 불개미(*F. yessensis*), 누운털개미(*Lasius alienus*), 일본풀개미(*L. japonicus*), 마쓰무라밑들이개미(*Crematogaster matsumurai*), 테라니시털개미(*C. teranishii*), 주름개미(*Tetramorium tsushimae*), 일본왕개미(*Camponotus japonicus*)(장용준, 2007: 8).

Remarks. 아종으로는 *R. c. arata* Breamer, 1861 (Loc. Ussuri region) 등이 알려져 있다(Shirôzu, 1960; D'Abrera, 1986). 이창언과 권용정(1981: 166)의 울릉범부전나비(= *R. arata*) 이전의 *arata* 기록들을 범부전나비(= *R. caerulea*)로 취급했다. 한반도 전역에 분포하는 종으로 중 남부지방에서는 개체수는 많으나, 북부지방에서는 적다(주동률과 임홍안, 1987). 연 2회 발생하고, 봄형은 4월부터 6월, 여름형은 7월부터 9월에 걸쳐 나타나며, 번데기로 월동한다. 현재의 국명은 석주명(1947: 6)에 의한 것이다.

Tribe **Arhopalini** Bingham, 1907

Genus ***Arhopala*** Boisduval, 1832

Arhopala Boisduval, 1832; in d'Urville, *Voy. Astrolabe* (Faune ent. Pacif.), 1: 75. TS: *Arhopala phryxus* Boisdval.

= *Narathura* Moore, [1879]; *Proc. zool. Soc. Lond.* 1878(4): 835. TS: *Amblypodia hypomuta* Hewitson.

전 세계에 210 종 이상이 알려져 있는 큰 속으로, 대부분 남아시아와 오스트레일리아에 분포한다.

한반도에는 남방남색꼬리부전나비와 남방남색부전나비 2 종이 알려져 있다.

144. *Arhopala bazalus* (Hewitson, 1862) 남방남색꼬리부전나비

Amblypodia bazalus Hewitson, 1862; *Spec. Cat. Lep. Lycaenidae Brit. Mus.*: 8, pl. 4, figs. 37–38.
   TL: Meghalaya (India).

Arhopala turbata : Leech, 1894: 345; Nakayama, 1932: 380 (Loc. Korea).

Amblypodia turbata : Kishida & Nakayama, 1936: 30 (Loc. Korea); Seok, 1939: 175; Seok, 1947:
   5.

Narathura bazalus : Kim & Hong, 1991: 383; Cheong, 1999: 33; Kim, 2002: 63.

Narathura bazalus turbata : Cho, 1959: 55; Kim, 1960: 280; Ko, 1969: 204; Joo, 2004: 1.

Arhopala bazala : Chou Io (Ed.), 1994: 633.

Arhopala bazalus turbata : Kim & Mi, 1956: 386, 399.

Arhopala bazalus : Nire, 1919: 595 (Loc. Korea); Wynter & Blyth, 1957; Heppner & Inoue,
   1992: 136; Chou Io (Ed.), 1994; Lee, 2005a: 25.

Distribution. Korea (Immigrant species), W.China, Taiwan, Sikkim–Assam, N.Burma.

First reported from Korean peninsula. Leech, 1894; *Butt. from China* etc., P. 345 (Loc. Weonsan
   (N.Korea)).

North Korean name. Unknown.

Host plants. Korea: Unknown. China: 참나무과(*Pasania edulis, P. glabra*)(Chou Io (Ed.), 1994).

Remarks. 아종으로는 *A. b. turbata* (Butler) (Loc. Taiwan) 등의 5아종이 알려져 있다(D'Abrera,
   1986; Corbet & Pendlebury, 1992; Chou Io (Ed.), 1994). 한반도에는 경상남도 통영(김용식,
   2002), 제주도(주흥재, 2004)의 채집기록이 있다. Leech (1894)의 원산 기록은 본 종의 현재 분포
   를 고려할 때 오동정 가능성이 없지 않으나, 기록 당시의 표본 등을 확인할 수 없었으므로 원문 그
   대로를 인용했다. 현재까지 채집된 개체수는 아주 적다. 국외에서는 연 2–3회 발생하며, 어른벌레
   로 월동하는 것으로 알려져 있다. 현재의 국명은 석주명(1947: 5)에 의한 것이다.

145. *Arhopala japonica* (Murray, 1875) 남방남색부전나비

Amblypodia japonica Murray, 1875; *Ent. mon. Mag.,* 11(6/7): 170. TL: Japan.

Amblypodia japonica : Leech, 1887: 410; Seok, 1939: 174; Seok, 1947: 5; Cho & Kim, 1956: 44.

Narathura japonica : Ko, 1969: 204; Lewis, 1974; Seok, 1973; Kim & Hong, 1991: 383; Joo *et al.*, 1997: 404, 414; Park & Kim, 1997: 371; Cheong, 1999: 34; Kim, 2002: 64.

Narathura japonica japonica : Joo & Kim, 2002: 85.

Aropala japonica (missp.) : Kim, 1960: 280.

Arhopala japonica : Leech, 1894: 30 (Loc. Weonsan); Yokoyama, 1927: 630 (Loc. Korea); Kim & Mi, 1956: 386, 399; Cho, 1959: 55; Heppner & Inoue, 1992: 136; Chou Io (Ed.), 1994: 633; Kim, 2002: 64; Lee, 2005a: 25.

Distribution. Korea, Japan, Taiwan.

First reported from Korean peninsula. Leech, 1887; *Proc. zool. Soc. Lond.*, p. 410 (Loc. Weonsan (N.Korea)).

North Korean name. Unknown.

Host plants. Korea: 참나무과(종가시나무)(주흥재와 김성수, 2002). China: 참나무과(*Pasania edulis*, *P. glabra*, *Quercus acuta*, *Q. glauca*, *Q. serrata*, *Q. stenophylla*, *Cyclobalanopsis glauca*, *C. gilva*, *C. acuta*)(Chou Io (Ed.), 1994).

Remarks. 아종으로는 *A. japonica japonica* (Loc. Japan, Korea) 등이 알려져 있다(D'Abrera, 1986). 본 연구에서는 Leech (1887)의 원산 기록을 최초 기록으로 정리했지만, 석주명(1972 (Revised Edition): 7)은 본종을 한반도에서 채집하지 못했다고 한바 있다. 또한 Leech (1887)의 원산 기록 후에는 Seitz (1909, Loc. Korea)의 기록이 처음으로 보이나, 이 역시 한반도에서 채집한 표본을 근거로 한 것보다는 Leech (1887)의 기록을 재인용한 가능성이 높아 한반도의 최초 기록은 앞으로 재검토가 필요하다. 국외에서는 연 3회 발생하며, 어른벌레로 월동하는 것으로 알려져 있다. 한반도에는 제주도와 경상남도 해안가에서 국지적인 관찰기록이 있다. 박상규의 2008-2009년 제주도 천연난대림에서의 관찰 내용에 따르면 다음과 같다. [연 4회 발생하고, 어른벌레로 월동해4월부터 11월까지 볼 수 있다. 암컷은 종가시나무의 새순이나 눈에 알을 낳고, 애벌레 기간 동안 개미와 생활한다. 어른벌레는 민첩하고, 햇빛을 좋아한다.] 현재의 국명은 석주명(1947: 5)에 의한 것이다. 국명이명으로는 고제호(1969: 204)의 '남색부전나비'가 있다.

Tribe **Eumaeini** Doubleday, 1847 까마귀부전나비족

Genus ***Satyrium*** Scudder, 1876

Satyrium Scudder, 1876; *Bull. Buffalo Soc. nat. Sci.*, 3: 106. TS: *Lycaena fuliginosa* Edwards.

= *Fixsenia* Tutt, [1907]; *Nat. Hist. Brit. Butts,* 2: 142. TS: *Thecla herzi* Fixen.

= *Nordmannia* Tutt, [1907]; *Nat. Hist. Brit. Butts,* 2: 143. TS: *Lycaena myrtale* Klug.

= *Strymonidia* Tutt, [1908]; *Nat. Hist. Brit. Butts,* 2: 483 (repl. *Leechia* Tutt, [1907]). TS: *Thecla thalia* Leech.

전 세계에 74 종 이상이 알려져 있는 큰 속으로, 대부분 유라시아와 북미에 분포한다. 한반도에는 민꼬리까마귀부전나비 등 6 종이 알려져 있다. 그 외 신유항(1989: 164)에 의한 산꼬마까마귀부전나비(*Fixsenia* sp.)가 있으나, 종명 미확정 종이므로 정리를 보류했다.

146. *Satyrium herzi* (Fixsen, 1887) 민꼬리까마귀부전나비

Thecla herzi Fixsen, 1887; in Romanoff, *Mém. Lépid.,* 3: 279, pl. 13, fig. 4. TL: Bukjeom (GW, N.Korea).

Thecla herzi : Leech, 1894: 367 (Loc. Korea); Seok, 1936: 64 (Loc. Geumgangsan (Mt.)); Mori & Cho, 1938: 66 (Loc. Korea).

Strymon herzi : Seok, 1939: 223; Seok, 1947: 7; Cho & Kim, 1956: 54; Kim & Mi, 1956: 400; Cho, 1959: 72; Kim, 1960: 265; Lewis, 1974.

Strymonidia herzi : Lee, 1971: 7; Lee, 1973: 4; Shin, 1975a: 44; Kim, 1976: 75.

Nordmannia herzi : Tuzov *et al.,* 2000: 104.

Fixsenia herzi : Lee, 1982: 26; Joo (Ed.), 1986: 7; Im (N.Korea), 1987: 39; Ju & Im (N.Korea), 1987: 66; Shin, 1989: 162; Ju (N.Korea), 1989: 44 (Loc. Baekdusan (Mt.)); Kim & Hong, 1991: 385; ESK & KSAE, 1994: 385; Korshunov & Gorbunov, 1995; Chou Io (Ed.), 1994: 657; Joo *et al.,* 1997: 118; Park & Kim, 1997: 111; Kim, 2002: 94.

Satyrium herzi : Robbins, 2004; Lee, 2005a: 25; Savela, 2008 (ditto).

Distribution. Korea, Amur and Ussuri region, NE.China.

First reported from Korean peninsula. Fixsen, 1887: 279-280 (TL: Bukjeom (Kimhwa, GW, S.Korea)).

North Korean name. 참먹숫돌나비(임홍안, 1987; 주동률과 임홍안, 1987: 66).

Host plants. Korea: 장미과(귀룽나무, 털야광나무)(주흥재 등, 1997).

Remarks. 모식종(Type species)의 산지가 한국(Korea)인 한국고유생물종이다. 한반도에는 중·북부 지방에 국지적으로 분포하는 종으로 경상북도와 충청북도의 일부 지역에서도 관찰 기록이 있다.

연 1회 발생한다. 남한지역에서는 5월 상순부터 6월에 걸쳐 나타나며, 북한지역에서는 6월 하순부터 7월 하순에 걸쳐 나타난다(주동률과 임홍안, 1987). 평지나 낮은 산지 숲 가장자리에서 활동한다. 수컷은 앞날개 윗면 중실 끝 앞쪽에 타원형의 성표가 있다. 현재의 국명은 김헌규와 미승우(1956: 400)에 의한 것이다. 국명이명으로는 석주명(1947: 7), 조복성과 김창환(1956: 54), 조복성(1959: 72, 148)의 '헤르쯔까마귀부전나비, 헤르츠까마귀부전나비'가 있다.

147. *Satyrium pruni* (Linnaeus, 1758) 벚나무까마귀부전나비

Papilio pruni Linnaeus, 1758; *Syst. Nat.* (Edn 10), 1: 482. TL: Germany.

Thecla pruni : Fixsen, 1887: 279; Kishida & Nakayama, 1936: 65 (Loc. Korea).

Thecla pruni pruni : Nire, 1920: 52 (Loc. Korea); Mori, Doi, & Cho, 1934: 39 (Loc. C.Korea); Seok, 1936: 64 (Loc. Geumgangsan (Mt.)).

Strymon pruni : Frohwak, 1934: 282 (Loc. Korea); Cho & Kim, 1956: 54; Cho, 1959: 73.

Strymon pruni pruni : Seok, 1939: 225; Seok, 1947: 7; Kim & Mi, 1956: 400; Kim, 1960: 267.

Strymonidia pruni : Kim, 1976: 71; Lee, 1973: 4.

Fixsenia pruni : Lee, 1982: 28; Joo (Ed.), 1986: 7; Im (N.Korea), 1987: 39; Ju & Im (N.Korea), 1987: 69; Shin, 1989: 163; Kim & Hong, 1991: 385; Im & Hwang (N.Korea), 1993: 56 (Loc. Baekdusan (Mt.)); ESK & KSAE, 1994: 385; Chou Io (Ed.), 1994: 657; Korshunov & Gorbunov, 1995; Joo *et al.*, 1997: 122; Park & Kim, 1997: 118.

Fixsenia pruni coreanica : Im, 1996: 28 (Loc. N.Korea); Joo *et al.*, 1997: 405; Kim, 2002: 98.

Nordmannia pruni : Tuzov *et al.*, 2000: 104.

Satyrium pruni : Karsholt & Razowski, 1996: 206; Lee, 2005a: 25; Mazzei *et al.*, 2009.

Distribution. Korea, Siberia, Amur region, Japan, M.Asia, Europe.

First reported from Korean peninsula. Fixsen, 1887; in Romanoff, *Mém. Lépid.*, 3: 279 (Loc. Korea).

North Korean name. 큰사과먹숫돌나비(임홍안, 1987; 주동률과 임홍안, 1987: 69; 임홍안, 1996).

Host plants. Korea: 장미과(귀룽나무, 왕벚나무, 자두나무)(손정달, 1984); 장미과(벚나무)(주동률과 임홍안, 1987); 장미과(복사나무)(백유현 등, 2007).

Associated ant. Korea: 일본풀개미(*Lasius japonicus*)(장용준, 2007: 9).

Remarks. 아종으로는 *S. p. jezoensis* (Matsumura, 1919) (Loc. Transbaikal, Amur and Ussuri region) 등이 알려져 있다(Tuzov *et al.*, 2000). 한반도에는 중·북부지방에 국지적으로 분포하는

종으로 충청북도의 일부 지역에서도 관찰 기록이 있다. 개체수는 적은 편이다. 연 1회 발생하고, 5월 상순부터 7월 상순에 걸쳐 나타나며, 알로 월동한다. 낮은 산지 숲 가장자리에서 활동한다. 날개 아랫면 아외연에 검은색 점들이 뚜렷하게 발달해있어 유사종과 구별된다. 현재의 국명은 석주명(1947: 7)에 의한 것이다.

148. *Satyrium latior* (Fixsen, 1887) 북방까마귀부전나비

Thecla spini var. *latior* Fixsen, 1887; in Romanoff, *Mém. Lépid.,* 3: 271. TL: Bukjeom (GW, N.Korea).

Thecla spini : Nire, 1919: 17 (Loc. Korea); Seok, 1936: 274 (Loc. N.E.Korea).

Thecla spini latior : Fixsen, 1887: 271; Mori & Cho, 1938: 67-68 (Loc. Korea).

Thecla ilicia latior : Gaede, 1932: 241 (Loc. Korea).

Strymon spini : Seok, 1939: 228; Seok, 1947: 7; Kim, 1956: 340; Cho & Kim, 1956: 55; Kim & Mi, 1956: 400; Cho, 1959: 73; Kim, 1959a: 96; Kim, 1960: 265.

Strymonidia spini : Ko, 1969: 205; Shin, 1975a: 44.

Fixenia spini latior : Korshunov & Gorbunov, 1995 (note); Im, 1996: 27 (Loc. N.Korea); Joo *et al.*, 1997: 405; Kim, 2002: 99.

Fixsenia spini : Lee, 1982: 28; Im (N.Korea), 1987: 39; Ju & Im (N.Korea), 1987: 71; Shin, 1989: 163; Shin, 1990: 146; Kim & Hong, 1991: 385; ESK & KSAE, 1994: 385; Korshunov & Gorbunov, 1995; Joo *et al.*, 1997: 123; Park & Kim, 1997: 119. Satyrium spini : Lee, 2005a: 25.

Satyrium spini latior : Chou Io (Ed.), 1994: 660.

Nordmannia latior : Tuzov *et al.*, 2000: 105, pl. 53, figs. 31-33.

Satyrium latior : Gorbunov, 2001; Kim, 2006: 48.

Distribution. Korea, Transbaikal, Amur and Ussuri region, N.China.

First reported from Korean peninsula. Fixsen, 1887: 271 (Loc. Bukjeom (GW, N.Korea)).

North Korean name. 북방먹숫돌나비(임홍안, 1987; 주동률과 임홍안, 1987: 71; 임홍안, 1996).

Host plant. Korea: 갈매나무과(갈매나무)(주동률과 임홍안, 1987).

Remarks. 모식종(Type species)의 산지가 한국(Korea)인 한국고유생물종이다. 이전에 북방까마귀부전나비의 종명으로 적용된 *spini*는 현재 유럽, 이란, 이라크 등지에 분포하는 독립종이므로 한반도산 북방까마귀부전나비는 Gorbunov (2001)와 Savela (2008) (ditto) 등에 따라 *latior*로 적용했

다. 한반도에는 중·북부 내륙과 섬 지역에 국지적으로 분포하는 종으로 개체수는 적다. 연 1회 발생하며, 6월부터 8월 상순에 걸쳐 나타난다. 낮은 산지 활엽수림에서 볼 수 있다. 수컷의 앞날개 윗면 중실 끝 부근에 긴 타원형의 성표가 있다. 현재의 국명은 석주명(1947: 7)에 의한 것이다.

149. *Satyrium w-album* (Knoch, 1782) 까마귀부전나비

Papilio w-album Knoch, 1782; *Beitr. Insektengesch.*, 2: 85, pl. 6, figs. 1-2. TL: Leipzig (Germany).

Thecla fentoni : Leech, 1887: 413.

Thecla w-album : Matsumura, 1905: 17 (Loc. Korea).

Thecla w-album fentoni : Okamoto, 1923: 68 (Loc. Korea); Mori & Cho, 1938: 66-67 (Loc. Korea); Nagaoka, 1938: 23 (Loc. Myohyangsan (Mt.)).

Strymon w-album : Seok, 1939: 229; Seok, 1947: 7; Kim & Mi, 1956: 400; Cho, 1959: 74; Kim, 1960: 265.

Strymonidia w-album : Ko, 1969: 205; Kim, 1976: 71.

Fixsenia w-album : Lee, 1982: 26; Joo (Ed.), 1986: 7; Im (N.Korea), 1987: 39; Ju & Im (N.Korea), 1987: 68; Shin, 1989: 162; Kim & Hong, 1991: 385; Im & Hwang (N.Korea), 1993: 56 (Loc. Baekdusan (Mt.)); ESK & KSAE, 1994: 385; Paek *et al.*, 1994: 56; Korshunov & Gorbunov, 1995; Joo *et al.*, 1997: 119; Park & Kim, 1997: 113.

Fixsenia w-album fentoni : Joo *et al.*, 1997: 405; Kim, 2002: 95.

Nordmannia w-album : Tuzov *et al.*, 2000: 105.

Satyrium w-album : Karsholt & Razowski, 1996: 206; Kudrna, 2002; Lee, 2005a: 25; Mazzei *et al.*, 2009.

Distribution. Korea, NE.China, Japan, M.Asia, S.Ural, C.Europe, S.Europe.

First reported from Korean peninsula. Leech, 1887; *Proc. zool. Soc. Lond.*, p. 413 (Loc. Weonsan (N.Korea)).

North Korean name. 먹숫돌나비(임홍안, 1987; 주동률과 임홍안, 1987: 68).

Host plants. Korea: 느릅나무과(느릅나무)(손정달, 1984; 장미과(벗나무, 자두나무)(주동률과 임홍안, 1987).

Remarks. 아종으로는 *S. w. w-album* (Loc. C.Europe, S.Europe, Caucasus, S.Siberia, Transbaikal, Far East) 등의 3아종이 알려져 있다(Tuzov *et al.*, 2000). 한반도에는 중·북부 내륙과 섬 지역에

국지적으로 분포하는 종으로 개체수는 적다. 연 1회 발생하고, 5월부터 7월에 걸쳐 나타나며, 알로 월동한다. 낮은 산지 활엽수림에서 볼 수 있다. 현재의 국명은 이승모(1982: 26)에 의한 것이다. 국명이명으로는 석주명(1947: 7), 김헌규와 미승우(1956: 400)의 '떠불류-알붐나비', 조복성(1959: 74)과 고제호(1969: 205)의 '떠불류알붐부전나비', 김창환(1976)의 '더불류알붐부전나비'가 있다.

150. *Satyrium eximia* (Fixsen, 1887) 참까마귀부전나비

Thecla eximia Fixsen, 1887; in Romanoff, *Mém. Lépid.*, 3: 271, pl. 13, fig. 2. TL: Bukjeom (GW, N.Korea).

Thecla eximia : Leech, 1894: 359 (Loc. Korea); Mori & Cho, 1938: 67 (Loc. Korea).

Thecla eximia fixseni : Leech, 1894: 360 (Loc. Korea); Nire, 1919: 26 (Loc. Korea); Kishida & Nakamura, 1936: 64 (Loc. Korea).

Thecla grandis : Matsumuta, 1929: 27 (Loc. Korea).

Strymon eximia : Seok, 1939: 221; Seok, 1947: 7; Cho & Kim, 1956: 54; Kim & Mi, 1956: 400; Cho, 1959: 72; Kim, 1959a: 96; Kim, 1960: 267; Seok, 1972 (Rev. Ed.): 240; Paek, 1996: 10.

Strymonidia eximia : Shin, 1975a: 44; Kim, 1976: 74.

Fixsenia eximia : Lee, 1982: 27; Joo (Ed.), 1986: 7; Im (N.Korea), 1987: 39; Ju & Im (N.Korea), 1987: 67; Shin, 1989: 162; Kim & Hong, 1991: 385; ESK & KSAE, 1994: 385; Korshunov & Gorbunov, 1995; Joo *et al.*, 1997: 120; Park & Kim, 1997: 115; Kim, 2002: 96; Lee, 2003: 15.

Nordmannia eximia : Tuzov *et al.*, 2000: 105.

Satyrium eximium : Chou Io (Ed.), 1994: 660; Lee, 2005a: 25.

Satyrium eximia : Huang, 2001; Savela, 2008 (ditto).

Distribution. Korea, Ussuri region, E.Mongolia, NE.China, C.China.

First reported from Korean peninsula. Fixsen, 1887: 271-273 (TL: Bukjeom (GW, N.Korea)).

North Korean name. 큰먹숫돌나비(임홍안, 1987; 주동률과 임홍안, 1987: 67).

Host plants. Korea: 갈매나무과(갈매나무)(손정달, 1984); 갈매나무과(참갈매나무, 털갈매나무)(주흥재 등, 1997).

Remarks. 모식종(Type species)의 산지가 한국(Korea)인 한국고유생물종이다. 아종으로는 *S. e. eximia* (Loc. Korea) 등의 3아종이 알려져 있다(Chou Io (Ed.), 1994; Tuzov *et al.*, 2000). 한반도 에는 중 북부지방에 광역 분포하나, 남부지방에는 지리산을 중심으로 국지적으로 분포한다. 경기도 도서지방에서는 굴업도에서의 채집기록(이영준, 2003: 15)이 있다. 연 1회 발생하고, 6월 중순부터

8월 중순에 걸쳐 나타난다. 수컷의 앞날개 윗면 중실 끝 부근에 큰 타원형의 성표가 있다. 현재의 국명은 조복성(1959: 72)에 의한 것이다. 국명이명으로는 석주명(1947: 7)의 '조선까마귀부전나비' 가 있다.

151. *Satyrium prunoides* (Staudinger, 1887) 꼬마까마귀부전나비

Thecla prunoides Staudinger, 1887; in Romanoff, *Mém. Lépid.,* 3: 129, pl. 6, figs. 1a-b. TL: Vladivostok or Ust'-Kamenogorsk (Russia or E.Kazakhstan).

Thecla prunoides : Fixsen, 1887: 278-279; Mori & Cho, 1938: 68 (Loc. Korea).

Thecla herzi fulva : Heyen, 1895: 736 (Loc. Korea); Matsumura, 1929: 26 (Loc. Korea).

Thecla herzi fulvofenestrata : Heyen, 1895: 736 (Loc. Korea); Matsumura, 1929: 26 (Loc. Korea).

Strymon prunoides : Seok, 1939: 226; Seok, 1947: 7; Cho & Kim, 1956: 55; Kim & Mi, 1956: 400; Cho, 1959: 73; Kim, 1960: 265.

Strymonidia prunoides : Ko, 1969: 205; Lee, 1971: 7; Lee, 1973: 4; Kim, 1976: 72.

Fixsenia prunoides : Lee, 1982: 27; Joo (Ed.), 1986: 7; Im (N.Korea), 1987: 39; Ju & Im (N.Korea), 1987: 70; Shin, 1989: 163; Ju (N.Korea), 1989: 44 (Loc. Baekdusan (Mt.)); Kim & Hong, 1991: 385; ESK & KSAE, 1994: 385; Korshunov & Gorbunov, 1995; Joo *et al.*, 1997: 121; Park & Kim, 1997: 117; Kim, 2002: 97; Lee, 2005a: 25.

Nordmannia prunoides : Tuzov *et al.*, 2000: 106.

Satyrium prunoides : Gorbunov & Kosterin. 2003; Lee, 2005a: 25; Tshikolovets *et al.*, 2009.

Distribution. Korea, Transbaikal, Amur and Ussuri region, NE.China, Mongolia.

First reported from Korean peninsula. Fixsen, 1887; in Romanoff, *Mém. Lépid.,* 3: 278-279 (Loc. Bukjeom (GW, N.Korea).

North Korean name. 사과먹숫돌나비(임홍안, 1987; 주동률과 임홍안, 1987: 70).

Host plants. Korea: 장미과(자두나무, 귀롱나무)(주동률과 임홍안, 1987); 장미과(조팝나무)(주흥재 등, 1997).

Remarks. 한반도에는 중·북부지방에 국지적으로 분포하며, 개체수는 적다. 연 1회 발생하며, 6월 중순부터 7월에 걸쳐 나타나고, 알로 월동한다. 참까마귀부전나비와 유사하나 크기가 작고 수컷의 앞날개 중실 끝에 성표가 없으며, 뒷날개 윗면 내연각에 주홍색 무늬가 없으므로 구별된다. 현재의 국명은 석주명(1947: 7)에 의한 것이다.

Genus *Ahlbergia* Bryk, 1946

Ahlbergia Bryk, 1946; *Ark. Zool.,* 38: 50 (repl. Satsuma Murray, 1874). TS: *Lycaena ferrea*
    Butler.

= *Satsuma* Murray, 1874; *Ent. mon. Mag.,* 11: 168 (preocc. Satsuma Adams, 1868 (Mollusca)).
    TS: *Lycaena ferrea* Butler.

전 세계에 24 종 이상이 알려져 있으며, 대부분 아시아에 분포한다. 한반도에는 쇳빛부전나비와 북
방쇳빛부전나비 2종이 알려져 있다. 본 종들은 *Callophrys* Billberg 1820 속으로 취급되기도 한다
(Gorbunov, 2001; Robbins, 2004; etc.).

152. *Ahlbergia ferrea* (Butler, 1866) 쇳빛부전나비

Lycaena ferrea Butler, 1866; *J. Linn. Soc. Zool.,* 9: 57, no. 27. TL: Hakodate, Hokkaido (Japan).

Satsuma frivaldskyi [sic] *ferrea* : Seitz, 1909: 264; Okamoto, 1923: 68; Doi, 1931; Nakayama,
    1932; Seok & Takacuka, 1932; Seok, 1933; Seok, 1934; Seok, 1935; Mori, Doi & Cho, 1934;
    Seok & Nishimoto, 1935; Haku, 1936; Kurebtzov, 1970.

Callophrys frivaldszkyi (= 쇳빛부전나비) : Lee, 1982: 29; Shin, 1989: 165; Joo (Ed.), 1986: 8;
    ESK & KSAE, 1994: 384.

Satsuma ferrea : Doi, 1932: 46 (Loc. Soyosan (Mt.)); Seok, 1939: 216; Seok, 1947: 7; Cho &
    Kim, 1956: 53.

Ahlbergia korea : Johnson, 1992; Lee, 2005a: 25.

Callophrys ferrea : Kim & Hong, 1991: 385; Park & Kim, 1997: 109; Matsuda & Bae, 1998: 61.

Callophrys ferrea korea : Joo *et al.,* 1997: 405; Kim, 2002: 91.

Ahlbergia ferrea : Bryk, 1946; Kim & Mi, 1956: 386, 399; Cho, 1959: 53; Kim, 1960: 278;
    Shirôzu & Haram 1962; Shirôzu, 1966; Ko, 1969: 200; Lee, 1971: 7; Lee, 1973: 4; Fujioka,
    1975; Shin, 1975a: 44; Johnson, 1992.

Distribution. Korea, Amur and Ussuri region, NE.China, Japan.

First reported from Korean peninsula. Seitz, 1909; *Macrolep. World,* 1: 264, pl. 72, fig. f. (Loc.
    Weonsan (N.Korea)).

North Korean name. 쇳빛숫돌나비(임홍안, 1987; 주동률과 임홍안, 1987: 74).

Host plants. Korea: 인동과(가막살나무), 진달래과(산진달래), 장미과(사과나무, 귀룽나무)(손정달, 1984); 진달래과(진달래)(신유항, 1989); 장미과(조팝나무)(손정달과 박경태, 1993).

Remarks. Matsuda & Bae (1998)는 *Ahlbergia korea*를 *ferrea*의 동물이명(synonym)으로 정리했으나, *Ahlbergia korea*를 *ferrea*의 아종으로 취급하자는 견해가 있다(김성수, 2006a: 48). 그러나 Tuzov *et al.*, (2000: 119), Savela (2008) (ditto)에서는 *Ahlbergia korea* (Loc. Korea, Amur and Ussuri region, NE.China)와 *Ahlbergia ferrea* (Loc. Japan)를 각각의 독립된 종으로 취급하고 있어 이들 종들에 대한 재검토가 필요하다. 또한 속명 적용은 Johnson (1992)과 Tuzov *et al.* (2000)에 따랐으나, Gorbunov (2001) 등은 여전히 *Callophrys* 속으로 취급하고 있기도 하다. 한반도산 쇳빛부전나비의 학명적용은 Johnson (1992: 20)에 따랐다. 이승모(1982)는 한반도산 *ferrea*는 Okamoto (1923: 68)에 의해 최초로 기록되었다고 했지만 석주명(1939: 216)에 의해 정리된 Seitz (1909)의 원산 기록이 최초인 것으로 보인다. 한반도 전역에 분포하는 종으로 개체수는 보통이나 제주도에서는 관찰되지 않는다. 연 1회 봄에만 발생하며, 4월부터 5월에 걸쳐 나타난다. 활발하고 민첩하게 날아다니며, 숲 가장자리에서 활동한다. 번데기로 월동한다(한국인시류동호인회편, 1986). 현재의 국명은 석주명(1947: 7)에 의한 것이다. 국명이명으로는 이승모(1973: 4)와 신유항 (1975a: 44)의 '쇠빛부전나비'가 있다.

153. *Ahlbergia frivaldszkyi* (Lederer, 1855) 북방쇳빛부전나비

Thecla frivaldszkyi Lederer, 1855; *Verh. zool.-bot. Ges. Wien,* 5: 100, pl. 1, fig. 1. TL: Eastern Bukhtarminsk in Altai (Kazakhstan).

Thecla frivaldszkyi : Leech, 1887: 414.

Callophrys frivaldszkyi : Joo *et al.*, 1997: 114; Park & Kim, 1997: 108; Matsuda & Bae, 1998: 54.

Callophrys frivaldszkyi aquilonaria : Joo *et al.*, 1997: 405; Kim, 2002: 90.

Ahlbergia frivaldszkyi : Bryk, 1946; Johnson, 1992; Lukhtanov & Lukhtanov, 1994; Chou Io (Ed.), 1994: 656; Korshunov & Gorbunov, 1995; Tuzov *et al.*, 2000: 118, pl. 56, figs. 1-3, 7-9, 16-18; Lee, 2005a: 25.

Distribution. Korea, Altai-Ussuri, N.China, S.Yakutia, NE.Kazakhstan, Mongolia.

First reported from Korean peninsula. Leech, 1887; *Proc. zool. Soc. Lond.,* p. 414 (Loc. Weonsan (N.Korea)).

North Korean name. Unknown.

Host plant. Korea: 장미과(조팝나무)(박규택과 김성수, 1997).

Remarks. 아종으로는 *A. f. aquilonaria* Johnson, 1992 (Loc. Altai, Sayan, Amur and Ussuri region, NE.China, Manchurian Plain) 등의 3아종이 알려져 있다(Tuzov *et al.*, 2000). 한반도에는 중 북부지방에 국지적으로 산지 중심으로 분포하는 종으로 개체수는 보통이다. 연 1회 봄에만 발생하며, 4월부터 5월에 관찰되나, 오대산 등의 고산지역에서는 6월 중순까지 볼 수 있다. 활발하고 민첩하게 날아다니며, 대부분 숲 가장자리에서 활동한다. 현재의 국명은 주흥재 등(1997: 114)에 의한 것이다.

Tribe **Aphnaeini** Distant, 1884 쌍꼬리부전나비족

Genus *Cigaritis* Donzel, 1847

Cigaritis Donzel, 1847; *Ann. Soc. ent. Fr.,* (2)5: 528. TS: *Cigaritis zohra* Donzel.

= *Spindasis* Wallengren, 1857; *K. svenska VetenskAkad. Handl., Stockholm,* 2(4): 45. TS: *Spindasis masilikazi* Wallengren.

전 세계에 77 종 이상이 알려져 있는 큰 속으로, 아시아와 아프리카에 분포한다. 한반도에는 쌍꼬리부전나비 1 종이 알려져 있다.

154. *Cigaritis takanonis* (Matsumura, 1906) 쌍꼬리부전나비

Aphnaeus takanonis Matsumura, 1906; *Annot. Zool. Jap.,* 6(1): 12. pl. I, fig. 7. TL: Japan.

Aphnaeus takanonis : Matuda, 1929: 165; Seok, 1939: 176; Seok, 1947: 5; Cho & Kim, 1956: 44.

Spindasis takanonis koreanus : Joo *et al.*, 1997: 405; Kim, 2002: 101.

Spindasis takanonis zebrina : Im, 1996: 28 (Loc. N.Korea).

Spindasis takanonis : Kim & Mi, 1956: 390, 400; Cho, 1959: 71; Kim, 1960: 277; Ko, 1969: 205; Lewis, 1974; Kim, 1976: 93; Lee, 1982: 29; Joo (Ed.), 1986: 8; Im (N.Korea), 1987: 39; Ju & Im (N.Korea), 1987: 73; Shin, 1989: 164; Shin, 1990: 147; Kim & Hong, 1991: 385; ESK & KSAE, 1994: 386; Joo *et al.*, 1997: 124; Park & Kim, 1997: 120; Lee, 2005a: 25; Jang, 2007: 31.

Cigaritis takanonis : Tuzov *et al.*, 1997; Williams, 2008.

Distribution. Korea, Japan.

First reported from Korean peninsula. Matuda, 1929; *Zeph.,* 1: 165-167, fig. 4 (Loc. Jangsusan (Mt.) (Hwanghae, N.Korea)).

North Korean name. 쌍꼬리숫돌나비(임홍안, 1987; 주동률과 임홍안, 1987: 73; 임홍안, 1996).

Associated ant. Korea: 마쓰무라밑들이개미(*Crematogaster matsumurai*)(장용준, 2006: 23; 장용준, 2007a: 31).

Remarks. 한반도에는 국지적으로 분포하는 종이며, 남한지역에서는 멸종위기야생동물 II급으로 지정되어 법적 보호를 받고 있다. 어른벌레는 연 1회 발생하며, 6월 중순부터 8월 상순에 걸쳐 나타난다. 6월 중순부터 7월 초순까지 소나무, 신갈나무, 노간주나무 등에 산란을 하며, 먹이는 숙주와의 먹이교환 행동을 통하거나 개미 집안의 저장 먹이를 이용하는 것으로 알려져 있다(장용준, 2006). 한반도에서는 유일하게 두개의 꼬리모양돌기를 갖는 나비이다. 현재의 국명은 석주명(1947: 5)에 의한 것이다.

Family **NYMPHALIDAE** Swainson, 1827 네발나비과

Nymphalidae Swainson, 1827; *The Philosophical Magazine* (new series) I, (1): 185, 187. Type-
genus: *Nymphalis* Kluk, 1780.

전 세계에 적어도 550 속 6,000 종이상이 알려져 있는 나비 중 가장 큰 분류군이며, 전 세계에 광
역 분포한다. 어느 지역에서나 종 다양성이 높은 과(family)이어서 지구 생태계를 연구하는데 있어
중요한 역할을 한다. 일반적으로 날개의 윗면은 아름다우며, 아랫면은 어두운 색을 띤다. 애벌레의
머리에는 돌기물이 있으며, 번데기에는 밝은 색의 점무늬가 있다. 네발나비과의 이름은 1 쌍의 앞다
리가 작게 퇴화한 것에서 유래되었다. 일반적으로 네발나비과를 Libytheinae, Danainae,
Calinaginae, Satyrinae, Charaxinae, Pseudergolinae, Nymphalinae, Cyrestinae, Biblidinae,
Apaturinae, Heliconiinae, Limenitidinae 의 12 아과로 구분한다(Tree of Life web project: by
Wahlberg & Wheat, 2008; Wahlberg *et. al.*, 2009; etc.). 한반도에는 8 아과 126 종이 알려져 있다.
북한 과명은 '메나비과'이다.

Subfamily **LIBYTHEINAE** Boisduval, 1833 뿔나비아과

뿔나비아과는 네발나비과 계통에 있어서 가장 원시적인 아과로서 이전에는 독립적인 과(Family, 科)
로 취급되기도 했다. 전 세계에 2 속 13 종이 알려져 있으며(Nymphalidae Systematics Group,
2009), 한반도에는 *Libythea* 속 1 종이 알려져 있다. 대부분 종들이 아랫입술수염이 뿔 모양으로
머리 앞쪽으로 돌출되어 있다.

Genus *Libythea* Fabricius, 1807

Libythea Fabricius, 1807; *Magazin f. Insektenk.* (Illiger) 6: 284. TS: *Papilio celtis* Laicharting.

전 세계에 9 종이 알려져 있는 작은 속으로, 대부분 유라시아, 아프리카, 오세아니아에 분포한다. 한
반도에는 뿔나비 1 종이 알려져 있다.

155. *Libythea lepita* Moore, 1857 뿔나비

Libythea lepita Moore, 1857; in Horsfield & Moore, *Cat. lep. Ins. Mus. East India Coy,* 1; 240.
  TL: India.

Libythea celtis var. *celtoides* : Matsumura, 1919: 24.

Libythea lepita celtoides : Matsumura, 1929: 25 (Loc. Korea).

Libythea celtis celtoides : Doi, 1933: 96 (Loc. Gangneung (GW, Korea), Unmunsan (Mt.) (GB,
  S.Korea)); Seok, 1939: 173; Seok, 1947: 5; Cho & Kim, 1956: 44; Kim & Mi, 1956: 398; Cho,
  1959: 52; Kim, 1960: 278; Ko, 1969: 200 Seok, 1972 (Rev. Ed.): 189; Shin & Koo, 1974: 130;
  Shin, 1975a: 45; Joo *et al.,* 1997: 407; Joo & Kim, 2002: 102; Kim, 2002: 126.

Libythea celtis : Lee, 1971: 8; Lee, 1973: 6; Lewis, 1974; Kim, 1976: 95; Smart, 1975;
  D'Abrera, 1986; Lee, 1982: 77; Joo (Ed.), 1986: 15; Im (N.Korea), 1987: 42; Ju & Im
  (N.Korea), 1987: 104; Shin, 1989: 173; Kim & Hong, 1991: 396; Heppner & Inoue, 1992:
  139; Im & Hwang (N.Korea), 1993: 57 (Loc. Baekdusan (Mt.)); ESK & KSAE, 1994: 386;
  Chou Io (Ed.), 1994: 599; Karsholt & Razowski, 1996: 210; Tennent, 1996; Joo *et al.,* 1997:
  172; Park & Kim, 1997: 153; Tuzov *et al.,* 2000; Lee, 2005a: 26.

Libythea lepita : Kawahara, 2006: 23.

Distribution. Korea, Japan, Taiwan, Asia Minor, S.Europe, N.Africa.

First reported from Korean peninsula. Matsumura, 1919; *Thous. Ins. Jap.,* 3: 24 (Loc. Korea).

North Korean name. 뿔나비(임홍안, 1987; 주동률과 임홍안, 1987: 104).

Host plants. Korea: 느릅나무과(팽나무, 풍게나무)(손정달, 1984).

Remarks. Kawahara (2006: 23)에 따라 한반도산 뿔나비의 학명을 *Libythea lepita* 로 적용
했다. 한반도 전역에 분포한다. 연 1 회 발생하며, 어른벌레로 월동한다. 현재의 국명은 석주명(1947:
5)에 의한 것이다.

Subfamily **DANAINAE** Boisduval, [1833] 왕나비아과

전 세계에 60 속 504 종이 알려져 있으며(Nymphalidae Systematics Group, 2009), 한반도에는 2

속 4 종이 알려져 있다. 대형의 나비로서 대부분 날개의 무늬가 화려하다. 북한에서는 '알락나비과'로 취급한다(임홍안, 1987: 40).

Tribe **Danaini** Boisduval, [1833]

Genus *Parantica* Moore, 1880

Parantica Moore, 1880; *Lepid. Ceylon,* 1(1): 7. TS: *Papilio aglea* Stoll.

전 세계에 적어도 40 종이 알려져 있으며, 대부분 남아시아에 분포한다. 한반도에는 왕나비, 대만왕나비의 2 종이 알려져 있다.

156. *Parantica sita* (Kollar, 1844) 왕나비

Danais sita Kollar, 1844; in Hügel, *Kaschmir und das Reich der Siek,* 4(5): 424, pl. 6, 2 figs. TL: Mussoorie (N.India).

Danais tytia : Ichikawa, 1906: 185; Mstsumura, 1907: 66 (Loc. Korea); Seok, 1939: 1; Seok, 1947: 1; Cho, 1959: 14; Kim, 1960: 277; Kim, 1976: 184.

Danais tytia niphonica : Uchida & Esaki, 1932: 876 (Loc. Korea).

Danaus tytia : Cho & Kim, 1956: 13; Kim & Mi, 1956: 394; Cho, 1963: 195; Cho *et al.*, 1968: 256, 378.

Danaus tytia niphonica : Shin, 1975a: 45.

Danais sita niphonica : Nire, 1920: 47; Matsumura, 1927: 160 (Loc. Korea).

Parantica sita niphonica : Kim *et al.*, 1972: 52; Joo *et al.*, 1997: 407; Joo & Kim, 2002: 103; Kim, 2002: 209.

Parantica sita : D'Abrera, 1986; Lee, 1982: 45; Joo (Ed.), 1986: 9; Shin, 1989: 173; Ackery & Wright, 1984; Im (N.Korea), 1987: 40; Ju & Im (N.Korea), 1987: 106; Kim & Hong, 1991: 389; Heppner & Inoue, 1992: 141; ESK & KSAE, 1994: 386; Chou Io (Ed.), 1994: 277; Paek, 1996: 10; Joo *et al.*, 1997: 174; Park & Kim, 1997: 155; Tuzov *et al.*, 2000: 10; Lee, 2005a: 26.

Distribution. S.Korea, Ussuri region, Sakhalin, Japan, China, Taiwan, Indo-china, Kasmir, N.India.

First reported from Korean peninsula. Ichikawa, 1906; *Hakubutu no Tomo,* 6: 185 (Loc. Jejudo

(Is.) (S.Korea)).

North Korean name. 알락나비(임홍안, 1987; 주동률과 임홍안, 1987: 106).

Host plants. Korea: 박주가리과(박주가리), 쥐방울덩굴과(등칡)(손정달, 1984); 박주가리과(큰조롱, 백미꽃)(주흥재와 김성수, 2002); 박주가리과(나도은조롱)(백유현 등, 2007).

Remarks. 아종으로는 *P. s. melanosticta* Morishita, 1994 (Loc. SE.Thailand, S.Vietnam) 등의 6아종이 알려져 있다(D'Abrera, 1986; Corbet & Pendlebury, 1992; Chou Io (Ed.), 1994). Ichikawa (1906: 185) 등의 *D. tytia* (Gray, 1846)는 *P. sita* (Kollar, 1844)의 동물이명(synonym)이다. 주분포 지역은 열대 및 아열대지역이며, 한반도에서는 제주도 등에 토착한 종이다. 이동성이 커 하계에 한반도의 중부의 각 지역에서 관찰되기도 한다. 연 2-3회 발생하며, 봄형은 5월부터 6월, 여름형은 7월부터 9월에 걸쳐 나타난다. 현재의 국명은 이승모(1982: 45)에 의한 것이다. 국명이명으로는 석주명(1947: 1), 조복성과 김창환(1956: 13), 조복성(1959: 14; 1963: 195), 김헌규(1960: 277), 조복성 등 (1968: 256), 김창환 등(1972: 52), 신유항(1975a: 45) 등의 '제주왕나비'가 있다.

157. *Parantica melaneus* (Cramer, 1775) 대만왕나비

Papilio melaneus Cramer, 1775; *Uitl. Kapellen,* 1(1-7): 48, pl. 30, fig. D. TL: China.

Parantica melanus (missp.) : Joo & Kim, 2002: 152; Kim, 2002: 276.

Parantica melanea : Chou Io (Ed.), 1994: 278; Lee, 2005a: 26.

Parantica melaneus : D'Abrera, 1986; Ackery & Wright, 1984; Heppner & Inoue, 1992: 141.

Distribution. S.Korea (Immigrant species), China, Taiwan, India etc.

First reported from Korean peninsula. Joo & Kim, 2002; *Butterflies of Jeju Island.,* p. 152 (Loc. Jejudo (Is.) (S.Korea)).

North Korean name. 북한에서는 기록이 없다.

Host plants. Korea: Unknown. Holarctic region: 박주가리과(*Cynanchum* spp.)(D'Abrera, 1986). China: 박주가리과(*Tylophora tenuis*)(Chou Io (Ed.), 1994).

Remarks. 아종으로는 *P. m. melaneus* (Loc. S.China, N.Indo-China) 등의 3아종이 알려져 있다 (D'Abrera, 1986; Corbet & Pendlebury, 1992; Chou Io (Ed.), 1994). 한반도에서는 미접으로 제주도에서 주흥재와 김성수(2002: 152)에 의해 채집되어 처음 기록된 종이며, 채집 기록이 아주 적다. 현재의 국명은 주흥재와 김성수(2002: 152)에 의한 것이다.

Genus *Danaus* Linnaeus, 1758

Danaus Linnaeus, 1758; *Syst. Nat.* (Edn 10), 1: 468. TS: *Papilio plexippus* Linnaeus.

= *Anosia* Hübner, 1816; *Verz. bek. Schmett.*, (1): 16. TS: *Papilio gilippus* Cramer.

= *Salatura* Moore, [1880]; *Lepid. Ceylon*, 1(1): 5. TS: *Papilio genutia* Cramer.

전 세계에 적어도 10 종이 알려져 있으며, 전 세계에 광역 분포한다. 한반도에는 별선두리왕나비, 끝검은왕나비의 2 종이 알려져 있으며, 본 종들은 *Anosia* Hübner, 1816 속으로 취급되기도 한다 (Global Butterfly Information System (ditto) etc.).

158. *Danaus genutia* (Cramer, 1779) 별선두리왕나비

Papilio genutia Cramer, 1779; *Uitl. Kapellen*, 3(17-21): 23, pl. 206, figs. C, D. TL: Guangdong (China).

Salatura genutia : Lee, 1982: 44; Im (N.Korea), 1987: 40; Kim & Hong, 1991: 389; ESK & KSAE, 1994: 386; Joo *et al.*, 1997: 407, 417; Park & Kim, 1997: 371; Joo & Kim, 2002: 152; Kim, 2002: 275.

Danaus genutia : Lewis, 1974; Smart, 1975; D'Abrera, 1986; Heppner & Inoue, 1992: 140; Chou Io (Ed.), 1994; 270; Lee, 2005a: 26.

Distribution. S.Korea (Immigrant species), Afghanistan, Kashmir-China, Taiwan, Australia.

First reported from Korean peninsula. Lee, 1982; *Butterflies of Korea*, p. 44 pl. 23, fig. 101 (Loc. Hongdo (Is.) (S.Korea)).

North Korean name. 별무늬두리알락나비(임홍안, 1987).

Host plants. Korea: Unknown. Holarctic region: 박주가리과(D'Abrera, 1986). China: 박주가리과 (*Asclepias curassavica, Ceropegia intermedia, Marsdenia* spp.)(Chou Io (Ed.), 1994).

Remarks. 아종으로는 *D. g. genutia* (Loc. India-China, Sri Lanka, Andamans, Nicobars, Peninsular Malaya, Thailand, Langkawi, Singapore, Indo-China, Taiwan, Hainan) 등 13아종이 알려져 있다(D'Abrera, 1977; D'Abrera, 1986). 한반도에서는 미접으로 이승모(1982: 44)에 의해 홍도에서 채집되어 처음 기록된 종이다. 한반도에는 제주도, 홍도 등의 남부 도서들에서 관찰 기록이 있으나 채집된 개체수는 적다. 현재의 국명은 이승모(1982: 44)에 의한 것이다.

159. *Danaus chrysippus* (Linnaeus, 1758) 끝검은왕나비

Papilio chrysippus Linnaeus, 1758; *Syst. Nat.* (Edn 10), 1: 471, fig. 81. TL: Guangdong (China).

Anosia chrysippus : Lee, 1982: 44; Im (N.Korea), 1987: 40; Kim & Kim, 1988; Kim & Hong, 1991: 389; ESK & KSAE, 1994: 386; Karsholt & Razowski, 1996: 217; Shin, 1996: 48; Joo *et al.*, 1997: 407, 417; Park & Kim, 1997: 371; Joo & Kim, 2002: 151; Kim, 2002: 275.

Danaus chrysippus : Lewis, 1974; Smart, 1975; D'Abrera, 1986; Heppner & Inoue, 1992: 140; Chou Io (Ed.), 1994: 270; Tuzov *et al.*, 2000: 10; Lee, 2005a: 26; Williams, 2008.

Distribution. S.Korea (Immigrant species), Taiwan, Burma, Australia, India, Sri Lanka, Tropical Asia, Europe, Arabia, Africa.

First reported from Korean peninsula. Lee, 1982; *Butterflies of Korea,* p. 44, pl. 23, fig. 100 (Loc. Chilpo bathing place, Pohang (GN, S.Korea)).

North Korean name. 끝검은알락나비(임홍안, 1987; 주동률과 임홍안, 1987).

Host plants. Korea: Unknown. China: 박주가리과(*Calotropis gigantea, Calotropis* spp., *Asclepias curassavica, Asclepias* spp., *Ceropegia* spp., *Marsdenia* spp.); 메꽃과(*Euphorbia* spp.); 장미과 (*Rosa* spp.); 현삼과(*Antirrhinum* spp.)(Chou Io (Ed.), 1994). Europe: 박주가리과(*Asclepias* spp., *Asclepias coarctata, A. fruticosa, A. fulva, A. lineolata, A. reflexa, A. rotundifolia, A. scabrifolia, A. swynnertoni, A. syriaca, Pachycarpus sp., Pentatropis quinquepartita*)(Higgins & Riley, 1970; Ackery & Wright, 1984). North America: 협죽도과(*Apocynum* spp.)(Pyle, 1981).

Remarks. 아종으로는 *D. c. petilia* (Stoll, 1790) (Loc. Australia, New Guinea, Louisiades, New Hebrides) 등의 4아종이 알려져 있다(D'Abrera, 1977; Williams, 2008). 한반도에서는 미접으로 경상남도 포항시 칠포해수욕장 일대에서 이승모(1982: 44)에 의해 채집되어 처음 기록된 종이다. 남해안 도서지방이나 해안가 일대에서 간혹 관찰되며, 충남 서산의 채집기록(신유항, 1996; 48)도 있다. 최근에는 백종대에 의해 전남 여수, 이광훈 등에 의해 부산 일대와 경남 사천 삼천포, 홍성택 에 의해 전남 광양과 경남 진주 일대에서 관찰기록이 있는 등 관찰빈도가 증가 추세에 있다. 현재 의 국명은 이승모(1982: 44)에 의한 것이다.

<h1 style="text-align:center">Subfamily SATYRINAE Boisduval, [1833] 뱀눈나비아과</h1>

전 세계에 약 400 속 2,400 종이 알려져 있으며(Korshunov & Gorbunov, 1995), 한반도에는 15 속 38 종이 알려져 있다. 일반적으로 중형의 나비로 날개 색은 대부분 갈색 또는 황토색을 띤다. 먹이 식물은 벼과나 사초과 등의 초본류이다.

Tribe **Melanitini** Reuter, 1896

<h3 style="text-align:center">Genus Melanitis Fabricius, 1807</h3>

Melanitis Fabricius, 1807; *Magazin f. Insektenk.* (Illiger) 6: 282. TS: *Papilio leda* Linnaeus.

전 세계에 적어도 12 종 이상이 알려져 있으며, 대부분 아시아, 아프리카, 오세아니아에 분포한다. 한반도에는 먹나비와 큰먹나비 2 종이 알려져 있다.

160. *Melanitis leda* (Linnaeus, 1758) 먹나비

Papilio leda Linnaeus, 1758; *Syst. Nat.* (Edn 10), 1: 474. TL: Guangdong (China).

Melanitis leda determinata : Nire, 1918: 3 (Loc. Korea).

Melanitis leda ismene : Nire, 1918: 3 (Loc. Korea); Doi, 1932: 32 (Loc. Gyeseong).

Melanitis leda : Leech, 1894: 106–107; Seok, 1939: 27; Seok, 1947: 2; Cho & Kim, 1956: 19; Kim & Mi, 1956: 379, 395; Cho, 1959: 21; Kim, 1960: 278; Cho, 1963: 198; Cho *et al.*, 1968: 257; Ko, 1969: 193; Lewis, 1974; Smart, 1975; Kim, 1976: 161; D'Abrera, 1986; Lee, 1982: 92; Joo (Ed.), 1986: 17; Im (N.Korea), 1987: 43; Ju & Im (N.Korea), 1987: 208; Shin, 1989: 210; Kim & Hong, 1991: 399; Heppner & Inoue, 1992: 150; ESK & KSAE, 1994: 389; Chou Io (Ed.), 1994: 317; Joo *et al.*, 1997: 419; Park & Kim, 1997: 372; Joo, 2000: 12; Joo & Kim, 2002: 156; Kim, 2002: 274; Lee, 2005a: 26; Williams, 2008.

Distribution. S.Korea (Immigrant species), Japan, S.China, Taiwan, Australia, S.Arabia, Tropical Africa, Pacific Islands.

First reported from Korean peninsula. Leech, 1894; *Butt. from China* etc., p. 106–107 (Loc. Korea).

North Korean name. 남방뱀눈나비(임홍안, 1987; 주동률과 임홍안, 1987: 208).

Host plants. Korea: 벼과(벼, 사탕수수, 참바랭이, 강아지풀)(주동률과 임홍안, 1987). China: 벼과 (*Oryza sativa, Paspalum* spp.)(Chou Io (Ed.), 1994). Australia: 벼과(*Imperata* spp.)(D'Abrera, 1977).

Remarks. 아종으로는 *M. l. ismene* (Cramer, [1775]) (Loc. Yunnan) 등의 14아종이 알려져 있다 (D'Abrera, 1980; Corbet & Pendlebury, 1992; Chou Io (Ed.), 1994; Tennent, 1996). 한반도에서는 미접으로 취급되나, 이동성이 강해제주도 및 경상도, 전라도 등의 남부지방뿐만 아니라 강원도, 경기도 도서지방 및 서울(장용준 등, 2006) 등의 중부지방에서 간혹 관찰되며, 제주도 등 남해안 일대에 정착했을 가능성이 높다는 의견이 많다. 한반도의 초기 기록으로 Takano (1907)의 *Melanitis leda* var. *ismene* Cramer가 있지만 석주명(1972 (Revised Edition): 9)은 본종을 한반도에서 채집하지 못했다고 재정리했다. 현재의 국명은 석주명(1947: 2)에 의한 것이다.

161. *Melanitis phedima* (Cramer, [1780]) 큰먹나비

Papilio phedima Cramer, [1780]; *Uitl. Kapellen,* 4 (25-26a): 8, pl. 292, fjg. B. TL: Java (Indonesia).

Melanitis phedima oitensis : Joo *et al.,* 1997: 411; Joo & Kim, 2002: 156; Kim, 2002: 274.

Melanitis phedima : Lewis, 1974; D'Abrera, 1986; Heppner & Inoue, 1992: 150; Chou Io (Ed.), 1994: 320; Oh, 1996: 44; Joo *et al.,* 1997: 419; Park & Kim, 1997: 372; Lee, 2005a: 26.

Distribution. S.Korea (Immigrant species), Japan, China, Taiwan, Burma, Kasmir-Assam, S.India.

First reported from Korean peninsula. Oh, 1996; *J. Lepid. Soc. Korea,* 9: 44 (Loc. Busan (S.Korea)).

North Korean name. 북한에서는 기록이 없다.

Host plants. Korea: Unknown. China: 벼과(*Microstegium ciliatum, Setaria palmifolia*)(Chou Io (Ed.), 1994).

Remarks. 아종으로는 *M. p. ganapati* Fruhstorfer, 1908 (Loc. Myanmar, Thailand, Laos, Vietnam, S.Yunnan) 등의 13아종이 알려져 있다(D'Abrera, 1986; Corbet & Pendlebury, 1992; Chou Io (Ed.), 1994). 한반도에서는 미접으로 1995년 부산에서 김용언에 의해 채집되어, 오성환(1996: 44)에 의해 처음 기록된 종이다. 그 외에 제주도의 관찰기록(김용식, 2002: 274)이 있으나, 관찰된 개체수는 아주 적다. 김정환과 홍세선(1991: 399)은 본 종의 국명을 '먹나비사촌'이라 신칭한바 있으나, 한국미기록종으로 기록한 것은 아니다. 현재의 국명은 오성환(1996: 44)에 의한 것이다.

Tribe **Elymniini** Herrich-Schäffer, 1864

Genus *Lethe* Hübner, 1819

Lethe Hübner, 1819; *Verz. bek. Schmett.,* (4): 56. TS: *Papilio europa* Fabricius.

= *Debis* Doubleday, [1849]; *Gen. diurn. Lep.,* (2): pl. 61, fig. 3. TS: *Debis samio* Doubleday.

전 세계에 적어도 113종 이상이 알려져 있는 큰 속이며, 대부분 아시아에 분포한다. 한반도에는 먹
그늘나비와 먹그늘나비붙이 2종이 알려져 있다.

162. *Lethe diana* (Butler, 1866) 먹그늘나비

Debis diana Butler, 1866; *J. Linn. Soc. Lond., Zool.,* 9: 55. TL: Hakodate, Hokkaido (Japan).

Lethe (*Lethe*) *diana* : Kim, 1976: 162.

Lethe marginalis : Lee, 1971: 14.

Lethe diana diana : Joo & Kim, 2002: 132.

Lethe diana : Leech, 1887: 55; Seok, 1939: 19; Seok, 1947: 2; Cho & Kim, 1956: 17; Kim & Mi,
  1956: 395; Cho, 1959: 20; Kim, 1960: 271; Cho, 1963: 198; Cho *et al.,* 1968: 257, 378; Ko,
  1969: 192; Hyun & Woo, 1969: 183; Lee, 1973: 9; Shin & Koo, 1974: 133; Lewis, 1974; Lee,
  1982: 87; Joo (Ed.), 1986: 17; Im (N.Korea), 1987: 43; Ju & Im (N.Korea), 1987: 198; Shin,
  1989: 206; Kim & Hong, 1991: 398; Heppner & Inoue, 1992: 150; ESK & KSAE, 1994: 389;
  Chou Io (Ed.), 1994: 339; Tuzov *et al.,* 1997; Joo *et al.,* 1997: 312; Park & Kim, 1997: 311;
  Cheong, 1997: 4; Kim, 2002: 231; Lee, 2005a: 26.

Distribution. Korea, Kurile Is., S.Ussuri region, Sakhalin, E.China, Japan. Taiwan.

First reported from Korean peninsula. Leech, 1887; *Jour. Linn. Soc., Zool.,* 9: 55 (Loc. Weonsan
  (N.Korea) & Busan (S.Korea)).

North Korean name. 먹그늘나비(임홍안, 1987; 주동률과 임홍안, 1987: 198).

Host plants. Korea: 벼과(해장죽, 왕대), 산형과(바디나물)(손정달, 1984); 벼과(조릿대)(손정달 등,
  1992; 벼과(제주조릿대)(주흥재와 김성수, 2002).

Remarks. 아종으로는 *L. d. sachalinensis* Matsumura, 1925 (Loc. S.Sakhalin) 등 3아종이 알려져
  있다. 한반도에는 중부 이남지역에 분포하는 종으로 개체수는 보통이며, 산지에서 볼 수 있다. 연
  1-2회 발생하며, 6월 하순부터 8월에 걸쳐 나타난다. 애벌레로 월동한다(주동률과 임홍안, 1987).
  밤꽃, 큰까치수영 등의 꽃에서 흡밀하며(김용식, 2002: 169) 참나무 수액에 모인다(신유항, 1989:

206). 현재의 국명은 석주명(1947: 2)에 의한 것이다.

163. *Lethe marginalis* (Motschulsky, 1860) 먹그늘나비붙이

Satyrus marginalis Motschulsky, 1860; *Etud. Ent.,* 9: 29. TL: Hakodate, Hokkaido (Japan).

Pararge maackii : Fixsen, 1887: 313.

Lethe maackii : Staudinger & Rebel, 1901: 61 (Loc. Korea).

Lethe (*Lethe*) *marginalis* : Kim, 1976: 163.

Lethe marginalis : Leech, 1894: 25 (Loc. Korea); Seitz, 1909: 86; Kim, 1960: 269; Seok, 1939: 23; Seok, 1947: 2; Cho & Kim, 1956: 18; Kim & Mi, 1956: 395; Cho, 1959: 20; Hyun & Woo, 1970: 79; Seok, 1972 (Rev. Ed.): 152; Lee, 1973: 9; Lewis, 1974; Shin, 1975a: 45; Lee, 1982: 88; Joo (Ed.), 1986: 17; Im (N.Korea), 1987: 43; Ju & Im (N.Korea), 1987: 199; Shin, 1989: 206; Kim & Hong, 1991: 398; Im & Hwang (N.Korea), 1993: 57 (Loc. Baekdusan (Mt.)); ESK & KSAE, 1994: 389; Chou Io (Ed.), 1994; 338; Tuzov *et al.*, 1997; Joo *et al.*, 1997: 313; Park & Kim, 1997: 313; Kim, 2002: 232; Lee, 2005a: 26.

Distribution. Korea, Amur region, E.China, Japan.

First reported from Korean peninsula. Fixsen, 1887; in Romanoff, *Mém. Lépid.,* 3: 313 (Loc. Korea).

North Korean name. 검은그늘나비(임홍안, 1987; 주동률과 임홍안, 1987: 199).

Host plants. Korea: 벼과(기름새, 참억새, 대새풀, 강아지풀, 쥐꼬리새, 개솔새)(손정달, 1984); 벼과 (민바랭이새, 주름조개풀, 큰기름새)(주동률과 임홍안, 1987); 벼과(새)(손정달과 박경태, 1993); 사초과(괭이사초)(김용식, 2002).

Remarks. 아종으로는 *L. m. maacki* (Bremer, 1861) (Loc. Amur and Ussuri region) 등 3아종이 알려져 있다. 근연종으로 석주명(1939: 26; 1947: 2), 조복성과 김창환(1956: 18), 김헌규와 미승우 (1956: 395), 조복성(1959: 21), 김헌규(1960: 269), 고제호(1969: 192), 현재선과 우건석(1969: 183)의 *Lethe sicelis* (Hewitson, [1862])(시실리그늘나비(시셀리그늘나비))가 있으나, 현재 본 종의 분포는 일본과 중국으로 알려져 있다(Savela, 2008 (ditto); etc.). 한반도에는 산지를 중심으로 광역 분포하는 종으로 개체수는 먹그늘나비보다 적다. 연 1회 발생하며, 6월 중순부터 8월에 걸쳐 나타난다. 3-4령 애벌레로 월동한다(주동률과 임홍안, 1987). 먹그늘나비와 유사하나 앞날개 아랫면의 제3-5실에 줄지어 있는 3개의 눈알모양 무늬는 아래에서 위로 올라갈수록 작아지므로 구별된다. 현재의 국명은 이승모(1982: 88)에 의한 것이다. 국명이명으로는 석주명(1947: 2), 조복성과

김창환(1956: 18), 김헌규와 미승우(1956: 395), 조복성(1959: 20, pl. 17, fig. 6), 신유항(1975a: 45)의 '먹그늘나비부치'와 이승모(1973: 9)의 '먹그늘부치나비'가 있다. 김용식(2002)은 본 종의 국명을 '먹그늘나비붙이'에서 '먹그늘붙이나비'로 개칭한바 있다.

Genus *Ninguta* Moore, [1892]

Ninguta Moore, [1892]; *Lepidoptera Indica,* 1: 310. TS: *Pronophila schrenckii* Ménétriès.

= *Aranda* Fruhstorfer, 1909; *Int. ent. Zs.,* 3(24): 134 (11 September). TS: *Pronophila schrenckii* Ménétriès.

전 세계에 1 종만이 알려져 있으며, 동아시아에 분포한다. 한반도에는 왕그늘나비의 1 종이 알려져 있으며, *Pararge* Hübner, 1819 속으로 취급되기도 한다(Global Butterfly Information System (ditto); etc.).

164. *Ninguta schrenckii* (Ménétriès, 1858) 왕그늘나비

Pronophila schrenckii Ménétriès, 1858; *Bull. phys.-math. Acad. Sci. St. Pétersb.,* 17: 215. TL: Kingansky Mts., Amur region (Russia).

Pararge schrenckii : Fixsen, 1887: 313; Seok, 1947: 2; Cho & Kim, 1956: 21; Lewis, 1974.

Pararge schrenkii : Matsumura, 1905: 14 (Loc. Korea).

Aranda schrenckii : Kim & Mi, 1956: 379, 394; Cho, 1959: 16; Kim, 1960: 270.

Lethe schrenckii : Nire, 1917: 25 (Loc. Korea); Seok, 1939: 24; Ko, 1969: 192.

Ninguta schrenckii : Shin, 1975a: 45; Kim, 1976: 164; Lee, 1982: 87; Joo (Ed.), 1986: 16; Im (N.Korea), 1987: 43; Ju & Im (N.Korea), 1987: 197; Shin, 1989: 205; Kim & Hong, 1991: 398; Im & Hwang (N.Korea), 1993: 57 (Loc. Baekdusan (Mt.)); ESK & KSAE, 1994: 389; Chou Io (Ed.), 1994: 353; Tuzov *et al.,* 1997; Joo *et al.,* 1997: 305; Park & Kim, 1997: 301; Kim, 2002: 233; Lee, 2005a: 26.

Distribution. Korea, Amur and Ussuri region, Sakhalin, E.China.

First reported from Korean peninsula. Fixsen, 1887; in Romanoff, *Mém. Lépid.,* 3: 313 (Loc. Korea).

North Korean name. 큰뱀눈나비(임홍안, 1987; 주동률과 임홍안, 1987: 197).

Host plants. Korea: 벼과(참억새), 사초과(삿갓사초, 개찌버리사초)(손정달, 1984); 사초과(흰사초)(주동률과 임홍안, 1987); 사초과(그늘사초, 괭이사초)(김용식, 2002).

Remarks. 한반도에는 국지적으로 분포하는 종으로 개체수는 적고, 제주도에서는 관찰기록이 없다. 연 1회 발생하며, 6월부터 9월에 걸쳐 나타난다. 2-3령의 애벌레로 월동한다(주동률과 임홍안, 1987). 숲 가장자리를 중심으로 천천히 날아다니며, 최근 들어 개체수가 줄어들고 있다. 현재의 국명은 석주명(1947: 2)에 의한 것이다.

Genus *Kirinia* Moore, [1893]

Kirinia Moore, [1893]; *Lepidoptera Indica*, 2: 14. TS: *Lasiommata epimenides* Ménétriès.

전 세계에 5 종이 알려져 있는 작은 속으로, 대부분 아시아에 분포한다. 한반도에는 알락그늘나비와 황알락그늘나비 2종이 알려져 있으며, 본 종들은 *Pararge* Hübner, 1819 속으로 취급되기도 한다 (The Global Lepidoptera Names Index: by Giusti, 2003; etc.). 그 외 근연종으로 Doi (1919: 126), Okamoto (1923: 64), Mori & Cho (1938: 36), Seok (1947: 32), Cho & Kim (1956: 20) 등에 의해 기록된 *Neope goschkevitschii* (Ménétriés, 1857) (= *Neope goschkevitschae*) (왕알락그늘나비)가 있으나, 본 종은 중국 동남부, 일본, 쿠릴열도에 분포하는 종으로 한반도에 분포하지 않는다.

165. *Kirinia epimenides* (Ménétriès, 1859) 알락그늘나비

Lasiommata epimenides Ménétriès, 1859; in Schrenck, *Reise Forschungen Amur-Lande*, 2(1): 39, pl. 3, figs. 8-9. TL: S.Amur region (Russia).

Neope fentoni : Butler, 1882: 14-15.

Pararge epimenides : Fixsen, 1887: 313 (Loc. Korea).

Pararge epaminondas : Matsumura, 1905: 14 (Loc. Korea).

Lethe epimenides : Seitz, 1909: 82-83 (Loc. Korea); Seok, 1947: 2; Cho & Kim, 1956: 18.

Lethe epimenides epimenides : Maruda, 1929: 77.

Lethe epimenides epaminondus : Umeno, 1937: 10 (Loc. Korea).

Aranda epimenides : Kim & Mi, 1956: 379, 394; Cho, 1959: 15; Kim, 1960: 270; Cho, 1963: 198;

Cho *et al.*, 1968: 257; Hyun & Woo, 1970: 79.

Kirinia epimenides : Ko, 1969: 192; Lee, 1971: 14; Lee, 1973: 9; Kim, 1976: 165; Shin & Han, 1981: 144; Lee, 1982: 86; Joo (Ed.), 1986: 16; Im (N.Korea), 1987: 43; Ju & Im (N.Korea), 1987: 196; Shin, 1989: 206; Ju (N.Korea), 1989: 45 (Loc. Baekdusan (Mt.)); Kim & Hong, 1991: 398; Kamigaki, 1994: 37; ESK & KSAE, 1994: 389; Tuzov *et al.*, 1997; Joo *et al.*, 1997: 308; Park & Kim, 1997: 305; Cheong, 1997: 4; Kim, 2002: 227; Lee, 2005a: 26.

Distribution. Korea, Amur and Ussuri region, E.China, Japan.

First reported from Korean peninsula. Butler, 1882; *Ann Mag. Nat. Hist., ser.* 5(9): 14-15 (Loc. N.E.Korea).

North Korean name. 얼럭그늘나비(임홍안, 1987; 주동률과 임홍안, 1987: 196).

Host plants. Korea: 벼과(새포아풀, 바랭이), 사초과(삿갓사초, 그늘사초)(손정달, 1984); 벼과(참억새), 사초과(괭이사초)(백유현 등, 2007).

Remarks. 아종으로는 *K. e. atratus* Kurentzov, 1941 (Loc. Russia)의 1아종이 알려져 있다(Savela, 2008 (ditto)). 한반도에는 국지적으로 분포하는 종으로 중 북부지방이 주서식지다. 연 1회 발생하며, 6월부터 9월에 걸쳐 나타난다. 참나무 수액에 잘 모이며, 개체수는 적다. 애벌레로 월동한다(주동률과 임홍안, 1987). 현재의 국명은 석주명(1947: 2)에 의한 것이다. 국명이명으로는 신유항과 한상철(1981: 144)의 '북방알락그늘나비'가 있다.

166. *Kirinia epaminondas* (Staudinger, 1887) 황알락그늘나비

Pararge epaminondas Staudinger, 1887; in Romanoff, *Mém. Lépid.,* 3: 150, pl. 17, figs. 1-2. TL: Radd, S.Amur region (Russia).

Lethe epimenides var. *epaminondas* : Leech, 1894: 19.

Lethe epimenides epaminondas : Maruda, 1929: 77 (Loc. Gyeongseong); Umeno, 1937: 10 (Loc. Korea).

Kirinia fentoni : Joo *et al.*, 1997: 306; Park & Kim, 1997: 303; Kim, 2002: 226.

Kirinia epimenides epaminondas : Lee, 1982: 86.

Kirinia epaminondas : Lee, 1971: 14; Lee, 1973: 9; Shin & Koo, 1974: 134; Shin, 1975a: 45; Kim, 1976: 165; Shin, 1979: 138; Kamigaki, 1994: 37; Chou Io (Ed.), 1994: 360; Tuzov *et al.*, 1997; Lee, 2005a: 26.

Distribution. Korea, Amur region, E.China, Japan.

First reported from Korean peninsula. Leech, 1894; *Butt from China* etc., p. 19 (Loc. Korea).

North Korean name. Unknown.

Host plants. Korea: 벼과(참억새, 바랭이)(김용식, 2002).

Remarks. 한반도에는 국지적으로 분포하는 종으로 중·북부지방의 산지가 주서식지다. 연 1회 발생하며, 6월부터 9월에 걸쳐 나타난다. 근연종인 알락그늘나비와 매우 유사하나, 더듬이 곤봉부(棍棒部) 등면은 마디 끝 부분만 누렇다(알락그늘나비는 마디 전부가 검다). 그리고 앞날개 외연이 둥근 모양이고, 뒷날개 아랫면 중앙부의 갈색 줄무늬가 가늘어서 구별된다. Leech (1894: 19)에 의해 *Lethe epimenides* var. *epaminondas*로 기록된 것이 우리나라 최초의 기록으로 보이나 재검토가 필요하다. 그 후 Maruda (1929: 77), Umeno (1937: 10), 이승모(1982)는 본 종을 알락그늘나비의 한 아종(= *epimenides epaminondas*)으로 취급했다. 근래에 주흥재 등(1997: 306)과 김용식(2002: 226)은 본 종의 종명을 *Kirinia fentoni*로 적용해 독립된 종으로 취급했으나, 이는 현재 유효하지 않는 학명이다(Global Butterfly Information System (ditto); etc.). 현재의 국명은 이승모(1971: 14)에 의한 것이다.

Genus *Lopinga* Moore, 1893

Lopinga Moore, 1893; *Lepidoptera Indica,* 2: 11. TS: *Pararge dumetorum* Oberthür.

전 세계에 4 종이 알려져 있는 작은 속으로, 대부분 아시아에 분포한다. 한반도에는 눈많은그늘나비와 뱀눈그늘나비 2종이 알려져 있으며, 본 종들은 *Pararge* Hübner, 1819 속으로 취급되기도 한다 (Global Butterfly Information System (ditto); etc.).

167. *Lopinga achine* (Scopoli, 1763) 눈많은그늘나비

Papilio achine Scopoli, 1763; *Ent. Carniolica*: 156. TL: Kärntner Storschitz (Mt.) (S.Austria).

Pararge achine : Fixsen, 1887: 312; Seok, 1939: 37; Seok, 1947: 2; Cho & Kim, 1956: 21; Kim & Mi, 1956: 395; Cho, 1959: 24; Kim, 1960: 271; Cho, 1963: 199; Cho *et al.,* 1968: 258; Hyun & Woo, 1969: 183; Seok, 1972 (Rev. Ed.): 168; Lee, 1982: 86; Joo (Ed.), 1986: 16; Im (N.Korea), 1987: 43; Ju & Im (N.Korea), 1987: 194; Shin, 1989: 205; Ju (N.Korea), 1989: 45 (Loc. Baekdusan (Mt.)); Kim & Hong, 1991: 398; ESK & KSAE, 1994: 389; Joo *et al.,* 1997:

310; Otakar Kudrna, 2002.

Pararge (*Lopinga*) *achine* : Lee, 1973: 9; Kim, 1976: 166.

Pararge achine achinoides : Staudinger & Rebel, 1901: 61 (Loc. Korea); Nire, 1917: 30 (Loc. Korea); Joo *et al.*, 1997: 411; Kim, 2002: 230.

Pararge achine chosensis : Matsumura, 1929: 156 (Loc. Daedeoksan (Mt.) (N.Korea)); Gaede, 1932: 170 (Loc. Korea); Seok & Nishimoto, 1935: 92 (Loc. Najin).

Pararge achine chejudoensis : Okano & Pak, 1968; Joo & Kim, 2002: 131.

Lapinga achine (missp.) : Lee, 1971: 14.

Lopinga achine : Ko, 1969: 192; Lewis, 1974; Shin, 1975a: 47; Smart, 1975; Chou Io (Ed.), 1994: 357; Karsholt & Razowski, 1996: 213; Tuzov *et al.*, 1997; Park & Kim, 1997: 309; Lee, 2005a: 26.

Distribution. Korea, Amur and Ussuri region, Russia, Japan, N.Asia, S.Scandinavia, C.Europe.

First reported from Korean peninsula. Fixsen, 1887; in Romanoff, *Mém. Lépid.,* 3: 312 (Loc. Korea).

North Korean name. 암뱀눈나비(임홍안, 1987; 주동률과 임홍안, 1987: 194).

Host plants. Korea: 벼과(새포아풀), 사초과(방동사니)(손정달, 1984); 사초과(여우꼬리사초)(주동률과 임홍안, 1987); 벼과(참억새, 띠)(김용식, 2002).

Remarks. 아종으로는 모식산지가 한국(Korea)인 *P. a. chejudoensis* Okano & Pak, 1968 (TL: Jejudo (Is.) (S.Korea); Loc. Korea) 등의 9아종이 알려져 있다(Okano & Pak, 1968; Lewis, 1974; Chou Io (Ed.), 1994). 한반도에는 산지를 중심으로 한 광역 분포하는 종이나, 울릉도에서는 관찰 기록이 없다. 연 1회 발생하고, 5월 하순부터 8월에 걸쳐 나타나며, 개체수는 보통이다. 3령-4령의 애벌레로 월동한다(주동률과 임홍안, 1987). 현재의 국명은 석주명(1947: 2)에 의한 것이다. 국명 이명으로는 조복성 등(1963: 199; 1968: 258), 현재선과 우건석(1969: 183)의 '눈많은뱀눈나비'가 있다.

168. *Lopinga deidamia* (Eversmann, 1851) 뱀눈그늘나비

Pararge deidamia Eversmann, 1851; *Bull. Soc. imp. Nat. Moscou,* 24(2): 617. TL: Irkutsk Vtoroy, Stantsiya (Russia).

Pararge erebina : Butler, 1882: 278.

Pararge deidamia : Fixsen, 1887: 313 (Loc. Korea); Leech, 1887: 426 (Loc. Weonsan); Seok,

1936: 62 (Loc. Geumgangsan (Mt.)); Cho & Kim, 1956: 21; Cho, 1959: 25; Seok, 1972 (Rev. Ed.): 171; Joo (Ed.), 1986: 16; Kim & Hong, 1991: 398; Karsholt & Razowski, 1996: 213; Cheong, 1997: 4.

Pararge (*Lasiommata*) *deidamia* : Lee, 1973: 9; Kim, 1976: 167.

Pararge deidamia erebina : Seitz, 1909: 136 (Loc. Korea); Nire, 1917: 343 (Loc. Korea); Seok & Takacuka, 1932: 313.

Pararge deidamia deidamia : Seok, 1939: 39; Seok, 1947: 2; Kim & Mi, 1956: 395; Kim, 1960: 271.

Lasiommata deidamia : Lee, 1971: 14; Lee, 1982: 85; Shin, 1989: 205; ESK & KSAE, 1994: 389; Chou Io (Ed.), 1994: 360; Joo *et al.*, 1997: 309; Park & Kim, 1997: 307.

Lasiommata deidamia menetriesii : Joo *et al.*, 1997: 411; Kim, 2002: 229.

Lopinga deidamia : Im (N.Korea), 1987: 43; Ju & Im (N.Korea), 1987: 193; Tuzov, *et al.*, 1997; Lee, 2005a: 26.

Distribution. Korea, Urals–S.Siberia, Japan, China, Mongolia.

First reported from Korean peninsula. Butler, 1882; *Ann Mag. Nat. Hist., ser.* 5(11): 278 (Loc. S.E.Korea).

North Korean name. 암흰뱀눈나비(임홍안, 1987; 주동률과 임홍안, 1987: 193).

Host plants. Korea: 벼과(속털개밀, 겨이삭, 새포아풀, 바랭이)(손정달, 1984); 벼과(주름조개풀, 참바랭이)(주동률과 임홍안, 1987); 벼과(참억새, 띠)(김용식, 2002).

Remarks. 아종으로는 *L. d. erebina* Butler, 1883 (Loc. Amur and Ussuri region) 등의 4아종이 알려져 있다(Savela, 2008 (ditto)). 한반도에는 산지를 중심으로 광역 분포하는 종이며, 제주도와 전라남도 해안가에서는 관찰 기록이 없다. 연 2-3회 발생하며, 4월부터 10월에 걸쳐 나타난다(신유항, 1989: 205). 애벌레로 월동한다(주동률과 임홍안, 1987). 현재의 국명은 석주명(1947: 2)에 의한 것이다.

Genus *Mycalesis* Hübner, 1818

Mycalesis Hübner, 1818; *Zuträge Samml. exot. Schmett.*, 1: 17 (post 22nd December 1818). TS: *Papilio francisca* Stoll.

전 세계에 적어도 108종 이상 알려져 있는 큰 속으로, 대부분 아시아와 오세아니아에 분포한다. 한반도에는 부처사촌나비와 부처나비 2종이 알려져 있다.

169. *Mycalesis francisca* (Stoll, [1780]) 부처사촌나비

Papilio francisca Stoll, [1780]; *Proceedings of the Royal Entomological Society of London* B, 6: 149–153. TL: China.

Mycalesis perdiccas : Fixsen, 1887: 309; Seok, 1939: 30; Seok, 1947: 2; Cho & Kim, 1956: 19; Kim & Mi, 1956: 395; Cho, 1959: 22; Kim, 1960: 280; Cho, 1963: 199; Cho *et al.*, 1968: 257; Hyun & Woo, 1970: 79; Seok, 1972 (Rev. Ed.): 158.

Mycalesis (*Culapa*) *francisca* : Lee, 1973: 9; Kim, 1976: 174.

Mycalesis francisca perdiccas : Nire, 1917: 21 (Loc. Korea); Ko, 1969: 193; Shin & Koo, 1974: 134; Shin, 1975a: 43; Shin, 1979: 138; Joo *et al.*, 1997: 411; Joo & Kim, 2002: 135; Kim, 2002: 214.

Mycalesis francisca : Lee, 1971: 14; Lewis, 1974; Shin, 1975a: 47; Smart, 1975; D'Abrera, 1986; Lee, 1982: 89; Joo (Ed.), 1986: 17; Im (N.Korea), 1987: 43; Ju & Im (N.Korea), 1987: 202; Shin, 1989: 208; Kim & Hong, 1991: 398; Heppner & Inoue, 1992: 150; ESK & KSAE, 1994: 389; Chou Io (Ed.), 1994: 364; Joo *et al.*, 1997: 319; Park & Kim, 1997: 321; Cheong, 1997: 5; Lee, 2005a: 26.

Distribution. Korea, Japan, China, Taiwan, Kulu-Burma.

First reported from Korean peninsula. Fixsen, 1887; in Romanoff, *Mém. Lépid.,* 3: 309 (Loc. Korea).

North Korean name. 애기뱀눈나비(임홍안, 1987; 주동률과 임홍안, 1987: 202).

Host plants. Korea: 벼과(참억새, 나도바랭이새)(손정달, 1984); 벼과(주름조개풀, 민바랭이새)(주동률과 임홍안, 1987); 벼과(실새풀)(손정달과 박경태, 1993); 벼과(조개풀)(주흥재와 김성수, 2002).

Remarks. 아종으로는 *M. f. perdiccas* Hewitson, 1866 (Loc. Korea, Japan) 등이 알려져 있다 (D'Abrera, 1986; Chou Io (Ed.), 1994). 한반도에는 동북부 고산지역을 제외한 지역에 넓게 분포하는 보통 종이다. 연 2회 발생하며, 제1화는 5월부터 6월, 제2화는 7월부터 8월에 걸쳐 나타난다. 애벌레로 월동한다(주동률과 임홍안, 1987). 부처나비와 유사하나 날개 아랫면 바탕색이 짙고, 보라색을 띠며, 앞 뒷날개 아랫면 중앙에 있는 흰 띠가 보라색을 띠므로 구별된다. 현재의 국명은 석주명(1947: 2)에 의한 것이다. 국명이명으로는 조복성(1959: 138), 조복성과 김창환(1956: 19), 고

제호(1969)의 '꼬마부처나비' 그리고 이승모(1971: 14; 1973: 9)의 '부쳐사촌나비'가 있다.

170. *Mycalesis gotama* Moore, 1857 부처나비

Mycalesis gotama Moore, 1857; in Horsfield & Moore, *Cat. lep. Ins. Mus. East India Coy,* (1): 232. TL: Zhoushan Dao (China).

Mycalesis gotama gotama : Nire, 1920: 48 (Loc. Korea).

Mycalesis (*Culapa*) *gotama* : Lee, 1973: 9; Kim, 1976: 171.

Mycaleis gotama (missp.) : Cho *et al.,* 1968: 257.

Mycalesis gotama : Seitz, 1909: 81; Seok, 1939: 29; Seok, 1947: 2; Cho & Kim, 1956: 19; Kim & Mi, 1956: 395; Cho, 1959: 22; Kim, 1960: 280; Cho, 1963: 199; Cho *et al.,* 1968: 378; Ko, 1969: 193; Lee, 1971: 14; Seok, 1972 (Rev. Ed.): 154; Shin & Koo, 1974: 134; Lewis, 1974; Shin, 1975a: 47; Shin, 1979: 138; D'Abrera, 1986; Lee, 1982: 89; Joo (Ed.), 1986: 17; Im (N.Korea), 1987: 43; Ju & Im (N.Korea), 1987: 203; Shin, 1989: 208; Ju (N.Korea), 1989: 45 (Loc. Baekdusan (Mt.)); Kim & Hong, 1991: 399; Heppner & Inoue, 1992: 150; ESK & KSAE, 1994: 389; Chou Io (Ed.), 1994: 362; Joo *et al.,* 1997: 318; Park & Kim, 1997: 319; Cheong, 1997: 5; Kim, 2002: 213; Lee, 2005a: 26.

Distribution. Korea, Japan, China, Taiwan, Assam-Burma, NE.Himalayas.

First reported from Korean peninsula. Seitz, 1909; *Macrolep. World,* 1: 81, pl. 29, fig. c (Loc. Korea).

North Korean name. 큰애기뱀눈나비(임홍안, 1987; 주동률과 임홍안, 1987: 203).

Host plants. Korea: 벼과(강아지풀, 벼, 바랭이, 돌피, 나도바랭이새, 참억새, 참새피)(손정달, 1984); 벼과(억새, 주름조개풀, 바랭이)(주동률과 임홍안, 1987).

Remarks. 아종으로는 *M. g. charaka* Butler, 1874 (Loc. Assam-N.Vietnam, S.China), *M. g. nanda* Fruhstorfer (Loc. Taiwan)의 2아종이 알려져 있다(D'Abrera, 1986; Chou Io (Ed.), 1994; Inayoshi, 1999). 한반도에는 동북부 고산지역을 제외한 지역에 광역 분포하는 종으로 개체수는 많다. 연 2-3회 발생하며, 4월 중순부터 10월에 걸쳐 나타난다. 애벌레로 월동한다(주동률과 임홍안, 1987). 저산지대와 전답지 주변에서 흔히 볼 수 있다. 현재의 국명은 석주명(1947: 2)에 의한 것이다. 국명이명으로는 이승모(1971: 14; 1973: 9)의 '부쳐나비'가 있다.

Tribe **Satyrini** de Boisduval, 1833

Genus Coenonympha Hübner, 1819

Coenonympha Hübner, 1819; *Verz. bek. Schmett.,* (5): 65. TS: *Papilio geticus* Esper.

전 세계에 적어도 38 종 이상 알려져 있으며, 대부분 유라시아와 북아프리카에 분포한다. 한반도에는 도시처녀나비, 북방처녀나비, 봄처녀나비, 시골처녀나비 4 종이 알려져 있다.

171. *Coenonympha hero* (Linnaeus, 1761) 도시처녀나비

Papilio hero Linnaeus, 1761; *Fauna Suecica* (Edn 2): 274. TL: S.Sweden.

Coenonympha hero perseis : Nire, 1918: 3 (Loc. Korea); Seok, 1939: 5.

Coenonympha hero coreana : Matsumura, 1927: 159 (Loc. Korea); Joo *et al.*, 1997: 411; Joo & Kim, 2002: 127; Kim, 2002: 223.

Coenonympha hero neoperseis : Doi, 1933: 86 (Loc. N.Korea).

Coenonympha hero koreuja : Seok, 1934: 677 (Loc. Korea).

Coenonympha hero : Leech, 1887: 427; Seok, 1947: 1; Cho & Kim, 1956: 14; Kim & Mi, 1956: 394; Kim, 1960: 273; Lee, 1971: 14; Seok, 1972 (Rev. Ed.): 135, 242; Lee, 1973: 9; Shin & Koo, 1974: 133; Lewis, 1974; Shin, 1975a: 47; Smart, 1975; Kim, 1976: 175; Lee, 1982: 90; Joo (Ed.), 1986: 17; Im (N.Korea), 1987: 43; Ju & Im (N.Korea), 1987: 205; Shin, 1989: 209; Ju (N.Korea), 1989: 45 (Loc. Baekdusan (Mt.)); Kim & Hong, 1991: 399; ESK & KSAE, 1994: 388; Chou Io (Ed.), 1994: 404; Karsholt & Razowski, 1996: 213; Tuzov *et al.*, 1997; Joo *et al.*, 1997: 299; Park & Kim, 1997: 291; Cheong, 1997: 6; Lee, 2005a: 26; Mazzei *et al.*, 2009.

Distribution. Korea, Amur region, Japan, Temperate Asia, Europe.

First reported from Korean peninsula. Leech, 1887; *Proc. Zool. Soc. Lond.,* p. 427 (Loc. Weonsan (N.Korea)).

North Korean name. 흰띠애기뱀눈나비(임홍안, 1987; 주동률과 임홍안, 1987: 205).

Host plants. Korea: 사초과(이삭사초), 벼과(새포아풀)(손정달, 1984); 사초과(그늘사초, 실청사초)(주동률과 임홍안, 1987); 사초과(괭이사초)(김용식, 2002).

Remarks. 아종으로는 모식산지가 한국(Korea)인 *C. h. coreana* Matsumura, 1927 (TL: Korea; Loc. Korea) 등의 5아종 알려져 있다(Matsumura, 1927; Chou Io (Ed.), 1994). 한반도에는 국지적으로 분포하는 보통 종이다. 연 1회 발생하며, 중·남부지방에서는 5월부터 6월, 북부지방에는 6월 하순

부터 8월 하순에 걸쳐 나타난다(주동률과 임홍안, 1987). 최근 남한지역에서는 개체수가 줄고 있다. 현재의 국명은 석주명(1947: 1)에 의한 것이다. 국명이명으로는 조복성과 김창환(1956: 14), 조복성(1959: 136)의 '흰줄어리지옥나비'가 있다.

172. *Coenonympha glycerion* (Borkhausen, 1788) 북방처녀나비

Papilio glycerion Borkhausen, 1788; *Naturges. Eur. Schmett.,* 1: 90. TL: S.Germany.

Coenonympha glycerion songhyoki : Im, 1988: 48 (Loc. Samjiyeon-gun (YG, N.Korea); Joo *et al.,* 1997: 411; Kim, 2002: 296.

Coenonympha glycerion : Lewis, 1974; Im (N.Korea), 1987: 43; Shin, 1989: 253; Kim & Hong, 1991: 399; Im & Hwang (N.Korea), 1993: 57 (Loc. Baekdusan (Mt.)); ESK & KSAE, 1994: 388; Chou Io (Ed.), 1994: 405; Karsholt & Razowski, 1996: 213; Lee, 2005a: 26.

Distribution. N.Korea, S.Siberia, Japan, Europe.

First reported from Korean peninsula. Im, 1987; *Biology,* 3: 43 (Loc. Samjiyeon-gun (RG, N.Korea)).

North Korean name. 북방애기뱀눈나비(임홍안, 1987; 주동률과 임홍안, 1987); 북방흰띠애기그늘나비(임홍안과 황성린, 1993).

Host plants. Korea: Unknown. Finland: 벼과(*Deschampsia caespitosa*) (Seppänen, 1970). Russia: 벼과(*Briza* spp., *Poa* spp., *Brachypodium* spp., *Melica* spp., *Cynosurus* spp.)(Eckstein, 1913, Nekrutenko, 1990, Gorbuno, Korshunov, 1995; Tuzov *et al.,* 1997).

Remarks. 아종으로는 모식산지가 한국(Korea)인 *C. g. songhyoki* Im, 1988 (TL: Samjiyeon-gun (YG, N.Korea); Loc. N.Korea), *C. g. iphicles* Staudinger, 1892 (Loc. N.Alai, Sayan, Transbaikal, Amur and Ussuri region) 등이 알려져 있다(Im, 1988; Chou Io (Ed.), 1994). 러시아 극동 남부지방에서는 연 1회 발생하며, 6월 중순부터 7월 하순에 걸쳐 나타난다(Korshunov & Gorbunov, 1995). 현재의 국명은 신유항(1989: 253)에 의한 것이다.

173. *Coenonympha oedippus* (Fabricius, 1787) 봄처녀나비

Papilio oedippus Fabricius, 1787; *Mantissa Insectorum,* 2: 31. TL: S.Russia.

Coenonympha oedippus annulifer : Nire, 1918: 4 (Loc. Korea).

Coenonympha oedippus amurensis : Seok, 1934: 683 (*amurensis* f.) (Loc. Baekdusan (Mt.)

regiona); Seok, 1935: 91; Joo *et al.*, 1997: 411; Kim, 2002: 222.

Coenonympha oedippus : Leech, 1887: 427; Seok, 1939: 8; Seok, 1947: 1; Cho & Kim, 1956: 14; Kim & Mi, 1956: 394; Cho, 1959: 17; Kim, 1960: 271; Cho, 1963: 198; Cho *et al.*, 1968: 257; Ko, 1969: 191; Shin & Koo, 1974: 133; Lewis, 1974; Shin, 1975a: 47; Kim, 1976: 176; Lee, 1982: 90; Joo (Ed.), 1986: 17; Im (N.Korea), 1987: 43; Ju & Im (N.Korea), 1987: 205; Shin, 1989: 209; Ju (N.Korea), 1989: 45 (Loc. Baekdusan (Mt.)); Kim & Hong, 1991: 399; ESK & KSAE, 1994: 388; Chou Io (Ed.), 1994: 403; Karsholt & Razowski, 1996: 213; Joo *et al.*, 1997: 300; Park & Kim, 1997: 293; Lee, 2005a: 26.

Distribution. Korea, C.Europe, S.Siberia-Ussuri region, China, Japan.

First reported from Korean peninsula. Leech, 1887; *Proc. Zool. Soc. Lond.*, p. 427 (Loc. Busan (S.Korea)).

North Korean name. 암노랑애기뱀눈나비(임홍안, 1987; 주동률과 임홍안, 1987: 205); 애기그늘나비(주동률, 1989).

Host plants. Korea: 사초과(골사초), 벼과(참억새, 잔디)(손정달, 1984); 사초과(애기사초, 청사초, 금방동사니), 벼과(참바랭이, 보리)(주동률과 임홍안, 1987); 사초과(괭이사초)(백유현 등, 2007).

Remarks. 아종으로는 *C. o. magna* Heyen, 1895(= *Coenonympha oedippus amurensis*) (Loc. Amur and Ussuri region) 등이 알려져 있다(Chou Io (Ed.), 1994). 한반도 전역에 분포하는 종이나, 동해안 남해안의 해안지역에서는 관찰기록이 없다. 연 1회 발생하며, 6월부터 7월에 걸쳐 나타난다. 최근 남한지역에서는 개체수가 급격히 줄고 있다. 현재의 국명은 석주명(1947: 1)에 의한 것이다. 국명이명으로는 조복성과 김창환(1956: 14), 조복성(1959: 136)의 '어리지옥나비'와 고제호(1969)의 '지옥나비붙이'가 있다.

174. *Coenonympha amaryllis* (Stoll, 1782) 시골처녀나비

Papilio amaryllis Stoll, 1782; in Cramer, *Uitl. Kapellen,* 4(32-32): 210, pl. 391, figs. A, B. TL: Siberia (Russia).

Coenonympha accrescens : Staudinger, 1901: 66 (infrasubsp.).

Coenonympha amaryllis accrescens : Staudinger & Rebel, 1901: 66; Joo *et al.*, 1997: 411; Kim, 2002: 221.

Coenonympha amaryllis : Seok, 1934: 269; Seok, 1939: 4; Seok, 1947: 1; Cho & Kim, 1956: 13; Kim & Mi, 1956: 394; Cho, 1959: 16; Kim, 1960: 272; Cho, 1963: 198; Cho *et al.*, 1968: 257;

Seok, 1972 (Rev. Ed.): 130; Shin & Koo, 1974: 133; Lewis, 1974; Shin, 1975a: 43, 47; Kim, 1976: 177; Lee, 1982: 91; Joo (Ed.), 1986: 17; Im (N.Korea), 1987: 43; Ju & Im (N.Korea), 1987: 207; Shin, 1989: 209; Kim & Hong, 1991: 399; ESK & KSAE, 1994: 388; Chou Io (Ed.), 1994: 403; Karsholt & Razowski, 1996: 213; Tuzov *et al.*, 1997; Joo *et al.*, 1997: 301; Park & Kim, 1997: 294; Cheong, 1997: 6; Lee, 2005a: 26.

Distribution. Korea, W.Siberia, E.Siberia, Amur and Ussuri region, China, Transbaikal, Mongolia, Altai Mts, S.Urals.

First reported from Korean peninsula. Staudinger & Rebel, 1901; *Stgr. Kat., i*, p. 66 (Loc. Korea).

North Korean name. 노랑애기뱀눈나비(임홍안, 1987; 주동률과 임홍안, 1987: 207).

Host plants. Korea: 벼과(강아지풀), 사초과(방동사니)(백유현 등, 2007). Russia: 벼과(*Poa* spp.)(Tuzov *et al.*, 1997).

Remarks. 아종으로는 *C. a. simingica* Murayama가 알려져 있다(Chou Io (Ed.), 1994). 한반도에는 국지적으로 분포하나, 강원도 동·북부지방에는 관찰기록이 없다. 중·남부지방에서는 연 2회 발생하며, 제1화는 5월부터 6월, 제2화는 8월부터 9월에 걸쳐 나타난다. 북부지방에서는 연 1회 발생하며, 6월 상순부터 7월 하순에 걸쳐 나타난다. 날개 바탕색이 밝은 주황색을 띠어 도시처녀나비, 봄처녀나비와 구별된다. 최근 남한지역에서는 개체수가 급격히 줄고 있어 보호가 필요하다. 현재의 국명은 석주명(1947: 1)에 의한 것이다. 국명이명으로는 조복성과 김창환(1956: 13)의 '노랑머리지옥나비', 조복성(1959: 136)의 '노랑어리지옥나비'가 있다.

Genus *Triphysa* Zeller, 1850

Triphysa Zeller, 1850; *Stett. ent. Ztg.*, 11: 308. TS: *Papilio tircis* Stoll.

전 세계에 2 종만이 알려져 있는 작은 속으로, 아시아에 분포한다. 한반도에는 줄그늘나비 1 종이 알려져 있다.

175. *Triphysa albovenosa* Erschoff, 1885 줄그늘나비

Triphysa albovenosa Erschoff, 1885; in Romanoff, *Mém. Lépid.,* 2: 209. pl. 16, fig. 2. TL: Blagoveshchenka (Russia).

Triphysa nervosa : Kishida & Nakamura, 1930: 4, 7; Nakayama, 1932: 376 (Loc. Korea); Kishida & Nakamura, 1936: 205 (Loc. Korea); Tuzov *et al.*, 1997: 198.

Triphysa phryne : Lee, 1982: 91; Im (N.Korea), 1987: 43; Ju & Im (N.Korea), 1987: 207; Shin, 1989: 253; Kim & Hong, 1991: 399; ESK & KSAE, 1994: 389.

Triphysa phryne nervosa : Mori, Doi & Cho, 1934: 15 (Loc. Korea); Seok, 1939: 44; Seok, 1947: 2; Kim & Mi, 1956: 395; Cho, 1959: 25; Kim, 1960: 258; Joo *et al.*, 1997: 411; Kim, 2002: 296.

Triphysa phryne yonsaensis : Im, 1988: 48 (Loc. Yeonsa-gun (HB, N.Korea)); Im, 1996: 27 (Loc. N.Korea).

Triphysa dohrnii : Tuzov *et al.*, 1997: 198; Lee, 2005a: 26; Kim, 2006: 45.

Triphysa albovensa : Korshunov & Gorbunov, 1995: 225.

Distribution. N.Korea, N.Transuralia, S.Siberia, E.Siberia, Amur region, Far East, N.China, NE, China, Mongolia.

First reported from Korean peninsula. Kishida & Nakamura, 1930; *Lansania.*, 2(16): 4, 7 (Loc. Hoereong (HB, N.Korea)).

North Korean name. 연한줄뱀눈나비(임홍안, 1987); 연한노랑줄그늘나비(주동률과 임홍안, 1987: 207; 임홍안, 1996).

Host plants. Korea: Unknown. Russia: 사초과(*Carex* spp.)(Korshunov & Gorbunov, 1995).

Remarks. 아종으로는 *T. a. glacialis* A. Bang-Haas, 1912 (Loc. Sayan, Siberia (Russia)) 등의 4아종이 알려져 있다(Korshunov & Gorbunov, 1995). *T. dohrnii*는 *T. albovensa*의 동물이명 (synonym)이며, *T. phryne* (Pallas, 1771)는 E.Europe-Altai (Steppe zone)에 분포하는 종이다 (Chou Io (Ed.), 1994; Korshunov & Gorbunov, 1995; Tuzov *et al.*, 1997). 한반도에는 북부 고산 지역의 초지대에서 볼 수 있다. 1회 발생하며, 6월 상순부터 7월 하순에 걸쳐 나타난다(주동률과 임홍안, 1987). 러시아 극동 남부지방의 고산지역에서는 연 1회 발생하며, 5월 중순부터 7월에 걸쳐 나타난다(Korshunov & Gorbunov, 1995). 현재의 국명은 석주명(1947: 2)에 의한 것이다.

Genus *Erebia* Dalman, 1816

Erebia Dalman, 1816; *K. svenska Vetensk Akad. Handl., Stockholm*, 1816(1): 58. TS: *Papilio ligea* Linnaeus.

전 세계에 적어도 98 종 이상 알려져 있는 큰 속으로, 대부분 유라시아과 북아메리카에 분포한다. 한반도에는 높은산지옥나비 등 11 종이 알려져 있다.

176. *Erebia ligea* (Linnaeus, 1758) 높은산지옥나비

Papilio ligea Linnaeus, 1758; *Syst. Nat.* (Edn 10), 1: 473. TL: Sweden.

Erebia ligea takanonis : Doi, 1919: 125.

Erebia ligea sachalinensis : Matsumura, 1927: 160 (Loc. Korea).

Erebia ligea koreana : Matsumura, 1928: 194 (Loc. Daedeoksan (Mt.) (N.Korea)); Im, 1996: 29 (Loc. N.Korea).

Erebia ligea ajanensis : Mori, 1925: 58; Joo *et al.*, 1997: 410; Kim, 2002: 296.

Erebia ligea : Seok, 1939: 11; Seok, 1947: 1; Cho & Kim, 1956: 15; Kim & Mi, 1956: 394; Cho, 1959: 18; Kim, 1960: 257; Seok, 1972 (Rev. Ed.): 146; Lewis, 1974; Smart, 1975; Lee, 1982: 80; Im (N.Korea), 1987: 42; Shin, 1989: 252; Ju (N.Korea), 1989: 45 (Loc. Baekdusan (Mt.)); Kim & Hong, 1991: 396; ESK & KSAE, 1994: 388; Chou Io (Ed.), 1994: 407; Karsholt & Razowski, 1996: 214; Tuzov *et al.*, 1997; Lee, 2005a: 26.

Distribution. N.Korea, Kamchatka, Japan, Asia, Europe.

First reported from Korean peninsula. Doi, 1919; *Tyōsen Ihō*, 58: 125 (Loc. Choeharyeong (N.Korea)).

North Korean name. 큰붉은산뱀눈나비(임홍안, 1987; 주동률과 임홍안, 1987: 185; 임홍안, 1996).

Host plants. Korea: 벼과(산새풀), 사초과(금방동사니)(주동률과 임홍안, 1987). China: 벼과 (*Calamagrostis villosa* var. *langsdorffii*), 사초과(*Carex incisa*)(Chou Io (Ed.), 1994). Russia: 벼 과(*Digitaria* spp., *Calamagrostis* spp., *Panicum* spp., *Poa* spp., *Carex* spp.)(Tuzov *et al.*, 1997). Finland: 벼과(*Milium effusum, Deschampsia caespitosa*)(Seppänen, 1970).

Remarks. 아종으로는 *E. l. eumonia* Ménétriès, 1959 (Loc. Altai – Magadan) 등 8아종이 알려져 있다(Chou Io (Ed.), 1994; Tuzov *et al.*, 2000). *Erebia ligea*의 한 아종으로 취급된 *E. l. ajanensis* 에 대해 Dubatolov *et al.* (1998)은 *Erebia ajanensis* Ménétriès, 1857의 독립종으로 취급했고, Tuzov *et al.* (2000: 215, pl. 83, figs. 13-15)은 본 종의 분포지 중 한 곳을 N.Korea라 하고 표기 한바 있다. 현재 *ajanensis*는 유효하지 않은 종명으로 취급되나(Global Butterfly Information System (ditto)), 앞 뒷날개 아외연부 원형무늬 배열 및 위치가 *E. ligea*와 비교할 때 뚜렷한 차이 가 있으므로 한반도산 높은산지옥나비의 종명적용에 대한 재검토가 필요하다. 한반도에는 개마공

원 등 동북부 산지에 국지적으로 분포한다. 연 1회 발생하며, 7월 중순부터 8월 중순에 걸쳐 고산
지역의 초지대에 나타난다. 알에서 어른벌레까지 3년이 걸리는데, 첫해는 알 상태로 월동하여, 이
듬해 애벌레로 깨어나 8월말에서 9월 상순경에 애벌레 상태로 월동한다. 그리고 3년째 되는 해 6
월 중순경 번데기로 되어 7월 중순에 어른벌레로 우화한다(주동률과 임홍안, 1987). 현재의 국명은
석주명(1947: 1)에 의한 것이다.

177. *Erebia neriene* (Böber, 1809) 산지옥나비

Papilio neriene Böber, 1809; *Mém. Soc. Imp. Nat. Moscou,* 2: 307. TL: Russia.

Erebia sedakovii niphonica : Doi, 1919: 124.

Erebia sedakouii niphonica (missp.) : Ko, 1969: 191.

Erebia sedakovii chosensis : Matsumura, 1928: 197 (Loc. Samjiyeon (N.Korea)); Matsumura,
    1929: 11 (Loc. Korea).

Erebia sedakovii scoparia : Uchida, 1932: 884 (Loc. Korea).

Erebia neriene chosensis : Im, 1996: 27 (Loc. N.Korea).

Erebia neriene : Seok, 1938: 38; Seok, 1939: 12; Seok, 1947: 1; Cho & Kim, 1956: 15; Kim &
    Mi, 1956: 394; Cho, 1959: 19; Kim, 1960: 257; Seok, 1972 (Rev. Ed.): 148, 233; Lee, 1982:
    79; Im (N.Korea), 1987: 42; Ju & Im (N.Korea), 1987: 184; Shin, 1989: 251; Ju (N.Korea),
    1989: 45 (Loc. Baekdusan (Mt.)); Kim & Hong, 1991: 396; ESK & KSAE, 1994: 388; Chou Io
    (Ed.), 1994: 407; Tuzov *et al.,* 1997; Joo *et al.,* 1997: 410; Kim, 2002: 296; Lee, 2005a: 26.

Distribution. N.Korea, S.Altai-S.Siberia-Ussuri region, N.China.

First reported from Korean peninsula. Doi, 1919; *Tyōsen Ihō,* 58: 124 (Loc. Baekdusan (Mt.)
    (N.Korea), Sobaeksan (Mt.) (= Nangnimsan, PN, N.Korea), Sachang).

North Korean name. 붉은산뱀눈나비(임홍안, 1987; 주동률과 임홍안, 1987: 184; 임홍안, 1996).

Host plants. Korea: 사초과(바랭이사초, 꼬리사초류)(주동률과 임홍안, 1987). Russia: 벼과
    (*Calamagrostis* spp., *Dactylis* spp., *Poa* spp., *Festuca* spp.), 사초과(*Carex* spp.)(Kogure &
    Iwamoto, 1992; Tuzov *et al.,* 1997).

Remarks. 아종으로는 *E. n. alcmenides* Sheljuzhko, 1919 (Loc. Amur and Ussuri region) 등의 아
    종이 알려져 있다. 한반도에는 개마공원 등 북부 산지에 국지적으로 분포한다. 연 1회 발생하고, 6
    월 하순부터 8월 하순에 걸쳐 나타나며, 애벌레로 월동한다(주동률과 임홍안, 1987). 현재의 국명
    은 석주명(1947: 1)에 의한 것이다.

178. *Erebia rossii* Curtis, 1835 관모산지옥나비

Erebia rossii Curtis, 1835; in Ross, *Nar.* 2nd Voy. N.-W. Pass., App.: 67, pl. A, fig. 7. TL: Boothia Peninsula, Northwest Territories (Canada).

Erebia kwanbozana : Doi & Cho, 1934: 34-35; Mori, 1934: 17 (Loc. Korea).

Erebia rossii kwanbozana : Sugitani, 1938: 14 (Loc. Korea); Seok, 1939: 14; Im, 1996: 27 (Loc. N.Korea); Joo *et al.*, 1997: 410; Kim, 2002: 296.

Erebia rossii ero : Seok, 1947: 2; Cho & Kim, 1956: 16; Kim & Mi, 1956: 395; Cho, 1959: 19; Kim, 1960: 258.

Erebia rossii : Lewis, 1974; Lee, 1982: 80; Hodges & Ronald (Ed.), 1983; Im (N.Korea), 1987: 42; Ju & Im (N.Korea), 1987: 186; Shin, 1989: 252; Kim & Hong, 1991: 396; ESK & KSAE, 1994: 388; Karsholt & Razowski, 1996: 214; Opler & Warren, 2003; Lee, 2005a: 26.

Distribution. N.Korea, Altai, N.Mongolia-Transbaikal-N.Eurasia, Arctic America (Canada).

First reported from Korean peninsula. Doi & Cho, 1934; *Jour. Chos. Nat. Hist.*, 17: 34 (Loc. Gwanmosan (Mt.) (HB, N.Korea)-1932년 7월 19일 조복성 채집).

North Korean name. 관모산뱀눈나비(임홍안, 1987; 주동률과 임홍안, 1987: 186; 임홍안, 1996).

Host plant. Korea: Unknown. Russia: 사초과(*Carex* spp.)(Tuzov *et al.*, 1997).

Remarks. 아종으로는 *E. r. erda* Sheljuzhko, 1924 등이 알려져 있다(Hodges & Ronald (Ed.), 1983). 한반도에는 함경북도에 위치한 관모봉 일대에만 국지적으로 분포한다. 연 1회 발생하며, 6월 중순부터 7월 하순에 걸쳐 나타난다(주동률과 임홍안, 1987). 러시아 극동 남부지방에서는 연 1회 발생하며, 6월 중순부터 8월에 걸쳐 나타난다(Korshunov & Gorbunov, 1995). 현재의 국명은 석주명(1947: 2)에 의한 것이다. 국명이명으로는 조복성과 김창환(1956: 16)의 '관모봉지옥나비'가 있다.

179. *Erebia embla* (Thunberg, 1791) 노랑지옥나비

Papilio embla Thunberg, 1791; *Diss. Ent. sistens Insecta Suecica*, (1)(2): 38, pl. 2, fig. 8. TL: Västerbottens Län (Sweden).

Erebia embla succulenta : Sugitani, 1938: 11; Seok, 1939: 10; Seok, 1947: 1; Kim & Mi, 1956: 394; Cho, 1959: 18; Seok, 1972 (Rev. Ed.): 243; Joo *et al.*, 1997: 410; Kim, 2002: 296.

Erebia embla baekamensis : Im, 1988: 47 (Loc. Ryanggang-do, Baekam-gun); Im, 1996: 27 (Loc. N.Korea).

Erebia embla : Kim, 1960: 257; Lee, 1982: 82; Im (N.Korea), 1987: 42; Ju & Im (N.Korea), 1987: 188; Shin, 1989: 252; Kim & Hong, 1991: 397; ESK & KSAE, 1994: 388; Karsholt & Razowski, 1996: 214; Tuzov *et al.*, 1997; Lee, 2005a: 26.

Distribution. N.Korea, Kamschatka, Chukot Peninsula, Ussuri region, Siberia, Altai, N.Mongolia, Europe.

First reported from Korean peninsula. Sugitani, 1938; *Zeph.*, 8: 11-14, pl. 1, figs. 5-6 (Loc. Daedeoksan (Mt.) (N.Korea)).

North Korean name. 노랑무늬산뱀눈나비(임홍안, 1987; 주동률과 임홍안, 1987: 188; 임홍안, 1996).

Host plants. Korea: Unknown. Russia: 사초과(*Carex* spp.), 벼과(*Deschampsia* spp.)(Tuzov *et al.*, 1997).

Remarks. 아종으로는 *E. e. dissimulata* Warren, 1931 (Loc. Altai, Sayan, Transbaikal)과 *E. e. succulenta* Alpheraky, 1897 (Loc. Far East, Chukot Peninsula, Kamchatka, Amur and Ussuri region)의 2아종이 알려져 있다(Savela, 2008 (ditto)). 한반도에는 북부 고산지역에 국지적으로 분포하는 종이며, 주산지는 백두산 일대다. 연 1회 발생하며, 6월 중순부터 7월 중순에 걸쳐 나타난다. 전나무 숲 일대에서 관찰된다(주동률과 임홍안, 1987). 현재의 국명은 석주명(1947: 1)에 의한 것이다.

180. *Erebia cyclopius* (Eversmann, 1844) 외눈이지옥나비

Hipparchia cyclopius Eversmann, 1844; *Bull. Soc. imp. Nat. Moscou,* 17(3): 590, pl. 14, figs. 3a-3b. TL: Irkutsk region (Russia).

Erebia cyclopius : Mori, 1925: 58 (= *Erebia edda*); Nakayama, 1932: 1932; Seok, 1939: 10; Seok, 1947: 1; Cho & Kim, 1956: 14; Kim & Mi, 1956: 394; Cho, 1959: 17; Kim, 1960: 261; Lee, 1971: 13; Seok, 1972 (Rev. Ed.): 223, 242; Lee, 1973: 9; Lee, 1982: 81; Joo (Ed.), 1986: 16; Im (N.Korea), 1987: 42; Ju & Im (N.Korea), 1987: 188; Shin, 1989: 203; Kim & Hong, 1991: 397; ESK & KSAE, 1994: 388; Karsholt & Razowski, 1996: 214; Tuzov *et al.*, 1997; Joo *et al.*, 1997: 292; Park & Kim, 1997: 283; Kim, 2002: 216; Lee, 2005a: 26.

Distribution. Korea, Urals-Siberia-N.Mongolia, N.China.

First reported from Korean peninsula. Mori, 1925; *Jour. Chos. Nat. Hist.*, 3: 58 (Loc. Daedeoksan

(Mt.) (N.Korea)).

North Korean name. 노랑높은산뱀눈나비(임홍안, 1987; 주동률과 임홍안, 1987: 188).

Host plant. Unknown.

Remarks. 아종으로는 *E. c. aporia* Schawerda, 1919 (Loc. Amur and Ussuri region)와 *E. c. yoshikurana* Kishida & Nakamura, 1941 (Loc. Sakhalin) 2아종이 알려져 있다. 한반도에는 중·북부지방 산지를 중심으로 분포하는 종으로 남한에서는 강원도 동·북부지방에 국지적으로 분포하나, 개체수는 적다. 연 1회 발생하며, 중부지방에서는 5월 하순부터 6월에 걸쳐 나타나며, 북부지방에서는 5월 하순부터 7월 상순에 걸쳐 볼 수 있다. 이승모(1982)는 한반도산 *cyclopius*는 Nakayama (1932)에 의해 최초로 기록되었다고 했지만, 석주명(1972 (Revised Edition): 13)은 Mori (1925)의 기록 중 *E. edda*를 *E. cyclopius*의 오동정으로 정정했으므로 이것이 최초의 기록으로 보인다. 현재의 국명은 석주명(1947: 1)에 의한 것이다.

181. *Erebia wanga* Bremer, 1864 외눈이지옥사촌나비

Erebia wanga Bremer, 1864; *Mém. Acad. Sci. St. Pétersb.,* 8(1): 20, pl. 2. fig. 1. TL: Bureya River valley, Amur region (Russia).

Erebia tristis : Okamoto, 1923: 64.

Erebia wanga : Sugitani, 1938: 8-9 (Loc. Musanryeong); Seok, 1938: 38; Seok, 1939: 15; Seok, 1947: 2; Cho & Kim, 1956: 15 (= *Erebia edda*); Cho & Kim, 1956: 16; Kim & Mi, 1956: 395; Cho, 1959: 20; Kim, 1960: 269; Lee, 1971: 13; Seok, 1972 (Rev. Ed.): 243; Lee, 1973: 9; Kim, 1976: 169; Lee, 1982: 82; Joo (Ed.), 1986: 16; Im (N.Korea), 1987: 42; Ju & Im (N.Korea), 1987: 189; Shin, 1989: 203; Kim & Hong, 1991: 397; Im & Hwang (N.Korea), 1993: 57 (Loc. Baekdusan (Mt.)); ESK & KSAE, 1994: 388; Tuzov *et al.,* 1997; Joo *et al.,* 1997: 294; Park & Kim, 1997: 285; Cheong, 1997: 3; Kim, 2002: 217; Lee, 2005a: 26.

Distribution. Korea, Amur region.

First reported from Korean peninsula. Okamoto, 1923; *Cat. Spec. Exh. Chos.,* p. 64 (Loc. Korea).

North Korean name. 외눈이산뱀눈나비(임홍안, 1987; 주동률과 임홍안, 1987: 189).

Host plants. Korea: 벼과(용수염)(주동률과 임홍안, 1987); 벼과(김의털)(백유현 등, 2007). Russia: 벼과(*Neomolinia mandshurica*)(Tuzov *et al.,* 1997).

Remarks. 한반도에는 지리산 이북지역의 산지를 중심으로 분포하는 종으로 개체수는 적다. 연 1회 발생하며, 5월 중순부터 6월에 걸쳐 나타난다. 외눈이지옥나비와 유사하지만, 뒷날개 아랫면 중앙

부에 흰색 점이 있어 구별된다. 현재의 국명은 신유항(1989: 203)에 의한 것이다. 국명이명으로는 석주명(1947: 2), 김헌규와 미승우(1956: 395)의 '외눈이사촌', 이승모(1973: 9)의 '외눈이지옥사촌나비', 조복성과 김창환(1956: 16)의 '어리외눈나비' 그리고 한국인시류동호인회편(1986: 16)의 '외눈이사촌나비'가 있다.

182. *Erebia edda* Ménétriès, 1854 분홍지옥나비

Erebia edda Ménétriès, 1854; in Middendorf, *Reise N. und O. Sibir,* 2(1): 58, pl. 3, fig. 11. TL: Udskoe, Khabarovsk region (Russia).

Erebia edda : Mori, 1925: 58; Seok, 1939: 10; Seok, 1947: 1; Kim & Mi, 1956: 394; Cho, 1959: 17; Kim, 1960: 257; Lewis, 1974; Lee, 1982: 82; Im (N.Korea), 1987: 42; Ju & Im (N.Korea), 1987: 189; Shin, 1989: 252; Kim & Hong, 1991: 397; ESK & KSAE, 1994: 388; Karsholt & Razowski, 1996: 214; Joo *et al.*, 1997: 410; Tuzov *et al.*, 1997; Kim, 2002: 296; Lee, 2005a: 26.

Distribution. N.Korea, S.Siberia, Yakutia, Ussuri region, W.Chukot Peninsula, Mongolia, Urals, Altai.

First reported from Korean peninsula. Mori, 1925; *Jour. Chos. Nat. Hist.*, 3: 58 (Loc. Daedeoksan (Mt.) (N.Korea)).

North Korean name. 붉은무늬산뱀눈나비(임홍안, 1987; 주동률과 임홍안, 1987: 189).

Host plant. Unknown.

Remarks. 한반도에는 북부 고산지역에 국지적으로 분포하는 종이며, 개체수는 적다. 연 1회 발생하며, 5월 하순부터 7월 상순에 걸쳐 나타난다. 대부분 고산지역의 잎갈나무 군락지에서 관찰된다(주동률과 임홍안, 1987). 현재의 국명은 신유항(1989: 252)에 의한 것이다. 국명이명으로는 석주명(1947: 1), 김헌규와 미승우(1956: 394), 조복성(1959: 17, pl. 16, figs. 8-9), 김헌규(1960: 257)의 '엔다지옥나비'와 이승모(1982: 82)의 '엣다지옥나비'가 있다.

183. *Erebia radians* Staudinger, 1886 민무늬지옥나비

Erebia radians Staudinger, 1886; *Stett. Ent. Ztg.*, 47(7-9): 240. TL: S. of Osh, Alaisky Mts. (Kyrgyzstan).

Erebia radians koreana : Goltz, 1935: 54; Seok, 1938: 38; Seok, 1939: 13; Seok, 1947: 1; Cho,

1959: 19; Kim, 1960: 258.

Erebia radians : Lewis, 1974; Lee, 1982: 83; Shin, 1989: 252; Kim & Hong, 1991: 397; ESK & KSAE, 1994: 388; Tuzov *et al.*, 1997; Joo *et al.*, 1997: 411; Tuzov *et al.*, 2000: 219, pl. 85, figs. 11-16; Kim, 2002: 296; Lee, 2005a: 26.

Distribution. N.Korea, Tien-Shan, Alai, Tajikistan, Kirghizstan.

First reported from Korean peninsula. Goltz, 1935; *Dt. Ent. Z. Iris,* 49: 54-55 (Loc. Cheongjin (N.Korea)).

Host plant. Unknown.

Remarks. 아종으로는 *E. r. radians* (Loc. N.Tian-Shan, Inner Tian-Shan, Alai, Transalai), *E. r. zhdankoi* Churkin & Tuzov, 2000 (Loc. Inner Tien-Shan), *E. r. uzungyrus* Churkin & Tuzov, 2000 (Loc. Kirgizky Mts.) 등이 알려져 있다(Tuzov *et al.*, 2000). 한반도에는 함경북도 청진 등 동북부 고산지역에 국지적으로 분포하는 종이며, 개체수는 매우 적다(이승모, 1982: 83). 현재의 국명은 이승모(1982: 83)에 의한 것이다. 국명이명으로는 석주명(1947: 1), 김헌규와 미승우(1956: 395), 조복성(1959: 19)과 김헌규(1960: 257)의 '뱀눈없는지옥나비'가 있다.

184. *Erebia theano* (Tauscher, 1809) 차일봉지옥나비

Papilio theano Tauscher, 1809; *Mém. Soc. Nat. Moscou,* 1: 207, pl. 13, fig. 1. TL: Altai Mts. (Russia).

Erebia shajitsuzanensis : Mori & Cho, 1935: 11-12.

Erebia pawlowskii : Lee, 1982: 81; Im (N.Korea), 1987: 42; Ju & Im (N.Korea), 1987: 187; Shin, 1989: 252; Kim & Hong, 1991: 396; ESK & KSAE, 1994: 388.

Erebia pawlowskii pawloskii : Kim, 1960: 258.

Erebia pawlowskii shajitsuzanensis : Im, 1996: 27 (Loc. N.Korea).

Erebia theano pawlowskii : Sugitani, 1938: 15 (Loc. Korea); Seok, 1938: 38; Seok, 1939: 14; Seok, 1947: 2; Kim & Mi, 1956: 395; Cho, 1959: 19.

Erebia theano pawlowski : Cho & Kim, 1956: 16.

Erebia theano shajitsuzanensis : Joo *et al.*, 1997: 411; Kim, 2002: 296.

Erebia theano : Lewis, 1974; Chou Io (Ed.), 1994: 408; Tuzov *et al.*, 1997; Lee, 2005a: 26.

Distribution. N.Korea, S.Siberia, Mongolia.

First reported from Korean peninsula. Mori & Cho, 1935; *Zeph.,* 6: 11-12, pl. 2, fig. 2 (Loc. Chailbong (HN, N.Korea)).

North Korean name. 차일봉뱀눈나비(임홍안, 1987; 주동률과 임홍안, 1987: 187; 임홍안, 1996).

Host plant. Korea: Unknown. North America: 벼과(Poaceae)(Pyle, 1981).

Remarks. 아종으로는 *E. t. tshugunovi* Korshunov & Ivonin, 1995 (Loc. W.Siberia) 등이 알려져 있다(Hodges & Ronald (ed.), 1983). 한반도에는 북부 고산지역인 차일봉 일대(개마고원)에서만 국지적으로 분포하는 종이며, 개체수는 아주 적다. 연 1회 발생하며, 6월 하순부터 7월 하순에 걸쳐 나타난다(주동률과 임홍안, 1987). 러시아 극동지역에는 연 1회 발생하며, 6월부터 8월에 걸쳐 나타난다(Korshunov & Gorbunov, 1995). 현재의 국명은 이승모(1982: 81)에 의한 것이다. 국명이명으로는 석주명(1947: 2), 조복성과 김창환(1956: 16), 김헌규와 미승우(1956: 395), 조복성(1959: 19)의 '채일봉지옥나비'가 있다.

185. *Erebia kozhantshikovi* Sheljuzhko, 1925 재순이지옥나비

Erebia kozhantshikovi Sheljuzhko, 1925; *Ent. Anz.,* 5: 9. TL: Dzhelinda River, Dzhugdzhur Range, Transbaikal (Russia).

Erebia kozantshikovi (missp.) : Kim & Mi, 1956: 394; Kim, 1960: 257.

Erebia kozhantschikovi (missp.) : Seok, 1972 (Rev. Ed.): 243.

Erebia kozhantshikovi : Seok, 1941: 103-111; Seok, 1947: 1; Cho, 1959: 18; Seok, 1972 (Rev. Ed.): 145, 233; Lee, 1982: 81; Im (N.Korea), 1987: 42; Ju & Im (N.Korea), 1987: 187; Shin, 1989: 252; Kim & Hong, 1991: 397; ESK & KSAE, 1994: 388; Tuzov *et al.*, 1997; Joo *et al.*, 1997: 411; Kim, 2002: 296; Lee, 2005a: 26; Opler *et al.*, 2006.

Distribution. N.Korea, Transbaikal-Chukot Peninsula, N.Mongolia.

First reported from Korean peninsula. Seok, 1941; *Zeph.,* 9; 103-111 (Loc. Gwanmosan (Mt.) (HB, N.Korea))

North Korean name. 설령뱀눈나비(임홍안, 1987; 주동률과 임홍안, 1987: 187).

Host plant. Unknown.

Remarks. 한반도에는 함경북도에 위치한 관모봉 일대에만 국지적으로 분포한다. 연 1회 발생하며, 7월 상순부터 8월 상순에 걸쳐 나타난다(주동률과 임홍안, 1987). 러시아 극동 남부지방에서는 연 1회 발생하며, 6월부터 7월 중순에 걸쳐 나타난다(Korshunov & Gorbunov, 1995). 현재의 국명은 조복성(1959: 18)에 의한 것이다. 국명이명으로는 석주명(1947: 1), 김헌규와 미승우(1956: 394)

의 '재순지옥나비'가 있다.

Genus Aphantopus Wallengren, 1853

Aphantopus Wallengren, 1853; *Skand. Dagfjär.*: 9, 31. TS: *Papilio hyperantus* Linnaeus.

전 세계에 3 종만이 알려져 있는 작은 속으로, 유라시아에 분포한다. 한반도에는 가락지나비 1 종이
알려져 있다.

186. *Aphantopus hyperantus* (Linnaeus, 1758) 가락지나비

Papilio hyperantus Linnaeus, 1758; *Syst. Nat.* (Edn 10), 1: 471. TL: Sweden.

Satyrus hyperantus : Butler, 1882: 14.

Aphantopus hyperantus anzuensis : Seok, 1934: 672 (Loc. Jejudo (Is.)).

Aphantopus hyperantus ocellatus : Seitz, 1909: 137 (Loc. Korea); Joo *et al.*, 1997: 411; Joo &
Kim, 2002: 128; Kim, 2002: 218.

Aphatopus hyperantus (missp.) : Kim, 1976: 180.

Aphantopus hyperantus : Seok, 1939: 2; Seok, 1947: 1; Cho & Kim, 1956: 13; Kim & Mi, 1956:
394; Cho, 1959: 15; Kim, 1960: 263 Cho, 1963: 198;; Cho *et al.*, 1968: 257; Lewis, 1974;
Smart, 1975; Lee, 1982: 92; Im (N.Korea), 1987: 43; Ju & Im (N.Korea), 1987: 206; Shin,
1989: 210; Ju (N.Korea), 1989: 45 (Loc. Baekdusan (Mt.)); Shin, 1990: 161; Kim & Hong,
1991: 399; ESK & KSAE, 1994: 388; Chou Io (Ed.), 1994: 405; Karsholt & Razowski, 1996:
213; Tuzov *et al.*, 1997; Joo *et al.*, 1997: 302; Park & Kim, 1997: 295; Lee, 2005a: 26.

Distribution. Korea, Ussuri region, Temperate Asia, Europe.

First reported from Korean peninsula. Butler, 1882; *Ann. Mag. Nat. Hist., ser.* 5(9): 14 (Loc.
N.E.Korea).

North Korean name. 참산뱀눈나비(임홍안, 1987; 주동률과 임홍안, 1987: 206).

Host plants. Korea: 벼과(개밀)(신유항, 1990); 사초과(한라사초)(주홍재와 김성수, 2002); 벼과(김의
털)(백유현 등, 2007). Russia: 벼과(*Poa* spp., *Calamagrostis* spp., *Milium* spp., *Dactylis* spp.,
Elytrigia spp., *Holcus* spp., *Anthoxanthum* spp.), 사초과(*Carex* spp.)(Tuzov *et al.*, 1997).

Finland: 벼과(*Phleum pratense*) (Seppänen, 1970).

Remarks. 아종으로는 모식산지가 한국(Korea)인 *A. h. ocellatus* (Butler, 1882) (TL: NE.Korea; Loc. Korea, Amur and Ussuri region) 등 8아종이 알려져 있다. 한반도에는 북부 및 서부 산지에 국지적으로 분포(주동률과 임홍안, 1987)하는 종으로 남한지역에서는 제주도 한라산 고지대에서만 볼 수 있다. 연 1회 발생, 6월 중순부터 8월에 걸쳐 나타나며, 개체수는 많다. 현재의 국명은 김헌규와 미승우(1956: 394)에 의한 것이다. 국명이명으로는 석주명(1947: 1)의 '가락지장사'가 있다.

Genus *Melanargia* Meigen, 1828

Melanargia Meigen, 1828; *Syst. Beschr. eur. Schmett.,* 1: 97. TS: *Papilio galathea* Linnaeus.

= *Arge* Hübner, [1819]; *Verz. bek. Schmett.,* (4): 60 (preocc. Arge Schrank, 1802). TS: *Papilio psyche* Hübner.

전 세계에 적어도 23 종 이상이 알려져 있으며, 대부분 유라시아와 북아프리카에 분포한다. 한반도에는 흰뱀눈나비와 조흰뱀눈나비 2 종이 알려져 있다.

187. *Melanargia halimede* (Ménétriès, 1859) 흰뱀눈나비

Arge halimede Ménétriès, 1859; *Bull. phys.-math. Acad. Sci. St. Pétersb.,* 17: 216. TL: Amur region (Russia).

Satyrus halimede : Seok, 1939: 41; Seok, 1947: 2; Cho & Kim, 1956: 22.

Agapedes halimede : Kim, 1956: 340; Kim & Mi, 1956: 378, 394; Cho, 1959: 15; Kim, 1959a: 96; Kim, 1960: 270; Cho, 1963: 198; Cho *et al.,* 1968: 257; Hyun & Woo, 1969: 182.

Melanargia meridionalis : Staudinger & Rebel, 1901: 42 (Loc. Korea).

Melanargia halimede meridionalis : Nire, 1919: 272 (Loc. Seokwangsa (Temp.) (GW, N.Korea), Weonsan); Okamoto, 1926: 175 (Loc. Geumgangsan (Mt.))((s. str.) *M. epimede*).

Melanargia halimede coreana : Okamoto, 1926: 175 (Loc. Geumgangsan (Mt.)); Sheljuzhko, 1929: 49 (Loc. Seoul etc.); Bang-Haas, 1930: 159 (Loc. Korea); Joo & Kim, 2002: 133; Kim, 2002: 236.

Melanargia halimede : Butler, 1882: 15; Leech, 1887: 425 (Loc. Weonsan); Nire, 1917: 343 (Loc. Korea); Seok, 1934: 71; Seok, 1939: 48 (Loc. Gaemagoweon (N.Korea)); Lee, 1971: 14;

Lewis, 1974; Kim, 1976: 178; Shin & Choo, 1978: 91; Shin, 1979: 138; Lee, 1982: 88; Im (N.Korea), 1987: 43; Ju & Im (N.Korea), 1987: 201; Shin, 1989: 207; Ju (N.Korea), 1989: 45 (Loc. Baekdusan (Mt.)); Oh & Kim, 1990: 31; Kim & Hong, 1991: 398; ESK & KSAE, 1994: 389; Chou Io (Ed.), 1994: 378; Tuzov *et al.*, 1997; Joo *et al.*, 1997: 314; Park & Kim, 1997: 315; Cheong, 1997: 4; Lee, 2005a: 26.

Distribution. Korea, Transbaikal, E.Mongolia-NE.China.

First reported from Korean peninsula. Butler, 1882; *Ann Mag. Nat. Hist., ser.* 5(9): 15 (Loc. N.E.Korea).

North Korean name. 흰뱀눈나비(임홍안, 1987; 주동률과 임홍안, 1987: 201).

Host plants. Korea: 벼과(쇠풀)(주동률과 임홍안, 1987); 벼과(참억새)(김용식, 2002); 벼과(억새)(주흥재와 김성수, 2002).

Remarks. 아종으로는 모식산지가 한국(Korea)인 *M. h. coreana* Okamoto, 1926 (TL: S.Korea; Loc. Korea)이 알려져 있다(Okamoto, 1926; Joo & Kim, 2002: 133). 한반도에는 남부 지역을 중심으로 국지적으로 분포한다. 특히 제주도, 전라도 및 경상도 해안 및 도서들에 분포하며, 개체수는 많다. 연 1회 발생하며, 6월 중순부터 8월에 걸쳐 나타난다. 저지대와 주변 초지에서 천천히 날아다닌다. 조흰뱀눈나비와 매우 유사하나 앞날개 윗면 제1b실과 제2실에 있는 외연쪽 흰 무늬의 크기가 조흰뱀눈나비보다 크고, 뒷날개 윗면 아외연부 검은색 무늬가 분리되는 점 등으로 구별된다. 오성환과 김정환(1990: 29-39)은 본 종과 조흰뱀눈나비에 대해 분류학적 고찰한바 있으며, 그 분포를 재정리한바 있다. 현재의 국명은 석주명(1947: 2)에 의한 것이다.

188. *Melanargia epimede* Staudinger, 1887 조흰뱀눈나비

Melanargia epimede Staudinger, 1887; in Romanoff, *Mém. Lépid.,* 3: 147, pl. 16, fig. 10. TL: Raddefka, Amur region (Russia).

Melanargia halimede var. *meridionalis* : Fixsen, 1887: 309.

Melanargia halimede koreargia : Bryk, 1946: 26-28.

Melanargia epimede hanlaensis : Okano & Pak, 1968: 67-68; Joo & Kim, 2002: 134.

Melanargia epimede : Lee, 1973: 9; Shin & Koo, 1974: 133; Shin, 1975a: 45; Kim, 1976: 179; Lee, 1982: 88; Joo (Ed.), 1986: 17; Im (N.Korea), 1987: 43; Ju & Im (N.Korea), 1987: 201; Shin, 1989: 207; Ju (N.Korea), 1989: 45 (Loc. Baekdusan (Mt.)); Oh & Kim, 1990: 31; Kim & Hong, 1991: 398; ESK & KSAE, 1994: 389; Chou Io (Ed.), 1994: 379; Tuzov *et al.*, 1997; Joo *et al.,* 1997: 316; Park & Kim, 1997: 317; Cheong, 1997: 5; Kim, 2002: 234; Lee, 2005a: 26.

Distribution. Korea, E.Mongolia-NE.China.

First reported from Korean peninsula. Fixsen, 1887; in Romanoff, *Mém. Lépid.,* 3: 309 (Loc. C.Korea).

North Korean name. 참흰뱀눈나비(임홍안, 1987; 주동률과 임홍안, 1987: 201).

Host plants. Korea: 벼과(참억새)(윤인호, 1988); 벼과(잔겨이삭(북한명))(주동률과 임홍안, 1987); 국화과(율무쑥)(손정달과 박경태, 1993); 벼과(억새)(박규택과 김성수, 1997); 벼과(띠)(김용식, 2002).

Remarks. 아종으로는 모식산지가 한국(Korea)인 *M. e. hanlaensis* Okano & Pak, 1968 (TL: Jejudo (Is.) (S.Korea); Loc. S.Korea)이 알려져 있다(Okano & Pak, 1968; Joo & Kim, 2002: 134). 한반도에는 제주도와 전국 각지에 광역 분포한다. 저산지대부터 고산지대까지 널리 분포하며, 개체수는 많다. 연 1회 발생하며, 6월 중순부터 8월에 걸쳐 나타난다. 현재의 국명은 이승모(1973: 9)에 의한 것이다. 국명이명으로는 신유항(1975a: 45)의 '산흰뱀눈나비'가 있다. 조흰뱀눈나비의 '조'는 우리나라 곤충학 발전에 크게 기여한 조복성 선생님의 성(姓)을 딴 것이다.

Genus *Hipparchia* Fabricius, 1807

Hipparchia Fabricius, 1807; *Magazin f. Insektenk.* (Illiger) 6: 281. TS: *Papilio fagi* Scopoli.
= *Eumenis* Hübner, [1919]; 58. TS: *Papilio autonoe* Esper.

전 세계에 적어도 33 종 이상이 알려져 있으며, 대부분 유라시아와 북아프리카에 분포한다. 한반도에는 산굴뚝나비 1 종이 알려져 있다.

189. *Hipparchia autonoe* (Esper, 1783) 산굴뚝나비

Papilio autonoe Esper, 1783; *Die Schmett.,* 1(2): 167, pl. 86, figs. 1-3. TL: the south-east of the European Russia.

Satyrus alcyone vandalusica : Doi, 1933: 86.

Satyrus alcyone zezutonis : Seok, 1934: 710-711 (Loc. Jejudo (Is.)).

Minois antonoësibirica : Kim & Mi, 1956: 379, 395; Cho, 1959: 21, pl. 18, fig. 2; Cho, 1963: 198;

Cho *et al.*, 1968: 257.

Eumenis autonoe : Lewis, 1974; Lee, 1982: 85; Im (N.Korea), 1987: 43; Ju & Im (N.Korea),
  1987: 193; Shin, 1989: 204; Shin, 1990: 160; Kim & Hong, 1991: 398; ESK & KSAE, 1994:
  388; Chou Io (Ed.), 1994: 386; Joo *et al.*, 1997: 304; Park & Kim, 1997: 299.

Eumenis autonoësibirica : Seok, 1947: 2; Cho & Kim, 1956: 17.

Eumenis autonoe zezutonis : Im, 1996: 27 (Loc. N.Korea).

Hipparchia autonoe zezutonis : Kim, 1976: 183; Joo *et al.*, 1997: 411; Joo & Kim, 2002: 130;
  Kim, 2002: 224.

Hipparchia autonoe : Karsholt & Razowski, 1996: 216; Tuzov *et al.*, 1997; Kudrna, 2002; Lee,
  2005a: 26.

Distribution. Korea, SE.Europe-N.Caucasus-S.Siberia-Amur region, NW.China, Tibet.

First reported from Korean peninsula. Doi, 1933; *Jour. Chos. Nat. Hist.*, 15: 86 (Loc. Hallasan
  (Mt.) (JJ, S.Korea)).

North Korean name. 씨비리뱀눈나비(임홍안, 1987; 주동률과 임홍안, 1987: 193; 임홍안, 1996).

Host plants. Korea: 벼과(개밀)(김용식, 홍승표, 1990); 사초과(한라사초)(주흥재와 김성수, 2002);
  벼과(김의털)(백유현 등, 2007). Russia: 벼과(*Poa* spp.)(Tuzov *et al.*, 1997).

Remarks. 아종으로는 모식산지가 한국(Korea)인 *H. a. zezutonis* Seok, 1934 (TL: Jejudo (Is.)
  (S.Korea); Loc. Korea) 등의 5아종이 알려져 있다(Seok, 1934; Chou Io (Ed.), 1994). 한반도에는
  북부 고산지대와 제주도 한라산 1300m 이상의 고지대에 국지적으로 분포한다. 특히, 남한지역에
  서는 천연기념물(제458호) 및 멸종위기야생동물 I급으로 지정되어 법적 보호를 받고 있다. 연 1회
  발생하며, 5월부터 9월 상순에 걸쳐 나타난다. 제주도 한라산에서는 7월 하순에 개체수가 가장 많
  다. 현재의 국명은 석주명(1947: 2)에 의한 것이다. 국명이명으로는 조복성과 김창환(1956: 17)의
  '산굴둑나비'가 있다.

Genus *Minois* Hübner, [1819]

Minois Hübner, [1819]; *Verz. bek. Schmett.,* (4): 57. TS: *Papilio phaedra* Linnaeus.

전 세계에 4 종만이 알려져 있는 작은 속으로 대부분 유라시아에 분포한다. 한반도에는 굴뚝나비 1
종이 알려져 있으며, *Satyrus* Latreille, 1810 속으로 취급되기도 한다(Global Butterfly Information

System (ditto)).

190. *Minois dryas* (Scopoli, 1763) 굴뚝나비

Papilio dryas Scopoli, 1763; *Ent. Carniolica*: 153, fig. 429. TL: Yugoslavia.

Satyrus dryas : Butler, 1882: 14; Fixsen, 1887: 312 (Loc. Korea); Leech, 1887: 426 (Loc. Korea); Cheong, 1997: 3; Tuzov *et al.*, 1997.

Satyrus bipunctatus : Butler, 1883: 109 (Loc. N.E. Korea).

Satyrus dryas bipunctatus : Staudinger & Rebel, 1901; 59; Seitz, 1909: 132; Nire, 1920: 48 (Loc. Korea).

Satyrus dryas okumi : Mori, Doi & Cho, 1934: 15 (Loc. N.Korea).

Satyrus (*Minois*) *dryas* : Lee, 1973: 9; Kim, 1976: 181.

Eumentis dryas (missp.) : Seok, 1939: 47 (Loc. Gaemagoweon (N.Korea)); Seok, 1939: 16; Seok, 1947: 2.

Eumenis dryas : Cho & Kim, 1956: 17.

Minois dryas bipunctata : Joo *et al.*, 1997: 411; Joo & Kim, 2002: 129; Kim, 2002: 225.

Minois dryas : Kim, 1956: 340; Kim & Mi, 1956: 379, 395; Cho, 1959: 22; Kim, 1959a: 96; Kim, 1960: 271; Cho, 1963: 198; Cho, 1965: 182; Cho *et al.*, 1968: 257, 378; Ko, 1969: 193; Hyun & Woo, 1969: 183; Lee, 1971: 14; Shin & Koo, 1974: 133; Lewis, 1974; Shin, 1975a: 45; Shin & Choo, 1978: 91; Shin, 1979: 138; Lee, 1982: 85; Joo (Ed.), 1986: 16; Im (N.Korea), 1987: 43; Ju & Im (N.Korea), 1987: 192; Shin, 1989: 204; Ju (N.Korea), 1989: 45 (Loc. Baekdusan (Mt.)); Kim & Hong, 1991: 397; ESK & KSAE, 1994: 389; Chou Io (Ed.), 1994: 382; Karsholt & Razowski, 1996: 216; Joo *et al.*, 1997: 303; Park & Kim, 1997: 297; Lee, 2005a: 26.

Distribution. Korea, S.Siberia-Ussuri, Japan, Asia Minor, S.Kazakhstan, Spain, C.Europe, SE.Europe.

First reported from Korean peninsula. Butler, 1882; *Ann Mag. Nat. Hist., ser.* 5(9): 14 (Loc. N.E.Korea).

North Korean name. 뱀눈나비(임홍안, 1987; 주동률과 임홍안, 1987: 192).

Host plants. Korea: 벼과(참억새, 새포아풀, 잔디)(손정달, 1984).

Remarks. 아종으로는 *M. d. bipunctatus* (Motschulsky, 1861) (Loc. Ussuri region, Sakhalin, Kuriles, Korea, Japan) 등의 3아종이 알려져 있다(Chou Io (Ed.), 1994). 한반도 전역에 분포하는

종으로 개체수는 많다. 연 1회 발생하며, 6월 하순부터 9월에 걸쳐 나타나고, 애벌레로 월동한다 (주동률과 임홍안, 1987; 김용식, 2002: 164). 산지의 양지바른 초지대에서 많은 개체를 볼 수 있다. 현재의 국명은 석주명(1947: 2)에 의한 것이다. 국명이명으로는 조복성과 김창환(1956: 17)의 '굴둑나비'가 있다.

Genus *Oeneis* Hübner, 1819

Oeneis Hübner, 1819; *Verz. bek. Schmett.,* (4): 58. TS: *Papilio norna* Thunberg.

= *Chionobas* Boisduval, [1832]; *Icon. hist. Lépid. Europe,* 1(17–18): 182 (1833). TS: *Papilio aello* Hübner.

전 세계에 적어도 33 종 이상이 알려져 있으며, 대부분 유라시아와 북아메리카에 분포한다. 한반도에는 높은산뱀눈나비, 큰산뱀눈나비, 함경산뱀눈나비, 참산뱀눈나비 4 종이 알려져 있다.

191. *Oeneis jutta* (Hübner, 1806) 높은산뱀눈나비

Papilio jutta Hübner, 1806; *Samml. eur. Schmett.,* pl. 1, figs. 614–615. TL: Lapland (Finland).

Oeneis jutta sachalinensis : Esaki, 1923: 389; Hori & Tamanuki, 1937; Cho, 1959: 23; Joo *et al.,* 1997: 411; Kim, 2002: 296.

Oeneis jutta magna : Cho, 1934: 71 (Loc. Gwanmosan (Mt.)).

Oeneis jutta jutta : Seok, 1939: 33.

Oeneis jutta : Mori, 1927: 22; Mori & Cho, 1934: 16; Seok, 1947: 2; Cho & Kim, 1956: 20; Kim & Mi, 1956: 395; Cho, 1959: 23; Kim, 1960: 258; Lee, 1971: 13; Seok, 1972 (Rev. Ed.): 161, 243; Lee, 1973: 9; Lewis, 1974; Lee, 1982: 84; Hodges & Ronald (Ed.), 1983; Im (N.Korea), 1987: 42; Ju & Im (N.Korea), 1987: 191; Shin, 1989: 252; Ju (N.Korea), 1989: 45 (Loc. Baekdusan (Mt.)); Kim & Hong, 1991: 397; ESK & KSAE, 1994: 389; Karsholt & Razowski, 1996: 217; Tuzov *et al.,* 1997; Opler & Warren, 2003; Lee, 2005a: 26.

Distribution. N.Korea, Northern Eurasia, Northwest Territories (Canada).

First reported from Korean peninsula. Mori, 1927; *Jour. Chos. Nat. Hist.,* 4: 22 (Loc. Baekdusan (Mt.) (N.Korea)).

North Korean name. 높은산뱀눈나비(임홍안, 1987; 주동률과 임홍안, 1987: 191).

Host plants. Korea: Unknown. Russia: 사초과(*Carex* spp., *Scirpus caespitosa*), 벼과(*Molinia caerulea*, *Glyceria* spp.), 골풀과(*Juncus* spp.)(Henriksen, Kreutzer, 1982; Tuzov *et al.*, 1997).

Remarks. 아종으로는 *O. j. jutta* (Loc. N.Korea, S.Siberia, W.Siberia, NE.China, Sakhalin, Amur region, N.Mongolia, Ural, Scandinavia, Finland, Baltic, E.Poland, N.European Russia) 등의 11 아종이 알려져 있다(Hodges & Ronald (Ed.), 1983). 한반도에는 북부 고산지역에 국지적으로 분포하는 종으로 대부분 활엽수림에서 볼 수 있다. 연 1회 발생하며, 6월 하순부터 7월 하순에 걸쳐 나타난다. 백두산 정상에서는 7월 하순부터 8월 상순에 걸쳐 나타난다(주동률과 임홍안, 1987). 이 승모(1982)는 한반도산 *jutta*는 Hori & Tamanuki (1937)에 의해 최초로 기록되었다고 했지만, 백두산 일대의 나비로 기록한 Mori (1927: 22)의 기록이 최초다. 현재의 국명은 석주명(1947: 2)에 의한 것이다. 국명이명으로는 조복성(1959: 23)의 '화태산뱀눈나비(= *Oeneis jutta sachalinensis*)' 가 있다.

192. *Oeneis magna* Graeser, 1888 큰산뱀눈나비

Oeneis magna Graeser, 1888; *Berl. Ent. Ztg.,* 32: 97. TL: Pokrovka, upper Amur flow (Russia).

Oeneis jutta magna : Cho, 1934: 71; Seok, 1939: 33; Cho, 1959: 23.

Oeneis magna uchangi : Im, 1988: 47 (Loc. Ryanggang-do, Baekam-gun); Im, 1996: 27 (Loc. N.Korea); Joo *et al.*, 1997: 411; Kim, 2002: 296.

Oeneis magna : Seok, 1947: 2; Kim & Mi, 1956: 395; Kim, 1960: 258; Seok, 1972 (Rev. Ed.): 161; Lee, 1982: 84; Im (N.Korea), 1987: 42; Ju & Im (N.Korea), 1987: 190; Shin, 1989: 252; Ju (N.Korea), 1989: 45 (Loc. Baekdusan (Mt.)); Kim & Hong, 1991: 397; ESK & KSAE, 1994: 389; Tuzov *et al.*, 1997; Lee, 2005a: 26.

Distribution. N.Korea, Altai-S.Siberia-Far East, Amur region, Mongolia, N.China.

First reported from Korean peninsula. Cho, 1934; *Jour. Chos. Nat. Hist.*, 17: 71 (Loc. Gwanmosan (Mt.) (HB, N.Korea)).

North Korean name. 큰산뱀눈나비(임홍안, 1987; 주동률과 임홍안, 1987; 190; 임홍안, 1996).

Host plant. Korea: Unknown. Russia: 사초과(*Carex* spp.)(Gorbunov & Korshunov, 1995; Tuzov *et al.*, 1997).

Remarks. 아종으로는 *O. m. uchangi* Im, 1988 (Loc. Korea) 등의 7아종이 알려져 있다(Lukhtanov & Eitschberger, 2000). 한반도에는 북부 고산지역에 국지적으로 분포하는 종으로, 연 1회 발생하

며, 6월 중순부터 7월 중순에 걸쳐 나타난다(주동률과 임홍안, 1987). 현재의 국명은 석주명(1947: 2)에 의한 것이다.

193. *Oeneis urda* (Eversmann, 1847) 함경산뱀눈나비

Hipparchia urda Eversmann, 1847; *Bull. Soc. imp. Nat. Moscou*, 3: 69, pl. 2, figs. 1-4. TL: Dauriya (Russia).

Oeneis nanna walkyria : Mori, 1925: 58.

Oeneis urda hallasanensis : Joo & Kim, 2002: 126.

Oeneis urda : Seok & Nishimoto, 1935: 92 (Loc. Najin); Seok, 1939: 36; Seok, 1947: 2; Kim & Mi, 1956: 395; Cho, 1959: 24; Kim, 1960: 258; Lee, 1971: 13; Seok, 1972 (Rev. Ed.): 164, 244; Lee, 1973: 9; Lewis, 1974; Lee, 1982: 84; Im (N.Korea), 1987: 42; Ju & Im (N.Korea), 1987: 191; Shin, 1989: 204; Kim & Hong, 1991: 397; ESK & KSAE, 1994: 389; Chou Io (Ed.), 1994: 402; Tuzov *et al.*, 1997; Joo *et al.*, 1997: 411; Park & Kim, 1997: 289; Cheong, 1997: 3; Kim, 2002: 219; Lee, 2005a: 26.

Distribution. Korea, Amur and Ussuri region.

First reported from Korean peninsula. Mori, 1925; *Jour. Chos. Nat. Hist.*, 3: 58 (Loc. Daedeoksan (Mt.) (N.Korea)).

North Korean name. 함경산뱀눈나비(임홍안, 1987; 주동률과 임홍안, 1987: 191).

Host plants. Korea: 사초과(한라사초)(주홍재와 김성수, 2002); 벼과(김의털)(백유현 등, 2007).

Remarks. 아종으로는 모식산지가 한국(Korea)인 *O. u. hallasanensis* Murayama, 1991 (TL: Jejudo (Is,) (S.Korea); Loc. Korea)과 *O. u. monteviri* Bryk, 1946 (Loc. N.Korea) 등의 4아종이 알려져 있다(Murayama, 1991; Lukhtanov & Eitschberger, 2000). 한반도에는 중북부 고산지역에 국지적으로 분포하는 종으로, 특히 남한지역에서는 강원도 동·북부 일부 지역(오대산, 설악산 등)과 제주도 한라산 1,500m 이상의 고지대에서만 국지적으로 관찰되며 개체수는 적다. 연 1회 발생하며, 중부지방에서는 5월부터 6월, 북부지방에서는 6월 상순부터 7월 중순에 걸쳐 나타난다(주동률과 임홍안, 1987). 참산뱀눈나비와 유사하나 뒷날개 아랫면 기반부의 짙은 암갈색 무늬가 뚜렷하고, 제4맥을 따라 뾰족하게 돌출하고 있는 점 등으로 구별된다. 이승모(1982)는 한반도산 *urda*는 Seok & Nishimoto (1935)에 의해 최초로 기록되었다고 했지만, 석주명(1972 (Revised Edition): 164)에 의해 정리된 Mori (1925)의 기록이 최초인 것으로 보인다. 현재의 국명은 석주명(1947: 2)에 의한 것이다.

194. *Oeneis mongolica* (Oberthür, 1876) 참산뱀눈나비

Chionobas mongolica Oberthür, 1876; *Etud. Ent.,* 2: 31, pl. 4, fig. 6. TL: Mongolia.

Oeneis walkyria : Fixsen, 1887: 310; Rühl & Heyen, 1895: 521 (Loc. Korea); Lee, 1982: 83; Joo (Ed.), 1986: 16; Im (N.Korea), 1987: 42; Ju & Im (N.Korea), 1987: 190; Shin, 1989: 203; Ju (N.Korea), 1989: 45 (Loc. Baekdusan (Mt.)); Kim & Hong, 1991: 397; ESK & KSAE, 1994: 389.

Oeneis masuiana : Matsumura, 1919: 547.

Oeneis nanna : Mori & Cho, 1938: 56-57; Seok, 1947: 2; Cho & Kim, 1956: 20; Kim & Mi, 1956: 395; Cho, 1959: 24; Kim, 1960: 271; Cho, 1963: 199; Cho *et al.,* 1968: 257; Lee, 1971: 13; Lee, 1973: 9; Shin, 1975a: 45; Kim, 1976: 168; Chou Io (Ed.), 1994: 402; Joo *et al.,* 1997: 296; Park & Kim, 1997: 287.

Oeneis nanna coreana : Bang-Haas, 1928: 19; Matsumura, 1929: 11.

Oeneis nanna shonis : Gaede, 1932: 160 (Loc. Korea).

Oeneis nanna soibona : Seok, 1933: 660 (Loc. Gyeseong (Korea)).

Oeneis nanna walkyria : Seitz, 1909: 121 (Loc. Korea); Joo *et al.,* 1997: 411; Kim, 2002: 220.

Oeneis mongolica walkyria : Staudinger & Rebel, 1901: 53 (Loc. Korea); Lukhtanov & Eitschberger, 2000.

Oeneis mongolica : Lewis, 1974; Lee, 2005a: 26.

Distribution. Korea, N.China, Inner Mongolia.

First reported from Korean peninsula. Fixsen, 1887; in Romanoff, *Mém. Lépid.,* 3: 310 (Loc. Bukjeom (GW, N.Korea)).

North Korean name. 산뱀눈나비(임홍안, 1987; 주동률과 임홍안, 1987: 190).

Host plant. Korea: 사초과(방동사니)(손정달, 1984).

Remarks. 아종으로는 *O. m. koreana* Matsumura, 1927 (Loc. N.Korea), *O. m. walkyria* Fixsen, 1887 (Loc. C.Korea), *O. m. hallasanensis* Murayama, 1991 (Loc. Jejudo (Is.) (S.Korea)) 등의 5 아종이 알려져 있다(Lukhtanov & Eitschberger, 2000). *O. nanna* Ménétriès, 1859는 중앙아시아 에서 아무르 지역까지 분포하는 종으로 알려져 있다(Chou Io (Ed.), 1994; Tuzov *et al.,* 1997). 한 반도 전역에 분포하는 종이나 지역마다 개체변이가 심하며, 최근 개체수가 줄어들고 있다. 연 1회 발생하며, 중·남부지방 4월부터 5월, 북부 산지에서는 6월 중순부터 7월 상순에 걸쳐 나타난다. 산지의 능선부나 정상부에서 자주 볼 수 있다. 현재의 국명은 김헌규와 미승우(1956: 395)에 의한 것이다. 국명이명으로는 석주명(1947: 2)의 '조선산뱀눈나비', 조복성과 김창환(1956: 20)의 '산뱀

눈나비'가 있다.

Genus *Ypthima* Hübner, 1816

Ypthima Hübner, 1816; *Verz. bekannt. schweiz. Ins.*: 63. TS: *Ypthima huebneri* Kirby.

전 세계에 적어도 123 종 이상이 알려져 있는 큰 속으로 대부분 아시아와 아프리카에 분포한다. 한반도에는 애물결나비, 물결나비, 석물결나비 3 종이 알려져 있다.

195. *Ypthima baldus* (Fabricius, 1775) 애물결나비

Papilio baldus Fabricius, 1775; *Syst. Ent.*: 829, no. 202-3. TL: India.

Ypthima philomela : Fixsen, 1887: 309-310.

Ypthima baldus var. *argus* : Leech, 1894: 90 (Loc. Korea).

Ypthima argus : Staudinger & Rebel, 1901: 59 (Loc. Korea); Seok, 1933: 66 (Loc. Gyeseong); Cho, 1934: 70; Kim & Mi, 1956: 380, 395; Cho, 1959: 25; Kim, 1960: 280; Cho, 1963: 199; Cho *et al.*, 1968: 258; Ko, 1969: 194; Lee, 1971: 13; Lee, 1973: 8; Shin & Koo, 1974: 134; Shin, 1975a: 45; Kim, 1976: 170; Lee, 1982: 78; Joo (Ed.), 1986: 16; Im (N.Korea), 1987: 42; Ju & Im (N.Korea), 1987: 181; Shin, 1989: 201; Kim & Hong, 1991: 396; Im & Hwang (N.Korea), 1993: 57 (Loc. Baekdusan (Mt.)); ESK & KSAE, 1994: 389; Joo *et al.*, 1997: 286; Park & Kim, 1997: 277; Cheong, 1997: 3.

Ypthima argus hyampeia : Joo *et al.*, 1997: 410; Joo & Kim, 2002: 123; Kim, 2002: 210.

Ypthima balda : Chou Io (Ed.), 1994: 390.

Ypthima baldus baldus : Nomura, 1938: 56.

Ypthima baldus : Leech, 1887: 425 (Loc. Korea); Seitz, 1909: 91 (Loc. Korea); Seok, 1939: 45; Seok, 1947: 2; Cho & Kim, 1956: 22; Lewis, 1974; D'Abrera, 1986; Heppner & Inoue, 1992: 149; Tuzov *et al.*, 1997; Lee, 2005a: 26; Wahlberg *et al.* 2009.

Distribution. Korea, Ussuri region, Kuriles, Japan, China, Taiwan, Burma, Himalayas (Chamba-Assam), India.

First reported from Korean peninsula. Fixsen, 1887; in Romanoff, *Mém. Lépid.,* 3: 309-310 (Loc.

Korea).

North Korean name. 작은물결뱀눈나비(임홍안, 1987; 주동률과 임홍안, 1987: 181).

Host plants. Korea: 벼과(나도잔디)(손정달, 1984); 벼과(주름조개풀, 잔디, 잔디회초리풀(북한명)), 사초과(금방동사니)(주동률과 임홍안, 1987); 벼과(벼, 바랭이)(김용식, 2002); 벼과(강아지풀)(백유현 등, 2007).

Remarks. 아종으로는 *Y. b. hampeia* Fruhstorfer, 1911 (Loc. S.Ussuri region) 등의 12아종이 알려져 있다(D'Abrera, 1986; Corbet & Pendlebury, 1992; Chou Io (Ed.), 1994). 한반도 전역에 분포하는 보통 종이다. 연 2-3회 발생하며, 5월 상순부터 9월에 걸쳐 나타난다. 애벌레로 월동한다(주동률과 임홍안, 1987). 대부분 저산지대와 주변의 초지에서 볼 수 있다. 물결나비, 석물결나비와 유사하나 애물결나비는 뒷날개 아랫면 아외연부의 눈알 모양의 무늬가 5개가 있어 구별된다. 김정환과 홍세선(1991)은 *Y. baldus*를 *Y. argus*의 별종으로 취급해 '애물결나비사촌'이라 신칭했으나, *Y. argus*는 *Y. baldus*의 동물이명(synonym)이다(Savela, 2008 (ditto); etc.). 현재의 국명은 석주명(1947: 2)에 의한 것이다.

196. *Ypthima motschulskyi* (Bremer et Grey, 1853) 석물결나비

Satyrus motschulskyi Bremer et Grey, 1853; *Schmett. N. China*: 8, pl. 2, fig. 2. TL: Beijing (China).

Ypthima amphithea : Lee, 1982: 79; Joo (Ed.), 1986: 16; Shin, 1989: 202; Kim & Hong, 1991: 396; ESK & KSAE, 1994: 389; Cheong, 1997: 3.

Ypthima amphithea obscura : Im, 1996: 28 (Loc. N.Korea); Joo *et al.*, 1997: 410.

Ypthima obscura : Elwes & Edwards, 1893; Lee, 1973: 8; Shin, 1975a: 42, 45.

Ypthima elongatum : Matsumura, 1929: 142 (Loc. Korea).

Ypthima elongata : Matsumura, 1931: 505 (Loc. Korea).

Ypthima nareda motschulskyi : Staudinger & Rebel, 1901: 59 (Loc. Korea).

Ypthima motschulskyi motschulskyi : Matsumura, 1905: 13 (Loc. Korea); Dubatolov and Lvovsky, 1997; Kim & Joo, 1999: 38; Joo & Kim, 2002: 125.

Ypthima multistriata (= 석물결나비) : Lee, 2003: 15.

Ypthima motschulsky (missp.) : Kim & Mi, 1956: 395.

Ypthima motschulskyi : Lee, 1973: 8; Lewis, 1974; Heppner & Inoue, 1992: 149; Chou Io (Ed.), 1994: 394; Tuzov *et al.*, 1997; Park & Kim, 1997: 281; Cheong, 1997: 3; Kim, 2002: 212; Lee, 2005a: 26.

Distribution. Korea, Amur region, Japan, E.China, Hong Kong, Taiwan.

First reported from Korean peninsula. Elwes & Edwards, 1893; *Trans. Ent. Soc. London,* pp. 1-54, pl. 1-3 (Loc. Korea).

North Korean name. 참물결뱀눈나비(임홍안, 1987; 임홍안, 1996).

Host plants. Korea: 벼과(참억새)(손정달, 1984); 벼과(참바랭이, 주름조개풀, 민바랭이새)(주동률과 임홍안, 1987); 벼과(실새풀, 벼)(김용식, 2002).

Remarks. 아종으로는 *Y. m. motschulskyi* (Bremer et Grey), *Y. m. amphithea* Ménétriès, 1859와 *Y. m. niphonica* Murayama, 1969 등의 아종이 알려져 있다(Dubatolov & Lvovsky, 1997; Huang, 2001). 한반도 전역에 분포하는 종으로 개체수는 보통이며, 대부분 낮은 산지와 주변의 초지대에서 볼 수 있다. 연 1-2회 발생하며, 6월 중순부터 8월에 걸쳐 나타난다. 애벌레로 월동한다(주동률과 임홍안, 1987). 물결나비와 유사하나, 앞날개 아랫면의 흑갈색 부분이 뚜렷하게 넓게 나타나므로 구별된다. 현재의 국명은 이승모(1973: 8= *Ypthima obscura*)에 의한 것이다. 국명이명으로는 신유항(1975a: 42, 45)의 '산물결나비'가 있다. 그리고 석주명(1947: 2), 조복성(1959: 26), 고제호 (1969: 194), 이승모(1971: 13; 1973: 8), 신유항(1975a: 45)과 이승모(1982: 78) 등은 *Y. motschulskyi*의 국명을 '물결나비'로 적용한바 있다. 석물결나비의 '석'은 우리나라 나비연구에 큰 업적을 남긴 석주명 선생의 성(姓)을 딴 것이다.

197. *Ypthima multistriata* Butler, 1883 물결나비

Ypthima multistriata Butler, 1883; *Ann. Mag. nat. Hist.,* (5)12: 50. TL: Taiwan.

Ypthima motschulskyi (= 물결나비): Fixsen, 1887: 310; Leech, 1887: 425 (Loc. Weonsan & Busan); Seok, 1933: 66 (Loc. Gyeseong); Seok, 1939: 48; Seok, 1947: 2; Kim, 1956: 340; Cho & Kim, 1956: 22; Cho, 1959: 26; Kim, 1959a: 96; Kim, 1960: 280; Cho, 1963: 199; Cho *et al.,* 1968: 258, 378; Ko, 1969: 194; Hyun & Woo, 1969: 183; Lee, 1971: 13; Shin & Koo, 1974: 134; Shin, 1975a: 45; Kim, 1976: 171; Shin, 1979: 138; Lee, 1982: 78; Joo (Ed.), 1986: 16; Ju & Im (N.Korea), 1987: 182; Shin, 1989: 202; ESK & KSAE, 1994: 389; Joo *et al.,* 1997: 288.

Ypthima multistriata koreana : Kim & Joo, 1999: 38; Joo & Kim, 2002: 124; Kim, 2002: 211.

Ypthima multistriata : D'Abrera, 1986; Heppner & Inoue, 1992: 149; Chou Io (Ed.), 1994: 395; Park & Kim, 1997: 279; Park *et al.,* 1999: 54; Lee, 2005a: 26.

Distribution. Korea, China, Taiwan.

First reported from Korean peninsula. Fixsen, 1887; in Romanoff, *Mém. Lépid.,* 3: 310 (Loc. Korea).

North Korean name. 물결뱀눈나비(임홍안, 1987; 주동률과 임홍안, 1987: 182).

Host plants. Korea: 벼과(바랭이)(손정달, 1984); 벼과(벼, 참억새)(김용식, 2002).

Remarks. 아종으로는 *Y. m. ganus* Fruhstorfer, 1911 (Loc. N.China, C.China, Korea)이 알려져 있으며, Dubatolov & Lvovsky (1997)의 *Y. m. koreana* (TL: Korea; Loc. Korea)는 *Y. m. ganus*의 동물이명(synonym)이다(Huang, 2001). 한반도 전역에 분포하는 종으로 개체수는 보통이며, 산지 또는 숲 가장자리 초지대에서 볼 수 있다. 연 2-3회 발생하며, 5월 중순부터 9월에 걸쳐 나타난다. 그간 기록들이 석물결나비와 혼용되었으므로 '물결나비'의 국명으로 취급된 기록들을 본 종의 기록들로 취급했다. 김성수와 주홍재(1999: 37-43)는 본 종과 석물결나비에 대해 연구사, 분포, 계절 변이와 지리적 변이를 정리한바 있다. 현재의 국명은 석주명(1947: 2= *Y. motschulskyi*)에 의한 것이다.

Subfamily **NYMPHALINAE** Swainson, 1827 네발나비아과

전 세계에 적어도 57 속 500 여종 이상이 알려져 있으며, 한반도에는 9 속 27 종이 알려져 있다. 때때로 줄나비아과(Limenitidinae)가 본 아과에 포함되는 등 본 아과에 대한 분류학적인 다양한 견해가 있어 많은 그룹이 변동되어 왔으나, 최근 Wahlberg *et al.* (2006)은 분자수준의 계통분류학적 연구를 통해본 아과를 6 족으로 구분한바 있다. 일반적으로 큰 나비로 대부분 날개는 붉은색, 황갈색, 흑갈색을 띠며, 모양은 다양하다. 암수의 모양과 색이 큰 차이를 나타내지 않는다. 대부분 애벌레는 6-7 개의 긴 돌기가 있으며, 번데기의 머리·가슴 등의 등쪽에는 뾰쪽한 돌기가 발달해있다. 어른벌레로 월동하는 종이 다수 있다. 먹이식물은 쐐기풀과, 쥐꼬리망초과, 현삼과 등으로 알려져 있다.

Tribe **Nymphalini** Swainson, 1827

Genus *Araschnia* Hübner, 1816

Araschnia Hübner, 1816; *Verz. bek. Schmett.,* (3): 37. TS: *Papilio levana* Linnaeus.

전 세계에 적어도 8 종이 알려져 있으며, 대부분 아시아에 분포한다. 한반도에는 북방거꾸로여덟팔나비, 거꾸로여덟팔나비 2종이 알려져 있다.

198. *Araschnia levana* (Linnaeus, 1758) 북방거꾸로여덟팔나비

Papilio levana Linnaeus, 1758; *Syst. Nat.* (Edn 10), 1: 480. TL: Germany.

Vanessa levana prorsa : Leech, 1887: 420; Kishida & Nakamura, 1936: 88.

Vanessa levana vern : Mori, Doi, & Cho, 1934: 28 (Loc. N.W. Korea).

Araschnia levana levana : Hori & Tamanuki, 1937: 171-173 (Loc. Korea).

Araschnia levana porima : Nire, 1918: 28 (Loc. Korea).

Araschnia levana : Rühl, 1895: 360 (Loc. Korea); Nire, 1920: 50 (Loc. Korea); Matsumura, 1927: 161 (Loc. Korea); Seok, 1936: 62; Seok, 1939: 68; Seok, 1947: 3; Cho & Kim, 1956: 25; Kim & Mi, 1956: 396; Cho, 1959: 29; Kim, 1960: 264; Hyun & Woo, 1970: 78; Lee, 1971: 11; Seok, 1972 (Rev. Ed.): 175, 244; Lee, 1973: 7; Lewis, 1974; Smart, 1975; Kim, 1976: 135; Lee, 1982: 66; Joo (Ed.), 1986: 13; Im (N.Korea), 1987: 41; Ju & Im (N.Korea), 1987: 150; Shin, 1989: 191; Ju (N.Korea), 1989: 45 (Loc. Baekdusan (Mt.)); Kim & Hong, 1991: 394; ESK & KSAE, 1994: 386; Karsholt & Razowski, 1996: 211; Joo *et al.*, 1997: 247; Park & Kim, 1997: 233; Tuzov *et al.*, 2000: 32; Kim, 2002: 179; Lee, 2005a: 27.

Distribution. Korea, Russia, Japan, Temperate Asia, C.Europe.

First reported from Korean peninsula. Leech, 1887; *Proc. zool. Soc. Lond.,* p. 420 (Loc. Weonsan (N.Korea)).

North Korean name. 작은팔자나비(임홍안, 1987; 주동률과 임홍안, 1987: 150).

Host plants. Korea: 쐐기풀과(좀깨잎나무, 개모시풀)(손정달, 1984); 쐐기풀과(쐐기풀)(김용식, 2002); 쐐기풀과(거북꼬리)(백유현 등, 2007).

Remarks. 아종으로는 *A. l. sachalinensis* Shriôzu, 1952 (Loc. Sakhalin (Russia)) 등의 6아종이 알려져 있다(Tuzov *et al.*, 2000). 한반도에는 중·북부 지역의 높은 산지 중심으로 분포하는 종이며, 남부지방에서는 지리산에서의 기록이 있다. 연 2회 발생하며, 봄형은 5월부터 6월, 여름형은 7월부터 9월에 걸쳐 나타난다. 번데기로 월동한다. 봄형과 여름형은 전혀 다른 모습의 계절형을 갖는다. 대부분 산지 계곡 주변이나 숲 가장자리에서 활동한다. 거꾸로여덟팔나비와 유사하나, 대체로 크기가 작고 날개의 아랫면의 바탕색이 어둡다. 또한 뒷날개 중앙의 제4맥 끝이 강하게 돌출되어 있고, 뒷날개 아랫면 기부 쪽에 직사각형의 흰색 무늬가 뚜렷해 구별된다. 현재의 국명은 석주명(1947: 3)에 의한 것이다. 국명이명으로는 조복성과 김창환(1956: 25), 조복성(1959: 138)의 '어리

팔자나비'와 이승모(1973: 6)의 '북방꺼꾸로여덟팔나비'가 있다.

199. *Araschnia burejana* Bremer, 1861 거꾸로여덟팔나비

Araschnia burejana Bremer, 1861; *Bull. Acad. Imp. Sci. St. Pétersbg.,* 3: 466. TL: Bureya, Amur
　region (Russia).

Vanessa burejana : Leech, 1887; 420.

Araschnia burejana fallax : Kishida & Nakamura, 1936: 87 (Loc. Korea).

Araschnia burejana strigosa : Kishida & Nakamura, 1936: 87 (Loc. Korea).

Araschnia burejana burejana : Hori & Tamanuki, 1937: 173 (Loc. Korea).

Araschnida burejana (missp.) : Shin & Koo, 1974: 131.

Araschnia burejana : Leech, 1894: 270 (Loc. Weonsan); Seok, 1939: 64; Seok, 1947: 3; Cho &
　Kim, 1956: 25; Kim & Mi, 1956: 396; Cho, 1959: 29; Kim, 1960: 266; Hyun & Woo, 1969:
　181; Lee, 1971: 12; Seok, 1972 (Rev. Ed.): 174; Lee, 1973: 6; Lewis, 1974; Shin, 1975a: 45;
　Kim, 1976: 136; Lee, 1982: 65; Joo (Ed.), 1986: 13; Im (N.Korea), 1987: 41; Shin, 1989: 191;
　Kim & Hong, 1991: 394; ESK & KSAE, 1994: 386; Chou Io (Ed.), 1994: 584; Joo *et al.*, 1997:
　248; Park & Kim, 1997: 235; Tuzov *et al.*, 2000: 32; Kim, 2002: 178; Lee, 2005a: 27.

Distribution. Korea, Amur and Ussuri region, Japan, China, Tibet.

First reported from Korean peninsula. Leech, 1887; *Proc. Zool. Soc. Lond.,* p. 420 (Loc.
　Weonsan (N.Korea)).

North Korean name. 팔자나비(임홍안, 1987; 주동률과 임홍안, 1987).

Host plant. Korea: 쐐기풀과(거북꼬리)(손정달과 박경태, 1994).

Remarks. 한반도에는 광역 분포하는 종이나, 제주도 등의 도서지역에서는 관찰기록이 없다. 연 2회
　발생하며, 봄형은 5월부터 6월, 여름형은 7월부터 9월에 걸쳐 나타난다. 봄형과 여름형은 전혀 다
　른 모습의 계절형을 갖는다. 대부분 산지 계곡 주변이나 숲 가장자리에서 활동한다. 현재의 국명은
　석주명(1947: 3)에 의한 것이다. 국명이명으로는 조복성과 김창환(1956: 25), 조복성(1959: 138)
　의 '팔자나비'와 이승모(1973: 6)와 신유항(1975a: 45)의 '꺼꾸로여덟팔나비'가 있다.

Genus *Vanessa* Fabricius, 1807

Vanessa Fabricius, 1807; *Magazin f. Insektenk.* (Illiger) 6: 281. TS: *Papilio atalanta* Linnaeus.

= *Cynthia* Fabricius, 1807; *Magazin f. Insektenk.* (Illiger) 6: 281. TS: *Papilio cardui* Linnaeus.

= *Pyrameis* Hübner, [1819]; *Verz. bek. Schmett.,* (3): 33. TS: *Papilio atalanta* Linnaeus.

전 세계에 적어도 20종 이상이 알려져 있으며, 전 세계에 광역 분포한다. 한반도에는 큰멋쟁이나비, 작은멋쟁이나비 2종이 알려져 있다.

200. *Vanessa indica* (Herbst, 1794) 큰멋쟁이나비

Pyrameis indica Herbst, 1794; in Jablonsky, *Natursyst. Ins., Schmett.,* 7: 171, pl. 180. figs. 1, 2. TL: India.

Vanessa callirrhoe(=*calliroe*) : Fixsen, 1887: 296.

Pyrameis indica : Leech, 1894: 252 (Loc. Korea).

Pyrameis indica indica : Nire, 1920: 50 (Loc. Korea).

Vanessa callirhoe(=*calliroe*) : Leech, 1887: 421 (Loc. Korea).

Vanessa indica indica : Ko, 1969: 199; Joo & Kim, 2002: 118.

Vanessa indica : Seok, 1939: 53 (Loc. Gaemagoweon (N.Korea)); Esaki, 1939: 228 (Loc. Korea); Seok, 1947: 5; Kim, 1956: 340; Cho & Kim, 1956: 43; Kim & Mi, 1956: 398; Cho, 1959: 52; Kim, 1959a: 96; Kim, 1960: 281; Cho, 1963: 198; Cho, 1965: 182; Cho *et al.*, 1968: 257, 378; Hyun & Woo, 1969: 182; Shin & Noh, 1970: 36; Lee, 1971: 12; Seok, 1972 (Rev. Ed.): 188; Lee, 1973: 6; Shin & Koo, 1974: 133; Shin, 1975a: 45; Kim, 1976: 138; Shin & Choo, 1978: 86, 87; Lee, 1982: 70; Joo (Ed.), 1986: 14; Im (N.Korea), 1987: 42; Ju & Im (N.Korea), 1987: 167; Shin, 1989: 195; Kim & Hong, 1991: 394; Heppner & Inoue, 1992: 146; ESK & KSAE, 1994: 388; Chou Io (Ed.), 1994: 569; Karsholt & Razowski, 1996: 211; Joo *et al.*, 1997: 260; Park & Kim, 1997: 249; Tuzov *et al.*, 2000: 25; Kim, 2002: 190; Lee, 2005a: 27.

Distribution. Korea, Taiwan, N.Burma, Himalayas-Kashmir, India.

First reported from Korean peninsula. Fixsen, 1887; in Romanoff, *Mém. Lépid.,* 3: 296 (Loc. Korea).

North Korean name. 붉은수두나비(임홍안, 1987; 주동률과 임홍안, 1987: 167).

Host plants. Korea: 쐐기풀과(모시풀, 쐐기풀)(한국인시류동호인회편, 1986); 쐐기풀과(꼬리모시풀

(북한명)), 포도과(담쟁이덩굴)(주동률과 임홍안, 1987); 쐐기풀과(가는잎쐐기풀)(손정달과 박경태, 1993); 쐐기풀과(거북꼬리), 느릅나무과(느릅나무)(주흥재 등, 1997); 쐐기풀과(왕모시풀, 개모시풀)(주흥재와 김성수, 2002).

Remarks. 아종으로는 *V. i. indica* (Loc. Sikkim~C.India, China, Taiwan) 등의 3아종이 알려져 있다 (D'Abrera, 1986). *V. calliroe* Hübner, 1806은 *V. indica* (Herbst, 1794)의 동물이명(synonym)이다(Tuzov *et al.*, 2000). 한반도 전역에 분포하는 보통 종이다. 연 2-4회 발생하며, 5월부터 11월에 걸쳐 나타난다. 주동률과 임홍안(1987: 167)에 의하면 어른벌레로 월동한다. 대부분 숲 가장자리에 살며, 습기가 있는 땅에 잘 내려앉는다. 참나무 수액, 썩은 과일뿐만아니라 엉겅퀴 등의 꽃에도 잘 모인다. 작은멋쟁이나비와 유사하나, 뒷날개 윗면은 외연 쪽을 제외하고 흑갈색을 띠므로 구별된다. 현재의 국명은 이승모(1982: 70)에 의한 것이다. 국명이명으로는 석주명(1947: 5) 등의 '큰멋장이나비' 그리고 조복성과 김창환(1956: 43), 조복성(1959: 144; 1965: 182), 고제호(1969)의 '까불나비'가 있다.

201. *Vanessa cardui* (Linnaeus, 1758) 작은멋쟁이나비

Papilio cardui Linnaeus, 1758; *Syst. Nat.* (Edn 10), 1: 475. TL: Sweden.

Pyrameis cardui : Butler, 1883: 111; Seok, 1938: 27.

Pyrameis cardui japonica : Nire, 1918: 14 (Loc. Korea).

Cyntia cardui : Lewis, 1974; Smart, 1975; D'Abrera, 1980, 1986; Hodges & Ronald (Ed.), 1983; Lee, 1982: 70; Joo (Ed.), 1986: 14; Im (N.Korea), 1987: 42; Ju & Im (N.Korea), 1987: 165; Shin, 1989: 195; Ju (N.Korea), 1989: 45 (Loc. Baekdusan (Mt.)); Kim & Hong, 1991: 394; ESK & KSAE, 1994: 387; Philip, 1987; Tennent, 1996; Joo *et al.*, 1997: 261; Tuzov *et al.*, 2000; Kim, 2002: 189; Opler & Warren, 2003; Lamas, 2004; Williams, 2008.

Cyntia cardui cardui (missp.) : Joo & Kim, 2002: 119.

Cynthia cardui : Park & Kim, 1997: 251.

Vanessa gardui (missp.) : Cho, 1963: 197; Cho *et al.*, 1968: 257.

Vanessa cardui : Leech, 1887: 421 (Loc. Korea); Dyar, 1903: 24; Seok, 1939: 169; Seok, 1947: 5; Cho & Kim, 1956: 43; Kim & Mi, 1956: 398; Cho, 1959: 51; Kim, 1960: 281; Cho, 1965: 182; Cho *et al.*, 1968: 378; Lee, 1971: 12; Seok, 1972 (Rev. Ed.): 188, 247; Lee, 1973: 6; Shin, 1975a: 45; Kim, 1976: 137; Heppner & Inoue, 1992: 146; Chou Io (Ed.), 1994: 570; Karsholt & Razowski, 1996: 211;; Tuzov *et al.*, 2000: 25; Lee, 2005a: 27.

Distribution. Korea, Asia, Australia, Africa, Europe, Hawaii etc.

First reported from Korean peninsula. Butler, 1883; *Ann Mag. Nat. Hist., ser.* 5(11): 111 (Loc. Weonsan (N.Korea)).

North Korean name. 애기붉은수두나비(임홍안, 1987; 주동률과 임홍안, 1987: 165).

Host plants. Korea: 국화과(우엉, 수레국화)(손정달, 1984); 국화과(떡쑥, 사철쑥)(주동률과 임홍안, 1987).

Remarks. 본 종은 *Cynthia* Fabricius, 1807 속으로 취급되기도 한다(The Global Lepidoptera Names Index (ditto)). 한반도뿐만 아니라 전 세계에 광역 분포하는 종이며, 장거리 이동하는 것으로 알려져 있다. 특히 가을에 서해 해안가 지역이나 코스모스 군락에서 많은 개체를 볼 수 있다. 연 수회 발생하며, 4월부터 11월에 걸쳐 나타난다. 평지나 산지뿐만 아니라 도시공원, 수변지역 등 어디서나 볼 수 있으며, 다양한 꽃에 모이나 수액에는 모이지 않는다. 어른벌레로 월동한다(한국인 시류동호인회편, 1986: 14; 주동률과 임홍안, 1987: 167). 현재의 국명은 이승모(1982: 70)에 의한 것이다. 국명이명으로는 석주명(1947: 5)의 '작은멋장이나비', 조복성(1959: 144)의 '어리까불나비', 조복성과 김창환(1956: 43), 조복성(1965: 182)의 '애까불나비'가 있다.

Genus ***Nymphalis*** Kluk, 1802

Nymphalis Kluk, 1802; *Hist. nat. pocz. gospod.,* 4: 86. TS: *Papilio polychloros* Linnaeus.

= *Aglais* Dalman, 1816; *K. svenska VetenskAkad. Handl., Stockholm,* 1816(1): 56. TS: *Papilio urticae* Linnaeus.

= *Inachis* Hübner, [1819]; *Verz. bek. Schmett.,* (3): 37. TS: *Papilio io* Linnaeus

= *Kaniska* Moore, [1899]; *Lepidoptera Indica,* 4(41): 91. TS: *Papilio canace* Linnaeus.

전 세계에 적어도 29 종 이상 알려져 있으며, 대부분 유라시아와 북아메리카에 분포한다. 한반도에는 들신선나비 등 6 종이 알려져 있다. 본 속을 *Vanessa* Fabricius, 1807 의 동물이명(synonym)으로 취급하는 경향도 많아(Wahlberg *et. al.*, 2005: 227-251; etc.) 앞으로 변동 가능성이 있다.

202. *Nymphalis xanthomelas* (Esper, [1781]) 들신선나비

Papilio xanthomelas Esper, [1781]; *Die Schmett. Th. I, Bd.,* 2(3): 77-81, pl. 63, fig. 4. TL: Leipzig (Germany).

Vanessa xanthomelas : Fixsen, 1887; 296.

Vanessa xanthomelas japonica : Nire, 1918: 22 (Loc. Korea); Seok, 1937: 170; Cho, 1963: 197;
Cho *et al.*, 1968: 257.

Nymphalis (*Nymphalis*) *xanthomelas* : Kim, 1976: 140.

Nymphalis xanthomelas chosenessa : Bryk, 1946: 39 (Loc. Korea); Joo *et al.*, 1997: 409; Joo &
Kim, 2002: 158; Kim, 2002: 184.

Nymphalis xanthomelas : Seok, 1939: 156; Seok, 1947: 5; Cho & Kim, 1956: 41; Kim & Mi,
1956: 398; Cho, 1959: 49; Kim, 1960: 271; Ko, 1969: 198; Hyun & Woo, 1969: 182; Lee,
1971: 12; Lee, 1973: 6; Lewis, 1974; Shin, 1975a: 45; Smart, 1975; Lee, 1982: 68; Joo (Ed.),
1986: 13; Im (N.Korea), 1987: 42; Ju & Im (N.Korea), 1987: 158; Shin, 1989: 194; Kim &
Hong, 1991: 394; Heppner & Inoue, 1992: 147; ESK & KSAE, 1994: 388; Chou Io (Ed.), 1994:
572; Karsholt & Razowski, 1996: 211; Joo *et al.*, 1997: 258; Park & Kim, 1997: 245; Tuzov *et
al.*, 2000: 28; Lee, 2005a: 27.

Distribution. Korea, Japan, China, C.Asia, Taiwan, N.Waziristan-Kumaon, Baluchistan, Europe.

First reported from Korean peninsula. Fixsen, 1887; in Romanoff, *Mém. Lépid.,* 3: 296 (Loc.
Korea).

North Korean name. 멧나비(임홍안, 1987; 주동률과 임홍안, 1987: 158).

Host plants. Korea: 버드나무과(분버들)(손정달, 1984); 버드나무과(버드나무)(한국인시류동호인회편,
1986); 느릅나무과(팽나무, 느릅나무, 느티나무), 버드나무과(수양버들, 갯버들)(주동률과 임홍안,
1987).

Remarks. 아종으로는 모식산지가 한국(Korea)인 *N. x. chosenessa* Bryk, 1946 (TL: Korea; Loc.
Korea) 등의 9아종이 알려져 있다(Lewis, 1974; Chou Io (Ed.), 1994; Tuzov *et al.*, 2000). 한반
도에는 일부 해안가 지역을 제외하고는 전역에 분포하는 보통 종이다. 연 1회 발생하며, 어른벌레
로 월동해 3월 말부터 6월에 걸쳐 나타난다. 봄에는 산지 능선부에서 월동 개체를 쉽게 관찰할 수
있으나, 6월에 새로 우화한 개체는 얼마 되지 않아 휴면에 들어가 어른벌레로 월동하므로 쉽게 관
찰되지 않는다. 난괴로 다산한다(한국인시류동호인회편, 1986). 참나무 수액과 썩은 과일에 잘 모
인다. 현재의 국명은 석주명(1947: 5)에 의한 것이다.

203. *Nymphalis urticae* (Linnaeus, 1758) 쐐기풀나비

Papilio urticae Linnaeus, 1758; *Syst. Nat.* (Edn 10), 1: 477. TL: Sweden.

Vanessa urticae : Nire, 1919: 347; Mori & Cho, 1938: 58 (Loc. Korea).

Vanessa urticae urticae : Nire, 1920: 50 (Loc. Korea).

Vanessa urticae connexa : Matsumura, 1927: 161 (Loc. Korea); Seok, 1933: 69 (Loc. Gyeseong).

Vanessa urticae ussuriensis : Sugitani, 1938: 15 (Loc. Korea).

Aglais urticae urticae : Seok, 1939: 50.

Aglais coreensis : Kleinschmidt, 1929: 13 (Loc. Korea).

Aglais urticae coreensis : Matsumura, 1929: 19 (Loc. Korea); Im, 1996: 29 (Loc. N.Korea); Joo *et al.*, 1997: 409; Kim, 2002: 188.

Aglais usrticae (missp.) : Cho & Kim, 1956: 23.

Aglais urticae : Seok, 1939: 48 (Loc. Gaemagoweon (N.Korea)); Seok, 1947: 2; Kim & Mi, 1956: 395; Cho, 1959: 26; Kim, 1960: 264; Lewis, 1974; Smart, 1975; Lee, 1982: 69; Im (N.Korea), 1987: 42; Ju & Im (N.Korea), 1987: 164; Ju (N.Korea), 1989: 45 (Loc. Baekdusan (Mt.)); Shin, 1990: 159; Kim & Hong, 1991: 394; ESK & KSAE, 1994: 386; Chou Io (Ed.), 1994: 569; Sohn, 1995: 34; Karsholt & Razowski, 1996: 211; Tennent, 1996; Joo *et al.*, 1997: 257; Park & Kim, 1997: 372; Tuzov *et al.*, 2000: 29; Opler & Warren, 2003; Lee, 2005a: 27.

Nymphalis urticae : Kudrna, 2002; Savela, 2008 (ditto).

Distribution. Korea, Siberia, Asia Minor, C.Asia, China, Mongolia, Europe.

First reported from Korean peninsula. Nire, 1919; *Zool. Mag.*, 37: 347, pl. 4, fig. 10 (Loc. Musanryeong (N.Korea)).

North Korean name. 쐐기풀나비(임홍안, 1987; 주동률과 임홍안, 1987: 164; 임홍안, 1996).

Host plants. Korea: 쐐기풀과(쐐기풀, 가는잎쐐기풀)(손정달, 1984).

Remarks. 아종으로는 모식산지가 한국(Korea)인 *A. u. coreensis* Kleinschimidt, 1929 (TL: Korea; Loc. Korea) 등의 10아종이 알려져 있다(Chou Io (Ed.), 1994; Tuzov *et al.*, 2000). 본 종은 *Aglais* Dalman, 1816 속으로 취급되기도 하므로(Tree of Life web project: by Brower, Andrew V. Z., 2009; The Global Lepidoptera Names Index (ditto); etc.), 앞으로 분류학적 검토가 필요하다. 한반도에는 중·북부 고산지 중심으로 국지적으로 분포하고, 7월 중순부터 8월까지 나타나며, 대부분 고산 지대의 능선과 정상 주변에서 무리를 이루며 활동한다(주동률과 임홍안, 1987: 165). 남한 지역의 최초 기록은 1977년 8월 홍승표에 의한 것이며(한국인시류동호인회편, 1989: 32), 그 후 설악산에서 1995년 8월 손상규의 채집기록으로 확인되나, 남한에서는 자생여부가 불분명하다. 연 1회 발생하며, 어른벌레로 월동한다. 현재의 국명은 석주명(1947: 2)에 의한 것이다. 국명이명

으로는 조복성과 김창환(1956: 23)의 '쐐기풀나비'가 있다.

204. *Nymphalis antiopa* (Linnaeus, 1758) 신선나비

Papilio antiopa Linnaeus, 1758; *Syst. Nat.* (Edn 10), 1: 476. TL: Sweden.

Vanessa antiopa : Matsumura, 1919: 18; Seok, 1934: 275 (Loc. Baekdusan (Mt.) region); Seok, 1947: 5.

Nymphalis antiopa asopos : Esaki, 1939: 227 (Loc. Korea).

Nymphalis (*Nymphalis*) *antiopa* : Kim, 1976: 141.

Nymphalis antiopa : Seok, 1939: 151; Cho & Kim, 1956: 40; Kim & Mi, 1956: 398; Cho, 1959: 48; Kim, 1960: 264; Ko, 1969: 197; Lee, 1971: 12; Lee, 1973: 6; Lewis, 1974; Smart, 1975; Lee, 1982: 68; Hodges & Ronald (Ed.), 1983; Im (N.Korea), 1987: 42; Ju & Im (N.Korea), 1987: 160; Shin, 1989: 193; Ju (N.Korea), 1989: 45 (Loc. Baekdusan (Mt.)); Shin, 1990: 158; Kim & Hong, 1991: 394; ESK & KSAE, 1994: 388; Chou Io (Ed.), 1994: 571; Karsholt & Razowski, 1996: 211; Tennent, 1996; Joo *et al.*, 1997: 409, 415; Park & Kim, 1997: 243; Tuzov *et al.*, 2000: 29; Kim, 2002: 186; Opler & Warren, 2003; Lamas, 2004; Lee, 2005a: 27.

Distribution. Korea, Temperate Eurasia, Chumbi Valley, Bhutan, Europe, Mexico.

First reported from Korean peninsula. Matsumura, 1919; *Thous. Ins. Jap. Add.,* 3: 18 (Loc. Korea).

North Korean name. 노랑깃수두나비(임홍안, 1987; 주동률과 임홍안, 1987: 160).

Host plants. Korea: 자작나무과(자작나무), 버드나무과(황철나무)(주동률과 임홍안, 1987).

Remarks. 아종으로는 *N. a. asopos* (Fruhstorfer, 1909) (Loc. Japan) 등의 3아종이 알려져 있다 (Lamas, 2004). 한반도에는 동북부 지역 고산지 중심으로 국지적으로 분포하며, 남한에서는 1958 년 신유항에 의해 강원도 설악산에서 관찰된 기록이 있으나(한국인시류동호인회편, 1989; 김용식 과 홍승표, 1990), 그 후 공식기록은 알지 못한다. 남한에서는 자생하지 않는 것 같다. 북한 지역에 서는 연 1회 발생하며, 어른벌레로 월동한다. 8월부터 9월까지 개체수가 많으며, 대부분 백두산 등 고산 지대의 능선과 정상 주변에서 활동한다(주동률과 임홍안, 1987: 161). 현재의 국명은 이승모 (1982: 68)에 의한 것이다. 국명이명으로는 석주명(1947: 5), 조복성과 김창환(1956: 40), 김헌규 와 미승우(1956: 398), 조복성(1959: 48), 김헌규(1960: 258), 고제호(1969) 그리고 이승모(1971: 12; 1973: 6)의 '신부나비'가 있다.

205. *Nymphalis io* (Linnaeus, 1758) 공작나비

Papilio io Linnaeus, 1758; *Syst. Nat.* (Edn 10), 1: 472. TL: Sweden.

Vanessa io : Leech, 1887: 421; Cho, 1963: 197; Cho *et al.*, 1968: 257.

Vanessa io exoculata : Matsumura, 1905: 8 (Loc. Korea).

Vanessa io geisha : Nire, 1918: 13 (Loc. Korea); Seok, 1936: 63 (Loc. Geumgangsan (Mt.)).

Inachis io : Lewis, 1974; Smart, 1975; Lee, 1982: 69; Im (N.Korea), 1987: 42; Ju & Im (N.Korea), 1987: 162; Shin, 1989: 194; Ju (N.Korea), 1989: 45 (Loc. Baekdusan (Mt.)); Kim & Hong, 1991: 394; ESK & KSAE, 1994: 387; Chou Io (Ed.), 1994: 576; Karsholt & Razowski, 1996: 211; Tennent, 1996; Joo *et al.*, 1997: 256; Park & Kim, 1997: 244; Tuzov *et al.*, 2000: 26.

Inachis io geisha : Joo *et al.*, 1997: 256; Kim, 2002: 187.

Aglais io : Lee, 2005a: 27.

Nymphalis (*Inachus*) *io* : Kim, 1976: 142.

Nymphalis io : Seok, 1939: 154; Seok, 1947: 5; Cho & Kim, 1956: 41; Kim & Mi, 1956: 398; Cho, 1959: 48; Kim, 1960: 261; Ko, 1969: 198; Kudrna, 2002.

Distribution. Korea, Amur and Ussuri region, Japan, Temperate Asia, Europe.

First reported from Korean peninsula. Leech, 1887; *Proc. zool. Soc. Lond.,* p. 421 (Loc. Korea).

North Korean name. 공작나비(임홍안, 1987; 주동률과 임홍안, 1987: 162).

Host plants. Korea: 느릅나무과(느릅나무), 쐐기풀과(쐐기풀)(주동률과 임홍안, 1987); 삼과(호프(홉))(백유현 등, 2007).

Remarks. 아종으로는 *N. i. geisha* (Stichel, 1908) (Loc. Japan, Far East) 등의 3아종이 알려져 있다 (Savela, 2008 (ditto)). 속명 적용은 Kudrna (2002), Savela (2008) 등에 따랐으나, Karsholt & Razowski (1996), Tuzov *et al.* (2000)은 여전히 *Inachis* 속으로 취급하고 있기도 하다. 한반도에는 북부지방 산지 중심으로 분포하며, 남한에서는 자생여부가 불분명하다. 남한지역의 최초의 기록은 1988년 8월 김현채에 의한 것이다(한국인시류동호인회편, 1989: 32). 북한 지역에서는 연 2회 발생하며, 제1화는 6월 하순부터 7월, 제2화는 8월부터 9월에 걸쳐 나타난다. 숲 가장자리 양지바른 초지대에 살며, 길가나 바위 위에 잘 앉는다. 엉겅퀴 등의 꽃뿐만 아니라 오물, 썩은 과일에도 모여든다, 어른벌레로 월동하며, 개체수는 많다(주동률과 임홍안, 1987: 164). 현재의 국명은 석주명(1947: 5)에 의한 것이다.

206. *Nymphalis l-album* (Esper, 1785) 갈구리신선나비

Papilio l-album Esper, 1781; *Die Schmett. Th. I, Bd.,* 2(2): pl. 62, figs. 3a, 3b. TL: Ungarn & Oesterreich (Austria).

Papilio vau album [Schiffermüller], 1775; *Syst. Verz. Schmett. Wien. Geg.*: 176 (nom. nud.). TL: Vienna.

Vanessa l-album ab. *chelone* Schultz, 1902; *Dt. Ent. Z. Iris,* 15 (2): 324. TL: Oesterreich.

Polygonia l-album : Cho, 1959: 50; Kim, 1960: 261; Cho, 1963: 197; Cho *et al.,* 1968: 257.

Polygonia l-album samurai : Okamoto, 1924: 86; Matsumura, 1927; Seok, 1939: 52; Kim & Mi, 1956: 385, 398.

Polygonia l-album ab. *koentzeyi* Diószeghy, 1913; *Rovartani Lapok,* 20: 193. TL: [W.Romania, Arad] Ineu.

Polygonia l-album f. *mureisana* Matsumura, 1939; *Bull. biogeogr. Soc. Japan,* 9 (20): 356. TL: Mt. Murei.

Nymphalis vau-album : Higgins & Riley, 1970; Lee, 1982: 67; Joo (Ed.), 1986: 13; Im (N.Korea), 1987: 42; Ju & Im (N.Korea), 1987: 157; Shin, 1989: 193; Ju (N.Korea), 1989: 44 (Loc. Baekdusan (Mt.)); Shin, 1990: 157; Kim & Hong, 1991: 394; ESK & KSAE, 1994: 388; Chou Io (Ed.), 1994: 573; Karsholt & Razowski, 1996: 211; Joo *et al.,* 1997: 254; Park & Kim, 1997: 241.

Nymphalis vaualbum : Tuzov *et al.,* 2000: 28.

Nymphalis vau-album samurai : Ko, 1969: 199; Joo *et al.,* 1997: 409; Tuzov *et al.,* 2000; Kim, 2002: 183.

Nymphalis l-album samurai : Seok, 1939: 155; Seok, 1947: 5.

Nymphalis l-album : Cho & Kim, 1956: 41; Kudrna & Belicek, 2005; Lee, 2005a: 27; Savela, 2008 (ditto).

Distribution. Korea, Temperate Asia, China, Japan, Europe.

First reported from Korean peninsula. Okamoto, 1924; Bull. Agr. *Exp. Chos.,* 1: 86 (Loc. Jejudo (Is.) (S.Korea)).

North Korean name. 붉은밤색수두나비(임홍안, 1987; 주동률과 임홍안, 1987: 157).

Host plants. Korea: 자작나무과(자작나무), 느릅나무과(느릅나무)(손정달, 1984).

Remarks. 아종으로는 *N. l. samurai* (Fruhstorfer, 1907) (Loc. Japan, Sakhalin), 등의 3아종이 알려져 있다(Tuzov *et al.,* 2000; Savela, 2008 (ditto)). 본 종은 *Vanessa* Fabricius, 1807 속으로 취

급되기도 한다(The Global Lepidoptera Names Index (ditto): by Watson, 2003). 한반도에는 중북부지방 산지 중심으로 분포하며, 남한에서는 강원도 일부 지역에서 적은 수가 관찰되고 있으며, 경기도에서는 1997년 8월 대부도에서 홍상기에 의해 채집된바 있다(홍상기 등, 1999: 14). 북한 지역에서는 연 1회 발생하며, 7월 중순부터 8월 중순에 걸쳐 나타난다. 숲 가장자리와 양지바른 초지대에 살며, 길가나 바위 위에 잘 앉는다. 엉겅퀴뿐만 아니라 오물, 썩은 과일에도 모여든다(주동률과 임홍안, 1987: 158). 어른벌레로 월동한다(한국인시류동호인회편, 1986). 현재의 국명은 이승모(1982: 67)에 의한 것이다. 국명이명으로는 석주명(1947: 5), 조복성과 김창환(1956: 41), 김헌규와 미승우(1956: 385), 조복성 등(1968: 257), 김정환 홍세선(1991)의 '엘알붐나비'가 있다.

207. *Nymphalis canace* (Linnaeus, 1763) 청띠신선나비

Papilio canace Linnaeus, 1763; *Amoenitates Acad.,* 6: 406. TL: Guangdong (China).

Vanessa glauconia Motschulsky, 1860. TL: Japan.

Vanessa charonia : Fixsen, 1887: 296.

Vanessa canace : Leech, 1894: 255 (Loc. Korea).

Vanessa canace glauconia : Staudinger & Rebel, 1901: 26 (Loc. Korea).

Vanessa canace no-japonica : Stichel, 1909: 206 (Loc. Korea).

Vanessa canace non-japonica : Matsumura, 1927: 191 (Loc. Korea).

Vanessa canace charonides : Okamoto, 1923: 66 (Loc. Korea).

Kaniska canace : Kim & Mi, 1956: 384, 397; Cho, 1959: 38; Kim, 1960: 271; Cho, 1963: 196; Cho, 1965: 182; Cho *et al.*, 1968: 257; Ko, 1969: 196; Hyun & Woo, 1969: 181; Lee, 1971: 12; Seok, 1972 (Rev. Ed.): 186; Lee, 1973: 6; Kim, 1976: 139; D'Abrera, 1986; Lee, 1982: 68; Joo (Ed.), 1986: 14; Im (N.Korea), 1987: 42; Ju & Im (N.Korea), 1987: 161; Shin, 1989: 194; Kim & Hong, 1991: 394; Heppner & Inoue, 1992: 146; Chou Io (Ed.), 1994: 570; Joo *et al.*, 1997: 259; Park & Kim, 1997: 247; Tuzov *et al.*, 2000: 32; Wahlberg *et al.*, 2005; Lee, 2005a: 27.

Kaniska canace no-japonicum : Shin & Koo, 1974: 132; Shin, 1975a: 45; Joo *et al.*, 1997: 409.

Kaniska canace canace : Joo & Kim, 2002: 116; Kim, 2002: 185.

Nymphalis canace : Seok, 1939: 152; Seok, 1947: 5; Cho & Kim, 1956: 40; Smart, 1975; Savela, 2008 (ditto).

Distribution. Korea, Himalayas-SE.Siberia, Japan, Taiwan, Burma, India, Sri Lanka.

First reported from Korean peninsula. Fixsen, 1887; in Romanoff, *Mém. Lépid.,* 3: 296 (Loc.

Korea).

North Korean name. 파란띠수두나비(임홍안, 1987; 주동률과 임홍안, 1987: 161).

Host plants. Korea: 백합과(청미래덩굴, 청가시덩굴, 참나리)(손정달, 1984).

Remarks. 아종으로는 *N. c. charonides* (Stichel, [1908]) (Loc. S.Ussuri region) 등의 13아종이 알려져 있다(D'Abrera, 1986; Corbet & Pendlebury, 1992; Chou Io (Ed.), 1994; Tuzov *et al.*, 2000). 본 종은 *Kaniska* Moore, 1899 속으로 취급되기도 하며(Tree of Life web project: by Wahlberg *et al.*, 2005), *Vanessa* Fabricius, 1807 속으로 취급되기도 하므로(The Global Lepidoptera Names Index (ditto): by Watson, 2003) 이에 대한 분류학적 검토가 필요하다. 한반도 전역에 분포하는 종이며, 개체수는 많다. 연 2-3회 발생하며, 어른벌레로 월동해 6월부터 이듬해 5월에 걸쳐 나타난다. 산지나 평지 어디서나 관찰되며, 참나무류 수액이나 썩은 과일에 잘 모인다. 바위 위나 길 위에 날개를 펴고 쉬는 모습을 쉽게 볼 수 있다. 현재의 국명은 석주명(1947: 5)에 의한 것이다.

Genus *Polygonia* Hübner, 1819

Polygonia Hübner, 1819; *Verz. bek. Schmett.*, (3): 36. TS: *Papilio c-aureum* Linnaeus.

한반도에는 네발나비, 산네발나비 2 종이 알려져 있다. 본 속을 *Nymphalis* 속의 아속(subgenus)으로 취급하기도 하나(Savela, 2008 (ditto)), The Global Lepidoptera Names Index: by Watson, 2003, Global Butterfly Information System (ditto), Tree of Life web project: by Wahlberg *et al.*, 2009 등에 따라 독립된 속(Geuns)으로 취급했다.

208. *Polygonia c-aureum* (Linnaeus, 1758) 네발나비

Papilio c-aureum Linnaeus, 1758; *Syst. Nat.* (Edn 10), 1: 477. TL: Guangdong (China).

Vanessa angelica : Fixsen, 1887: 295.

Vanessa c-aureum : Matsumura, 1907: 89 (Loc. Korea).

Grapta c-aureum : Leech, 1894: 266-267 (Loc. Korea).

Nymphalis c-aureum : Savela, 2008 (ditto).

Polygonia c-aureum pryeri : Nire, 1918: 20 (Loc. Korea); Seok & Nishimoto, 1935: 95 (Loc. Najin).

Polygonia c-aureum c-aureum : Joo & Kim, 2002: 115.

Polygonia c-aureum : Staudinger & Rebel, 1901: 26 (Loc. Korea); Seok, 1939: 162; Seok, 1947: 5; Cho & Kim, 1956: 42; Kim & Mi, 1956: 398; Cho, 1959: 49; Kim, 1959a: 96; Kim, 1960: 271; Cho, 1963: 197; Cho, 1965: 182; Cho *et al.*, 1968: 257; Hyun & Woo, 1969: 182; Lee, 1971: 12; Seok, 1972 (Rev. Ed.): 238; Lee, 1973: 6; Shin & Koo, 1974: 133; Lewis, 1974; Shin, 1975a: 45; Smart, 1975; Kim, 1976: 143; Shin & Choo, 1978: 89, 90; Lee, 1982: 66; Joo (Ed.), 1986: 13; Im (N.Korea), 1987: 42; Ju & Im (N.Korea), 1987: 154; Shin, 1989: 192; Ju (N.Korea), 1989: 45 (Loc. Baekdusan (Mt.)); Kim & Hong, 1991: 394; Heppner & Inoue, 1992: 146; ESK & KSAE, 1994: 388; Chou Io (Ed.), 1994: 574; Joo *et al.*, 1997: 250; Park & Kim, 1997: 237; Tuzov *et al.*, 2000: 27; Kim, 2002: 181; Lee, 2005a: 28; Fujita *et al.*, 2009.

Distribution. Korea, Amur region, Japan, NE.China, Taiwan.

First reported from Korean peninsula. Fixsen, 1887; in Romanoff, *Mém. Lépid.*, 3: 295 (Loc. Korea).

North Korean name. 노랑수두나비(임홍안, 1987; 주동률과 임홍안, 1987: 154).

Host plants. Korea: 삼과(환삼덩굴)(손정달, 1984); 삼과(삼)(주동률과 임홍안, 1987); 삼과(호프(홉))(주흥재 등, 1997).

Remarks. 아종으로는 *P. c. c-aureum*과 *P. c. lunulata* (Esaki & Nakahara, 1924) (Loc. Taiwan)의 2아종이 알려져 있다(Chou Io (Ed.), 1994; Savela, 2008 (ditto)). 한반도 전역에 분포하는 종이며, 개체수는 매우 많다. 연 2-4회 발생하며, 어른벌레로 월동해 3월부터 11월에 걸쳐 나타난다. 낮은 산지와 숲 가장자리, 민가 주변, 수변지역 등 다양한 지역에서 쉽게 볼 수 있다. 어른벌레로 월동한다. 현재의 국명은 이승모(1982: 66)에 의한 것이다. 국명이명으로는 석주명(1947: 5), 조복성과 김창환(1956: 42), 김헌규(1956: 340; 1959: 96), 김헌규와 미승우(1956: 398), 조복성(1965: 182), 조복성 등(1968: 257), 이승모(1971: 12) 등의 '남방씨알붐나비'가 있다.

209. *Polygonia c-album* (Linnaeus, 1758) 산네발나비

Papilio c-album Linnaeus, 1758; *Syst. Nat.* (Edn 10), 1: 477. TL: Sweden.

Vanessa c-album : Fixsen, 1887: 295.

Grapta c-album : Leech, 1894: 263-264 (Loc. Korea).

Nymphalis c-album : Kudrna, 2002; Savela, 2008 (ditto).

Polygonia c-album lunigera : Motono, 1936: 218 (Loc. Handaeri (HN, N.Korea)), Hapsu (YG,

N.Korea)).

Polygonia c-album hamigera : Stichel, 1909: 208 (Loc. Korea); Seok, 1936: 63 (Loc. Geumgangsan (Mt.)); Joo *et al.*, 1997: 409; Tuzov *et al.*, 2000; Kim, 2002: 180.

Polygonia c-album : Seok, 1939: 158; Seok, 1947: 5; Cho & Kim, 1956: 42; Kim & Mi, 1956: 398; Cho, 1959: 49; Kim, 1960: 264; Ko, 1969: 198; Lee, 1971: 12; Lee, 1973: 6; Lewis, 1974; Shin, 1975a: 45; Smart, 1975; Kim, 1976: 145; Lee, 1982: 67; Joo (Ed.), 1986: 13; Im (N.Korea), 1987: 42; Ju & Im (N.Korea), 1987: 155; Shin, 1989: 192; Ju (N.Korea), 1989: 45 (Loc. Baekdusan (Mt.)); Heppner & Inoue, 1992: 146; ESK & KSAE, 1994: 388; Chou Io (Ed.), 1994: 574; Karsholt & Razowski, 1996: 211; Joo *et al.*, 1997: 252; Park & Kim, 1997: 239; Tuzov *et al.*, 2000: 26; Lee, 2005a: 28.

Distribution. Korea, Japan, China, Temperate Asia, Taiwan, Europe, N.Africa.

First reported from Korean peninsula. Fixsen, 1887; in Romanoff, *Mém. Lépid.*, 3: 295- 296 (Loc. Korea).

North Korean name. 밤색노랑수두나비(임홍안, 1987; 주동률과 임홍안, 1987: 155).

Host plants. Korea: 느릅나무과(팽나무, 느릅나무), 쐐기풀과(좀깨잎나무)(손정달, 1984); 느릅나무과 (참느릅나무)(주동률과 임홍안, 1987).

Remarks. 아종으로는 모식산지가 한국(Korea)인 *N. c. koreana* Bryk, 1946 (TL: Korea; Loc. Korea) 등의 9아종이 알려져 있다(Chou Io (Ed.), 1994; Tuzov *et al.*, 2000). 한반도에는 도서지역 및 해안지역을 제외한 지역에 산지를 중심으로 분포하는 보통 종이다. 연 2회 발생하며, 여름형은 6월부터 7월, 가을형은 8월부터 이듬해 5월에 걸쳐 나타난다. 어른벌레로 월동한다. 네발나비와 비슷하나 날개 외연의 요철이 심하고 돌출부의 끝이 둥글어서 구별된다. 현재의 국명은 이승모 (1982: 67)에 의한 것이다. 국명이명으로는 석주명(1947: 5), 조복성과 김창환(1956: 42), 김헌규와 미승우(1956: 398), 이승모(1971: 12)의 '씨-알붐나비'가 있다.

Tribe **Junoniini** Reuter, 1896

Genus *Junonia* Hübner, [1819]

Junonia Hübner, [1819]; *Verz. bek. Schmett.*, (3): 34-35. TS: *Papilio lavinia* Cramer.

전 세계에 적어도 33 종 이상이 알려져 있으며, 대부분 남아시아와 아프리카에 분포한다. 한반도에는 남색남방공작나비, 남방공작나비 2종이 미접으로 알려져 있다.

210. *Junonia orithya* (Linnaeus, 1758) 남색남방공작나비

Papilio orithya Linnaeus, 1758; *Syst. Nat.* (Edn 10), 1: 473. TL: Guangdong (China).

Precis orithya : Weon, 1959: 34; Cho, 1959: 50; Kim, 1960: 276; Cho, 1963: 197, fig. 2; Cho *et al.*, 1968: 257; Lewis, 1974; Kim, 1976: 160; Im (N.Korea), 1987: 42; Shin, 1989: 196; Kim & Hong, 1991: 395; ESK & KSAE, 1994: 388; Paek, 1994: 58; Joo, 2000: 12.

Precis otithya (missp.) : Cho *et al.*, 1968: 378.

Junonia orithya : D'Abrera, 1986; Lee, 1982: 70; Heppner & Inoue, 1992: 146; Chou Io (Ed.), 1994: 578; Joo *et al.*, 1997: 418; Park & Kim, 1997: 372; Joo & Kim, 2002: 155; Kim, 2002: 271; Lee, 2005a: 28; Williams, 2008.

Distribution. S.Korea (Immigrant species), Taiwan, N.Australia, New Guinea, Burma, Sri Lanka, Madagascar, India, Arabia, Tropical Africa.

First reported from Korean peninsula. Weon, 1959; *Kor. Jour. Zool.,* 2(1): 34 (Loc. Jejudo (Is.) (S.Korea)).

North Korean name. 남색남방공작나비(임홍안, 1987; 주동률과 임홍안, 1987).

Host plants. Korea: 쥐꼬리망초과(쥐꼬리망초)(손정달, 1984). China: 쥐꼬리망초과(*Justicia procumbens, J. micrantha, Lepidagathis prostrata*), 메꽃과(*Ipomoea batatas*), 현삼과 (*Antirrhinum majus*)(Chou Io (Ed.), 1994). Australia: 현삼과(*Antirrhinum* spp.), 쥐꼬리망초과 (*Thunbergia alata*)(D'Abrera, 1977); 현삼과(*Antirrhinum* spp.), 쥐꼬리망초과(*Asystasia gangetica, A. scandens, Thunbergia alata*)(Dunn, 1991).

Remarks. 아종으로는 *J. o. wallacei* Distant, 1883 (Loc. Taiwan, Peninsular Malaya, Singapore) 등의 21아종이 알려져 있다(D'Abrera, 1977, 1980, 1986; Larsen, 1996; Williams, 2008). 한반도 에는 미접으로 원병휘(1959)에 의해 제주도에서 채집되어 처음 기록된 종이다. 한반도에서는 제주 도, 홍도, 흑산도, 진도 등의 남부지방 도서 및 해안가와 서해안의 무의도(이영규 채집), 대청도(하 상교 채집) 등의 섬 지역에서 관찰기록이 있다(백문기, 1994, 1996). 국외에서는 연중 볼 수 있다. 수컷의 앞날개 윗면은 검은색, 뒷날개 윗면은 광택이 나는 청람색, 암컷은 날개 윗면 바탕이 흑갈 색을 띤다. 현재의 국명은 김창환(1976: 160)에 의한 것이다. 국명이명으로는 원병휘(1959: 34)의 '남방푸른공작나비', 김헌규(1960: 276)의 '푸른남방공작나비'가 있다.

211. *Junonia almana* (Linnaeus, 1758) 남방공작나비

Papilio almana Linnaeus, 1758; *Syst. Nat.* (Edn 10), 1: 472. TL: Guangdong (China).

Precis almana : Kim & Mi, 1956: 385, 398; Cho, 1959: 50; Kim, 1960: 276; Cho, 1963: 197, fig. 1; Cho *et al.*, 1968: 257; Lewis, 1974; Smart, 1975; Kim, 1976: 159; Lee, 1982: 71; Im (N.Korea), 1987: 42; Kim & Hong, 1991: 395.

Precis almana asterie : Seok, 1947: 5.

Junonia almanda (missp.) : Park & Kim, 1997: 372.

Junonia almana : D'Abrera, 1986; Heppner & Inoue, 1992: 146; Chou Io (Ed.), 1994: 577; Joo *et al.*, 1997: 418; Joo & Kim, 2002: 154; Kim, 2002: 272; Lee, 2005a: 28.

Distribution. S.Korea (Immigrant species), Taiwan, Hong Kong, Philippines, Sumatra, Java, Malaysia, Burma, India, Sri Lanka.

First reported from Korean peninsula. Seok, 1947; *Bull. Zool. Sec. Nat. Sci. Mus.*, 2(1): 5 (Loc. Jejudo (Is.) (S.Korea)).

North Korean name. 남방공작나비(임홍안, 1987; 주동률과 임홍안, 1987).

Host plants. Korea: Unknown. China: 쥐꼬리망초과(Barleria spp.), 메꽃과(*Ipomoea batatas*), 현삼과(*Antirrhinum majus*), 질경이과(*Plantago asiatica, P. major*)(Chou Io (Ed.), 1994).

Remarks. 아종으로는 *J. a. almana* (Loc. S.Yunnan (China)) 등의 5아종이 알려져 있다(D'Abrera, 1986; Corbet & Pendlebury, 1992). 한반도에는 미접으로 석주명(1947)에 의해 제주도에서 채집되어 처음 기록된 종이며 매우 희귀하다. 그 외 기록으로는 홍도, 흑산도, 부산 등이 알려져 있다(이승모, 1982: 71). 현재의 국명은 석주명(1947: 5)에 의한 것이다.

Genus *Hypolimnas* Hübner, 1816

Hypolimnas Hübner, 1816; *Verz. bek. Schmett.*, (3): 45. TS: *Papilio pipleis* Linnaeus.

전 세계에 적어도 26 종 이상이 알려져 있으며, 전 세계에 광역 분포한다. 한반도에는 남방오색나비, 암붉은오색나비의 2 종이 미접으로 알려져 있다.

212. *Hypolimnas bolina* (Linnaeus, 1758) 남방오색나비

Papilio bolina Linnaeus, 1758; *Syst. Nat.* (Edn 10), 1: 479. TL: Java (Indonesia).

Hypolimnas bolina philippensis : Joo *et al.*, 1997: 410; Kim, 2002: 273.

Hypolimnas bolina : Pak, 1969: 82-93; Lewis, 1974; Smart, 1975; Kim, 1976: 156; D'Abrera, 1980, 1986; Lee, 1982: 72; Yoon & Nam, 1985: 156; Im (N.Korea), 1987: 42; Ju & Im (N.Korea), 1987: 170; Kim & Hong, 1991: 395; Heppner & Inoue, 1992: 147; ESK & KSAE, 1994: 387; Chou Io (Ed.), 1994: 567; Paek, 1996: 10; Joo *et al.*, 1997: 418; Park & Kim, 1997: 372; Joo, 2000: 12; Joo & Kim, 2002: 154; Lee, 2005a: 28; Williams, 2008.

Distribution. S.Korea (Immigrant species), Taiwan, Madagascar, S.Arabia, Australia, Burma, India.

First reported from Korean peninsula. Pak, 1969; *Hyang-Sang* (Pub. by Dong-Myeong Girls' School), 12: 82-93 (Loc. Jejudo (Is.) (S.Korea)).

North Korean name. 남방오색나비(임홍안, 1987; 주동률과 임홍안, 1987: 170).

Host plants. Korea: 메꽃과(고구마)(손정달, 1984); 메꽃과(나팔꽃), 쐐기풀과(쐐기풀)(주동률과 임홍안, 1987). Kenya (in Africa): 쥐꼬리망초과(Acanthaceae spp.), 아욱과(Malvaceae spp.), 쐐기풀과(Urticaceae spp.)(Tennent, 1996). Australia: 마디풀과(*Polygonum prostratum*), 아욱과(*Sida rhombifolia*), 쇠비름과(*Portulaca* spp.)(Dunn, 1991). China: 쇠비름과(*Portulaca oleracea*), 쥐꼬리망초과(*Pseuderanthemum* spp.), 쐐기풀과(*Fleurya interrupta*), 메꽃과(*Ipomoea batatus*) (Chou Io (Ed.), 1994).

Remarks. 아종으로는 *H. b. nerina* (Fabricius, 1775) (Loc. Timor-Kai, Aru, Waigeu, West Irian-Papua, N.Australia-E.Victoria, Bismarck Archipelago, Solomon Is., New Zealand) 등 10아종이 알려져 있다(D'Abrera, 1977; Corbet & Pendlebury, 1992; Chou Io (Ed.), 1994; Tennent, 1996; Lees *et al.*, 2003; Williams, 2008). 한반도에는 미접으로 제주도에서 박세욱(1969)에 의해 채집되어 처음 기록된 종이다. 한반도에서는 제주도 등 남부지방 도서와 서해안의 덕적도(백문기 등, 1994: 58), 그리고 내륙지역인 광주 무등산(정헌천, 1995: 32)에서 관찰기록이 있으며, 개체수는 아주 적다. 현재의 국명은 박세욱(1969)에 의한 것이다. 국명이명으로는 윤일병과 남상호(1985: 156)의 '큰암붉은오색나비'가 있다.

213. *Hypolimnas misippus* (Linnaeus, 1764) 암붉은오색나비

Papilio misippus Linnaeus, 1764; *Mus. Lud. Ulr.*: 264. TL: Java (Indonesia).

Hypolimnas missipus : Shin & Noh, 1970: 36; Chou Io (Ed.), 1994: 566.

Hypolimnas misippus : Seok, 1937: 170; Nomura, 1938: 60 (Loc. Jejudo (Is.)); Seok, 1939: 113; Seok, 1947: 4; Kim & Mi, 1956: 397; Cho, 1959: 38; Kim, 1960: 277; Cho, 1963: 196, fig. 3; Cho *et al.*, 1968: 257, 378; Kim, 1976: 155; D'Abrera, 1980; Lee, 1982: 71; Hodges & Ronald (ed.), 1983; Yoon & Nam, 1985: 156; Im (N.Korea), 1987: 42; Ju & Im (N.Korea), 1987: 168; DeVries & Philip, 1989; Kim & Hong, 1991: 395; Heppner & Inoue, 1992: 147; ESK & KSAE, 1994: 387; Tennent, 1996; Joo *et al.*, 1997: 419; Park & Kim, 1997: 372; Joo & Kim, 2002: 153; Kim, 2002: 272; Opler & Warren, 2003; Lees *et al.*, 2003; Lamas, 2004; Lee, 2005a: 28; Williams, 2008.

Distribution. Korea (Immigrant species), Taiwan, Burma, Sri Lanka, India, Australia, Africa, Caribbean, Florida, S.America (north).

First reported from Korean peninsula. Seok, 1937; *Zeph.,* 7: 170-171, figs. 5-6 (Loc. Jejudo (Is.) (S.Korea)).

North Korean name. 암붉은오색나비(임홍안, 1987; 주동률과 임홍안, 1987: 168).

Host plants. Korea: 쇠비름과(쇠비름)(손정달, 1984). China: 쇠비름과(*Portulaca* spp, *Portulaca okracea, Plantago asiatica, P. major*), 아욱과(Abutilon spp., *Hibiscus* spp.)(Chou Io (Ed.), 1994). Australia: 쇠비름과(*Portulaca oleracea*), 쥐꼬리망초과(*Asystasia gangetica*)(Dunn, 1991). India: 쇠비름과(*Portulaca oleracea*)(Wynter-Blyth, 1957). Kenya (in Africa): 쥐꼬리망초과(*Asystasia* spp., *Blepharis* spp.)(Tennent, 1996). North America: 아욱과(Malvaceae spp.), 쇠비름과(Portulacaceae spp,), 뽕나무과(*Ficus* spp.)(Pyle, 1981). Costa Rica: 메꽃과(Convolvulaceae spp.)(DeVries & Philip, 1989).

Remarks. 한반도에는 미접으로 제주도에서 석주명(1937)에 의해 채집되어 처음 기록된 종이다. 한반도에서는 제주도(석주명, 1937: 170; 이승모, 1995; 주흥재와 김성수, 2002: 153; etc), 추자군도(횡간도)(최요한, 1969), 소흑산도(신유항과 노용태, 1970: 36), 홍도(이승모, 1982: 71)의 남부지방 도서에 관찰기록이 있으며, 개체수는 아주 적다. 저자들은 1992년 거문도에서 확인한바 있다. 현재의 국명은 석주명(1947: 4)에 의한 것이다.

Tribe **Melitaeini** Newman, 1870

Genus *Euphydryas* Scudder, 1872

Euphydryas Scudder, 1872; *4th Ann. Rep. Peabody Acad. Sci.,* (4): 48. TS: *Papilio phaeton* Drury.

= *Hypodryas* Higgins, 1978. TS: *Papilio maturna* Linnaeus.

= *Eurodryas* Higgins, 1978. TS: *Papilio aurinia* Rottenburg.

전 세계에 적어도 17 종 이상이 알려져 있으며, 전 세계에 광역 분포한다. 한반도에는 함경어리표범나비, 금빛어리표범나비 2 종이 알려져 있다.

214. *Euphydryas ichnea* (Boisduval, 1833) 함경어리표범나비

Melitaea ichnea Boisduval, 1833; *Icon. hist. Lépid. Europe,* 1(11-12): 112, pl. 23, figs. 5-6. TL: Siberia (Russia).

Melitaea maturna : Sugitani, 1931: 290.

Melitaea maturna mongolica : Sugitani, 1932: 21-23 (Loc. Daedeoksan (Mt.) (N.Korea)); Seok, 1939: 131; Seok, 1947: 4; Cho & Kim, 1956: 37; Kim & Mi, 1956: 397; Cho, 1959: 43; Kim, 1960: 258; Ko, 1969: 196.

Melitaea intermedia : Ju (N.Korea), 1989: 44 (Loc. Baekdusan (Mt.)).

Hypodryas intermedia : Higgins, 1981; Lee, 1982: 48; Im (N.Korea), 1987: 41; Shin, 1989: 247; Kim & Hong, 1991: 390; ESK & KSAE, 1994: 387; Joo *et al.*, 1997: 408; Kim, 2002: 294.

Euphydryas intermedia : Lewis, 1974; Chou Io (Ed.), 1994: 585; Karsholt & Razowski, 1996: 210; Korshunov & Gorbunov, 1995.

Euphydryas intermedia ichnea : Tuzov *et al.*, 2000.

Euphydryas ichnea : Tuzov *et al.*, 2000: 58, pl. 37, figs. 19-21; Lee, 2005a: 28; Savela, 2008 (ditto).

Distribution. N.Korea, S.Siberia, Transbaikal, Amur and Ussuri region.

First reported from Korean peninsula. Sugitani, 1931; *Zeph.,* 2: 290 (Loc. Daedeoksan (Mt.) (N.Korea)).

North Korean name. 북방표문번티기(임홍안, 1987; 주동률과 임홍안, 1987: 113).

Host plant. Korea: Unknown. Russia: 인동과(*Lonicera maacki*)(Tuzov *et al.*, 2000).

Remarks. 아종으로는 *E. i. ichnea* (Loc. S.Siberia, Transbaikal, Far East, Amur and Ussuri region) 등의 5아종이 알려져 있다(Korshunov & Gorbunov, 1995; Chou Io (Ed.), 1994; Tuzov *et al.*,

2000). 그간 국내에 본 종의 학명으로 적용되어 왔던 *Hypodryas intermedia*는 *E. i. ichnea*의 동물이명(synonym)이다(Tuzov *et al.*, 2000 etc.). 그리고 본 종을 *E. cynthia* (Denis & Schiffermüller, 1775)의 동물이명(synonym)으로 취급하는 경향도 있어(Tree of Life web project: by Wahlberg & Zimmermann, 2000; The Global Lepidoptera Names Index (ditto); etc.) 차후 분류학적 검토가 필요하다. 한반도에는 개마고원 등 동북부 산지에 분포한다. 연 1회 발생하며, 6월 하순부터 7월 하순에 걸쳐 숲 가장자리의 공터나 초지대에서 볼 수 있다(주동률과 임홍안, 1987: 113). 현재의 국명은 석주명(1947: 4)에 의한 것이다. 국명이명으로는 조복성과 김창환(1956: 37)의 '몽고어리표범나비'가 있다.

215. *Euphydryas sibirica* (Staudinger, 1861) 금빛어리표범나비

Melitaea aurinia var. *sibirica* Staudinger, 1861; in Staudinger & Wocke, *Cat. Lepid. europ. Faunegeb.*: 17, no. 193. TL: Siberia (Russia).

Melitaea aurinia : Fixsen, 1887: 297.

Melitaea aurinia mandschurica : Staudinger & Rebel, 1901: 28 (Loc. Korea); Seok, 1936: 63 (Loc. Geumgangsan (Mt.)); Seok, 1947: 4.

Eurodryas aurinia : Kim, 1976: 101; Lee, 1982: 48; Joo (Ed.), 1986: 10; Im (N.Korea), 1987: 41; Ju & Im (N.Korea), 1987: 114; Shin, 1989: 175; Ju (N.Korea), 1989: 44 (Loc. Baekdusan (Mt.)); Kim & Hong, 1991: 390; ESK & KSAE, 1994: 387; Chou Io (Ed.), 1994: 585; Karsholt & Razowski, 1996: 211; Joo *et al.*, 1997: 184; Park & Kim, 1997: 163.

Eurodryas aurinia mandschurica : Cho, 1959: 37; Kim, 1960: 264; Shin, 1975a: 45; Joo *et al.*, 1997: 408; Kim, 2002: 131.

Euphydryas aurinia : Lee, 1973: 8.

Euphydryas aurinia mandschurica : Seok, 1939: 110; Cho & Kim, 1956: 32; Kim & Mi, 1956: 397.

Euphydryas sibirica : Tuzov *et al.*, 2000: 57, pl. 37, figs. 7-15; Lee, 2005a: 28; Savela, 2008 (ditto).

Distribution. Korea, Transbaikal, Amur and Ussuri region.

First reported from Korean peninsula. Fixsen, 1887; in Romanoff, *Mém. Lépid.*, 3: 297 (Loc. Korea).

North Korean name. 금빛표문번티기(임홍안, 1987; 주동률과 임홍안, 1987: 114).

Host plants. Korea: 산토끼꽃과(솔체꽃), 인동과(인동덩굴)(박규택과 김성수, 1997). Russia: 산토끼과(*Scabiosa lachnophylla*)(Tuzov *et al.*, 2000: 57).

Remarks. 아종으로는 모식산지가 한국(Korea)인 *E. s. phyllis* Hemming, 1941 (TL: N.Korea; Loc. N.Korea) 등의 5아종이 알려져 있다(Tuzov *et al.*, 2000). *E. aurinia mandschurica*는 *E. sibirica* (Staudinger, 1871)의 아종인 *E. s. eothena* (Röber, 1926)의 동물이명(synonym)이다(Tuzov *et al.*, 2000). 근연종인 *E. aurinia* (Rottemburg, 1775)는 NW.China, Mongolia 등에 분포하는 종으로 알려져 있다(Savela, 2008 (ditto)): by Tuzov *et al.*, 2000). 한반도에는 중 북부 지방의 산지 초지대를 중심으로 국지적으로 분포하며, 과거 강원도 일대의 자생지에서는 개체수가 많았으나 최근 급감하고 있다. 연 1회 발생한다. 남한지역에서는 5월부터 6월에 걸쳐 나타나며, 북한지역에서는 6월 중순부터 7월 중순에 걸쳐 나타난다. 뒷날개 아랫면의 외연 가까이에 있는 금빛의 넓은 띠 안에 검은 점이 줄지어 있어 유사종과 구별된다. 현재의 국명은 석주명(1947: 4)에 의한 것이다.

Genus *Mellicta* Billberg, 1820

Mellicta Billberg, 1820; *Enum. Ins. Mus. Billb.*: 77. TS: *Papilio athalia* Rottenburg.

전 세계에 적어도 16 종 이상이 알려져 있으며, 대부분 유라시아에 분포한다. 한반도에는 여름어리표범나비, 봄어리표범나비, 경원어리표범나비 3 종이 알려져 있다. 한반도에서는 '여름어리표범나비'와 '봄어리표범나비'를 '어리표범나비(*M. athalia*)'의 한 종으로 취급한 경우가 많았으나(이승모, 1982: 47; 신유항, 1989: 175; 김정환과 홍세선, 1991: 306; etc.), 석주명(1947: 4)은 여름어리표범나비(= *M. athalia*)와 봄어리표범나비(= *Melitaea latefascia*)로 구분했고, 신유항(1996: 50)은 형태 및 생태 특징을 고려해 여름어리표범나비(= *M. ambigua*)와 봄어리표범나비(= *Mellicta britomartis*)의 독립종으로 취급했다. 그러나 어리표범나비(*M. athalia* (Rottemburg, 1775))는 여전히 유럽, 러시아, Temperate Asia, 일본 등에 광역 분포하는 독립종으로 취급하고 있으므로(Wahlberg *et. al.*, 2005; Savela, 2008 (ditto)) 형태적으로 유사한 여름어리표범나비(*M. ambigua*)와 분류학적 비교 검토가 필요하다. Chou Io (Ed.) (1994: 585)는 본 종(= *M. athalia*)의 분포지역으로 朝鮮으로 기록한바 있다. 또한 Wahlberg *et. al.* (2005), Leneveu *et al.*, (2009) 등은 본 종들을 *Melitaea* Fabricius, 1807 속으로 취급하고 있어, 차후 검토가 필요하다.

216. *Mellicta ambigua* (Ménétriès, 1859) 여름어리표범나비

Melitaea athalia var. *ambigua* Ménétriès, 1859; in Schrenck, *Reise Forschungen Amur-Lande,* 2(1): 24, pl. 2, fig. 4. TL: Djai, Amur (Russia).

Melitaea athalia : Fixsen, 1887: 297; Seok, 1947: 4; Cho & Kim, 1956: 35; Ju & Im (N.Korea), 1987: 112.

Melitaea athalia ambigua : Chou Io (Ed.), 1994: 585.

Melitaea ambigua : Kim & Mi, 1956: 384, 397; Lee, 2005a: 28.

Melitaea (*Mellicta*) *ambigua* : Lee, 1973: 8; Kim, 1976: 96.

Mellicta ambigua niphona : Hyun & Woo, 1969: 181; Joo *et al.*, 1997: 407; Kim, 2002: 128.

Mellicta ambigua : Cho, 1959: 42; Kim, 1960: 266; Shin & Koo, 1974: 132; Shin, 1975a: 42, 45; Shin, 1996a: 50; Joo *et al.*, 1997: 178; Park & Kim, 1997: 159; Tuzov *et al.*, 2000: 80.

Distribution. Korea, Amur and Ussuri region, N.Sakhalin, Transbaikal, Japan.

First reported from Korean peninsula. Fixsen, 1887; in Romanoff, *Mém. Lépid.,* 3: 297 (Loc. Korea) (Uncertain).

North Korean name. 여름표문번티기(임홍안, 1987; 주동률과 임홍안, 1987: 112).

Host plants. Korea: 현삼과(냉초)(주동률과 임홍안, 1987); 국화과(제비쑥)(김용식, 2002).

Remarks. 아종으로는 *M. a. niphona* (Butler, 1878) (Loc. Korea, Ussuri region, Japan) 등의 4아종 이 알려져 있다(Tuzov *et al.*, 2000; Kudrna, 2002). 한반도에는 도서지방 및 해안지역을 제외한 지역에 국지적으로 분포하는 종으로 최근 개체수가 급감하고 있다. 연 1회 발생하며, 대부분 높은 산지의 초지대에서 볼 수 있다. 남한지역에서는 6월부터 7월에 걸쳐 나타나며, 북한지역에서는 6 월 하순부터 9월 상순에 걸쳐 나타난다. 애벌레로 월동한다(주동률과 임홍안, 1987). 현재의 국명 은 석주명(1947: 4)에 의한 것이다.

217. *Mellicta britomartis* (Assmann, 1847) 봄어리표범나비

Melitaea britomartis Assmann, 1847; *Ent. Z. Breslau Lepid.,* (1)1: 2. TL: Breslau (Wroclaw, Poland).

Melitaea parthenie : Leech, 1887: 422 (Loc. Busan).

Melitaea parthenie latefascia : Fixsen, 1887: 302-303.

Melitaea parthenie orientalis : Leech, 1894: 213 (Loc. Busan).

Melitaea athalia latefascia : Staudinger & Rebel, 1901: 31-32 (Loc. Korea); Seok, 1936: 63 (Loc.

Geumgangsan (Mt.)).

Melitaea athalia coreae : Verity, 1930: 82 (Loc. Korea).

Melitaea latefascia : Seok, 1939: 130; Seok, 1947: 4; Cho & Kim, 1956: 36; Kim & Mi, 1956: 397; Cho, 1959: 43; Kim, 1960: 264; Seok, 1972 (Rev. Ed.): 182, 237; Shin, 1975a: 45.

Melitaea britomartis : Karsholt & Razowski, 1996: 212; Lee, 2005a: 28.

Melitaea (*Mellicta*) *latefascia* : Kim, 1976: 97.

Mellicta britomartis latefascia : Joo *et al.*, 1997: 407; Kim, 2002: 127.

Mellicta britomartis : Higgins, 1981; Shin, 1996a: 50; Joo *et al.*, 1997: 176; Park & Kim, 1997: 157; Tuzov *et al.*, 2000: 78.

Distribution. Korea, NE.China, Europe.

First reported from Korean peninsula. Fixsen, 1887; in Romanoff, *Mém. Lépid.,* 3: 302–303 (Loc. Korea).

North Korean name. Unknown.

Host plant. Korea: 질경이과(질경이)(주흥재 등, 1997).

Remarks. 아종으로는 *M. b. latefascia* (Fixsen, 1887) (Loc. Korea, S.Ussuri region, NE.China) 등의 4아종이 알려져 있다(Tuzov *et al.*, 2000). 한반도에는 산지를 중심으로 국지적으로 분포하는 종으로 최근 개체수가 급감하고 있다. 연 1회 발생하며, 5월부터 6월 초에 걸쳐 나타난다. 여름어리표범나비와 유사하나 한 달 정도 빨리 출현하며, 날개의 윗면 기부 부분이 흑화 되어 있고, 뒷날개 아랫면 아외연부의 적갈색 띠가 좁아 구별된다. 현재의 국명은 석주명(1947: 4)에 의한 것이다.

218. *Mellicta plotina* (Bremer, 1861) 경원어리표범나비

Melitaea plotina Bremer, 1861; *Mélanges biol. Acad. St. Pétersbg.,* 3: 465. TL: Bureya River Valley, Amur and Ussuri region (Russia).

Melitaea snyderi : Seok, 1936: 178.

Melitaea plotina : Seok, 1938: 283–284 (Loc. Gyeongweon (HB, N.Korea)); Seok, 1947: 4; Kim & Mi, 1956: 397; Lee, 2005a: 28.

Melitaea plotina snyderi : Im, 1996: 27 (Loc. N.Korea).

Mellicta plotina : Cho, 1959: 44; Kim, 1960: 258; Higgins, 1981; Lee, 1982: 47; Im (N.Korea), 1987: 41; Ju & Im (N.Korea), 1987: 111; Shin, 1989: 247; Kim & Hong, 1991: 390; Im & Hwang (N.Korea), 1993: 57 (Loc. Baekdusan (Mt.)); ESK & KSAE, 1994: 387; Chou Io (Ed.),

1994: 586; Joo *et al.*, 1997: 407; Tuzov *et al.*, 2000: 81, pl. 48, figs. 19–21; Kim, 2002: 293.

Distribution. N.Korea, Amur and Ussuri region, Transbaikal, Altai.

First reported from Korean peninsula. Seok, 1936; *Zeph.*, 6: 178–179, pls. 18–19, figs. 1–2 (Loc. Gyeongweon (HB, N.Korea)).

North Korean name. 작은표문번티기(임홍안, 1987; 주동률과 임홍안, 1987: 111; 임홍안, 1996).

Host plant. Unknown.

Remarks. 아종으로는 *M. p. plotina* (Loc. Altai, Sayan, Transbaikal, Amur and Ussuri region), *M. p. standeli* Dubatolov, 1997 (Loc. Novosibirsk)의 2아종이 알려져 있다(Tuzov *et al.*, 2000). 한반도에는 함경북도 경원 등 북부 산지에 분포한다. 연 1회 발생하며, 7월 상순부터 8월 중순에 걸쳐 산지 습초지대와 소나무 숲이 있는 습한 지역에서 관찰된다(주동률과 임홍안, 1987: 111). 현재의 국명은 김헌규와 미승우(1956: 397)에 의한 것이다. 국명이명으로는 석주명(1947: 4)과 조복성(1959: 44)의 '스나이더-어리표범나비'가 있다.

Genus *Melitaea* Fabricius, 1807

Melitaea Fabricius, 1807; *Magazin f. Insektenk.* (Illiger) 6: 284. TS: *Papilio cinxia* Linnaeus.

전 세계에 적어도 70 종 이상이 알려져 있는 큰 속이며(Leneveu *et al.*, 2009), 대부분 유라시아와 아프리카 북부지방에 분포한다. 한반도에는 산어리표범나비 등 6 종이 알려져 있다.

219. *Melitaea didymoides* Eversmann, 1847 산어리표범나비

Melitaea didymoides Eversmann, 1847; *Bull. Soc. imp. Nat. Moscou,* 20(2): 67, pl. 1, figs. 3–4. TL: Kyakhta, Buryatiya (Russia).

Melitaea aurinia mandchurica : Uchida, 1932: 908 (Loc. Korea).

Melitaea didyma mandchurica : Nire, 1918: 11; Sugitani, 1935: 8 (Loc. N.Korea); Seok, 1936: 271; Cho & Kim, 1956: 36; Kim & Mi, 1956: 397; Cho, 1959: 42; Kim, 1960: 258.

Melitaea didyma didyma : Seok, 1939: 128; Seok, 1947: 4; Kim & Mi, 1956: 397; Kim, 1960: 258.

Melitaea didyma seitzi : Joo *et al.*, 1997: 407; Kim, 2002: 294.

Melitaea didyma : Mori & Cho, 1938: 46 (Loc. Korea); Cho & Kim, 1956: 36; Cho, 1959: 42; Lee, 1982: 46; Im (N.Korea), 1987: 40; Ju & Im (N.Korea), 1987: 109; Shin, 1989: 247; Ju (N.Korea), 1989: 44 (Loc. Baekdusan (Mt.)); Kim & Hong, 1991: 389; ESK & KSAE, 1994: 387.

Melitaea didymoides : Chou Io (Ed.), 1994: 586 (Loc. Korea); Tuzov *et al.,* 2000: 62, pl. 39, figs. 19-24; Wahlberg *et. al.,* 2005; Lee, 2005a: 28; Leneveu *et al.,* 2009.

Distribution. N.Korea, Amur region, S.Ussuri region, N.China. S.Mongolia.

First reported from Korean peninsula. Nire, 1918; *Zool. Mag.,* 30(354): 11 (Loc. Korea).

North Korean name. 깃표문번티기(주동률과 임홍안, 1987: 109); 쇳깃표문번티기(임홍안, 1987).

Host plants. Korea: Unknown. Russia: 질경이과(*Plantago* spp.), 현삼과(*Veronica* spp.), 제비꽃과 (*Viola* spp.), 현삼과(*Scrophularia* spp., *Linaria* spp.), 석죽과(*Dianthus* spp.) (Tuzov *et al.,* 2000).

Remarks. 아종으로는 *M. d. yagakuana* Matsumura, 1927 (Loc. S.Ussuri region) 등의 6아종이 알려져 있다(Chou Io (Ed.), 1994; Tuzov *et al.,* 2000). *seitzi* Matsumura, 1929는 *M. didymoides* Eversmann, 1847의 동물이명(synonym)이며, *M. didyma* Esper, 1780은 중국 북서부, 러시아 북서부, 유럽, 북아프리카에 분포하는 독립종으로 알려져 있다(Wahlberg *et. al.,* 2005; Savela, 2008 (ditto); etc.). 한반도에는 북부 고산지에 분포한다. 연 1회 발생하며, 6월 중순부터 7월 상순에 걸쳐 산지 습초지대에서 관찰된다(주동률과 임홍안, 1987: 109). 현재의 국명은 석주명(1947: 4)에 의한 것이다. 국명이명으로는 석주명(1947: 4), 조복성과 김창환(1956: 36), 김헌규와 미승우 (1956: 397), 조복성(1959: 42)의 '만주산어리표범나비'가 있다.

220. *Melitaea sutschana* Staudinger, 1892 짙은산어리표범나비

Melitaea sutschana Staudinger, 1892; in Romanoff, *Mém. Lépid.,* 6: 183. TL: Sutschan-Gebiete (= Suchan (Partizansk)), Ussuri region (Russia).

Melitaea sutschana : Korshunov & Gorbunov, 1995: 92; Tuzov *et al.,* 2000: 63, pl. 39, figs. 16-18; Wahlberg *et. al.,* 2005; Lee, 2005a: 28; Leneveu *et al.,* 2009.

Distribution. N.Korea, Transbaikal-Amur and Ussuri region, Sakhalin, NE.China.

First reported from Korean peninsula. Korshunov & Gorbunov, 1995; *Butterflies of the Asian part of Russia,* p. 92 (Loc. N.Korea).

North Korean name. Unknown.

Host plant. Unknown.

Remarks. 아종으로는 *M. s. sutschana* (Loc. N.Korea, Transbaikal-Amur and Ussuri region, NE.China), *M. s. graeseri* Gorbunov, 1995 (Loc. Sakhalin)의 2아종이 알려져 있다(Tuzov *et al.*, 2000). 이영준(2005: 28)은 Korshunov & Gorbunov (1995)와 Tuzov *et al.* (2000)의 분포를 참조해본 종의 형태와 생태적인 기술 없이 한반도의 북부 고산지에 분포하는 종으로 한반도산 나비로 편입시켰다. 현재의 국명은 이영준(2005: 28)에 의한 것이다. 러시아 극동 지방에서는 연 1회 발생하며, 6월부터 8월에 걸쳐 습지 주변과 산 능선부에서 관찰된다(Tuzov *et al.*, 2000).

221. *Melitaea arcesia* Bremer, 1861 북방어리표범나비

Melitaea arcesia Bremer, 1861; *Mélanges biol. Acad. St. Pétersbg.*, 3: 538. TL: Baical and Dahuria (Russia).

Melitaea prathenia nevadensis : Nakayama, 1932: 377.

Melitaea arcesia gaimana : Im, 1996: 27 (Loc. N.Korea).

Melitaea arcesia : Lewis, 1974; Higgins, 1981; Lee, 1982: 46; Im (N.Korea), 1987: 40; Shin, 1989: 247; Kim & Hong, 1991: 389; ESK & KSAE, 1994: 387; Joo *et al.*, 1997: 408; Tuzov *et al.*, 2000: 71, pl. 41, figs. 4-9; Kim, 2002: 294; Wahlberg *et. al.*, 2005; Lee, 2005a: 28; Leneveu *et al.*, 2009.

Distribution. N.Korea, S.Siberia, C.Yakutia, Magadan, Amur region, Primorye, Mongolia, N.China-C.China.

First reported from Korean peninsula. Nakayama, 1932; *Suigen Kinen Rombun*, p. 377 (Loc. Korea).

North Korean name. 높은산표문번티기(임홍안, 1987; 주동률과 임홍안, 1987; 임홍안, 1996).

Host plant. Unknown.

Remarks. 아종으로는 *M. a. arcesia* (Loc. Transbaikal (N.Siberia)) 등의 5아종이 알려져 있다 (Tuzov *et al.*, 2000). 석주명(1947: 4), 김헌규와 미승우(1956: 397), 조복성(1959: 45)이 기록한 *M. sindura* Moore, 1865 (= *Melitaea sindura gaimana* (꼬마어리표범나비))는 현재 유효하지 않는 종명으로 취급되기도 하며(Global Butterfly Information System (ditto); etc.), 카시미르, 티벳 등에 분포하는 독립종으로 취급되기도 한다(Savela, 2008 (ditto)). 한반도에서 북방어리표범나비는 북부 고산지에 분포한다. 현재의 국명은 이승모(1982: 46)에 의한 것이다.

222. *Melitaea diamina* (Lang, 1789) 은점어리표범나비

Papilio diamina Lang, 1789; *Verz. Schmett. Gegend. Augsburg* (Ed. 2): 44. TL: Augsburg (Germany).

Melitaea dictyna erycinides : Okamoto, 1923: 65; Seok, 1934: 273 (Loc. Baekdusan (Mt.) region).

Melitaea dictynna : Cho & Kim, 1956: 35; Kim & Mi, 1956: 397.

Melitaea dictyna : Cho, 1959: 42; Kim, 1960: 258.

Mellicta dictynna : Seok, 1939: 128; Seok, 1947: 4; Lee, 1982: 47; Im (N.Korea), 1987: 41; Ju & Im (N.Korea), 1987: 111; Shin, 1989: 247; Ju (N.Korea), 1989: 44 (Loc. Baekdusan (Mt.)); Kim & Hong, 1991: 390; ESK & KSAE, 1994: 387; Chou Io (Ed.), 1994: 586.

Mellicta dictynna erycina : Sugitani, 1932: 23-24 (Loc. Daedeoksan (Mt.) (N.Korea)); Mori, Doi, & Cho, 1934: 23 (Loc. Korea); Joo *et al.*, 1997: 407; Kim, 2002: 293.

Melitaea diamina : Higgins & Riley, 1970; Lewis, 1974; Smart, 1975; Chou Io (Ed.), 1994: 588; Karsholt & Razowski, 1996: 212; Tuzov *et al.*, 2000: 75, pl. 47, figs. 10-18; Wahlberg *et. al.*, 2005; Lee, 2005a: 28; Leneveu *et al.*, 2009.

Distribution. N.Korea, S.Siberia, NE.China, S.Ussuri region, Japan, Europe.

First reported from Korean peninsula. Okamoto, 1923; *Cat. Spec. Exh. Chos.*, p. 65 (Loc. Korea).

North Korean name. 은점표문번티기(임홍안, 1987; 주동률과 임홍안, 1987: 111).

Host plants. Korea: 미나리아재비과(금매화)(주동률과 임홍안, 1987). Finland: 마타리과(*Valeriana officinalis, V. sambucifolia*)(Seppänen, 1970). China: 현삼과(*Veronica* spp., *Melampyrum* spp.), 마타리과(*Valeriana* spp.)(Chou Io (Ed.), 1994). Russia: 마타리과(*Valeriana* spp., *Patrinia* spp.), 질경이과(*Plantago* spp.), 현삼과(*Veronica* spp., *Melampyrum* spp.), 마디풀과(*Polygonum* spp.)(Tuzov *et al.*, 2000).

Remarks. 아종으로는 *M. d. hebe* (Borkhausen, 1793) (Loc. E.Europe-S.Siberia -Amur and Ussuri region) 등의 7아종이 알려져 있다(Higgins & Riley, 1970; Chou Io (Ed.), 1994; Tuzov *et al.*, 2000). *M. dictynna* Esper, 1779는 *M. diamina* (Lang, 1789)의 동물이명(synonym)으로서 현재 유효하지 않는 종명이다(Global Butterfly Information System (ditto); etc.). 한반도에서 은점어리표범나비는 개마고원 등 동북부 산지에 국지적으로 분포한다. 연 1회 발생하며, 6월 중순부터 7월 상순에 걸쳐 산지 습초지대에서 관찰된다(주동률과 임홍안, 1987: 111). 현재의 국명은 석주명(1947: 4)에 의한 것이다.

223. *Melitaea protomedia* Ménétriès, 1859 담색어리표범나비

Melitaea protomedia Ménétriès, 1859; *Bull. phys.-math. Acad. Sci. St. Pétersb.*, 17: 214. TL: Amur region (Russia).

Melitaea dictynna : Leech, 1887: 422 (Loc. Busan).

Melitaea dictynna ericina : Seok, 1936: 271 (Loc. N.E.Korea).

Melitaea diamina : Lee, 1973: 8; Lee, 1982: 45; Joo (Ed.), 1986: 9; Im (N.Korea), 1987: 40; Ju & Im (N.Korea), 1987: 108; Shin, 1989: 174; Kim & Hong, 1991: 389; Im & Hwang (N.Korea), 1993: 57 (Loc. Baekdusan (Mt.)); ESK & KSAE, 1994: 387.

Melitaea diamina protomedia : Chou Io (Ed.), 1994: 588.

Melitaea regama : Joo *et al.*, 1997: 180; Park & Kim, 1997: 160.

Melitaea protomedia argentata : Nire, 1918: 10 (Loc. Korea).

Melitaea protomedia protomedia : Joo & Kim, 2002: 104.

Melitaea protomedia : Fixsen, 1887: 298- 301; Seok, 1939: 134; Seok, 1947: 4; Cho & Kim, 1956: 37; Kim & Mi, 1956: 397; Cho, 1959: 44; Kim, 1960: 271; Lee, 1971: 8; Seok, 1972 (Rev. Ed.): 247; Lewis, 1974; Tuzov *et al.*, 2000: 75; Kim, 2002: 129; Wahlberg *et. al.*, 2005; Lee, 2005a: 28; Leneveu *et al.*, 2009.

Distribution. Korea, Amur region, China, Japan.

First reported from Korean peninsula. Fixsen, 1887; in Romanoff, *Mém. Lépid.*, 3: 298- 301 (Loc. Korea).

North Korean name. 연한색표문번티기(임홍안, 1987; 주동률과 임홍안, 1987: 108).

Host plants. Korea: 마타리과(마타리, 뚝갈)(손정달, 1984).

Remarks. 아종으로는 *M. p. regama* Fruhstorfer, 1915 (Loc. Korea-SW.China)와 *M. p. protomedia* (Loc. Amur and Ussuri region)의 2아종이 알려져 있다(Tuzov *et al.*, 2000). *M. regama* Fruhstorfer, 1915는 현재 유효하지 않는 종명으로 *M. protomedia* Ménétriès, 1859의 아종으로 취급된다(Global Butterfly Information System (ditto); etc.). 한반도에는 해안 지역을 제외한 지역에 산지의 초지대를 중심으로 국지적으로 분포하는 종으로 개체수는 적은 편이다. 연 1회 발생하며, 6월부터 7월에 걸쳐 나타난다. 애벌레로 월동한다(주동률과 임홍안, 1987). 여름어리표범나비와 유사하나 앞날개 외연부의 검은색 테가 넓으며, 뒷날개 아랫면 아외연부의 적갈색 띠에 검은 점이 있어 구별된다. 현재의 국명은 석주명(1947: 4)에 의한 것이다.

224. *Melitaea scotosia* Butler, 1878 암어리표범나비

Melitaea scotosia Butler, 1878; *Cist. Ent.*, 2(19): 282. TL: Tokyo (Japan).

Melitaea phoebe : Fixsen, 1887: 297-298; Lee, 1982: 46; Joo (Ed.), 1986: 9; Im (N.Korea), 1987: 40; Ju & Im (N.Korea), 1987: 109.

Melitaea phoebe scotosia : Leech, 1887: 422 (Loc. Weonsan, Busan); Matsumura, 1931: 529 (Loc. Korea); Seok, 1939: 132; Seok, 1947: 4; Cho & Kim, 1956: 37; Kim & Mi, 1956: 397; Cho, 1959: 43; Kim, 1960: 271.

Melitaea (*Mellicta*) *scotosia* : Kim, 1976: 98.

Melitaea scotosia : Shin & Koo, 1974: 132; Shin, 1975a: 45; Shin, 1989: 174; Shin, 1990: 152; Kim & Hong, 1991: 389; Park *et al.*, 1993: 204; ESK & KSAE, 1994: 387; Chou Io (Ed.), 1994: 589; Joo *et al.*, 1997: 182; Park & Kim, 1997: 161; Tuzov *et al.*, 2000: 74; Kim, 2002: 130; Wahlberg *et. al.*, 2005; Lee, 2005a: 28; Leneveu *et al.*, 2009.

Distribution. Korea, Ussuri region, NE.China, Japan.

First reported from Korean peninsula. Fixsen, 1887; in Romanoff, *Mém. Lépid.*, 3: 297-298 (Loc. Korea).

North Korean name. 암표문번티기(임홍안, 1987; 주동률과 임홍안, 1987: 109).

Host plants. Korea: 국화과(분취)(손정달, 1984); 국화과(엉컹퀴류)(주동률과 임홍안, 1987); 국화과 (산비장이, 수리취)(주흥재 등, 1997).

Remarks. 아종으로는 *M. s. butleri* Higgins, 1940의 1아종이 알려져 있다(Tuzov *et al.*, 2000). *M. phoebe* Esper, 1778은 현재 유효하지 않는 종명이다(Global Butterfly Information System (ditto) etc.). 한반도에는 중·북부지방에 국지적으로 분포하는 종으로 남부지방에서는 지리산 일대에 기록 (박중석 등, 1993: 204)이 있다. 연 1회 발생하며, 6월부터 7월에 걸쳐 나타난다. 남한에서는 습기가 많은 평지 및 산지의 초지대에서 관찰되나, 자생지가 매우 적고, 최근 개체수가 급감하고 있어 보호가 필요하다. 현재의 국명은 조복성(1959: 43)에 의한 것이다. 국명이명으로는 석주명(1947: 4), 신유항(1975a: 45), 김헌규와 미승우(1956: 397), 김정환·홍세선(1991)의 '암암어리표범나비' 그리고 조복성과 김창환(1956: 37)의 '어리표범나비'가 있다.

Subfamily **CYRESTINAE** Guenée, 1865

전 세계에 적어도 7 속 54 종 이상이 알려져 있으며, 대부분의 종은 남동아시아에 분포한다. 한반도에는 2 속 2 종이 알려져 있다. 이전에는 Limenitidinae 의 한 그룹으로 취급되어 왔으나, 최근 분자 수준의 계통분류 연구에 따라 한 아과로 독립되었다(Wahlberg *et al.* (2005)).

Tribe **Cyrestini** Guenée, 1865

Genus *Cyrestis* Boisduval, 1832

Cyrestis Boisduval, 1832; in d'Urville, *Voy. Astrolabe* (*Faune ent. Pacif.*), 1: 117. TS: *Papilio thyonneus* Cramer.

전 세계에 적어도 27 종 이상이 알려져 있으며, 대부분 남아시아와 아프리카에 분포한다. 한반도에는 돌담무늬나비의 1 종이 미접으로 알려져 있다.

225. *Cyrestis thyodamas* Boisduval, 1836 돌담무늬나비

Cyrestis thyodamas Boisduval, 1836; in Cuvier, *Règne anim. Ins.*, 2: pl. 138, fig. 4. TL: N.India.
Cyrestis thyodamas mabella : Joo & Kim, 2002: 156.
Gyrestis thyodanas mebella (missp.) : Kim, 2002: 273.
Cyrestis thyodamas : Lewis, 1974; Smart, 1975; D'Abrera, 1986; Heppner & Inoue, 1992: 148; Chou Io (Ed.), 1994: 560; Lee, 2005a: 27.

Distribution. S.Korea (Immigrant species), W.China, SW.China, Taiwan, Himalayas, Assam, Burma, W.Ghats (Konkan-Travancore), Coorg, Wynaad, Nilgiris.
First reported from Korean peninsula. Joo & Kim, 2002; *Butterfies of Jeju Island*, p. 156 (Loc. Jejudo (Is.) (S.Korea)).
North Korean name. 북한에서는 기록이 없다.
Host plants. Korea: Unknown. China: 뽕나무과(*Ficus microcarpus*)(Chou Io (Ed.), 1994). Holarctic region: 뽕나무과(*Ficus* spp.)(D'Abrera, 1986). India: 뽕나무과(*Ficus bengalensis, F. religiosa, F. nemoralis, F. glomerata*)(Wynter-Blyth, 1957).

Remarks. 아종으로는 *C. t. mabella* Fruhstorfer, 1898 (Loc. Japan) 등의 6아종이 알려져 있다 (D'Abrera, 1986; Chou Io (Ed.), 1994). 본 종은 Leech (1887)에 의한 한반도의 기록이 있지만 석주명(1972 (Revised Edition): 7)은 본종을 한반도에서 채집하지 못했다고 재정리한바 있다. 한 반도에는 미접으로 제주도 비자림에서 주흥재와 김성수(2002: 146)에 의해 암컷 1개체가 채집되 어 처음 보고 되었다. 국외에서는 어른벌레로 월동하고, 습지에 잘 앉으며, 과일 즙을 빨아 먹는다 고 알려져 있다. 현재의 국명은 주흥재와 김성수(2002: 156)에 의한 것이다.

Tribe **Pseudergolini** Jordan, 1898

Genus *Dichorragia* Butler, 1868

Dichorragia Butler, 1868; *Proc. zool. Soc. Lond.,* 1868(3): 614. TS: *Adolias nesimachus* Boisduval.

전 세계에 2종만이 알려져 있으며, 대부분 남·동아시아에 분포한다. 한반도에는 먹그림나비 1종이 알려져 있다. 본 속은 Pseudergolinae Jordan, 1898 아과로 취급되기도 하나(Wahlberg *et al.*, 2009: 4298), 여기에서는 Wahlberg *et al.* (2005: 245), Savela (2008) (ditto), The Global Lepidoptera Names Index (ditto) 등에 따랐다.

226. *Dichorragia nesimachus* Boisduval, 1836 먹그림나비

Dichorragia nesimachus Boisduval, 1836; in Cuvier, *Le Règne Animal ditribué.* (Edn 3), *Atlas Ins.,* 2: pl. 139, fig. 1. TL: Himalayas (N.India).

Dichorragia nesimachus nesiotes : Doi, 1919: 122; Seok, 1939: 108; Ko, 1969: 195; Joo *et al.*, 1997: 410; Paek *et al.*, 2000: 5; Kim, 2002: 192.

Dichorragia nesimachus chejuensis : Shimagami, 2000; Joo & Kim, 2002: 120.

Dichorragia neshimachus (missp.) : Cho & Kim, 1956: 31; Cho, 1959: 36; Cho, 1963: 196; Hyun & Woo, 1970: 78; Shin & Koo, 1974: 131; Ju & Im (N.Korea), 1987: 172.

Dichorragia nesimachus : Seok, 1947: 4; Kim & Mi, 1956: 397; Kim, 1960: 278; Cho *et al.*, 1968: 257; Lewis, 1974; Kim, 1976: 157; D'Abrera, 1986; Lee, 1982: 72; Im (N.Korea), 1987: 42; Shin, 1989: 196; Kim & Hong, 1991: 395; Heppner & Inoue, 1992: 148; ESK & KSAE, 1994: 387; Chou Io (Ed.), 1994: 457; Joo *et al.*, 1997: 26; Park & Kim, 1997: 253; Lee, 2005a: 272.

Distribution. S.Korea, C.Europe, Kulu-Assam, Burma, Malaysia-Philippines, Taiwan, Japan.

First reported from Korean peninsula. Doi, 1919; *Tyōsen Ihō*, 58: 122 (Loc. Naejangsan (Mt.) (S.Korea)).

North Korean name. 먹그림나비(임홍안, 1987; 주동률과 임홍안, 1987: 173).

Host plants. Korea: 나도밤나무과(나도밤나무)(손정달, 1984); 벼과(참억새, 큰기름새)(주동률과 임홍안, 1987); 나도밤나무과(합다리나무)(주흥재와 김성수, 2002).

Remarks. 아종으로는 모식산지가 한국(Korea)인 *D. n. chejuensis* Shimagami, 2000 (TL: Jejudo (Is.) (S.Korea); Loc. Korea) 등의 14아종이 알려져 있다(D'Abrera, 1986; Corbet & Pendlebury, 1992; Chou Io (Ed.), 1994; Shimagami, 2000). 한반도에는 남부지방을 중심으로 국지적으로 분포하는 보통 종이다. 중부지방에서는 서해안의 태안반도와 경기도 도서지방 일부에 국지적으로 분포하며(백문기 등, 2000: 5), 중부 내륙 지역인 서울 신림동(장용준 등, 2006)에서의 채집기록이 있다. 연 2회 발생하며, 봄형은 5월 중순부터 6월 중순, 여름형은 7월 하순부터 8월에 걸쳐 나타난다. 번데기로 월동한다. 산간 계류 주변에서 관찰되며, 민첩하게 날아다닌다. 습지에 내려와 물을 마시며, 수액에 즐겨 모이나 썩은 과일, 짐승 똥, 오물 및 사람의 땀에도 모이며, 날개를 폈다 접었다 하면서 즙을 마시는 것을 볼 수 있다. 앞날개 윗면의 빗살모양 흰 무늬는 다른 종에서는 찾아 볼 수 없어 구별된다. 중부지방인 경기도 대부도에서 홍상기 등(1999: 16)에 의해 자생하는 것이 확인되어 기후변화 탐지 또는 감시 측면에서 주목할 만한 종이다. 현재의 국명은 석주명(1947: 4)에 의한 것이다.

Subfamily **APATURINAE** Tutt, 1896 오색나비아과

전 세계에 적어도 20 속 98 종 이상이 알려져 있으며, 대부분 유라시아, 아프리카, 북아메리카에 분포한다. 한반도에는 7 속 11 종이 알려져 있다. 본 아과는 때때로 Nymphalinae 의 한 그룹으로 취급되기도 했으나, 전체적으로 보면 분류학적 위치가 큰 변동 없이 유지되어온 그룹이다.

Genus *Apatura* Fabricius, 1807

Apatura Fabricius, 1807; *Syst. Glossat.*, 9(10): 77, no. 9. TS: *Papilio iris* Linnaeus.

전 세계에 4 종이 알려져 있으며, 유라시아에 분포한다. 한반도에는 번개오색나비, 오색나비, 황오색나비 3 종이 알려져 있다. 이승모(1992)는 한국산 본 속에 대해 과거 분류학적 문헌 검토 및 분포지를 재정리한바 있다.

227. *Apatura iris* (Linnaeus, 1758) 번개오색나비

Papilio (*Nymphalis*) *iris* Linnaeus, 1758; *Syst. Nat.* (Edn 10), 1: 476. TL: Germaniahütte (Germany), Anglia (England).

Apatura iris iris : Sugitani, 1932: 100 (Loc. Musanryeong); Seok, 1937: 58 (loc. Jirisan (Mt.)); Seok, 1939: 59.

Apatura iris amurensis : Stichel, 1909: 161; Okamoto, 1924: 89 (Loc. Jejudo (Is.)); Seok, 1934: 271 (Loc. Baekdusan (Mt.) region); Shin, 1975a: 42; Shin, 1975a: 45; Shin, 1979: 137.

Apatura iris bieti : Mori, Doi, & Cho, 1934: 35 (Loc. N.Korea).

Apatura iris peninsularis : Lee & Takakura, 1981: 135. figs. 2, 4, 6, 8.

Apatura iris : Staudinger & Rebel, 1901: 21; Seok, 1947: 3; Cho & Kim, 1956: 23; Kim & Mi, 1956: 396; Cho, 1959: 27; Kim, 1960: 266; Cho, 1963: 195; Cho *et al.*, 1968: 256; Hyun & Woo, 1969: 181; Lee, 1971: 12; Lee, 1973: 6; Lewis, 1974; Smart, 1975; Kim, 1976: 146; Shin, 1982: 117; Lee, 1982: 73; Joo (Ed.), 1986: 14; Im (N.Korea), 1987: 42; Ju & Im (N.Korea), 1987: 173; Shin, 1989: 197; Friedlander, 1988; Ju (N.Korea), 1989: 45 (Loc. Baekdusan (Mt.)); Kim & Hong, 1991: 395; Lee, 1992: 1; ESK & KSAE, 1994: 386; Chou Io (Ed.), 1994: 426; Korshunov & Gorbunov, 1995; Karsholt & Razowski, 1996: 212; Joo *et al.*, 1997: 268; Park & Kim, 1997: 259; Tuzov *et al.*, 2000: 13; Kim, 2002: 201; Lee, 2005a: 27.

Distribution. Korea, Japan, Temperate Asia, Europe (temperate belt).

First reported from Korean peninsula. Staudinger & Rebel, 1901; *Stgr. Kat.*, 1, p. 21 (Loc. Korea).

North Korean name. 산오색나비(임홍안, 1987; 주동률과 임홍안, 1987: 173).

Host plants. Korea: 버드나무과(버드나무과의 일종)(이승모와 Takakura, 1981); 버드나무과(호랑버들)(윤인호, 1984); 버드나무과(버드나무)(주흥재 등, 1997).

Remarks. 아종으로는 모식산지가 한국(Korea)인 *A. i. peninsularis* Lee & Takakura, 1981 (TL: Sobaeksan (Mt.) (GB, S.Korea); Loc. S.Korea) 등의 5아종이 알려져 있다(Lee & Takakura, 1981; Korshunov & Gorbunov, 1995; Chou Io (Ed.), 1994; Tuzov *et al.*, 2000). 한반도에는 지

리산 이북의 동·북부지방에 국지적으로 분포한다. 남한에서의 주요 분포지는 경기도 북부 및 강원도 산지이며, 개체수는 보통이나, 북한 지역에선 개체수가 매우 적다(주동률과 임홍안, 1987). 연 1회 발생하며, 6월부터 8월에 걸쳐 나타난다. 번데기로 월동한다(주동률과 임홍안, 1987). 오색나비와 유사하나 뒷날개 윗면 중앙의 흰 띠가 제4맥을 따라 뽀족하게 돌출되어 구별된다. 현재의 국명은 석주명(1947: 3)에 의한 것이다. 국명이명으로는 조복성과 김창환(1956: 23)의 '번개왕색나비'가 있다.

228. *Apatura ilia* (Denis & Schiffermüller, 1775) 오색나비

Papilio ilia Denis & Schiffermüller, 1775; *Syst. Verz. Schmett. Wien. Geg.*: 172, no. 2. TL: Umgebung von Wien (Vienna, Austria).

Apatura ilia bunea : Fixsen, 1887: 292; Leech, 1894: 162; Seok, 1939: 52.

Apatura bunea bunea : Matsumura, 1927: 161 (Loc. Korea).

Apatura ilia clytie : Seok, 1939: 53.

Apatura ilia gertraudis : Seok, 1939: 54.

Apatura ilia here : Seok, 1939: 55.

Apatura ilia ilia : Seok, 1939: 55.

Apatura ilia substrituta : Seok, 1939: 56.

Apatura ilia praeclara : Joo *et al.*, 1997: 410; Kim, 2002: 193.

Apatura ilia : Seok, 1947: 2; Cho & Kim, 1956: 23; Kim & Mi, 1956: 395; Cho, 1959: 27; Kim, 1960: 271; Cho, 1963: 195; Cho *et al.*, 1968: 256; Ko, 1969: 194; Lee, 1971: 12; Seok, 1972 (Rev. Ed.): 244; Lee, 1973: 6; Lewis, 1974; Shin, 1975a: 45; Kim, 1976: 147; Lee, 1978: 39; Lee, 1982: 72; Im (N.Korea), 1987: 42; Ju & Im (N.Korea), 1987: 170; Shin, 1989: 196; Ju (N.Korea), 1989: 45 (Loc. Baekdusan (Mt.)); Kim & Hong, 1991: 395; Lee, 1992: 2; ESK & KSAE, 1994: 386; Chou Io (Ed.), 1994: 427; Korshunov & Gorbunov, 1995; Karsholt & Razowski, 1996: 212; Joo *et al.*, 1997: 264; Park & Kim, 1997: 255; Tuzov *et al.*, 2000: 14; Lee, 2005a: 27.

Distribution. Korea, Japan, Temperate Asia, Europe.

First reported from Korean peninsula. Fixsen, 1887; in Romanoff, *Mém. Lépid.,* 3: 292 (Loc. Korea).

North Korean name. 오색나비(임홍안, 1987; 주동률과 임홍안, 1987: 170).

Host plants. Korea: 버드나무과(수양버들 등)(주동률과 임홍안, 1987).

Remarks. 아종으로는 *A. i. praeclara* Bollow, 1930 (Loc. Transbaikal, Amur and Ussuri region) 등의 14아종이 알려져 있다(Lewis, 1974; Korshunov & Gorbunov, 1995; Chou Io (Ed.), 1994; Tuzov *et al.*, 2000). 한반도에는 중·북부지방의 산지에 분포하는 종으로 남한에서는 강원도 일대에 국지적으로 분포하며, 개체수는 적다. 연 1회 발생하고, 6월 중순부터 8월에 걸쳐 나타나며, 애벌레로 월동한다. 황오색나비와 유사하나, 뒷날개 윗면의 가운데 띠의 넓이가 황오색나비의 절반밖에 되지 않으며, 뒷날개 제1b실에 흰 무늬가 없는 점 등으로 구별된다. 본 종은 흑색형과 황색형이 있고, 변이가 심해 황오색나비와 혼동되어왔으나 이승모(1992: 2)에 의해 표본 중심으로 그 분포지가 재 정리된바 있다. 현재의 국명은 석주명(1947: 2)에 의한 것이다.

229. *Apatura metis* Freyer, 1829 황오색나비

Apatura ilia var. *metis* Freyer, 1829; *Beitr. eur. Schmett.,* 2(12): 61. pl. 67, fig. 1. TL: Hungary.

Apatura ilia var. *metis* : Fixsen, 1887: 292.

Apatura ilia heijona : Matsumura, 1928: 198-199 (Loc. Korea).

Apatura ilia substituta : Mori, Doi & Cho, 1934: 33 (Loc. Jejudo (Is.)); Seok, 1939a: 48 (Loc. Gaemagoweon (N.Korea)).

Apatura metis substituta : Lee, 1978: 40.

Apatura metis heijona : Joo *et al.*, 1997: 410; Kim, 2002: 197.

Apatura metis : Lee, 1982: 73; Joo (Ed.), 1986: 14; Im (N.Korea), 1987: 42; Shin, 1989: 197; Kim & Hong, 1991: 395; Heppner & Inoue, 1992: 148; Lee, 1992: 4; Im & Hwang (N.Korea), 1993: 57 (Loc. Baekdusan (Mt.)); ESK & KSAE, 1994: 386; Chou Io (Ed.), 1994: 429; Korshunov & Gorbunov, 1995; Karsholt & Razowski, 1996: 212; Joo *et al.*, 1997: 266; Park & Kim, 1997: 257; Tuzov *et al.*, 2000; Lee, 2005a: 27.

Distribution. Korea, SW.Siberia, Japan, NE.China, Taiwan, Kazakhstan, SE.Europe.

First reported from Korean peninsula. Fixsen, 1887; in Romanoff, *Mém. Lépid.,* 3: 292 (Loc. Korea).

North Korean name. 노랑오색나비(임홍안, 1987; 주동률과 임홍안, 1987).

Host plants. Korea: 버드나무과(내버들, 수양버들, 쪽버들), 장미과(가는잎조팝나무)(손정달, 1984); 버드나무과(호랑버들)(손정달 등, 1992); 버드나무과(갯버들)(주흥재 등, 1997).

Remarks. 아종으로는 *A. m. heijona* Matsumura, 1928 (Loc. Korea, Amur and Ussuri region) 등의

6아종이 알려져 있다(Korshunov & Gorbunov, 1995; Chou Io (Ed.), 1994; Tuzov *et al.*, 2000). 한반도에는 제주도를 제외한 지역에 넓게 분포하는 보통 종이다. 지역에 따라 연 1-3회 발생하며, 6월부터 10월에 걸쳐 나타난다. 산지와 평지, 수변지역뿐만 아니라 도심지에서도 간혹 볼 수 있다. 민첩하게 날아다니며, 참나무류나 벚나무류의 수액이나 짐승 똥 등에 잘 모인다. 애벌레로 월동한 다(한국인시류동호인회편, 1986). 현재의 국명은 이승모(1978: 40)에 의한 것이다.

Genus *Mimathyma* Moore, 1896

Mimathyma Moore, 1896; *Lepidoptera Indica*, 3: 9. TS: *Athyma chevana* Moore.

= *Bremeria* Moore, [1896]; *Lepidoptera Indica*, 3: 9 (preocc. Bremeria Alphéraky, 1892). TS: *Adolias schrenkii* Ménétriès.

전 세계에 4 종이 알려져 있으며, 유라시아에 분포한다. 한반도에는 은판나비와 밤오색나비 2 종이 알려져 있다.

230. *Mimathyma schrenckii* (Ménétriès, 1859) 은판나비

Adolias schrenckii Ménétriès, 1859; *Bull. phys.-math. Acad. Sci. St. Pétersb.*, 3(1): 104. TL: Bureya (Russia).

Apatura schrenckii : Fixsen, 1887: 292-293; Leech, 1887: 419 (Loc. Weonsan); Seok, 1939: 62; Seok, 1947: 3; Cho & Kim, 1956: 24; Kim & Mi, 1956: 396; Cho, 1959: 28; Kim, 1960: 264; Smart, 1975.

Apatura schrenkii : Matsumura, 1927: 161 (Loc. Korea).

Adolias schrenckii : Leech, 1887: 419 (Loc. Weonsan); Lee, 1973: 6; Shin, 1975a: 45; Kim, 1976: 150; Shin, 1979: 137.

Bremeria schrenckii : Lee, 1971: 12; Shin & Koo, 1974: 131.

Mimathyma schrenckii : Lee, 1982: 74; Joo (Ed.), 1986: 14; Im (N.Korea), 1987: 42; Ju & Im (N.Korea), 1987: 174; Shin, 1989: 198; Ju (N.Korea), 1989: 45 (Loc. Baekdusan (Mt.)); Kim & Hong, 1991: 395; Sohn & Kim, 1993: 4; ESK & KSAE, 1994: 387; Chou Io (Ed.), 1994: 432; Joo *et al.*, 1997: 272; Park & Kim, 1997: 263; Tuzov *et al.*, 2000: 15; Kim, 2002: 203; Lee, 2005a: 27.

Distribution. Korea, Amur and Ussuri region, NE.China.

First reported from Korean peninsula. Fixsen, 1887; in Romanoff, *Mém. Lépid.,* 3: 292-293 (Loc. Korea).

North Korean name. 은오색나비(임홍안, 1987; 주동률과 임홍안, 1987: 174).

Host plants. Korea: 느릅나무과(느티나무)(Kuto, 1968); 느릅나무과(느릅나무)(신유항, 1989; 198); 느릅나무과(참느릅나무)(주흥재 등, 1997).

Remarks. 아종으로는 *M. s. laeta* (Oberthür, 1906) (Loc. Yunnan)의 1아종이 알려져 있다(Huang, 2003). 한반도에는 내륙 산지를 중심으로 광역 분포한다. 제주도와 남해안 도서지역에서는 관찰 기록이 없으나, 경기도 도서지역에는 신도와 대이작도에서 확인된바 있다(백문기 등, 1994: 58). 지역에 따라 발생 시기에 많은 개체가 관찰되기도 하고, 연 1회 발생하며, 6월 중순부터 8월에 걸쳐 나타난다. 애벌레로 월동한다. 습기가 많은 지면에서 물을 먹는 것을 자주 볼 수 있으며, 수액이나 동물의 배설물 등에도 잘 모인다. 현재의 국명은 김헌규와 미승우(1956: 396)에 의한 것이다. 국명이명으로는 석주명(1947: 3)의 '은판대기'가 있다.

231. *Mimathyma nycteis* (Ménétriès, 1859) 밤오색나비

Athyma nycteis Ménétriès, 1859; *Bull. phys.-math. Acad. Sci. St. Pétersb.,* 3(1): 103. TL: Ussuri region (Russia).

Neptis nycteis : Fixsen, 1887: 295.

Apatura nycteis : Leech, 1894: 155 (Loc. Korea); Seok, 1939: 61; Seok, 1947: 3; Cho & Kim, 1956: 24; Kim & Mi, 1956: 396; Cho, 1959: 27; Kim, 1960: 262; Ko, 1969: 194; Seok, 1972 (Rev. Ed.): 244; Shin, 1979: 137 (Juheulsan (Mt.) (GB)).

Apatura nycteis furukawai : Matsumura, 1931: 43 (Loc. Hoereong (HB, N.Korea)).

Athymodes nycteis : Mori & Cho, 1938: 61 (Loc. Korea); Lee, 1982: 75; Joo (Ed.), 1986: 14; Im (N.Korea), 1987: 42; Ju & Im (N.Korea), 1987: 175; Shin, 1989: 199; Kim & Hong, 1991: 395; Kim & Sohn, 1992: 24; ESK & KSAE, 1994: 386; Korshunov & Gorbunov, 1995; Tuzov *et al.,* 2000: 15.

Athymodes nycteis furukawai : Im, 1996: 29 (Loc. N.Korea).

Mimathyma nycteis : Chou Io (Ed.), 1994: 431; Joo *et al.,* 1997: 274; Park & Kim, 1997: 265; Kim, 2002: 202; Lee, 2005a: 27.

Distribution. Korea, Amur and Ussuri region, NE.China.

First reported from Korean peninsula. Fixsen, 1887; in Romanoff, *Mém. Lépid.,* 3: 295 (Loc. Korea).

North Korean name. 띠오색나비(임홍안, 1987; 주동률과 임홍안, 1987: 175; 임홍안, 1996).

Host plant. Korea: 느릅나무과(느릅나무)(신유항, 1989: 199).

Remarks. 아종으로는 *M. n. serica* (Murayama)의 1아종이 알려져 있다(Chou Io (Ed.), 1994). 한반도에는 중·북부지방에 국지적으로 분포하는 종으로 남한에서는 강원도를 중심으로 매우 제한적으로 분포하며, 최근 개체수가 급감하고 있어 보호가 필요하다. 연 1회 발생하며, 6월 중순부터 8월에 걸쳐 나타난다. 수컷은 앞날개 외연이 안으로 굴곡이 심하고 크기가 작은 데 반해 암컷은 직선에 가깝고 크다. 수컷은 나대지 또는 산길의 습기가 많은 곳이나 동물의 배설물에 잘 앉으며, 강원도 일부 지역에서는 퇴비에도 잘 모인다. 현재의 국명은 석주명(1947: 3)에 의한 것이다.

Genus *Chitoria* Moore, 1896

Chitoria Moore, 1896; *Lepidoptera Indica,* 3: 10. TS: *Apatura sordida* Moore.
= *Dravira* Moore, [1896]; *Lepidoptera Indica,* 3: 14. TS: *Potamis ulupi* Doherty.

전 세계에 7 종이 알려져 있으며, 유라시아에 분포한다. 한반도에는 수노랑나비 1 종이 알려져 있다. 본 종은 *Apatura* Fabricius, 1807 속으로 취급되기도 한다(The Global Lepidoptera Names Index (ditto)).

232. *Chitoria ulupi* (Doherty, 1889) 수노랑나비

Potamis ulupi Doherty, 1889; *J. asiat. Soc. Bengal,* 58(2): 125, pl. 10, fig. 2. TL: Assam (India).

Apatura ulupi fulva : Seok, 1933: 67 (Loc. Gyeseong); Cho & Kim, 1956: 24; Cho, 1959: 28; Hyun & Woo, 1970: 78.

Apatura ulupi morii : Seok, 1937: 29-31 (Loc. Soyosan (Mt.) etc.); Seok, 1939: 64; Seok, 1947: 3; Kim & Mi, 1956: 396; Kim, 1960: 264; Seok, 1972 (Rev. Ed.): 235.

Apatura subcaerulea : Doi, 1931: 45, 47; Nakayama, 1932: 379 (Loc. Korea).

Dravira ulupi : Lee, 1982: 74; Joo (Ed.), 1986: 14; Im (N.Korea), 1987: 42; Ju & Im (N.Korea), 1987: 173; Shin, 1989: 198; Kim & Hong, 1991: 395; ESK & KSAE, 1994: 387; Park & Kim, 1997: 261.

Dravira ulupi morii : Im, 1996: 28 (Loc. N.Korea).

Chitoria ulupi morii : Shin, 1975a: 45; Joo *et al.*, 1997: 410; Kim, 2002: 207.

Chitoria ulupi : Lee, 1971: 12; Lee, 1973: 6; Kim, 1976: 149; D'Abrera, 1986; Chou Io (Ed.), 1994: 434; Joo *et al.*, 1997: 270; Huang, 2001; Lee, 2005a: 27.

Distribution. Korea, W.China, N.Burma, Assam, Nagas.

First reported from Korean peninsula. Doi, 1931; *Jour. Chos. Nat. Hist.*, 12: 45, 47 (Loc. Soyosan (Mt.) (S.Korea)).

North Korean name. 수노랑나비(임홍안, 1987); 수노랑오색나비(주동률과 임홍안, 1987: 173; 임홍안, 1996).

Host plants. Korea: 느릅나무과(팽나무)(Kuto, 1968); 느릅나무과(풍게나무)(손정달, 1984).

Remarks. 아종으로는 *C. u. fulva* (Leech, 1891) (Loc. Korea, E.China, Sichuan) 등의 6아종이 알려져 있다(D'Abrera, 1986; Chou Io (Ed.), 1994; Yoshino, 1997). 한반도에는 내륙 산지를 중심으로 광역 분포하며, 제주도와 해안가 지역에서는 관찰 기록이 없다. 양평 등의 경기도 일부 지역에서는 발생 시기에 많은 개체가 관찰되기도 하고, 연 1회 발생하며, 6월 중순부터 8월에 걸쳐 나타난다. 난괴로 산란하며 애벌레로 월동한다. 참나무 수액에 잘 모이며, 나무 끝에서 쉬는 모습을 자주 볼 수 있다. 수컷은 날개 윗면이 황갈색이고 앞날개 시정(날개끝) 부분이 크게 돌출되어 있으며, 암컷은 날개 윗면이 흑갈색을 띤다. 현재의 국명은 김헌규와 미승우(1956: 396)에 의한 것이다. 국명이명으로는 석주명(1947: 3)의 '수노랭이'가 있다.

Genus *Dilipa* Moore, 1857

Dilipa Moore, 1857; in Horsfield & Moore, *Cat. lep. Ins. Mus. East India Coy,* 1: 201. TS: *Apatura morgiana* Westwood.

전 세계에 2 종이 알려져 있으며, 아시아에 분포한다. 한반도에는 유리창나비 1 종이 알려져 있다.

233. *Dilipa fenestra* (Leech, 1891) 유리창나비

Vanessa fenestra Leech, 1891; *The Entomologist* (Suppl. 24): 26. TL: Omei Shan (China).

Dilipa fenestra takacukai : Seok, 1937: 31; Doi, 1938: 169 (Loc. Muncheon-si (GW, N.Korea));

Seok, 1939: 109; Seok, 1947: 4; Kim & Mi, 1956: 397; Kim, 1960: 273; Shin, 1975a: 45; Im, 1996: 28 (Loc. N.Korea); Joo *et al.*, 1997: 410; Kim, 2002: 191.

Dilipa fenestra : Seok, 1934: 730-731; Cho & Kim, 1956: 32; Cho, 1959: 37; Kim, 1976: 158; Lee, 1982: 75; Joo (Ed.), 1986: 15; Im (N.Korea), 1987: 42; Ju & Im (N.Korea), 1987: 175; Shin, 1989: 199; Yoon & Kim, 1989: 60; Kim & Hong, 1991: 395; ESK & KSAE, 1994: 387; Chou Io (Ed.), 1994: 438; Korshunov & Gorbunov, 1995; Joo *et al.*, 1997: 276; Park & Kim, 1997: 267; Lee, 2005a: 27.

Distribution. Korea, NE.China, E.China.

First reported from Korean peninsula. Seok, 1934; *Bull. Kagoshima Coll. 25 Anniv.,* 1: 730-731, pl. 10, figs. 204-205 (Loc. Gyeseong (N.Korea)).

North Korean name. 유리창나비(임홍안, 1987; 주동률과 임홍안, 1987: 175; 임홍안, 1996).

Host plants. Korea: 느릅나무과(팽나무, 풍게나무)(신유항: 1989).

Remarks. 한반도에는 산지를 중심으로 국지 분포하는 종으로 개체수는 적은 편이며, 해안지역이나 제주도에서는 관찰되지 않는다. 연 1회 발생하며, 4월부터 6월 상순에 걸쳐 나타난다. 번데기로 월 동한다(한국인시류동호인회편, 1986). 수컷은 젖은 땅이나 바위 위에 잘 앉으나, 암컷은 민첩하게 날아다니고, 잘 앉지 않아 관찰하기 힘들다. 종명 'fenestra'는 '창이 있는'이란 뜻으로 앞날개 날개 끝 부분에 투명한 막질의 타원형 무늬가 있는 것이 큰 특징이다. 현재의 국명은 석주명(1947: 4)에 의한 것이다.

Genus *Hestina* Westwood, 1850

Hestina Westwood, 1850; *Gen. diurn. Lep.,* 2: 281. TS: *Papilio assimilis* Linnaeus.
= *Diagora* Snellen, 1894; *Tijdschr. Ent.,* 37: 67. TS: *Apatura japonica* C. et R. Felder.

전 세계에 13 종이 알려져 있는 작은 속이며, 대부분 아시아 중남부에 분포한다. 한반도에는 흑백알 락나비와 홍점알락나비 2 종이 알려져 있다.

234. *Hestina japonica* (C. Felder et R. Felder, 1862) 흑백알락나비

Apatura japonica C. Felder et R. Felder, 1862; *Wien. ent. Monats.,* 6: 27. TL: Japan.

Diagora japonica : Matsumura, 1907: 80; Seok, 1939: 107; Seok, 1947: 4; Cho & Kim, 1956: 31.

Diagora japonica chinensis : Okamoto, 1923: 67 (Loc. Korea); Haku, 1936: 116; Hirayama, 1939.

Diagora japonica australis : Umeno, 1937: 194 (Loc. Korea).

Hestina japonica seoki : Kim & Mi, 1956: 382, 397; Cho, 1959: 37; Kim, 1960: 278; Cho *et al.*, 1968: 378; Shin & Koo, 1974: 132; Shin, 1975a: 45; Im, 1996: 28 (Loc. N.Korea).

Hestina persimilis seoki : Joo *et al.*, 1997: 410; Kim, 2002: 205.

Hestina persimilis : Chou Io (Ed.), 1994: 449; Joo *et al.*, 1997: 278; Park & Kim, 1997: 269.

Hestina japonica : Matsumura, 1907: 80; Ko, 1969: 195; Lee, 1971: 12; Lee, 1973: 6; Kim, 1976: 151; Lee, 1982: 76; Joo (Ed.), 1986: 15; Im (N.Korea), 1987: 42; Ju & Im (N.Korea), 1987: 176; Shin, 1989: 200; Kim & Hong, 1991: 396; Heppner & Inoue, 1992: 149; ESK & KSAE, 1994: 387; Lee, 2005a: 27.

Distribution. Korea, Japan, China, Taiwan.

First reported from Korean peninsula. Matsumura, 1907; *Thous. Ins. Jap.,* 4: 80, pl. 68, fig. 5 (Loc. Korea).

North Korean name. 흰점알락나비(임홍안, 1987; 주동률과 임홍안, 1987: 176; 임홍안, 1996).

Host plants. Korea: 느릅나무과(팽나무, 풍게나무)(손정달, 1984).

Remarks. 아종으로는 모식산지가 한국(Korea)인 *H. j. seoki* Shirôzu, 1955 (TL: Korea; Loc. Korea)와 *H. j. japonica* (Loc. Japan)의 2아종이 알려져 있다(Savela, 2008 (ditto)). 근연종인 *Hestina persimilis* (Westwood, 1850)는 모식산지(Type Locality)가 N.India이며, 현재 Nepal, Sikkim, W.China, Kashmir, Simla-Assam, Orissa 등지에 분포하는 종(Savela, 2008 (ditto))으로 서 한반도에 분포하기 어렵다. 한반도에는 중·남부지방에 국지적으로 분포하나, 제주도에서는 관찰 기록이 없다. 연 2-3회 발생하며, 봄형은 5월부터 6월, 여름형은 7월부터 8월에 걸쳐 나타난다. 애벌레로 월동한다. 잡목림에 살며, 나무 위를 천천히 선회하면서 난다. 수액에 잘 모인다. 얼핏 보면 어리세줄나비와 비슷하나, 흑백알락나비는 주둥이 색이 노란색을 띠어 구별된다. 현재의 국명은 석주명(1947: 4)에 의한 것이다.

235. *Hestina assimilis* (Linnaeus, 1758) 홍점알락나비

Papilio (*Nymphalis*) *assimilis* Linnaeus, 1758; *Syst. Nat.* (Edn 10), 1: 479. TL: Guangdong (China).

Hestina assimilis assimilis : Nire, 1920: 51 (Loc. Korea); Mori, Doi, & Cho, 1934: 36 (Loc.

Korea); Joo & Kim, 2002: 121.

Hestina assimilis ocreana : Im, 1996: 28 (Loc. N.Korea).

Hestina assimilis mena : Chou Io (Ed.), 1994: 447.

Hestina assimil (missp.) : Cho *et al.*, 1968: 257.

Hestina assimilis : Butler, 1883: 110; Seok, 1939: 112; Seok, 1947: 4; Cho & Kim, 1956: 32; Kim & Mi, 1956: 397; Cho, 1959: 37; Kim, 1960: 280; Cho, 1963: 196; Cho *et al.*, 1968: 378; Ko, 1969: 195; Hyun & Woo, 1970: 78; Lee, 1971: 13; Lee, 1973: 6; Shin & Koo, 1974: 131; Lewis, 1974; Shin, 1975a: 45; Smart, 1975; Kim, 1976: 152; D'Abrera, 1986; Lee, 1982: 77; Joo (Ed.), 1986: 15; Im (N.Korea), 1987: 42; Ju & Im (N.Korea), 1987: 177; Shin, 1989: 200; Kim & Hong, 1991: 396; Heppner & Inoue, 1992: 149; ESK & KSAE, 1994: 387; Chou Io (Ed.), 1994: 447; Joo *et al.*, 1997: 280; Park & Kim, 1997: 271; Kim, 2002: 206; Lee, 2005a: 27.

Distribution. Korea, Japan, Tibet, China, Hong Kong, Taiwan.

First reported from Korean peninsula. Butler, 1883; *Ann. Mag. Nat. Hist., ser.* 5(11): 110-111 (Loc. S.E.Korea).

North Korean name. 붉은점알락나비(임홍안, 1987; 주동률과 임홍안, 1987: 178).

Host plants. Korea: 느릅나무과(팽나무)(Kuto, 1968); 느릅나무과(풍게나무)(손정달, 1984).

Remarks. 아종으로는 *H. a. assimilis* (Loc. S.China, Hong Kong) 등의 4아종이 알려져 있다 (D'Abrera, 1986; Chou Io (Ed.), 1994). *mena*는 *H. assimilis*의 한 아종 또는 현재 유효하지 않는 종명으로 취급되나(Chou Io (Ed.), 1994: 447; Global Butterfly Information System (ditto)), *Hestina mena* Moore, 1858의 독립종으로 취급되기도 한다(Savela, 2008 (ditto)). 한반도에는 광역 분포하는 종으로 내륙보다는 섬 또는 해안가 지역에 개체밀도가 높다. 연 2-3회 발생하며, 봄형은 5월 하순부터 6월, 여름형은 7월 하순부터 9월에 걸쳐 나타난다. 애벌레로 월동한다. 대부분 잡목림이나 숲 가장자리에서 활동하며, 참나무 수액에 잘 모인다. 현재의 국명은 석주명(1947: 4)에 의한 것이다.

Genus *Sasakia* Moore, 1896

Sasakia Moore, 1896; *Lepidoptera Indica,* 3: 39. TS: *Diadema charonda* Hewitson.

전 세계에 3종이 알려져 있는 작은 속이며, 대부분 동아시아에 분포한다. 한반도에는 왕오색나비 1종이 알려져 있다.

236. *Sasakia charonda* (Hewitson, 1862) 왕오색나비

Diadema charonda Hewitson, 1862; *Exot. Butts.*, 3(3): pl. 10, figs. 2, 3. TL: Honshu (Japan).

Euripus coreanus : Leech, 1887: 418.

Sasakia charonda charonda : Sugitani, 1932: 101 (Loc. Sokrisan (Mt.)); Seok, 1939: 166.

Sasakia charonda coreana : Stichel, 1909: 166 (Loc. Korea); Seok, 1934: 312 (Loc. Geongseong (Seungam-nodongjagu, HB, N.Korea)); Im, 1996: 28 (Loc. N.Korea); Joo *et al.*, 1997: 410; Kim, 2002: 204.

Sasakia charonda coreanus : Nire, 1918: 36 (Loc. Korea); Seok, 1933: 69 (Loc. Gyeseong); Joo & Kim, 2002: 122.

Sasakia charonda : Matsumura, 1931: 539 (Loc. Korea); Seok, 1947: 5; Cho & Kim, 1956: 42; Kim & Mi, 1956: 398; Cho, 1959: 51; Kim, 1960: 280; Cho, 1963: 197; Cho *et al.*, 1968: 257; Ko, 1969: 199; Lee, 1971: 13; Lee, 1973: 6; Shin & Koo, 1974: 133; Lewis, 1974; Shin, 1975a: 45; Smart, 1975; Kim, 1976: 154; D'Abrera, 1986; Lee, 1982: 77; Joo (Ed.), 1986: 15; Im (N.Korea), 1987: 42; Ju & Im (N.Korea), 1987: 179; Shin, 1989: 201; Kim & Hong, 1991: 396; Heppner & Inoue, 1992: 149; ESK & KSAE, 1994: 388; Chou Io (Ed.), 1994: 452; Joo *et al.*, 1997: 282; Park & Kim, 1997: 273; Lee, 2005a: 27.

Distribution. Korea, W.China, C.China, Taiwan, Japan.

First reported from Korean peninsula. Leech, 1887; *Proc. zool. Soc. Lond.*, p. 418 (Loc. Weonsan (N.Korea)).

North Korean name. 왕오색나비(임홍안, 1987; 주동률과 임홍안, 1987: 179; 임홍안, 1996).

Host plants. Korea: 느릅나무과(팽나무)(Kuto, 1968); 느릅나무과(풍게나무)(손정달, 1984).

Remarks. 아종으로는 모식산지가 한국(Korea)인 *S. c. coreana* (Leech) (TL: Korea; Loc. Korea, C.China, W.China) 등의 4아종이 알려져 있다(D'Abrera, 1986; Chou Io (Ed.), 1994). 한반도에는 중·남부에 국지적으로 분포하는 종으로 제주도 및 도서지방에서도 볼 수 있다. 때로는 서해안 도서지역에서도 무리지어 참나무 수액을 빠는 모습이 관찰된다(백문기, 1996). 연 1회 발생하며, 6월 중순부터 8월에 걸쳐 나타난다. 애벌레로 월동한다. 산지의 계곡 주변 잡목림이나 활엽수 위에서 쉬는 모습을 볼 수 있으며, 참나무류나 느릅나무류의 수액에 잘 모인다. 수컷은 동물의 배설물 등

오물에 잘 앉는다. 현재의 국명은 석주명(1947: 5)에 의한 것이다.

Genus *Sephisa* Moore, 1882

Sephisa Moore, 1882; *Proc. zool. Soc. Lond.*, 1882: 240. TS: *Limenitis dichroa* Kollar.

전 세계에 4 종이 알려져 있는 작은 속이며, 아시아에 분포한다. 한반도에는 대왕나비 1 종이 알려
져 있다.

237. *Sephisa princeps* (Fixsen, 1887) 대왕나비

Apatura princeps Fixsen, 1887; in Romanoff, *Mém. Lépid.*, 3: 289, pl. 13, figs. 7a, 7b. TL:
　Bukjeom (Kimhwa, GW, ㅜ.Korea).

Apatura cauta : Leech, 1887: 417–418 (Loc. Changdo (South of Weonsan, N.Korea)).

Sephisa dichroa princeps : Stichel, 1909: 165 (Loc. Korea); Seok, 1939: 167; Seok, 1947: 5;
　Cho & Kim, 1956: 43; Kim & Mi, 1956: 398; Cho, 1959: 51; Kim, 1960: 271; Shin & Koo,
　1974: 133.

Sephisa princeps : Fixsen, 1887: 289; Leech. 1894: 151; Lee, 1971: 13; Lee, 1973: 6; Shin,
　1975a: 45; Kim, 1976: 153; Lee, 1982: 76; Joo (Ed.), 1986: 15; Im (N.Korea), 1987: 42; Ju &
　Im (N.Korea), 1987: 176; Shin, 1989: 200; Kim & Hong, 1991: 395; Im & Hwang (N.Korea),
　1993: 57 (Loc. Baekdusan (Mt.)); ESK & KSAE, 1994: 388; Chou Io (Ed.), 1994: 441; Sohn,
　1995: 1; Joo *et al.*, 1997: 284; Park & Kim, 1997: 275; Tuzov *et al.*, 2000: 15; Kim, 2002: 208;
　Lee, 2005a: 27.

Distribution. Korea, Amur region, NE.China.

First reported from Korean peninsula. Fixsen, 1887: 289 (TL: Bukjeom (GW, N.Korea)).

North Korean name. 감색얼룩나비(임홍안, 1987; 주동률과 임홍안, 1987: 176).

Host plants. Korea: 참나무과(신갈나무)(Takashi, 1941 (Loc. 서울 남산); 참나무과(굴참나무)(손정
　달, 1988, 1990); 참나무과(졸참나무, 상수리나무)(손정달, 1988).

Remarks. 모식종(Type species)의 산지가 한국(Korea)인 한국고유생물종이다. 아종으로는 *S. p.
tamla* Sugiyama, 1999 (Loc. Yunnan (China))의 1아종이 알려져 있다(Huang, 2003). *A. cauta*
(Leech, 1887)는 *S. princeps* (Fixsen, 1887)의 동물이명(synonym)이다. 한반도에는 광역 분포하

는 종이나, 제주도에서는 관찰기록이 없다. 연 1회 발생하며, 6월 하순부터 8월에 걸쳐 나타난다. 대부분 산지의 잡목림에서 볼 수 있다. 수컷은 습한 땅에 잘 앉으며, 암컷은 참나무 수액에 잘 모인다. 수컷은 암컷에 비해 크기가 작고 날개는 검은색 바탕에 주황색 무늬가 있으나 암컷은 검은색 바탕에 백색 무늬가 있어 구별된다. 현재의 국명은 석주명(1947: 5)에 의한 것이다.

Subfamily **HELICONIINAE** Swainson, 1822 표범나비아과

전 세계에 적어도 42 속 1,900 여종 이상이 알려져 있는 큰 아과로 한반도에는 8 속 22 종이 알려져 있다. 전 세계에 광역 분포하는 그룹으로서 때로는 호랑나비상과(上科)의 독립된 과(科)로 취급되기도 했고, Penz & Peggie (2003)는 분자수준의 계통분류학적 연구를 통해본 아과를 4 족으로 구분한바 있다. 일반적으로 앞날개 모양은 다양하며, 시정 부분이 팽대되어 있는 것이 본 아과의 가장 큰 특징이다. 날개의 바탕색은 일반적으로 포식자들이 경계하는 붉은색 또는 검정색을 띠어 일종의 방어 수단으로 사용하기도 한다. 콩과 식물들을 먹으나, 열대의 일부 종들은 독성분이 있는 식물을 먹기도 한다.

Tribe **Argynnini** Duponchel, 1835

Genus *Clossiana* Reuss, 1920

Clossiana Reuss, 1920; *Ent. Mitt.,* 9: 192 nota. TS: *Papilio selene* Denis & Schiffermüller.

전 세계에 적어도 30 종 이상이 알려져 있으며, 대부분 유라시아와 북아메리카에 분포한다. 한반도에는 산은점선표범나비 등 8 종이 알려져 있다.

238. *Clossiana selene* (Denis & Schiffermüller, 1775) 산은점선표범나비

Argynnis selene Denis & Schiffermüller, 1775; *Wien. Verz.:* 321. no. 11. TL: Austria.
Argynnis selene sugitanii : Sugitani, 1937: 14; Seok, 1938: 241; Seok, 1939: 102; Seok, 1947: 3.
Boloria selene : Scott & James, 1986; Pyle, 2002; Opler & Warren, 2003.
Boloria selene sugitanii : Kim & Mi, 1956: 381.

Clossiana selene sugitanii : Joo *et al.*, 1997: 408; Kim, 2002: 294.

Clossiana sugitanii : Im (N.Korea), 1987: 41.

Clossiana selene : Lewis, 1974; Smart, 1975; Hodges & Ronald (ed.), 1983; Ju (N.Korea), 1989: 44 (Loc. Baekdusan (Mt.)); Karsholt & Razowski, 1996: 210; Shin, 1996a: 51; Korshunov & Gorbunov, 1995; Tuzov *et al.*, 2000: 45, pl. 32, figs. 1-6; Lee, 2005a: 27.

Distribution. N.Korea, Russia, Europe, North America.

First reported from Korean peninsula. Sugitani, 1937; *Zeph.*, 7: 14, pl. 1-2, fig. 1 (Loc. Gaemagoweon (N.Korea)).

North Korean name. 높은산은점선표범나비(임홍안, 1987).

Host plants. Korea: Unknown. Russia: 장미과(*Fragaria* spp.) 진달래과(*Vaccinium uliginosum*)(Tuzov *et al.*, 2000). Finland: 제비꽃과(*Viola palustris V. canina, V. riviniana*)(Seppänen, 1970). North America: 제비꽃과(*Viola nephrophylla, V. glabella*)(Scott & James, 1986).

Remarks. 아종으로는 *C. s. dilutior* (Fixsen, 1887)(= *Clossiana selene sugitanii* (Seok, 1938)) (Loc. E.Amur and Ussuri region) 등의 11아종이 알려져 있다(Hodges & Ronald (Ed.), 1983; Tuzov *et al.*, 2000). 유라시아와 북아메리카에 광역 분포하는 종으로, 한반도에서는 북부지방에 분포한다. 작은은점선표범나비와 매우 유사한 종으로 남한지역에서는 이전에 *Clossiana selene*를 작은은점선표범나비(*C. perryi*)로 취급된바 있어 한반도 분포 범위에 대한 재검토가 필요하다. 러시아 극동 남부지방에서는 연 1-2회 발생하며, 6월부터 8월에 걸쳐 나타난다(Korshunov & Gorbunov, 1995). 현재의 국명은 주흥재 등(1997)에 의한 것이다. 국명이명으로는 석주명(1947: 3)의 '스기타니은점선표범나비', 김헌규와 미승우(1956: 381)·신유항(1996)의 '스기다니은점선표범나비' 등이 있다.

239. *Clossiana perryi* (Butler, 1882) 작은은점선표범나비

Argynnis perryi Butler, 1882; *Ann. Mag. nat. Hist.*, (5)9: 16. TL: Posiette Bay (= Posiet, S.Ussuri region) (Russia).

Brenthis perryi : Butler, 1882: 16-17.

Argynnis selene : Fixsen, 1887: 303 (Loc. Korea); Seok, 1936: 63 (Loc. Geumgangsan (Mt.)); Seok, 1947: 3; Cho & Kim, 1956: 30.

Argynnis selene perryi : Leech, 1887: 423 (Loc. Weonsan); Seitz, 1909: 228 (Loc. Korea); Seok, 1933: 67 (Loc. Gyeseong).

Argynnis selene dilutior : Rühl & Heyen, 1895: 420, 7953 (Loc. Korea).

Boloria selene : Kim & Mi, 1956: 381, 396; Cho, 1959: 35; Kim, 1960: 271.

Boloria (*Clossiana*) *selene* : Lee, 1973: 8; Kim, 1976: 100.

Clossiana selene : Lee, 1971: 9; Shin, 1975a: 45; Lee, 1982: 50; Joo (Ed.), 1986: 10; Im (N.Korea), 1987: 41; Ju & Im (N.Korea), 1987: 116; Shin, 1989: 176; Kim & Hong, 1991: 390; ESK & KSAE, 1994: 387.

Clossiana angarensis hakutozana : Im, 1996: 27 (Loc. N.Korea).

Clossiana perryi : Shin, 1996a: 51; Joo *et al.*, 1997: 186; Park & Kim, 1997: 165; Tuzov *et al.*, 2000: 46; Kim, 2002: 132; Lee, 2005a: 27.

Distribution. Korea, S.Ussuri region, Amur region.

First reported from Korean peninsula. Butler, 1882; *Ann Mag. Nat. Hist., ser.* 5(9): 16–17 (Loc. N.E.Korea).

North Korean name. 작은은점선표범나비(임홍안, 1987; 주동률과 임홍안, 1987: 116; 임홍안, 1996).

Host plant. Korea: 제비꽃과(졸방제비꽃)(주흥재 등, 1997).

Remarks. Butler(1882)의 *Brenthis perryi*는 Seok (1934)에 의해 본 종으로 동물이명(synonym) 처리되었으며, *C. selene perryi*는 *C. perryi*의 동물이명(synonym)이다. 그리고 Harman (2005)에 의해 정리된 Global Butterfly Information System (ditto)에서는 *C. perryi*를 *C. iphigenia* (Graeser, 1888) (Loc. E.Amur and Ussuri region, NE.China, Sakhalin, Kunashir, Japan)의 동물 이명(synonym)으로 취급하기도 하며, 한반도에서는 근연종인 *Clossiana selene* (Denis & Schiffermüller, 1775) (Loc. E.Amur and Ussuri region, Europe, W.Siberia, N.Kazakhstan, Altai, Sayan, Transbaikal etc.)와 혼용되어 왔으므로 근연관계에 있는 모식종들의 비교 검토가 필요하다. 한반도 전역에 분포하는 종이나, 남부 해안지방 및 도서지방에서는 관찰기록이 없다. 연 3-4회 발생하며, 3월 하순부터 10월에 걸쳐 나타난다. 산지 내 초지대나 숲 가장자리의 개화식물에서 자주 관찰되나, 개체수가 줄고 있는 추세다. 현재의 국명은 석주명(1947: 3= *Argynnis selene*)에 의한 것이다. 국명이명으로는 조복성(1959: 35, 140)의 '선진은점선표범나비, 성지은점표범나비', 김헌규와 미승우(1956: 381)의 '성지은점선표범나비' 그리고 이승모(1982: 50)의 '성지은점표범나비'가 있다.

240. *Clossiana selenis* (Eversmann, 1837) 꼬마표범나비

Argynnis selenis Eversmann, 1837; *Bull. Soc. imp. Nat. Moscou,* 10(1): 10. TL: Kazan, Tatarstan (Russia).

Argynnis selenis : Seok, 1939: 102; Seok, 1947: 3; Cho & Kim, 1956: 30.

Argynnis selenis chosensis : Matsumura, 1927: 159; Cho, 1934: 72 (Loc. Gwanmosan (Mt.), Jueul (N.Korea)); Seok, 1936: 270 (Loc. N.E.Korea).

Argynnis selenis takamukuella : Matsumura, 1929: 155 (Loc. Korea).

Argynnis selenis sibirica : Hori & Tamanuki, 1937: 146 (Loc. Korea).

Argynnis ino takamukuella : Matsumura, 1929: 17 (Loc. Korea).

Boloria selenis : Kim & Mi, 1956: 381, 397; Cho, 1959: 35; Kim, 1960: 258; Kudrna, 2002.

Boloria selenis sugitanii : Kim, 1960: 258.

Clossiana selenis sibirica : Erschoff, 1870; Joo *et al.*, 1997: 408; Kim, 2002: 294.

Clossiana selenis chosensis : Im, 1996: 27 (Loc. N.Korea).

Clossiana selenis : Seok, 1973; Lewis, 1974: pl. 194, fig. 15; Lee, 1982: 49; Im (N.Korea), 1987: 41; Ju & Im (N.Korea), 1987: 115; Shin, 1989: 247; Ju (N.Korea), 1989: 44 (Loc. Baekdusan (Mt.)); Kim & Hong, 1991: 390; ESK & KSAE, 1994: 387; Chou Io (Ed.), 1994: 478; Korshunov & Gorbunov, 1995; Karsholt & Razowski, 1996: 210; Tuzov *et al.*, 2000: 43, pl. 31, figs. 25-30; Lee, 2005a: 27.

Distribution. N.Korea, Siberia, Amur, Europe, China.

First reported from Korean peninsula. Matsumura, 1927; *Ins. Mats.,* 1: 159-160, 165, pl. 5, fig. 6 (Loc. Jueul (N.Korea)).

North Korean name. 꼬마표범나비(임홍안, 1987; 주동률과 임홍안, 1987: 115; 임홍안, 1996).

Host plants. Korea: Unknown. Russia: 제비꽃과(*Viola* spp.)(Tuzov *et al.*, 2000).

Remarks. 아종으로는 *C. s. chosensis* (Matsumura, 1925) (Loc. Ussuri region) 등의 6아종이 알려져 있다(Korshunov & Gorbunov, 1995; Tuzov *et al.*, 2000). 한반도에는 북부지방에 분포한다. 연 2회 발생하며, 제1화는 5월 하순부터 7월, 제2화는 8월 상순부터 9월 하순에 걸쳐 나타난다(주동률과 임홍안, 1987). 러시아 극동지역에서는 건·습초지대, 산지 내 초지대 등에서 관찰된다(Korshunov & Gorbunov, 1995). 현재의 국명은 석주명(1947: 3)에 의한 것이다.

241. *Clossiana angarensis* (Erschoff, 1870) 백두산표범나비

Argynnis angarensis Erschoff, 1870; *Bull. Soc. imp. Nat. Moscou,* 43(1): 112. TL: Irkutsk region, Stantsiya (Russia).

Argynnis oscarus : Seok, 1939: 92.

Argynnis oscarus maxima : Fixsen, 1887: 304.

Argynnis oscarus australis :Staudinger & Rebel, 1901: 35 (Loc. Korea); Mori, 1925: 58; Mori & Cho, 1938: 43 (Loc. Korea).

Argynnis hakutozana : Matsumura, 1927: 165.

Argynnis angarensis : Seok, 1947: 3; Cho & Kim, 1956: 26; Kim & Mi, 1956: 396; Cho, 1959: 30; Kim, 1960: 258.

Clossiana angarensis : Lewis, 1974; Lee, 1982: 50; Im (N.Korea), 1987: 41; Ju & Im (N.Korea), 1987: 117; Shin, 1989: 248; Ju (N.Korea), 1989: 44 (Loc. Baekdusan (Mt.)); Kim & Hong, 1991: 390; ESK & KSAE, 1994: 387; Korshunov & Gorbunov, 1995; Karsholt & Razowski, 1996: 210; Joo *et al.*, 1997: 408; Tuzov *et al.*, 2000: 43, pl. 30, figs. 7–19; Kim, 2002: 294; Lee, 2005a: 27.

Distribution. N.Korea, S.Siberia, Amur and Ussuri region, Transbaikal.

First reported from Korean peninsula. Fixsen, 1887; in Romanoff, *Mém. Lépid.,* 3: 304 (Loc. Korea).

North Korean name. 백두산표범나비(임홍안, 1987; 주동률과 임홍안, 1987:117).

Host plant. Korea: Unknown. Russia: 진달래과(*Vaccinium* spp.)(Tuzov *et al.*, 2000).

Remarks. 아종으로는 *C. a. hakutosana* (Matsumura, 1927) (Loc. Amur and Ussuri region) 등의 6 아종이 알려져 있다(Korshunov & Gorbunov, 1995; Tuzov *et al.*, 2000). 그러나 Korshunov & Gorbunov (1995)는 *C. hakutozana* (Matsumura, 1927) (TL: N.Korea; Loc. N.Korea)을 여전히 별개의 종으로 취급하고 있어 한반도산 '백두산표범나비'의 학명적용에 대한 재검토가 필요하다. 이승모(1982)는 한반도산 *angarensis*는 Matsumura (1927)에 의해 최초로 기록되었다고 했으나, 석주명(1939)에 의해 동물이명(synonym)으로 정리된 Fixsen (1887)의 기록(= *Argynnis oscarus maxima*)이 최초인 것으로 보인다. 한반도에는 북부 산지대에 국지적으로 분포한다. 연 1회 발생하며, 6월부터 8월에 걸쳐 나타난다(이승모, 1982: 50; 주동률과 임홍안, 1987: 117; Korshunov & Gorbunov, 1995). 현재의 국명은 석주명(1947: 3)에 의한 것이다.

242. *Clossiana oscarus* (Eversmann, 1844) 큰은점선표범나비

Argynnis oscarus Eversmann, 1844; *Bull. Soc. imp. Nat. Moscou,* 17(3): 588, pl. 14, figs. 1a, 1b.
  TL: Irkutsk region (Russia).

Argynnis oscarus var. *maxima* : Fixsen, 1887; 304; Seok, 1939: 92.

Argynnis oscarus : Seok, 1947: 3; Cho & Kim, 1956: 29.

Boloria oscarus : Kim & Mi, 1956: 381, 396; Cho, 1959: 34; Kim, 1960: 269.

Boloria (*Clossiana*) *oscarus* : Lee, 1973: 8; Kim, 1976: 99.

Clossiana oscarus australis : Joo *et al.,* 1997: 408; Kim, 2002: 133.

Clossiana oscarus : Lee, 1971: 9; Lewis, 1974; Lee, 1982: 50; Joo (Ed.), 1986: 10; Im (N.Korea),
  1987: 41; Ju & Im (N.Korea), 1987: 116; Shin, 1989: 176; Ju (N.Korea), 1989: 44 (Loc.
  Baekdusan (Mt.)); Kim & Hong, 1991: 390; ESK & KSAE, 1994: 387; Korshunov & Gorbunov,
  1995; Karsholt & Razowski, 1996: 210; Joo *et al.,* 1997: 187; Park & Kim, 1997: 167; Tuzov
  et al., 2000: 44; Lee, 2005a: 27.

Distribution. Korea, S.Siberia, E.Amur S.Amur and Ussuri region, Europe.

First reported from Korean peninsula. Fixsen, 1887; in Romanoff, *Mém. Lépid.,* 3: 304 (Loc.
  Korea).

North Korean name. 큰은점선표범나비(임홍안, 1987; 주동률과 임홍안, 1987: 116).

Host plants. Korea: 제비꽃과(김용식, 2002).

Remarks. 아종으로는 *C. o. australis* (Graeser, 1888) (Loc. S.Amur and Ussuri region, Sakhalin)
  등의 3아종이 알려져 있다(Tuzov *et al.,* 2000). 한반도에는 중·북부의 산지 중심으로 분포하는 종
  으로 남부지방에서는 지리산의 채집기록(정헌천, 1996: 45)이 있다. 연 1회 발생하고, 높은 산지
  중심으로 5월부터 7월 중순에 걸쳐 나타나며, 개체수는 적다. 현재의 국명은 석주명(1947: 3)에 의
  한 것이다.

243. *Clossiana thore* (Hübner, [1803-1804]) 산꼬마표범나비

Argynnis thore Hübner, [1803-1804]; *Samml. eur. Schmett.,* 1: 71. pl. 111 (1803-1804), figs.
  571-573. TL: Alps of Tirol (Austria).

Argynnis thore : Doi, 1919: 121; Sugitani, 1931: 290 (Loc. Daedeoksan (Mt.) (N.Korea)).

Argynnis thore hyperusia : Seok, 1939: 104; Seok, 1947: 3; Cho & Kim, 1956: 28.

Argynnis thore borealis : Uchida, 1932: 912 (Loc. Korea).

Boloria (*Clossiana*) *thore* : Lee, 1973: 8.

Boloria thore hyperusia : Kim & Mi, 1956: 382, 397; Cho, 1959: 35.

Clossiana thore hyperusia : Kim, 1960: 258; Joo *et al.*, 1997: 408; Kim, 2002: 135.

Clossiana thore : Lee, 1971: 8; Lewis, 1974; Lee, 1982: 51; Im (N.Korea), 1987: 41; Ju & Im (N.Korea), 1987: 117; Shin, 1989: 177; Ju (N.Korea), 1989: 45 (Loc. Baekdusan (Mt.)); Kim & Hong, 1991: 391; ESK & KSAE, 1994: 387; Chou Io (Ed.), 1994: 478; Korshunov & Gorbunov, 1995; Karsholt & Razowski, 1996: 210; Joo *et al.*, 1997: Park & Kim, 1997: 168; 188; Lee, 2005a: 27.

Distribution. Korea, Kamchatka, Amur and Ussuri region, N.Siberia, W.Siberia, N.China, Japan, Transbaikal, Altai, Ural, N.Scandinavia, Austria.

First reported from Korean peninsula. Doi, 1919; *Tyōsen Ihō*, 58: 121 (Loc. Hwangcheoryeong (PN, N.Korea)).

North Korean name. 가는날개표범나비(임홍안, 1987; 주동률과 임홍안, 1987: 117).

Host plants. Korea: 제비꽃과(제비꽃류)(주동률과 임홍안, 1987); 제비꽃과(졸방제비꽃)(손정달 등, 1995).

Remarks. 아종으로는 *C. t. hyperusia* (Fruhstorfer, 1907) (Loc. Amur and Ussuri region) 등의 8 아종이 알려져 있다(Chou Io (Ed.), 1994; Tuzov *et al.*, 2000). 한반도에는 중 북부에 분포하는 종 으로 남한지역에서는 강원도 태백산맥 일부 지역에 국지적으로 분포한다. 연 1회 발생하고, 산지 중심으로 5월 중순부터 7월 중순에 걸쳐 나타나며, 개체수는 적다. 최근에는 드물게 관찰되어 보 호가 필요하다. 현재의 국명은 석주명(1947: 3)에 의한 것이다.

244. *Clossiana titania* (Esper, 1790) 높은산표범나비

Argynnis titania Esper, 1790; *Die Schmett.*, 1(2): 58. pl. 103, fig. 4. TL: Sardinia (Italy).

Argynnis amathusia sibirica : Seok, 1934: 272, 281; Seok, 1939: 73; Seok, 1947: 3; Kim & Mi, 1956: 396; Cho, 1959: 30; Kim, 1960: 258.

Argynnis amathusia nansetsuzana : Doi, 1935: 15-17 (Loc. Namseolryeong (HB, N.Korea)); Sugitani, 1937: 19-20 (Loc. Namseolryeong (HB, N.Korea)).

Argynnis amathusia miyakei : Matsumura, 1919: 584.

Argynnis miyakei : Seok, 1939: 89.

Boloria titania : Lee, 1982: 51; Im (N.Korea), 1987: 41; Ju & Im (N.Korea), 1987: 119; Shin,

1989: 248; Kim & Hong, 1991: 391; ESK & KSAE, 1994: 386.

Boloria titania nansetsuzana : Im, 1996: 29 (Loc. N.Korea); Joo *et al.*, 1997: 408; Kim, 2002: 294.

Clossiana titania : Lewis, 1974; Smart, 1975; Korshunov & Gorbunov, 1995; Karsholt & Razowski, 1996: 210; Tuzov *et al.*, 2000: 49; Lee, 2005a: 27.

Distribution. N.Korea, S.Siberia, Amur region, Transbaikal, Sayan, Altai, Europe.

First reported from Korean peninsula. Seok, 1934; *Zeph.,* 5: 272, 281 (Loc. Baekdusan (Mt.) region).

North Korean name. 높은산표범나비(임홍안, 1987; 주동률과 임홍안, 1987: 119; 임홍안, 1996).

Host plants. Korea: Unknown. Russia: 제비꽃과(*Viola* spp.), 진달래과(*Vaccinium* spp., *Vaccinium uliginosum*), 마디풀과(*Bistorta* spp.), 장미과(*Filipendula ulmaria*), 미나리아재비과(*Trollius asiaticus*)(Tuzov *et al.*, 2000).

Remarks. 아종으로는 *C. t. miyakei* (Matsumura, 1919) (Loc. Sakhalin, Low Amur) 등이 알려져 있다(Korshunov & Gorbunov, 1995; Tuzov *et al.*, 2000). 한반도에는 백두산 등 동북부 고산지역에 국지적으로 분포하고, 연 1회 발생하며, 7월 하순부터 8월 상순에 걸쳐 나타난다(주동률과 임홍안, 1987). 현재의 국명은 석주명(1947: 3)에 의한 것이다.

245. *Clossiana euphrosyne* (Linnaeus, 1758) 은점선표범나비

Papilio euphrosyne Linnaeus, 1758; *Syst. Nat.* (Edn 10), 1: 481, no. 142. TL: Sweden.

Argynnis euphrosyne : Sugitani, 1931; 290; Seok, 1939: 82; Seok, 1947: 3; Cho & Kim, 1956: 27.

Argynnis euphrosyne kamtschadalis : Sugitani, 1932; 28 (Loc. Daedeoksan (Mt.) (N.Korea)).

Argynnis euphrosyne sachalinensis : Nakayama, 1932: 377 (Loc. Korea).

Argynnis euphrosyne orphanus : Sugitani, 1937: 16-19 (Loc. Daedeoksan (Mt.) (N.Korea)).

Boloria iphigenia : Kim & Mi, 1956: 381, 396; Cho, 1959: 34; Kim, 1960: 258.

Boloria (*Clossiana*) *iphigenia* : Lee, 1973: 8.

Clossiana iphigenia : Lee, 1971: 9.

Clossiana euphrosyne orphana : Joo *et al.*, 1997: 408; Kim, 2002: 294.

Clossiana euphrosyne : Lewis, 1974; Smart, 1975; Lee, 1982: 49; Im (N.Korea), 1987: 41; Ju & Im (N.Korea), 1987: 114; Shin, 1989: 247; Ju (N.Korea), 1989: 44 (Loc. Baekdusan (Mt.));

Kim & Hong, 1991: 390; ESK & KSAE, 1994: 387; Korshunov & Gorbunov, 1995; Karsholt & Razowski, 1996: 210; Tuzov *et al.*, 2000: 44, pl. 31, figs. 13-24; Lee, 2005a: 27.

Distribution. N.Korea, Northern Eurasia (Siberia, Amur and Ussuri region, Ural *et al.*).

First reported from Korean peninsula. Sugitani, 1931; *Zeph.,* 3: 290 (Loc. Daedeoksan (Mt.) (N.Korea)).

North Korean name. 은점선표범나비(임홍안, 1987; 주동률과 임홍안, 1987: 114).

Host plants. Korea: 제비꽃과(제비꽃류)(주동률과 임홍안, 1987).

Remarks. 아종으로는 *C. e. orphana* (Fruhstorfer, 1907) (Loc. Transbaikal, Amur and Ussuri region) 등의 8아종이 알려져 있다(Tuzov *et al.*, 2000). *Clossiana iphigenia* (Graeser, 1888) (Loc. E.Amur and Ussuri region, NE.China, Sakhalin, Kunashir, Japan)은 독립종으로 취급되고 있으며(Savela, 2008 (ditto); Global Butterfly Information System (ditto); etc.), 김성수(2006: 52) 는 본 종의 한반도 서식 가능성은 높다고 한바 있다. 한반도에서 은점선표범나비는 북부지방에 국 지적으로 분포하는 종으로 개체수는 많지 않다. 연 1회 발생하며, 평지에서는 5월 하순부터 6월 중순, 산지에서는 6월 하순부터 7월 중순에 걸쳐 나타난다. 산간 계곡 주변의 초지대, 산지 내 공 터 등에서 관찰된다(주동률과 임홍안, 1987). 러시아 극동지역에서는 연 1-2회 발생하며, 지역에 따라 5월 하순부터 8월 중순에 걸쳐 나타난다(Korshunov & Gorbunov, 1995). 현재의 국명은 석 주명(1947: 3)에 의한 것이다.

Genus *Brenthis* Hübner, 1819

Brenthis Hübner, 1819; *Verz. bek. Schmett.,* (2): 30. TS: *Papilio hecate* Denis & Schiffermüller.

전 세계에 3종만이 알려져 있는 작은 속이며, 유라시아에 분포한다. 한반도에는 작은표범나비와 큰 표범나비 2종이 알려져 있다.

246. *Brenthis ino* (Rottemburg, 1775) 작은표범나비

Papilio ino Rottemburg, 1775; *Der Naturforscher,* 6: 19, pl. 1, figs. 3-4. TL: E.Germany.

Argynnis ino : Leech, 1887: 423; Matsumura, 1931: 513; Seok, 1939: 84; Seok, 1947: 3; Cho & Kim, 1956: 28.

Argynnis ino tigroides : Yokoyama, 1927: 604 (Loc. Korea).

Argynnis ino amurensis : Staudinger & Rebel, 1901: 37 (Loc. Korea); Seitz, 1909: 235 (Loc. Korea); Matsumura, 1927: 161 (Loc. Korea); Uchida, 1932: 914 (Loc. Korea); Cho, 1934: 71 (Loc. Gyeseong).

Argynnis ino sibirica : Seok, 1934: 272, 281 (Loc. Baekdusan (Mt.) region).

Brenthis ino amurensis : Joo *et al.*, 1997: 408; Kim, 2002: 136.

Brenthis ino : Kim & Mi, 1956: 382, 397; Cho, 1959: 36; Kim, 1960: 264; Lee, 1971: 9; Lee, 1973: 8; Lewis, 1974; Shin, 1975a: 42, 45; Smart, 1975; Kim, 1976: 103; Lee, 1982: 52; Joo (Ed.), 1986: 10; Im (N.Korea), 1987: 41; Ju & Im (N.Korea), 1987: 119; Shin, 1989: 176; Ju (N.Korea), 1989: 45 (Loc. Baekdusan (Mt.)); Kim & Hong, 1991: 391; ESK & KSAE, 1994: 386; Chou Io (Ed.), 1994: 469; Karsholt & Razowski, 1996: 210; Joo *et al.*, 1997: 191; Park & Kim, 1997: 171; Tuzov *et al.*, 2000: 42; Lee, 2005a: 27.

Distribution. Korea, Russia, N.China, Japan, Temperate Asia, Europe.

First reported from Korean peninsula. Leech, 1887; *Proc. zool. Soc. Lond.*, p. 423 (Loc. Weonsan (N.Korea)).

North Korean name. 작은표문나비(임홍안, 1987; 주동률과 임홍안, 1987: 119).

Host plants. Korea: 장미과(오이풀)(손정달, 1984); 장미과(터리풀)(주동률과 임홍안, 1987).

Remarks. 아종으로는 *B. i. amurensis* (Staudinger, 1887) (Loc. Amur) 등의 12아종이 알려져 있다 (Chou Io (Ed.), 1994; Tuzov *et al.*, 2000). 한반도에는 중북부 지역에 분포하는 종으로 남한지역 에서는 강원도 산지를 중심으로 국지적으로 관찰되는 보통 종이다. 연 1회 발생하며, 6월부터 8월 에 걸쳐 나타나며, 대부분 산지 능선 또는 정상 주변 초지대에서 볼 수 있다. 손상규와 최수철 (2008: 31-32)에 의해 6월 하순경 수컷의 집단 수면이 관찰된바 있다. 애벌레로 월동한다(한국인 시류동호인회편, 1986; 주동률과 임홍안, 1987). 현재의 국명은 석주명(1947: 3)에 의한 것이다.

247. *Brenthis daphne* (Bergsträsser, 1780) 큰표범나비

Papilio daphne Bergsträsser, 1780; *Nomen. Ins.*, 4(1780): 32, pl. 86, figs. 1-2. TL: Hanau-Münzenberg (Germany).

Argynnis rabdia : Butler, 1882: 16; Rühl, 1985: 438 (Loc. Korea).

Argynnis daphne : Fixsen, 1887: 304-305 (Loc. Korea); Leech, 1887: 423 (Loc. Weonsan); Seok & Nishimoto, 1935: 93 (Loc. Najin); Seok, 1939: 80; Seok, 1947: 3; Cho & Kim, 1956:

27.

Argynnis daphne rabdia : Staudinger & Rebel, 1901: 37 (Loc. Korea); Yokoyama, 1927: 599 (Loc. Korea).

Argynnis daphne mediofusca : Matsumura, 1929: 154 (Loc. Korea).

Argynnis daphne ochroleuca : Matsumura, 1929: 17 (Loc. Korea).

Argynnis daphne songdonis : Seok, 1934: 723 (Loc. Gyeseong).

Argynnis daphne fumida : Butler, 1882: 16 (Loc. N.E.Korea); Seitz, 1909: 235 (Loc. Korea); Doi, 1932: 76 (Loc. Soyosan (Mt.)); Seok, 1933: 67 (Loc. Gyeseong).

Brenthis daphne fumida : Joo *et al.*, 1997: 408; Kim, 2002: 137.

Brenthis daphne : Kim & Mi, 1956: 382, 397; Cho, 1959: 36; Kim, 1960: 264; Seok, 1972 (Rev. Ed.): 176; Lee, 1973: 8; Lewis, 1974; Shin, 1975a: 42, 45; Kim, 1976: 102; Shin, 1979: 138; Lee, 1982: 52; Joo (Ed.), 1986: 10; Im (N.Korea), 1987: 41; Ju & Im (N.Korea), 1987: 120; Shin, 1989: 177; Ju (N.Korea), 1989: 45 (Loc. Baekdusan (Mt.)); Kim & Hong, 1991: 391; ESK & KSAE, 1994: 386; Chou Io (Ed.), 1994: 468; Karsholt & Razowski, 1996: 210; Joo *et al.*, 1997: 190; Park & Kim, 1997: 169; Tuzov *et al.*, 2000: 41; Lee, 2005a: 27.

Distribution. Korea, Russia, Japan, Europe.

First reported from Korean peninsula. Butler, 1882; *Ann. Mag. Nat. Hist., ser.* 5(9): 16 (Loc. N.E.Korea).

North Korean name. 큰표문나비(임홍안, 1987; 주동률과 임홍안, 1987: 120).

Host plants. Korea: 장미과(오이풀, 가는오이풀)(손정달, 1984); 장미과(긴오이풀)(주동률과 임홍안, 1987).

Remarks. 아종으로는 모식산지가 한국(Korea)인 *B. d. fumidia* (Butler, 1882) (TL: N.E.Korea; Loc. Korea)의 5아종이 알려져 있다(Chou Io (Ed.), 1994; Tuzov *et al.*, 2000). 한반도에는 중북부 지역에 분포하는 종으로 남한지역의 중·남부지역에서는 내륙 산지를 중심으로 국지적으로 관찰되며, 개체수는 적은 편이다. 연 1회 발생하며, 6월부터 8월에 걸쳐 나타나며, 산지 능선 또는 정상 주변에서 볼 수 있다. 애벌레로 월동한다(주동률과 임홍안, 1987). 현재의 국명은 석주명(1947: 3)에 의한 것이다.

Genus *Argynnis* Fabricius, 1807

Argynnis Fabricius, 1807; *Magazin f. Insektenk.* (Illiger) 6: 283. TS: *Papilio paphia* Linnaeus.

= *Nephargynnis* Shirôzu & Saigusa, 1973; *Sieboldia,* 4(3): 111. TS: *Argynnis anadyomene* C. et R. Felder.

한반도에는 은줄표범나비, 구름표범나비, 긴은점표범나비, 은점표범나비 그리고 왕은점표범나비 5종이 알려져 있다. Savela (2008) (ditto) 등은 *Fabriciana* 속을 독립된 속(Genus)으로 취급하고 있으나, Bozano (1999, 2002), Bruna *et al.,* (2002), Tadokoro (2009) 등은 *Fabriciana* 속을 *Argynnis* 속의 아속(Subgenus)으로 취급하고 있어, 본 정리에서는 긴은점표범나비, 은점표범나비, 왕은점표범나비를 *Argynnis* 속(Genus)으로 취급했다. 그리고 이영준(2005)의 황은점표범나비(= *A. adippe* ([Denis and Schiffermüller], 1775), 한라은점표범나비(*A. hallasanensis* (Okano, 1998))는 Tadokoro (2009) 등의 상반된 연구 결과가 있으므로 본 정리에서는 보류했다. 또한 Chou Io (Ed.) (1994)와 Tuzov *et al.* (2000: 38) 등에 의해 모식산지가 한반도(북한)로 기록되어 있는 *coreana* (Butler, 1882)는 현재 유효하지 않은 종명이다(Global Butterfly Information System (ditto); etc.).

248. *Argynnis paphia* (Linnaeus, 1758) 은줄표범나비

Papilio paphia Linnaeus, 1758; *Syst. Nat.* (Edn 10), 1: 481. TL: Sweden.

Argynnis paphia valesina : Leech, 1894: 239 (Loc. Korea).

Argynnis paphia paphioides : Nire, 1918 (Loc. Korea); Cho, 1929: 8 (Loc. Ulleungdo (Is.)); Seok, 1936: 57 (Loc. Jirisan (Mt.)).

Argynnis paphia paphia : Seok, 1937: 170 (Loc. Jejudo (Is.))

Argynnis paphia tsushimana : Joo *et al.,* 1997: 408.

Argynnis paphia geisha : Kim, 2002: 144.

Argynnis paphia jejudoensis : Okano & Pak, 1968; Joo & Kim, 2002: 108.

Argynnis pathia (missp.) : Hyun & Woo, 1969: 181.

Argynnis paphia : Leech, 1887: 424; Seok, 1939: 94; Seok, 1947: 3; Cho & Kim, 1956: 29; Kim & Mi, 1956: 396; Cho, 1959: 33; Kim, 1960: 271; Cho, 1963: 195; Cho, 1965: 181; Cho *et al.,* 1968: 256; Lee, 1971: 9; Lee, 1973: 7; Lewis, 1974; Shin & Koo, 1974: 131; Shin, 1975a: 45; Smart, 1975; Kim, 1976: 105; Lee, 1982: 54; Joo (Ed.), 1986: 11; Im (N.Korea), 1987: 41; Shin, 1989: 179; Ju (N.Korea), 1989: 45 (Loc. Baekdusan (Mt.)); Kim & Hong, 1991: 391; Heppner & Inoue, 1992: 146; ESK & KSAE, 1994: 386; Chou Io (Ed.), 1994: 464; Karsholt &

Razowski, 1996: 210; Joo *et al.*, 1997: 202; Park & Kim, 1997: 183; Tuzov *et al.*, 2000: 33; Lee, 2005a: 27.

Distribution. Korea, Japan, Temperate Asia, Taiwan, Algeria, Europe.

First reported from Korean peninsula. Leech, 1887; *Proc. zool. Soc. Lond.,* p. 424 (Loc. Korea).

North Korean name. 은줄표문나비(임홍안, 1987; 주동률과 임홍안, 1987: 128).

Host plants. Korea: 제비꽃과(흰털제비꽃)(손정달과 박경태, 1994); 제비꽃과(제비꽃류)(한국인시류동호인회편).

Remarks. 아종으로는 모식산지가 한국(Korea)인 *A. p. jejudoensis* Okano & Pak, 1968 (TL: Jejudo (Is.) (S.Korea); Loc. Korea) 등의 16아종이 알려져 있다(Okano & Pak, 1968; Chou Io (Ed.), 1994; Larsen, 1996; Tuzov *et al.*, 2000). 한반도 전역에 분포하는 종으로 개체수는 많다. 산지 내 초지대 및 숲 가장자리 개화식물에서 관찰되며, 종종 땅 바닥 또는 사면에서 흡수하고 있는 군집이 관찰되기도 하고, 연 1회 발생하며, 5월 중순 이후에 나타나 6월 하순까지 활동하다가 하면 후 8월부터 10월 상순에 걸쳐 나타난다. 알 또는 1령 애벌레로 월동한다(한국인시류동호인회편, 1986; 주동률과 임홍안, 1987). 현재의 국명은 석주명(1947: 3)에 의한 것이다.

249. *Argynnis anadyomene* C. Felder et R. Felder, 1862 구름표범나비

Argynnis anadiomene C. Felder et R. Felder, 1862; *Wien. ent. Monats.,* 6(1): 25, no. 13. TL: Central China.

Argynnis anadiomene : Fixsen, 1887: 309; Leech, 1894: 240 (Loc. Korea); Okamoto, 1923: 66 (Loc. Korea); Seok, 1933: 67 (Loc. Gyeseong); Seok, 1939: 75; Cho & Kim, 1956: 26; Kim & Mi, 1956: 396; Cho, 1959: 30; Shin & Koo, 1974: 131.

Argynnis anadiomene parasoides : Matsumura, 1927: 161 (Loc. Korea).

Argynnis anadiomene midas : Hyun & Woo, 1969: 181.

Argynnis anadyomene parasoides : Matsumura, 1929: 18 (Loc. Korea).

Nephargynnis anadyomene : Lee, 1982: 54; Joo (Ed.), 1986: 11; Im (N.Korea), 1987: 41; Ju & Im (N.Korea), 1987: 126; Shin, 1989: 179; Kim & Hong, 1991: 391; Im & Hwang (N.Korea), 1993: 57 (Loc. Baekdusan (Mt.)); ESK & KSAE, 1994: 387; Chou Io (Ed.), 1994: 467; Joo *et al.*, 1997: 196; Park & Kim, 1997: 177; Kim, 2002: 141.

Argynnis anadyomene : Doi, 1931: 44 (Loc. Soyosan (Mt.)); Mori, Doi, & Cho, 1934: 20 (Loc. Korea); Seok, 1939: 49 (Loc. Gaemagoweon (N.Korea)); Seok, 1947: 3; Kim, 1960: 271; Lee,

1971: 9; Lee, 1973: 7; Lewis, 1974; Shin, 1975a: 45; Smart, 1975; Kim, 1976: 104; Tuzov *et al.*, 2000: 34; Lee, 2005a: 27.

Distribution. Korea, Amur and Ussuri region, Japan, China.

First reported from Korean peninsula. Fixsen, 1887; in Romanoff, *Mém. Lépid.,* 3: 309 (Loc. Korea).

North Korean name. 구름표문나비(임홍안, 1987; 주동률과 임홍안, 1987: 126).

Host plants. Korea: 제비꽃과(제비꽃류)(주동률과 임홍안, 1987).

Remarks. 아종으로는 모식산지가 한국(Korea)인 *A. a. prasoides* Fruhstorfer, 1907 (TL: Korea; Loc. Korea) 등의 4아종이 알려져 있다(Tuzov *et al.*, 2000). 한반도 전역에 분포하는 종이나, 남부 해안지역에는 국지적으로 분포한다. 제주도와 울릉도 일대에는 관찰기록이 없다. 개체수는 적으며, 산지 내 초지대 및 숲 가장자리의 개화식물에서 볼 수 있다. 연 1회 발생하며, 5월 하순 이후에 나타나 6월 하순까지 활동하다가 하면 후 7월 하순부터 9월에 걸쳐 나타난다. 1령 애벌레로 월동한다(한국인시류동호인회편, 1986; 주동률과 임홍안, 1987). 현재의 국명은 석주명(1947: 3)에 의한 것이다. 국명이명으로는 이승모(1971; 9)의 '구름표범나비'가 있다.

250. *Argynnis vorax* Butler, 1871 긴은점표범나비

Argynnis adippe vorax Butler, 1871; *Trans. Ent. Soc. Lond.*: 403. TL: Shanghai (E.China).

Argynnis adippe : Fixsen, 1887: 306 (Loc. Korea).

Argynnis adippe var. *vorax* : Matsumura, 1911: 44; Mori,1925: 58 (*adippe* subsp.); Mori, 1927: 22 (*adippe* 4 No. 5, 2005 subsp.); Doi, 1928: 49; Seok, 1933: 77 (*adippe* f.); Seok, 1934: 272 (*adippe* subsp.); Mori *et al.*, 1934, pl. 16 (4) (*adippe* f.); Seok & Nishimoto, 1935: 93 (*adippe* subsp.); Okano & Pak, 1968: 66 (*Fabriciana adippe* subsp.); Joo and Kim, 2002: 109 (*Fabriciana adippe* subsp.).

Argynnis cydippe : Seok, 1939: 76; Cho, 1959, pl. 23(9) (nec Linnaeus, 1761).

Fabriciana adippe : Lee, 1982: 55, pls. 30 (128A–D), 31(128E, F); Joo (Ed.), 1986: 11; Im (N.Korea), 1987: 41; Ju & Im (N.Korea), 1987: 131; Shin, 1989: 181; Ju (N.Korea), 1989: 45 (Loc. Baekdusan (Mt.)); Kim *et al.*, 1991: 11; Kim, 1991: 21; Sohn, 1991: 38; Kim, 1992: 9; Kim, 1994: 38; Chou Io (Ed.), 1994: 465; Park & Kim, 1997: 48; Park *et al.*, 2001: 18 (nec [Denis and Schiffermüller], 1775).

Fabriciana adippe vorax f. *vorax* : Okano and Pak, 1968: 67.

Fabriciana adippe vorax : Joo & Kim, 2002: 109; Kim, 2002: 294.

Fabriciana vorax paki Okano, 1998: 3; Okano, 1998a: 5. TL: Hallasan (Mt.).

Fabriciana vorax : Shin & Koo, 1974: 131; Joo *et al.*, 1997: 206; Park & Kim, 1997: 187; Kim *et al.*, 1999: 11.

Argynnis (*Fabriciana*) *vorax* : Lee, 1971: 10; Lee, 1973: 8.

Argynnis vorax : Butler, 1883: 110; Seok, 1936a: 63; Seok, 1936b: 40; Seok, 1939: 105; Seok, 1942: 87; Seok, 1947: 4; Kim & Mi, 1956: 396; Cho, 1959: 33, 106, pl. 26(4); Kim, 1960: 271; Cho, 1963: 195; Cho *et al.*, 1968: 257; Kurosawa & Inomata, 2003: 19; Tuzov, 2003: 37; Lee, 2005: 4; Lee, 2005a: 27; Tadokoro, 2009: 9–17.

Distribution. Korea, Japan, Temperate Asia, Europe.

First reported from Korean peninsula. Butler, 1883; *Ann Mag. Nat. Hist., ser.* 5(11): 110 (Loc. Korea).

North Korean name. 긴은점표문나비(임홍안, 1987; 주동률과 임홍안, 1987: 131).

Host plants. Korea: 제비꽃과(제비꽃)(주동률과 임홍안, 1987); 제비꽃과(털제비꽃)(주흥재 등, 1997); 제비꽃과(제비꽃류)(김용식, 2002).

Remarks. 한반도산 긴은점표범나비의 종명은 그간 *adippe* ([Schiffermüller], 1775) (이승모, 1982; 신유항, 1989), *vorax* Butler, 1871(주흥재 등, 1997), *adippe vorax* (주흥재와 김성수, 2002), *vorax paki* (Okano, 1998, 1998a) 등으로 다양하게 적용되어 왔으며, 이영준(2005)은 긴은점표범나비를 *Argynnis vorax*로 적용하고 *Argynnis adippe*를 황은점표범나비로 신칭한바 있다. 이영준 (2005)은 한반도산 황은점표점나비에 대해 수컷의 뒷날개 아랫면 기부에 녹색을 띠는 인편들이 없거나 부분적이고, 제6-8실에 각각 있는 중앙부 점무늬(post discal spot)는 가로로 길어진 타원형이고, 앞날개 외연은 거의 수직이고, 수컷 생식기의 파악판의 costal appendix가 상당히 굽어져 있어 *vorax*와 구별된다고 했고, 또한 한반도에서는 북부 산지에 드물게 발생한다고 기록했다. 현재 *adippe*와 *vorax*는 각각 독립된 종으로 취급하고 있으나(Wahlberg, N.: Checklist of Palaearctic Nymphalidae species: by Bozano, 1999; Bozano, 2002; Bruna *et al.*, 2002; Tuzov, 2003), *vorax*는 여전히 *nerippe*의 아종인 *nerippe vorax* 또는 *adippe*의 아종인 *adippe vorax*으로 취급 (Tuzov *et al.*, 2000; Lamas, 2004)되기도 한다. 또한 *Argynnis*속을 *Fabriciana*로 동물이명 (synonym)으로 보는 견해와 *Argynnis*를 독립 속으로 보는 견해가 있다. 본 연구에서 한반도산 긴은점표범나비는 Tadokoro (2009) 등에 따라 *Argynnis vorax*로 취급했다. 이승모(1982)는 Fixsen (1887: 306)에 의한 *A. adippe*를 한반도 최초의 기록이라 정리했으나, 석주명(1939)에 의해 정리된 Butler (1883: 110)의 *A. vorax*가 한반도 최초의 기록으로 보인다. 한반도 전역에 분포

하는 종으로 개체수는 많으며, 산지 및 숲 가장자리 개화식물에서 볼 수 있다. 연 1회 발생하며, 6월 중순부터 나타나 잠시 활동하다가 하면해 9월에 다시 나타난다. 은점표범나비와 비슷하나 뒷날개 아랫면의 중실 끝에 있는 은무늬가 타원형이라는 점 등의 특징으로 구별된다. 어린 애벌레로 월동한다(한국인시류동호인회편, 1986; 주동률과 임홍안, 1987). 현재의 국명은 석주명(1947: 4)에 의한 것이다.

251. *Argynnis niobe* (Linnaeus, 1758) 은점표범나비

Papilio niobe Linnaeus, 1758; *Syst. Nat.* (Edn 10), 1: 481. TL: Sweden.

Papilio cleodoxa Esper, 1789; *Die Schmett. Suppl. Th* 1 (1-2): 3, pl. 94, fig. 3.

Argynnis adippe ab. *xanthodippe* Fixsen, 1887: 307 (TL: Korea); Doi, 1919: 120 (*adippe* subsp.); Okamoto, 1926: 176 (*adippe* subsp.); Doi, 1928: 49; Maruda, 1929: 126 (*adippe* subsp.); Doi, 1931: 44 (*adippe* subsp.); Mori *et al.*, 1934, pl. 16 (7) (*adippe* f.).

Argynnis adippe var. *coredippe* Leech, 1893: 233. TL: Wei-hai-wei, Shantung promontory, China; Weonsan in the Corea; Seitz, 1909: 239 (*adippe* f.); Doi, 1919: 120 (*adippe* subsp.); Mori, 1927: 22 (*adippe* subsp.); Doi, 1928: 49; Maruda, 1929: 126 (*adippe* subsp.); Doi, 1931: 44 (*adippe* subsp.); Seok, 1933: 77 (*adippe* f.); Cho, 1934: 72 (*adippe* f.); Seok, 1934: 271 (*adippe* subsp.); Mori *et al.*, 1934, pl. 16 (5) (*adippe* f.); Seok and Nishimoto, 1935: 93 (*adippe* subsp.).

Argynnis adippe locuples : Doi, 1919: 120; Doi, 1928: 49 (*adippe* var.); Doi, 1931: 44; Cho, 1934: 72 (*adippe* f.); Mori *et al.*, 1934, pl. 16 (3) (*adippe* f.).

Argynnis adippe pallescens : Mori, 1925: 58; Okamoto,1926: 176; Mori, 1927: 22; Doi, 1931: 44; Seok, 1933: 77 (*adippe* f.); Seok, 1934: 271; Seok and Nishimoto, 1935: 93; Kim *et al.*, 1974: 217 (*Fabriciana*) (nec Butler, 1873).

Argynnis adippe f. *musanna*: Mori *et al.*, 1934, pl. 16 (1).

Argynnis adippe f. *souyoensis*: Mori *et al.*, 1934, pl. 16 (6).

Argynnis adippe f.: Mori *et al.*, 1934, pl. 16 (8).

Argynnis locuples : Seok, 1936a: 62; Seok, 1936b: 40.

Argynnis cydippe : Seok, 1939: 76; Seok, 1942: 87; Seok, 1947: 3; Kim, 1956: 340; Cho & Kim, 1956: 26; Kim & Mi, 1956: 396; Cho, 1959: 31, 105, pls. 23 (10), 24 (1-5); Kim, 1959a: 96; Kim, 1960: 271; Cho, 1963: 195; Koo, 1963: 26 (nec Linnaeus, 1761); Cho *et al.*, 1968: 256.

Argynnis (*Fabriciana*)*adippe* : Lee, 1971: 9; Lee, 1973: 7.

Fabriciana pallescens : Lee, 1982: 56, pls. 31 (129A-D, F); Kim and Nam, 1985: 103; Joo (Ed.), 1986: 11; Shin, 1989: 181; Kim, 1990: 20; Kim *et al.*, 1991: 11; Kim, 1992: 9; Kim, 1994: 38 (nec Butler, 1873).

Fabriciana adippe : Shin & Koo, 1974: 131; Shin, 1975a: 45; Joo *et al.*, 1997: 208; Kim *et al.*, 1999: 11 (nec [Denis and Schiffermüller], 1775).

Argynnis xipe : Tuzov *et al.*, 2000: 38; Lee, 2005: 2; Lee, 2005a: 27; Kim, 2006: 49.

Fabriciana niobe ; Lewis, 1974; pl. 2, figs. 16, 18; Smart, 1975; Chou Io (Ed.), 1994: 474; Park *et al.*, 2001: 18 (nec Linnaeus, 1758).

Fabriciana niobe pallescens : Kim, 2002: 146.

Argynnis niobe coredippe : Fujioka, 2002: 6; Kurosawa and Inomata, 2003: 17.

Argynnis niobe : Tuzov *et al.*, 2000: 39, pl. 24, figs. 1-13; Kudrna, 2002; Wahlberg *et al.*, 2005; Tadokoro, 2009: 9-17.

Distribution. Korea, Far East Russian, S.Siberia, Anterior and Central Asia, Mongolia, N.China, S.Ural, Europe.

First reported from Korean peninsula. Fixsen, 1887; in Romanoff, *Mém. Lépid.*, 3: 307 (Loc. Korea).

North Korean name. 은점표문나비(임홍안, 1987; 주동률과 임홍안, 1987: 133).

Host plants. Korea: 제비꽃과(제비꽃류)(주흥재 등, 1997).

Remarks. 아종으로는 *A. n. valesinoides* Reuss, 1926 (Loc. Korea) 등의 13종이 알려져 있다 (Tuzov *et al.*, 2000; Savela, 2008 (ditto)). 한반도산 은점표범나비의 종명(아종명)은 그간 *pallescens* (이승모, 1982; 신유항, 1989), *adippe*와 *adippe coredippe* (이승모, 1971, 1973; 주흥 재 등, 1997), *niobe pallescens* (김용식, 2002)로 다양하게 적용되어 왔으며, 이영준(2005)은 Tuzov *et al.* (2000), Tuzov (2003)의 견해에 따라 *niobe* Linnaeus, 1758이 한반도에 분포하지 않는 종으로 취급해, 한반도산 은점표범나비의 종명을 *xipe* (Grum-Grshimailo, 1891)로 적용한바 있다. 현재 *niobe*와 *xipe*는 각각 독립된 종으로 취급하고 있으며(Wahlberg, N.: Checklist of Palaearctic Nymphalidae species: by Bozano, 1999; Bozano, 2002; Bruna *et al.*, 2002; Tuzov, 2003), Tadokoro (2009)는 분자 수준의 계통분류학 정보 등을 취합하고, 한반도, 러시아, 중국 등 의 표본 검토를 통해 한반도산 은점표범나비를 *niobe*로 확인한바 있다. 이에 따라 한반도산 은점 표범나비의 종명으로 *niobe*를 적용했다. 한반도 전역에 분포하는 종으로 개체수는 보통이며, 산지 및 숲 가장자리 개화식물에서 볼 수 있다. 연 1회 발생하며, 5월부터 나타나기 시작해, 6-7월에 많 으며, 하면한 후 9월에 다시 나타난다. 현재의 국명은 석주명(1947: 3)에 의한 것이다.

252. *Argynnis nerippe* C. Felder et R. Felder, 1862 왕은점표범나비

Argynnis nerippe C. Felder et R. Felder, 1862; *Wien. ent. Monats.,* 6(1): 24. no. 9. TL: Japan.

Argynnis coreana : Butler, 1882: 15-16.

Fabriciana nerippe coreana : Joo & Kim, 2002: 111; Joo *et al.,* 1997: 408.

Fabriciana nerippe nerippe : Kim, 2002: 149.

Fabriciana nerippe : Shin & Koo, 1974: 131; Lewis, 1974; Shin, 1975a: 45; Smart, 1975; Shin, 1979: 138; Lee, 1982: 59; Joo (Ed.), 1986: 11; Im (N.Korea), 1987: 41; Ju & Im (N.Korea), 1987: 133; Shin, 1989: 181; Ju (N.Korea), 1989: 45 (Loc. Baekdusan (Mt.)); Kim & Hong, 1991: 392; ESK & KSAE, 1994: 387; Chou Io (Ed.), 1994: 475; Joo *et al.,* 1997: 209; Park & Kim, 1997: 191.

Argynnis nerippe coreana : Rühl, 1895: 451 (Loc. Korea); Seitz, 1909: 239 (Loc. Korea); Cho, 1934: 72 (Loc. Gwanmosan (Mt.)); Seok, 1936: 57 (Loc. Jirisan (Mt.)).

Argynnis nerippe nerippe : Nire, 1920: 49 (Loc. Korea).

Argynnis nerippe ohlorotis : Okamoto, 1923: 65 (Loc. Korea).

Argynnis nerippe acuta : Matsumura, 1929: 154 (Loc. Korea).

Argynnis (Fabriciana) nerippe : Lee, 1971: 9; Lee, 1973: 7; Kim, 1976: 110; Tuzov *et al.,* 2000.

Argynnis nerippe : Leech, 1887: 423 (Loc. Korea); Seok, 1939: 90; Seok, 1947: 3; Cho & Kim, 1956: 28; Kim & Mi, 1956: 396; Cho, 1959: 32; Kim, 1960: 271; Cho, 1963: 195; Cho *et al.,* 1968: 256; Hyun & Woo, 1969: 181; Seok, 1972 (Rev. Ed.): 177; Tuzov *et al.,* 2000: 39; Lee, 2005a: 27; Tadokoro, 2009: 9-17.

Distribution. Korea, Far East Russia, Japan, China, Tibet.

First reported from Korean peninsula. Butler, 1882; *Ann Mag. Nat. Hist., ser.* 5(9): 15-16 (Loc. N.E.Korea).

North Korean name. 왕은점표문나비(임홍안, 1987; 주동률과 임홍안, 1987: 133).

Host plants. Korea: 제비꽃과(제비꽃류)(주동률과 임홍안, 1987).

Remarks. 아종으로는 *A. n. vorax* (Butler, 1871) (Loc. China) 등의 4아종이 알려져 있다(Tuzov *et al.,* 2000). 한반도산 왕은점표범나비은 종명(아종명)은 그간 *nerippe* (이승모, 1982; 신유항, 1989), *nerippe coreana* (주흥재 등, 1997), *nerippe nerippe* (김용식, 2002) 등으로 적용되어 왔다. 한반도에는 국지적으로 분포하는 종이며, 남한지역에서는 멸종위기야생동물 II급으로 지정되어 법적 보호를 받고 있다. 내륙 지역에서는 개체밀도가 낮지만 서해안 도서 또는 해안가 지역에서는 자주 관찰되며, 현재 굴업도(개머리초지 일대)가 남한지역의 최대 서식처로 보인다. 연 1회 발생하

며, 5월부터 나타나기 시작해 6-7월에 최성기를 이루며, 하면 후 9월에 다시 나타나며, 이동성이 강하다. 애벌레로 월동한다(주동률과 임홍안, 1987). 한반도산 표범나비 중 가장 크며, 뒷날개 아외연의 M자 모양의 검은 줄무늬로 다른 근연종과 구별된다. 현재의 국명은 석주명(1947: 3)에 의한 것이다.

Genus Argyreus Scopoli, 1777

Argyreus Scopoli, 1777; *Introd. Hist. nat.*: 431. TS: *Papilio hyperbius* Linnaeus.

전 세계에 1 종만 알려져 있는 작은 속으로서, 대부분 남아시아, 오세아니아, 동아프리카에 분포한다. 한반도에는 암끝검은표범나비 1 종이 알려져 있다.

253. *Argyreus hyperbius* (Linnaeus, 1763) 암끝검은표범나비

Papilio hyperbius Linnaeus, 1763; *Amoenitates Acad.*, 6: 408. no. 75. TL: Guangdong (China).

Argynnis niphe : Ichikawa, 1906: 185; Seok, 1934: 727 (Loc. Jejudo (Is.) etc.); Seok, 1938: 27 (Loc. Ulleungdo (Is.) (S.Korea)).

Argyreus hyperbius hyperbius : Nire, 1920: 49 (Loc. Korea); Okamoto, 1924: 82 (Loc. Jejudo (Is.)); Joo & Kim, 2002: 107.

Argynnis (*Argyreus*) *hyperbius* : Kim, 1976: 113.

Argynnis hyperbius : Cho *et al.*, 1968: 256.

Argyreus hyperbius : Doi, 1919: 120 (Loc. Seoul); Matsumura, 1927: 161 (Loc. Korea); Seok, 1939: 83; Seok, 1947: 3; Cho & Kim, 1956: 27; Kim & Mi, 1956: 380, 396; Cho, 1959: 32; Kim, 1960: 277; Cho, 1963: 195; Cho, 1965: 181; Seok, 1972 (Rev. Ed.): 176, 235; Shin & Koo, 1974: 131; Lewis, 1974; Shin, 1975a: 42, 45; Smart, 1975; D'Abrera, 1986; Lee, 1982: 57; Joo (Ed.), 1986: 11; Im (N.Korea), 1987: 41; Ju & Im (N.Korea), 1987: 134; Shin, 1989: 182; Kim & Hong, 1991: 392; Heppner & Inoue, 1992: 146; ESK & KSAE, 1994: 386; Paek *et al.*, 1994: 57; Chou Io (Ed.), 1994: 464; Joo *et al.*, 1997: 200; Park & Kim, 1997: 181; Kim, 2002: 152; Lee, 2005a: 27.

Distribution. Korea, Japan, Himalayas-China, Taiwan, Australia, Nilgiris, Saurashtra, Baluchistan, Luchnow.

First reported from Korean peninsula. Ichikawa, 1906; *Hakubutu no Tomo*, 6: 185 (Loc. Jejudo (Is.) (S.Korea)).

North Korean name. 암끝검정표문나비(임홍안, 1987; 주동률과 임홍안, 1987: 134).

Host plants. Korea: 제비꽃과(제비꽃류)(주동률과 임홍안, 1987).

Remarks. 아종으로는 *A. h. hyperbius* (Loc. C.India-N.India, Assam-China, Taiwan) 등의 8아종이 알려져 있다(D'Abrera, 1977; D'Abrera, 1986; Corbet & Pendlebury, 1992; Williams, 2008). 한반도에는 남부지방에 분포하는 종으로, 제주도와 남해안 해안지역 일대가 주서식지이며, 개체수는 많다. 암컷의 날개 윗면은 앞날개끝 쪽으로 약 절반가량이 자흑색으로 그 가운데 흰 띠가 있어 수컷과 구별된다. 연 3-4회 발생하며, 봄형은 3월부터 5월까지, 여름형은 6월부터 11월에 걸쳐 나타난다. 이동성이 강해 가을에는 서해안 도서 등 중북부지방까지 볼 수 있다. 애벌레로 월동한다(주동률과 임홍안, 1987). 현재의 국명은 석주명(1947: 3)에 의한 것이다. 국명이명으로는 조복성과 김창환(1956: 27)의 '끝검은표범나비'가 있다.

Genus *Damora* Nordmann, 1851

Damora Nordmann, 1851; *Bull. Soc. imp. Nat. Moscou,* 24(2): 439. TS: *Damora paulina* Nordman.

전 세계에 1 종만 알려져 있는 작은 속으로서, 대부분 동아시아에 분포한다. 한반도에는 암검은표범나비 1 종이 알려져 있다.

254. *Damora sagana* (Doubleday, [1847]) 암검은표범나비

Argynnis sagana Doubleday, [1847]; *Gen. diurn. Lep.,* (1): pl. 24, fig. 1. TL: NE.China.

Argynnis sagana : Fixsen, 1887: 309; Seok, 1939: 98; Seok, 1947: 3; Cho & Kim, 1956: 29; Kim & Mi, 1956: 396; Cho, 1959: 33; Kim, 1959a: 96; Kim, 1960: 271; Cho, 1963: 196; Cho *et al.,* 1968: 257; Korshunov & Gorbunov, 1995; Tuzov *et al.,* 2000: 35; Lee, 2005a: 27.

Argynnis sagana liane : Matsumura, 1927: 161 (Loc. Korea); Maruda, 1929: 126 (Loc. Geongseong (Seungam-nodongjagu, HB, N.Korea)); Esaki, 1939: 230.

Argynnis (*Damora*) *sagana* : Lee, 1971: 9; Lee, 1973: 8; Kim, 1976: 107.

Damora sagana paulina : Joo *et al.,* 1997: 408.

Damora sagana sagana : Joo & Kim, 2002: 106; Kim, 2002: 142.

Damora sagana : Lewis, 1974; Shin, 1975a: 45; Smart, 1975; Lee, 1982: 53; Joo (Ed.), 1986: 11;

Im (N.Korea), 1987: 41; Shin, 1989: 179; Ju (N.Korea), 1989: 45 (Loc. Baekdusan (Mt.)); Kim & Hong, 1991: 391; ESK & KSAE, 1994: 387; Chou Io (Ed.), 1994: 470; Joo *et al.*, 1997: 198; Park & Kim, 1997: 179.

Distribution. Korea, SE.Siberia, Amur and Ussuri region, Japan, China, Mongolia.

First reported from Korean peninsula. Fixsen, 1887; in Romanoff, *Mém. Lépid.,* 3: 309 (Loc. Korea).

North Korean name. 암검은표문나비(임홍안, 1987; 주동률과 임홍안, 1987: 125).

Host plants. Korea: 제비꽃과(제비꽃류)(한국인시류동호인회편, 1986).

Remarks. 아종으로는 *D. s. paulina* Nordman, 1851 (Loc. Irkutsk. Amur) 등의 4아종이 알려져 있다(Tuzov *et al.*, 2000). 한반도에는 전 지역에 국지적으로 분포하는 종으로, 서해안 도서들에서는 개체수가 많다. 암컷은 수컷과는 달리 청색이 도는 흑갈색 바탕에 흰 무늬와 띠가 있어 구별된다. 연 1회 발생하며, 6월부터 9월에 걸쳐 나타난다. 알 또는 1령 애벌레로 월동한다(한국인시류동호인회편, 1986; 주동률과 임홍안, 1987). 현재의 국명은 석주명(1947: 3)에 의한 것이다.

Genus *Childrena* Hemming, 1943

Childrena Hemming, 1943; *Proc. R. ent. Soc. Lond.,* (B)12: 30. TS: *Argynnis childreni* Gray.

전 세계에 2 종만 알려져 있는 작은 속으로서, 아시아에 분포한다. 한반도에는 중국은줄표범나비와 산은줄표범나비의 2 종이 알려져 있다.

255. *Childrena childreni* (Gray, 1831) 중국은줄표범나비

Argynnis childreni Gray, 1831; *Zool. Miscell.,* (1): 33. TL: Nepal.

Argynnis childreni : Lee, 2005a: 27.

Childrena childreni : Lewis, 1974; Smart, 1975; D'Abrera, 1986; Park, 1992; 36; Chou Io (Ed.), 1994: 471; Joo *et al.*, 1997: 418; Park & Kim, 1997: 371; Joo & Kim, 2002: 153; Kim, 2002: 271.

Distribution. S.Korea (Immigrant species), NE.India (hills), Assam, Himalayas, N.Burma, W.China,

C.China.

First reported from Korean peninsula. Park, 1992; *J. Lepid. Soc. Korea*, 5: 36 (Loc. Jejudo (Is.)
(S.Korea)).

North Korean name. 북한에서는 기록이 없다.

Host plant. Unknown.

Remarks. 아종으로는 *C. c. childreni* (Loc. Nepal, Assam, Upper Burma, W.China) 등의 3아종이
알려져 있다(D'Abrera, 1986). 한반도에는 미접으로 1989년 제주도 서귀포에서 박용길(1992: 36)
에 의해 채집되어 처음 기록된 종이다. 뒷날개 외연부가 녹색 빛이 도는 흑갈색의 어두운 색을 띠
어 산은줄표범나비와 구별된다. 현재의 국명은 박용길(1992: 36)에 의한 것이다.

256. *Childrena zenobia* (Leech, 1890) 산은줄표범나비

Argynnis zenobia Leech, 1890; *Entomologist*, 23: 188. TL: Lucheng, Sichuan (China).

Argynnis zenobia : Seok, 1972 (Rev. Ed.): 178; Seok, 1947: 4; Tuzov *et al.*, 2000: 34; Lee,
2005a: 27.

Argynnis zenobia penelope : Doi, 1919; 91; Seok, 1939: 106; Cho & Kim, 1956: 31; Kim & Mi,
1956: 396; Cho, 1959: 34; Kim, 1960: 261.

Argynnis (*Childrena*) *penelope* : Lee, 1973: 8; Kim, 1976: 106.

Argynnis penelope : Lee, 1971: 9; Shin, 1979: 137.

Childrena zenobia penelope : Oh & Kim, 1989: 51; Joo *et al.*, 1997: 408; Kim, 2002: 145.

Childrena zenobia : Lewis, 1974; Lee, 1982: 55; Joo (Ed.), 1986: 11; Im (N.Korea), 1987: 41; Ju
& Im (N.Korea), 1987: 129; Shin, 1989: 180; Shin, 1990: 153; Kim & Hong, 1991: 391; ESK
& KSAE, 1994: 387; Chou Io (Ed.), 1994: 472; Joo *et al.*, 1997: 204; Park & Kim, 1997: 185.

Distribution. Korea, S.Ussuri region, China, Tibet.

First reported from Korean peninsula. Doi, 1919; *Tyōsen Ihō*, 59: 91 (Loc. Sanchangryeong
(N.Korea)).

North Korean name. 큰은줄표문나비(임홍안, 1987; 주동률과 임홍안, 1987: 129).

Host plants. Korea: 제비꽃과(제비꽃류)(주흥재 등, 1997).

Remarks. 아종으로는 *C. z. penelope* (Staudinger, [1892]) (Loc. S.Ussuri region)와 *C. z. zenobia*
(Loc. China, Tibet)의 2아종이 알려져 있다(Chou Io (Ed.), 1994; Tuzov *et al.*, 2000). 한반도에는
중 북부지방에 분포하는 종으로 남한에서는 산지를 중심으로 국지적으로 분포하며, 개체수는 적은

편이다. 경상북도 선암산에서도 채집기록(정선우 등, 1999: 23)이 있다. 연 1회 발생하며, 6월부터 9월에 걸쳐 나타난다. 암수 모두 뒷날개 아랫면에 흰색과 암녹색의 복잡하고 특이한 무늬가 있어 다른 표범나비와 구별된다. 현재의 국명은 석주명(1947: 4)에 의한 것이다.

Genus Speyeria Scudder, 1872

Speyeria Scudder, 1872; 4th Ann. Rep. *Peabody Acad. Sci.* (1871): 44. TS: *Papilio idalia* Drury.
= *Mesoacidalia* Reuss, 1926; *Deuts. ent. Z.* 1926(1): 69. TS: *Papilio aglaja* Linnaeus.

전 세계에 적어도 18 종 이상이 알려져 있으며, 대부분 유라시아와 북아메리카에 분포한다. 한반도에는 풀표범나비 1 종이 알려져 있다.

257. *Speyeria aglaja* (Linnaeus, 1758) 풀표범나비

Papilio aglaja Linnaeus, 1758; *Syst. Nat.* (Edn 10), 1: 481. TL: Sweden.

Argynnis aglaja : Fixsen, 1887: 305; Leech, 1887: 423 (Loc. Weonsan); Seok, 1939: 71; Seok, 1947: 3; Cho & Kim, 1956: 25; Karsholt & Razowski, 1996: 210; Tuzov *et al.*, 2000: 36; Lee, 2005a: 27.

Argynnis aglaja fortuna : Leech, 1894: 230 (Loc. Weonsan); Maruda, 1929: 78 (Loc. Geongseong (Seungam-nodongjagu, HB, N.Korea)); Seok & Nishimoto, 1935: 93 (Loc. Najin); Seok, 1936: 57 (Loc. Jirisan (Mt.)).

Argynnis aglaja clavimacula : Matsumura, 1929: 154 (Loc. Korea); Gaede, 1932: 223 (Loc. Korea).

Argynnis aglaja ottomana : Nakayama, 1932: 376 (Loc. Korea); Mori, Doi, & Cho, 1934: 18 (Loc. C.Korea).

Argynnis charlotta : Kim & Mi, 1956: 380, 396; Cho, 1959: 30; Kim, 1960: 266; Cho, 1963: 195; Cho *et al.*, 1968: 256.

Argynnis (*Mesoacidalia*) *charlotta* : Lee, 1971: 10; Lee, 1973: 7; Kim, 1976: 112.

Argynnis charlottaf ortuna : Hyun & Woo, 1970: 78.

Speyeria aglaja clavimacula : Joo *et al.*, 1997: 408; Kim, 2002: 150.

Speyeria aglaja : Lee, 1982: 55; Joo (Ed.), 1986: 11; Im (N.Korea), 1987: 41; Ju & Im (N.Korea),

1987: 130; Shin, 1989: 180; Ju (N.Korea), 1989: 45 (Loc. Baekdusan (Mt.)); Kim & Hong, 1991: 391; ESK & KSAE, 1994: 388; Chou Io (Ed.), 1994: 473; Joo *et al.*, 1997: 210; Park & Kim, 1997: 193.

Distribution. Korea, Iran-Siberia, China, Japan, Morocco, Europe.

First reported from Korean peninsula. Fixsen, 1887; in Romanoff, *Mém. Lépid.,* 3: 305-306 (Loc. Korea).

North Korean name. 은별표문나비(임홍안, 1987; 주동률과 임홍안, 1987: 130).

Host plants. Korea: 제비꽃과(제비꽃류)(주동률과 임홍안, 1987).

Remarks. 아종으로는 *S. a. clavimacula* (Matsumura, 1929) (Loc. S.Ussuri region) 등 12아종이 알려져 있다(Smart, 1975; Chou Io (Ed.), 1994; Tennent, John, 1996; Tuzov *et al.*, 2000; Mazzei *et al.*, 2009). *A. charlotta* [Haworth], 1802는 *aglaja* (Linnaeus, 1758)의 동물이명(synonym)이다(Tuzov *et al.*, 2000). 본 종은 *Argynnis*속으로 취급되기도 하나 Wahlberg (Checklist of Palaearctic Nymphalidae species: by Markku Savela's pages and Lamas, G., 2004) 등에 따라 *Speyeria* 속으로 취급했다. 한반도에는 중·북부지방에 분포하는 종으로 남한에서는 산지를 중심으로 국지적으로 분포하며, 개체수는 감소 추세에 있다. 연 1회 발생하며, 6월부터 9월에 걸쳐 나타난다. 알 또는 1령 애벌레로 월동한다(한국인시류동호인회편, 1986; 주동률과 임홍안, 1987). 뒷날개 아랫면 기부 쪽의 3개의 은색 점이 삼각형을 이루고 있어 다른 표범나비와 구별된다. 현재의 국명은 석주명(1947: 3)에 의한 것이다. 국명이명으로는 현재선과 우건석(1970: 78))의 '줄표범나비'가 있다.

Genus ***Argyronome*** Hübner, 1819

Argyronome Hübner, 1819; *Verz. bek. Schmett.,* (2): 32. TS: *Papilio laodice* Pallas.

전 세계에 16 종 이상이 알려져 있는 속으로, 유라시아에 분포한다. 한반도에는 흰줄표범나비와 큰흰줄표범나비 2 종이 알려져 있다. *Argyronome*속을 *Argynnis* 속의 동물이명(synonym)으로 취급하거나(Korshunov & Gorbunov, 1995; Tuzov, V.K., 2003) *Argyronome*속을 *Argynnis* 속의 아속으로 취급해 본 종들을 *Argynnis* 속으로 취급하기도 하나, 여기에서는 Bisby *et al.,* (2007), The Global Biodiversity Information Facility (GBIF Data Portal Classification (derived from data), Global Butterfly Information System (Catalogue of Life: 2009 Annual Checklist) 등에 따라

Argyronome 속의 종들로 취급했다.

258. *Argyronome laodice* (Pallas, 1771) 흰줄표범나비

Papilio laodice Pallas, 1771; *Reise Russ. Reichs,* 1: 470. TL: S.Russia.

Argynnis japonica : Butler, 1882: 16.

Argynnis laodice : Butler, 1882: 16; Seok, 1939: 86; Seok, 1947: 3; Cho & Kim, 1956: 28; Kim
& Mi, 1956: 396; Cho, 1959: 32; Kim, 1960: 271; Cho, 1963: 195; Cho *et al.*, 1968: 256, 378;
Hyun & Woo, 1969: 181; Karsholt & Razowski, 1996: 210; Tuzov *et al.*, 2000: 35; Lee, 2005a:
27.

Argynnis laodice japonica : Leech, 1984: 236-237 (Loc. Korea); Nire, 1918: 5 (Loc. Korea);
Cho, 1934: 72 (Loc. Gwanmosan (Mt.)).

Argynnis laodice laodice : Okamoto, 1923: 65 (Loc. Korea).

Argynnis laodice producta : Matsumura, 1927: 154 (Loc. Korea).

Argynnis laodice ferruginea : Nomura, 1938: 58-59 (Loc. Wan-do, Jejudo (Is.))

Argynnis ruslana : Yokoyama, 1927: 601.

Argynnis (*Argyronome*) *laodice* : Lee, 1971: 9; Kim, 1976: 114.

Argyronome laodice japonica : Shin & Koo, 1974: 131; Shin, 1975a: 45; Joo *et al.*, 1997: 408.

Argyronome laodice laodice : Joo & Kim, 2002: 105; Kim, 2002: 138.

Argyronome laodice : Lee, 1973: 8; Lewis, 1974; Smart, 1975; D'Abrera, 1986; Lee, 1982: 52;
Joo (Ed.), 1986: 10; Im (N.Korea), 1987: 41; Shin, 1989: 178; Kim & Hong, 1991: 391; ESK &
KSAE, 1994: 386; Chou Io (Ed.), 1994: 465; Joo *et al.*, 1997: 192; Park & Kim, 1997: 173.

Distribution. Korea, Amur and Ussuri region, Japan, W.China, Assam-N.Burma, C.Europe,
S.Europe.

First reported from Korean peninsula. Butler, 1882; *Ann Mag. Nat. Hist., ser.* 5(9): 16 (Loc.
N.E.Korea).

North Korean name. 흰줄표문나비(주동률과 임홍안, 1987: 122); 한줄표문나비(임홍안, 1987).

Host plants. Korea: 제비꽃과(제비꽃류)(주동률과 임홍안, 1987).

Remarks. 아종으로는 *A. l. fletcheri* (Watkins, 1924) (Loc. Amur and Ussuri region) 등의 8아종이
알려져 있다(Chou Io (Ed.), 1994; Tuzov *et al.*, 2000). 한반도 전역에 분포하는 종으로 개체수는
많다. 연 1회 발생하며, 6월부터 10월에 걸쳐 나타난다. 숲 가장자리의 개화식물에서 쉽게 볼 수

있다. 애벌레로 월동한다. 현재의 국명은 석주명(1947: 3)에 의한 것이다.

259. *Argyronome ruslana* (Motschulsky, 1866) 큰흰줄표범나비

Argynnis ruslana Motschulsky, 1866; *Bull. Soc. imp. Nat. Moscou,* 39(3): 117. TL: Amur region
   (Russia).

Argynnis ruslana : Ichikawa, 1906: 185; Seok, 1939: 97; Seok, 1947: 3; Kim & Mi, 1956: 396;
   Cho, 1959: 33; Kim, 1960: 266; Cho, 1963: 196; Cho *et al.,* 1968: 256; Tuzov *et al.,* 2000: 35;
   Lee, 2005a: 27.

Argynnis ruslana lysippe : Matsumura, 1919: 17 (Loc. Korea); Matsumura, 1927: 161 (Loc.
   Korea).

Argynnis (*Argyronome*) *ruslana* : Lee, 1971: 9; Kim, 1976: 116.

Argyronome ruslana : Lee, 1973: 8; Lewis, 1974; Lee, 1982: 53; Joo (Ed.), 1986: 10; Im
   (N.Korea), 1987: 41; Ju & Im (N.Korea), 1987: 124; Shin, 1989: 178; Kim & Hong, 1991: 391;
   ESK & KSAE, 1994: 386; Chou Io (Ed.), 1994: 466; Joo *et al.,* 1997: 194; Park & Kim, 1997:
   175; Kim, 2002: 139.

Distribution. Korea, Amur and Ussuri region, E.China, Japan.

First reported from Korean peninsula. Ichikawa, 1906; *Hakubutu no Tomo,* 6: 185 (Loc. Jejudo
   (Is.) (S.Korea)).

North Korean name. 큰흰줄표문나비(임홍안, 1987; 주동률과 임홍안, 1987: 124).

Host plants. Korea: 제비꽃과(제비꽃류)(주동률과 임홍안, 1987).

Remarks. 아종으로는 *A. r. ruslana* (Loc. Amur and Ussuri region)와 *A. r. lysippe* (Janson, 1877)
   (Loc. Japan)의 2아종이 알려져 있다(Tuzov *et al.,* 2000). 한반도에는 산지를 중심으로 국지 분포
   하는 보통 종이다. 연 1회 발생하며, 6월부터 나타나 잠시 활동하다가 하면한 후 8월부터 다시 관
   찰된다. 애벌레 또는 알로 월동한다(한국인시류동호인회편, 1986; 주동률과 임홍안, 1987). 흰줄표
   범나비와 유사하나 앞날개 시정(날개끝)이 바깥으로 돌출하고, 수컷의 성표가 3줄이며, 뒷날개 아
   랫면 중앙부에서 외연까지는 흑자색이 강해 구별된다. 현재의 국명은 석주명(1947: 3)에 의한 것
   이다.

Subfamily **LIMENITIDINAE** Behr, 1864 줄나비아과

전 세계에 적어도 46 속 800 여종 이상이 알려져 있으며, 한반도에는 4 속 21 종이 알려져 있다. 전 세계에 광역 분포하는 그룹으로서, 대부분의 어른벌레는 날개를 펄럭인 후 활공하는 방법을 반복적으로 하며 비행한다. 한반도산 줄나비아과의 대부분 종들은 흑색 바탕의 날개에 흰색 줄무늬가 있다.

Tribe **Limenitidini** Behr, 1864

Genus *Limenitis* Fabricius, 1807

Limenitis Fabricius, 1807; *Magazin f. Insektenk.* (Illiger) 6: 281. TS: *Papilio populi* Linnaeus.
= *Ladoga* Moore, [1898]; *Lepidoptera Indica,* 3: 146. TS: *Papilio camilla* Linnaeus.

전 세계에 적어도 25 종 이상이 알려져 있으며, 대부분 유라시아와 북아메리카에 분포한다. 한반도에는 왕줄나비 등 8 종이 알려져 있다.

260. *Limenitis populi* (Linnaeus, 1758) 왕줄나비

Papilio populi Linnaeus, 1758; *Syst. Nat.* (Edn 10), 1: 476. TL: Sweden.
Limenitis populi ussuriensis : Mori, 1925: 59; Seok, 1939: 122; Seok, 1947: 4; Cho & Kim, 1956: 34; Kim & Mi, 1956: 397; Cho, 1959: 41; Ko, 1969: 196; Joo *et al.*, 1997: 409; Kim, 2002: 163.
Limenitis populi : Doi, 1919: 122; Okamoto, 1923: 67 (Loc. Korea); Kim, 1960: 262; Lee, 1971: 10; Lee, 1973: 7; Lewis, 1974; Smart, 1975; Kim, 1976: 122; Lee, 1982: 60; Joo (Ed.), 1986: 12; Im (N.Korea), 1987: 41; Ju & Im (N.Korea), 1987: 140; Shin, 1989: 185; Ju (N.Korea), 1989: 45 (Loc. Baekdusan (Mt.)); Kim & Hong, 1991: 392; ESK & KSAE, 1994: 387; Chou Io (Ed.), 1994: 506; Karsholt & Razowski, 1996: 212; Joo *et al.*, 1997: 226; Park & Kim, 1997: 209; Tuzov *et al.*, 2000: 16; Lee, 2005a: 27.

Distribution. Korea, Russia, Japan, Asia, Europe.
First reported from Korean peninsula. Doi, 1919; *Tyōsen Ihō*, 58: 122 (Loc. Sobaeksan (Mt.) (= Nangnimsan, PN, N.Korea)).

North Korean name. 큰한줄나비(임홍안, 1987; 주동률과 임홍안, 1987: 140).

Host plants. Korea: 버드나무과(황철나무, 일본사시나무)(손정달, 1984); 버드나무과(버드나무)(주동 률과 임홍안, 1987).

Remarks. 아종으로는 *L. p. ussuriensis* Staudinger, 1887 (Loc. Korea, NE.China, Amur region, Ussuri) 등의 7아종이 알려져 있다(Chou Io (Ed.), 1994; Tuzov *et al.*, 2000). 한반도에는 중 북부 지방에 국지적으로 분포하는 종으로 남한에서는 강원도 고산지를 중심으로 국지적으로 분포하며, 개체수는 적다. 경기도에서도 명지산의 1981년 채집 기록이 있다(한국인시류동호인회편, 1986). 연 1회 발생하며, 6월 중순부터 8월 상순에 걸쳐 나타난다. 애벌레로 월동한다(주동률과 임홍안, 1987). 한반도산 줄나비 중 가장 크며, 암컷은 수컷에 비해 뒷날개 중앙 흰 띠의 폭이 넓다. 수컷 은 자주 도로 위나 밝은 나대지에 내려와 앉으나 암컷은 나무 위에서 선회하며 활동한다. 현재의 국명은 석주명(1947: 4)에 의한 것이다.

261. *Limenitis camilla* (Linnaeus, 1764) 줄나비

Papilio camilla Linnaeus, 1764; *Mus. Lud. Ulr.*: 304. TL: Germany.

Limenitis sibylla : Leech, 1887: 419.

Limenitis sibilla : Rühl, 1895: 332 (Loc. Korea).

Limenitis sibylla angustata : Staudinger & Rebel, 1901: 23 (Loc. Korea).

Limenitis (Ladoga) camilla : Lee, 1971: 10; Lee, 1973: 7; Kim, 1976: 117.

Limenitis camilla japonica : Stichel, 1909: 181 (Loc. Korea); Seok, 1936: 57 (Loc. Jirisan (Mt.)); Joo *et al.*, 1997: 408; Joo & Kim, 2002: 112; Kim, 2002: 158.

Limenitis camilla angustata : Shin & Koo, 1974: 132; Shin, 1975a: 45.

Limenitis camilla : Seok, 1939: 115; Seok, 1947: 4; Cho & Kim, 1956: 33; Kim & Mi, 1956: 397; Cho, 1959: 39; Kim, 1960: 271; Cho, 1963: 196; Cho *et al.*, 1968: 257; Ko, 1969: 196; Hyun & Woo, 1970: 78; Lee, 1982: 57; Joo (Ed.), 1986: 12; Im (N.Korea), 1987: 41; Ju & Im (N.Korea), 1987: 136; Shin, 1989: 182; Ju (N.Korea), 1989: 45 (Loc. Baekdusan (Mt.)); Kim & Hong, 1991: 392; ESK & KSAE, 1994: 387; Chou Io (Ed.), 1994: 507; Karsholt & Razowski, 1996: 212; Joo *et al.*, 1997: 212; Park & Kim, 1997: 195; Tuzov *et al.*, 2000: 17; Lee, 2005a: 27.

Distribution. Korea, Japan, China, C.Asia, Europe.

First reported from Korean peninsula. Leech, 1887; *Proc. zool. Soc. Lond.*, p. 419 (Loc. Korea).

North Korean name. 한줄나비(임홍안, 1987; 주동률과 임홍안, 1987: 136).

Host plants. Korea: 인동과(홍괴불나무, 인동덩굴)(손정달, 1984); 인동과(올괴불나무)(손정달 등, 1992); 인동과(각시괴불나무)(손정달 등, 1995).

Remarks. 아종으로는 *L. c. japonica* Ménétriès, 1857 (Loc. Amur and Ussuri region, Japan)과 *L. c. camilla* (Loc. C.Europe, Caucasus, Transcaucasia)의 2아종이 알려져 있다(Chou Io (Ed.), 1994; Tuzov *et al.*, 2000). 본 종은 *Ladoga* Moore, [1898] 속으로 취급되기도 한다(Global Butterfly Information System (ditto); etc.). Leech, (1887: 419) 등의 *L. sibylla* (Hüfnagel, 1766)는 *L. camilla* (Linnaeus, 1764)의 동물이명(synonym)이다. 한반도에는 제주도를 포함해 전역에 분포하는 보통 종이다. 연 2-3회 발생하며, 제1화는 5월 하순부터 6월 중순, 제2화는 7월 상순부터 8월 중순에 나타나며, 늦은 개체는 10월에 관찰되기도 한다. 애벌레로 월동한다(주동률과 임홍안, 1987). 앞날개 중실에 별다른 흰 무늬가 없어 다른 줄나비와 구별된다. 현재의 국명은 석주명(1947: 4)에 의한 것이다.

262. *Limenitis sydyi* Lederer, 1853 굵은줄나비

Limenitis sydyi Lederer, 1853; *Verh. zool.-bot. Ver. Wien,* 3: 357. pl. 1, fig. 3. TL: Lower Bukhtarma River (E.Kazakhstan).

Limenitis sydyi var. *latefasciata* : Fixsen, 1887: 293.

Limenitis latefasciata : Rühl, 1895: 334-335 (Loc. Korea).

Limenitis amphyssa : Matsumura, 1931: 526 (Loc. Korea); Seok, 1947: 4.

Limenitis (*Ladoga*) *sydyi* : Lee, 1971: 10.

Limenitis (*Parathyma*) *sydyi* : Lee, 1973: 7; Kim, 1976: 120.

Limenitis sydyi coreacola : Matsumura, 1931: 526 (Loc. Korea).

Limenitis sydyi latefasciata : Staudinger & Rebel, 1901: 23 (Loc. Korea); Doi, 1919: 122; Seok, 1933: 68 (Loc. Gyeseong); Joo *et al.*, 1997: 409; Kim, 2002: 161.

Limenitis sydyi : Leech, 1894: 181 (Loc. Korea); Seok, 1939: 124; Seok, 1947: 4; Cho & Kim, 1956: 35; Kim & Mi, 1956: 397; Cho, 1959: 41; Kim, 1960: 264; Ko, 1969: 196; Shin & Koo, 1974: 132; Lewis, 1974; Shin, 1975a: 45; Lee, 1982: 60; Joo (Ed.), 1986: 12; Im (N.Korea), 1987: 41; Ju & Im (N.Korea), 1987: 139; Shin, 1989: 185; Ju (N.Korea), 1989: 45 (Loc. Baekdusan (Mt.)); Kim & Hong, 1991: 392; ESK & KSAE, 1994: 387; Chou Io (Ed.), 1994: 507; Joo *et al.*, 1997: 220; Park & Kim, 1997: 203; Tuzov *et al.*, 2000: 18; Lee, 2005a: 27.

Distribution. Korea, Altai-Ussuri, NE.China, C.China.

First reported from Korean peninsula. Fixsen, 1887; in Romanoff, *Mém. Lépid.,* 3: 293 (Loc. Korea).

North Korean name. 넓은한줄나비(임홍안, 1987; 주동률과 임홍안, 1987: 139).

Host plants. Korea: 장미과(일본조팝나무, 꼬리조팝나무)(손정달, 1984); 장미과(조팝나무)(주동률과 임홍안, 1987).

Remarks. 아종으로는 *L. s. latefasciata* Ménétriès, 1859 (Loc. Korea, Amur and Ussuri region, NE.China, Transbaikal)와 *L. s. sydyi* (Loc. Altai)의 2아종이 알려져 있다(Tuzov *et al.,* 2000). 한반도 전역에 분포하는 종이나, 해안지역에서는 관찰기록이 없으며, 개체수는 적은 편이다. 연 1 회 발생하며, 6월부터 8월에 걸쳐 나타난다. 대부분 산지에서 볼 수 있다. 현재의 국명은 석주명 (1947: 4)에 의한 것이다. 석주명(1947: 4)은 본 종의 동종이명(synonym)인 *Limenitis amphyssa* 를 '조선줄나비사촌'으로 신칭한바 있다.

263. *Limenitis moltrechti* Kardakov, 1928 참줄나비

Limenitis moltrechti Kardakov, 1928; *Entomol. Mitt.,* 17: 269. TL: Narva Bay, Ussuri region (Russia).

Limenitis amphyssa : Nire, 1919: 349.

Limenitis takamukuana : Matsumura, 1931: 44 (Loc. Geongseong (Seungam-nodongjagu, HB, N.Korea)).

Limenitis (*Ladoga*) *moltrechti* : Lee, 1971: 10.

Limenitis (*Parathyma*) *moltrechti* : Lee, 1973: 7; Kim, 1976: 121.

Limenitis moltrechti takamukuana : Im, 1996: 27 (Loc. N.Korea).

Limenitis moltrechti : Seok, 1934: 273 (Loc. Baekdusan (Mt.) region); Mori, Doi, & Cho, 1934: 21 (Loc. N.C.Korea); Seok, 1939: 121; Seok, 1947: 4; Cho & Kim, 1956: 34; Kim & Mi, 1956: 397; Cho, 1959: 40; Kim, 1960: 261; Lee, 1982: 59; Joo (Ed.), 1986: 15; Im (N.Korea), 1987: 41; Ju & Im (N.Korea), 1987: 140; Shin, 1989: 184; Ju (N.Korea), 1989: 45 (Loc. Baekdusan (Mt.)); Kim & Hong, 1991: 392; ESK & KSAE, 1994: 387; Chou Io (Ed.), 1994: 508; Kim, 1996: 36; Joo *et al.,* 1997: 224; Park & Kim, 1997: 207; Tuzov *et al.,* 2000: 18; Kim, 2002: 159; Lee, 2005a: 27.

Distribution. Korea, Amur and Ussuri region, NE.China.

First reported from Korean peninsula. Nire, 1919; *Zool. Mag.*, 31: 349, pl. 4, fig. 4 (Loc. Musanryeong (N.Korea)).

North Korean name. 산한줄나비(임홍안, 1987; 주동률과 임홍안, 1987: 140; 임홍안, 1996).

Host plant. Korea: 인동과(올괴불나무)(주동률과 임홍안, 1987).

Remarks. Matsumura (1931: 44)의 *L. takamukuana* (Matsumura, 1931)는 *L. moltrechti* Kardakov, 1928의 동물이명(synonym)이다. 한반도에는 중·북부지방에 국지적으로 분포하는 종이나, 충청남도 부여 지역에서도 관찰기록(김명희, 1996: 36)이 있다. 산지성으로 개체수는 적은 편이다. 연 1회 발생하며, 6월부터 8월 상순에 걸쳐 나타난다. 현재의 국명은 김헌규와 미승우(1956: 397)에 의한 것이다. 국명이명으로는 석주명(1947: 4)의 '조선줄나비'가 있다.

264. *Limenitis amphyssa* Ménétriès, 1859 참줄나비사촌

Limenitis amphyssa Ménétriès, 1859; *Bull. phys.-math. Acad. Sci. St. Pétersb.*, 17: 215, pl. 3, fig. 1. TL: Bureya, Amur and Ussuri region, (Russia).

Limenitis amphyssa : Fixsen, 1887: 293; Seok, 1939: 114; Kim & Mi, 1956: 397; Cho, 1959: 39; Kim, 1960: 258; Seok, 1972 (Rev. Ed.): 179; Lee, 1982: 59; Im (N.Korea), 1987: 41; Ju & Im (N.Korea), 1987: 139; Shin, 1989: 184; Kim & Hong, 1991: 392; Im & Hwang (N.Korea), 1993: 57 (Loc. Baekdusan (Mt.)); ESK & KSAE, 1994: 387; Chou Io (Ed.), 1994: 508; Joo *et al.*, 1997: 222; Park & Kim, 1997: 205; Tuzov *et al.*, 2000: 18; Kim, 2002: 160; Lee, 2005a: 27.

Distribution. Korea, Amur and Ussuri region, China.

First reported from Korean peninsula. Fixsen, 1887; in Romanoff, *Mém. Lépid.,* 3: 293 (Loc. Korea).

North Korean name. 높은산한줄나비(임홍안, 1987; 주동률과 임홍안, 1987: 139).

Host plants. Korea: 인동과(인동덩굴)(주동률과 임홍안, 1987); 인동과(구슬댕댕이)(손정달 등, 1992); 인동과(각시괴불나무)(손정달 등, 1995); 인동과(구올괴불나무)(주흥재 등, 1997).

Remarks. 한반도에는 중·북부 산지 중심으로 국지적으로 분포하는 종으로 남한에서는 태백산맥의 산지 중심으로 국지적으로 분포하며, 개체수는 적은 편이다. 연 1회 발생하며, 6월부터 8월 중순에 걸쳐 나타난다. 현재의 국명은 김헌규와 미승우(1956: 397)에 의한 것이다. 국명이명으로는 석주명(1947: 4)의 '조선줄나비사촌', 조복성(1959: 140)의 '어리참줄나비'가 있다. 김용식(2002)은 본 종의 국명을 '참줄나비사촌'에서 '참줄사촌나비'로 개칭한바가 있다.

265. *Limenitis doerriesi* Staudinger, 1892 제이줄나비

Limenitis doerriesi Staudinger, 1892; in Romanoff, *Mém. Lépid.,* 6: 173, pl. 14, figs. 1a, 1b. TL: Suchan (Partizansk), Ussuri region (Russia).

Limenitis duplicata : Seok, 1938: 38-42 (Loc. Korea); Seok, 1939: 117.

Limenitis helmanni duplicata : Heyen, 1895: 775.

Limenitis helmanni pryeri : Nire, 1919: 349 (Loc. Korea).

Limenitis helmanni chosensis : Matsumura, 1929: 152 (Loc. Baekdusan (Mt.)).

Limenitis helmanni venata : Mori, Doi, & Cho, 1934: 27-28 (Loc. Korea).

Limenitis (*Ladoga*) *doerriesi* : Lee, 1971: 10.

Limenitis (*Parathyma*) *doerriesi* : Lee, 1973: 7; Kim, 1976: 119.

Limenitis doerriesi chosensis : Joo *et al.*, 1997: 408; Kim, 2002: 155.

Limenitis doerriese : Shin, 1975a: 45.

Limenitis doerries : Shin & Koo, 1974: 132.

Limenitis doerriesi : Matsumura, 1932: 378 (Loc. Korea); Mori, Doi, & Cho, 1934: 27-28 (Loc. Korea); Seok, 1947: 4; Kim & Mi, 1956: 397; Cho, 1959: 39; Kim, 1960: 258; Seok, 1972 (Rev. Ed.): 180, 242, 246; Shin, 1975a: 42; Shin, 1979: 138; Lee, 1982: 58; Joo (Ed.), 1986: 12; Im (N.Korea), 1987: 41; Ju & Im (N.Korea), 1987: 137; Shin, 1989: 183; Kim & Hong, 1991: 392; ESK & KSAE, 1994: 387; Chou Io (Ed.), 1994: 510; Joo *et al.*, 1997: 214; Park & Kim, 1997: 197; Sohn, 2000: 13; Tuzov *et al.*, 2000: 19; Lee, 2005a: 27.

Distribution. Korea, Ussuri region, NE.China.

First reported from Korean peninsula. Heyen, 1895; *Palae. Grossschmett.,* p. 775 (Loc. Korea).

North Korean name. 제이한줄나비(임홍안, 1987; 주동률과 임홍안, 1987: 137).

Host plants. Korea: 인동과(인동덩굴)(주동률과 임홍안, 1987); 인동과(괴불나무, 올괴불나무), 마편초과(작살나무)(손정달 등, 1992); 인동과(병꽃나무)(손상규, 2000).

Remarks. 아종으로는 *L. d. tongi* Yoshino, 1997 (Loc. Zhejiang (E.China)) 등이 알려져 있다 (Yoshino, 2001; Huang, 2003). 한반도에는 도서지방을 제외한 지역에 광역 분포하는 종으로 남한에서는 개체수가 적지 않으나, 북한 지역에서는 희귀한 나비로 취급된다(주동률과 임홍안, 1987). 연 2-3회 발생하며, 5월 중순부터 9월에 걸쳐 나타난다. 제일줄나비와 매우 유사하나 뒷날개 아랫면의 아외연에 있는 흰 무늬 안쪽에 작은 점이 줄지어 있고, 앞날개 기부에서 중실로 나온 곤봉모양의 흰 무늬 길이가 짧고, 제3실에 있는 흰 무늬가 작은 것 등에 의해 구별된다. 현재의 국명은 석주명(1947: 4)에 의한 것이다.

266. *Limenitis helmanni* Lederer, 1853 제일줄나비

Limenitis helmanni Lederer, 1853; *Verh. zool.-bot. Ver. Wien,* 3: 356, pl. 1, fig. 4. TL: W.Altai, Ust'-Bukhtarmisk (E.Kazakhstan).

Limenitis helmanni pryeri : Leech, 1984: 184 (Loc. Weonsan, Busan); Cho, 1934: 73 (Loc. Gwanmosan (Mt.)).

Limenitis helmanni helmanni : Mori, Doi, & Cho, 1934: 27-28 (Loc. N.Korea)

Limenitis helmanni duplicata : Mori, Doi, & Cho, 1934: 27-28 (Loc. Korea); Joo *et al.,* 1997: 408; Joo & Kim, 2002: 113; Kim, 2002: 153.

Limenitis helmanni marinus : Kim & Kim, 2002: 282-285 (Loc. S.Korea)

Limenitis (*Ladoga*) *helmanni* : Lee, 1971: 10.

Limenitis (*Parathyma*) *helmanni* : Lee, 1973: 7; Kim, 1976: 118.

Limenitis helmanni : Fixsen, 1887: 293; Seok, 1939: 118; Seok, 1947: 4; Cho & Kim, 1956: 33; Kim & Mi, 1956: 397; Cho, 1959: 40; Kim, 1960: 271; Cho, 1963: 196; Cho, 1965: 181; Cho *et al.,* 1968: 257; Seok, 1972 (Rev. Ed.): 180, 246; Shin & Koo, 1974: 132; Shin, 1975a: 45; Lee, 1982: 58; Joo (Ed.), 1986: 12; Im (N.Korea), 1987: 41; Ju & Im (N.Korea), 1987: 138; Shin, 1989: 183; Ju (N.Korea), 1989: 45 (Loc. Baekdusan (Mt.)); Kim & Hong, 1991: 392; ESK & KSAE, 1994: 387; Chou Io (Ed.), 1994: 509; Korshunov & Gorbunov, 1995; Joo *et al.,* 1997: 216; Park & Kim, 1997: 199; Tuzov *et al.,* 2000: 19; Lee, 2005a: 27.

Distribution. Korea, Amur and Ussuri region, China, N.Tian-Shan, Altai.

First reported from Korean peninsula. Fixsen, 1887; in Romanoff, *Mém. Lépid.,* 3: 293 (Loc. Korea).

North Korean name. 참한줄나비(임홍안, 1987; 주동률과 임홍안, 1987: 138).

Host plants. Korea: 인동과(댕댕이나무류)(주동률과 임홍안, 1987); 인동과(올괴불나무)(손정달 등, 1992); 인동과(구슬댕댕이)(손정달과 박경태, 1993); 인동과(인동덩굴)(김소직, 1993); 인동과(각시 괴불나무)(손정달 등, 1995); 마편초과(작살나무)(주홍재 등, 1997).

Remarks. 아종으로는 모식산지가 한국(Korea)인 *L. h. marinus* Kim & Kim, 2002 (TL: Yeongjongdo (Is.) (GG, S.Korea); Loc. S.Korea), *L. h. duplicata* Staudinger, 1892 (Loc. Korea, Amur and Ussuri region, NE.China), *L. h. helmanni* (Loc. Zailiisky Altatau Mts., Altai) 등이 알려져 있다(Tuzov *et al.,* 2000; Kim & Kim, 2002). 한반도에는 제주도를 포함해 광역 분포하는 종으로 개체수는 많다. 연 2회 발생하며, 제1화는 5월 중순부터 6월, 제2화는 7월 상순부터 9월에 걸쳐 나타난다. 지역에 따라 흰 무늬가 축소된 개체를 종종 볼 수 있다. 현재의 국명은 석주명

(1947: 4)에 의한 것이다.

267. *Limenitis homeyeri* Tancré, 1881 제삼줄나비

Limenitis homeyeri Tancré, 1881; *Ent. Nachr.,* 7(8): 120. TL: Blagoveshchenskoye and Radde, Amur region (Russia).

Limenitis homeyeri homeyeri : Mori, Doi, & Cho, 1934: 27-28 (Loc. Korea).

Limenitis homeyeri : Okamoto, 1923: 67; Seok, 1939: 121; Seok, 1947: 4; Cho & Kim, 1956: 33; Kim & Mi, 1956: 397; Cho, 1959: 40; Kim, 1960: 264; Hyun & Woo, 1969: 182; Seok, 1972 (Rev. Ed.): 236, 246; Lewis, 1974; Lee, 1982: 58; Im (N.Korea), 1987: 41; Ju & Im (N.Korea), 1987: 138; Shin, 1989: 184; Ju (N.Korea), 1989: 45 (Loc. Baekdusan (Mt.)); Shin, 1990: 155; Kim & Hong, 1991: 392; ESK & KSAE, 1994: 387; Chou Io (Ed.), 1994: 509; Joo *et al.,* 1997: 218; Park & Kim, 1997: 201; Tuzov *et al.,* 2000: 19; Kim, 2002: 156; Lee, 2005a: 27.

Distribution. Korea, Amur and Ussuri region, central and NE.China.

First reported from Korean peninsula. Okamoto, 1923; *Cat. Spec. Exh. Chos.,* p. 67 (Loc. Korea).

North Korean name. 가는한줄나비(임홍안, 1987; 주동률과 임홍안, 1987: 138).

Host plant. Korea: 인동과(올괴불나무)(백유현 등, 2007).

Remarks. 아종으로는 *L. h. venata* Leech, 1892 (Loc. Sichuan, Shaanxi)와 *L. h. meridionalis* Hall, 1930 (Loc. NW.Yunnan)의 2아종이 알려져 있다(Huang, 2003). 한반도에는 중 북부지방의 산지 중심으로 국지적으로 분포하는 종으로 남한에서는 강원도 고산지 중심으로 국지적으로 분포하며, 개체수는 아주 적다. 연 1회 발생하며, 6월 중순부터 8월에 걸쳐 나타난다. 태백산 일대에서는 이른 아침 땅에서 흡수하고 있는 개체가 간혹 관찰된다. 앞날개 중실에 있는 흰 삼각형 무늬의 바깥쪽에 홍색 줄무늬가 있고, 뒷날개 아랫면 중앙에 흰 띠가 있으며, 이 띠로부터 외연까지 황토색으로 이속에 검정색 점무늬가 뚜렷하게 줄지어 있는 점 등으로 다른 유사종과 구별된다. 현재의 국명은 석주명(1947: 4)에 의한 것이다.

Tribe **Neptini** Newman, 1870

Genus ***Neptis*** Fabricius, 1807

Neptis Fabricius, 1807; *Magazin f. Insektenk.* (Illiger) 6: 282. TS: *Papilio aceris* Esper.

= *Paraneptis* Moore, [1898]; *Lepidoptera Indica,* 3: 146. TS: *Papilio lucilla* Denis & Schiffermüller.

= *Kalkasia* Moore, [1898]; *Lepidoptera Indica,* 3: 146. TS: *Limenitis alwina* Bremer et Grey.

전 세계에 적어도 544종 이상이 알려져 있는 큰 속으며, 대부분 유라시아, 오세아니아, 아프리카에 분포한다. 한반도에는 애기세줄나비 등 7종이 알려져 있다.

268. *Neptis sappho* (Pallas, 1771) 애기세줄나비

Papilio sappho Pallas, 1771; *Reise Russ. Reichs,* 1: 19. no. 62. TL: Kabatskaya (Mt.), near Usolie, Samara region (Russia).

Neptis aceris : Fixsen, 1887: 294; Ichikawa, 1906; Lee, 1971: 10; Lee, 1973: 7; Kim, 1976: 123.

Neptis aceris intermedia : Leech, 1894: 203 (Loc. Korea); Kim & Mi, 1956: 384, 397; Cho, 1959: 45; Kim, 1960: 271; Cho, 1963: 196; Cho, 1965: 181; Cho *et al.*, 1968: 257; Ko, 1969: 197; Hyun & Woo, 1970: 79; Shin & Koo, 1974: 132; Shin, 1975a: 45; Shin, 1979: 138.

Neptis hylas intermedia : Stichel, 1909: 176 (Loc. Korea); Seok, 1939: 141; Seok, 1947: 4; Cho & Kim, 1956: 38;

Neptis hylas curvata : Matsumura, 1929: 152 (Loc. Korea).

Neptis sappho intermedia : Joo *et al.*, 1997: 409; Joo & Kim, 2002: 114; Kim, 2002: 164.

Neptis sappho : Lewis, 1974; D'Abrera, 1986; Lee, 1982: 61; Joo (Ed.), 1986: 12; Im (N.Korea), 1987: 41; Ju & Im (N.Korea), 1987: 144; Shin, 1989: 186; Kim & Hong, 1991: 393; Heppner & Inoue, 1992: 147; ESK & KSAE, 1994: 388; Chou Io (Ed.), 1994: 532; Karsholt & Razowski, 1996: 212; Joo *et al.*, 1997: 234; Park & Kim, 1997: 219; Tuzov *et al.*, 2000: 21; Lee, 2005a: 27.

Distribution. Korea, S.Russia, Japan, Temperate Asia, Taiwan, E.Europe.

First reported from Korean peninsula. Fixsen, 1887; in Romanoff, *Mém. Lépid.,* 3: 294 (Loc. Korea).

North Korean name. 작은세줄나비(임홍안, 1987; 주동률과 임홍안, 1987: 144).

Host plants. Korea: 콩과(여우콩, 싸리, 비수리, 자귀나무, 칡, 새콩, 나비나물), 느릅나무과(느릅나무), 갈매나무과(참갈매나무)(손정달, 1984); 콩과(등)(주동률과 임홍안, 1987); 콩과(넓은잎갈퀴, 아까시나무)(손정달 등, 1992); 벽오동과(벽오동)(손정달 등, 1995); 콩과(네잎갈퀴나물)(주흥재 등, 1997).

Remarks. 아종으로는 *N. s. intermedia* Pryer, 1877 (Loc. Korea, Japan) 등의 3아종이 알려져 있다 (D'Abrera, 1986; Chou Io (Ed.), 1994). *N. aceris* Lepechin, 1774는 *N. sappho* Pallas, 1771의 동물이명(synonym)이며, *N. hylas* (Linnaeus, 1758)는 현재 중국, 인도 등지에 분포하는 종으로 알려져 있다(Savela, 2008 (ditto)). 한반도 전역에 분포하는 종으로 개체수는 많다. 연 2-3회 발생하며, 제1화는 5월부터 6월 상순, 제2화는 7월 중순부터 9월에 걸쳐 나타난다. 종령 애벌레로 월동한다(주동률과 임홍안, 1987). 대부분 저지대 산지 및 숲 가장자리에서 활동한다. 수컷은 뒷날개 윗면의 전연부에 광택이 있는 회백색의 성표가 있다. 현재의 국명은 석주명(1947: 4)에 의한 것이다.

269. *Neptis philyra* Ménétriès, 1859 세줄나비

Neptis philyra Ménétriès, 1859: *Bull. Acad. Imp. Sci. St. Pétersbg.*, 17: 214, pl. 2, fig. 8. TL: Amur region (Russia).

Neptis philyra excellens : Okamoto, 1926: 177; Seok, 1934: 274.

Neptis okazimai : Seok, 1936: 60 (Loc. Geumgangsan (Mt.)).

Kalkasia philyra : Ko, 1969: 195.

Neptis philyra : Seok, 1939: 144; Seok, 1947: 4; Cho & Kim, 1956: 38; Kim & Mi, 1956: 398; Cho, 1959: 46; Kim, 1960: 271; Hyun & Woo, 1969: 182; Lee, 1971: 11; Seok, 1972 (Rev. Ed.): 184; Lee, 1973: 7; Shin & Koo, 1974: 132; Shin, 1975a: 45; Kim, 1976: 127; D'Abrera, 1986; Lee, 1982: 62; Joo (Ed.), 1986: 12; Im (N.Korea), 1987: 41; Ju & Im (N.Korea), 1987: 142; Shin, 1989: 186; Kim & Hong, 1991: 393; Heppner & Inoue, 1992: 147; Im & Hwang (N.Korea), 1993: 57 (Loc. Baekdusan (Mt.)); ESK & KSAE, 1994: 388; Chou Io (Ed.), 1994: 538; Joo *et al.*, 1997: 230; Park & Kim, 1997: 215; Tuzov *et al.*, 2000: 21; Kim, 2002: 167 Lee, 2005a: 27.

Distribution. Korea, Amur and Ussuri region, NE.China, Japan, Taiwan.

First reported from Korean peninsula. Okamoto, 1926; *Zool. Mag.*, 38: 177 (Loc. Geumgangsan (Mt.) (N.Korea)).

North Korean name. 세줄나비(임홍안, 1987; 주동률과 임홍안, 1987: 142).

Host plants. Korea: 콩과(칡)(손정달, 1984); 단풍나무과(고로쇠나무)(주동률과 임홍안, 1987); 단풍나무과(단풍나무)(손정달과 박경태, 1994).

Remarks. 아종으로는 *N. p. excellens* Butler, 1878 (Loc. Japan, SE.China) 등의 4아종이 알려져 있

다(D'Abrera, 1986; Chou Io (Ed.), 1994). 한반도의 전역에 국지적으로 분포하는 종이나, 섬 지역에서는 관찰기록이 없다. 연 1회 발생하며, 5월 하순부터 7월에 걸쳐 나타난다. 개체수는 적으며, 애벌레로 월동한다(주동률과 임홍안, 1987). 대부분 산지 내 활엽수림 및 숲 가장자리에서 활동한다. 꽃에 모이지 않으며, 과일, 배설물 등을 빨아먹거나, 습기가 있는 지면에 잘 앉는다. 현재의 국명은 석주명(1947: 4)에 의한 것이다.

270. *Neptis philyroides* Staudinger, 1887 참세줄나비

Neptis philyroides Staudinger, 1887; in Romanoff, *Mém. Lépid.*, 3: 146. TL: Radde, Amur region (Russia).

Neptis philyroides : Fixsen, 1887: 294-295; Seok, 1939: 145; Seok, 1947: 4; Cho & Kim, 1956: 39; Kim & Mi, 1956: 398; Cho, 1959: 46; Kim, 1960: 266; Ko, 1969: 197; Lee, 1971: 10; Seok, 1972 (Rev. Ed.): 185; Lee, 1973: 7; Shin & Koo, 1974: 132; Shin, 1975a: 45; Kim, 1976: 126; D'Abrera, 1986; Lee, 1982: 62; Joo (Ed.), 1986: 12; Im (N.Korea), 1987: 41; Ju & Im (N.Korea), 1987: 146; Shin, 1989: 187; Kim & Hong, 1991: 393; Heppner & Inoue, 1992: 147; ESK & KSAE, 1994: 388; Chou Io (Ed.), 1994: 549; Joo *et al.*, 1997: 232; Park & Kim, 1997: 217; Tuzov *et al.*, 2000: 22; Kim, 2002: 168 Lee, 2005a: 27.

Distribution. Korea, Amur and Ussuri region, E.China, Taiwan.

First reported from Korean peninsula. Fixsen, 1887; in Romanoff, *Mém. Lépid.*, 3: 294-295, pl. 14, figs. 1a-b (Loc. Korea).

North Korean name. 산세줄나비(임홍안, 1987; 주동률과 임홍안, 1987: 146).

Host plants. Korea: 자작나무과(물개암나무)(주동률과 임홍안, 1987); 자작나무과(까치박달, 서어나무, 개암나무, 참개암나무)(손정달과 박경태, 1994).

Remarks. 아종으로는 *N. p. philyroides* (Loc. Amur and Ussuri region) 등의 4아종이 알려져 있다(D'Abrera, 1986; Chou Io (Ed.), 1994). 한반도에는 산지를 중심으로 국지적으로 분포하는 종으로 개체수는 적다. 남해안 지역이나 도서에서는 관찰기록이 없었으나, 서해안 도서인 강화도, 장봉도, 신도, 교동도에서 저자들이 2007년에 관찰한바 있다. 연 1회 발생하며, 5월 하순부터 8월에 걸쳐 나타난다. 애벌레로 월동한다(주동률과 임홍안, 1987). 세줄나비와 유사하나 앞날개 윗면 제6실의 기부와 그 앞에 작은 흰 무늬가 있고, 날개 아랫면이 황갈색을 띠므로 구별된다. 현재의 국명은 김헌규와 미승우(1956: 398)에 의한 것이다. 국명이명으로는 석주명(1947: 4)의 '조선세줄나비'가 있다.

271. *Neptis rivularis* (Scopoli, 1763) 두줄나비

Papilio rivularis Scopoli, 1763; *Ent. Carniolica*: 165, fig. 443. TL: Graz (Austria).

Neptis lucilla : Fixsen, 1887: 294.

Neptis lucilla ludmilla : Fixsen, 1887: 294; Leech, 1887; 419 (Loc. Korea).

Neptis lucilla magnata : Staudinger & Rebel, 1901: 23 (Loc. Korea).

Neptis lucilla insularum : Yokoyama, 1927: 161 (Loc. Korea).

Neptis coenobita : Seok, 1939: 138; Seok, 1947: 4; Kim & Mi, 1956: 398; Cho, 1959: 46; Kim, 1960: 269; Seok, 1972 (Rev. Ed.): 182, 237.

Neptis coenobita synetarius : Stichel, 1909: 174 (Loc. Korea).

Neptis coenobita magnata : Nire, 1919: 348 (Loc. Sepo (GW, N.Korea), Hoereong (HB, N.Korea)).

Neptis coenobita insularum : Matsumura, 1919: 20 (Loc. Korea).

Neptis coenobita koreana : Seok, 1934: 274 (Loc. Baekdusan (Mt.) region).

Neptis (*Paraneptis*) *coenobita* : Lee, 1971: 11.

Paraneptis rivularis insularum : Ko, 1969: 198.

Neptis (*Paraneptis*) *rivularis* : Lee, 1973: 7; Kim, 1976: 133.

Neptis rivularis magnata : Joo *et al.*, 1997: 409; Kim, 2002: 176.

Neptis rivularis : Shin, 1975a: 45; D'Abrera, 1986; Lee, 1982: 63; Joo (Ed.), 1986: 15; Im (N.Korea), 1987: 41; Ju & Im (N.Korea), 1987: 149; Shin, 1989: 188; Ju (N.Korea), 1989: 45 (Loc. Baekdusan (Mt.)); Kim & Hong, 1991: 393; Heppner & Inoue, 1992: 147; ESK & KSAE, 1994: 388; Chou Io (Ed.), 1994: 550; Karsholt & Razowski, 1996: 212; Joo *et al.*, 1997: 244; Park & Kim, 1997: 229; Tuzov *et al.*, 2000: 20; Lee, 2005a: 27.

Distribution. Korea, S.Russia, S.Siberia, Japan, C.Asia, Taiwan, C.Europe, Turkey.

First reported from Korean peninsula. Fixsen, 1887; in Romanoff, *Mém. Lépid.,* 3: 294 (Loc. Korea).

North Korean name. 두줄나비(임홍안, 1987; 주동률과 임홍안, 1987: 149).

Host plants. Korea: 장미과(조팝나무)(손정달, 1984); 장미과(꼬리조팝나무, 둥근잎조팝나무, 가는잎 조팝나무)(주동률과 임홍안, 1987).

Remarks. 아종으로는 *N. r. magnata* (Heyen, [1895]) (Loc. Transbaikal, Amur and Ussuri region, Sakhalin, Kuriles) 등의 6아종이 알려져 있다(D'Abrera, 1986; Chou Io (Ed.), 1994; Tuzov *et al.*, 2000). *N. lucilla* ([Denis & Schiffermüller]), *N. coenobita* (Goeze, 1779)는 *N. rivularis* (Scopoli,

1763)의 동물이명(synonym)이다. 한반도에서는 산지를 중심으로 국지적으로 분포하는 종이나, 도서지방과 남부 지역에서는 관찰기록이 드물다. 연 1회 발생하며, 6월부터 8월까지 볼 수 있으나 7월 상순에 개체수가 가장 많다. 3-4령 애벌레로 월동한다(주동률과 임홍안, 1987). 소형의 세줄나비로 뒷날개에 흰 띠가 하나밖에 없으므로 다른 세줄나비와 구별된다. 최근 흑화형, 무늬 소실 등 지역에 따라 변이가 심한 개체들을 자주 볼 수 있다. 현재의 국명은 석주명(1947: 4)에 의한 것이다.

272. *Neptis pryeri* Butler, 1871 별박이세줄나비

Neptis pryeri Butler, 1871; *Trans. ent. Soc. Lond.,* 19(3): 403. TL: Shanghai (China).

Paraneptis pryeri : Ko, 1969: 198.

Neptis (Paraneptis) pryeri : Lee, 1971: 11; Lee, 1973: 7; Kim, 1976: 131.

Neptis pryeri pryeri : Nire, 1924; 87 (Loc. Jejudo (Is.)); Seok, 1934: 274.

Neptis pryeri coreana : Matsumura, 1930: 39 (Loc. Jangsusan (Mt.) (Hwanghae, N.Korea)); Seok, 1936: 57.

Neptis pryeri : Fixsen, 1887: 293-294; Seok, 1939: 146; Seok, 1947: 5; Cho & Kim, 1956: 39; Kim & Mi, 1956: 398; Cho, 1959: 47; Kim, 1960: 271; Cho, 1963: 197; Cho *et al.,* 1968: 257; Hyun & Woo, 1969: 182; Seok, 1972 (Rev. Ed.): 185; Lewis, 1974; Shin, 1975a: 45; Lee, 1982: 62; Joo (Ed.), 1986: 12; Im (N.Korea), 1987: 41; Ju & Im (N.Korea), 1987: 147; Shin, 1989: 187; Kim & Hong, 1991: 393; Heppner & Inoue, 1992: 147; ESK & KSAE, 1994: 388; Chou Io (Ed.), 1994: 550; Joo *et al.,* 1997: 237; Park & Kim, 1997: 223; Tuzov *et al.,* 2000: 22; Kim, 2002: 165; Lee, 2005a: 27.

Distribution. Korea, Amur and Ussuri region, Japan, China, Taiwan.

First reported from Korean peninsula. Fixsen, 1887; in Romanoff, *Mém. Lépid.,* 3: 293- 294 (Loc. Korea).

North Korean name. 별세줄나비(임홍안, 1987; 주동률과 임홍안, 1987: 147); 검은별세줄나비(임홍안과 황성린, 1993).

Host plants. Korea: 장미과(일본조팝나무)(손정달, 1984); 장미과(가는잎조팝나무, 터리풀)(주동률과 임홍안, 1987); 장미과(조팝나무)(손정달 등, 1992).

Remarks. 아종으로는 모식산지가 한국(Korea)인 *N. p. coreana* Nakahara & Esaki, 1929 (TL: Korea; Loc. Korea) 등의 5아종이 알려져 있다(D'Abrera, 1986; Chou Io (Ed.), 1994; Tuzov *et al.,* 2000). 한반도 전역에 분포하는 종이나, 제주도에서는 관찰기록이 없으며, 개체수는 많다. 연 2-3회 발생하며, 5월 중순부터 10월에 걸쳐 나타난다. 대부분 저지대 산지 및 숲 가장자리에서 활동한다. 3령 애벌레로 월동한다(주동률과 임홍안, 1987). 현재의 국명은 석주명(1947: 5)에 의한 것이다. 국명이명으로는 조복성과 김창환(1956: 39)의 '별백이세줄나비'가 있다.

273. *Neptis andetria* Fruhstofer, 1912 개마별박이세줄나비

Neptis andetria Fruhstofer, 1912; in Seitz, *Gross-Schmett. Erde,* 9: 609. TL: Amur region (Russia).

Neptis (*Paraneptis*) *andetria* : Kim, 1976: 132.

Neptis pryeri andetria : Doi, 1935: 223; Lee, 1982: 62; Korshunov & Gorbunov, 1995; Takahashi *et al.,* 1996: 13.

Neptis andetria : Seok, 1934: 274 (= *N. p. pryeri*); Seok, 1939; 51 (Loc. Gaemagoweon (N.Korea)) 138; Seok, 1947: 4; Kim & Mi, 1956: 398; Cho, 1959: 46; Kim, 1960: 261; Fukúda *et al.,* 1999; Lee, 2005a: 27; Martynenko, 2007; Minotani & Fukuda, 2009 (Loc. Odaesan (Mt.) (S.Korea)).

Distribution. Korea, Far East Asia.

First reported from Korean peninsula. Seok, 1934; *Zeph.,* 5: 274 (Loc. Baekdusan (Mt.) (N.Korea).

North Korean name. 북한에서는 기록이 없다.

Host plant. Unknown.

Remarks. Minotani와 Fukuda (2009)에 의해 오대산에서 한반도 분포가 재확인된 종이다. 그러나 본 종은 학자에 따라 *N. pryeri pryeri*의 동물이명(synonym)으로 취급되거나, *N. pryeri*의 한 아종인 *N. pryeri andetria*로 취급하고 있다(Lee, 1982; Korshunov & Gorbunov, 1995; Takahashi *et al.,* 1996). 또한 *N. andetria*는 잠정적인 유효 종명으로 취급되고 있기도 하다(The Global Lepidoptera Names Index; ZipcodeZoo.com etc.). 현재의 국명은 석주명(1947: 4)에 의한 것이다.

274. *Neptis speyeri* Staudinger, 1887 높은산세줄나비

Neptis speyeri Staudinger, 1887; in Romanoff, *Mém. Lépid.,* 3: 145, pl. 7, figs. 3a, 3b. TL:

Ussuri (Russia).

Neptis speyeri : Sugitani, 1932: 20; Seok, 1939: 148; Seok, 1947: 5; Cho & Kim, 1956: 39; Kim & Mi, 1956: 398; Cho, 1959: 47; Kim, 1960: 267; Lee, 1971: 10; Lee, 1973: 7; Lewis, 1974; Shin, 1975a: 45; Kim, 1976: 125; Lee, 1982: 61; Joo (Ed.), 1986: 12; Im (N.Korea), 1987: 41; Ju & Im (N.Korea), 1987: 145; Shin, 1989: 186; Kim & Hong, 1991: 393; ESK & KSAE, 1994: 388; Chou Io (Ed.), 1994: 539; Joo *et al.*, 1997: 236; Park & Kim, 1997: 221; Tuzov *et al.*, 2000; Kim, 2002: 166; Lee, 2005a: 27.

Distribution. Korea, Amur and Ussuri region, SE.China.

First reported from Korean peninsula. Sugitani, 1932; *Zeph.*, 4: 20-21, p. 4, fig. 1 (Loc. Musanryeong (N.Korea)).

North Korean name. 높은산세줄나비(임홍안, 1987;주동률과 임홍안, 1987: 145).

Host plants. Korea: 자작나무과(까치박달)(손정달과 박경태, 1994).

Remarks. 아종으로는 *N. s. speyeri* (Loc. Amur) 등의 3아종이 알려져 있다(Chou Io (Ed.), 1994; Yoshino, 1997). 한반도에는 중북부 지역에 분포하는 종으로, 남한지역에서는 경기도, 강원도, 경상남도 일부 지역에 산지를 중심으로 분포하고 있으며, 개체수는 적다. 연 1회 발생하며, 6월부터 8월 상순에 걸쳐 나타난다. 앞날개 중실 안의 흰색 무늬에 홈이 있어 다른 세줄나비와 구별된다. 현재의 국명은 석주명(1947: 5)에 의한 것이다. 국명이명으로는 이승모(1971: 10; 1973: 7)의 '산세줄나비'가 있다.

275. *Neptis alwina* Bremer et Grey, 1853 왕세줄나비

Neptis alwina Bremer et Grey, 1853; *Schmett. N. China*: 7, pl. 1, fig. 4. TL: Beijing (China).

Kalkasia alwina : Ko, 1969: 195.

Neptis alwina kaempferi : Matsumura, 1919: 21 (Loc. Korea).

Neptis alwina : Fixsen, 1887: 295; Seok, 1939: 136; Seok, 1947: 4; Kim, 1956: 340; Cho & Kim, 1956: 38; Kim & Mi, 1956: 398; Cho, 1959: 45; Kim, 1959a: 96; Kim, 1960: 271; Cho, 1963: 197; Cho *et al.*, 1968: 257; Hyun & Woo, 1969: 182; Lee, 1971: 11; Lee, 1973: 7; Shin & Koo, 1974: 132; Shin, 1975a: 45; Kim, 1976: 128; Lee, 1982: 63; Joo (Ed.), 1986: 12; Im (N.Korea), 1987: 41; Ju & Im (N.Korea), 1987: 146; Shin, 1989: 189; Kim & Hong, 1991: 393; ESK & KSAE, 1994: 387; Chou Io (Ed.), 1994: 551; Joo *et al.*, 1997: 229; Park & Kim, 1997: 213; Tuzov *et al.*, 2000: 22; Kim, 2002: 170; Lee, 2005a: 27.

Distribution. Korea, S.Amur and Ussuri region, NE.China, C.China, Japan.

First reported from Korean peninsula. Fixsen, 1887; in Romanoff, *Mém. Lépid.,* 3: 295 (Loc. Korea).

North Korean name. 큰세줄나비(임홍안, 1987; 주동률과 임홍안, 1987: 146).

Host plants. Korea: 장미과(매실나무, 살구나무, 자두나무, 앵도나무)(손정달, 1984); 장미과(복사나무)(한국인시류동호인회편, 1986); 장미과(산벚나무)(주흥재 등, 1997); 장미과(옥매)(박규택과 김성수, 1997).

Remarks. 아종으로는 모식산지가 한국(Korea)인 *N. a. subspecifica* Bryk, 1946 (TL: Korea; Loc. Korea) 등의 3아종이 알려져 있다(Tuzov *et al.,* 2000). 한반도 전역에 분포하는 종이나, 제주도에서는 관찰기록이 없다. 개체수는 보통이며, 대부분 저지대 산지 및 마을 주변에서 볼 수 있다. 연 1회 발생하며, 6월 중순부터 9월 상순에 걸쳐 나타난다. 애벌레로 월동한다(주동률과 임홍안, 1987). 한반도산 세줄나비 중 가장 큰 종이며, 앞날개 중실의 흰 띠가 톱니모양으로 매끄럽지 않아 유사종인 '세줄나비'와 구별된다. 현재의 국명은 석주명(1947: 4)에 의한 것이다.

Genus *Seokia* Sibatani, 1943

Seokia Sibatani, 1943; *Trans. Kansai ent. Soc.,* 13(2): 12-24. TS: *Limenitis pratti* Leech, 1890.

전 세계에 1 종만이 알려져 있으며, 동아시아에 분포한다. 한반도에는 홍줄나비 1 종이 알려져 있다. 본 종은 *Limenitis* Fabricius, 1807 속으로 취급된 경우가 많았으나, Mullen (2006)에 의해 *Seokia* Sibatani, 1943 속의 종으로 재확인 되었다. 속명(屬名) *Seokia* 는 일본인 柴谷(Sibatani)가 이 종의 유연관계를 밝히는 데 있어 석주명 선생으로부터 표본을 제공받은 것에 감사해 선생의 성(姓)을 속명으로 정한데 유래한다.

276. *Seokia pratti* (Leech, 1890) 홍줄나비

Limenitis pratti Leech, 1890; *Entomologist,* 23: 34. TL: Chang-Yang (C.China).

Limentis pratti coreana : Matsumura, 1927: 159, 161; Seok, 1936: 63 (Loc. Geumgangsan (Mt.)).

Limentis pratti eximia : Kishida & Nakamura, 1936: 111; Seok, 1939: 123; Seok, 1947: 4; Cho & Kim, 1956: 34; Kim & Mi, 1956: 397; Cho, 1959: 41; Kim, 1960: 261; Seok, 1972 (Rev. Ed.): 181; Joo *et al.,* 1997: 409; Kim, 2002: 162.

Limentis eximia : Lee, 1971: 10; Lee, 1973: 7.

Limentis pratti : Kim & Hong, 1991: 392; Sohn, 1995: 34; Joo *et al.*, 1997: 228; Park & Kim, 1997: 211.

Seokia pratti coreana : Im, 1996: 27 (Loc. N.Korea).

Seokia pratti : Lee, 1982: 60; Im (N.Korea), 1987: 41; Ju & Im (N.Korea), 1987: 142; Shin, 1989: 185; Shin, 1990: 155; Im & Hwang (N.Korea), 1993: 57 (Loc. Baekdusan (Mt.)); ESK & KSAE, 1994: 388; Chou Io (Ed.), 1994: 529; Tuzov *et al.*, 2000: 20; Lee, 2005a: 27; Mullen, 2006; Sohn, 2006: 2.

Distribution. Korea, Ussuri region, C.China.

First reported from Korean peninsula. Matsumura, 1927; *Ins. Mats.*, 1: 159, 161, 165-166, pl. 5, fig. 14 (Loc. Seokwangsa (Temp.) (GW, N.Korea)).

North Korean name. 붉은점한줄나비(임홍안, 1987; 주동률과 임홍안, 1987: 142; 임홍안, 1996).

Host plant. Korea: 소나무과(잣나무)(손정달, 2006). Russia: 소나무과(*Pinus koraienis* (잣나무))(Tuzov *et al.*, 2000).

Remarks. 아종으로는 *S. p. eximia* (Moltrecht, 1909) (Loc. Ussuri region) 등이 알려져 있다 (Tuzov *et al.*, 2000). 한반도에는 중북부 동부지역의 산지에 분포하는 종으로, 특히 남한지역에서는 강원도(설악산, 오대산, 화천 등) 일부 지역에서만 국지적으로 관찰되며, 개체수는 아주 적다. 남한에서는 자생여부가 불분명하나, 최근 오대산과 화천 일대에서 지속적으로 관찰되고 있다. 연 1회 발생하며, 7월 하순부터 8월 중순에 걸쳐 나타난다(주동률과 임홍안, 1987). 러시아 극동 남부 지방에서는 연 1회 발생하며, 침엽수림의 해발 400-1,000m에서 7월 중순부터 9월에 걸쳐 나타난다(Korshunov & Gorbunov, 1995). 현재의 국명은 석주명(1947: 4)에 의한 것이다. 국명이명으로는 조복성과 김창환(1956: 34)의 '홍점줄나비'가 있다.

Genus *Aldania* Moore, 1896

Aldania Moore, 1896; *Lepidoptera Indica*, 3: 47. TS: *Diadema raddei* Bremer.

전 세계에 7종이 알려져 있으며, 대부분 동아시아에 분포한다. 한반도에는 어리세줄나비, 산황세줄나비, 황세줄나비,중국황세줄나비 4종이 알려져 있다.

277. *Aldania raddei* (Bremer, 1861) 어리세줄나비

Diadema raddei Bremer, 1861; *Bull. Acad. Imp. Sci. St. Pétersbg.,* 3: 467. TL: Bureinskie Mts., Amur region (Russia).

Neptis raddei : Okamoto, 1923: 67; Seok, 1939: 148; Seok, 1947: 5; Kim & Mi, 1956: 398; Cho, 1959: 47; Kim, 1960: 264; Lee, 1971: 11; Lee, 1982: 65; Joo (Ed.), 1986: 13; Shin, 1989: 190; Ju (N.Korea), 1989: 45 (Loc. Baekdusan (Mt.)); ESK & KSAE, 1994: 388.

Aldania raddei : Seok, 1972 (Rev. Ed.): 174; Lee, 1973: 7; Shin, 1975a: 45; Lewis, 1974; Kim, 1976: 134; Im (N.Korea), 1987: 41; Ju & Im (N.Korea), 1987: 153; Kim & Hong, 1991: 394; Chou Io (Ed.), 1994: 554; Joo *et al.,* 1997: 246; Park & Kim, 1997: 231; Tuzov *et al.,* 2000: 23; Kim, 2002: 177; Lee, 2005a: 27.

Distribution. Korea, Amur and Ussuri region, NE.China.

First reported from Korean peninsula. Okamoto, 1923; *Cat. Spec. Exh. Chos.,* p. 67 (Loc. Weoljeongsa (Temp.) (GW, N.Korea)).

North Korean name. 검은세줄나비(주동률과 임홍안, 1987: 153); 검은줄나비(임홍안, 1987).

Host plants. Korea: 느릅나무과(느릅나무)(백유현 등, 2007). Russia: 느릅나무과(*Ulmus propinqua*)(Tuzov *et al.,* 2000).

Remarks. 한반도에는 중북부 동부지역의 산지에 국지적으로 분포하는 종으로, 특히 남한지역에서는 개체수가 급감하는 추세에 있다. 연 1회 발생하며, 5월부터 6월에 걸쳐 나타난다. 대부분 산지의 계곡 주변 활엽수림에서 관찰되며, 동물의 배설물에 모이기도 한다. 현재의 국명은 석주명(1947: 5)에 의한 것이다.

278. *Aldania themis* (Leech, 1890) 산황세줄나비

Neptis themis Leech, 1890; *Entomologist,* 23: 35. TL: Siaolu (SE.China).

Neptis themis : Okamoto, 1926: 177; Seok, 1939: 149; Lee, 1971: 11; Lee, 1973: 7; Lewis, 1974; Kim, 1976: 130; D'Abrera, 1986; Lee, 1982: 65; Joo (Ed.), 1986: 13; Im (N.Korea), 1987: 41; Shin, 1989: 190, 250; Kim & Hong, 1991: 393; Im & Hwang (N.Korea), 1993: 57 (Loc. Baekdusan (Mt.)); ESK & KSAE, 1994: 388; Chou Io (Ed.), 1994: 548; Joo *et al.,* 1997: 242; Park & Kim, 1997: 228.

Neptis themis nos : Joo *et al.,* 1997: 409; Kim, 2002: 173.

Aldania themis : Tuzov *et al.,* 2000: 23; Lee, 2005a: 27; Wahlberg *et al.* 2009.

Distribution. Korea, Ussuri region, China.

First reported from Korean peninsula. Okamoto, 1926; *Zool. Mag.,* 38: 177 (Loc. Geumgangsan (Mt.) (N.Korea)).

North Korean name. 작은노랑세줄나비(임홍안, 1987; 주동률과 임홍안, 1987).

Host plants. Korea: 참나무과(떡갈나무, 상수리나무)(백유현 등, 2007).

Remarks. 아종으로는 *A. t. muri* (Eliot, 1979) (Loc. N.China) 등의 3아종이 알려져 있다(Chou Io (Ed.), 1994; Huang, 1998). 본 종의 속명 적용은 Wahlberg *et al.* (2009: The NSG's voucher specimen database; Nymphalidae Systematics Group) 등에 따랐다. 한반도에는 중북부 동부지역의 산지에 국지적으로 분포하는 종으로, 남한지역에서는 경기도, 강원도의 일부 산지 그리고 지리산 일대(정헌천, 1996: 45)에서만 국지적으로 분포하며, 개체수는 아주 적다. 연 1회 발생하며, 6월부터 7월에 걸쳐 나타난다. 황세줄나비와 유사하나 일반적으로 크기가 작고 앞날개 아랫면의 제5실에 있는 흰 무늬가 가로로 길며, 앞날개 제2,3실에 있는 무늬가 황세줄나비의 무늬에 비해 작다. 현재의 국명은 신유항(1989: 190, 250)에 의한 것이다. 국명이명으로는 이승모(1971: 11; 1973: 7; 1982: 65), 김창환(1976), 신유항과 한상철(1981: 144), 한국인시류동호인회편(1986: 13), 박규택, 한성식(1992: 132)의 '설악산황세줄나비'가 있다.

279. *Aldania thisbe* (Ménétriès, 1859) 황세줄나비

Neptis themis Ménétriès, 1859; *Bull. Acad. Pétr.,* 17: 214, no. 8. TL: Bureinskie Mts., Amur and Ussuri region (Russia).

Neptis themis : Okamoto, 1926: 90 (Loc. Geumgangsan (Mt.)).

Neptis thisbe thisbe : Nire, 1920: 50; Seok, 1939: 149.

Neptis thisbe deliquata : Stichel, 1909: 179 (Loc. Korea); Seok, 1936: 63 (Loc. Geumgangsan (Mt.)).

Neptis thisbe : Staudinger & Rebel, 1901: 24; Seok, 1938: 244; Seok, 1947: 5; Cho & Kim, 1956: 40; Kim & Mi, 1956: 398; Cho, 1959: 48; Kim, 1960: 267; Ko, 1969: 197; Lee, 1971: 11; Lee, 1973: 7; Shin & Koo, 1974: 133; Lewis, 1974; Shin, 1975a: 45; Kim, 1976: 129; Shin, 1979: 138; Lee, 1982: 64; Joo (Ed.), 1986: 13; Im (N.Korea), 1987: 41; Ju & Im (N.Korea), 1987: 150; Shin, 1989: 189; Ju (N.Korea), 1989: 45 (Loc. Baekdusan (Mt.)); Kim & Hong, 1991: 393; ESK & KSAE, 1994: 388; Chou Io (Ed.), 1994: 548; Joo *et al.,* 1997: 238; Park & Kim, 1997: 225; Kim, 2002: 172.

Aldania thisbe : Tuzov *et al.,* 2000: 24; Wahlberg *et al.* 2009.

Distribution. Korea, Amur and Ussuri region, NE.China, C.China.

First reported from Korean peninsula. Staudinger & Rebel, 1901; *Stgr. Kat.*, 1: 24 (Loc. Korea).

North Korean name. 노랑세줄나비(임홍안, 1987; 주동률과 임홍안, 1987: 150).

Host plants. Korea: 참나무과(신갈나무)(주동률과 임홍안, 1987); 참나무과(졸참나무)(주흥재 등, 1997).

Remarks. 아종으로는 *A. t. obscurior* (Oberthür)와 *A. t. dilutior* (Oberthür)의 2아종이 알려져 있다 (Chou Io (Ed.), 1994). 본 종의 속명 적용은 Wahlberg *et al.* (2009: The NSG's voucher specimen database; Nymphalidae Systematics Group) 등에 따랐다. 한반도의 전역에 산지를 중심으로 국지적으로 분포하나, 남부지역에서는 관찰기록이 많지 않으며, 개체수는 감소 추세에 있다. 연 1회 발생하며, 6월부터 8월까지 숲 가장자리, 산길의 지면에 앉아 있는 모습을 종종 볼 수 있다. 현재의 국명은 석주명(1947: 5)에 의한 것이다.

280. *Aldania deliquata* (Stichel, 1908) 중국황세줄나비

Neptis thisbe f. *deliquata* Stichel, 1908; in Seitz, *Gross-schmett. Erde*, 29: 178. TL: Confluence of Shilka and Argun rivers, Chita region (Russia).

Neptis thisbe subsp. : Nomura, 1935: 33-39; Seok, 1939: 150.

Neptis yunnana : Lee, 1982: 64; Im (N.Korea), 1987: 41; Shin, 1989: 189; Shin, 1990: 157; Kim & Hong, 1991: 393; ESK & KSAE, 1994: 388; Chou Io (Ed.), 1994: 549.

Neptis tshetverikovi : Kim & Mi, 1956: 384, 398; Cho, 1959: 48; Kim, 1960: 258; Joo *et al.*, 1997: 240; Park & Kim, 1997: 227; Kim, 2002: 171: Kim, 2006: 49.

Aldania deliquata : Tuzov *et al.*, 2000; 24; Tuzov, 2003: Lee, 2005a: 27; Wahlberg *et al.* 2009.

Distribution. Korea, Transbaikal, Amur and Ussuri region, NE.China.

First reported from Korean peninsula. Nomura, 1935; *Zeph.*, 6: 33-39 (Loc. Korea).

North Korean name. 북방노랑세줄나비(임홍안, 1987; 주동률과 임홍안, 1987).

Host plants. Korea: 참나무과(떡갈나무, 상수리나무)(백유현 등, 2007). Russia: 자작나무과(*Betula* spp.)(Tuzov *et al.*, 2000).

Remarks. 아종으로는 *A. d. tshetverikovi* (Kurentzov, 1936) (Loc. Amur and Ussuri region)과 *A. d. deliquata* (Loc. Transbaikal)의 2아종이 알려져 있다(Tuzov *et al.*, 2000). Gorbunov (2001)은 본 종의 아종인 *A. d. tshetverikovi*를 독립종(species)인 *A. tshetverikovi* (Kurentzov, 1936)으로 취급하고 있으나, Wahlberg *et al.* (2009: The NSG's voucher specimen database;

Nymphalidae Systematics Group) 등에 따라 *A. deliquata*를 적용했다. 그리고 근연종인 *Aldania ilos* Fruhstorfer, 1909 (Loc. Amur region, NE.China, Ussuri region, Taiwan)의 현재 분포로 보아 한반도 동북부 지역의 분포 가능성이 있어 이에 대한 재검토가 필요하며, 김성수(2006: 52) 또한 본 종의 한반도 서식 가능성이 높다고 한바 있다. 그리고 김헌규와 미승우(1956: 384)는 한국 미기록종으로 기록한바가 있으나, 이승모(1982: 64)의 정리에 따라 Nomura (1935)의 기록을 한반도 최초 기록으로 취급했다. 한반도에는 중북부 동부지역의 산지에 국지적으로 분포하는 종으로, 남한지역에서는 강원도의 일부 산지에서만 관찰되며, 개체수는 아주 적다. 남한지역의 초기 기록은 1987년 6월 김용식(계방산)과 1987년 7월 김현채(오대산)에 의한 것이다(한국인시류동호인회편, 1989: 30). 연 1회 발생하며, 6월부터 7월에 걸쳐 나타난다. 황세줄나비와 유사하나 앞, 뒤 날개의 무늬가 진한 황색을 띠고, 뒷날개 아랫면의 제6실에 있는 황색 무늬가 돌출해있어 구별된다. 현재의 국명은 이승모(1982: 64)에 의한 것이다. 국명이명으로는 김헌규와 미승우(1956: 384), 조복성(1959: 48), 김헌규(1960: 258)의 '북방황세줄나비'가 있다.

[Appendix 1] Proper place names for the Japanese and foreign place names

지도 위치	일본식 지명	현재 지명
1	Bunsen (文川)	Muncheon-si (GW, N.Korea)
2	Chang-do (昌道)	Changdo (GW, N.Korea)
3	Dagelet (鬱陵島)	Ulleungdo (Is.)(GB, S.Korea)
4	Daitoku (大德山)	Daedeoksan (Mt.) (Hoban-nodabgjagu, HN, N.Korea)
5	Gaima Plateau (蓋馬高原)	Gaemagoweon (N.Korea)
6	Gōsui (合水)	Hapsu (YG, N.Korea)
7	Gotaisan (高台山)	Godaesan (Mt.) (GW, S.Korea)
8	Getubitō (月尾島)	Weolmido (S.Korea)
9	Heikō (平康)	Pyeonggang (GW, N.Korea)
10	Heisan (惠山)	Sansong-ri (N.Korea)
11	Heizyō (平壤)	Pyeongyang (N.Korea)
12	Is. Tabuturi (多物里島)	Damuldo (Is.) (JN. S.Korea)
13	Is. Tokuseki (德積島)	Deokjeokdo (Is.) (GG. S.Korea)
14	Jinchuen (仁川)	Incheon (GG. S.Korea)
15	Kaiko (介古)	Gaego (PB, S.Korea)
16	Kainan (海南)	Haenambando (JN, S.Korea)
17	Kaishu (海州)	Hyeokseonggun (HH, N.Korea)
18	Kambō (冠帽)	Gwanmosan (Mt.) (HB, N.Korea
19	Kandairi (漢垈里)	Handaeri (HN, N.Korea)
20	Kanhoku rekkessui (咸北 列結水)	Yeolgyeolsu (HB, N.Korea)
21	Karansan (霞嵐山)	Haramsan (Mt.) (HN, N.Korea)
22	Keigen (慶源)	Gyeongweon (HB, N.Korea)
23	Keihoku Unmonsan (慶北 雲門山)	Unmunsan (Mt.) (GB, S.Korea)
24	Keizyō (京城)	Seoul (S.Korea)
25	Kensanrei (劒山嶺)	Geomsanryeong (HN, N.Korea)
26	Kissyū (吉洲)	Gilju (HB, N.Korea)
27	Kiujo (球場)	Gujangri (PB, N.Korea)
28	Kōgendō Gesseizi (江原道 月精寺)	Weoljeongsa (Temp.) (GW, N.Korea)
29	Kōgendō Hakuhō (江原道 白峰)	Baekbong (GW. N.Korea)
30	Kōgendō YōKō (江原道 楊口)	Yanggu (GW, Korea)
31	Kōryō (光陵)	Gangneung (GW, Korea)
32	Kōsyōrei (黃草嶺)	Hwangcheoryeong (HN, N.Korea)
33	Kōsyū (光州)	Gwangju (JN, S.Korea)
34	Kōzirei (厚峙嶺)	Huchiryeong (HN, N.Korea)
35	Kwainei (會寧)	Hoereong (HB, N.Korea)
36	Kyōzyō (鏡城)	Geongseong (Seungam-nodongjagu, HB, N.Korea)
37	Kyūzyō (球場)	Gujang (PB, N.Korea)
38	Maitokurei (鷹德嶺)	Eungdeokryeong (YG, N.Korea)
39	Mosan (茂山)	Musan (HB, N.Korea)
40	Mosangun Tōnai (茂山郡 島內)	Musangun donae (HB, N.Korea)

41	Mosanrei (茂山嶺)	Musanryeong (HB, N.Korea)
42	Mt. Hakutō (白頭山)	Baekdusan (Mt.) (CG, N.Korea)
43	Kankyōdō (咸鏡道)	Hamgyeongdo (N.Korea)
44	Mt. Kanra (漢拏山)	Hallasan (Mt.) (JJ, S.Korea)
45	Mt. Kongō (金剛山)	Geumgangsan (Mt.) (GW, N.Korea)
46	Mt. Kwanbō (冠帽山)	Gwanmosan (Mt.) (HB, N.Korea)
47	Mt. Myōkō (妙香山)	Myohyangsan (Mt.) (PB, N.Korea)
48	Mt. Naizō (内藏山)	Naejangsan (Mt.) (JB, S.Korea)
49	Mt. Nōzidō (農事洞)	Nongsadong (HB, N.Korea)
50	Mt. Seihōsan (正方山)	Jeongbangsan (Mt.) (HH, N.Korea)
51	Mt. Syōyō (逍遙山)	Soyosan (Mt.) (GG, S.Korea)
52	Mt. Taitoku (大德山)	Daedeoksan (Mt.) (HN, N.Korea)
53	Mt. Zokuri (俗離山)	Sokrisan (Mt.) (CB, S.Korea)
54	Nansen (南川)	Namcheon (HH, N.Korea)
55	Nanseturei (南雪嶺)	Namseolyeong (YG, N.Korea)
56	Neien (寧遠)	Yeongweon (PN, N.Korea)
57	Papari (把撥里)	Pabalri (HN, N.Korea)
58	Pung-Tung (北占)	Bukjeom (Kimhwa, GW, N.Korea)
59	Ranan (羅津)	Najin (HB, N.Korea)
60	Rōrin (狼林)	Nangnimsan (Mt.) (PN, N.Korea)
61	Saikarei (崔哥嶺)	Choeharyeong (HB, N.Korea)
62	Saishuto (濟州道)	Jejudo (Is.) (JJ, S.Korea)
63	Sansōrei (山蒼嶺)	Sanchangryeong (HN, N.Korea)
64	Santien (三池淵)	Samjiyeon (HB, N.Korea)
65	Seishin (清津)	Cheongjin (HB, N.Korea)
66	Sempo (洗浦)	Sepo (GW, N.Korea)
67	Shajitsuhō (遮日峯)	Chailbong (Mt.) (HN, N.Korea)
68	Shakōji (釋王寺)	Seokwangsa (Temp.) (GW, N.Korea)
69	Songdo (松都)	Gyeseong (HH, N.Korea)
70	Suigen (水原)	Suweon (GG, S.Korea)
71	Syakuōzi (釋王寺)	Seokwangsa (Temp.) (GW, N.Korea)
72	Syarei (車嶺)	Charyeong (HB, N.Korea)
73	Syasō (社倉)	Sachang (PN, N.Korea)
74	Syuotu (朱乙)	Jueul (HB, N.Korea)
75	Taikyū (大邱)	Daegu (GN, S.Korea)
76	Tyōzyusan (長壽山)	Jangsusan (Mt.) (HH, N.Korea)
77	Wantō (莞島)	Wando (Is.) (JN, S.Korea)
78	Yūrinrei (有麟嶺)	Yuinryeong (HN, N.Korea)
79	Yūyo (楡坪)	Yupyeong (HB, N.Korea)
80	Zinsen (仁川)	Jemulpo (Incheon, S.Korea)
81	Ziisan (智異山)	Jirisan (S.Korea)
82	Zyōsin (城津)	Seongjin, (Gimchaek-si, HB, N.Korea)

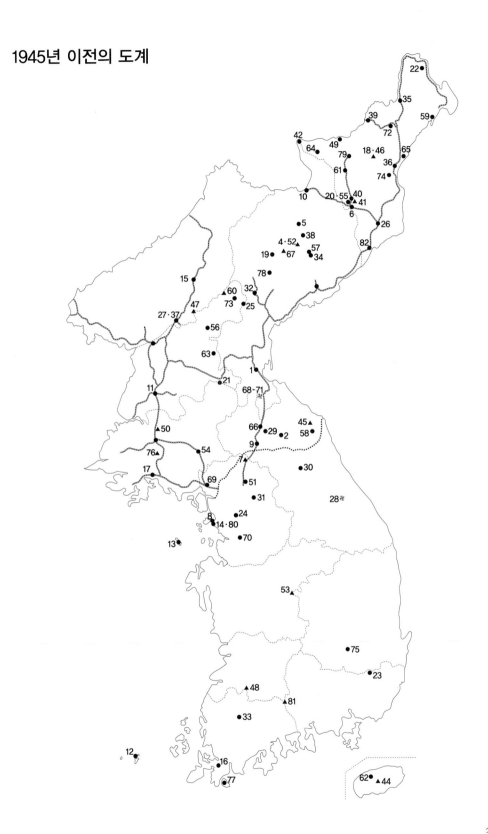

1945년 이전의 도계

[Appendix 2] Systematic check-list of butterflies found in the Korean Peninsula

Order LEPIDOPTER 나비목

Superfamily HESPERIOIDEA Wallengren, 1861 팔랑나비상과

Family HESPERIIDAE Latreille, 1809 팔랑나비과

Subfamily COELIADINAE Evans, 1897 수리팔랑나비아과

Genus *Bibasis* Moore, [1881]

1. *Bibasis aquilina* (Speyer, 1879) 독수리팔랑나비

2. *Bibasis striata* (Hewitson, [1867]) 큰수리팔랑나비

Genus *Choaspes* Moore, [1881]

3. *Choaspes benjaminii* (Guérin-Méneville, 1843) 푸른큰수리팔랑나비

Subfamily PYRGINAE Burmeister, 1878 흰점팔랑나비아과

Tribe Celaenorrhini Swinhoe, 1912

Genus *Lobocla* Moore, 1884

4. *Lobocla bifasciata* (Bremer et Grey, 1853) 왕팔랑나비

Tribe Pyrgini Burmeister, 1878

Genus *Muschampia* Tutt, [1906]

5. *Muschampia gigas* (Bremer, 1864) 왕흰점팔랑나비

Genus *Spialia* Swinhoe, [1912]

6. *Spialia orbifer* (Hübner, 1823) 함경흰점팔랑나비

Genus *Erynnis* Schrank, 1801

7. *Erynnis montanus* (Bremer, 1861) 멧팔랑나비

8. *Erynnis popoviana* Nordmann, 1851 꼬마멧팔랑나비

Genus *Pyrgus* Hübner, [1819]

9. *Pyrgus maculatus* (Bremer et Grey, 1853) 흰점팔랑나비

10. *Pyrgus malvae* (Linnaeus, 1758) 꼬마흰점팔랑나비

11. *Pyrgus alveus* (Hübner, 1802) 혜산진흰점팔랑나비

12. *Pyrgus speyeri* (Staudinger, 1887) 북방흰점팔랑나비

Tribe Tagiadini Mabille, 1878

Genus *Satarupa* Moore, [1866]

13. *Satarupa nymphalis* (Speyer, 1879) 대왕팔랑나비

Genus *Daimio* Murray, 1875

14. *Daimio tethys* (Ménétriès, 1857) 왕자팔랑나비

Subfamily HETEROPTERINAE Aurivillius, 1925 돈무늬팔랑나비아과

Genus *Carterocephalus* Lederer, 1852

15. *Carterocephalus palaemon* (Pallas, 1771) 북방알락팔랑나비

16. *Carterocephalus silvicola* (Meigen, 1829) 수풀알락팔랑나비

17. *Carterocephalus argyrostigma* Eversmann, 1851 은점박이알락팔랑나비

18. *Carterocephalus dieckmanni* Graeser, 1888 참알락팔랑나비

Genus *Heteropterus* Duméril, 1806

19. *Heteropterus morpheus* (Pallas, 1771) 돈무늬팔랑나비

Genus *Leptalina* Mabille, 1904

20. *Leptalina unicolor* (Bremer et Grey, 1853) 은줄팔랑나비

Subfamily HESPERIINAE Latreille, 1809 팔랑나비아과

Tribe Thymelini Hübner, [1819]

Genus *Thymelicus* Hübner, [1819]

21. *Thymelicus lineola* (Ochsenheimer, 1808) 두만강꼬마팔랑나비

22. *Thymelicus leonina* (Butler, 1878) 줄꼬마팔랑나비

23. *Thymelicus sylvatica* (Bremer, 1861) 수풀꼬마팔랑나비

Tribe Hesperiini Latreille, 1809

Genus *Hesperia* Fabricius, 1793

24. *Hesperia florinda* (Butler, 1878) 꽃팔랑나비

Genus *Ochlodes* Scudder, 1872

25. *Ochlodes sylvanus* (Esper, 1777) 산수풀떠들썩팔랑나비

26. *Ochlodes venata* (Bremer et Grey, 1853) 수풀떠들썩팔랑나비

27. *Ochlodes ochracea* (Bremer, 1861) 검은테떠들썩팔랑나비

28. *Ochlodes subhyalina* (Bremer et Grey, 1853) 유리창떠들썩팔랑나비

Tribe Taractrocerini Voss, 1952

Genus *Potanthus* Scudder, 1872

29. *Potanthus flava* (Murray, 1875) 황알락팔랑나비

Tribe Baorini Doherty, 1866

Genus *Parnara* Moore, 1881

30. *Parnara guttatus* (Bremer et Grey, 1853) 줄점팔랑나비

Genus *Pelopidas* Walker, 1870

31. *Pelopidas mathias* (Fabricius, 1798) 제주꼬마팔랑나비

32. *Pelopidas jansonis* (Butler, 1878) 산줄점팔랑나비

33. *Pelopidas sinensis* (Mabille, 1877) 흰줄점팔랑나비

Genus *Polytremis* Mabille, 1904

34. *Polytremis pellucida* (Murray, 1875) 직작줄점팔랑나비

35. *Polytremis zina* (Evans, 1932) 산팔랑나비

Tribe: Uncertain placement
Genus *Isoteinon* C. Felder et R. Felder, 1862
36. *Isoteinon lamprospilus* C. et R. Felder, 1862 지리산팔랑나비

Tribe Aeromachini Tutt, 1906
Genus *Aeromachus* de Nicéville, 1890
37. *Aeromachus inachus* (Ménétriès, 1859) 파리팔랑나비

Superfamily PAPILIONOIDEA 호랑나비상과 Latreille, 1802
Family PAPILIONIDAE Latreille, 1809 호랑나비과
Subfamily PARNASSIINAE Duponchel, [1835] 모시나비아과
Tribe Parnassini Duponchel, [1835]
Genus *Parnassius* Latreille, 1804
38. *Parnassius stubbendorfii* Ménétriès, 1849 모시나비
39. *Parnassius bremeri* Bremer, 1864 붉은점모시나비
40. *Parnassius nomion* Fischer de Waldheim, 1823 왕붉은점모시나비
41. *Parnassius eversmanni* Ménétriès, 1849 황모시나비

Subfamily ZERYNTHIINAE Grote, 1899
Tribe Zerynthini Grote, 1899
Genus *Sericinus* Westwood, 1851
42. *Sericinus montela* Gray, 1852 꼬리명주나비

Genus *Luehdorfia* Crüger, 1878
43. *Luehdorfia puziloi* (Erschoff, 1872) 애호랑나비

Subfamily PAPILIONINAE Latreille, 1802

Tribe Leptocircini Kirby, 1896

Genus *Graphium* Scopoli, 1777

44. *Graphium sarpedon* (Linnaeus, 1758) 청띠제비나비

Tribe Papilionini Latreille, [1802]

Genus *Papilio* Linnaeus, 1758

45. *Papilio machaon* Linnaeus, 1758 산호랑나비

46. *Papilio xuthus* Linnaeus, 1767 호랑나비

47. *Papilio macilentus* Janson, 1877 긴꼬리제비나비

48. *Papilio helenus* Linnaeus, 1758 무늬박이제비나비

49. *Papilio memnon* Linnaeus, 1758 멤논제비나비

50. *Papilio protenor* Cramer, [1775] 남방제비나비

51. *Papilio bianor* Cramer, 1777 제비나비

52. *Papilio maackii* Ménétriès, 1859 산제비나비

Tribe Troidini Talbot, 1939

Genus *Atrophaneura* Reakirt, 1864

53. *Atrophaneura alcinous* (Klug, 1836) 사향제비나비

Family PIERIDAE Duponchel, 1832 흰나비과

Subfamily DISMORPHIINAE Schatz, 1887 기생나비아과

Genus *Leptidea* Billberg, 1820

54. *Leptidea morsei* Fenton, 1881 북방기생나비

55. *Leptidea amurensis* Ménétriès, 1859 기생나비

Subfamily COLIADINAE Swainson, 1820 노랑나비아과

Tribe Euremini Swainson, 1821

Genus *Eurema* Hübner, 1819

56. *Eurema brigitta* (Stoll, [1780]) 검은테노랑나비

57. *Eurema mandarina* (de l'Orza, 1869) 남방노랑나비

58. *Eurema laeta* (Boisduval, 1836) 극남노랑나비

Tribe Callidryini Kirby, 1896

Genus *Gonepteryx* Leach, 1815

59. *Gonepteryx maxima* Butler, 1885 멧노랑나비

60. *Gonepteryx mahaguru* Gistel, 1857 각시멧노랑나비

Tribe Coliadini Swainson, 1827

Genus *Catopsilia* Hübner, 1823

61. *Catopsilia pomona* (Fabricius, 1775) 연노랑흰나비

Genus *Colias* Fabricius, 1807

62. *Colias erate* (Esper, 1805) 노랑나비

63. *Colias tyche* Böber, 1812 북방노랑나비

64. *Colias palaeno* (Linnaeus, 1761) 높은산노랑나비

65. *Colias heos* (Herbst, 1792) 연주노랑나비

66. *Colias fieldii* Ménétriès, 1855 새연주노랑나비

Subfamily PIERINAE Duponchel, 1835 (배추)흰나비아과

Tribe Pierini Swainson, 1820

Genus *Aporia* Hübner, 1820

67. *Aporia crataegi* (Linnaeus, 1758) 상제나비

68. *Aporia hippia* (Bremer, 1861) 눈나비

Genus *Pieris* Schrank, 1801

69. *Pieris dulcinea* Butler, 1882 줄흰나비

70. *Pieris melete* Ménétriès, 1857 큰줄흰나비

71. *Pieris canidia* (Linnaeus, 1768) 대만흰나비

72. *Pieris rapae* (Linnaeus, 1758) 배추흰나비

Genus *Pontia* Fabricius, 1807

73. *Pontia edusa* (Fabricius, 1777) 풀흰나비

74. *Pontia chloridice* (Hübner, 1803-1818) 북방풀흰나비

Tribe Anthocharidini Scudder, 1889

Genus *Anthocharis* Boisduval, Rambur, Duméril et Graslin, 1833

75. *Anthocharis scolymus* Butler, 1866 갈구리나비

Family LYCAENIDAE Leach, [1815] 부전나비과
Subfamily CURETINAE Distant, 1884

Genus *Curetis* Hübner, 1816

76. *Curetis acuta* Moore, 1877 뾰죽부전나비

Subfamily MILETINAE Reuter, 1896 바둑돌부전나비아과

Tribe Tarakini Eliot, 1973

Genus *Taraka* Doherty, 1889

77. *Taraka hamada* (Druce, 1875) 바둑돌부전나비

Subfamily POLYOMMATINAE Swainson, 1827 부전나비아과

Tribe Niphandini Eliot, 1973

Genus *Niphanda* Moore, 1874

78. *Niphanda fusca* (Bremer et Grey, 1853) 담흑부전나비

Tribe Polyommatini Swainson, 1827 부전나비족

Genus *Jamides* Hübner, 1819

79. *Jamides bochus* (Stoll, 1782) 남색물결부전나비

Genus *Lampides* Hübner, 1819
80. *Lampides boeticus* (Linnaeus, 1767) 물결부전나비

Genus *Pseudozizeeria* Beuret, 1955
81. *Pseudozizeeria maha* (Kollar, 1848) 남방부전나비

Genus *Zizina* Chapman, 1910
82. *Zizina emelina* (de l'Orza, 1869) 극남부전나비

Genus *Cupido* Schrank, 1801
83. *Cupido minimus* (Fuessly, 1775) 꼬마부전나비
84. *Cupido argiades* (Pallas, 1771) 암먹부전나비

Genus *Tongeia* Tutt, 1906
85. *Tongeia fischeri* (Eversmann, 1843) 먹부전나비

Genus *Udara* Toxopeus, 1928
86. *Udara dilectus* (Moore, 1879) 한라푸른부전나비
87. *Udara albocaerulea* (Moore, 1879) 남방푸른부전나비

Genus *Celastrina* Tutt, 1906
88. *Celastrina argiolus* (Linnaeus, 1758) 푸른부전나비
89. *Celastrina sugitanii* (Matsumura, 1919) 산푸른부전나비
90. *Celastrina filipjevi* (Riley, 1934) 주을푸른부전나비
91. *Celastrina oreas* (Leech, 1893) 회령푸른부전나비

Genus *Scolitantides* Hübner, 1819
92. *Scolitantides orion* (Pallas, 1771) 작은홍띠점박이푸른부전나비

Genus *Sinia* Forster, 1940

93. *Sinia divina* (Fixsen, 1887) 큰홍띠점박이푸른부전나비

Genus *Glaucopsyche* Scudder, 1872

94. *Glaucopsyche lycormas* (Butler, 1866) 귀신부전나비

Genus *Maculinea* van Eecke, 1915

95. *Maculinea cyanecula* (Eversmann, 1848) 중점박이푸른부전나비

96. *Maculinea arionides* (Staudinger, 1887) 큰점박이푸른부전나비

97. *Maculinea alcon* (Denis et Schiffermüller, 1776) 잔점박이푸른부전나비

98. *Maculinea teleius* (Bergsträsser, 1779) 고운점박이푸른부전나비

99. *Maculinea kurentzovi* Sibatani, Saigusa et Hirowatari, 1994 북방점박이푸른부전나비

Genus *Aricia* Reichenbach, 1817

100. *Aricia artaxerxes* (Fabricius, 1793) 백두산부전나비

101. *Aricia chinensis* (Murray, 1874) 중국부전나비

102. *Aricia eumedon* (Esper, 1780) 대덕산부전나비

Genus *Chilades* Moore, 1881

103. *Chilades pandava* (Horsfield, 1829) 소철꼬리부전나비

Genus *Plebejus* Kluk, 1802

104. *Plebejus argus* (Linnaeus, 1758) 산꼬마부전나비

105. *Plebejus argyrognomon* (Bergsträsser, 1779) 부전나비

106. *Plebejus subsolanus* (Eversmann, 1851) 산부전나비

Genus *Albulina* Tutt, 1909

107. *Albulina optilete* (Knoch, 1781) 높은산부전나비

Genus *Polyommatus* Latreille, 1804

108. *Polyommatus tsvetaevi* Kurentzov, 1970 사랑부전나비

109. *Polyommatus amandus* (Schneider, 1792) 함경부전나비

110. *Polyommatus icarus* (Rottemburg, 1775) 연푸른부전나비

111. *Polyommatus semiargus* (Rottemburg, 1775) 후치령부전나비

Subfamily LYCAENINAE Leech, 1815 주홍부전나비아과

Genus *Lycaena* Fabricius, 1807

112. *Lycaena phlaeas* (Linnaeus, 1761) 작은주홍부전나비

113. *Lycaena helle* (Schiffermüller, 1775) 남주홍부전나비

114. *Lycaena dispar* (Haworth, 1803) 큰주홍부전나비

115. *Lycaena virgaureae* (Linnaeus, 1758) 검은테주홍부전나비

116. *Lycaena hippothoe* (Linnaeus, 1761) 암먹주홍부전나비

Subfamily THECLINAE Swainson, 1831 녹색부전나비아과

Tribe Theclini Swainson, 1831 녹색부전나비족

Genus *Artopoetes* Chapman, 1909

117. *Artopoetes pryeri* (Murray, 1873) 선녀부전나비

Genus *Coreana* Tutt, 1907

118. *Coreana raphaelis* (Oberthür, 1881) 붉은띠귤빛부전나비

Genus *Ussuriana* Tutt, 1907

119. *Ussuriana michaelis* (Oberthür, 1881) 금강산귤빛부전나비

Genus *Shirozua* Sibatani et Ito, 1942

120. *Shirozua jonasi* (Janson, 1877) 민무늬귤빛부전나비

Genus *Thecla* Fabricius, 1807

121. *Thecla betulae* (Linnaeus, 1758) 암고운부전나비

122. *Thecla betulina* Staudinger, 1887 개마암고운부전나비

Genus *Protantigius* Shirôzu et Yamamoto, 1956

123. *Protantigius superans* (Oberthür, 1913) 깊은산부전나비

Genus *Japonica* Tutt, 1907

124. *Japonica saepestriata* (Hewitson, 1865) 시가도귤빛부전나비

125. *Japonica lutea* (Hewitson, 1865) 귤빛부전나비

Genus *Araragi* Sibatani et Ito, 1942

126. *Araragi enthea* (Janson, 1877) 긴꼬리부전나비

Genus *Antigius* Sibatani et Ito, 1942

127. *Antigius attilia* (Bremer, 1861) 물빛긴꼬리부전나비

128. *Antigius butleri* (Fenton, 1881) 담색긴꼬리부전나비

Genus *Wagimo* Sibatani et Ito, 1942

129. *Wagimo signata* (Butler, 1881) 참나무부전나비

Genus *Neozephyrus* Sibatani et Ito, 1942

130. *Neozephyrus japonicus* (Murray, 1875) 작은녹색부전나비

Genus *Favonius* Sibatani et Ito, 1942

131. *Favonius orientalis* (Murray, 1875) 큰녹색부전나비

132. *Favonius korshunovi* (Dubatolov et Sergeev, 1982) 깊은산녹색부전나비

133. *Favonius ultramarinus* (Fixsen, 1887) 금강산녹색부전나비

134. *Favonius saphirinus* (Staudinger, 1887) 은날개녹색부전나비

135. *Favonius cognatus* (Staudinger, 1892) 넓은띠녹색부전나비

136. *Favonius taxila* (Bremer, 1861) 산녹색부전나비

137. *Favonius yuasai* Shirôzu, 1948 검정녹색부전나비

138. *Favonius koreanus* Kim, 2006 우리녹색부전나비

Genus *Chrysozephyrus* Shirôzu et Yamamoto, 1956

139. *Chrysozephyrus smaragdinus* (Bremer, 1861) 암붉은점녹색부전나비

140. *Chrysozephyrus brillantinus* (Staudinger, 1887) 북방녹색부전나비

Genus *Thermozephyrus* Inomata et Itagaki, 1986

141. *Thermozephyrus ataxus* (Westwood, [1851]) 남방녹색부전나비

Genus *Rapala* Moore, 1881

142. *Rapala arata* (Bremer, 1861) 울릉범부전나비

143. *Rapala caerulea* (Bremer et Grey, [1851]) 범부전나비

Tribe Arhopalini Bingham, 1907

Genus *Arhopala* Boisduval, 1832

144. *Arhopala bazalus* (Hewitson, 1862) 남방남색꼬리부전나비

145. *Arhopala japonica* (Murray, 1875) 남방남색부전나비

Tribe Eumaeini Doubleday, 1847 까마귀부전나비족

Genus *Satyrium* Scudder, 1876

146. *Satyrium herzi* (Fixsen, 1887) 민꼬리까마귀부전나비

147. *Satyrium pruni* (Linnaeus, 1758) 벚나무까마귀부전나비

148. *Satyrium latior* (Fixsen, 1887) 북방까마귀부전나비

149. *Satyrium w-album* (Knoch, 1782) 까마귀부전나비

150. *Satyrium eximia* (Fixsen, 1887) 참까마귀부전나비

151. *Satyrium prunoides* (Staudinger, 1887) 꼬마까마귀부전나비

Genus *Ahlbergia* Bryk, 1946

152. *Ahlbergia ferrea* (Butler, 1866) 쇳빛부전나비

153. *Ahlbergia frivaldszkyi* (Lederer, 1855) 북방쇳빛부전나비

Tribe Aphnaeini Distant, 1884 쌍꼬리부전나비족

Genus *Cigaritis* Donzel, 1847

154. *Cigaritis takanonis* (Matsumura, 1906) 쌍꼬리부전나비

Family NYMPHALIDAE Swainson, 1827 네발나비과

Subfamily LIBYTHEINAE Boisduval, 1833 뿔나비아과

Genus *Libythea* Fabricius, 1807

155. *Libythea lepita* Moore, 1857 뿔나비

Subfamily DANAINAE Boisduval, [1833] 왕나비아과

Tribe Danaini Boisduval, [1833]

Genus *Parantica* Moore, 1880

156. *Parantica sita* (Kollar, 1844) 왕나비

157. *Parantica melaneus* (Cramer, 1775) 대만왕나비

Genus *Danaus* Linnaeus, 1758

158. *Danaus genutia* (Cramer, 1779) 별선두리왕나비

159. *Danaus chrysippus* (Linnaeus, 1758) 끝검은왕나비

Subfamily SATYRINAE Boisduval, [1833] 뱀눈나비아과

Tribe Melanitini Reuter, 1896

Genus *Melanitis* Fabricius, 1807

160. *Melanitis leda* (Linnaeus, 1758) 먹나비

161. *Melanitis phedima* (Cramer, [1780]) 큰먹나비

Tribe Elymniini Herrich-Schäffer, 1864

Genus *Lethe* Hübner, 1819

162. *Lethe diana* (Butler, 1866) 먹그늘나비

163. *Lethe marginalis* (Motschulsky, 1860) 먹그늘나비붙이

Genus *Ninguta* Moore, [1892]

164. *Ninguta schrenckii* (Ménétriès, 1858) 왕그늘나비

Genus *Kirinia* Moore, [1893]

165. *Kirinia epimenides* (Ménétriès, 1859) 알락그늘나비

166. *Kirinia epaminondas* (Staudinger, 1887) 황알락그늘나비

Genus *Lopinga* Moore, 1893

167. *Lopinga achine* (Scopoli, 1763) 눈많은그늘나비

168. *Lopinga deidamia* (Eversmann, 1851) 뱀눈그늘나비

Genus *Mycalesis* Hübner, 1818

169. *Mycalesis francisca* (Stoll, [1780]) 부처사촌나비

170. *Mycalesis gotama* Moore, 1857 부처나비

Tribe Satyrini de Boisduval, 1833

Genus *Coenonympha* Hübner, 1819

171. *Coenonympha hero* (Linnaeus, 1761) 도시처녀나비

172. *Coenonympha glycerion* (Borkhausen, 1788) 북방처녀나비

173. *Coenonympha oedippus* (Fabricius, 1787) 봄처녀나비

174. *Coenonympha amaryllis* (Stoll, 1782) 시골처녀나비

Genus *Triphysa* Zeller, 1850

175. *Triphysa albovenosa* Erschoff, 1885 줄그늘나비

Genus *Erebia* Dalman, 1816

176. *Erebia ligea* (Linnaeus, 1758) 높은산지옥나비

177. *Erebia neriene* (Böber, 1809) 산지옥나비

178. *Erebia rossii* Curtis, 1835 관모산지옥나비

179. *Erebia embla* (Thunberg, 1791) 노랑지옥나비

180. *Erebia cyclopius* (Eversmann, 1844) 외눈이지옥나비

181. *Erebia wanga* Bremer, 1864 외눈이지옥사촌나비

182. *Erebia edda* Ménétriès, 1854 분홍지옥나비

183. *Erebia radians* Staudinger, 1886 민무늬지옥나비

184. *Erebia theano* (Tauscher, 1809) 차일봉지옥나비

185. *Erebia kozhantshikovi* Sheljuzhko, 1925 재순이지옥나비

Genus *Aphantopus* Wallengren, 1853

186. *Aphantopus hyperantus* (Linnaeus, 1758) 가락지나비

Genus *Melanargia* Meigen, 1828

187. *Melanargia halimede* (Ménétriès, 1859) 흰뱀눈나비

188. *Melanargia epimede* Staudinger, 1887 조흰뱀눈나비

Genus *Hipparchia* Fabricius, 1807

189. *Hipparchia autonoe* (Esper, 1783) 산굴뚝나비

Genus *Minois* Hübner, [1819]

190. *Minois dryas* (Scopoli, 1763) 굴뚝나비

Genus *Oeneis* Hübner, 1819

191. *Oeneis jutta* (Hübner, 1806) 높은산뱀눈나비

192. *Oeneis magna* Graeser, 1888 큰산뱀눈나비

193. *Oeneis urda* (Eversmann, 1847) 함경산뱀눈나비

194. *Oeneis mongolica* (Oberthür, 1876) 참산뱀눈나비

Genus *Ypthima* Hübner, 1816
195. *Ypthima baldus* (Fabricius, 1775) 애물결나비
196. *Ypthima motschulskyi* (Bremer et Grey, 1853) 석물결나비
197. *Ypthima multistriata* Butler, 1883 물결나비

Subfamily NYMPHALINAE Swainson, 1827 네발나비아과
Tribe Nymphalini Swainson, 1827
Genus *Araschnia* Hübner, 1816
198. *Araschnia levana* (Linnaeus, 1758) 북방거꾸로여덟팔나비
199. *Araschnia burejana* Bremer, 1861 거꾸로여덟팔나비

Genus *Vanessa* Fabricius, 1807
200. *Vanessa indica* (Herbst, 1794) 큰멋쟁이나비
201. *Vanessa cardui* (Linnaeus, 1758) 작은멋쟁이나비

Genus *Nymphalis* Kluk, 1802
202. *Nymphalis xanthomelas* (Esper, [1781]) 들신선나비
203. *Nymphalis urticae* (Linnaeus, 1758) 쐐기풀나비
204. *Nymphalis antiopa* (Linnaeus, 1758) 신선나비
205. *Nymphalis io* (Linnaeus, 1758) 공작나비
206. *Nymphalis l-album* (Esper, 1785) 갈구리신선나비
207. *Nymphalis canace* (Linnaeus, 1763) 청띠신선나비

Genus *Polygonia* Hübner, 1819
208. *Polygonia c-aureum* (Linnaeus, 1758) 네발나비
209. *Polygonia c-album* (Linnaeus, 1758) 산네발나비

Tribe Junoniini Reuter, 1896

Genus *Junonia* Hübner, [1819]

210. *Junonia orithya* (Linnaeus, 1758) 남색남방공작나비

211. *Junonia almana* (Linnaeus, 1758) 남방공작나비

Genus *Hypolimnas* Hübner, 1816

212. *Hypolimnas bolina* (Linnaeus, 1758) 남방오색나비

213. *Hypolimnas misippus* Linnaeus, 1764 암붉은오색나비

Tribe Melitaeini Newman, 1870

Genus *Euphydryas* Scudder, 1872

214. *Euphydryas ichnea* (Boisduval, 1833) 함경어리표범나비

215. *Euphydryas sibirica* (Staudinger, 1861) 금빛어리표범나비

Genus *Mellicta* Billberg, 1820

216. *Mellicta ambigua* (Ménétriès, 1859) 여름어리표범나비

217. *Mellicta britomartis* (Assmann, 1847) 봄어리표범나비

218. *Mellicta plotina* (Bremer, 1861) 경원어리표범나비

Genus *Melitaea* Fabricius, 1807

219. *Melitaea didymoides* Eversmann, 1847 산어리표범나비

220. *Melitaea sutschana* Staudinger, 1892 짙은산어리표범나비

221. *Melitaea arcesia* Bremer, 1861 북방어리표범나비

222. *Melitaea diamina* (Lang, 1789) 은점어리표범나비

223. *Melitaea protomedia* Ménétriès, 1859 담색어리표범나비

224. *Melitaea scotosia* Butler, 1878 암어리표범나비

Subfamily CYRESTINAE Guenée, 1865

Tribe Cyrestini Guenée, 1865

Genus *Cyrestis* Boisduval, 1832

225. *Cyrestis thyodamas* Boisduval, 1836 돌담무늬나비

Tribe Pseudergolini Jordan, 1898

Genus *Dichorragia* Butler, 1868

226. *Dichorragia nesimachus* Boisduval, 1836 먹그림나비

Subfamily APATURINAE Tutt, 1896 오색나비아과

Genus *Apatura* Fabricius, 1807

227. *Apatura iris* (Linnaeus, 1758) 번개오색나비

228. *Apatura ilia* (Denis et Schiffermüller, 1775) 오색나비

229. *Apatura metis* Freyer, 1829 황오색나비

Genus *Mimathyma* Moore, 1896

230. *Mimathyma schrenckii* (Ménétriès, 1859) 은판나비

231. *Mimathyma nycteis* (Ménétriès, 1859) 밤오색나비

Genus *Chitoria* Moore, 1896

232. *Chitoria ulupi* (Doherty, 1889) 수노랑나비

Genus *Dilipa* Moore, 1857

233. *Dilipa fenestra* (Leech, 1891) 유리창나비

Genus *Hestina* Westwood, 1850

234. *Hestina japonica* (C. Felder et R. Felder, 1862) 흑백알락나비

235. *Hestina assimilis* (Linnaeus, 1758) 홍점알락나비

Genus *Sasakia* Moore, 1896

236. *Sasakia charonda* (Hewitson, 1862) 왕오색나비

Genus *Sephisa* Moore, 1882

237. *Sephisa princeps* (Fixsen, 1887) 대왕나비

Subfamily HELICONIINAE Swainson, 1822 표범나비아과

Tribe Argynnini Duponchel, 1835

Genus *Clossiana* Reuss, 1920

238. *Clossiana selene* (Denis et Schiffermüller, 1775) 산은점선표범나비

239. *Clossiana perryi* (Butler, 1882) 작은은점선표범나비

240. *Clossiana selenis* (Eversmann, 1837) 꼬마표범나비

241. *Clossiana angarensis* (Erschoff, 1870) 백두산표범나비

242. *Clossiana oscarus* (Eversmann, 1844) 큰은점선표범나비

243. *Clossiana thore* (Hübner, [1803-1804]) 산꼬마표범나비

244. *Clossiana titania* (Esper, 1790) 높은산표범나비

245. *Clossiana euphrosyne* (Linnaeus, 1758) 은점선표범나비

Genus *Brenthis* Hübner, 1819

246. *Brenthis ino* (Rottemburg, 1775) 작은표범나비

247. *Brenthis daphne* (Bergsträsser, 1780) 큰표범나비

Genus *Argynnis* Fabricius, 1807

248. *Argynnis paphia* (Linnaeus, 1758) 은줄표범나비

249. *Argynnis anadyomene* C. Felder et R. Felder, 1862 구름표범나비

250. *Argynnis vorax* Butler, 1871 긴은점표범나비

251. *Argynnis niobe* (Linnaeus, 1758) 은점표범나비

252. *Argynnis nerippe* C. Felder et R. Felder, 1862 왕은점표범나비

Genus *Argyreus* Scopoli, 1777

253. *Argyreus hyperbius* (Linnaeus, 1763) 암끝검은표범나비

Genus *Damora* Nordmann, 1851

254. *Damora sagana* (Doubleday, [1847]) 암검은표범나비

Genus *Childrena* Hemming, 1943

255. *Childrena childreni* (Gray, 1831) 중국은줄표범나비

256. *Childrena zenobia* (Leech, 1890) 산은줄표범나비

Genus *Speyeria* Scudder, 1872

257. *Speyeria aglaja* (Linnaeus, 1758) 풀표범나비

Genus *Argyronome* Hübner, 1819

258. *Argyronome laodice* (Pallas, 1771) 흰줄표범나비

259. *Argyronome ruslana* (Motschulsky, 1866) 큰흰줄표범나비

Subfamily LIMENITIDINAE Behr, 1864 줄나비아과

Tribe Limenitidini Behr, 1864

Genus *Limenitis* Fabricius, 1807

260. *Limenitis populi* (Linnaeus, 1758) 왕줄나비

261. *Limenitis camilla* (Linnaeus, 1764) 줄나비

262. *Limenitis sydyi* Lederer, 1853 굵은줄나비

263. *Limenitis moltrechti* Kardakov, 1928 참줄나비

264. *Limenitis amphyssa* Ménétriès, 1859 참줄나비사촌

265. *Limenitis doerriesi* Staudinger, 1892 제이줄나비

266. *Limenitis helmanni* Lederer, 1853 제일줄나비

267. *Limenitis homeyeri* Tancré, 1881 제삼줄나비

Tribe Neptini Newman, 1870

Genus *Neptis* Fabricius, 1807

268. *Neptis sappho* Pallas, 1771 애기세줄나비

269. *Neptis philyra* Ménétriès, 1859 세줄나비

270. *Neptis philyroides* Staudinger, 1887 참세줄나비

271. *Neptis rivularis* (Scopoli, 1763) 두줄나비

272. *Neptis pryeri* Butler, 1871 별박이세줄나비

273. *Neptis andetria* Fruhstofer, 1913 개마별박이세줄나비

274. *Neptis speyeri* Staudinger, 1887 높은산세줄나비

275. *Neptis alwina* Bremer et Grey, 1853 왕세줄나비

Genus *Seokia* Sibatani, 1943

276. *Seokia pratti* (Leech, 1890) 홍줄나비

Genus *Aldania* Moore, 1896

277. *Aldania raddei* (Bremer, 1861) 어리세줄나비

278. *Aldania themis* (Leech, 1890) 산황세줄나비

279. *Aldania thisbe* (Ménétriès, 1859) 황세줄나비

280. *Aldania deliquata* (Stichel, 1908) 중국황세줄나비

[Appendix 3] Host plants of butterflies known from the Korean Peninsula

Host plants	Butterflies spp.
Gymnospermae (나자식물강)	
Cycadaceae (소철과)	
Cycas revoluta (소철)	*C. pandava* (소철꼬리부전나비)
Taxaceae (주목과)	
Taxus nucifera (비자나무)	*T. leonina* (줄꼬마팔랑나비)
Pinaceae (소나무과)	
Abies nephrolepis (분비나무)	*P. bianor* (제비나비)
Pinus koraiensis (잣나무)	*S. pratti* (홍줄나비)
Angiospermae (피자식물강)	
Monocotyledoneae (단자엽식물아강)	
Gramineae (벼과)	
Phalaris arundinacea (갈풀)	*T. leonina* (줄꼬마팔랑나비), *T. sylvatica* (수풀꼬마팔랑나비), *P. guttatus* (줄점팔랑나비)
Setaria viridis (강아지풀)	*L. unicolor* (은줄팔랑나비), *P. flava* (황알락팔랑나비), *P. guttatus* (줄점팔랑나비), *P. mathias* (제주꼬마팔랑나비), *P. zina* (산팔랑나비), *M. leda* (먹나비), *L. marginalis* (먹그늘나비붙이), *M. gotama* (부처나비), *C. amaryllis* (시골처녀나비), *Y. baldus* (애물결나비)
Agropyron tsukushiense var. *transiens* (개밀)	*T. leonina* (줄꼬마팔랑나비), *A. hyperantus* (가락지나비), *H. autonoe* (산굴뚝나비)
Cymbopogon tortilis var. *goeringii* (개솔새)	*L. marginalis* (먹그늘나비붙이)
Agrostis clavata var. *nukabo* (겨이삭)	*L. deidamia* (뱀눈그늘나비)
Eragrostis ferruginea (그령)	*P. mathias* (제주꼬마팔랑나비)
Spodiopogon cotulifer (기름새)	*C. silvicola* (수풀알락팔랑나비), *C. dieckmanni* (참알락팔랑나비), *H. morpheus* (돈무늬팔랑나비), *L. unicolor* (은줄팔랑나비), *T. leonina* (줄꼬마팔랑나비), *T. sylvatica* (수풀꼬마팔랑나비), *O. venata* (수풀떠들썩팔랑나비), *P. flava* (황알락팔랑나비), *P. jansonis* (산줄점팔랑나비), *A. inachus* (파리팔랑나비), *L. marginalis* (먹그늘나비붙이)
Festuca ovina var. *vina* (김의털)	*E. wanga* (외눈이지옥사촌나비), *A. hyperantus* (가락지나비), *H. autonoe* (산굴뚝나비), *O. urda* (함경산뱀눈나비)
Bromus pauciflorus (꼬리새)	*T. leonina* (줄꼬마팔랑나비), *T. sylvatica* (수풀꼬마팔랑나비)
Microstegium vimineum var. *vimineum* (나도바랭이새)	*P. flava* (황알락팔랑나비), *M. francisca* (부처사촌나비), *M. gotama* (부처나비)
Sporobolus japonicus (나도잔디)	*Y. baldus* (애물결나비)
Cleistogenes hackelii (대새풀)	*L. marginalis* (먹그늘나비붙이)
Echinochloa crusgalli var. *crusgalli* (돌피)	*P. flava* (황알락팔랑나비), *P. guttatus* (줄점팔랑나비), *P. zina* (산팔랑나비), *M. gotama* (부처나비)

[Appendix 3] continue

Imperata cylindrica var. *koenigii* (띠)	*L. unicolor* (은줄팔랑나비), *P. flava* (황알락팔랑나비), *P. guttatus* (줄점팔랑나비), *P. mathias* (제주꼬마팔랑나비), *L. achine* (눈많은그늘나비), *L. deidamia* (뱀눈그늘나비), *M. epimede* (조흰뱀눈나비)
Microstegium japonicum (민바랭이새)	*L. marginalis* (먹그늘나비붙이), *M. francisca* (부처사촌나비), *Y. motschulskyi* (석물결나비)
Digitaria ciliaris (바랭이)	*P. flava* (황알락팔랑나비), *P. guttatus* (줄점팔랑나비), *P. mathias* (제주꼬마팔랑나비), *K. epimenides* (알락그늘나비), *K. epaminondas* (황알락그늘나비), *L. deidamia* (뱀눈그늘나비), *M. gotama* (부처나비), *Y. baldus* (애물결나비), *Y. multistriata* (물결나비)
Oryza sativa var. *sativa* (벼)	*P. guttatus* (줄점팔랑나비), *P. mathias* (제주꼬마팔랑나비), *P. zina* (산팔랑나비), *M. leda* (먹나비), *M. gotama* (부처나비), *Y. baldus* (애물결나비), *Y. motschulskyi* (석물결나비), *Y. multistriata* (물결나비)
Hordeum vulgare var. *hexastichon*(보리)	*P. guttatus* (줄점팔랑나비), *C. oedippus* (봄처녀나비)
Saccharum officinarum (사탕수수)	*P. mathias* (제주꼬마팔랑나비), *M. leda* (먹나비)
Calamagrostis langsdorfii (산새풀)	*C. palaemon* (북방알락팔랑나비), *E. ligea* (높은산지옥나비)
Arundinella hirta (새)	*L. marginalis* (먹그늘나비붙이)
Poa annua (새포아풀)	*P. guttatus* (줄점팔랑나비), *K. epimenides* (알락그늘나비), *L. achine* (눈많은그늘나비), *L. deidamia* (뱀눈그늘나비), *C. hero* (도시처녀나비), *M. dryas* (굴뚝나비)
Agropyron ciliare (속털개밀)	*L. deidamia* (뱀눈그늘나비)
Andropogon brevifolius (쇠풀)	*M. halimede* (흰뱀눈나비)
Brachypodium sylvaticum (숲개밀)	*T. sylvatica* (수풀꼬마팔랑나비)
Calamagrostis arundinacea (실새풀)	*M. francisca* (부처사촌나비), *Y. motschulskyi* (석물결나비)
Miscanthus sinensis var. *purpurascens* (억새)	*P. jansonis* (산줄점팔랑나비), *M. gotama* (부처나비), *M. halimede* (흰뱀눈나비), *M. epimede* (조흰뱀눈나비)
Phyllostachys bambusoides (왕대)	*L. diana* (먹그늘나비)
Eleusine indica (왕바랭이)	*O. venata* (수풀떠들썩팔랑나비), *P. guttatus* (줄점팔랑나비), *P. mathias* (제주꼬마팔랑나비)
Diarrhena japonica (용수염)	*E. wanga* (외눈이지옥사촌나비)
잔겨이삭 (North Korea Name)	*M. epimede* (조흰뱀눈나비)
Zoysia japonica (잔디)	*P. mathias* (제주꼬마팔랑나비), *C. oedippus* (봄처녀나비), *M. dryas* (굴뚝나비), *Y. baldus* (애물결나비)
잔디회초리풀 (North Korea Name)	*Y. baldus* (애물결나비)
Sasa palmata (제주조릿대)	*L. diana* (먹그늘나비)
Arthraxon hispidus (조개풀)	*M. francisca* (부처사촌나비)
Sasa borealis (조릿대)	*L. diana* (먹그늘나비)
Oplismenus undulatifolius var. *undulatifolius* (주름조개풀)	*O. ochracea* (검은테떠들썩팔랑나비), *P. flava* (황알락팔랑나비), *L. marginalis* (먹그늘나비붙이), *L. deidamia* (뱀눈그늘나비), *M. francisca* (부처사촌나비), *M. gotama* (부처나비), *Y. baldus* (애물결나비), *Y. motschulskyi* (석물결나비)
Muhlenbergia japonica (쥐꼬리새)	*L. marginalis* (먹그늘나비붙이)

참바랭이 (North Korea Name)	*P. flava* (황알락팔랑나비), *M. leda* (먹나비), *L. deidamia* (뱀눈그늘나비), *C. oedippus* (봄처녀나비), *Y. motschulskyi* (석물결나비)
Paspalum thunbergii (참새피)	*M. gotama* (부처나비)
Miscanthus sinensis var. *sinensis* (참억새)	*L. unicolor* (은줄팔랑나비), *O. venata* (수풀떠들썩팔랑나비), *O. ochracea* (검은테떠들썩팔랑나비), *P. flava* (황알락팔랑나비), *P. guttatus* (줄점팔랑나비), *P. mathias* (제주꼬마팔랑나비), *P. jansonis* (산줄점팔랑나비), *P. zina* (산팔랑나비), *I. lamprospilus* (지리산팔랑나비), *L. marginalis* (먹그늘나비붙이), *N. schrenckii* (왕그늘나비), *K. epimenides* (알락그늘나비), *K. epaminondas* (황알락그늘나비), *L. achine* (눈많은그늘나비), *L. deidamia* (뱀눈그늘나비), *M. francisca* (부처사촌나비), *M. gotama* (부처나비), *C. oedippus* (봄처녀나비), *M. halimede* (흰뱀눈나비), *M. epimede* (조흰뱀눈나비), *M. dryas* (굴뚝나비), *Y. motschulskyi* (석물결나비), *Y. multistriata* (물결나비), *D. nesimachus* (먹그림나비)
Spodiopogon sibiricus (큰기름새)	*C. silvicola* (수풀알락팔랑나비), *H. morpheus* (돈무늬팔랑나비), *L. unicolor* (은줄팔랑나비), *T. leonina* (줄꼬마팔랑나비), *T. sylvatica* (수풀꼬마팔랑나비), *O. ochracea* (검은테떠들썩팔랑나비), *P. flava* (황알락팔랑나비), *I. lamprospilus* (지리산팔랑나비), *A. inachus* (파리팔랑나비), *L. marginalis* (먹그늘나비붙이), *D. nesimachus* (먹그림나비)
Phleum pratense (큰조아재비)	*C. silvicola* (수풀알락팔랑나비)
Echinochloa utilis (피)	*P. guttatus* (줄점팔랑나비)
Arundinaria simonii (해장죽)	*P. guttatus* (줄점팔랑나비), *P. zina* (산팔랑나비), *L. diana* (먹그늘나비)
Cyperaceae (사초과)	
Carex japonica (개찌버리사초)	*N. schrenckii* (왕그늘나비)
Carex aphanolepis (골사초)	*C. oedippus* (봄처녀나비)
Carex neurocarpa (괭이사초)	*L. marginalis* (먹그늘나비붙이), *N. schrenckii* (왕그늘나비), *K. epimenides* (알락그늘나비), *C. hero* (도시처녀나비), *C. oedippus* (봄처녀나비)
Carex lanceolata (그늘사초)	*H. florinda* (꽃팔랑나비), *O. venata* (수풀떠들썩팔랑나비), *N. schrenckii* (왕그늘나비), *K. epimenides* (알락그늘나비), *C. hero* (도시처녀나비)
Cyperus microiria (금방동사니)	*C. oedippus* (봄처녀나비), *E. ligea* (높은산지옥나비), *Y. baldus* (애물결나비)
Carex incisa (바랭이사초)	산지옥나비 (*E. neriene*)
Cyperus amuricus (방동사니)	*T. leonina* (줄꼬마팔랑나비), *L. achine* (눈많은그늘나비), *C. amaryllis* (시골처녀나비), *O. mongolica* (참산뱀눈나비)
Carex dispalata (삿갓사초)	*N. schrenckii* (왕그늘나비), *K. epimenides* (알락그늘나비)
Carex vesicaria (새방울사초)	*O. venata* (수풀떠들썩팔랑나비)
Carex sabynensis (실청사초)	*C. hero* (도시처녀나비)
Carex conica (애기사초)	*C. oedippus* (봄처녀나비)
Carex blepharicarpa var. *stenocarpa* (여우꼬리사초)	*L. achine* (눈많은그늘나비)
Carex dimorpholepis (이삭사초)	*C. hero* (도시처녀나비)
Carex breviculmis (청사초)	*C. oedippus* (봄처녀나비)
Carex erythrobasis (한라사초)	*A. hyperantus* (가락지나비), *H. autonoe* (산굴뚝나비), *O. urda* (함경산뱀눈나비)
Carex doniana (흰사초)	*N. schrenckii* (왕그늘나비)

Liliaceae (백합과)	
Smilax china (청미래덩굴)	*N. canace* (청띠신선나비)
Smilax sieboldii for. *sieboldii* (청가시덩굴)	*N. canace* (청띠신선나비)
Lilium lancifolium (참나리)	*N. canace* (청띠신선나비)
Dioscoreaceae (마과)	
Dioscorea batatus (마)	*D. tethys* (왕자팔랑나비)
Dioscorea japonica (참마)	*D. tethys* (왕자팔랑나비)
Dioscorea quinqueloba (단풍마)	*D. tethys* (왕자팔랑나비)
Dioscorea nipponica (부채마)	*D. tethys* (왕자팔랑나비)
Dicotyledoneae (쌍자엽식물아강)	
Salicaceae (버드나무과)	
Salix koreensis (버드나무)	*P. argus* (산꼬마부전나비), *N. xanthomelas* (들신선나비), *A. iris* (번개오색나비), *L. populi* (왕줄나비)
Salix rorida var. *rorida* (분버들)	*N. xanthomelas* (들신선나비)
Salix babylonica (수양버들)	*N. xanthomelas* (들신선나비), *A. ilia* (오색나비), *A. metis* (황오색나비)
Salix gracilistyla (갯버들)	*N. xanthomelas* (들신선나비), *A. metis* (황오색나비)
Salix caprea (호랑버들)	*A. iris* (번개오색나비), *A. metis* (황오색나비)
Salix gilgiana (내버들)	*A. metis* (황오색나비)
Salix maximowiczii (쪽버들)	*A. metis* (황오색나비)
Populus maximowiczii (황철나무)	*N. antiopa* (신선나비), *L. populi* (왕줄나비)
Populus sieboldii (일본사시나무)	*L. populi* (왕줄나비)
Populus davidiana (사시나무)	*P.superans* (깊은산부전나비)
Juglandaceae (가래나무과)	
Juglans regia (호두나무)	*A. crataegi* (상제나비), *P.superans* (깊은산부전나비)
Juglans mandshurica (가래나무)	*P. superans* (깊은산부전나비), *A. enthea* (긴꼬리부전나비)
Juglans cordiformis (쪽가래나무)	*A. enthea* (긴꼬리부전나비)
Platycarya strobilacea (굴피나무)	*A. enthea* (긴꼬리부전나비)
Butulaceae (자작나무과)	
Betula platyphylla var. *japonica* (자작나무)	*A. crataegi* (상제나비), *N. antiopa* (신선나비), *N. l-album* (갈구리신선나비)
Alnus japonica (오리나무)	*N. japonicus* (작은녹색부전나비)
Alnus sibirica (물오리나무)	*N. japonicus* (작은녹색부전나비)
Carpinus cordata (까치박달)	*N. philyroides* (참세줄나비), *N. speyeri* (높은산세줄나비)

Carpinus laxiflora (서어나무)	*N. philyroides* (참세줄나비)
Corylus heterophylla (개암나무)	*N. philyroides* (참세줄나비)
Corylus sieboldiana (참개암나무)	*N. philyroides* (참세줄나비)
Corylus sieboldiana var. mandshurica (물개암나무)	*N. philyroides* (참세줄나비)
Fagaceae (참나무과)	
Quercus aliena (갈참나무)	*S. jonasi* (민무늬귤빛부전나비), *J. saepestriata* (시가도귤빛부전나비), *J. lutea* (귤빛부전나비), *A. attilia* (물빛긴꼬리부전나비), *A. butleri* (담색긴꼬리부전나비), *W. signata* (참나무부전나비), *F. orientalis* (큰녹색부전나비), *F. korshunovi* (깊은산녹색부전나비), *F. saphirinus* (은날개녹색부전나비), *F. cognatus* (넓은띠녹색부전나비), *F. taxila* (산녹색부전나비), *F. yuasai* (검정녹색부전나비), *C. brillantinus* (북방녹색부전나비)
Quercus variabilis (굴참나무)	*A. attilia* (물빛긴꼬리부전나비), *F. taxila* (산녹색부전나비), *F. yuasai* (검정녹색부전나비), *F. koreanus* (우리녹색부전나비), *C. brillantinus* (북방녹색부전나비), *S. princeps* (대왕나비)
Quercus dentata (떡갈나무)	*E. montanus* (멧팔랑나비), *J. saepestriata* (시가도귤빛부전나비), *J. lutea* (귤빛부전나비), *A. attilia* (물빛긴꼬리부전나비), *A. butleri* (담색긴꼬리부전나비), *W. signata* (참나무부전나비), *F. orientalis* (큰녹색부전나비), *F. korshunovi* (깊은산녹색부전나비), *F. ultramarinus* (금강산녹색부전나비), *F. saphirinus* (은날개녹색부전나비), *F. cognatus* (넓은띠녹색부전나비), *F. taxila* (산녹색부전나비), *F. yuasai* (검정녹색부전나비), *A. themis* (산황세줄나비), *A. deliquata* (중국황세줄나비)
Quercus mongolica var. crispula (물참나무)	*J. saepestriata* (시가도귤빛부전나비), *J. lutea* (귤빛부전나비), *A. attilia* (물빛긴꼬리부전나비), *W. signata* (참나무부전나비), *F. orientalis* (큰녹색부전나비), *F. ultramarinus* (금강산녹색부전나비), *F. saphirinus* (은날개녹색부전나비), *F. taxila* (산녹색부전나비), *C. brillantinus* (북방녹색부전나비)
Quercus acutissima (상수리나무)	*S. jonasi* (민무늬귤빛부전나비), *J. saepestriata* (시가도귤빛부전나비), *J. lutea* (귤빛부전나비), *A. attilia* (물빛긴꼬리부전나비), *W. signata* (참나무부전나비), *F. orientalis* (큰녹색부전나비), *F. yuasai* (검정녹색부전나비), *S. princeps* (대왕나비), *A. themis* (산황세줄나비), *A. deliquata* (중국황세줄나비)
Quercus mongolica (신갈나무)	*E. montanus* (멧팔랑나비), *A. attilia* (물빛긴꼬리부전나비), *W. signata* (참나무부전나비), *F. orientalis* (큰녹색부전나비), *F. korshunovi* (깊은산녹색부전나비), *F. taxila* (산녹색부전나비), *C. brillantinus* (북방녹색부전나비), *S. princeps* (대왕나비), *A. thisbe* (황세줄나비)
Quercus serrata (졸참나무)	*E. montanus* (멧팔랑나비), *C. raphaelis* (붉은띠귤빛부전나비), *U. michaelis* (금강산귤빛부전나비), *S. jonasi* (민무늬귤빛부전나비), *J. saepestriata* (시가도귤빛부전나비), *J. lutea* (귤빛부전나비), *A. attilia* (물빛긴꼬리부전나비), *A. butleri* (담색긴꼬리부전나비), *W. signata* (참나무부전나비), *F. orientalis* (큰녹색부전나비), *F. cognatus* (넓은띠녹색부전나비), *F. taxila* (산녹색부전나비), *C. brillantinus* (북방녹색부전나비), *S. princeps* (대왕나비), *A. thisbe* (황세줄나비)
Quercus acuta (붉가시나무)	*J. lutea* (귤빛부전나비), *T. ataxus* (남방녹색부전나비)
Quercus glauca (종가시나무)	*J. lutea* (귤빛부전나비), *A. japonica* (남방남색부전나비)
Acer tataricum ginnala (신나무)	*S. jonasi* (민무늬귤빛부전나비)
Fagus engleriana (너도밤나무)	*R. caerulea* (범부전나비)

Ulmaceae (느릅나무과)	
Ulmus davidiana var. *japonica* (느릅나무)	*S. w-album* (까마귀부전나비), *V. indica* (큰멋쟁이나비), *N. xanthomelas* (들신선나비), *N. io* (공작나비), *N. l-album* (갈구리신선나비), *P. c-album* (산네발나비), *M. schrenckii* (은판나비), *M. nycteis* (밤오색나비), *N. sappho* (애기세줄나비), *A. raddei* (어리세줄나비)
Ulmus parvifolia (참느릅나무)	*P. c-album* (산네발나비), *M. schrenckii* (은판나비)
Zelkova serrata (느티나무)	*N. xanthomelas* (들신선나비), *M. schrenckii* (은판나비)
Celtis sinensis (팽나무)	*L. lepita* (뿔나비), *N. xanthomelas* (들신선나비), *P. c-album* (산네발나비), *C. ulupi* (수노랑나비), *D. fenestra* (유리창나비), *H. japonica* (흑백알락나비), *H. assimilis* (홍점알락나비), *S. charonda* (왕오색나비)
Celtis jessoensis (풍게나무)	*L. lepita* (뿔나비), *C. ulupi* (수노랑나비), *D. fenestra* (유리창나비), *H. japonica* (흑백알락나비), *H. assimilis* (홍점알락나비), *S. charonda* (왕오색나비)
Cannabinaceae (삼과)	
Humulus japonicus (환삼덩굴)	*P. c-aureum* (네발나비)
Humulus lupulus (홉(호프))	*N. io* (공작나비), *P. c-aureum* (네발나비)
Cannabis sativa (삼)	*P. c-aureum* (네발나비)
Urticaceae (쐐기풀과)	
Boehmeria tricuspis (거북꼬리)	*M. arionides* (큰점박이푸른부전나비), *V. indica* (큰멋쟁이나비), *A. levana* (북방거꾸로여덟팔나비), *A. burejana* (거꾸로여덟팔나비)
Boehmeria spicata (좀깨잎나무)	*A. levana* (북방거꾸로여덟팔나비), *P. c-album* (산네발나비)
Boehmeria nivea (모시풀)	*V. indica* (큰멋쟁이나비)
Boehmeria pannosa (왕모시풀)	*V. indica* (큰멋쟁이나비)
Boehmeria platanifolia (개모시풀)	*V. indica* (큰멋쟁이나비), *A. levana* (북방거꾸로여덟팔나비)
꼬리모시풀 (North Korea Name)	*V. indica* (큰멋쟁이나비)
Urtica thunbergiana (쐐기풀)	*A. levana* (북방거꾸로여덟팔나비), *V. indica* (큰멋쟁이나비), *N. urticae* (쐐기풀나비), *N. io* (공작나비), *H. bolina* (남방오색나비)
Urtica angustifolia (가는잎쐐기풀)	*V. indica* (큰멋쟁이나비), *N. urticae* (쐐기풀나비)
Aristolochiaceae (쥐방울덩굴과)	
Aristolochia contorta (쥐방울덩굴)	*S. montela* (꼬리명주나비), *A. alcinous* (사향제비나비)
Aristolochia manshuriensis (등칡)	*P. sita* (왕나비), *A. alcinous* (사향제비나비)
Asarum sieboldii (족도리풀)	*L. puziloi* (애호랑나비)
Asarum maculatum (개족도리풀)	*L. puziloi* (애호랑나비)
Polygonaceae (마디풀과)	
Rumex longifolius (개대황)	*L. phlaeas* (작은주홍부전나비)
Rumex crispus (소리쟁이)	*L. phlaeas* (작은주홍부전나비), *L. dispar* (큰주홍부전나비)
Rumex japonicus (참소리쟁이)	*L. phlaeas* (작은주홍부전나비), *L. dispar* (큰주홍부전나비)
Rumex acetosa (수영)	*L. phlaeas* (작은주홍부전나비)

Rumex acetosella (애기수영)	*L. phlaeas* (작은주홍부전나비)
Portulacaceae (쇠비름과)	
Portulaca oleracea (쇠비름)	*H. misippus* (암붉은오색나비)
Portulaca grandiflora (채송화)	*T. fischeri* (먹부전나비)
Ranunculaceae (미나리아재비과)	
Trollius ledebourii (금매화)	*M. diamina* (은점어리표범나비)
방기과 (Menispermaceae)	
Cocculus trilobus (댕댕이덩굴)	*A. alcinous* (사향제비나비)
Lauraceae (녹나무과)	
Machilus thunbergii (후박나무)	*G. sarpedon* (청띠제비나비)
Cinnamomum camphora (녹나무)	*G. sarpedon* (청띠제비나비)
Lauraceae (현호색과)	
Corydalis ambigua (왜현호색)	*P. stubbendorfii* (모시나비)
Corydalis speciosa (산괴불주머니)	*P. stubbendorfii* (모시나비)
Corydalis remota (현호색)	*P. stubbendorfii* (모시나비)
Corydalis ternata (들현호색)	*P. stubbendorfii* (모시나비)
Dicentra spectabilis (금낭화)	*P. eversmanni* (황모시나비)
십자화과 (Cruciferae)	
Dontostemon dentatus (가는장대)	*P. edusa* (풀흰나비)
Brassica juncea var. *juncea* (갓)	*P. melete* (큰줄흰나비), *P. rapae* (배추흰나비), *A. scolymus* (갈구리나비)
Brassica juncea var. *crispifolia* (겨자)	*P. rapae* (배추흰나비)
Brassica rapa var. *glabra* (배추)	*P. dulcinea* (줄흰나비), *P. melete* (큰줄흰나비), *P. rapae* (배추흰나비), *P. edusa* (풀흰나비)
Brassica rapa var. *rapa* (순무)	*P. dulcinea* (줄흰나비), *P. rapae* (배추흰나비)
Brassica oleracea var. *capitata* (양배추)	*P. melete* (큰줄흰나비), *P. rapae* (배추흰나비)
Brassica napus (유채)	*P. melete* (큰줄흰나비), *P. rapae* (배추흰나비)
Rorippa indica (개갓냉이)	*P. melete* (큰줄흰나비)
Wasabia japonica (고추냉이)	*P. dulcinea* (줄흰나비)), *P. melete* (큰줄흰나비), *P. rapae* (배추흰나비)
Berteroella maximowiczii (장대냉이)	*P. edusa* (풀흰나비)
Barbarea orthoceras (나도냉이)	*P. dulcinea* (줄흰나비), *P. canidia* (대만흰나비)
Capsella bursapastoris (냉이)	*P. melete* (큰줄흰나비), *P. canidia* (대만흰나비), *P. rapae* (배추흰나비), *A. scolymus* (갈구리나비)

Cardamine lyrata (논냉이)	*A. scolymus* (갈구리나비)
Cardamine amaraeformis (꽃황새냉이)	*P. dulcinea* (줄흰나비)
Cardamine komarovii (는쟁이냉이)	*A. scolymus* (갈구리나비)
Cardamine leucantha var. *leucantha* (미나리냉이)	*P. dulcinea* (줄흰나비), *P. melete* (큰줄흰나비), *P. canidia* (대만흰나비), *A. scolymus* (갈구리나비)
Cardamine flexuosa (황새냉이)	*P. dulcinea* (줄흰나비), *P. melete* (큰줄흰나비), *A. scolymus* (갈구리나비)
Lepidium apetalum (다닥냉이)	*P. rapae* (배추흰나비)
Lepidium virginicum (콩다닥냉이)	*P. rapae* (배추흰나비), *P. edusa* (풀흰나비)
Thlaspi arvense (말냉이)	*P. rapae* (배추흰나비)
Raphanus sativus (무)	*P. dulcinea* (줄흰나비), *P. melete* (큰줄흰나비), *P. canidia* (대만흰나비), *P. rapae* (배추흰나비), *P. edusa* (풀흰나비)
Arabis serrata (섬바위장대)	*P. dulcinea* (줄흰나비)
Arabis glabra (장대나물)	*A. scolymus* (갈구리나비)
Arabis hirsuta (털장대)	*P. dulcinea* (줄흰나비), *A. scolymus* (갈구리나비)
Arabis lyrata (묏장대)	*P. rapae* (배추흰나비)
Arabis serrata (바위장대)	*P. dulcinea* (줄흰나비), *P. rapae* (배추흰나비)
Arabis stelleri (갯장대)	*P. dulcinea* (줄흰나비), *P. melete* (큰줄흰나비)
Rorippa palustris (속속이풀)	*P. melete* (큰줄흰나비)
Crassulaceae (돌나물과)	
Sedum kamtschaticum (기린초)	*P. bremeri* (붉은점모시나비), *P. nomion* (왕붉은점모시나비), *T. fischeri* (먹부전나비), *S. orion* (작은홍띠점박이푸른부전나비)
Sedum sarmentosum (돌나물)	*T. fischeri* (먹부전나비), *S. orion* (작은홍띠점박이푸른부전나비)
Sedum oryzifolium (땅채송화)	*T. fischeri* (먹부전나비)
Sedum polytrichoides (바위채송화)	*T. fischeri* (먹부전나비)
Orostachys japonica (바위솔)	*T. fischeri* (먹부전나비), *S. orion* (작은홍띠점박이푸른부전나비)
Orostachys malacophylla (둥근바위솔)	*T. fischeri* (먹부전나비)
Hylotelephium erythrostictum (꿩의비름)	*T. fischeri* (먹부전나비)
Saxifragaceae (범의귀과)	
Deutzia crenata (빈도리)	*R. caerulea* (범부전나비)
Rosaceae (장미과)	
Potentilla fragarioides var. *major* (양지꽃)	*P. maculatus* (흰점팔랑나비)
Potentilla freyniana (세잎양지꽃)	*P. maculatus* (흰점팔랑나비)
Potentilla chinensis var. *chinensis* (딱지꽃)	*P. maculatus* (흰점팔랑나비)

Potentilla fruticosa var. *rigida* (물싸리)	*P. malvae* (꼬마흰점팔랑나비)
Sorbus commixta (마가목)	*A. crataegi* (상제나비)
Prunus serrulata var. *spontanea* (벚나무)	*A. crataegi* (상제나비), *A. hippia* (눈나비), *T. betulae* (암고운부전나비), *C. smaragdinus* (암붉은점녹색부전나비), *S. pruni* (벚나무까마귀부전나비), *S. w-album* (까마귀부전나비)
Prunus yedoensis (왕벚나무)	*S. pruni* (벚나무까마귀부전나비)
Prunus sargentii (산벚나무)	*N. alwina* (왕세줄나비)
Prunus armeniaca var. *ansu* (살구나무)	*A. crataegi* (상제나비), *T. betulae* (암고운부전나비), *N. alwina* (왕세줄나비)
Prunus mandshurica (개살구나무)	*A. crataegi* (상제나비)
Pyrus pyrifolia var. *culta* (배나무)	*A. hippia* (눈나비)
Prunus persica for. *persica* (복사나무)	*T. betulae* (암고운부전나비), *S. pruni* (벚나무까마귀부전나비), *N. alwina* (왕세줄나비)
Prunus salicina var. *salicina* (자두나무)	*T. betulae* (암고운부전나비), *S. pruni* (벚나무까마귀부전나비), *S. w-album* (까마귀부전나비)), *S. prunoides* (꼬마까마귀부전나비), *N. alwina* (왕세줄나비)
Prunus mume for. *mume* (매실나무)	*T. betulae* (암고운부전나비), *N. alwina* (왕세줄나비)
Prunus tomentosa (앵도나무)	*T. betulae* (암고운부전나비), *N. alwina* (왕세줄나비)
Prunus glandulosa for. *albiplena* (옥매)	*T. betulae* (암고운부전나비), *N. alwina* (왕세줄나비)
Prunus glandulosa for. *glandulosa* (산옥매)	*T. betulae* (암고운부전나비)
Prunus padus for. *padus* (귀룽나무)	*C. smaragdinus* (암붉은점녹색부전나비), *S. herzi* (민꼬리까마귀부전나비), *S. pruni* (벚나무까마귀부전나비), *S. prunoides* (꼬마까마귀부전나비), *A. ferrea* (쇳빛부전나비)
Rosa rugosa var. *rugosa* (해당화)	*A. crataegi* (상제나비)
Rosamultiflora var. *multiflora* (찔레꽃)	*R.caerulea* (범부전나비)
Malus pumila (사과나무)	*A. hippia* (눈나비), *C. argiolus* (푸른부전나비), *A. ferrea* (쇳빛부전나비)
Malus baccata var. *mandshurica* (털야광나무)	*A. crataegi* (상제나비), *T. betulina* (개마암고운부전나비), *S. herzi* (민꼬리까마귀부전나비)
Sanguisorba officinalis (오이풀)	*M. teleius* (고운점박이푸른부전나비), *M. kurentzovi* (북방점박이푸른부전나비), *B. ino* (작은표범나비), *B. daphne* (큰표범나비)
Sanguisorba tenuifolia var. *tenuifolia* (가는오이풀)	*B. daphne* (큰표범나비)
Sanguisorba longifolia (긴오이풀)	*B. daphne* (큰표범나비)
Filipendula glaberrima (터리풀)	*B. ino* (작은표범나비), *N. pryeri* (별박이세줄나비)
Sorbaria sorbifolia var. *stellipila* (쉬땅나무)	*C. argiolus* (푸른부전나비)
Spiraea prunifolia for. *simpliciflora* (조팝나무)	*S. prunoides* (꼬마까마귀부전나비), *A. ferrea* (쇳빛부전나비), *A. frivaldszkyi* (북방쇳빛부전나비), *L. sydyi* (굵은줄나비), *N. rivularis* (두줄나비), *N. pryeri* (별박이세줄나비)
Spiraea japonica (일본조팝나무)	*L. sydyi* (굵은줄나비), *N. pryeri* (별박이세줄나비)
Spiraea salicifolia (꼬리조팝나무)	*L. sydyi* (굵은줄나비), *N. rivularis* (두줄나비)

Spiraea thunbergii (가는잎조팝나무)	*N. rivularis* (두줄나비), *N. pryeri* (별박이세줄나비), *A. metis* (황오색나비)
Spiraea betulifolia (둥근잎조팝나무)	*N. rivularis* (두줄나비)
Exochorda serratifolia (가침박달)	*C. oreas* (회령푸른부전나비)
Leguminoceae (콩과)	
Pueraria lobata (칡)	*L. bifasciata* (왕팔랑나비), *L. boeticus* (물결부전나비), *C. argiolus* (푸른부전나비), *R. caerulea* (범부전나비), *N. sappho* (애기세줄나비), *N. philyra* (세줄나비)
Robinia pseudoacacia (아까시나무)	*L. bifasciata* (왕팔랑나비), *E. mandarina* (남방노랑나비), *C. erate* (노랑나비), *C. argiolus* (푸른부전나비), *R. caerulea* (범부전나비), *N. sappho* (애기세줄나비)
Lotus corniculatus var. *japonica* (벌노랑이)	*O. ochracea* (검은테떠들썩팔랑나비), *P. zina* (산팔랑나비), *L. amurensis* (기생나비), *Z. emelina* (극남부전나비), *C. argiades* (암먹부전나비)
Vicia amoena (갈퀴나물)	*L. morsei* (북방기생나비), *L. amurensis* (기생나비), *P. argyrognomon* (부전나비), *P. subsolanus* (산부전나비), *C. argiades* (암먹부전나비)
Vicia cracca (등갈퀴나물)	*L. morsei* (북방기생나비), *L. amurensis* (기생나비), *L. boeticus* (물결부전나비), *C. argiades* (암먹부전나비), *G. lycormas* (귀신부전나비)
Vicia nipponica (네잎갈퀴나물)	*N. sappho* (애기세줄나비)
Vicia japonica (넓은잎갈퀴)	*G. lycormas* (귀신부전나비), *N. sappho* (애기세줄나비)
Vicia angustifolia var. *segetilis* (살갈퀴)	*L. amurensis* (기생나비)
Vicia venosa var. *cuspidata* (광릉갈퀴)	*C. argiades* (암먹부전나비)
Vicia tetrasperma (얼치기완두)	*L. amurensis* (기생나비)
Vicia bungei (들완두)	*C. erate* (노랑나비)
Lathyrus quinquenervius (연리초)	*L. amurensis* (기생나비)
Lespedeza cuneata (비수리)	*E. mandarina* (남방노랑나비), *E. laeta* (극남노랑나비), *C. erate* (노랑나비), *Z. emelina* (극남부전나비), *N. sappho* (애기세줄나비)
Lespedeza bicolor (싸리)	*E. mandarina* (남방노랑나비), *C. argiolus* (푸른부전나비), *N. sappho* (애기세줄나비)
Lespedeza virgata (좀싸리)	*E. mandarina* (남방노랑나비), *C. argiolus* (푸른부전나비)
Lespedeza pilosa (괭이싸리)	*E. mandarina* (남방노랑나비)
Lespedeza cyrtobotrya (참싸리)	*E. mandarina* (남방노랑나비)
Lespedeza thunbergii formosa (풀싸리)	*L. bifasciata* (왕팔랑나비)
Lespedeza maximowiczii (조록싸리)	*R. caerulea* (범부전나비)
Indigofera kirilowii (땅비싸리)	*C. argiolus* (푸른부전나비), *P. argyrognomon* (부전나비)
Amorpha fruticosa (족제비싸리)	*C. argiolus* (푸른부전나비)
Albizia julibrissin (자귀나무)	*E. mandarina* (남방노랑나비), *E. laeta* (극남노랑나비), *R. caerulea* (범부전나비), *N. sappho* (애기세줄나비)
Caesalpinia decapetala (실거리나무)	*E. mandarina* (남방노랑나비)
Senna tora (결명자)	*E. mandarina* (남방노랑나비)
Chamaecrista nomame (차풀)	*E. mandarina* (남방노랑나비), *E. laeta* (극남노랑나비)
Glycine max (콩)	*C.erate* (노랑나비)
Glycine soja (돌콩)	*C.erate* (노랑나비), *C. argiades* (암먹부전나비)

Amphicarpaea bracteata edgeworthii (새콩)	*C. erate* (노랑나비), *N. sappho* (애기세줄나비)
Rhynchosia volubilis (여우콩)	*N. sappho* (애기세줄나비)
Pisum sativum (완두)	*L. boeticus* (물결부전나비), *C. argiades* (암먹부전나비)
Lathyrus japonicus (갯완두)	*G. lycormas* (귀신부전나비)
Vigna angularis (팥)	*J. bochus* (남색물결부전나비), *C. argiades* (암먹부전나비)
Medicago polymorpha (개자리)	*C. erate* (노랑나비), *Z. emelina* (극남부전나비), *A. chinensis* (중국부전나비)
Medicago sativa (자주개자리)	*C. argiades* (암먹부전나비)
Astragalus sinicus (자운영)	*C. erate* (노랑나비)
Trifolium repens (토끼풀)	*C. erate* (노랑나비), *Z. emelina* (극남부전나비)
Trifolium pratense (붉은토끼풀)	*C. erate* (노랑나비)
Sophora flavescens (고삼)	*C. erate* (노랑나비), *C. argiolus* (푸른부전나비), *S. divina* (큰홍띠점박이푸른부전나비), *R. caerulea* (범부전나비)
Sophora flavescens (도둑놈의지팡이)	*C. erate* (노랑나비), *C. argiolus* (푸른부전나비), *S. divina* (큰홍띠점박이푸른부전나비)
Kummerowia striata (매듭풀)	*Z. emelina* (극남부전나비), *C. argiades* (암먹부전나비)
Indigofera pseudotinctoria (낭아초)	*P. argyrognomon* (부전나비)
Vicia unijuga (나비나물)	*P. subsolanus* (산부전나비), *N. sappho* (애기세줄나비)
Wisteria floribunda for. *floribunda* (등)	*N. sappho* (애기세줄나비)
돌말구레풀 (North Korea Name)	*C. heos* (연주노랑나비)
가는말구레풀 (North Korea Name)	*C. heos* (연주노랑나비)
관모우메자운 (North Korea Name)	*C. heos* (연주노랑나비)
Oxalidaceae (괭이밥과)	
Oxalis corniculata (괭이밥)	*P. maha* (남방부전나비)
Oxalis corymbosa (자주괭이밥)	*P. maha* (남방부전나비)
Oxalis stricta (선괭이밥)	*P. maha* (남방부전나비)
Rutaceae (운향과)	
Citrus unshiu (귤)	*P. xuthus* (호랑나비), *P. protenor* (남방제비나비), *P. helenus* (무늬박이제비나비)
Zanthoxylum ailanthoides (머귀나무)	*P. xuthus* (호랑나비), *P. macilentus* (긴꼬리제비나비), *P. helenus* (무늬박이제비나비), *P. protenor* (남방제비나비), *P. bianor* (제비나비), *P. maackii* (산제비나비)
Dictamnus dasycarpus (백선)	*P. machaon* (산호랑나비), *P. xuthus* (호랑나비)
Zanthoxylum schinifolium (산초나무)	*S. nymphalis* (대왕팔랑나비), *P. xuthus* (호랑나비), *P. macilentus* (긴꼬리제비나비), *P. helenus* (무늬박이제비나비), *P. protenor* (남방제비나비), *P. bianor* (제비나비)
Zanthoxylum coreanum (왕초피나무)	*P. xuthus* (호랑나비), *P. bianor* (제비나비)
Zanthoxylum piperitum (초피나무)	*P. xuthus* (호랑나비), *P. macilentus* (긴꼬리제비나비), *P. protenor* (남방제비나비), *P. bianor* (제비나비), *P. maackii* (산제비나비)
Orixa japonica (상산)	*P. macilentus* (긴꼬리제비나비), *P. protenor* (남방제비나비), *P. bianor* (제비나비)

[Appendix 3] continue

Citrus junos (유자나무)	*P. machaon* (산호랑나비), *P. xuthus* (호랑나비), *P. helenus* (무늬박이제비나비), *P. protenor* (남방제비나비), *P. bianor* (제비나비)
Poncirus trifoliata (탱자나무)	*P. machaon* (산호랑나비), *P. xuthus* (호랑나비), *P. macilentus* (긴꼬리제비나비), *P. protenor* (남방제비나비), *P. bianor* (제비나비), *P. maackii* (산제비나비)
Phellodendron amurense (황벽나무)	*S. nymphalis* (대왕팔랑나비), *P. xuthus* (호랑나비), *P. helenus* (무늬박이제비나비), *P. protenor* (남방제비나비), *P. bianor* (제비나비), *P. maackii* (산제비나비)
Staphyleaceae (고추나무과)	
Staphylea bumalda (고추나무)	*C. argiolus* (푸른부전나비)
Aceraceae (단풍나무과)	
Acer pictum mono (고로쇠나무)	*N. philyra* (세줄나비)
Acer palmatum (단풍나무)	*N. philyra* (세줄나비)
Sabiaceae (나도밤나무과)	
Meliosma myriantha (나도밤나무)	*C. benjaminii* (푸른큰수리팔랑나비), *D. nesimachus* (먹그림나비)
Meliosma oldhamii (합다리나무)	*C. benjaminii* (푸른큰수리팔랑나비), *D. nesimachus* (먹그림나비)
Rhamnaceae (갈매나무과)	
Rhamnus davurica (갈매나무)	*G. maxima* (멧노랑나비), *G. mahaguru* (각시멧노랑나비), *R. caerulea* (범부전나비), *S. latior* (북방까마귀부전나비), *S. eximia* (참까마귀부전나비)
Rhamnus ussuriensis (참갈매나무)	*G. maxima* (멧노랑나비), *G. mahaguru* (각시멧노랑나비), *S. eximia* (참까마귀부전나비), *N. sappho* (애기세줄나비)
Rhamnus koraiensis (털갈매나무)	*G. mahaguru* (각시멧노랑나비), *S. eximia* (참까마귀부전나비)
Vitaceae (포도과)	
Parthenocissus tricuspidata (담쟁이덩굴)	*V. indica* (큰멋쟁이나비)
Tiliaceae (피나무과)	
Tilia kiusiana (구주피나무)	*P. macilentus* (긴꼬리제비나비), *P. helenus* (무늬박이제비나비), *P. protenor* (남방제비나비)
Sterculiaceae (벽오동과)	
Firmiana simplex (벽오동)	*N. sappho* (애기세줄나비)
Violaceae (제비꽃과)	
Viola mandshurica (제비꽃)	*A. vorax* (긴은점표범나비)
Viola acuminata (졸방제비꽃)	*C. perryi* (작은은점선표범나비), 산꼬마표범나비 (*C. thore*)

Viola hirtipes (흰털제비꽃)	*A. paphia* (은줄표범나비)
Viola phalacrocarpa (털제비꽃)	*A. vorax* (긴은점표범나비)
Viola spp. (제비꽃류)	*C. oscarus* (큰은점선표범나비), *C. euphrosyne* (은점선표범나비), 은줄표범나비 (*A. paphia*), *A. anadyomene* (구름표범나비), *A. niobe*(은점표범나비), *A. nerippe* (왕은점표범나비), *A. hyperbius* (암끝검은표범나비), *D. sagana* (암검은표범나비), *C. zenobia* (산은줄표범나비), *S. aglaja* (풀표범나비), *A. laodice* (흰줄표범나비), *A. ruslana* (큰흰줄표범나비)
Araliaceae (두릅나무과)	
Kalopanax septemlobus (음나무)	*B. aquilina* (독수리팔랑나비)
Umbelliferae (산형과)	
Peucedanum terebinthaceum (기름나물)	*P. machaon* (산호랑나비)
Peucedanum japonicum (갯기름나물)	*P. machaon* (산호랑나비)
Daucus carota sativa (당근)	*P. machaon* (산호랑나비)
Panax ginseng (인삼)	*P. machaon* (산호랑나비)
Cryptotaenia japonica (파드득나물)	*P. machaon* (산호랑나비)
Torilis japonica (사상자)	*P. machaon* (산호랑나비)
Libanotis coreana (털기름나물)	*P. machaon* (산호랑나비)
Oenanthe javanica (미나리)	*P. machaon* (산호랑나비)
Ledebouriella seseloides (방풍)	*P. machaon* (산호랑나비)
Cnidium monnieri (벌사상자)	*P. machaon* (산호랑나비)
Angelica genuflexa (왜천궁)	*P. machaon* (산호랑나비)
Angelica gigas (참당귀)	*P. machaon* (산호랑나비)
Angelica decursiva (바디나물)	*L. diana* (먹그늘나비)
Cornaceae (층층나무과)	
Aucuba japonica (식나무)	*G. sarpedon* (청띠제비나비)
Cornus controversa (층층나무)	*C. argiolus* (푸른부전나비)
Ericaceae (진달래과)	
Vaccinium uliginosum (들쭉나무)	*C. palaeno* (높은산노랑나비)
Rhododendron schlippenbachii (철쭉)	*A. optilete* (높은산부전나비), *R. caerulea* (범부전나비)
Rhododendron dauricum (산진달래)	*A. ferrea* (쇳빛부전나비)
Rhododendron mucronulatum var. *mucronulatum* (진달래)	*A. ferrea* (쇳빛부전나비)

[Appendix 3] continue

Symplocaceae (노린재나무과)	
Symplocos chinensis for. pilosa (노린재나무)	*U. albocaerulea* (남방푸른부전나비)
Oleaceae (물푸레나무과)	
Syringa reticulata var. *mandshurica* (개회나무)	*A. pryeri* (선녀부전나비)
Fraxinus rhynchophylla (물푸레나무)	*C. raphaelis* (붉은띠귤빛부전나비), *U. michaelis* (금강산귤빛부전나비)
Fraxinus rhynchophylla var. *densata* (광릉물푸레)	*U. michaelis* (금강산귤빛부전나비)
Fraxinus sieboldiana (쇠물푸레나무)	*C. raphaelis* (붉은띠귤빛부전나비), *U. michaelis* (금강산귤빛부전나비)
Fraxinus mandshurica (들메나무)	*C. raphaelis* (붉은띠귤빛부전나비)
Syringa patula var. *kamibayshii* (정향나무)	*A. pryeri* (선녀부전나비)
Ligustrum obtusifolium (쥐똥나무)	*A. pryeri* (선녀부전나비)
산회나무 (North Korea Name)	*A. pryeri* (선녀부전나비)
Asclepiadaceae (박주가리과)	
Metaplexis japonica (박주가리)	*A. alcinous* (사향제비나비), *P. sita* (왕나비)
Cynanchum wilfordii (큰조롱)	*P. sita* (왕나비)
Cynanchum atratum (백미꽃)	*P. sita* (왕나비)
Marsdenia tomentosa (나도은조롱)	*P. sita* (왕나비)
Convolvulaceae (메꽃과)	
Ipomoea batatas (고구마)	*H. bolina* (남방오색나비)
Pharbitis nil (나팔꽃)	*H. bolina* (남방오색나비)
Verbenaceae (마편초과)	
Clerodendrum trichotomum (누리장나무)	*P. macilentus* (긴꼬리제비나비), *P. protenor* (남방제비나비)
Callicarpa japonica (작살나무)	*L. doerriesi* (제이줄나비), *L. helmanni* (제일줄나비)
Labiatae (꿀풀과)	
Isodon excisus (오리방풀)	*M. arionides* (큰점박이푸른부전나비)
Scrophulariaceae (현삼과)	
Veronicastrum sibiricum (냉초)	*M. ambigua* (여름어리표범나비)

[Appendix 3] continue

Acanthaceae (쥐꼬리망초과)	
Strobilanthes oliganthus (방울꽃)	*S. montela* (꼬리명주나비)
Justicia procumbens (쥐꼬리망초)	*J. orithya* (남색남방공작나비)
Plantaginaceae (질경이과)	
Plantago asiatica (질경이)	*P. mathias* (제주꼬마팔랑나비), *P. argus* (산꼬마부전나비), *M. britomartis* (봄어리표범나비)
Rubiaceae (꼭두선이과)	
Hedyotis diffusa (백운풀)	*S. montela* (꼬리명주나비)
Caprifoliaceae (인동과)	
Lonicera japonica (인동덩굴)	*T. leonina* (줄꼬마팔랑나비), *E. sibirica* (금빛어리표범나비), *L. camilla* (줄나비), *L. amphyssa* (참줄나비사촌), *L. doerriesi* (제이줄나비), *L. helmanni* (제일줄나비)
Lonicera vesicaria (구슬댕댕이)	*L. amphyssa* (참줄나비사촌), *L. helmanni* (제일줄나비)
Lonicera sachalinensis (홍괴불나무)	*L. camilla* (줄나비)
Lonicera praeflorens (올괴불나무)	*L. camilla* (줄나비), *L. moltrechti* (참줄나비), *L. amphyssa* (참줄나비사촌), *L. doerriesi* (제이줄나비), *L. helmanni* (제일줄나비), *L. homeyeri* (제삼줄나비)
Lonicera chrysantha (각시괴불나무)	*L. camilla* (줄나비), *L. amphyssa* (참줄나비사촌), *L. helmanni* (제일줄나비)
Viburnum dilatatum (가막살나무)	*U. albocaerulea* (남방푸른부전나비), *A. ferrea* (쇳빛부전나비)
Viburnum odoratissimum var. *awabuki* (아왜나무)	*U. albocaerulea* (남방푸른부전나비)
Lonicera maackii (괴불나무)	*L. doerriesi* (제이줄나비)
Weigela subsessilis (병꽃나무)	*L. doerriesi* (제이줄나비)
Valerianaceae (마타리과)	
Patrinia scabiosaefolia (마타리)	*M. protomedia* (담색어리표범나비)
Patrinia villosa (뚝갈)	*M. protomedia* (담색어리표범나비)
Dipsacaceae (산토끼꽃과)	
Scabiosa tschiliensis (솔체꽃)	*E. sibirica* (금빛어리표범나비)
Compositae (국화과)	
Gnaphalium affine (떡쑥)	*V. cardui* (작은멋쟁이나비)
Saussurea seoulensis (분취)	*M. scotosia* (암어리표범나비)
Serratula coronata var. *insularis* (산비장이)	*M. scotosia* (암어리표범나비)
Centaurea cyanus (수레국화)	*V. cardui* (작은멋쟁이나비)
Synurus deltoides (수리취)	*P. argus* (산꼬마부전나비), *M. scotosia* (암어리표범나비)
Artemisia capillaris (사철쑥)	*V. cardui* (작은멋쟁이나비)

[Appendix 3] continue

Artemisia princeps (쑥)	*P. argus* (산꼬마부전나비)
Artemisia koidzumii (율무쑥)	*M. epimede* (조흰뱀눈나비)
Artemisia japonica (제비쑥)	*M. ambigua* (여름어리표범나비)
Arctium lappa (우엉)	*V. cardui* (작은멋쟁이나비)

REFERENCES

Abbas, M., M.A. Rafi, M. Inayatullah, M.R. Khan, and H. Pavulaan, 2002. Taxonomy and distribution of butterflies (Papilionoidea) of the Skardu region, Pakistan. *The Taxonomic Report,* 3(9): 1-9.

Ackery P.R., C.R. Smith, and R.I. Vane-Wright, 1995. Carcasson's African butterflies. Canberra: CSIRO, 816pp.

Ackery, P.R. and R.I. Wright, 1984. Milkweed butterflies, their cladistics and biology. British Museum (Natural History).

Aoyama, T., 1917. On *Parnassius smintheus* and Takaba-ageha from Korea. *Ins. World,* 21: 461-463.

Bálint, Zs. and K. Johnson, 1997. Reformation of the *Polyommatus* section with taxonomic and biogeographic overview (Lepidoptera, Lycaenidae, Polyommatini). *Neue Entomol. Nachrichten,* 68: 1-68.

Bálint, Zs., 1999. Annotated list of type specimens of *Polyommatus* sensu Eliot of the Natural History Museum, London (Lepidoptera, Lycaenidae).- *Neue ent. Nachr.,* 46 (XI. 1999): 1-89, 4 col. pls.

Bauer, E. and T. Frankenbach, 1998. Butterflies of the world, 1: pl. 7, fig. 3.

Beccaloni *et al.,* 2009. LepIndex: The Global Lepidoptera Names Index. (*http://www.nhm.ac.uk/research-curation/research/projects/lepindex/*)

Bisby, F.A., Y.R. Roskov, M.A. Ruggiero, T.M. Orrell, L.E. Paglinawan, P.W. Brewer, N. Bailly, and J. van Hertum (eds), 2007. Species 2000 & ITIS Catalogue of Life: 2007 Annual Checklist. Species 2000: Reading, U.K.

Bozano G.C., 1999. Satyridae, part I. Elymniinae: Lethini: Lasiommata, Pararge, Lopinga, Kirinia, Chonala, Tatinga, Rhapicera, Ninguta, Neope, Lethe, Neorina. Guide to the butterflies of the Palaearctic region. 58pp.

Bozano G.C., 2002. Satyrinae, part III. Satyrini: Melanargiina, Coenonymphina: Melanargia, Coenonympha, Sinonympha, Triphysa. Guide to the butterflies of the Palaearctic region. 71pp.

Braby, M., R. Vila, and N.E. Pierce, 2006. Molecular phylogeny and systematics of the Pieridae (Lepidoptera: Papilionoidea): higher classification and biogeography. *Zoological Journal of the Linnean Society,* 147(2): 239-275.

Bridges. C.A., 1994. Catalogue of the family-group, genus-group and species-group names of the Riodinidae & Lycaenidae (Lepidoptera) of the world/Urbana, Ill.

Bruna, D.C., E. Gallo, M. Lucarelli, and V. Sbordoni, 2000. Satyridae, part II. Satyrinae: Ypthimini: Argestina, Boeberia, Callerebia, Grumia, Hemadara, Loxerebia, Paralasa, Proterebia. Guide to the butterflies of the Palaearctic region. 58pp.

Bryk, F., 1946. Zur Kenntnis der Großschametterlinge von Korea. *Ark. Zool.,* 38(A) 3: 51.

Butler, A.G., 1882. On Lepidoptera collected in Japan and the Corea by Mr. W. Wykeham Perry. *Ann Mag. Nat. Hist., ser.,* 5(9): 13-20.

Butler, A.G., 1883. On Lepidoptera from Manchuria and the Corea. *Ann Mag. Nat. Hist., ser.,* 5(11): 109-117.

Byon, B.K,, B.Y. Lee, and S.S. Kim, 1996. Lepidoptera of the Is. Ullŭng, Korea. *J. Lepid. Soc. Korea,* 9: 26-33. (in Korean with English summary) [변봉규, 이범영, 김성수, 1996. 울릉도의 나비목 곤충상. 한국나비학회지, 9: 26-33.]

Cheong, H.C., 1995. An additional note of fifteen species of butterflies from Mt. Mudeung, Kwangju-si. *J. Lepid. Soc. Korea,* 8: 31-33. (in Korean) [정헌천, 1995. 광주 무등산 나비의 15 종 추가기록. 한국나비학회지, 8: 31-33.]

Cheong, H.C., 1999. Notes on two species of the genus *Narathura* Moore (Lycaenidae) occuring in Korea. *J. Lepid. Soc. Korea,* 11: 33-35. (in Korean with English summary) [정헌천, 1999. 한국산 부전나비과 *Narathura* 속 2 종에 관하여. 한국나비학회지, 11: 33-35.]

Cheong, H.C., S.J. Kim, and M.H. Kim, 1995. Life history of *Taraka hamada* (Druce) (Lepidoptera: Lycaenidae) in Korea. *J. Lepid. Soc. Korea,* 8: 7-10. (in Korean with English summary) [정헌천, 김수직, 김명희, 1995. 한국산 바둑돌부전나비의 생활사에 관하여. 한국나비학회지, 8: 7-10.]

Cheong, S.W., 1997. Morphological study on genitalia and cephalic appendages of some Korean Satyrid species (Lepidoptera). *J. Lepid. Soc. Korea,* 10: 1-15. [정선우, 1997. 한국산 뱀눈나비과 (인시목) 수 종의 생식기 및 부속지에 관한 형태학적 연구. 한국나비학회지, 10: 1-15.]

Cheong, S.W., J.Y. Cha, and C.S. Yoon, 1999. Butterfly fauna of the southern part of Korean peninsula. *J. Lepid. Soc. Korea,* 12: 17-28. (in Korean with English summary) [정선우, 차진열, 윤충식, 1999. 한반도 남부 일대의 접상 (I). 한국나비학회지, 12: 17-28.]

Cho, B.S., 1959. Illustrated Encyclopedia the Fauna of Koara (I)- Insecta Rhopalocera, Ministry of Education, 197pp. (in Korean) [조복성, 1959. 한국동물도감 (나비류), 문교부, 197pp.]

Cho, B.S., 1963. Insects of Quelpaert Island (Cheju-do). (in Korean) [조복성, 1963. 제주도의 곤충. 고려대학교 문리과대학, 문리논집 이학부편, 6: 159-242.]

Cho, B.S., 1965. Beiträge zur kenntnis der Insekten-Fauna Insel Dagelet (Ulnung-do). (in Korean) [조복성, 1965. 울릉도의 곤충상. 고려대학교 60 주년 기념논문집, (자연과학편)(별쇄), pp. 158-183.]

Cho, J.D., 2001. Life history of *Graphium sarpedon* (Linnaeus) (Lepidoptera: Papilionidae) in Korea. *J. Lepid. Soc. Korea,* 14: 1-6. (in Korean with English summary) [조준달, 2001. 한국산 청띠제비나비의 생활사 연구. 한국나비학회지, 14: 1-6.]

Chō, S.Y., 1984. The Zephyrus Hair streaks of Korea. 昆蟲と自然, 19(12): 15-19.

Cho. F.S., 1929. A list of Lepidoptera from Ooryongto (=Ulleungdo). *Jour. Chos. Nat. Hist.,* 8: 8.

Cho. F.S., 1934. Butterflies and Beetles collected at Mt. Kwanboho and its vicinity. *J. Chosen Nat. Hist. Soc.,* 17: 69-85. (in Japanese)

Choi, B.M., 1996. Distribution of Ants (Formicidae) in Korea (17) - Distribution Map of Provinces. *Sci. Edu. Cheongju Natl. Univ.,* 17: 41-89.

Choi, Y.H. and S.H. Nam, 1976. Notes on the early Stages of *hecla betulae* Linneus. *Kor. J. of Entomol.,* 6(2): 63-66. (in Korean with English summary) [최요한, 남상호, 1976. 암고운부전나비(*Thecla betulae* L.)의 유생기에 관하여. 한국곤충학회지, 6(2): 63-66.]

Chou Io (Ed.), 1994. Monographia Rhopalocerum Sinensium, 1-2. 854pp. (in Chinaese)

Corbet, A.S. and H.M. Pendlebury, 1992. The Butterflies of The Malay Peninsula, 4th edition. 595pp.

Corbet, A.S., H.M. Pendlebury, and J.N. Eliot, 1992. The butterflies of the Malay Peninsula (4th edn.). Malayan Nature Society, Kuala Lumpur.

Corbet, A.S., H.M. Pendlebury, and J.N. Eliot, 1992. The butterflies of the Malay Peninsula. Kuala Lumpur: Malayan Nature Society.

D'Abrera, B., 1977. Butterflies of the Australian Region (2nd edn).

D'Abrera, B., 1980. Butterflies of the Afrotropical Region. Lansdown Editions in association with E.W. Classey, 593pp.

D'Abrera, B., 1986. Butterflies of the Oriental Region, Part I–III. Hill House, 168pp.

Dickson, C.G.C. (ed.), 1978. Pennington's Butterflies of Southern Africa. Ad. Donker, 670pp.

Doi, H. and F.S. Cho, 1931. A new subspecies of *Zephyrus betulae* from Korea. *Jour. Chos. Nat. Hist.*, 12: 50–51.

Doi, H. and F.S. Cho, 1934. A new species of *Erebia* and a new form of *Melitaea athalia latefascia* from Korea. *J. Chosen Nat. Hist. Soc.,* 17: 34–35.

Doi, H., 1919. A list of Butterflies from Korea. *Chosen Iho.,* 58: 115–118, 59: 90–92.

Doi, H., 1931. A list of Rhopalocera from Mount Shouyou, Keiki-Do, Korea. *J. Chosen Nat. Hist. Soc.,* 12: 42–47.

Doi, H., 1932. Miscellaneous notes on the Insects. *J. Chosen Nat. Hist. Soc.,* 13: 49.

Doi, H., 1933. Miscellaneous notes on the Insects. *J. Chosen Nat. Hist. Soc.,* 15: 85–86.

Doi, H., 1934. Miscellaneous notes on the Insects. *J. Chosen Nat. Hist. Soc.,* 18: 138.

Doi, H., 1935. New or unrecorded butterflies from Corea. *Zeph.,* 5: 15–19.

Doi, H., 1936. An unrecorded species of *Pamphila* from Corea. *Zeph.,* 6: 180–183

Doi, H., 1937. An unrecorded species of *Chrysophanus* from Corea. *Zeph.,* 7: 33–34.

Doi, H., 1938. Insect of Gaima-Plateau, North Korea, in Spring. *Mushi,* 11: 87–98.

Dubatolov, V.V. and A.L. Lvovsky, 1997. What is true *Ypthima motschulskyi* (Lepidoptera, Satyridae). *Trans. lepid. Soc. Japan,* 48(4): 191–198.

Dubatolov, V.V. and M.G. Sergeev, 1987. Notes on the systematic of hairstreak's genus *Neozephyrus* Sibatani et Ito (Lepidoptera, Lycaenidae). *In:* Insects, mites and helmints. Novosibirsk: Nauka Press. Siberian Dept., pp. 18–30. (in Russian).

Dubatolov, V.V., Yu.P. Korshunov, P.Yu. Gorbunov, O.E. Kosterin and A.L. Lvovsky, 1998. A review of the *Erebia ligea*-complex (Lepidoptera, Satyridae) from Eastern Asia. *Trans. lepid. Soc. Japan,* 49(3): 177–193.

Dunn, K.L. and L.E., Dunn, 1991. Review of Australian Butterflies. 1–4: 120–140.

Elwes, H.J. and J. Edwards, 1893. A revision of the genus *Ypthima*, with special reference to the characters afforded by the males genitalia. *Trans. Ent. Soc. London,* pp. 1–54, pls. 1–3.

Esaki, T. and T. Shirozu, 1951. Butterflies of Japan. Shinkonchu, vol. 4, no. 9.

Esaki, T., 1934. The Genus *Zephyrus* of Japan, Corea and Formosa. *Zeph.,* 5: 194-212.

Feltwell, J., 1993. The Encyclopedia of Butterflies. Macmillan General Reference, 288pp.

Fiedler, K., 2006. Ant-associates of Palaearctic lycaenid butterfly larvae (Hymenoptera: Formicidae; Lepidoptera: Lycaenidae)- a review. *Myrmecologische Nachrichten,* 9: 77-87.

Fixsen, C., 1887. Lepidoptera aus Korea- Mémoires sur les Lépidoptères rédigés par N. M. Romanoff, Tome 3, pp. 232-319, pls. 13-14.

Friedlander, T.P., 1988. Taxonomy, phylogeny, and biogeography of Asterocampa Röber 1916 (Lepidoptera, Nymphalidae, Apaturinae). *Journal for Research on the Lepidoptera,* 25: 215-338.

Fujioka, T., 2007. Recent discoveries in Zephyrus butterflies, on which Japanese Rhopalocelists have strong interests. *Butterflies,* 46: 4-5.

Fujita, K., M. Inoue, M. Watanabe, I. Fayezul, Abu Tahe Md, Reza Md, K. Endo, and A. Yamanka, 2009. Photoperiodic Regulation of Reproductive Activity in Summer- and Autumn-Morph Butterflies of *Polygonia c-aureum* L. *Zoological studies*, 48(3): 291-297.

Fukúda, H., N. Minotani and M. Takahashi, 1999. Studies on *Neptis pryeri* Butler (Lepidoptera, Nymphalidae) (2) The continental populations mingled with two species. *Trans. Lepid. Soc. Japan,* 50: 129-144.

Goltz, D.H., 1935. Einige Bemerkungen uber Erebien. *Dt. Ent. Z. Iris,* 49: 54-57.

Gorbunov, P. and O. Kosterin, 2003. The Butterflies (Hesperioidea and Papilionoidea) of North Asia (Asian part of Russia) in Nature. Vol. 1. Rodina & Fodio and Gallery Fund, Moscow, Chelyabinsk, 392pp.

Gorbunov, P.Y., 2001. The butterflies of Russia: Classification, Genitalia, Keys for identification (Lepidoptera: Hesperioidea and Papilionidea). Ekaterinburg, 320pp.

Grieshuber, J. and G. Lamas, 2007. A synonymic list of the genus *Colias* Fabricius, 1807. *Mitt. Munch. Ent. Ges.,* 97: 131-171.

Haeuser, C., J. Holstein, and A. Steiner, 2006. Species 2000 & ITIS Catalogue of Life: 2009 Annual Checklist: by Haeuser *et al.,* 2006.

Heiner, Z., 2009. Pieridae of the Holarctic Region. (*www.pieris.ch.*)

Heppner, J.B. and Inoue, H. (eds.), 1992. Lepidoptera of Taiwan - Volume 1 part 2: checklist. Scientific Publishers Inc., Gainesville, USA.

Higgins, L.G. and N.D. Riley, 1970. A Field Guide to the Butterflies of Britain and Europe. Houghton Mifflin Company.

Higgins, L.G., 1981. A revision of *Phyciodes* Hübner and related genera, with a review of the classification of the Melitaeinae. *Bull. Br. Mus. nat. Hist.* (Ent.) 43 (3): 77-243, figs. 1-490.

Hodges, R.W., T. Dominick, D.R. Davis, D.C. Ferguson, J.G. Franclemont, E.G. Munroe, and J.A. Powell (eds.), 1983. Check List of the Lepidoptera of America North of Mexico (Including Greenland). E.W. Classey Ltd. and The Wedge Entomological Research Foundation, London, 284pp.

Hong, S.K., 2003. Report on the larval stage of Pieris rapae Linnaeus (Pieridae, Lepidoptera) around Ansan and Is. Daebudo area during winter season. *Lucanus,* 4: 2-4. (in Korean with English summary) [홍상기, 2003. 동절기 안산 및 대부도 지역의 배추흰나비 유충에 관한 보고. *Lucanus,* 4: 2-4.]

Hong, S.K., S.S. Kim, and M.K. Paek, 1999. A faunistic study of the lepidopterous insects from Is. Daebu-do, Korea. *J. Lepid. Soc. Korea,* 11: 7-18. (in Korean with English summary) [홍상기, 김성수, 백문기, 1999. 경기도 대부도의 나비목 곤충상. 한국나비학회지, 11: 7-18.]

Huang, H., 1998. Research on the butterflies of the Namjagbarwa Region, S.E. Tibet *Neue ent. Nachr.,* 41: 207-264.

Huang, H., 2001. Report of H. Huang's 2000 Expedition to SE. Tibet for Rhopalocera. *Neue ent. Nachr.,* 51: 65-152.

Huang, H., 2002. Some new Butterflies from China-2. *Atalanta,* 33(1/2): 109-122.

Huang, H., 2003. A list of butterflies collected from Nujiang (Lou Tse Kiang) and Dulongjiang, China with descriptions of new species, new subspecies, and revisional notes. *Neue ent. Nachr.,* 51: 55-114.

Hyun, J.S. and K.S. Woo, 1969. Insect Fauna of Mt. Jiri (I). *Bull. Seoul Nat. Univ. Forests,* 6: 157-202. (in Korean with English summary) [현재선, 우건석, 1969. 지리산의 곤충목록(제 1 보). 서울대학교 농과대학 연습림보고, 6: 157-202.]

Hyun, J.S. and K.S. Woo, 1970. Insect Fauna of Mt. Jiri (II). *Bull. Seoul Nat. Univ. Forests,* 7: 73-83. (in Korean with English summary) [현재선, 우건석, 1970. 지리산의 곤충목록(제 2 보). 서울대학교 농과대학 연습림보고, 7: 73-83.]

Ichikawa, A., 1906. Insects from the Is. Saisyūtō (=Jejudo). *Hakubutu no Tomo,* 6(33): 183-186.

Im, H.A., 1987. A Catalogue of Korean Butterflies. *Biology,* 3: 38-44. (in Korean) [임홍안, 1987. 조선낮나비목록. 생물학 3: 38-44.]

Im, H.A., 1988. On new Subspecies of Korea Butterflies. *Kwahagwon Tongbo,* 3: 47-50. (in Korean) [임홍안, 1988. 조선산 낮나비류의 신아종에 대하여. 과학원통보 3: 47-50.]

Im, H.A., 1996. Korea Indigenous Subspecies, Butterfly. *Biology,* 4: 27-29. (in Korean) [임홍안, 1996. 조선특산아종나비류의 분화과정에 관하여. 생물학 4: 25-29.]

Inayoshi, Y., 1999. A Check List of Butterflies in Indo-China; Chiefly from D'Abrera; Butterflies of the Holarctic Region, Part I-III.

Inayoshi, Y., 2007. A Check List of Butterflies in Indo-China, page on Family Lycaenidae.

Jang, Y.J. and J.M. Lee, 2008. Additional Record on the Butterfly Fauna of Is. Yeongjongdo and Is. Ganghwado in Gyeonggi Bay, Korea. *J. Lepid. Soc. Korea,* 18: 37-38. (in Korean with English summary) [장용준, 이재민, 2008. 경기만 영종도와 강화도의 나비상 추가 종 기록. 한국나비학회지 18: 37-38.]

Jang, Y.J., 2006. Oviposition Behavior and the Ethological Records on the Social Parasite of Myrmecophilous Lycaenid Butterflies (Lepidoptera) in Korean Peninsula. *J. Lepid. Soc. Korea,* 16: 21-31. (in Korean with English summary) [장용준, 2006. 한반도산 호개미성 부전나비과 내 사회적 기생종의 산란행동과 행동생태학적 특성. 한국나비학회지, 16: 21-31.]

Jang, Y.J., 2007. Butterflly-Ant Mutualism: New Records of Three Myrmecophilous Lycaenidae (Lepidoptera) and the Associated Ants (Hymenoptera: Formicidae) from Korea. *J. Lepid. Soc. Korea,* 17: 5-18.

Jang, Y.J., 2007a. Review on Host Ant of Social Parasitic Myrmecophiles in Korean Lycaenidae (Lepidoptera) and Revision of *J. Lepid. Soc. Korea,* 16: 21-31. *J. Lepid. Soc. Korea,* 17: 29-38. (in Korean with English summary) [장용준, 2007a. 한국산 호개미성 사회기생종 부전나비 (나비목)의 숙주개미에 대한 재검토와 한국나비학회 16: 12-31 정정사항. 한국나비학회지 17: 29-38.]

Jang, Y.J., 2007b. New Distribution Records of Four Hairstreaks Butterflies (Lepidoptera, Lycaenidae, Theclinae) in the Southern Part of the Korean Peninsula. *J. Lepid. Soc. Korea*, 17: 41-43. (in Korean with English summary) [장용준, 2007b. 경상남도와 전라남도에서 채집한 녹색부전나비아과(부전나비과, 나비목) 4 종의 보고. 한국나비학회지 17: 41-43.]

Jang, Y.J., Y.S. Kim, and J.C. Jeong, 2006. Faunistic Study on Butterflies of Mt. Gwanaksan in Seoul, Korea. *J. Lepid. Soc. Korea*, 16: 55-62. (in Korean with English summary) [장용준, 김용식, 정종철, 2006. 관악산의 나비상. 한국나비학회지 16: 55-62.]

Jeong, H.C. and S.C. Choi, 1996. On the life history of *Thermozephyrus ataxus* (Westwood) (Lepidoptera: Lycaenidae) in Korea. *J. Lepid. Soc. Korea*, 9: 1-5. (in Korean with English summary) [정헌천, 최수철, 1996. 한국산 남방녹색부전나비의 생활사에 관하여. 한국나비학회지, 9: 1-5.]

Jeong, H.C., 1996. An additional record of eight species of butterflies at Chiri. *J. Lepid. Soc. Korea*, 9: 45-46. (in Korean) [정헌천, 1996. 지리산 나비 8종의 추가 기록. 한국나비학회지, 9: 45-46.]

Johnson, K., 1992. The Palaearctic "Elfin" Butterflies (Lycaenidae, Theclinae). *Neue ent. Nachr.*, 29: 1-141, 99 figs.

Joo (Ed.), 1986. A List of Butterflies from Kyeonggi-do, Korea. *J. Amat. Lepid. Soc. Korea*, 1: 1-20. (in Korean) [한국인시류동호인회편, 1986. 경기도 접류 목록. 한국인시류동회인회 회보 1: 1-20.]

Joo, H.J. and S.S. Kim, 2002. Butterflies of Jeju Island. Jeong-Haeng Pub. co, Ltd., 185pp. (in Korean with English summary) [주흥재, 김성수, 2002. 제주의 나비. 정행사, 185pp.]

Joo, H.J., 2000. Migrant Butterflies collected from Jeju Island, Korea. *Lucanus*, 1: 11-12. (in Korean with English summary) [주흥재, 2000. 제주도에서 채집한 미접. *Lucanus*, 1: 11-12.]

Joo, H.J., 2004. The occurrence of *Narathura bazalus turbata* (Butler) (Lepidoptera, Lycaenidae) in Jeju island, Korea. *J. Lepid. Soc. Korea*, 15: 1-2. (in Korean with English summary) [주흥재, 2004. 제주도 남방남색꼬리부전나비(*Narathura bazalus turbata* (Butler))의 채집. 한국나비학회지, 15: 1-2.]

Joo, H.J., 2006. A Lycaenid Butterfly *Chilades pandava* (Horsfield) New to Korea. *J. Lepid. Soc. Korea*, 16: 41-42. (in Korean with English summary) [주흥재, 2006. 미접 소철꼬리부전나비 (신칭), *Chilades pandava* (Horsfield)의 기록. 한국나비학회지, 16: 41-42.]

Joo, H.J., S.S. Kim, and J.D. Sohn, 1997. Butterflies of Korea in Color. Kyo-Hak Pub. co, Ltd., 437pp. (in Korean) [주흥재, 김성수, 손정달, 1997. 한국의 나비. 교학사, 437pp.]

Joo, H.J., S.S.Kim, and T.S. Kwon, 2008. On the Outbreak and Immature Stages of *Chilades pandava* (Horsfield) in Is. Jeju, Korea (Lepidoptera, Lycaenidae). *J. Lepid. Soc. Korea,* 18: 7-10. (in Korean with English summary) [주흥재, 김성수, 권태성, 2008. 소철꼬리부전나비의 대발생과 유생기에 대하여. 한국나비학회지, 18: 7-10.]

Ju, J.S., 2002. Newly recorded one species of the Pieridae from South Korea. *Lucanus,* 3: 13. (in Korean with English summary) [주재성, 2002. 한국미기록 검은테노랑나비(신칭)에 대하여. *Lucanus,* 3: 13.]

Ju, J.S., 2007. A Newly recorded species of Hesperiidae from Korea. *J. Lepid. Soc. Korea,* 17: 45-46. (in Korean with English summary) [주재성, 2007. 한국미기록 흰줄점팔랑나비(신칭)에 대하여. 한국나비학회지, 17: 45-46.]

Kamigaki, K., 1994. Taxonomy and distribution of the genus *Kirinia* in East Asia (Lepidoptera: Satyridae). *Butterflies,* 9: 35-41.

Karsholt, O. and J. Razowski, 1996. The Lepidoptera of Europe: A Distributional Checklist. Apollo Books, 380pp.

Kato, Y., 2006. "*Eurema hecabe*" including two species. 昆虫と自然, 41(5): 7-8.

Kawahara, A.Y., 2006. Biology of the snout butterflies (Nymphalidae, Libytheinae), Part 1: *Libythea* Fabricius. *Trans. lepid. Soc. Japan,* 57(1): 13-33.

Kim, C.H. and S.S. Hong, 1991. History of Korean Butterflies and Japanese Endemic Butterflies (An Analysis of the Geographical Distribution of Korean Butterflies). Jib-Hyeon Pub. co, Ltd., 433pp. (in Korean with English summary) [김정환, 홍세선, 1991. 한국산 나비의 역사와 일본 특산종 나비의 기원 (한국산 나비의 분포분석). 집현사, 433pp.]

Kim, C.H., 1976. Distribution Atlas of Insects of Korea. Ser. 1. (Rhopalocera, Lepidoptera). KUP., 200pp. (in Korean with English summary) [김창환, 1976. 한국곤충분포도감-나비편. 고려대학교 출판부, 200pp.]

Kim, D.O., 1995. Butterfly fauna of Mt. Hwangryong, Pusan. *J. Lepid. Soc. Korea,* 8: 24-26. (in Korean with English summary) [김동옥, 1995. 부산 황령산 일대의 접상. 한국나비학회지, 8: 24-26.]

Kim, H.C., 1990. On the Butterflies-fauna of Mt. Yeonhwa Area, Kyungsangnam-do (Supplement). *J. Amat. Lepid. Soc. Korea,* 3: 17-28. (in Korean with English summary) [김현채, 1990. 경남 고성군 현화산 일대의 접상(보정). 한국인시류동호인회지, 3: 17-28.]

Kim, H.K. and Y.H. Shin, 1960. Notes on the Bufferflies of Kwangnung, Korea- with special reference to Seasonal Succesion. *J. Korean. Res. Inst. for Culture,* Ehwa Woman Univ., 1: 299-323. (in Korean with English summary) [김헌규, 신유항, 1960. 광릉의 접상- 특히 계절적 소장에 대하여. 이화여자대학교 한국문화연구회논총, 1: 299-323.]

Kim, H.K., 1960. An analysis of the geographic distributions of Korean butterflies. *Jour. Kor. Colt. Res. Inst. II,* 1: 235-294. (in Korean) [김헌규, 1960. 한국산 인시류의 분포분석 (제 1 보). 이대한문원논총, 2: 253-294.]

Kim, H.K., 1973. The Seasonal Succession of Butterflies at Mt. Koryong (Aengmu-Bong), Korea with special reference to food plants of the various species of larvae. *J. Korean. Res. Inst. for Better Living* Ehwa Woman Univ., 11: 32-57. (in Korean) [김헌규, 1973. 고령산(앵무봉) 접류의 계절적 소장. 한국생활과학연구원 논총, 이화여자대학교, 11: 32-57.]

Kim, M.H., 1993. Brief report on the hibernating larva of *Taraka hamada* (Druce) (Lycaenidae). *J. Amat. Lepid. Soc. Korea,* 6: 39. (in Korean) [김명희, 1993. 바둑돌부전나비 종령유충의 발견. 한국인시류동호인회지, 6: 39.]

Kim, M.H., 1996. The butterflies fauna of Mt. Ch'ŏntŭng area in Ch'unghwa-myŏn Puyŏ-gun, Ch'ungch'ŏngnam-do. Korea. *J. Lepid. Soc. Korea,* 9: 34-38. (in Korean with English summary) [김명희, 1996. 충남 부여군 충화면 천등산 일대의 나비상에 관하여. 한국나비학회지, 9: 34-38.]

Kim, S.H. and S.H. Kim, 1988. Butterflies of Cheju Island. 제주도학생과학관, 195pp. (in Korean) [김상호, 김상혁, 1988. 제주도의 나비. 제주도학생과학관, 195pp.]

Kim, S.J., 1993. Record of food plants of butterflies and a moth from Mt. Mudŭng (Jeollanam-do). *J. Amat. Lepid. Soc. Korea,* 6: 41. (in Korean) [김소직, 1993. 전남 무등산산 나비목 곤충의 식초 기록. 한국인시류동호인회지, 6: 41.]

Kim, S.S. and H.C. Park, 2001. Distribution of *Parnassius bremeri* Bremer (Lepidoptera) and Cause of its Decline in South Korea. *J. Lepid. Soc. Korea,* 14: 43-48. (in Korean with English summary) [김성수, 박해철, 2001. 법적보호종 붉은점모시나비의 분포 및 현황. 한국나비학회지, 14: 43-48.]

Kim, S.S. and H.Z. Joo, 1999. The distribution and ecological notes of *Ypthima motschulskyi* and *Y. multistriata koreana* (Lepidoptera) from Korea. *J. Lepid. Soc. Korea,* 11: 37-43. (in Korean with English summary) [김성수, 주흥재, 1999. 한국산 석물결나비와 물결나비의 분포 및 생태적 특성. 한국나비학회지, 11: 37-43.]

Kim, S.S. and J.D. Sohn, 1992. Life history of *Athymodes nycteis* Ménétriès in Korea. *J. Amat. Lepid. Soc. Korea,* 5: 24-28. (in Korean with English summary) [김성수, 손정달, 1992. 한국산 밤오색나비의 생활사에 관하여. 한국인시류동호인회지, 5: 24-28.]

Kim, S.S. and Y.S. Kim, 1993. Two unrecorded and one little known species of Lycaenid butterflies from Korea. *J. Lepid. Soc. Korea,* 6: 1-3. (in Korean with English summary) [김성수, 김용식, 1993. 부전나비과 한국미기록 2 종과 1 기지종. 한국나비학회지, 6: 1-3.]

Kim, S.S. and Y.S. Kim, 1994. Record of *Maculinea kurentzovi* Sibatani, Saigusa & Hirowatari (Lycaenidae) from Korea. *J. Lepid. Soc. Korea,* 7: 1-3. (in Korean with English summary) [김성수, 김용식, 1994. 남한미기록 북방점박이푸른부전나비(신칭)의 기록. 한국나비학회지, 7: 1-3.]

Kim, S.S., 2006. A new species of the Genus *Favonius* from Korea (Lepidoptera, Lycaenidae). *J. Lepid. Soc. Korea,* 16: 33-35.

Kim, S.S., 2006a. On the Recent Changes in Name of Korean Butterflies. *J. Lepid. Soc. Korea,* 16: 45-54. (in Korean with English summary) [김성수, 2006a. 최근 한국산 나비의 학명 변경에 대하여. 한국나비학회지, 16: 45-54.]

Kim, S.S., S.K. Sohn, J.D. Sohn, and Y.L. Lee, 2008. Observation Notes on *Favonius koreanus* Kim from Korea (Lepidoptera, Lycaenidae). *J. Lepid. Soc. Korea,* 18: 1-6. (in Korean with English summary) [김성수, 손상규, 손정달, 이영준, 2008. 한국 고유종 우리녹색부전나비에 대하여. 한국나비학회지, 18: 1-6.]

Kim, Y.S., 2002. Illustrated Book of Korean Butterflies in Color. Kyo-Hak Pub. co, Ltd., 305pp. (in Korean with English summary) [김용식, 2002. 원색 한국나비도감. 교학사, 305pp.]

Kim, Y.S., 2007. A new Record of *Jamides bochus* (Stoll, 1782) from Korea. *J. Lepid. Soc. Korea,* 17: 39-40. (in Korean with English summary) [김용식, 2007. 미접 남색물결부전나비(신칭), *Jamides bochus* (Stoll, 1782)의 첫기록. 한국나비학회지, 17: 39-40.]

Kishida, K. and Y. Nakamura, 1930. On the occurrence of a satyrid butterfly, *Triphysa nervosa* in Corea. *Lansania.,* 2(16): 4-7.

Ko, J.H., 1969. A List of Forest insect pests in Korea. *Forest Reserch Ins.* Seoul, pp. 187-210. (in Korean with English summary) [고제호, 1969. 한국수목해충총목록. 임업시험 연구자료 제 5 호, pp. 187-210.]

Korshunov, Y. and P. Gorbunov, 1995. Butterflies of the Asian part of Russia. A handbook (Dnevnye babochki aziatskoi chasti Rossii. Spravochnik). 202pp. Ural University Press, Ekaterinburg. (English translation by Oleg Kosterin)

Kudrna, O., 2002. The distribution atlas of European butterflies. Apollo Books, 343pp.

Kudrna, O. and J. Belicek, 2005. The 'Wiener Verzeichnis', its authorship, publication date and some names proposed for butterflies therein. *Oedippus,* 23: 1-32.

Kurentzov, A.I., 1970. The butterflies of the Far East USSR, Keys to species. Leningrad: Nauk.

Lamas, G., 2004. Atlas of Neotropical Lepidoptera; Checklist: Part 4A; Hesperioidea - Papilionoidea. Scientific Pub., 439pp.

Larsen, T.B., 1996. The Butterflies of Kenya and their natural history. Oxford University Press, 522pp.

Lee, C.B., 1989. Illustrated Flora of Korea. Hyang-Mun Pub. co, Ltd., 990pp. (in Korean with English summary) [이창복, 1989. 대한식물도감. 향문사, 990pp.]

Lee, C.E. and Y.J. Kwon, 1981. On the Insect fauna of Ulreung Is. and Dogdo Is. in Korea. In: A Report on the scientific survey of the Ulreung and Dogdo Islands. *Rep. Kor. Ass. Cons. Nat.,* 19: 139-178. (in Korean with English summary) [이창언, 권용정, 1981. 울릉도 및 독도의 곤충상에 관하여. 자연실태종합조사보고서, 제 19 호, pp. 139-178, 한국자연보호중앙협의회.]

Lee, S.M. and T. Takakura, 1981. On a new subspecies of the Purple Emperor, *Apatura iris* (Lepidoptera: Nymphalidae), from the Republic of Korea. *Tyo To Ga,* 31(3,4): 133-141.

Lee, S.M., 1971. The Butterflies of Mt. Seol-Ak. *Cheong-Ho-Rim Entomol. Lab.,* 1: 1-16. (in Korean with English summary) [이승모, 1971. 설악산의 접류. 청호림연구소자료집(1). pp. 1-16.]

Lee, S.M., 1973. A list of Butterflies from Mt. Seol-Ak, Korea. *Cheong-Ho-Rim Entomol. Lab.,* 4: 1-10.(in Korean with English summary) [이승모, 1973. 설악산의 접류목록. 청호림연구소자료집(4). pp. 1-10.]

Lee, S.M., 1973a. Correction of "A List of Butterflies from Korea" in Illustrated Encyclopedia, The Fauna of Korea (I) Insecta Rhopalocera, Published by Ministry of Education of Korea, 1959. *Cheong-Ho-Rim Entomol. Lab.,* 5: 1-12. (in Korean with English summary) [이승모, 1973a. 문교부발행 한국동물도감 나비류편의 부분적 수정. 청호림연구소자료집(5). pp. 1-12.]

Lee, S.M., 1978. Notes on the Purple Butterfly (*Apatura ilia* Schiffermüller) in Korea (Lep.: Nymphalidae). *Kor. J. of Entomol.*, 8(1): 39-40. (in Korean with English summary) [이승모, 1978. 한국산 오색나비에 대하여. 한국곤충학회지, 8(1): 39-40.]

Lee, S.M., 1982. Butterflies of Korea. *Edi. Comm. Insecta Koreana, Seoul.* 125pp. (in Korean with English summary) [이승모, 1982. 한국접지. Insect Koreana 편집위원회, 125pp.]

Lee, S.M., 1992. Explanation of Genus *Apatura* (Nymphalidae) in Korean peninsula. *J. Amat. Lepid. Soc. Korea,* 5: 1-5. (in Korean with English summary) [이승모, 1992. 한반도산 오색나비속에 관한 해설. 한국인시류동호인회지, 5: 1-5.]

Lee, Y.J., 2003. Some Insects Observed in Gureopdo Is. of Korea in Summer of 2003. *Lucanus,* 4: 15-16.

Lee, Y.J., 2005. A List of Butterflies from Korea with Notes on Some Changes in Scientific Names. *Lucanus,* 5: 18-28. (in Korean with English summary) [이영준, 2005a. 한국산 나비 목록. *Lucanus,* 5: 18-28.]

Lee, Y.J., 2005. Review of the *Argynnis adippe* Species Group (Lepidoptera, Nymphalidae, Heliconiinae) in Korea. *Lucanus,* 5: 1-8.

Leech, J.H., 1887. On the Lepidoptera of Japan and Corea, part I. Rhopalocera. *Proc. zool. Soc. Lond.,* pp. 398-431.

Leech, J.H., 1892-1894. Butterflies from China, Japan, and Corea. London, 681pp. pls. 1-43.

Lees, D.C., C. Kremen, and H. Raharitsimba, 2003. Classification, diversity and endemism of the butterflies (Papilionoidea and Hesperioidea): a revised species checklist. In: The Natural History of Madagascar. (Eds: Goodman, SM; Benstead,JP) University of Chicago Press, Chicago, Illinois, pp. 2-793.

Leneveu, J., A. Chichvarkhin, and N. Wahlberg, 2009. Varying rates of diversification in the genus *Melitaea* (Lepidoptera: Nymphalidae) during the past 20 million years. *Biol. J. Linn. Soc.,* 97: 346-361.

Lewis, H.L., 1974. Butterflies of the World. London, Bracken Books.

Lukhtanov, V. and A. Lukhtanov, 1994. Die Tagfalter Nodrwestasiens (Lepidoptera, Diurna). Herbipoliana. Bd. 3. S. 440pp.

Lukhtanov, V.A. and U. Eitschberger, 2000. Butterflies of the World: Nymphalidae V, *Oeneis*. Antiquariat Geock & Evers, 40pp.

Martynenko, A.B., 2007. Butterflies (Lepidoptera, Diurna) in Temperate Forests of the Southern Far East of Russia. *Entomological Review*, 87(3): 279–286.

Matsuda, S., 2009. On the type locality of *Favonius ultramarinus* (Fixsen, 1887). *Mushi*, 461: 31–35.

Matsumura, S., 1905. Catalogus Insectorum Japonicum, vol. 1, part 1.

Matsumura, S., 1907. Thousand insects of Japan. Vol. 4.

Matsumura, S., 1919. Thousand Insects of Japan. Additamenta, 3.

Matsumura, S., 1927. A list of the Butterflies of Corea, with description of new Species, Subspecies and Aberrations. *Ins. Mats.*, 1: 159–170. pl. 5.

Matsumura, S., 1928. New butterflies especially from the Kuriles. *Ins. Mats.*, 2: 191–201.

Matsumura, S., 1929. A list and distribution of butterflies in the Japanese Empire.–III. Com. *Ins. Jap.*, vol. 1, App.

Matuda, Y., 1929. On the occurrence of *Aphnaeus takanonis. Zeph.*, 1: 165–167, fig. 4.

Matuda, Y., 1930. Notes on Corean butterflies. *Zeph.*, 2: 35–41.

Mazzei P., D. Reggianti, and I. Pimpinelli, 2009. Moths and Butterflies of Europe and North Africa. (*http://www.leps.it/*)

Mazzei, P., R. Diego, and P. Ilaria, 2009. Moths and Butteflies of Europe. (*http://www.leps.it/*)

Minotani, N. and H. Fukuda, 2009. Discovery of sympatric habitat of *Neptis pryeri* and *N. andetria. Mushi*, 1: 2–8. [韓国五台山山麓におけるホシミスジとウラグロホシミスジの混生地の発見]

Mori, T. and B.S. Cho, 1938. A List of Butterflies in Manchoukuo with Descriptions of Two New Species. *Rep. Inst. Sci. Res., Manchoukuo.*, 2(1): 1–102, pls. 1–7.

Mori, T., 1925. Freshwater Fishes and Rhopalocera in the Highland of South Kankyo-Do. *J. Chosen Nat. Hist. Soc.*, 3: 54–59.

Mori, T., 1927. A list of Rhopalocera of Mt. Hakuto and Its Vicinity, with Notes of their distribution. *J. Chosen Nat. Hist. Soc.*, 4: 21–23.

Mori, T., 1929. On a unrecorded species of Korean butterfly. *J. Chosen Nat. Hist. Soc.*, 8: 25.

Mori, T., H. Doi, and B.S. Cho, 1934. Coloured Butterfies from Korea. Keijo. (in Japanese)

Mullen, S.P., 2006. Wing pattern evolution and the origins of mimicry among North American admiral butterflies (Nymphalidae: Limenitis). *Molecular Phylogenetics and Evolution*, 39: 747-758.

Murayama, S., 1963. Remarks on some butterflies from Japan and Korea, with descriptions of 2 races, 1 form, 4 aberrant forms. *Tyo To Ga*, 14(2): 43-50.

Murzin, V.S., G.D. Samodurov, and E.A. Tarasov, 1997. Guide to the butterflies of Russia and adjacent territories (Lepidoptera, Rhopalocera). Pensoft, Sofia- Moscow.

Nakayama, S., 1932. A Guide to General Information concerning Corean Butterflies. *Suigen Kinen Rombun*, pp. 366-386.

National Geospatial-Intelligence Agency, 2010. GEOnet Names Server (GNS). (*http://earth-info.nga.mil/gns/html/index.html*)

Nire, K., 1917. On the Butterflies of Japan. *Zool. Mag. Japan*, 29: 339-340, 342-343.

Nire, K., 1918. On the Butterflies of Japan. *Zool. Mag. Japan*, 30: 353-359.

Nire, K., 1919. On the Butterflies of Japan. *Zool. Mag. Japan*, 31: 233-240, 269-273, 343-350, 369-376, pls. 3-4.

Nire, K., 1920. On the Butterflies of Korea. *Zool. Mag. Japan*, 32: 44-54.

Nomura, K., 1935. Note on some Butterflies of the genus *Neptis* from Formosa and Corea. *Zeph.*, 6: 29-41.

Oh, S.H. and J.W. Kim, 1989. Taxonomic revision and distribution of *Childrena zenobia penelope* in Korea. *J. Amat. Lepid. Soc. Korea*, 2(1): 51-59. (in Korean with English summary) [오성환, 김정환, 1989. 산은줄표범나비의 분포 및 분류학적 고찰. 한국인시류동호인회지, 2(1): 51-59.]

Oh, S.H. and J.W. Kim, 1990. Taxonomic revision and distribution of Genus *Melanargia* in Korea. *J. Amat. Lepid. Soc. Korea*, 3: 29-39. (in Korean) [오성환, 김정환, 1990. 한국산 흰뱀눈나비속의 분포 및 분류학적 고찰. 한국인시류동호인회지, 3: 29-39.]

Oh, S.H., 1996. *Melanitis phedima* Cramer (Satyridae) new to Korea. *J. Lepid. Soc. Korea*, 9: 44. (in Korean) [오성환, 1996. 한국미기록 큰먹나비(신칭)에 관하여. 한국나비학회지, 9: 44.]

Okamoto, H., 1923. Korean Butterflies. *Cat. Spec. Exh. Chos.*, pp. 61-70.

Okamoto, H., 1924. The Insect Fauna of Quelpart Island. *Bull.* Agr. *Exp. Chos.*, 1: 72-95.

Okamoto, H., 1926. Butterflies collected on Mt. Kongo, Korea. *Zool. Mag.*, 38: 173-181.

Okano, M., 1998. The subfamily Argynninae (Lepidoptera: Nymphalidae) of Chejudo (Quelpart Island). *Fuji Daigaku Kiyo,* 31(1): 1-5.

Okano, M., 1998b. The butterflies of Chejudo (Quelpart Island). *Fuji Daigaku Kiyo,* 31(2): 1-10, pl. 1.

Okano, M. and S.W. Pak, 1968. New or Little Known Butterflies from Quelpart Island. *Artes Liberales,* 4: 67-68, pl. 3.

Opler, P., P. Harry, S. Ray, and P. Michael, 2006. Butterflies and Moths of North America; Mountain Prairie Information Node. (*http://www.butterfliesandmoths.org/*)

Opler, P.A. and A.D. Warren, 2002. Butterflies of North America. 2. Scientific names list for butterfly species of North America, north of Mexico. Contributions of the C. P. Gillette Museum of Arthropod Diversity, pp. 1-79.

Opler, P.A. and A.D. Warren, 2003. Butterflies of North America. 2. Scientific Names List for Butterfly Species of North America, north of Mexico, 83pp.

Paek, M.K. and J.Y. Kim, 1996. New locality of *Graphium sarpedon* (Linnaeus). *J. Lepid. Soc. Korea,* 9: 47. (in Korean) [백문기, 김종열, 1996. 청띠제비나비의 새로운 채집지. 한국나비학회지, 9: 47.]

Paek, M.K., 1996. Studies on local specificity of the butterflies from islands of Kyŏnggi bay, Korea. *J. Lepid. Soc. Korea,* 9: 6-14. (in Korean with English summary) [백문기, 1996. 경기만내 제도서 나비의 지역적 특성에 대하여. 한국나비학회지, 9: 6-14.]

Paek, M.K., N.H. Lee, S.M. Jeon, and W.K. Min, 1994. On the Butterfly fauna from Islands of Kyonggi-do, Incheon-si, Korea (1). *J. Lepid. Soc. Korea,* 7: 53-61. (in Korean with English summary) [백문기, 이남호, 전성민, 민완기, 1994. 경인도서의 접상에 관한 연구 (I). 한국나비학회지, 7: 53-61.]

Paek, M.K., Y.S. Bae, and S.S. Kim, 2000. Butterflies from islands of Gyeonggi bay, South Korea. *J. Lepid. Soc. Korea,* 13: 1-7. (in Korean with English summary) [백문기, 배양섭, 김성수, 2000. 경인도서의 접상. 한국나비학회지, 13: 1-7.]

Pak, S.W., 1969. Butterflies of Mt. Hal-La-San, Je-Ju-Do Is.; Hyang-Sang (Pub. by Dong-Myeong Girl's School), 12: 82-93. (in Korean) [박세욱, 1969. 한라산 나비의 수직분포조사. 향상(동명여자중·고등학교), 12: 82-93.]

Park, D.H., 2006. On *Papilio memnon* Linnaeus, 1758 (Lepidoptera, Papilionidae), hitherto unknown to Korea. *J. Lepid. Soc. Korea*, 16: 43-44. (in Korean with English summary) [박동하, 2006. 미접 멤논제비나비(신칭)의 채집. 한국나비학회지, 16: 43-44.]

Park, H.C., S.J. Jang, and S.S. Kim, 1999. Comparison of Korean names for Butterflies between South and North Korea and their cultural characteristics. *J. Lepid. Soc. Korea*, 12: 41-54. (in Korean with English summary) [박해철, 장승종, 김성수, 1999. 남·북한 나비명의 비교와 그 유래의 문화적 특성. 한국나비학회지, 12: 41-54.]

Park, J.S., D.S. Ku, and K.D. Han, 1993. Faunistic Study on the Insect from Hamyang-gun and Paemsagol area of Mt. Chiri. *The Report on the KACN*, 31: 153-218. (in Korean) [박중석, 구덕서, 한경덕, 1993. 지리산 함양군지역 및 뱀사골 일대의 곤충상. 한국자연보존협회조사보고서, 31: 153-218.]

Park, K.T. and S.S. Han, 1992. Insect fauna of Mt. Palwang. *The Report on the KACN*, 30: 121-139. (in Korean) [박규택, 한성식, 1992. 발왕산의 곤충상. 한국자연보존협회조사보고서, 30: 121-139.]

Park, K.T. and S.S. Kim, 1997. Atlas of Butterflies (Lepidoptera). *In* Park, K.T.(eds): Insects of Korea [1], 381pp. (in Korean) [박규택, 김성수, 1997. 한국의 나비. 생명공학연구소·한국곤충분류연구회, 381pp.]

Park, K.T., 1992. Note on a *Colias erate poliographus* Motschulsky (Pieridae) from Mt. Chŏnma. *J. Amat. Lepid. Soc. Korea*, 5: 41. (in Korean) [박경태, 1992. 경기도 천마산에서 채집한 노랑나비에 대하여. 한국인시류동호인회지, 5: 41.]

Park, K.T., 1996. One unrecorded species of Lycaenidae from Korea. *J. Lepid. Soc. Korea*, 9: 42-43. (in Korean with English summary) [박경태, 1996. 한국미기록 한라푸른부전나비(신칭)에 관하여. 한국나비학회지, 9: 42-43.]

Park, S.K. and S.B. Kim, 1997. The butterflies fauna of Mt. Jinrak area in Kŭmsan-gun, Ch'ungch'ŏngnam-do. *J. Lepid. Soc. Korea*, 10: 45-50. (in Korean with English summary) [박상규, 김선봉, 1997. 충청남도 금산군 진락산 일대의 나비상에 관하여. 한국나비학회지, 10: 45-50.]

Park, Y.K., 1992. *Childrena childreni* (Gray) (Nymphalidae) new to Korea. *J. Amat. Lepid. Soc. Korea*, 5: 36. (in Korean with English summary) [박용길, 1992. 한국미기록 중국은줄표범나비(신칭)에 대하여. 한국인시류동호인회지, 5: 36-37.]

Parsons, M., 1999. The butterflies of Papua New Guinea: their systematics and biology. San Diego, Academic Press.

Penz, C.M. and D. Peggie, 2003. Phylogenetic relationships among Heliconiiae genera based on morphology (Lepidoptera: Nymphalidae). *Systematic Entomology*, 28: 451-479.

Philip, J.D., 1987. The Butterflies of Costa Rica and Their Natural History. Vol. I: Papilionidae, Pieridae, Nymphalidae. Princeton University Press, 327pp.

Pyle, R.M., 1981. The Audubon Society Field Guide to North American Butterflies. Chanticleer Press ed edition, 928pp.

Pyle, R.M., 2002. The Butterflies of Cascadia. Seattle Audubon Society, 420pp.

Robbins, R.K., 2004. Lycaenidae. Theclinae. Tribe Eumaeini, pp. 118-137. In: Lamas, G. (Ed.), Checklist: Part 4A. Hesperioidea-Papilionoidea. In: Heppner, J. B. (Ed.), Atlas of Neotropical Lepidoptera. Volume 5A. Gainesville, Association for Tropical Lepidoptera; Scientific Publishers.

Rühl, F. and A. Heyen, 1895. Die palaearktisschen Grossschmetterlinge und ihre Naturgeschichte. *Leipzig*, 189pp.

Savela, M., 2008. Lepidoptera and some other life forms. Accessed December 2008.: All (in this database) Lepidoptera list (Scientific names): Part J.

Scoble, M.J., 1986. The structure and affinities of the Hedyloidea: a new concept of the butterflies. *Bull. Brit. Mus. (nat. Hist.) (Ent.)*, 53: 251-286.

Scott, J.A., 1986. The Butterflies of North America (Kaufman Field Guides). 68pp.

Seitz, A., 1909. The Macrolepidoptera of the World, Sec. 1, The Palaearctic Butterflies. 379pp.

Seok, J.M., 1934. Butterflies collected in the Paiktusan Region, Corea. *Zeph.*, 5: 259-281.

Seok, J.M., 1936. On a new species *Melitaea snyderi* Seok. *Zeok.*, 6: 178-179, pls. 18-19.

Seok, J.M., 1936a. Papilij en la Monto Ziisan. *Bot. Zool. Tokyo*, 4(12): 53-58.

Seok, J.M., 1937. On the Butterflies collected in Is. Quelpart, with the Description of a New Subspecies. *Zeph.*, 7: 150-174.

Seok, J.M., 1939. A Synonymic list of Butterflies of Korea (Tyōsen). Seoul, 391pp.

Seok, J.M., 1939a. Travels after butterflies in the plateau Kaima, Korea (1,2). *Ent. World*, 7(60): 39-48, 7(61): 38-56.

Seok, J.M., 1941. On the Butterflies collected in the Mountain ridge of Kambo. *Zeph.*, 9; 103-111.

Seok, J.M., 1947. A list of Butterflies of Korea (Tyōsen). *Bulletin of The Zoological section of National Science museum.* Seoul, Korea, 2(1): 1-16. (in Korean) [석주명, 1947. 조선산접류총목록. 국립과학박물관동물학부연구보고, 제 2 권 제 1 호 1-16pp.]

Seok, J.M., 1972. The History of the Studies on the Butterflies of Korea (Revised editon), Bohyunjae, Pub. co, Ltd., Seoul, 259pp+ pls. 1-2. (in Korean) [석주명, 1972(보정판). 한국산 접류의 연구사. 보현재, 259pp+ pls. 1-2.]

Seppänen, E.J., 1970. Suomen suurperhostoukkien ravintokasvit, Animalia Fennica 14.

Shin, Y.H. and J.W. Hong, 1973. Life History of *Parnassius bremeri* Bremer in Korea. *J. Res. Insti. Sci. & Technol.,* Kyung Hee Univ., Seoul, Korea, 1: 23-25. (in Korean with English summary) [신유항, 홍재웅, 1973. 한국산 붉은점모시나비 *Parnassius bremeri* Bremer 의 생활사에 관하여. 경희대학교 산업과학기술연구소 논문집, 1: 23-25.]

Shin, Y.H. and K.T. Park, 1980. On the summer insect fauna of the Gogunsan Islands and Bian Island western coast of Korea. *The Report on the KACN,* 18: 127-141. (in Korean with English summary). [신유항, 박규택, 1980. 고군산군도 및 비안도 하계 곤충상에 관하여. 한국자연보존협회조사보고서, 18: 127-141]

Shin, Y.H. and S.C. Han, 1981. On the Lepidoptera of Mt. Gyebang in summer season. *The Report on the KACN,* 20: 139-148. (in Korean with English summary) [신유항, 한상철, 1981. 계방산 일대의 하계 나비목에 관하여. 한국자연보존협회조사보고서, 20: 139-148.]

Shin, Y.H. and T.W. Koo, 1974. The Lepidoptera from National Park, Mt. Naejangsan. *The Report on the KACN,* 8: 127-147. (in Korean with English summary) [신유항, 구태회, 1974. 내장산 일대의 나비목 곤충상. 한국자연보존협회조사보고서, 8: 127-147.]

Shin, Y.H. and Y.G. Choo, 1978. On the Insects fauna of the Gyeogryeolbi ls. in summer. *The Report on the KACN,* 12: 85-96. (in Korean with English summary) [신유항, 주용규, 1978. 격렬비열도 하계 곤충상에 관하여. 한국자연보존협회조사보고서, 12: 85-96.]

Shin, Y.H., 1970. Life history of *Ussuriana michaelis* Oberthür in Korea. *Tyo To Ga,* 21(1,2): 15-16. (in Japanese)

Shin, Y.H., 1972. Life History of *Gonepteryx mahaguru aspasia* Ménétriès in Korea. *Kor. J. of Entomol.,* 2(1): 27-29. (in Korean with English summary) [신유항, 1972. 한국산 각시멧노랑나비, *Gonepteryx mahaguru aspasia* Ménétriès 의 생활사에 관하여. 한국곤충학회지, 2(1): 27-29.]

Shin, Y.H., 1974. Life History of *Sericinus telamon Donovan* in Korea. *Theses Coll.* Kyung Hee Univ. Seoul, Korea, 8: 319-325. (in Korean with English summary) [신유항, 1974. 꼬리명주나비의 생활사에 관하여. 경희대학교 논문집, 8: 319-325.]

Shin, Y.H., 1974. On the abnormality of wing shape and venation of *Parnassius bremeri* Bremer (Lepidoptera: Pailionidae) collected at Andong, Kyongsangpuk- do, Korea. *Tyo To Ga,* 25(2): 42. (in Japanese)

Shin, Y.H., 1974a. Life History of *Luehdorfia puziloi coreana* Matsumura in Korea. *J. Res. Insti. Sci. & Technol.,* Kyung Hee Univ., Seoul, Korea, 2: 25-28. (in Korean with English summary) [신유항, 1974a. 이른봄애호랑나비의 생활사에 관하여. 경희대학교 산업과학기술연구소 논문집, 2: 25-28.]

Shin, Y.H., 1975. Life History of *Scolitantides orion* Pallas in Korea. *Kor. J. of Entomol.,* 5(1): 9-12. (in Korean with English summary) [신유항, 1975. 작은홍띠점박이푸른부전나비의 생활사에 관하여. 한국곤충학회지, 5(1): 9-12.]

Shin, Y.H., 1975a. Note on the Butterflies of Kwangnung, Korea (Supplement). *J. Res. Insti. Sci. & Technol., Kyung Hee Univ., Soeul Korea,* 3: 41-47. (in Korean with English summary) [신유항, 1975a. 광릉의 접상(보정) 경희대학교 산업과학기술연구소 논문집 3: 41-47.]

Shin, Y.H., 1979. Insect fauna of Mt. Wolak and Mt. Juheul in summer. *The Report on the KACN,* 15: 135-146. (in Korean with English summary) [신유항, 1979. 월악산, 주흘산의 하계곤충상. 한국자연보존협회조사보고서, 15: 135-146.]

Shin, Y.H., 1982. On the lepidoptera fauna in the climax forest of Piagol valley in Mt. Chiri. *The Report on the KACN,* 21: 107-121. (in Korean with English summary) [신유항, 1982. 지리산 피아골의 나비목 곤충상에 관하여. 한국자연보존협회조사보고서, 21: 107-121.]

Shin, Y.H., 1983. On the butterflies and moths of Mt. Chŏmbong in summer season. *The Report on the KACN,* 22: 95-107. (in Korean with English summary) [신유항, 1983. 점봉산 일대의 하계 나비목 곤충상에 관하여. 한국자연보존협회조사보고서, 22: 95-107.]

Shin, Y.H., 1989. Coloured Butterflies of Korea. Academy Pub. co, Ltd., 264pp. (in Korean) [신유항, 1989. 원색한국곤충도감 I. 나비편. 아카데미서적, 264pp.]

Shin, Y.H., 1996. *Anosia chrysippus* (Linnaeus) (Danaidae) from Sŏsan-gun, Ch'ungch'ŏngnam-do, Korea. *J. Lepid. Soc. Korea,* 9: 48. (in Korean) [신유항, 1996. 끝검은왕나비를 충남 서산에서 채집. 한국나비학회지, 9: 48.]

Shinkawa, T., 1985. チョウセンヒメギフチョウをめぐって. *Yadoriga,* 121: 32.

Shinpei, M. and Y.S. Bae, 1998. Systematic study on the "Elfin" butterflies, *Callophrys frivaldszkyi* and *C. ferrea* (Lepidoptera, Lycaenidae) from the Far East. *Trans. lepid. Soc. Japan,* 49(1): 53-64. (in Japanese)

Shirôzu, T., 1960. Butterflies of Formosa in Colour. Hoikusha. Osaka. 481pp.

Sibatani, A., T. Saigusa, and T. Hirowatari, 1994. The genus *Maculinea* van Eecke, 1915 (Lepidoptera: Lycaenidae) from the east Palaearctic region. *Tyô to Ga,* 44: 157-220.

Smart, P., 1975. The Illustrated Encyclopedia of the Butterfly World. Salamander Books, 275pp.

Sohn, J.D. and K.T. Park, 1993. Miscellaneous note on the food plant and the early stages of Korean butterflies (II). *J. Amat. Lepid. Soc. Korea,* 6: 13-16. (in Korean with English summary) [손정달, 박경태, 1993. 한국산 나비의 식초 및 유생기에 관하여(II). 한국인시류동호인회지, 6: 13-16.]

Sohn, J.D. and K.T. Park, 1994. Miscellaneous note on the food plant and the early stages of Korean butterflies (III). *J. Amat. Lepid. Soc. Korea,* 7: 62-65. (in Korean with English summary) [손정달, 박경태, 1994. 한국산 나비종의 식초 및 유생기에 대하여 (III). 한국나비학회지, 7: 62-65.]

Sohn, J.D. and K.T. Park, 2001. Life history *Lampides boeticus* (Linnaeus) (Lepidoptera, Lycaenidae)- based on autumn specimens. *J. Lepid. Soc. Korea,* 14: 7-10. (in Korean with English summary) [손정달, 박경태, 2001. 물결부전나비의 생활사에 관한 연구-추기 개체군을 중심으로. 한국나비학회지, 14: 7-10.]

Sohn, J.D. and S.S. Kim, 1990. Life history of *Apatura iris* Linnaeus in Korea. *J. Amat. Lepid. Soc. Korea,* 3: 40-44. (in Korean with English summary) [손정달, 김성수, 1990. 한국산 번개오색나비의 생활사에 관하여. 한국인시류동호인회지, 3: 40-44.]

Sohn, J.D. and S.S. Kim, 1993. Life history of *Mimathyma schrenckii* (Ménétriès) in Korea. *J. Amat. Lepid. Soc. Korea,* 6: 4-8. (in Korean with English summary) [손정달, 김성수, 1993. 한국산 은판나비의 생활사에 대하여. 한국인시류동호인회지, 6: 4-8.]

Sohn, J.D., 1990. Note on the larva, pupa and foodplants of *Sephisa princeps* Fixsen in Korea. *J. Lepid. Soc. Korea,* 3: 50-52. (in Korean) [손정달, 1990. 한국산 대왕나비의 유충, 용 및 식수에 관하여. 한국나비학회지, 3: 50-52.]

Sohn, J.D., 1995. Life history of *Sephisa princeps* Fixsen (Lepidoptera: Nymphalidae) in Korea. *J. Lepid. Soc. Korea*, 8: 1-6. (in Korean with English summary) [손정달, 1995. 한국산 대왕나비의 생활사에 관하여. 한국나비학회지, 8: 1-6.]

Sohn, J.D., 1999. Life history of *Protantigius superans* (Oberthür) (Lepidoptera, Lycaenidae) in Korea. *J. Lepid. Soc. Korea*, 12: 1-6. (in Korean with English summary) [손정달, 1999. 한국산 깊은산부전나비의 생활사에 관한 연구. 한국나비학회지, 12: 1-6.]

Sohn, J.D., 2006. Life history of *Seokia pratti* (Leech) (Lepidoptera, Nymphalidae) from Korea. *J. Lepid. Soc. Korea*, 16: 1-6. (in Korean with English summary) [손정달, 2006. 한국산 홍줄나비의 생활사. 한국나비학회지, 16: 1-6.]

Sohn, J.D., 2008. Biological Notes on *Ussuriana michaelis* (Oberthür) from Korea. *J. Lepid. Soc. Korea*, 18: 33-35. (in Korean with English summary) [손정달, 2008. 한국산 금강산귤빛부전나비의 생태적 지견. 한국나비학회지, 18: 33-35.]

Sohn, J.D., K.T. Park, and Y.J. Lee, 1995. Miscellaneous notes on the food plants and the early stages of Korean butterflies (IV). *J. Lepid. Soc. Korea*, 8: 27-30. (in Korean with English summary) [손정달, 박경태, 이영준, 1995. 한국산 나비종의 식초 및 유생기에 대하여 (IV). 한국나비학회지, 8: 27-30.]

Sohn, J.D., S.S. Kim, and K.T. Park, 1992. Miscellaneous note on the food plant and the early stages of twenty species of Korean butterflies. *J. Amat. Lepid. Soc. Korea*, 5: 29-33. (in Korean with English summary) [손정달, 김성수, 박경태, 1992. 한국산 나비 20 종의 식초 및 유생기에 관하여. 한국인시류동호인회지, 5: 29-33.]

Sohn, S.K. and S.C. Choi, 2008. Observation of Congregation of *Brenthis ino* Rottemburg in "Sleep" Behavior. *J. Lepid. Soc. Korea*, 18: 31-32. (in Korean with English summary) [손상규, 최수철, 2008. 작은표범나비의 집단 수면 관찰. 한국나비학회지, 18: 31-32.]

Sohn, S.K., 1995. Three noteworthy butterflies from Kangwon-do, Korea. *J. Lepid. Soc. Korea*, 8: 34-35. (in Korean with English summary) [손상규, 1995. 강원도 희소종 나비 3 종. 한국나비학회지, 8: 34-35.]

Sohn, S.K., 1999. Life history of *Favonius yuasai* Shirôzu (Lepidoptera, Lycaenidae) from Korea. *J. Lepid. Soc. Korea*, 11: 1-5. (in Korean with English summary) [손상규, 1999. 한국산 검정녹색부전나비의 생활사. 한국나비학회지, 11: 1-5.]

410

Sohn, S.K., 2000. Life cycle of *Limenitis doerriesi* Staudinger (Lepidoptera, Nymphalidae) from Korea. *J. Lepid. Soc. Korea,* 13: 13-23. (in Korean with English summary) [손상규, 2000. 한국산 제이줄나비의 생활사에 관하여. 한국나비학회지, 13: 13-23.]

Sohn, S.K., 2000a. Life cycle of *Chrysozephyrus brillantinus* (Staudinger) (Lepidoptera, Lycaenidae) from Korea. of the Is. Ullŭng, Korea. *Lucanus,* 1: 6-8. (in Korean with English summary) [손상규, 2000a. 한국산 북방녹색부전나비의 생활사에 관하여. *Lucanus,* 1: 6-8.]

Sohn, S.K., 2007. Life History of *Shijimiaeoides divina* (Fixsen) (Lepidoptera, Lycaenidae) in Korea. *J. Lepid. Soc. Korea,* 17: 1-4. (in Korean with English summary) [손상규, 2007. 한국산 큰홍띠점박이푸른부전나비의 생활사. 한국나비학회지, 17: 1-4.]

Staudinger, O. and H. Rebel, 1901. Katalog der Lepidopteren des Palaearctischen Faunengebietes 1 Theil, 98pp.

Sugitani, I., 1930. Some butterflies from Kainei (=Hoereong), Corea. *Zeph.,* 2: 188.

Sugitani, I., 1931. Some rare Butterflies from Mt. Daitoku-San, Korea. *Zeph.,* 2: 290.

Sugitani, I., 1932. Some butterflies from N.E. Corea, new to the fauna of the Japanese Empire. *Zeph.,* 4: 15-30.

Sugitani, I., 1936. Corean butterflies (5). *Zeph.,* 6: 157-158.

Sugitani, I., 1937. Corean butterflies (6). *Zeph.,* 7: 14.

Sugitani, I., 1938. Corean butterflies (7). *Zeph.,* 8: 1-16, pl. 1.

Tadokoro, T., 2009. A mistery of Argynnis coredippe. *Yadoriga,* 221: 9-17.

Takahashi, M.A., I. Amano, and K. Yodoe, 1996. A list of butterflies (Lepidoptera, Rhopalocera) collected in Southern Primorye in 1993.- Far Eastern entomologist, 26: 1-17.

Takano, T., 1907. A list of Japanese Butterflies. *Tyō Moku.,* pp. 48-49.

Takashi, S., 1941. カバイロゴマダラの産卵植物. *Zephyrus,* 9: 15.

Tennent, J., 1996. The butterflies of Morocco, Algeria and Tunisia. Gem Publishing Co. Ltd., 256pp.

The Entomological Society of Korea and Korean Society of Applied Entomology (ESK & KSAE), 1994. Checklist of Insects from Korea. Kon-Kuk University Press, Seoul. (in Korean) [한국곤충학회·한국응용곤충학회, 1994. 한국곤충명집. 건국대학교 출판부, 744pp.]

Tshikolovets, V., R. Yakovlev, and O. Kosterin, 2009. The Butterflies of Altai, Sayans and Tuva. Series 'The Butterflies of Palaearctic Asia', Vol. 7, 374pp.

Tuzov *et al.,* 1997. Guide to the butterflies of Russia and adjacent territories. Volume 1: Hesperiidae, Papilionidae, Pieridae, Satyridae. Pensoft, Sofia- Moscow.

Tuzov *et al.,* 2000. Guide to the butterflies of Russia and adjacent territories. Volume 2: Libytheidae, Danaidae, Nymphalidae, Riodinidae, Lycaenidae. Pensoft, Sofia- Moscow.

Tuzov, V.K., 2003. Guide to the Butterflies of the Palearctic Region, Nymphalidae, part 1. Tribe Argynnini. Omnes Artes, Milano, 64pp.

Tuzov, V.K., P.V. Bogdanov, A.L. Devyatkin, L.V. Kaabak, V.A. Korolev, V.S. Murzin, G.D. Samodurov, and E.A. Tarasov, 1997. Guide to the butterflies of Russia and adjacent territories (Lepidoptera, Rhopalocera). Pensoft, Sofia- Moscow.

Uchida, S. and T. Esaki, 1932. Iconographia Insectorum Japonicorum. Tokyo, pp. 832-1031.

Varis, V. (Ed), 1995. Checklist of Finnish Lepidoptera- Suomen perhosten luettelo; Sahlbergia, 2: 1-80.

Verhulst, J.T., 2000. Les *Colias* du Globe, 1 & 2: (1) 262pp (Texte), (2) pls. 1-183; Monograph of the genus *Colias*.

Wahlberg *et al.,* 2009. Nymphalidae Systematics Group: The NSG's voucher specimen database of Nymphalidae butterflies. Version 1.0.15. (*http://nymphalidae.utu.fi/db.php*)

Wahlberg, N. and C.W. Wheat, 2008. Genomic outposts serve the phylogenomic pioneers: designing novel nuclear markers for genomic DNA extractions of Lepidoptera. *Systematic Biology,* 57: 231-242.

Wahlberg, N. and M. Zimmermann, 2000. Pattern of phylogenetic relationships among members of the tribe Melitaeini (Lepidoptera: Nymphalidae) inferred from mitochondrial DNA sequences. *Cladistics,* 16: 347-363.

Wahlberg, N., A.V.Z. Brower, and S. Nylin, 2005. Phylogenetic relationships and historical biogeography of tribes and genera in the subfamily Nymphalinae (Lepidoptera: Nymphalidae). *Biol. J. Linn. Soc.,* 86: 227-251.

Wahlberg, N., J. Leneveu, U. Kodandaramaiah, C. Peña, S. Nylin, A.V.L. Freitas, and A.V.Z. Brower, 2009. Nymphalid butterflies diversify following near demise at the Cretaceous/Tertiary boundary. Proceedings of the Royal Society Series B *Biological Sciences,* 276: 4295-4302.

Wahlberg, N., M.F. Braby, A.V.Z. Brower, R. Jong, M.M. Lee, S. Nylin, N.E. Pierce, F.A.H. Sperling, R. Vila, A.D. Warren, and E. Zakharov, 2005a. Synergistic effects of combining morphological and molecular data in resolving the phylogeny of butterflies and skippers. *Proc. R. Soc. Lond.*, B 272: 1577-1586.

Wakabayashi, M. and Y. Fukuda, 1985. A new Favonius species from the Korean Peninsula (Lepidoptera: Lycaenidae). *Nature and Life* (Kyungpook J. of Biological Sciences), 15(2): 33-46.

Warren, A.D., J.R. Ogawa, and A.V.Z. Brower, 2008. Phylogenetic relationships of subfamilies and circumscription of tribes in the family Hesperiidae (Lepidoptera: Hesperiodea). *Cladistcs,* 24: 642-676.

Weiss, J.C., 1999. The Parnassiinae of the world Part 3. Sci. Nat. Venette, France.

Weller, S.J. and D.P. Pashley, 1995. In search of butterfly origins. *Molecular Phylogenetics and Evolution*, 4: 235-246.

Weon, B.H., 1959. One Unrecorded Nymphalid Butterfly from Korea. *Kor. J. Zool.*, 2(1): 34. (in Korean) [원병휘, 1959. 한국산 미기록종 남방푸른공작나비(신칭)에 대하여. 동물학회지, 2(1): 34.]

Williams, M.C., 2008. Checklist of Afrotropical Papilionoidea and Hesperoidea; Compiled by Mark C. Williams, 7th ed.

Winhard, W., 2000. Butterflies of the world, ser. 10: Pieridae. Hillside Books, 48pp.

Wright, R.I. and R. Jong, 2003. The butterflies of Sulawesi: annotated checklist for a critical island fauna. *Zoologische Verhandelingen*, 343, 1-267.

Wynter-Blyth, M.A., 1957. Butterflies of the Indian Region. Bombay Natural History Society, Mumbai, India, 523pp.

Yago, M., N. Hirai, M. Kondo, T. Tanikawa, M. Ishii, M. Wang, M. Williams and R. Ueshima, 2008. Molecular systematics and biogeography of the genus Zizina (Lepidoptera: Lycaenidae). *Zootaxa,* 1746: 15-38.

Yoon, I.B. and S.H. Nam, 1985. Insect Fauna fo Ch'uja Island. *Report on the Survey of Natural Environment in Korea*, ser. 5, pp. 143-170. (in Korean with English summary) [윤일병, 남상호, 1985. 추자군도의 곤충상. 자연실태종합조사보고서, 제5편, pp. 143-170, 한국자연보호중앙협의회.]

Yoon, I.H. and H.Z. Joo, 1993. Some notes of *Pontia daplidice* (Linnaeus) (Lep. Pieridae) from Korea. *J. Amat. Lepid. Soc. Korea,* 6: 17-18. (in Korean with English summary) [윤인호, 주홍재, 1993. 한국산 풀흰나비의 생활사. 한국인시류동호인회지, 6: 17-18.]

Yoon, I.H. and S.S. Kim, 1989. Some notes of on the life history of *Dilipa fenestra* Leech in Korea. *J. Amat. Lepid. Soc. Korea,* 2(1): 60-63. (in Korean with English summary) [윤인호, 김성수, 1989. 유리창나비의 생활사에 관한 약간의 지견. 한국인시류동호인회지, 2(1): 60-63.]

Yoon, I.H. and S.S. Kim, 1992. Newly-recorded one species of the Pieridae and two of the moths from Korea. *J. Amat. Lepid. Soc. Korea,* 3: 29-39. (in Korean with English summary) [윤인호, 김성수, 1992. 한국미기록 흰나비과 1 종과 나방 2 종에 대하여. 한국인시류동호인회지, 5: 34-35.]

Yoshino, K., 1997. New Butterflies from China 3, *Neo Lepidoptera*, 4: 1-10.

Yoshino, K., 2001. Notes on *Chryzozephyrus marginatus* Howarth (Lepidoptera, Lycaenidae) and related species from China. *Futao,* 38: 2-8.

Zsolt, B. and K. Johnson, 1997. Reformation of the Polyommatus Section with a Taxonomic and Biogeographic Overview (Lepidoptera, Lycaenidae, Polyommatini). *Neue ent. Nachr.,* Band 40.

工藤吉郎, 1968. 韓國 3 度とびあるき. やどりが, 54-55: 2-8.

藤岡知夫, 1997. 日本産蝶類及び世界近緣種大圖鑑, 1. 301+ 196pp., 162pls. 出版藝術史. 東京.

국가식물목록위원회(산림청·한국식물분류학회), 2010. 국가표준식물목록 (Korean Plant Names Index). (*http://www.nature.go.kr/kpni/*)

김용식, 홍승표, 1990. 보호대상 한국산 주요 나비에 대한 고찰. 한국인시류동호인회지, 3: 9-16. [Kim, Y.S. and S.P. Hong, 1990]

김창환, 신유항, 김진일, 1972. 울릉도의 하계 곤충상- 특히 미기록곤충에 관하여. 한국자연보존연구회 조사보고, 3: 47-62. [Kim, C.H., Y.H. Shin and J.I. Kim, 1972]

김헌규, 1956. 덕적군도의 곤충상. 이화여자대학교 창립 70 주년 기념논문집, pp. 335-348. [Kim, H.K., 1956]

김헌규, 1959. 오대산의 접류. 응용동물학잡지, 2(1): 27-36. [Kim, H.K., 1959]

김헌규, 1959a. 덕적군도의 곤충상(제 2 보). 응용동물학잡지, 2(1): 95-96. [Kim, H.K., 1959a]

김헌규, 미승우, 1956. 한국산 나비목록의 보정(한국산 나비 총목록). 이화여자대학교 창립 70 주년 기념논문집, pp. 377-405. [Kim, H.K. and S.W. Mi, 1956]

남상호, 1971. 오대산의 접상. *Neo Bios*, Biology Dept. of Korea Univ., 56pp. [Nam, S.H., 1971]

라철호, 백선기, 조영관, 1986. 흑산군도의 하계곤충상. 자연실태종합조사보고서 제 6 편, pp. 197-216, 한국자연보호중앙협의회. [Ra, C.H., S.K. Paek and Y.K. Cho., 1986]

백유현, 권민철, 김현우, 2007. 주머니속 나비도감. 황소걸음. 344pp. [Paek, Y.H., M.C. Kwon and H.W. Kim, 1986]

손정달, 1984. 한국산접류의 식초식물상 <자료 1 집>. 웃고문화사, pp. 1-18. [Sohn, J.D., 1984]

신유항, 1990. 한국의 희귀 및 위기동식물실태조사연구-곤충. 자연보존연구보고서, 10: 145-169. [Shin, Y.H., 1990]

신유항, 1994. 북한의 나비 연구. 한국나비학회지, 7: 68-74. [Shin, Y.H., 1994]

신유항, 1996a. 어리표범나비, 꽃팔랑나비와 작은은점선표범나비의 학명적용에 대하여. 한국나비학회지, 9: 50-51. [Shin, Y.H., 1996a]

신유항, 노용태, 1970. 소흑산도의 하계 곤충상. 한국자연보존연구회 조사보고, 1: 35-41. [Shin, Y.H. and Y.T. Noh, 1970]

오해룡, 2008. 특집 2-녹색부전나비. 자연과생태, 11·12: 42-69. [Oh, H.Y, 2008]

이승모, 1995. 제주도의 곤충(나비편). 제주도민속자연사박물관, pp. 566-584. [Lee, S.M., 1995]

임홍안, 황성린, 1993. 백두산일대에서 처음으로 기록된 낮나비류에 대하여. 생물학, 2: 56-57, 과학기술출판사. [Im, H.A. and S.L. Hwang, 1993]

조복성, 김창환, 1956. 한국곤충도감(나비편). 장왕사(章旺社). pp. 1-67. [Cho, B.S. and C.H. Kim, 1956]

조복성, 김창환, 노용택, 1968. 한라산의 동물. 천연보호구역 한라산 및 홍도 학술조사보고서, pp. 221-298, 367-369. [Cho, B.S., C.H. Kim and Y.T. Noh, 1968]

조영권, 2008. 범부전나비와 울릉범부전나비의 비교. 자연과생태, 16: 58-59. [Cho, Y.K, 2008]

주동률, 1989. 백두산일대 낮나비류(Rhopalocera)의 수직분포에 대한 연구. 생물학, 1; 43-46, 과학기술출판사. [Ju, D.Y., 1989]

주동률, 임홍안, 1987. 조선나비원색도감. 과학백과사전출판사, 248pp. 평양. [Ju, D.Y. and H.A. Im, 1987]

최요한, 1969. 추자군도의 육상동물 목록: 추자군도의 생물상 조사보고서. 문화재 관리국, pp. 121-131. [Choi, Y.H., 1969]

한국인시류동호인회편, 1989. 강원도 나비에 관하여. 한국인시류동회인회 회보, 2(1): 5-44. [The Amatueur Lepidopterogist Society of Korea, 1989]

찾아보기

| INDEX |

423

428